Paul Drude

Physik des Äthers auf elektromagnetischer Grundlage

Paul Drude

Physik des Äthers auf elektromagnetischer Grundlage

ISBN/EAN: 9783955622954

Auflage: 1

Erscheinungsjahr: 2013

Erscheinungsort: Bremen, Deutschland

@ Bremen-university-press in Access Verlag GmbH, Fahrenheitstr. 1, 28359 Bremen. Alle Rechte beim Verlag und bei den jeweiligen Lizenzgebern.

PHYSIK DES AETHERS

AUF

ELEKTROMAGNETISCHER GRUNDLAGE

VON

DR. PAUL DRUDE,
UNIVERSITÄTSPROFESSOR IN GÖTTINGEN.

MIT 66 ABBILDUNGEN.

STUTTGART.
VERLAG VON FERDINAND ENKE.
1894.

Vorwort.

Die nachfolgende Darstellung der Eigenschaften des elektromagnetischen Feldes und ihre Heranziehung zur Erklärung optischer Erscheinungen ist aus Vorlesungen entstanden, welche ich in den Jahren 1892 und 1893 über diese Gegenstände in Göttingen gehalten habe.

Der Zweck des Vorliegenden ist, in möglichst leicht verständlicher Weise in die Maxwell'sche Theorie der Elektricität einzuführen. Als Kernpunkt derselben möchte ich hier zwei Dinge bezeichnen:

1. Die Zurückführung aller Eigenschaften des elektromagnetischen Feldes auf Nahewirkungen.

2. Die Einheit der Eigenschaften des elektromagnetischen Feldes, zufolge deren die Wirkungen der in Isolatoren stattfindenden sogenannten Verschiebungsströme mit Nothwendigkeit gefolgert werden können aus den beobachtbaren Wirkungen der in Metallen stattfindenden Leitungsströme.

Die Eigenschaften des magnetischen Feldes sind denen des elektrischen Feldes vorangestellt, und demgemäss ist auch die Elektrostatik hinter der Elektrokinematik behandelt. Es geschah dies deshalb, weil die Lehre der magnetischen Kraftlinien der Anschauung durch das Experiment besser zugänglich ist, als die der elektrischen Kraftlinien. Durch diese Eintheilung des Stoffes können die ersten sechs Kapitel auch dem Elektrotechniker die theoretische Grundlage seiner Wissenschaft geben, was mir als nicht unnütz erschien, da in den technischen Büchern diese Grundlagen oft nur kurz und unvollständig behandelt sind.

Ich habe möglichst den Kontakt mit dem Experiment zu wahren gesucht. Das Buch soll und kann allerdings nicht entfernt eine vollständige Darstellung der Experimente und Messmethoden geben, es soll nur das theoretische Verständniss derselben fördern. Diesem Zweck entsprechend ist auf die meisten Experimente nur kurz eingegangen. Eine Ausnahme bildet das IX. Kapitel über elektrische Schwingungen, welche deshalb ausführlicher (auch in experimenteller Hinsicht) behandelt wurden, weil eine zusammenhängende Darstellung dieser Erscheinungen bis jetzt noch nicht vorhanden ist, und weil sie für die ganze Theorie von besonderer Bedeutung sind. Aus diesem Grunde habe ich auch die Entwickelungen des XI. Kapitels etwas weiter ausgedehnt, als es einer ersten Einführung in das Studium jener Erscheinungen entsprechen würde.

Es bedarf noch der Rechtfertigung, dass ich es unternehme, Vorliegendes drucken zu lassen, obgleich zwei ausgezeichnete Werke in neuerer Zeit über nahezu dieselben Gegenstände erschienen sind, nämlich L. Boltzmann, Vorlesungen über Maxwell's Theorie der Elektrizität und des Lichtes, Leipzig, 1891 und 1893, und H. Poincaré, Elektricität und Optik, autorisirte deutsche Ausgabe von Jaeger und Gumlich, Berlin, 1891 und 1892.

Von dem ersten dieser Werke unterscheidet sich die von mir gegebene Darstellung insofern, als es mein Ziel war, nur die zur mathematischen Darstellung der beobachtbaren Erscheinungen nothwendigen Formeln auf Grund gewisser Fundamentalversuche abzuleiten. Ich habe daher die Ableitung der Gleichungen des elektromagnetischen Feldes aus den Principien der Mechanik, welche in der Darstellung des Herrn Boltzmann in den Vordergrund tritt, vermieden, denn aus den Beobachtungsthatsachen allein ergibt sich weder die Nothwendigkeit, noch die Zweckmässigkeit einer mechanischen Darstellung.

Diese rechtfertigt sich vielmehr vorläufig nur durch das Bedürfniss des Naturphilosophen, dieselben Grundanschauungen und Gleichungen für die Physik des Aethers wie für die Physik der Materie zu besitzen, wobei es noch als eine offene Frage zu betrachten ist, ob man zweckmässiger die Gleichungen für die Physik des Aethers zurückführen soll auf diejenigen Gleichungsformen, welche aus den beobachtbaren Erscheinungen der Physik der Materie gewonnen werden können (Gleichungen der Mechanik), oder ob der umgekehrte Weg mit grösserem Vortheil einzuschlagen ist.

In jedem Falle scheint mir für den Lernenden eine Darstellung, welche nur der durch die Mathematik zu gewinnenden Oekonomie der Beschreibung der Thatsachen dient, als ein nothwendiges Antecedenz vor denjenigen Darstellungen, welche nicht direkt das Bedürfniss des Experimentators, sondern hauptsächlich das des Naturphilosophen befriedigen wollen. Von diesem Standpunkte aus möchte ich daher die hier gegebene Darstellung eine Einleitung zu der Boltzmann'schen nennen, indem ich hoffe, dass diese Blätter demjenigen, welcher die jetzt herrschenden Ansichten über Elektricität, Magnetismus und Licht kennen lernen will, eine gewisse Erleichterung zum Studium des Boltzmann'schen Buches oder des Originalwerkes von Maxwell selbst bieten können.

Auch Hertz hat in seinen theoretischen Arbeiten über das elektromagnetische Feld die mathematische Beschreibung der Thatsachen als alleinigen Zweck in den Vordergrund gestellt, und demgemäss direkt die Grundgleichungen hingeschrieben, aus denen sich die zu beobachtenden Thatsachen widerspruchsfrei ableiten lassen. Dieser Weg ist im Folgenden nicht eingeschlagen, weil er didaktisch unbefriedigend ist, und wohl durch einen in dieser Hinsicht besseren Weg ersetzt werden kann, der lediglich auf mathematischer Abstraktion derjenigen Erfahrungen beruht, welche einige Fundamentalversuche darbieten. Das typische Beispiel für den letzteren Weg, welcher also der hier gegebenen Darstellung als Vorbild gedient hat, ist die Ableitung des Newton'schen Gravitationsgesetzes aus den in der Planetenbewegung sichtbaren Erscheinungen, d. h. aus den Keppler'schen Gesetzen.

Das gleiche Ziel verfolgt zum Theil das oben genannte Buch des Herrn Poincaré; mit diesem hat daher die hier folgende Darstellung manche Punkte gemeinsam, und ich habe viel nützliche Anregung aus dem Studium dieses Buches gewonnen. So habe ich zur Ableitung der Induktionsgesetze den Gedankengang des Herrn Poincaré direkt benutzt. — In vielen Punkten weichen meine Darstellung und meine Resultate von denen Poincaré's ab, wie ein näherer Vergleich zeigen wird, den ich aber hier übergehen möchte. Vor Allem fehlt in jenem Werke die Parallelität bei der Darstellung der Eigenschaften des magnetischen Feldes und des elektrischen Feldes und ihre konsequente Zurückführung auf Nahewirkungen. Beides wurde hier angestrebt. — Zugleich habe ich mehr als Herr Poincaré die Eigenschaften des magnetischen Feldes an das Verhalten der Kraftlinien angeknüpft, was mir deshalb geboten erschien, weil gerade für das magnetische Feld die Ersetzung des Potentialbegriffs durch das geometrische Bild des

Kraftlinienverlaufes ausserordentlich die Uebersicht und das Verständniss der Erscheinungen gefördert hat.

Zum Zwecke der leichteren Einführung in den Gegenstand habe ich den historischen Weg, auf welchem die Entdeckungen und Schlussfolgerungen gewonnen sind, meist nicht berücksichtigt. Dies mag auch zur Entschuldigung dienen, dass Literatur nur wenig und von dieser fast ausschliesslich nur die neuere genannt ist.

Nach Abschluss des Manuskripts ist mir das werthvolle Werk von J. J. Thomson: Recent researches in Electricity and Magnetism, Oxford, 1893, bekannt geworden. Dieses Buch verfolgt andere Zwecke, als das hier vorliegende, da es als Fortsetzung des Maxwell'schen Werkes: Treatise on Electricity and Magnetism, geschrieben ist und an vielen Stellen eine tiefere mathematische Durchführung der Probleme gibt, als ich sie hier beabsichtigt habe. Trotzdem haben naturgemäss beide Bücher viele Berührungspunkte und, so viel ich bisher gesehen habe, Uebereinstimmungen, die mich sehr freuen können. Ich möchte deshalb nochmals erwähnen, dass meine Darstellung durch das Thomson'sche Werk in keiner Weise beeinflusst ist, und dass ich es deshalb auch nur sehr wenig citirt habe.

Göttingen, im März 1894.

Paul Drude.

Inhalt.

Kapitel I.
Allgemeine Eigenschaften des magnetischen Feldes.

                                                                         Seite

1. Das Feld magnetischer Pole 1
2. Polstärke. Ihre Messung nach absolutem Maass 2
3. Die Dimension der Polstärke 4
4. Die Summe der Polstärken eines Magneten ist Null 6
5. Fernkräfte oder Nahekräfte? 8
6. Die Stärke eines magnetischen Feldes 11
7. Kraftlinien 12
8. Bedeutung des Wortes „Feldstärke" im Sinne der Fernkräfte und im Sinne der Nahekräfte 12
9. Ein Nahewirkungsgesetz der magnetischen Kraft 13
10. Das Potential der magnetischen Kraft 15
11. Der Gauss'sche Satz 16
12. Das magnetische Feld von Flächenbelegungen 19
13. Die Potentialfunktion körperlicher Pole 22
14. Die magnetische Kraft ist aus den Nahewirkungsgesetzen vollständig bestimmt 23
15. Ein Hülfssatz 24
16. Fortsetzung von § 14 26
17. Betrachtung des Falles, dass die bisher betrachteten Eigenschaften des Potentials nur für einen Theil des Raumes gültig sind 28
18. Darstellung der Eigenschaften eines Magnetfeldes durch Richtung und Anzahl der Kraftlinien 28
19. Die Abhängigkeit der magnetischen Kraft von der Natur des umgebenden Mediums 31
20. Paramagnetische und diamagnetische Körper 35
21. Die Unstetigkeit der Normalkomponente der magnetischen Kraft an der Grenze zweier verschiedener Medien 36
22. Die Stetigkeit der Tangentialkomponente der magnetischen Kraft an der Grenze zweier verschiedener Medien 39
23. Inducirter Magnetismus 42
24. Die entmagnetisirende Einwirkung der inducirten Belegung 43
25. Erweiterung der Definition der Kraftlinienzahl für para- und diamagnetische Medien 45
26. Das Brechungsgesetz der Kraftlinien 46
27. Folgerungen aus der Brechung der Kraftlinien 49
28. Betrachtung des Falles, dass ein Körper in ein Magnetfeld in der Weise gebracht wird, dass seine Oberfläche überall parallel zu den Kraftlinien des ursprünglichen Feldes ist 51

	Seite
29. Es giebt keinen wahren Magnetismus	52
30. Gleichförmig und ungleichförmig magnetisirte Magnete	55
31. Der mathematische Ausdruck für die allgemeinen Eigenschaften des magnetischen Feldes	56
32. Der Stokes'sche Satz	57
33. Fortsetzung von § 31	61
34. Darstellung der magnetischen Kraft durch die Fernwirkung von Flächenbelegungen	66
35. Wann sind die fingirten Belegungen permanent?	67
36. Die betrachtete Lösung des Potentials für den Aussenraum eines Magneten gilt nicht für den Innenraum desselben	70
37. Das Gesetz des magnetischen Kreislaufs	71

Kapitel II.

Elektromagnetismus.

1. Das magnetische Feld des elektrischen Stromes	73
2. Kontinuirliche Rotationen von Magneten um elektrische Ströme	75
3. Die Stromstärke in elektromagnetischem Maasse	76
4. Das magnetische Feld eines geschlossenen, linearen Stromes ist gleich dem einer magnetischen Doppelfläche	78
5. Das Potential einer magnetischen Doppelfläche	80
6. Das Potential eines geschlossenen linearen Stromes	82
7. Unabhängigkeit der magnetischen Kraft eines Stromes von der Natur des umgebenden Mediums	83
8. Die Maxwell'schen Gleichungen für die magnetische Kraft im Inneren eines stromführenden Systems	84
9. Die positive Richtung des Stromes. — Die Ampère'sche Regel	87
10. Es giebt nur geschlossene Ströme	88
11. Darstellung der magnetischen Kraft durch Fernwirkung des Stromes	90
12. Die magnetischen Kraftlinien eines Stromes	92
13. Die Ströme sollen in parallelen, kreiscylinderförmigen, langen Drähten fliessen	94
14. Der allgemeinere Fall. Fortsetzung von 12	104
15. Das Biot-Savart'sche Gesetz	106
16. Wirkung eines beliebigen Magnetfeldes auf ein Stromelement	108
17. Die magnetische Feldstärke im Inneren eines Solenoids	110
18. Die magnetometrische Methode zur experimentellen Bestimmung der Magnetisirungskonstanten	114
19. Ampère's Theorie des permanenten und inducirten Magnetismus	115

Kapitel III.

Die magnetische Energie.

1. Bedeutung der potentiellen Energie für Bewegung und Gleichgewicht eines beliebigen Systems	119
2. Die potentielle Energie punktförmiger Magnetpole	121
3. Die magnetische Energie eines linearen Stromes	122
4. Wirkungen des Magnetfeldes auf ein begrenztes Stromstück	126
5. Die magnetische Energie beliebig vieler linearer Ströme	127
6. Die magnetische Energie im allgemeinsten Falle	131
7. Die magnetische Energie einer Kraftröhre	135
8. Die Abhängigkeit der magnetischen Energie des Feldes von seinem magnetischen Widerstande	138
9. Scheinbarer Druck und Zug im magnetischen Felde	141
10. Die Integral- und die Differentialdefinition der Magnetisirungskonstanten	142
11. Hydrostatische Methode zur Bestimmung der Magnetisirungskonstanten von Flüssigkeiten und Gasen	144

Inhalt. XI

	Seite
12. Niveaugestalten von Flüssigkeiten in ungleichförmigen Magnetfeldern	149
13. Eine andere Methode zur Bestimmung der Magnetisirungskonstanten	151
14. Magnetostriktion	156
15. Umkehrbare Temperaturänderung durch Magnetisirung	162
16. Erwärmung durch Hysteresis	165

Kapitel IV.

Elektrodynamik.

1. Ponderomotorische Wirkungen in einem magnetischen Felde, welches nur einen zusammenhängenden Wirbelraum besitzt 169
2. Ponderomotorische Wirkungen in einem magnetischen Felde, welches mehrere getrennte Wirbelräume besitzt 171
3. Die F. Neumann'sche Formel für das elektrodynamische Potential . 175
4. Die Abhängigkeit der elektrodynamischen Wirkung von der Magnetisirungskonstante der Umgebung 178
5. Rekapitulation der Formeln für die magnetische Energie 180

Kapitel V.

Elektroinduktion im Magnetfeld.

1. Anwendung des Principes der Erhaltung der Energie auf die ponderomotorischen Wirkungen eines Magnetfeldes 183
2. Definition der elektromotorischen Kraft der Induktion 185
3. Betrachtung beliebig kleiner Zustandsänderungen 186
4. Die inducirte elektromotorische Kraft bei zwei linearen Strömen . . 187
5. Allgemeine Folgerungen aus den Induktionsgesetzen zweier linearer Ströme 191
6. Ballistische Methode zur Ermittelung der Magnetisirungskonstanten und der Stärke eines Magnetfeldes. 195
7. Energieverlust durch Hysteresis 197
8. Wirbelströme 199
9. Weber's Theorie des Diamagnetismus 201
10. Berechnung der Selbstinduktionskoefficienten einiger Stromsysteme . 204
    a) Selbstinduktion eines Solenoids 205
    b) Selbstinduktion zweier, einander paralleler, sehr langer Hohlcylinder 207
    c) Selbstinduktion eines Hohlcylinders, in dessen Innern sich ein koaxialer Vollcylinder befindet 213
    d) Ponderomotorische Wirkungen bei zwei parallelen Stromcylindern 214
11. Das Nahewirkungsgesetz der elektromotorischen Kraft für ruhende Körper 216
12. Das Nahewirkungsgesetz der elektromotorischen Kraft für bewegte Körper 219

Kapitel VI.

Elektrokinematik.

1. Das Ohm'sche Gesetz für lineare Leiter 224
2. Das Ohm'sche Gesetz für körperliche Leiter 227
3. Einheit des Widerstandes. Werth der specifischen Leitfähigkeit in absolutem Maasse 228
4. Brechung der Stromlinien an der Grenze zweier verschiedener Leiter 230
5. Verzweigte lineare Leiter 232
6. Die Vertheilung eines konstanten Stromes von bestimmter Gesammtstärke in einem körperlichen Leiter ist derartig, dass die entwickelte Joule'sche Wärme ein Minimum ist 233

7. Die Vertheilung eines schnell veränderlichen Stromes von bestimmter Gesammtstärke ist derartig, dass die magnetische Energie des Systems ein Minimum ist 235
8. Vertheilung eines Wechselstromes in einem körperlichen Leiter mit Berücksichtigung seines Widerstandes 240

Kapitel VII.
Elektrostatik.

1. Herstellung eines elektrischen Feldes 246
2. Leiter und Nichtleiter 249
3. Die zwei Arten von elektrischer Ladung 250
4. Das Coulomb'sche Gesetz 250
5. Eine indirekte Bestätigung des Coulomb'schen Gesetzes 251
6. Die Stärke der elektrostatischen Ladung in absolutem Maasse . . . 254
7. Die Stärke des elektrischen Feldes oder die elektrische Kraft . . . 254
8. Eigenschaften der elektrischen Kraft 255
9. Unterschiede im Verhalten der elektrischen und der magnetischen Kraft 256
10. Eine gegebene elektrische Ladung ist nur bei einer bestimmten Vertheilung auf einem Konduktor im Gleichgewicht 257
11. Die Kapacität eines Konduktors 259
12. Die Abhängigkeit der elektrischen Kraft von der Natur des umgebenden Mediums 263
13. Folgerungen aus dem dielektrischen Verhalten der Körper 265
14. Darstellung der Eigenschaften des elektrischen Feldes durch Richtung und Anzahl der Kraftlinien 269
15. Die Energie des elektrischen Feldes 271
16. Unstetigkeit des Potentials an der Grenze zweier Körper 277
17. Das Verhältniss des elektrostatischen Maassystems zum elektromagnetischen 281
18. Experimentelle Ermittelung der Dielektricitätskonstanten 289
    a) Ermittelung aus Kapacitätsvergleichung 289
    b) Ermittelung aus ponderomotorischen Wirkungen 291
    c) Ermittelung aus der Brechung der Kraftlinien 299
19. Elektrostriktion und Temperaturveränderung durch Elektrisirung . . 301

Kapitel VIII.
Das elektromagnetische Feld in Isolatoren.

1. Elektrische Ströme in Isolatoren 304
2. Die Abhängigkeit der Stromkomponenten eines Isolators von der elektrischen Kraft 305
3. Versinnbildlichung der Eigenschaften des elektrischen Feldes . . . 311
4. Grundgleichungen des elektromagnetischen Feldes ruhender Isolatoren 313
5. Die Poynting'sche Formel für den Energiefluss im elektromagnetischen Felde 319
6. Einwirkung geschlossener Solenoide aufeinander 321
7. Die Fortpflanzung ebener elektromagnetischer Wellen in einem homogenen Isolator 322
8. Vergleich der Maxwell'schen Theorie mit anderen Theorieen . . . 326

Kapitel IX.
Elektrische Schwingungen.

1. Einleitung 343
2. Die oscillatorische Entladung eines Kondensators 345
3. Theorie der oscillatorischen Entladung 350

Inhalt. XIII

 4. Benutzung der oscillatorischen Entladung zur Bestimmung der Dielektricitätskonstanten, der Selbstinduktion und des Widerstandes . 355
 5. Die elektrischen Schwingungen eines Ruhmkorff'schen Apparates . . 356
 6. Der Koefficient der Selbstinduktion des Schliessungskreises 359
 7. Die Stromstärke ist im Querschnitt ungleichförmig vertheilt . . . 363
 8. Weitere Vervollständigung der Theorie 367
 9. Die Stromstärke variirt im Querschnitt und in der Länge . . . 374
10. Die Grenzbedingungen des Problems 378
11. Die vollständige Lösung des Problems 380
12. Wann beeinflusst der galvanische Widerstand die Fortpflanzungsgeschwindigkeit elektrischer Drahtwellen? 386
13. Elektrische Schwingungen in kurzen, ungeschlossenen Leitern . . . 391
14. Berechnung der Periode des Hertz'schen Erregers 394
15. Resonanzerscheinungen bei elektrischen Schwingungen 398
16. Nebenbedingungen für die Wirksamkeit der Primärfunken 401
17. Untersuchung der elektrischen Kraft mit Hülfe des Resonators . . 403
18. Verhalten des Resonators bei beliebiger Lage 406
19. Die elektrische und die magnetische Kraft um eine geradlinige Schwingung nach der Maxwell'schen Theorie 408
20. Strahlung der Energie 417
21. Stehende elektromagnetische Wellen 420
22. Multiple Resonanz 426
23. Strahlen elektrischer Kraft 430
24. Demonstrationsmittel für die Sekundärfunken 436
25. Versuche von Righi 437
26. Interferenzen von elektrischen Wellen, welche dieselbe Fortpflanzungsrichtung besitzen 439
27. Die Fortpflanzung der elektrischen Kraft längs gerader Drähte . . 441
28. Vertheilung der elektrischen und magnetischen Kraft um einen geradlinigen Draht nach der Maxwell'schen Theorie 447
29. Resonanzerscheinungen bei Drahtwellen 455
30. Messung der Fortpflanzungsgeschwindigkeit von Drahtwellen . . . 457
31. Die Kapacität eines Plattenkondensators für elektrische Schwingungen 459
32. Messung der Dielektricitätskonstante von festen Körpern und Flüssigkeiten mit Hülfe Hertz'scher Schwingungen 461
    a) Benutzung von Drahtwellen 461
    b) Brechung der Wellen durch Prismen 469
    c) Reflexion an ebenen Wänden 470
33. Untersuchung der Drahtwellen mit Hülfe von Resonatoren . . . 470
34. Untersuchung von Drahtwellen mit Hülfe ponderomotorischer Wirkungen 473
35. Messung der Dämpfung der elektrischen Wellen 476

Kapitel X.

Elektromagnetische Theorie des Lichtes für durchsichtige Medien.

 1. Die elektromagnetische Natur der Lichtbewegung 482
 2. Durchsichtige und absorbirende Körper 483
 3. Beziehung zwischen dem Brechungsexponenten und der Dielektricitätskonstanten 484
 4. Reflexion und Brechung des Lichtes an der Grenze isotroper Körper 487
 5. Die mechanischen Theorieen Fresnel's und Neumann's 496
 6. Modifikationen der Reflexionsgesetze durch Oberflächenschichten . . 503
 7. Krystalloptik 504
 8. Definition des Lichtstrahls 517
 9. Grundlage der Dispersionstheorie 518
10. Anomale Dispersion 525
11. Normale Dispersion 531
12. Die Dispersion der Krystalle 584

13. Die Gesetze der Reflexion und Brechung nach der Dispersionstheorie 534
14. Rotationspolarisation 535
15. Rotationspolarisation der Krystalle. 545

Kapitel XI.

Absorbirende Körper (Metalle).

1. Elektromagnetische Grundgleichungen für unvollkommene Isolatoren und Metalle 547
2. Metallreflexion 551
3. Haupteinfallswinkel und Hauptazimuth 554
4. Senkrechte Incidenz der einfallenden Wellen 557
5. Näherungsformeln für die Metallreflexion 559
6. Die Magnetisirungskonstante der magnetischen Metalle für Lichtwellen 561
7. Vergleichung der optischen Konstanten der Metalle mit den nach der elektrischen Lichttheorie sich ergebenden Werthen 562
8. Berücksichtigung der endlichen Ausdehnung der molekularen Inhomogenitäten 566
9. Die Optik absorbirender Krystalle 571
10. Ebene elektrische Wellen in Halbleitern 572
11. Ebene elektrische Wellen in Metallen 575
12. Phasenänderung durch Reflexion elektrischer Wellen an Metallen . 577
13. Reflexion ebener elektrischer Wellen an einer sehr dünnen Metallschicht 578

Kapitel XII.

Schluss.

1. Die Drehung der Polarisationsebene im magnetischen Felde . . . 584
2. Fluorescenz und Phosphorescenz 589

Sachregister 591

Schlüssel der Bezeichnungen.

Magnetische Polstärke . . . . m

Elektricitätsmenge (elektrostatisches Maass) . . . . e

Raumdichte der Elektricität oder des Magnetismus . . . . . . ρ

Flächendichte der Elektricität oder des Magnetismus . . . . . η

Moment einer elektrischen oder magnetischen Doppelfläche . . . ν

Stärke des magnetischen Feldes . . . . $\mathfrak{H}$

Ihre Komponenten . . . . α, β, γ

Stärke des elektrischen Feldes (elektrostatisches Maass) . . . . . $\mathfrak{F}$

Ihre Komponenten . . . . X, Y, Z

Elektrische Kraft nach elektromagnetischem Maass . . . . . . $\mathfrak{E}$

Ihre Komponenten . . . . P, Q, R

Elektromotorische Kraft als Linienintegral der elektrischen Kraft . E

Magnetomotorische Kraft als Linienintegral der magnetischen Kraft A

Kraftlinienzahl . . . . N

Kraftlinienzahl pro Flächeneinheit (Induktion) . . . . B

Magnetisirungskonstante . . . . μ

Dielektricitätskonstante . . . . ε

Stärke des elektrischen Stromes (elektromagnetisches Maass) . . . i

Stromdichte . . . . j

Ihre Komponenten . . . . u, v, w

Potential der elektrischen oder magnetischen Kraft V

Komponenten des Vektorpotentials . . . . F, G, H

Elektrische Energie . . . . E

Magnetische Energie . . . . T

Galvanischer Widerstand . . . . w

Magnetischer Widerstand . . . . W

XVI Schlüssel der Bezeichnungen.

Galvanische Leitfähigkeit . . . . σ
Kapacität (im Allgemeinen nach elektromagnetischem Maass) . . . C
Koefficient der Selbstinduktion oder gegenseitigen Induktion . . . L
Wellenlänge . . . . λ
Schwingungsdauer . . . . T
Raumelement . . . . dτ
Flächenelement . . . . dS, dσ
Linienelement . . . . ds, dl

Fehlerverzeichniss.

pag. 36, Zeile 14 von oben lies: „(pag. 18)" statt: „(pag. 19)".
„ 55, „ 17 von oben lies: „§ 34" statt: „§ 31".
„ 67, „ 8 von oben lies: „$\int \frac{\eta_r \, dF}{r^2} \cos(nr)$" statt: „$\int \frac{\eta_r \, dF}{r}$".
„ 75, „ 7 von oben lies: „ermöglichen" statt: „nöthig machen".
„ 96, „ 11 von unten füge hinter: „Vollcylinders" die Worte: „vom Radius R" ein.
„ 96, „ 2 von unten füge ein die Formelbezeichnung (33').
„ 97, „ 8 von oben lies: „H_1" statt: „H".
„ 98, „ 2 von oben lies: „(33)" statt: „(32)".
„ 109, „ 12 von unten lies: „ℭ" statt: „C".
„ 120, „ 12 von unten lies: „wenn" statt: „wann".
„ 178, „ 7 von unten lies: „§ 10" statt: „§ 9".
„ 219, „ 1 von oben lies: „Dieselbe" statt: „Dasselbe".
„ 306, „ 9 und 15 von oben lies: „ℭ$_0$" statt: „$\frac{\partial \mathfrak{C}_0}{\partial s}$".
„ 310, „ 4 von oben lies: „$\mathfrak{F}_n$" statt: „F_n".
„ 322, „ 7 von oben lies: „$+\frac{\partial^2 X}{\partial z^2}$" statt: „$-\frac{\partial^2 X}{\partial z^2}$".
„ 355, „ 8 von oben lies: „pag. 348" statt: „pag. 347".
„ 356, „ 6 von unten lies: „Anm. 3" statt: „Anm. 2".
„ 360, „ 9 von oben lies: „l'" statt: „e'".
„ 486, „ 8 von unten lies: „$n^2 = (n^2)$" statt: „$n = (n)$".
„ 487, „ 1 und 6 von oben lies: „$\sqrt{B}$" statt: „B".

Kapitel I.
Allgemeine Eigenschaften des magnetischen Feldes.

1. Das Feld magnetischer Pole. Stücke von Stahl kann man in Zustände versetzen, in welchen sie kräftige ponderomotorische, d. h. ihre Massen in Bewegung setzende, Kräfte aufeinander ausüben. In diesem Zustande nennt man die Stahlstücke **magnetisirt**.
— In schwächerem Grade kann man auch Eisen magnetisiren.

Es giebt verschiedene Methoden, Eisen oder Stahl zu magnetisiren. Die Natur bietet uns in einigen Mineralien, hauptsächlich dem Magneteisenstein, welcher aus Eisenoxyd und Eisenoxydul besteht, natürliche Magnete, d. h. Körper, welche ohne besondere Behandlung gegenseitige ponderomotorische Wirkungen ausüben. Bestreicht man ein Stück Stahl mit einem solchen natürlichen Magneten, so wird dasselbe ebenfalls zu einem Magneten, d. h. es wird dauernd in den magnetischen Zustand versetzt.

In bequemerer Weise kann man sich der Wirkung des galvanischen Stromes bedienen. Bringt man ein Stahlstück in die Nähe eines solchen, oder leitet man eventuell den Strom durch das Stück selbst hindurch, so zeigt es sich auch nach Entfernen, bezw. Aufhören des Stromes dauernd magnetisirt, was man an den ponderomotorischen Wirkungen erkennen kann, welche das eine Stahlstück auf ein anderes, in ähnlicher Weise behandeltes, ausübt.

Die Stärke dieser Wirkungen nimmt mit der gegenseitigen Entfernung der Stahlstücke ab. Man bezeichnet den Raum, innerhalb dessen magnetische Wirkungen noch merkbar sind, als **magnetisches Feld**. Die Kräfte hängen aber nicht allein von der gegenseitigen Entfernung und Lage der Stahlstücke, ihrer Gestalt und Grösse ab. Denn bei denselben beiden Stahlstücken können die Kräfte auch in derselben relativen Entfernung und Lage je nach der specielleren

Art der vorangegangenen Behandlung sehr verschieden ausfallen, nicht nur was ihre Stärke anbelangt, sondern auch hinsichtlich ihrer sonstigen Eigenschaften. Während z. B. bei einer gewissen Art der Behandlung und bei einer speciellen relativen Lage nur translatorische Kräfte auftreten, können bei einer anderen Art der Behandlung die Stahlstücke in derselben relativen Lage auch noch drehende Kräfte aufeinander ausüben. In diesen Fällen sagt man, dass die Stahlstücke in **verschiedener Weise magnetisirt** seien.

Bei einer gewissen Gestalt der zu magnetisirenden Körper und bei einer gewissen Behandlungsweise derselben, d. h. bei einer gewissen Art der Magnetisirung, kann man nun die durch dieselbe hervorgerufenen ponderomotorischen Kräfte in der einfachsten Weise berechnen.

Legt man nämlich einen Stahlkörper, welcher sehr dünn im Vergleich zu seiner Länge ist — etwa eine Klaviersaite von 1 mm Durchmesser und 40 cm Länge — in das Innere einer die Enden der Saite weit überragenden Röhre, um welche ein galvanischer Strom in schraubenförmigen Windungen von kleiner Ganghöhe fliesst (ein sogenanntes Solenoid), so ist der Körper nach dem Herausnehmen aus der Röhre in der Weise magnetisirt, als ob nur seine beiden Enden der Sitz von Centralkräften seien, einerlei, in welcher Weise man den Körper nachher biegt. Die ponderomotorischen Kräfte, welche zwei in dieser Weise magnetisirte Stahlkörper aufeinander ausüben, werden also dadurch der Erfahrung völlig entsprechend berechnet, dass man annimmt, es wirken nur zwischen je zweien der vier Enden der Körper Kräfte, welche in der Verbindungslinie der betrachteten Enden liegen und nur von ihrer relativen Entfernung abhängen, nicht von der geometrischen Gestalt der Magnete.

Man nennt die Enden des Stahlkörpers seine **magnetischen Pole**. Allgemein verwendet man diese Bezeichnung für diejenigen Stellen eines magnetischen Feldes, welche der scheinbare Sitz von in die Ferne wirkenden Centralkräften sind. — Es ist nicht nothwendig, dass jedes magnetische Feld Pole besitzt; das auf die angegebene Weise erhaltene magnetische Feld besitzt aber solche.

2. Polstärke. Ihre Messung nach absolutem Maass. Wie schon anfänglich hervorgehoben ist, nehmen die magnetischen ponderomotorischen Kräfte mit der gegenseitigen Entfernung der magnetisirten Körper ab. Magnetisiren wir nun zwei sehr lange, dünne

Stahldrähte in der angegebenen Weise, so können wir dieselben leicht in eine solche Lage bringen, dass nur zwei ihrer Enden sich gegenseitig so nahe kommen, dass sie merkbar aufeinander einwirken, während die übrigen Enden so weit liegen, dass ihre Wirkung unmerkbar wird. In diesem Falle haben wir es also zu thun allein mit der Kraft, welche zwei Magnetpole aufeinander ausüben. Man kann diese Kraft leicht messen, sie z. B. mit der Schwere vergleichen, d. h. in Gewicht ausdrücken, wenn man den einen Stahldraht an dem Balken einer Wage befestigt, während der andere darunter oder darüber fest aufgestellt ist.

Auf diese Weise konstatirt man, dass die Kraft der beiden Pole umgekehrt proportional dem Quadrat ihrer relativen Entfernung ist. Bezeichnet man die letztere durch r, die Kraft durch K, so ist zu setzen

$$K = \frac{k}{r^2}.$$

Untersucht man nun bei derselben Entfernung r die Kraft K bei verschiedenen magnetisirten Stahldrähten, so findet man verschiedene Werthe für K. Der Koefficient k muss also abhängen von den Eigenschaften der angewandten Stahldrähte. Es zeigt sich nun, dass das Verhältniss der Kräfte eines Drahtes (1) auf zwei andere (2) und (3) ganz unabhängig ist von der Natur des Drahtes (1), d. h. dass das Verhältniss ungeändert bleibt, wenn man den Draht (1) durch einen beliebigen anderen (4) ersetzt. Aus dieser Thatsache ergiebt sich, dass der Koefficient k, welcher in dem obigen Kraftgesetze zweier beliebiger Stahldrähte (1) und (2) auftritt, aus dem Produkte zweier Faktoren bestehen muss, von denen der eine nur von der Natur des einen Drahtes (1), der andere nur von der Natur des zweiten Drahtes (2) abhängen kann. Bezeichnet man diese Faktoren mit m_1 und m_2, so ist also zu setzen

$$K = f \frac{m_1 m_2}{r^2},$$

wobei f eine weder von der Natur der angewandten Drähte noch von der Entfernung r abhängende Konstante bezeichnet.

Die Faktoren m_1 und m_2 bieten offenbar ein günstiges Maass für die Grösse der Magnetisirung; denn sie müssen den Werth Null annehmen, falls die Drähte unmagnetisch sind. Eine wirkliche Messung dieser Faktoren ist aber erst dann möglich, wenn man die Konstante f bestimmt hat. Ueber diese kann man nun willkürlich verfügen, denn irgend welche Aenderungen ihres Werthes würden nur den Werth der vorläufig noch unbestimmten Faktoren m beeinflussen. Der Einfachheit halber setzt man nun f = 1, d. h.

$$K = \frac{m_1 m_2}{r^2}. \tag{1}$$

Die durch diese Formel definirten Faktoren m_1 und m_2 nennt man die **Polstärken** der aufeinander wirkenden Drahtenden. Man kann sie leicht in absolutem Maass, d. h. durch die Einheiten der Masse, Länge und Zeit ausdrücken. — Denken wir uns nämlich zwei Pole gleicher Stärke hergestellt, was dadurch kontrollirt werden kann, dass ihre Einwirkung auf ein und denselben dritten Pol in der gleichen Entfernung die nämliche ist, so ist offenbar ihre Polstärke durch den Ausdruck gegeben

$$m = r\sqrt{K} \tag{2}$$

Misst man daher K auf der Wage durch ein Gewicht, misst man ferner r mit einem Längenmaasse, so ist auch dadurch m in den angewandten Einheiten des Gewichts und der Länge gemessen.

Es ist jetzt üblich geworden, als Einheit der Masse das Gramm, als Einheit der Länge das Centimeter, als Einheit der Zeit die Sekunde zu wählen. Dieses System von Einheiten nennt man das Centimeter-Gramm-Sekunde-System oder das **cgs-System**.

Das Gewicht eines Grammes wird gemessen durch das Produkt seiner Masse in die Beschleunigung, welche beim freien Fall durch die Erdattraktion eintritt. Da letztere im cgs-System den Werth 981 besitzt, so repräsentirt also das Gewicht eines Grammes 981 absolute Krafteinheiten, oder — wie man letztere zu nennen pflegt — 981 **Dynen**.

Ein Magnetpol der Stärke 1 übt also auf einen Pol gleicher Stärke in der Entfernung von 1 Centimeter die Kraft einer Dyne aus, d. h. dieser Kraft kann durch das Gewicht von $^1/_{981}$ Gramm das Gleichgewicht gehalten werden.

3. Die Dimension der Polstärke. Der numerische Werth der Polstärke eines bestimmten Magneten würde sich ändern, wenn wir andere Einheiten der Masse, Länge und Zeit zu Grunde legten, als sie im cgs-System angenommen sind.

Nicht jede zu messende physikalische Grösse ändert ihren numerischen Werth, wenn jene Einheiten anders gewählt werden. So ist z. B. der optische Brechungsindex eines Körpers vollkommen von dem gewählten Maasssystem unabhängig. Diese Art von physikalischen Grössen pflegt man dimensionslos zu nennen, oder auch dimensionslose Zahlen. Dagegen redet man bei der ersteren Art von physikalischen Grössen, zu denen die Polstärke gehört, von ihrer Dimension, welche sie in den Grundeinheiten besitzen, indem man darunter diejenigen Potenzen derselben versteht, welche in der Formel der betrachteten physikalischen Grössen auftreten. Es ist dies eine Verallgemeinerung des Gebrauches, nach welchem ein Gebilde, welches durch das Produkt zweier oder dreier Längen gemessen wird — also eine Fläche oder ein Raum — als von der zweiten oder dritten Dimension bezeichnet wird. So ist z. B. eine Geschwindigkeit von der ersten Dimension der Länge und der reciproken ersten Dimension der Zeit. Man kann dies formell dadurch bequem zum Ausdruck bringen, dass man die Länge mit L, die Zeit mit T, die Masse mit M bezeichnet und die Dimensionen der betreffenden Grösse als Exponenten neben diese Grundeinheiten setzt.

Diese Dimensionsformeln sollen im Folgenden dadurch gekennzeichnet werden, dass man die betreffende physikalische Grösse in [ ] Klammern setzt.

Die Dimensionsformel einer Geschwindigkeit v ist demnach
$$[v] = LT^{-1},$$
einer Beschleunigung g
$$[g] = LT^{-2},$$
einer Kraft K
$$[K] = MLT^{-2}.$$

Aus Formel (2) ergiebt sich daher die **Dimensionsformel der Polstärke** zu
$$[m] = M^{1/2} L^{3/2} T^{-1}. \tag{3}$$

Die Dimensionsformeln leisten gute Dienste, wenn man von einem System von Grundeinheiten zu einem anderen übergehen will. — Wählt man z. B. das Milligramm und das Millimeter als Massen- und Längeneinheit, d. h. geht man vom cgs-System zum mm-mg-s-System über, und unterscheidet man die neuen Einheiten durch obere Striche von den alten, so ist zu setzen
$$M = 1000\,M', \quad L = 10\,L', \quad T = T'.$$
Setzt man diese Werthe in die Dimensionsformel (3) der Polstärke, so folgt
$$[m] = 1000\,M'^{1/2} L'^{3/2} T'^{-1}.$$

Der numerische Werth der Polstärke eines bestimmten Magneten ist also beim Uebergang vom cgs-System zum mm-mg-s-System mit 1000 zu multipliciren.

Ausserdem sind die Dimensionsformeln noch nützlich zur Kontrolle einer längeren Rechnung, durch die irgend welche Beziehungen zwischen verschiedenen physikalischen Grössen hergestellt werden. Denn nur Grössen gleicher Dimension können einander gleich sein; nie hat es z. B. einen Sinn, 1 cm gleich 1 Sekunde zu setzen. In jeder Formel können daher durch Gleichheits-, Additions- oder Subtraktions-Zeichen nur Grössen gleicher Dimension verbunden sein.

4. Die Summe der Polstärken eines Magneten ist Null.

Das in der Formel (1) ausgesprochene Gesetz der Kraftwirkung zweier Magnetpole ist identisch mit dem allgemeinen Attraktionsgesetze, welches Newton für zwei ponderable Massen M' und M'' aufgestellt hat. Aber abgesehen davon, dass die magnetischen Kräfte durch ihre weit grössere Intensität von den allgemeinen Attraktionskräften leicht unterschieden werden können, indem z. B. dünne Stahldrähte in unmagnetisirtem Zustande merkbare Attraktion überhaupt nicht äussern, so differiren sie noch in einem wesentlichen anderen Punkte von der Newton'schen Masseneinwirkung. Letztere äussert sich nämlich nur als Anziehung, während Magnetpole sich sowohl anziehen als abstossen können.

Beobachtet man z. B. bei dem in § 2 beschriebenen Experiment mit zwei Stahldrähten in einem Falle Anziehung, so erhält man bei Vertauschung der beiden Enden des einen der Drähte Abstossung, und zwar von numerisch genau dem gleichen Betrage, wie ihn die vorherige Anziehung besass. Dieses Gesetz kann man bei der beschriebenen Anordnung leicht an der Wage verificiren.

Aus diesem Gesetz folgt sofort, dass der **absolute Werth der Polstärken** der beiden Enden jedes Drahtes **gleich sein muss**. Ferner folgt, dass man genau die ursprüngliche magnetische Einwirkung erhalten muss, wenn man die Enden beider Magnete vertauscht.

Um in der Formel das verschiedene Verhalten der Attraktion und Repulsion zum Ausdruck zu bringen, legt man passend den Polstärken das positive oder negative Vorzeichen bei und setzt ferner fest, dass die Attraktion von der Repulsion sich ebenfalls durch das Vorzeichen unterscheiden soll. Es ist üblich, die Abstossung mit positivem, die Anziehung mit negativem Vorzeichen zu belegen. Hat man nun durch Beobachtung der Einwirkung eines beliebigen dritten Magneten (z. B. der Erde) diejenigen Pole zweier Magnete gefunden, welche das gleiche Vorzeichen besitzen, so beobachtet man zwischen diesen gleichnamigen Polen stets Abstossung. Formel (1) ist daher jetzt auch richtig in Bezug auf das Vorzeichen, indem durch sie der Thatsache Rechnung getragen wird, dass **gleichnamige Pole sich abstossen, ungleichnamige sich anziehen.**

Nennt man die beiden Pole eines magnetisirten Drahtes m und m', so folgt daher jetzt mit Berücksichtigung ihrer Vorzeichen
$$m + m' = 0,$$
d. h. **die Summe der Polstärken ist Null.**

Welchen Pol eines Magneten man als positiven, welchen man als negativen bezeichnen will, bleibt dabei ganz willkürlich. Ueblich ist es, das unter dem Einfluss der Erde, welche selbst ein magnetisches Feld besitzt, sich nach Norden einstellende Ende eines Magneten als **positiven Pol** oder **Nordpol** zu bezeichnen.

Die bisherigen Sätze sind an den Erfahrungen gewonnen, welche man mit den langen Stahldrähten machen kann, wenn man sie in der in § 1 angegebenen Weise magnetisirt. Obgleich nun nur die Enden der Drähte der Sitz von magnetischen Kräften zu sein scheinen, so ist doch keineswegs zu schliessen, dass thatsächlich nur diese Enden durch den Magnetisirungsprocess in ihrer Natur geändert sind, während die übrigen Stellen der Drähte in demselben Zustande geblieben seien, wie sie ihn vor der Magnetisirung besessen haben. Dass dem nicht so ist, kann man erkennen, wenn man den Draht in kleinere Stückchen zerbricht. Ein jedes derselben zeigt nämlich wiederum magnetische Eigenschaften in ganz ähnlicher Weise, wie der ursprüngliche ganze Draht. Die Enden jedes Stückchens bilden magnetische Pole, d. h. scheinen der Sitz von Centralkräften zu sein. Deren Gesetz wird wiederum durch die Formel (1) ausgedrückt. Die experimentelle Ermittelung derselben leidet jetzt nur an der Unbequemlichkeit, dass wegen der Kürze der Stücke die Wirkungen seiner **beiden** Pole auf einen Pol eines anderen Drahtstückes zu berücksichtigen sind. Sehr einfach ist aber auch in diesem Falle zu beobachten, dass, wenn ein kurzer Magnet in der axialen Verlängerung eines anderen längeren liegt, die resultirende magnetische Kraft ihr Vorzeichen wechselt, aber dem absoluten Werthe nach konstant bleibt, wenn man den kürzeren

Magneten um 180° so dreht, dass seine beiden Enden ihre Lage zu dem langen Magneten gerade vertauschen. Hieraus ist sofort zu schliessen, dass auch in dem kurzen Magneten die Summe seiner Polstärken Null ist. — Diesen Satz kann man auch aus der Beobachtung schliessen, dass das Gewicht eines Stahlstückes sich durch Magnetisirung nicht ändert. Seine beiden Pole erfahren daher in dem gleichförmigen Magnetfelde der Erde gleiche Anziehung und Abstossung.

Dieselben Beobachtungen könnte man machen, soweit man auch die Zerkleinerung eines Magneten betriebe. Hieraus ist zu schliessen, **dass in jedem auch noch so kleinen Magneten, d. h. auch in jedem Volumenelement eines Magneten die Summe der Polstärken den Werth Null ergiebt.**

5. Fernkräfte oder Nahekräfte? In dem Vorangegangenen ist gezeigt, dass man ein magnetisches Feld erzeugen kann, in welchem die vorhandenen ponderomotorischen Kräfte in richtiger Weise durch die Annahme berechnet werden können, dass gewisse Punkte — die Pole des Feldes — Kräfte aufeinander ausüben, die zwar mit der Entfernung abnehmen, aber doch noch in grossen Distanzen wirken, sogenannte **Fernkräfte**.

Man hat in neuerer Zeit das Bestreben, hauptsächlich nach dem Vorgange der beiden englischen Physiker **Faraday** und **Maxwell**, die in der Natur beobachteten Wirkungen auf **Nahekräfte** zurückzuführen, d. h. auf solche Kräfte, die direkt irgend welche Veränderungen nur an der Stelle des Raumes bewirken, wo man sie gerade betrachtet. Man stellt sich zu diesem Zwecke den Raum nicht leer vor, sondern mit einem Medium erfüllt, welches unter der Einwirkung dieser Nahekräfte irgend welche Veränderungen erleiden kann. Die scheinbaren Fernkräfte kommen dann durch Vermittelung dieses Mediums zu Stande, indem seine Veränderungen, die in einem Punkte A hervorgerufen werden, sich im ganzen Medium weiter verbreiten, auch bis zu einem entfernten Punkte B, wo sie unter Umständen ponderomotorisch, d. h. massenbewegend, wirken können.

Bei allen magnetischen, elektrischen und optischen Erscheinungen, sowie denen der strahlenden Wärme, können nun sogenannte ponderable Medien nicht die wesentliche Rolle der Vermittelung übernehmen, wenn sie dieselbe eventuell auch modificiren können; denn auch im luftleeren Raume, in welchem ponderable Materie fehlt, treten die genannten Erscheinungen auf. Man hat daher einem unwägbaren Medium die Vermittlerrolle zugewiesen und nennt dieses den Aether. Die genannten Erscheinungen werden also nach dieser Anschauung nur durch Zustandsänderungen im Aether wachgerufen, die Lehre von der Elektricität, dem Magnetismus, dem Lichte und der strahlenden Wärme wird also gemeinsam umfasst durch das Studium der Physik des Aethers.

Gerade so gut, wie man einem besonderen Medium, welches den Raum überall erfüllt, die Vermittlerrolle von Kraftwirkungen zuweist, könnte man auch dasselbe entbehren und dem Raum selbst diejenigen physikalischen Eigenschaften beilegen, welche dem Aether jetzt zugeschrieben werden. Man hat sich bisher vor dieser Anschauung gescheut, weil man mit dem Worte „Raum" eine abstrakte Vorstellung ohne physikalische Eigenschaften verbindet. Da die Einführung des neuen Begriffes „Aether" durchaus ohne Belang ist, wofern man nur das Princip der Nahekräfte festhält, so soll in dieser Darstellung von der bisher üblichen Bezeichnung, d. h. der Einführung des Wortes „Aether", Gebrauch gemacht werden.

Das gegenseitige Verhältniss von Fern- und Nahekräften wird gut an dem elastischen Verhalten der Körper demonstrirt. Wenn z. B. das eine Ende eines Stabes gedrillt wird, während das andere fest eingeklemmt ist, so tritt auch z. B. in der Mitte der Länge des Stabes eine Drillung auf. Diese kommt nun nicht zu Stande durch Distanzwirkung des untersten Querschnittes des Stabes auf seinen mittelsten Querschnitt, sondern durch Vermittelung der gegenseitigen Lageänderungen der dazwischen liegenden Querschnitte. — Mit diesem Gleichniss soll nicht gesagt sein, dass die im Aether wirkenden Nahekräfte in jeder Hinsicht den elastischen Nahekräften der Materie ähnlich seien, im Gegentheil, man kann wesentliche Unterschiede zwischen beiden Arten von Nahekräften bei näherer Untersuchung auffinden.

Es muss hier zunächst auf eine Meinung aufmerksam gemacht werden, die behauptet, dass ein wesentlicher Unterschied zwischen Fernkräften und Nahekräften nicht bestehe. Denn auch die elastischen Nahekräfte kann man rechnerisch auf Fernkräfte zurückführen, die allerdings nur in kleinen, sogenannten molekularen Distanzen wirken, ohne mit der Erfahrung in Widersprüche zu gerathen. Dem gegenüber muss gesagt werden, dass diese so definirten elastischen Nahekräfte keine Nahekräfte sind. Wirkliche Nahekräfte wirken nicht in Distanzen, auch wenn sie noch so klein sind. Wenn von einem

Punkte A eine Nahekraft ausgeht, so bewirkt diese Zustandsveränderungen nur in A selber.

Es ist nicht immer nothwendig, dass dasjenige, was vom Punkte A ausgeht, mit dem Namen Kraft im gewöhnlichen Sinne zu bezeichnen ist, d. h. als eine Ursache, welche Massen in Bewegung setzen kann. Es kann irgend ein anderer physikalischer Zustand sein, dessen Wirkungen wir durch das Experiment kennen, dessen tiefere Natur wir aber gar nicht zu ergründen brauchen (und können). Dieser betrachtete physikalische Zustand $\mathfrak{H}_1$ kann dann von irgend welchen anderen physikalischen Zuständen, $\mathfrak{H}_2$, $\mathfrak{H}_3$ etc., abhängen. Das Gesetz für diese Abhängigkeit ist aus den Erfahrungsthatsachen durch mathematischen Kalkul abzuleiten. **Das Princip der Existenz der Nahewirkungen besagt dann, dass sich stets eine Beziehung finden lassen muss, der zufolge der Werth des Zustandes $\mathfrak{H}_1$ an der Stelle A nur abhängt von den Werthen der Zustände $\mathfrak{H}_2$, $\mathfrak{H}_3$ ... an derselben Stelle A des Raumes.** Wesentlich für die hier zu entwickelnde Theorie ist die Ausdehnung der Nahewirkungsgesetze von homogenen, d. h. überall gleich beschaffenen Medien auf inhomogene. Man kann nicht behaupten, dass dasselbe Nahewirkungsgesetz in jedem Falle im inhomogenen Raume gilt, wenn es im homogenen Raume besteht. — Dieses wird aber eintreten, wenn das Nahewirkungsgesetz in einer Form ausgesprochen ist, dass es von der Natur an der betrachteten Raumstelle ganz unabhängig erscheint. Zwar ist dieser Schluss nicht ein mathematisch strenger, da die Nahewirkungsgesetze aus Beobachtungen im homogenen Raume abstrahirt sind, aber er ist ein sehr nahe liegender hypothetischer Schluss.

Im Folgenden wird von ihm mehrfach Gebrauch gemacht werden. Es wird auf ihn dann kurz hingewiesen werden als „den Satz von der Unveränderlichkeit der Nahewirkungen".

Sehr oft sind bei dieser herzustellenden Beziehung, welche das Nahewirkungsgesetz ausdrückt, einige der Zustände $\mathfrak{H}_1$, $\mathfrak{H}_2$, $\mathfrak{H}_3$ etc. Differentialquotienten eines Zustandes $\mathfrak{H}'$ nach den Koordinaten oder der Zeit. **In diesem Falle drückt sich dann das Nahewirkungsgesetz durch eine Differentialgleichung oder ein System von simultanen Differentialgleichungen aus. Das Fernwirkungsgesetz giebt die Integrale dieser Differentialgleichungen in bestimmten, bei der Beobachtung vorliegenden Fällen.**

Der letzte Satz beleuchtet das Verhältniss der Nahewirkungen zu den Fernwirkungen von der mathematischen Seite. Es muss danach in vielen Fällen vortheilhaft erscheinen, die weitere Rechnung direkt an das Fernwirkungsgesetz anzuknüpfen, ohne auf das Nahewirkungsgesetz, die Differentialgleichung, zurückzugehen. Hiermit ist aber nicht gesagt, dass das Nahewirkungsgesetz überhaupt ganz zu entbehren wäre, selbst für den Physiker, welcher allein die beobachtbaren Thatsachen berechnen will, ohne sich um Schwierigkeiten zu kümmern, die spekulative Betrachtungen über Fernkräfte ergeben. Erst in späteren Kapiteln wird der Vortheil, den die Aufstellung der Nahewirkungsgesetze mit sich bringt, deutlich in die Augen springen, hauptsächlich, wenn es sich darum handelt, die sogenannten Grenzbedingungen für die Veränderung eines Zustandes beim Uebergang von einem Medium zum anderen zu finden. Ebenso wird es erst später hervortreten, dass man in neuerer Zeit direkte experimentelle Beweise dafür erhalten hat, dass in Wirklichkeit bei den hier behandelten Erscheinungen keine Distanzwirkungen, sondern nur Nahewirkungen auftreten. Der ganze Fortschritt, der in letzter Zeit in der Erforschung der Physik des Aethers gemacht ist, liegt wesentlich in konsequenter Durchführung der Idee der Nahekräfte. — Im Folgenden soll daher von derselben durchaus Gebrauch gemacht werden. Wie aus dem Vorstehenden hervorgeht, ist es aber in manchen Fällen bequem, der Rechnung sofort das aus den Nahekräften resultirende Gesetz von scheinbaren Fernkräften zu Grunde zu legen. — In dieser Weise allein ist die Benutzung von Fernkraftgesetzen im Folgenden zu verstehen.

6. Die Stärke eines magnetischen Feldes. In § 1 ist beschrieben, wie man sich ein magnetisches Feld herstellen kann, welches von einzelnen fast punktförmigen Polen herrührt. Nicht immer nun ist das magnetische Feld, d. h. der Raum, innerhalb dessen magnetische Einwirkungen stattfinden, so einfach gestaltet, dass man es als von einzelnen Polen herrührend ansehen kann; in gewissen Fällen kann die Anzahl der Pole ins Unendliche zunehmen, so dass sie ein Kontinuum bilden, eine Linie, Fläche oder einen Raum; oft auch existiren überhaupt keine Pole, während trotzdem aus gewissen Erscheinungen auf das Vorhandensein eines magnetischen Feldes zu schliessen ist. In allen Fällen können wir nun die Eigenschaften eines Magnetfeldes untersuchen durch die ponderomotorische Wirkung, welche ein Pol von der Stärke $+1$ darin erfährt. Denselben kann man, wie oben angegeben ist, sich dadurch herstellen, dass man einen sehr langen Stahldraht mit Hülfe eines so starken galvanischen Stromes magnetisirt, dass sein Ende auf das Ende eines gleichbehandelten gleichen Stahldrahtes in der Entfernung von 1 cm die Kraft einer Dyne ausübt.

Die Kraft, welche ein Pol der Stärke $+1$ im magnetischen Felde erfährt, nennt man die Stärke oder Intensität, oder auch die magnetische Kraft des Feldes.

Die Dimensionsformel der Feldstärke (der magnetischen Kraft) folgt aus der Ueberlegung, dass das Produkt aus der Polstärke in die Feldstärke die Dimension einer Kraft K haben muss. Bezeichnet man die Feldstärke (magnetische Kraft) mit $\mathfrak{H}$, so ist also

$$[m] \cdot [\mathfrak{H}] = [K],$$

d. h. nach Formel (3):

$$[\mathfrak{H}] = M^{1/2} L^{-1/2} T^{-1}. \tag{4}$$

7. Kraftlinien. Kann der Einheitspol der Wirkung der magnetischen Kraft ohne Hinderniss folgen, so beschreibt er, falls seine Masse oder seine Geschwindigkeit so gering ist, dass Trägheitskräfte nicht merklich auftreten, eine Bahn, deren Tangente in jedem Punkte mit der Richtung der magnetischen Kraft zusammenfällt. Diese Bahn wird Kraftlinie genannt. Ausser in der angegebenen Weise kann man bequemer die Gestalt der Kraftlinien eines Feldes dadurch ermitteln, dass man Eisenfeilspähne in dasselbe bringt, indem man sie der Wirkung der Schwere entzieht, z. B. durch Aufstreuen auf einen horizontalen Papierschirm. Da, wie wir später sehen werden, die Eisentheilchen im magnetischen Felde selbst zu Magneten werden, deren Pole in Richtung der Kraftlinien liegen, so ordnen sich die Spähne in der Richtung derselben an infolge der Anziehung der ungleichnamigen Pole, welche zwei benachbarte Eisenstückchen einander zuwenden.

8. Bedeutung des Wortes „Feldstärke" im Sinne der Fernkräfte und im Sinne der Nahekräfte. Es muss hier hervorgehoben werden, dass, je nachdem man Fernkräfte oder Nahekräfte annimmt, der Sinn des Wortes „Feldstärke" und „magnetisches Feld eines Magneten" ein verschiedener ist. Bei Annahme von

Fernkräften hat ein einzelner Magnetpol P an sich überhaupt kein magnetisches Feld. Dasselbe wird erst dadurch hervorgebracht, dass wir ihn auf einen anderen Pol, den Einheitspol P', wirken lassen, indem wir letzteren in die Umgebung des ersteren bringen.

Bei Annahme der Nahekräfte dagegen hat auch ein einzelner Magnetpol wohl ein magnetisches Feld, er bewirkt gewisse Zustandsänderungen im umgebenden Aether, und diese sind vorhanden, auch wenn gar kein anderer Pol in seiner Nähe ist. Wir bedienen uns in diesem Falle der Annäherung des Einheitspoles P' nur deshalb, um durch die auf ihn ausgeübten ponderomotorischen Kräfte quantitativ die Zustandsänderungen, welche der ursprünglich vorhandene Pol P im Aether hervorbringt, zu messen. — Dabei kann man nicht voraussetzen, es werde durch den Einheitspol P' das magnetische Feld nicht wesentlich geändert. Im Gegentheil, wir werden weiter unten erkennen, dass stets der Verlauf der Kraftlinien, auch wenn sie von einem noch so starken Magnetfelde herrühren, in der Nähe eines Punktes P' anders ist, wenn dort ein Einheitspol lagert, als wenn derselbe dort nicht vorhanden wäre, und dass gerade auf dieser Aenderung des Kraftlinienverlaufes die ponderomotorische Wirkung beruht, welche der Einheitspol im Magnetfelde erfährt.

Wir wollen aber annehmen, dass diese Veränderung des Kraftlinienverlaufes des ursprünglichen Feldes durch den Pol P' nur in seiner nächsten Nähe merkbar ist, was stets zu erreichen ist, wenn die Polstärke von P' genügend klein ist im Vergleich zu den das zu untersuchende Feld erzeugenden Polstärken. Man erhält dann für die Feldstärke $\mathfrak{H}$, d. h. für die Zustandsänderungen im Aether eines Magnetfeldes, denselben Werth, wie er nach einer später zu besprechenden Methode folgt, welche nicht direkt auf der Messung der ponderomotorischen Wirkungen des Magnetfeldes beruht.

9. Ein Nahewirkungsgesetz der magnetischen Kraft. Es möge ein magnetisches Feld durch die Pole der Stärken m_1, m_2, m_3, m_4 etc. hervorgebracht sein. Wir wollen ein Nahewirkungsgesetz der magnetischen Kraft dieses Feldes finden, d. h. eine Beziehung zwischen irgend welchen Grössen oder Zuständen, die sich auf ein und dieselbe Stelle des Raumes beziehen.

Die magnetische Kraft $\mathfrak{H}$, d. h. die Resultante der von den Polen m_1, m_2 ... auf den Pol P der Stärke 1 ausgeübten Wirkungen wird nach Grösse und Richtung bestimmt, wenn wir die drei Komponenten α, β, γ von $\mathfrak{H}$ nach drei zu einander rechtwinkligen

Koordinatenaxen x, y, z kennen. Diese lassen sich nun nach dem durch die Formel (1) für die Wirkung zweier Pole ausgesprochenen Gesetze sofort angeben, da z. B. die x-Komponente α von $\mathfrak{H}$ dadurch erhalten wird, dass man die von den Polen m_1, m_2 ... ausgeübten Einzelkräfte mit dem Kosinus derjenigen Winkel beziehungsweise multiplicirt, welchen die bezüglichen Entfernungen r_1, r_2 ... von P mit der x-Axe bilden, und die dadurch erhaltenen Produkte addirt.

Sind die Koordinaten des Poles m_1: x_1, y_1, z_1, die des Poles m_2: x_2, y_2, z_2 etc. und bezeichnen wir die Koordinaten des Einheitspoles P, d. h. derjenigen Stelle, an welcher wir die magnetische Kraft untersuchen wollen, mit x, y, z, so finden die Gleichungen statt:

$$r_1{}^2 = (x - x_1)^2 + (y - y_1)^2 + (z - z_1)^2,$$
$$r_2{}^2 = (x - x_2)^2 + (y - y_2)^2 + (z - z_2)^2 \text{ etc.} \qquad (5)$$

Nach den soeben angestellten Ueberlegungen ist

$$\alpha = m_1 \frac{x - x_1}{r_1{}^3} + m_2 \frac{x - x_2}{r_2{}^3} + m_3 \frac{x - x_3}{r_3{}^3} + \ldots$$
$$\beta = m_1 \frac{y - y_1}{r_1{}^3} + m_2 \frac{y - y_2}{r_2{}^3} + m_3 \frac{y - y_3}{r_3{}^3} + \ldots \qquad (6)$$
$$\gamma = m_1 \frac{z - z_1}{r_1{}^3} + m_2 \frac{z - z_2}{r_2{}^3} + m_3 \frac{z - z_3}{r_3{}^3} + \ldots$$
$$\alpha^2 + \beta^2 + \gamma^2 = \mathfrak{H}^2.$$

In diesen Formeln ist auch dem richtigen Vorzeichen Rechnung getragen, insofern, als z. B. der von m_1 beeinflusste Theil von α bei positivem m_1 positiv ist, falls $x > x_1$, d. h. der Pol m_1 stösst den Einheitspol P ab.

Differenziren wir nun α nach x, β nach y, γ nach z, so folgt, wenn die Formeln ausgeschrieben werden, nur für den von m_1 herrührenden Antheil, mit Berücksichtigung der aus (5) ableitbaren Beziehungen

$$\frac{\partial r_1}{\partial x} = \frac{x - x_1}{r_1}, \quad \frac{\partial r_1}{\partial y} = \frac{y - y_1}{r_1}, \quad \frac{\partial r_1}{\partial z} = \frac{z - z_1}{r_1}: \qquad (7)$$

$$\frac{\partial \alpha}{\partial x} = \frac{m_1}{r_1{}^3} - 3 m_1 \frac{(x - x_1)^2}{r_1{}^5} + \ldots$$
$$\frac{\partial \beta}{\partial y} = \frac{m_1}{r_1{}^3} - 3 m_1 \frac{(y - y_1)^2}{r_1{}^5} + \ldots$$
$$\frac{\partial \gamma}{\partial z} = \frac{m_1}{r_1{}^3} - 3 m_1 \frac{(z - z_1)^2}{r_1{}^5} + \ldots$$

Durch Addition dieser letzten drei Gleichungen folgt

$$\frac{\partial \alpha}{\partial x} + \frac{\partial \beta}{\partial y} + \frac{\partial \gamma}{\partial z} = 3\frac{m_1}{r_1{}^3} - 3\frac{m_1}{r_1{}^5}[(x-x_1)^2 + (y-y_1)^2 + (z-z_1)^2] + \cdots$$

d. h. mit Berücksichtigung der Formel (5):

$$\frac{\partial \alpha}{\partial x} + \frac{\partial \beta}{\partial y} + \frac{\partial \gamma}{\partial z} = 0. \qquad (8)$$

Hier haben wir eine Differentialgleichung für die Komponenten der magnetischen Kraft gewonnen, d. h. ein Gesetz der Nahewirkungen. Dasselbe hat im ganzen Raume, in welchem sich das magnetische Feld befindet, Gültigkeit, nur nicht in den Polen selbst, weil dort, wie aus (6) zu erkennen ist, die magnetische Kraft unendlich gross wird. Dieses Verhalten entspricht sicher nicht der Wirklichkeit in strengem Sinne, wir wollen später darauf zurückkommen. Schliessen wir die Stellen der Pole zunächst von der Betrachtung aus, so haben wir also in (8) ein Nahewirkungsgesetz eines durch Pole erzeugten Magnetfeldes.

10. Das Potential der magnetischen Kraft. Der magnetischen Kraft kommt sowohl ein Zahlwerth als Richtung zu. Derartige Grössen nennt man **Vektoren**, im Gegensatz zu **Skalaren**, welches Grössen sind, denen nur ein Zahlwerth zukommt, wie z. B. die Dichtigkeit eines Körpers an irgend einer Stelle. Die Gesetze der Vektoren sind unübersichtlicher, als die der Skalaren, da erstere immer die Kenntniss von drei Grössen an jeder Stelle des Raumes erfordern, wie z. B. die magnetische Kraft $\mathfrak{H}$ erst vollständig bestimmt ist, wenn man ihre drei Komponenten α, β, γ kennt.

Es bedeutet daher im Allgemeinen eine Vereinfachung, wenn man die Gesetze eines Vektors auf die eines Skalars reduciren kann. Dies ist nun in der That bei der magnetischen Kraft der Fall.

Es lassen sich nämlich die Komponenten der magnetischen Kraft als (negative) Differentialquotienten einer Funktion V nach den Koordinaten darstellen, welche ein Skalar ist.

Setzt man nämlich

$$V = \frac{m_1}{r_1} + \frac{m_2}{r_2} + \frac{m_3}{r_3} + \cdots, \qquad (9)$$

so wird thatsächlich

$$\alpha = -\frac{\partial V}{\partial x}, \quad \beta = -\frac{\partial V}{\partial y}, \quad \gamma = -\frac{\partial V}{\partial z}, \qquad (10)$$

wie man durch Differentiation, mit Berücksichtigung von (7), und Vergleichung mit (6) erkennt. **Diese Funktion V heisst das Potential der magnetischen Kraft, indem allgemein das Potential einer Kraft diejenige Grösse genannt wird, deren negative Differentialquotienten nach den Koordinaten die Komponenten der Kraft ergeben.**
Nicht jede Kraft besitzt ein Potential. Wie man aber aus den Gleichungen (10) ersieht, kann man leicht die Bedingung aufstellen, der Kräfte gehorchen müssen, welche ein Potential besitzen. Sie ist

$$\frac{\partial \alpha}{\partial y} = \frac{\partial \beta}{\partial x}, \quad \frac{\partial \beta}{\partial z} = \frac{\partial \gamma}{\partial y}, \quad \frac{\partial \gamma}{\partial x} = \frac{\partial \alpha}{\partial z}. \quad (11)$$

Diesem zweiten Nahewirkungsgesetz ist also die magnetische Kraft eines von Polen herrührenden Feldes ebenfalls unterworfen, wie man durch Differentiation der Formeln (6) leicht verificiren kann.

Aus Gleichung (8) erhält man ein Nahewirkungsgesetz für das Potential, nämlich

$$\frac{\partial^2 V}{\partial x^2} + \frac{\partial^2 V}{\partial y^2} + \frac{\partial^2 V}{\partial z^2} = 0. \quad (12)$$

Diese Differentialgleichung wird die Laplace'sche genannt. Sie gilt im ganzen Raume, abgesehen von den Polen. Ihre linke Seite wird oft abgekürzt durch das Symbol ΔV.

11. Der Gauss'sche Satz. Wir denken uns ein Flächenelement dS auf einer Fläche S abgegrenzt. Wir wollen das Produkt aus der Grösse des Flächenelementes in die Komponente $\mathfrak{H}_n$ der magnetischen Kraft bilden, welche nach der Normale n der Fläche genommen ist (vgl. Fig. 1). Dieses Produkt $\mathfrak{H}_n \cdot dS$ nennt man den **Kräftefluss** durch dS in Richtung von n. Der Kräftefluss durch die endliche Fläche S wird durch das Integral

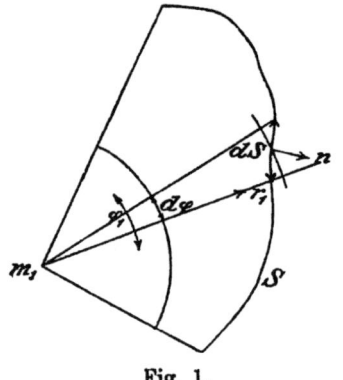

Fig. 1.

$$\int \mathfrak{H}_n \cdot dS$$

gegeben. Es ist nothwendig, den positiven Sinn der Normale n dabei festzulegen, d. h. den Sinn, in welchem der Kräftefluss durch die Fläche hindurch stattfinden soll.

Die Komponente $\mathfrak{H}_n$ ist durch das Potential V leicht ausdrückbar. Denn gerade wie die Kraftkomponente nach der x-Axe durch den negativen Differentialquotienten von V nach x bestimmt wird, muss, da die x-Axe in keinerlei Weise vor einer anderen Richtung im Raume ausgezeichnet ist, die Komponente $\mathfrak{H}_n$ gleich sein dem negativen Differentialquotienten von V nach n, wobei unter dem Differentialquotienten von V nach einer Richtung n das Verhältniss verstanden wird, in welchem sich der Werth von V beim Fortschreiten in der Richtung n zur Fortschreitungsgrösse ändert, wenn man letztere sehr klein wählt.

Berücksichtigen wir zunächst nur die vom Pole m_1 herrührende Kraft, so ist also

$$\mathfrak{H}_n = -\frac{\partial V}{\partial n} = -m_1 \frac{\partial \frac{1}{r_1}}{\partial n} = +\frac{m_1}{r_1^2} \cdot \frac{\partial r_1}{\partial n}.$$

Nun ist aber $\frac{\partial r_1}{\partial n} = \cos(nr_1)$, d. h. gleich dem Kosinus des Winkels (nr_1), welchen die positive Richtung n mit der von m_1 nach dS positiv gerechneten Richtung r_1 bildet. Dieses erkennt man bei Zugrundelegung der Definition des Differentialquotienten nach einer Richtung ohne Weiteres aus einer einfachen geometrischen Konstruktion (vgl. Fig. 2).

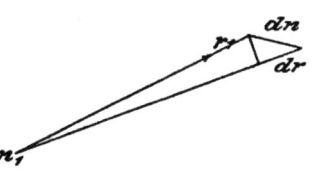

Fig. 2.

Daher ergiebt sich

$$\mathfrak{H}_n \cdot dS = \frac{m_1}{r_1^2} \cos(nr_1) \, dS.$$

Konstruirt man nun von der Begrenzung des Elementes dS aus einen Strahlenkegel, dessen Spitze in m_1 liegt (vgl. Fig. 1), so schneidet derselbe aus einer um m_1 beschriebenen Kugelfläche vom Radius 1 ein Stück der Grösse $d\varphi$ aus, welches im Verhältniss $1 : r_1^2$ kleiner ist, als ein Stück, welches der betrachtete Strahlenkegel aus einer Kugelfläche vom Radius r_1, d. h. aus einer durch den Ort von dS gehenden Kugelfläche, deren Centrum in m_1 liegt, ausschneiden würde. Letzteres Stück wird aber gemessen durch die Projektion des Flächenelementes dS auf die Kugeloberfläche, d. h. durch $dS \cdot \cos(n r_1)$. Es ist daher

$$d\varphi = \pm \frac{\cos(n r_1)}{r_1^2} dS,$$

und zwar gilt das obere oder untere Zeichen, je nachdem $\cos(n r_1) \gtreqless 0$ ist. Daher ist $\mathfrak{H}_n dS = \pm m_1 \cdot d\varphi$,

$$\int \mathfrak{H}_n \cdot dS = \pm m_1 \cdot \varphi_1. \tag{13}$$

$d\varphi$ nennt man den räumlichen Winkel, unter dem dS von m_1 aus erscheint; φ_1 ist deshalb der räumliche Winkel, unter dem die endliche Fläche S von m_1 aus erscheint.

Bei Berücksichtigung der auch von anderen Polen ausgehenden Wirkungen folgt für den Kräftefluss durch S in leicht verständlicher symbolischer Weise:

$$\int \mathfrak{H}_n \cdot dS = \pm m_1 \varphi_1 \pm m_2 \varphi_2 \pm m_3 \varphi_3 \pm \ldots$$

Nennt man die positive Seite von S diejenige, nach welcher die positive Richtung ihrer Normalen n hinweist, so gelten in obiger Formel die $+$Vorzeichen für diejenigen Pole m, welche nach der negativen Seite von S zu liegen, die $-$Vorzeichen dagegen für die nach der positiven Seite von S zu liegenden Pole.

Ist S eine geschlossene Fläche, und zeigt die positive Richtung von n nach aussen, so ist der räumliche Winkel φ für alle im Inneren von S liegenden Pole gleich $+4\pi$, für alle ausserhalb liegenden Pole Null, da dann zu jedem Winkelelement $d\varphi$ eines Flächenelementes dS mit positivem Vorzeichen ein gleich grosses mit negativem Vorzeichen zugeordnet werden kann.

Folglich ist für eine geschlossene Fläche

$$\int \mathfrak{H}_n \cdot dS = 4\pi \Sigma m, \tag{14}$$

wobei die m sich nur auf die von S eingeschlossenen Pole beziehen, d. h. **der durch eine geschlossene Fläche ausströmende Kraftfluss ist gleich 4π mal der Summe der gesammten eingeschlossenen Polstärken.**

Dieser Satz wird nach seinem Entdecker Gauss benannt.

Da nach § 4 die Summe der Polstärken in jedem Magneten gleich Null ist, so folgt aus dem Gauss'schen Satze, **dass die Summe des Kraftflusses durch jede einen oder mehrere Magneten ganz umschliessende Fläche gleich Null ist.**

Ebenso verschwindet der Kraftfluss durch eine geschlossene Fläche, wenn sie überhaupt keinen Magneten einschliesst. — Wenn die Summe des Kraftflusses durch eine geschlossene Fläche S verschwindet, so kann man auch sagen: Es strömt ebenso viel Kraft durch S ein, wie aus.

Die Summe des (magnetischen) Kraftflusses durch eine geschlossene Fläche S hat also nur dann einen von Null verschiedenen Werth, wenn die Fläche S mindestens einen Magneten schneidet. Nennen wir den Querschnitt von S mit einem Magneten S_1, so ist allerdings zunächst noch gar nicht gesagt, ob auf S_1, d. h. innerhalb eines Magneten, die magnetische Kraft in gleicher Weise durch das Potential V bestimmt wird, wie ausserhalb des Magneten. Im Gegentheil, wir werden später sehen, dass dies nicht der Fall ist. Die Formel (14) hat daher dann gar nicht mehr die Bedeutung des wirklichen Kraftflusses, weil das Integral auch über S_1 auszudehnen ist. Sie leistet aber trotzdem gute Dienste zur Untersuchung der mathematischen Eigenschaften derjenigen Funktion V, welche ausserhalb des Magneten die physikalische Bedeutung des Potentials der magnetischen Kraft besitzt, und zwar leistet die Formel (14) diesen Dienst auch in den Fällen, in welchen das Magnetfeld nicht mehr als mit punktförmigen Polen ausgestattet angenommen werden kann.

12. Das magnetische Feld von Flächenbelegungen. Streng genommen können die Enden von Stahldrähten, auch wenn sie noch so dünn sind, nicht als Punkte angesehen werden, sondern sie sind vielmehr als kleine Flächen (vom Querschnitt $d\sigma_1$, $d\sigma_2$ etc.) anzusehen. Wir kommen also der Wahrheit näher, wenn wir uns den punktförmigen Pol der Stärke m_1 als einen flächenförmigen der Grösse $d\sigma_1$ denken. Die Stärke des Poles muss ungeändert bleiben. Es muss also sein

$$m_1 = d\sigma_1 \cdot \eta,$$

falls man mit η diejenige Polstärke bezeichnet, welche der Flächeneinheit des Querschnittes $d\sigma_1$ zukommen würde. η nennt man die Flächendichte der magnetischen Belegung.

Wenden wir nun den Satz (14) an auf die Oberfläche eines die Polstärke m_1 einschliessenden kleinen Cylinders von der Basis $d\sigma_1$ und einer Höhe, die sehr klein im Verhältniss zur Basis ist, so brauchen wir das Integral nur über Endfläche und Grundfläche des Cylinders zu erstrecken. Bezeichnet man die Werthe von $\mathfrak{H}_n$ an ihnen mit $\mathfrak{H}_{+n}$ und $\mathfrak{H}_{-n}$, je nachdem sie für diejenige Seite von $d\sigma_1$ gelten, nach welcher die positive Richtung von n zeigt (positive Seite von $d\sigma_1$), oder die negative Richtung von n (negative Seite von $d\sigma_1$), so folgt aus (14):

$$(\mathfrak{H}_{+n} + \mathfrak{H}_{-n})\,d\sigma_1 = 4\,\pi\eta\,d\sigma_1. \tag{14a}$$

Da im Gauss'schen Satz (14) $\mathfrak{H}_n$ die Kraftkomponente nach der äusseren Normale auf S bedeutet, so ist $\mathfrak{H}_{+n}$ nach der Richtung der positiven Normale n auf $d\sigma$ genommen, $\mathfrak{H}_{-n}$ nach der der negativen Normale.

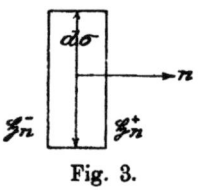

Fig. 3.

Bezeichnet man nun aber mit $\mathfrak{H}_n$ konsequent die Komponente der magnetischen Kraft, welche nach der Richtung der positiven Normalen n auf $d\sigma_1$ liegt, und zwar mit $\mathfrak{H}_n^+$ den Werth von $\mathfrak{H}_n$, welcher sich auf die vorhin definirte positive Seite von $d\sigma_1$ bezieht, mit $\mathfrak{H}_n^-$ den auf die negative Seite von $d\sigma_1$ bezüglichen Werth von $\mathfrak{H}_n$ (vgl. Fig. 3), so ist zu setzen $\mathfrak{H}_{+n} = \mathfrak{H}_n^+$, $\mathfrak{H}_{-n} = -\mathfrak{H}_n^-$. Daher ist

$$\mathfrak{H}_n^+ - \mathfrak{H}_n^- = 4\,\pi\eta, \tag{15}$$

d. h. **der Werth der Komponente der magnetischen Kraft, welche nach der Normale einer mit der magnetischen Dichte η belegten Fläche genommen wird, nimmt sprungweise um den Werth $4\pi\eta$ zu beim Durchgang durch die Fläche im Sinne der Normalen.**

Dieser Satz gilt offenbar nach seiner Herleitung nicht nur, wenn die Dichte η auf einer kleinen Fläche $d\sigma$ lagert, sondern ebenso, wenn eine grosse Fläche σ mit magnetischer Dichte η belegt ist, die auf der Fläche selbst variiren kann. In Formel (15) ist dann der Werth von η an derjenigen Stelle von σ zu nehmen, an welcher man die Diskontinuität von $\mathfrak{H}_n$ finden will.

Drückt man in (15) den Werth der Kraftkomponente $\mathfrak{H}_n$ aus durch den negativen Differentialquotienten $-\dfrac{\partial V}{\partial n}$ des Potentials, so entsteht:

$$\left(\frac{dV}{dn}\right)_+ - \left(\frac{dV}{dn}\right)_- = -4\,\pi\eta, \tag{16}$$

d. h. **der Differentialquotient des Potentials nach der Normalen einer mit der Dichte η belegten Fläche nimmt sprungweise um $4\pi\eta$ ab beim Durchgang durch die Fläche im Sinne der Normalen.**

Von Wichtigkeit ist die Bemerkung, dass **die magnetische Kraft in magnetischen Feldern, welche als von Flächenbelegungen herrührend angesehen werden können, überall endlich ist**, während wir ja in § 9 sahen, dass die magnetische Kraft in punktförmigen Polen unendlich gross wird. In der That kann die magnetische Kraft in einem Punkte P der Fläche σ, welche in P die magnetische Dichte η besitzt, höchstens durch die Einwirkung des an P unmittelbar anliegenden Flächenelementes dσ unendlich gross werden, da nur für dieses die Entfernung r von P unendlich klein ist. Ist nun aber zunächst P noch ausserhalb dσ gelegen in der Entfernung r auf der Normale n von dσ, so ist die magnetische Kraft von dσ in P gegeben durch $\eta d\sigma/r^2$, d. h. durch $\eta \cdot \varphi$, falls φ den räumlichen Winkel bezeichnet, unter dem dσ von P aus erscheint. Wenn nun P näher rückt an dσ, so wird der obige Ausdruck für die magnetische Kraft insofern ungenau, als, wenn r vergleichbar mit den Dimensionen von dσ ist, von verschiedenen Stellen des dσ verschieden gerichtete Kräfte ausgehen. Der Grössenordnung nach muss aber immer noch die magnetische Kraft mit dem Produkt $\eta \cdot \varphi$ übereinstimmen, auch wenn P in die Fläche dσ selbst fällt. In diesem Falle ist aber $\varphi = 2\pi$, d. h. die magnetische Kraft und daher auch das Potential von Flächenbelegungen ist überall endlich.

Aus Symmetriegründen muss die von dσ herrührende magnetische Kraft in P senkrecht auf dσ sein, falls P in dσ selbst liegt (genauer genommen in der Mitte von dσ), d. h. dσ ergiebt keine Kraftkomponente, welche einer Tangente von dσ parallel wäre. Da nun die Unstetigkeiten, welche im Verhalten der magnetischen Kraft beim Durchgang durch die Fläche σ eintreten, nur von der Wirkung des Elementes dσ herrühren können, durch welches der Durchgang stattfindet, so bleibt **die Tangentialkomponente der magnetischen Kraft beim Durchgang durch eine magnetisch belegte Fläche stetig.**

Da die magnetische Kraft von Flächenbelegungen überall endlich ist, so folgt, dass ihr **Potential V überall stetig ist.** Denn eine Unstetigkeit des V nach einer Richtung p würde einen unendlich grossen Differentialquotienten $\frac{\partial V}{\partial p}$ hervorrufen und daher eine unendlich grosse Komponente der magnetischen Kraft nach der Richtung p.

13. Die Potentialfunktion körperlicher Pole. Wir wollen die Eigenschaften des Potentials einer magnetischen Belegung untersuchen, welche nicht in Punkten koncentrirt oder auf Flächen ausgebreitet, sondern in gewissen Raumtheilen verbreitet ist. Es soll zunächst unerörtert bleiben, durch welche experimentellen Anordnungen man ein magnetisches Feld erzeugen kann, dessen Kräfte man aus einer derartigen Annahme ableiten würde; es mag hier nur erwähnt werden, dass es thatsächlich solche Anordnungen giebt.

Ist $\rho \, . \, d\tau$ die in einem Volumenelement der Grösse $d\tau$ enthaltene Polstärke, so nennt man ρ die **räumliche Dichte der magnetischen Belegung**.

Da man die räumliche magnetische Belegung der Dichte ρ auffassen kann als eine Flächenbelegung von unendlich vielen einander unendlich nahe benachbarten Flächen, auf denen die Dichte η ihrer Belegung unendlich klein ist, so folgt aus den Eigenschaften der Flächenbelegungen, die im vorhergehenden Paragraphen besprochen sind, **dass das Potential V von Raumbelegungen überall stetig ist**. — Ferner folgt, **dass auch die magnetischen Kräfte in ihnen, d. h. die Differentialquotienten des Potentials V, überall stetig sind**, weil die Dichte η der Flächenbelegungen, welche die Raumbelegung ersetzen kann, unendlich klein ist, und daher auch die Unstetigkeiten der magnetischen Kraft unendlich klein sind.

Wie steht es nun mit den zweiten Differentialquotienten von V nach den Koordinaten x, y, z? Ausserhalb des Raumes R, welcher magnetische Belegung enthält, genügen dieselben der Laplace-schen Differentialgleichung (12).

Welcher Differentialgleichung sie innerhalb R genügen, erkennt man, wenn man den Gauss'schen Satz (14) anwendet auf die Begrenzung eines kleinen Volumenelementes $d\tau$ des Raumes R, welches die Gestalt eines kleinen Parallelepipeds besitzt, dessen Kanten den Koordinatenaxen parallel sind und die Längen dx, dy, dz besitzen (vgl. Fig. 4).

Kennzeichnet man durch Indices 1 und 2 die Zugehörigkeit zu gegenüberliegenden Seiten dieses Parallelepipeds (in der Figur sind die Zahlen 1, 2 in die Mitten derjenigen Seiten des Parallelepipeds gesetzt, auf welche sich die hier gebrauchten Indices beziehen), so erhält man aus (14) die Gleichung:

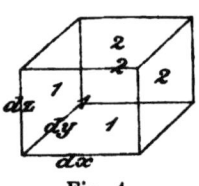

Fig. 4.

$$\left[\left(\frac{\partial V}{\partial x}\right)_1 - \left(\frac{\partial V}{\partial x}\right)_2\right] dy\,dz + \left[\left(\frac{\partial V}{\partial y}\right)_1 - \left(\frac{\partial V}{\partial y}\right)_2\right] dz\,dx$$
$$+ \left[\left(\frac{\partial V}{\partial z}\right)_1 - \left(\frac{\partial V}{\partial z}\right)_2\right] dx\,dy = 4\,\pi\rho\,dx\,dy\,dz\,.$$

Nun folgt aber, da $\dfrac{\partial V}{\partial x}$, $\dfrac{\partial V}{\partial y}$, $\dfrac{\partial V}{\partial z}$ stetig mit dem Ort variiren:

$$\left(\frac{\partial V}{\partial x}\right)_2 = \left(\frac{\partial V}{\partial x}\right)_1 + \frac{\partial^2 V}{\partial x^2}\,dx,$$
$$\left(\frac{\partial V}{\partial y}\right)_2 = \left(\frac{\partial V}{\partial y}\right)_1 + \frac{\partial^2 V}{\partial y^2}\,dy,$$
$$\left(\frac{\partial V}{\partial z}\right)_2 = \left(\frac{\partial V}{\partial z}\right)_1 + \frac{\partial^2 V}{\partial z^2}\,dz\,.$$

Setzt man diese Werthe in die obige Gleichung ein und dividirt durch dx dy dz, so folgt:

$$\frac{\partial^2 V}{\partial x^2} + \frac{\partial^2 V}{\partial y^2} + \frac{\partial^2 V}{\partial z^2} = \Delta V = -\,4\,\pi\rho \qquad (12')$$

als diejenige Differentialgleichung, welcher das Potential einer magnetischen Raumbelegung innerhalb des belegten Raumes genügt.

Diese Differentialgleichung wird die Poisson'sche genannt. — Man kann die Laplace'sche (12) unter (12') subsumiren, da ausserhalb des belegten Raumes ρ gleich Null ist.

14. Die magnetische Kraft ist aus den Nahewirkungsgesetzen vollständig bestimmt. Wir sahen, dass man die Untersuchung der magnetischen Kraft auf die des Potentials V reduciren kann. Für dasselbe haben wir nun in den Fällen, wo das Potential von einer Flächen- resp. Raumbelegung herrührt, in den Formeln (12) resp. (12') und (16) Nahewirkungsgesetze aufgestellt. Macht man die Voraussetzung, dass das Potential im ganzen Raume eine eindeutige, stetige und endliche Funktion ist und dass dasselbe für ihre ersten, nach den Koordinaten genommenen Differentialquotienten gilt mit Ausnahme gewisser, durch die Formel (16) ausgedrückter Unstetigkeiten — Voraussetzungen, welche im Falle der Flächen- und Raumbelegungen erfüllt sind — so lässt sich zeigen, dass das Potential durch die genannten Nahewirkungsgesetze vollständig bestimmt ist, d. h. dass nicht nur Fernwirkungen, welche von den Flächen- und Raumbelegungen herrühren und nach dem Gesetze (1) wirken, ein Integral jener Nahewirkungsgesetze darstellen, sondern dass jedes Integral derselben sich als eine Superposition der Flächenbelegungen mit der Dichte η und Raumbelegungen mit der Dichte ϱ auffassen lassen kann.

Wir haben also zu zeigen, dass es nicht zwei verschiedene Funktionen V und V' giebt, welche gleichzeitig den aufgestellten Bedingungen genügen. — Wir wollen zu dem Zwecke annehmen, es genügten die beiden Funktionen V und V' den aufgestellten Bedingungen. Nennen wir die Differenz $V - V' = V''$, so müsste V'' folgende Bedingungen befriedigen:

V'' ist eine überall eindeutige, endliche, stetige Funktion, ebenso ihre ersten Differentialquotienten (was bei den Funktionen V und V' allein nicht stattfindet); ihre zweiten Differentialquotienten genügen im ganzen Raume der Gleichung
$$\Delta V'' = 0.$$
Im Unendlichen verschwindet V''.

Nun lässt sich leicht zeigen, dass eine derartige Funktion V'' verschwinden muss.

15. Ein Hülfssatz. Es bezeichne $d\tau$ ein Volumenelement, und $\dfrac{\partial F}{\partial x}$ sei der Differentialquotient einer Funktion F, welche innerhalb eines von einer geschlossenen Fläche S umgrenzten Raumes überall endlich, stetig und eindeutig ist. Es soll betrachtet werden das über den ganzen innerhalb S liegenden Raum zu erstreckende Integral
$$\int \frac{\partial F}{\partial x} d\tau = \int \frac{\partial F}{\partial x} dx\,dy\,dz.$$
Man kann die Integration partiell nach x ausführen, d. h. man kann zunächst eine Summation derjenigen Elemente $\dfrac{\partial F}{\partial x} d\tau$ des Integrals vornehmen, welche auf einer beliebigen, zur x-Axe parallelen Geraden liegen. Dadurch erhält man:
$$dy\,dz \int \frac{\partial F}{\partial x} dx = dy\,dz\,(-F_1 + F_2 - F_3 + F_4 \text{ etc.}),$$

wobei die F_1, F_2 etc. die Werthe der Funktion F an denjenigen Stellen der Oberfläche von S bedeuten, an welchen sie von der zur x-Axe parallelen Geraden geschnitten wird. Der Allgemeinheit halber ist angenommen, dass diese Gerade die Fläche S mehrfach schneiden könne; jedenfalls muss die Anzahl der Schnittstellen gerade sein, weil S eine geschlossene Fläche ist. Wenn man die Gerade im Sinne der wachsenden x durchläuft, so bezeichnen F_1, F_3 etc. mit ungeradem Index die Werthe von F an den Eintrittstellen innerhalb des von S eingeschlossenen Raumes, F_2, F_4 etc. mit geradem Index die Werthe von F an den Austrittstellen (vgl. Fig. 5).

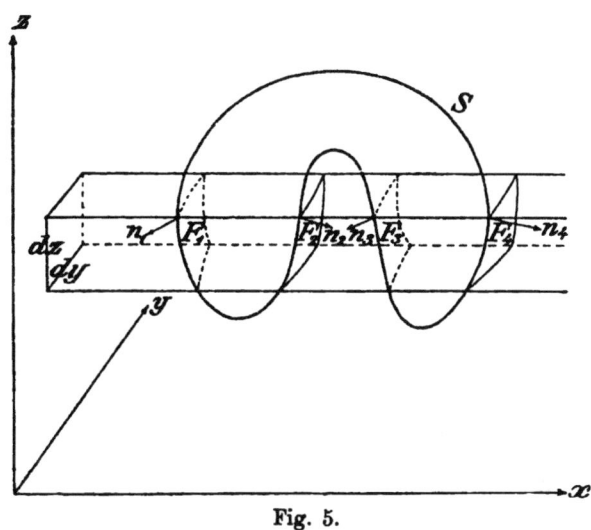

Fig. 5.

Konstruiren wir nun über der Basis des sehr kleinen Rechtecks $dy\,dz$ eine Säule, deren Axe der x-Axe parallel ist, so schneidet diese aus der Fläche S Stücke der Grösse dS_1, dS_2 etc. an den vorhin betrachteten Eintritt- resp. Austrittstellen aus, und zwar ist stets

$$dy\,dz = \pm\, dS \cdot \cos(nx),$$

falls (nx) den Winkel bezeichnet, welchen die Normale der Fläche S an der jeweilig geschnittenen Stelle mit der x-Axe bildet. Das Vorzeichen ist so zu bestimmen, dass die rechte Seite positiv ist, da die betrachteten Flächenstücke positive Grössen sind. Es soll nun [grade wie in Formel (14)] die positive Richtung von n nach aussen weisen, d. h. aus dem von S eingeschlossenen

Raum heraus. Dann ergiebt sich aus der Figur sofort, dass zu setzen ist an den Eintrittstellen:

$$dy\, dz = -\, dS_1 \cdot \cos(n_1 x) = -\, dS_3 \cdot \cos(n_3 x) \text{ etc.},$$

an den Austrittstellen:

$$dy\, dz = +\, dS_2 \cdot \cos(n_2 x) = +\, dS_4 \cdot \cos(n_4 x) \text{ etc.}$$

Es ist daher:

$$dy\, dz \int \frac{\partial F}{\partial x} dx = F_1 \cos(n_1 x)\, dS_1 + F_2 \cos(n_2 x)\, dS_2 + \ldots$$

Vollführt man nun noch eine Integration nach y und z, um das ganze betrachtete Raumintegral zu erhalten, so heisst das, man muss die Produkte $F_1 \cos(nx)\, dS$ über die ganze Oberfläche von S summiren.

Es ist daher

$$\int \frac{\partial F}{\partial x} d\tau = \int F \cos(nx)\, dS, \tag{17}$$

wobei auf der rechten Seite F die Werthe bezeichnet, welche diese Funktion auf der Fläche S annimmt. — Das ursprünglich über einen Raum zu erstreckende Integral ist also durch diesen Hülfssatz in ein solches verwandelt, welches über die Oberfläche des Raumes zu erstrecken ist. — Aus dem Gange des Beweises erkennt man, dass F innerhalb des betrachteten Raumes eindeutig, endlich und stetig sein muss, weil sonst bei der partiellen Integration nicht nur die Randwerthe F_1, F_2 etc. von F auftreten würden, sondern auch Werthe, die sich auf das Innere beziehen.

16. Fortsetzung von § 14. Wir wollten das Verschwinden der Funktion V'' nachweisen. Wir betrachten dazu das Raumintegral:

$$J = \int \left[\left(\frac{\partial V''}{\partial x}\right)^2 + \left(\frac{\partial V''}{\partial y}\right)^2 + \left(\frac{\partial V''}{\partial z}\right)^2 \right] d\tau,$$

welches über den ganzen unendlichen Raum zu erstrecken ist. Da man schreiben kann:

$$\int \left(\frac{\partial V''}{\partial x}\right)^2 d\tau = \int d\tau \left[\frac{\partial}{\partial x}\left(V'' \frac{\partial V''}{\partial x}\right) - V'' \frac{\partial^2 V''}{\partial x^2} \right],$$

so kann man den ersten Theil des Integrals der rechten Seite mit
Hülfe des Satzes (17) umwandeln in das Oberflächenintegral:

$$\int V'' \frac{\partial V''}{\partial x} \cos(nx)\, dS,$$

da V'', sowie seine ersten Differentialquotienten überall endlich,
stetig und eindeutig sind.

Eine analoge Umformung des zweiten und dritten Theils des
Integrals J ergiebt, falls man die Resultate addirt:

$$J = \int V'' \left[\frac{\partial V''}{\partial x} \cos(nx) + \frac{\partial V''}{\partial y} \cos(ny) + \frac{\partial V''}{\partial z} \cos(nz) \right] dS$$
$$- \int V'' \Delta V'' d\tau.$$

Nun soll aber $\Delta V'' = 0$ sein. Ferner ist der Faktor von V'''
im Oberflächenintegral der Differentialquotient von V'' nach der
Normale, da der Differentialquotient nach einer beliebigen Richtung n
sich aus den drei Differentialquotienten nach x, y, z ebenso zusammensetzt, wie eine Kraftkomponente nach n aus den drei Komponenten nach x, y, z. — Es folgt daher

$$J = \int \left[\left(\frac{\partial V''}{\partial x}\right)^2 + \left(\frac{\partial V''}{\partial y}\right)^2 + \left(\frac{\partial V''}{\partial z}\right)^2 \right] d\tau = \int V'' \frac{\partial V''}{\partial n} dS. \quad (18)$$

Die Oberfläche des betrachteten Raumes, d. h. S, liegt nun aber
in der Unendlichkeit. Dort hat V'' den Werth Null. Es muss
daher das Raumintegral J verschwinden.

Nun ist das Verschwinden des Raumintegrals J nur dann
möglich, wenn alle seine einzelnen Elemente verschwinden, da diese
nie negativ werden können. Folglich ist überall

$$\frac{\partial V''}{\partial x} = \frac{\partial V''}{\partial y} = \frac{\partial V''}{\partial z} = 0,$$

d. h. V'' ist eine Konstante. Da aber V'' in der Unendlichkeit
verschwindet, so verschwindet es überhaupt, und damit ist nach
§ 14 der Beweis geführt, dass die aufgestellten Nahewirkungsgesetze (12), (12') und (16) für das Potential resp.
für die magnetische Kraft vollständig zur Bestimmung
derselben ausreichen.

17. Betrachtung des Falles, dass die bisher betrachteten Eigenschaften des Potentials nur für einen Theil des Raumes gültig sind. In dem vorigen Paragraphen war angenommen, dass die betrachteten Eigenschaften des Potentials und die Gleichungen (12), (12′) und (16) für den ganzen unendlichen Raum gültig sein sollten. Sind sie nur für einen Theil desselben gültig, der von einer geschlossenen Fläche S begrenzt wird, so bestimmen sie das Potential noch nicht vollständig. Dasselbe ist aber dann völlig bestimmt, wenn auf der Oberfläche S des betreffenden Raumes die Werthe V des Potentials oder die Werthe $\frac{\partial V}{\partial n}$ ihres nach der Normale n der Fläche S genommenen Differentialquotienten vorgeschrieben sind. (Im letzteren Falle ist V nur bis auf eine additive Konstante bestimmt.)

Der Gang des Beweises dieses Satzes ist ganz ähnlich dem in § 14 und § 16 eingeschlagenen. Würden nämlich V und V′ zwei Funktionen sein, welche den aufgestellten Bedingungen genügen, so würde die Funktion $V - V' = V''$ an der Oberfläche S des Raumes verschwinden, oder $\frac{\partial V''}{\partial n}$. Folglich wäre nach Formel (18) das Integral J, welches über den von der Fläche S begrenzten Raum erstreckt wird, gleich Null, d. h. es müsste $\frac{\partial V''}{\partial x}$ etc. verschwinden. Daher kann V″ nur Null oder eine von x, y, z unabhängige Konstante sein.

18. Darstellung der Eigenschaften eines Magnetfeldes durch Richtung und Anzahl der Kraftlinien. Wir haben schon in § 7 gesehen, dass, falls man die Kraftlinien eines Magnetfeldes sich konstruirt denkt, die Richtung der magnetischen Kraft in jedem Punkte des Feldes zur Darstellung gebracht ist. — Man kann nun auch die Grösse der Kraft, d. h. die Feldstärke, durch die Konstruktion der Kraftlinien gut zur Darstellung bringen, wenn man nicht unendlich viele derselben konstruirt, sondern nur eine gewisse Anzahl.

Denken wir uns nämlich um die Pole m_1, m_2 ... des Magnetfeldes, seien sie nun als punktförmig, flächenförmig oder raumartig angenommen, geschlossene Flächen S_1, S_2 ... konstruirt, so wollen wir auf jedem Oberflächenelemente einer solchen Fläche, z. B. auf dem Elemente dS_1 von S_1, eine solche Zahl dN_1 von Kraftlinien konstruiren, dass diese gleich ist dem Produkt aus der Grösse des Flächenelementes in die nach der Normalen desselben genommene Komponente $\mathfrak{H}_n$ der magnetischen Kraft, d. h. dem Kraftfluss durch das Flächenelement. Es soll also sein:

$$d N_1 = \mathfrak{H}_n d S_1.$$

Nach dem Gauss'schen Satze (14) ist dann die Gesammtzahl der von der Fläche S_1 ausgehenden Kraftlinien:

$$N_1 = 4 \pi m_1,$$

d. h. **allgemein gehen von jeder Fläche 4π mal so viel Kraftlinien aus, als die eingeschlossene Polstärke beträgt.** Dieselbe kann positiv und negativ sein; im ersteren Falle weist die positive Richtung der Kraftlinien nach der Aussenseite der betreffenden Fläche, die **Kraftlinien strömen aus**, im letzteren Falle weist sie nach der Innenseite der Fläche, die **Kraftlinien strömen ein.** Da die Gesammtsumme der Polstärken jedes magnetischen Feldes verschwindet nach § 4, **so strömen grade soviel Kraftlinien aus, wie ein.** Wenn man also die Konstruktion bei sämmtlichen ausströmenden Kraftlinien beginnt, d. h. bei den Flächen S, welche positive Polstärken einschliessen, und diese Kraftlinien in den Aussenraum weiter fortsetzt, so gelangt man schliesslich als Endpunkt immer auf eine Fläche, welche eine negative Polstärke einschliesst. Auf diese Weise gelangt man also auch zur Konstruktion sämmtlicher einströmender Kraftlinien. Die Kraftlinien endigen also nie in den unendlich fernen Gebieten des magnetischen Feldes.

Die Kraftlinien können nur beginnen oder enden in den Polen selbst. Denn sollte sich z. B. an irgend einer Stelle A des Raumes das freie Ende einer Kraftlinie befinden, so heisst das, dass in eine den Punkt A umgebende, kleine geschlossene Fläche S mehr Kraftlinien einströmen wie ausströmen. Nach dem Gauss'schen Satze (14) ist dies aber nur möglich, wenn A eine negative Polstärke enthält.

Denkt man das Magnetfeld als von punktförmigen Polen herrührend, so kann man zweckmässig als Flächen S kleine, die Pole koncentrisch umschliessende Kugeln wählen. Ist z. B. der Radius einer derselben, welche den Pol m_1 umschliesst, r_1, so ist $\mathfrak{H}_n$ auf derselben gleich $\dfrac{m_1}{r_1^2}$, weil der Pol m_1 wegen seiner grossen Nähe

30 Die Kraftlinien zweier entgegengesetzt gleicher Pole.

die Wirkung aller anderen Pole überwiegt. Theilt man nun die kleine Kugel in Oberflächenelemente dS_1, welche alle unter dem gleichen räumlichen Winkel $d\varphi_1$ vom Pol m_1 aus erscheinen, so ist daher ist

$$dS_1 = d\varphi_1 \cdot r_1^2,$$

$$dN_1 = m_1 \cdot d\varphi_1,$$

d. h. auf jedem dieser Oberflächenelemente hat man eine gleiche Anzahl von Kraftlinien zu konstruiren. — Es strömen also von

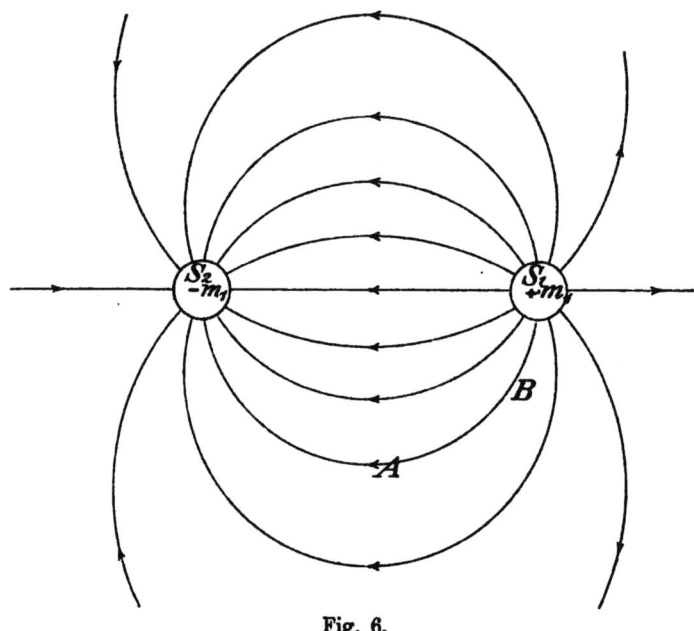

Fig. 6.

jedem Pol der Stärke m $4\pi m$ Kraftlinien in gegenseitig gleichem Abstande ein, resp. aus. Dies soll in beistehender Fig. 6 angedeutet sein, welche bei zwei Punktpolen einen Schnitt der Konstruktion mit einer die Pole enthaltenden Ebene darstellt. — Die Pfeile geben die positive Richtung der Kraftlinien an.

Die Grösse der magnetischen Kraft an irgend einer Stelle A des Raumes kann nun durch folgende Konstruktion sehr anschaulich erhalten werden: Man konstruire in A ein Flächenelement $d\sigma$, welches die durch A gehende Kraftlinie senkrecht schneidet. Dann ist die Feldstärke in A gleich der Anzahl der Kraftlinien, welche dσ schneiden, dividirt durch die Grösse von dσ. In der That die Beziehung

$$dN_1 = \mathfrak{H}_n \cdot dS_1,$$

welche wir bei unserer Konstruktion der Kraftlinien für das Element dS_1 einer bestimmten Fläche S_1 zu Grunde gelegt hatten, gilt für jedes Flächenelement dσ im Raume. Denn denken wir vom Rande von dσ aus eine von Kraftlinien gebildete Röhre, eine Kraftröhre, konstruirt, so wird dieselbe sich erstrecken bis zu irgend einem Pole hin, z. B. m_1, vorher jedoch wird die Kraftröhre auf die um diesen Pol beschriebene Fläche S_1 stossen, aus der sie ein Element der Grösse dS_1 ausschneiden möge. Nach dem Gauss'schen Satze ist der gesammte in die Röhre eintretende Kraftfluss Null, da zwischen dσ und dS_1 kein Pol eingeschlossen ist. An der Mantelfläche der Röhre ist nun aber $\mathfrak{H}_n = 0$, d. h. es fliesst keine Kraft durch ihre Mantelfläche. Daher strömt auf der Basis dS_1 ebensoviel Kraft ein, wie auf der Endfläche dσ aus, d. h. es ist allgemein

$$\mathfrak{H}_n d\sigma = \mathfrak{H}_n dS_1 = dN_1.$$

dN_1 bezeichnet nun aber nicht nur die Zahl der Kraftlinien, welche die Basis dS_1 treffen, sondern auch die Zahl der Kraftlinien, welche die Endfläche dσ treffen, da sich alle Kraftlinien der Basis bis zum Ende der Röhre fortsetzen müssen und keine aus dem Mantel der Kraftröhre heraus- oder eintritt. — Folglich ist für jedes Flächenelement im Raume der Kraftfluss durch dasselbe gleich der Anzahl von Kraftlinien, die dasselbe schneiden.

Ist nun dσ zu den Kraftlinien senkrecht, so fällt $\mathfrak{H}_n$ mit der Feldstärke $\mathfrak{H}$ zusammen, und daher ist obige Behauptung über die Darstellung der Feldstärke durch die Kraftlinienzahl gerechtfertigt.

Die Kraftlinien ergeben also durch ihre Richtung die Richtung der magnetischen Kraft, und durch ihre Dichte die Stärke derselben. So sieht man an der Fig. 6 direkt, dass die Feldstärke z. B. in A geringer ist als in B, da die Kraftlinien in A weniger dicht gehäuft sind als in B.

19. Die Abhängigkeit der magnetischen Kraft von der Natur des umgebenden Mediums. Wir haben bisher die magnetische Einwirkung von Polen in der Luft oder im luftleeren Raume gemessen. Wie anfangs erwähnt wurde, ändern sich in diesen beiden Fällen die magnetischen Kräfte nicht.

Diese Behauptung ist aber nicht ganz streng richtig: denn wenn wir die Kräfte so genau beobachten könnten, dass wir eine Aenderung im Betrage des millionsten Theils ihrer Wirkung noch konstatiren könnten, so würden wir bemerken, dass dieselben zwei magnetisirten Stahldrähte im luftleeren Raume etwas stärker aufeinander wirken, als im lufterfüllten Raume.

Hiernach ist klar, dass die Zahl, welche die Polstärke eines Magneten angiebt, etwas verschieden ausfallen wird, je nachdem man seine Wirkungen in der Luft oder im luftleeren Raume, im freien Aether, misst. Sie wird im letzteren Falle etwas grösser ausfallen, als im ersten, wenn auch der Unterschied so gering ist, dass er nur mit den feinsten Hülfsmitteln zu konstatiren ist, und meist überhaupt vernachlässigt werden kann. — Trotzdem ist diese Thatsache von grosser Wichtigkeit, denn es giebt andere Medien, welche die magnetischen Kräfte sehr stark beeinflussen.

Unsere Definition der Polstärke soll sich nun streng auf den luftleeren Raum beziehen, so dass also die Einwirkung zweier Pole m_1 und m_2 in ihm durch den Ausdruck

$$K = \frac{m_1 m_2}{r^2}$$

gemessen wird. Bringen wir dagegen die Pole (d. h. die geeignet magnetisirten Stahlkörper) in andere Medien, z. B. Luft, Wasser, wässrige Lösungen, Alkohol etc., so beobachten wir eine andere Kraft K zwischen denselben Polen bei derselben Entfernung r, so dass dann zu setzen ist

$$K = \frac{1}{\mu} \frac{m_1 m_2}{r^2}. \tag{1'}$$

Der Faktor μ hängt von der Natur des die Pole umgebenden Mediums ab, wir wollen ihn die **Magnetisirungskonstante des Mediums** nennen. Maxwell nennt ihn den **Koefficienten der magnetischen Induktion**. William Thomson die **Permeabilität, oder magnetische Leitfähigkeit**. Die Gründe für diese Bezeichnungen, von denen namentlich die letztere sehr gut gewählt ist, werden weiter unten beim näheren Studium des magnetischen Verhaltens der Körper klar werden. — Im Folgenden ist für μ die Bezeichnung Magnetisirungskonstante gewählt wegen seiner Analogie mit der weiter unten einzuführenden Dielektricitätskonstante.

Wie schon gesagt, ist die Kraft zweier Pole in Luft etwas kleiner, als im freien Aether, es ist daher die Magnetisirungskonstante μ der Luft etwas grösser als 1. Dieses Verhalten zeigen sehr viele Körper, von Flüssigkeiten am stärksten koncentrirte wässrige oder alkoholische Lösungen von Eisenchlorid. Aber selbst für diese ist μ etwa nur gleich $1 + 5{,}6 \cdot 10^{-4}$ zu setzen, d. h. die magnetische Kraft ist in der Lösung nur sehr wenig kleiner als im freien Aether. — Wie man diese Zahlen für μ experimentell gewonnen hat, soll später auseinander gesetzt werden; direkt durch Vergleichung der Einwirkung von Polen im freien Aether und im betreffenden Medium sind sie bisher nicht gewonnen, weil dies eine sehr delikate Messung erfordern würde. — Es giebt aber andere Körper, für welche μ sehr stark von 1 verschieden ist, und für welche die Verminderung der Kraft K sofort deutlich zu beobachten ist. Dies sind die sogenannten stark magnetisirbaren Medien, Eisen (Stahl), Nickel und Kobalt. Namentlich im Eisen erreicht μ enorm hohe Beträge, oft z. B. den Werth 2000, unter Umständen sogar 10 000. Bei diesen Körpern besteht aber noch die Komplikation, dass μ nicht eine wirkliche, allein von der Natur des Körpers abhängende Konstante ist, sondern dass der Werth von μ auch von der Stärke des magnetischen Feldes in der Weise abhängt, dass es für eine gewisse Feldstärke ein Maximum erreicht. Auf diesen Maximalwerth beziehen sich die angegebenen Zahlen.

Es entsteht nun aber hier zunächst die Frage, wie man die ponderomotorische Wirkung zweier Magnete messen kann, wenn das dieselben umgebende Medium ein fester Körper ist. Denn wenn man zwei Stahlmagnete ganz mit Eisen umgossen denkt, welches wieder erstarrt, so können die Magnete sich überhaupt nicht mehr gegeneinander bewegen.

Diese Schwierigkeit besteht thatsächlich, wenn man ganz streng verfahren und auf dem angegebenen Wege einen genauen Werth von μ für Eisen erhalten will. Dass aber überhaupt eine Verminderung der Kraft K zweier Magnetpole eintritt, wenn man das Feld mit Eisen anfüllt, davon kann man sich schon überzeugen, wenn man in der nächsten Umgebung der Magnete noch einen Luftraum freilässt, so dass die ponderomotorischen Wirkungen zu erkennen sind. Denken wir uns z. B. in einer grossen Eisenkugel zwei kleine Höhlungen befindlich, in die man zwei Magnete hineinstecken kann (was am besten geht, wenn die Eisenkugel aus zwei Hälften besteht, die auseinander- und zusammengeklappt werden können) und zwar den einen derartig, dass er auf einer Nadelspitze schwebt und frei schwingen kann, so beobachtet man in diesem Falle, dass seine Schwingungen viel langsamer sind, als wenn man die Eisenhülle fortnimmt und die Schwingungen bei gleicher relativer Lage der Magnete in Luft beobachtet. — Diese Erscheinung ist schon zu beobachten, wenn man einen etwa 2 cm dicken und 4 cm hohen Eisenring um eine kleine Kompassnadel legt, welche unter dem Einflusse eines etwa 10 cm entfernten Magneten schwingt. (Vgl. Fig. 7.) Sowie man den Eisenring wieder fortnimmt, werden die Schwingungen der Kompassnadel viel schneller.

Da die Schwingungsdauer der Nadel nur abhängt von ihrem mechanischen Trägheitsmoment und der auf ihre Pole wirkenden magnetischen Kraft, und zwar um so kleiner wird, je mehr letztere

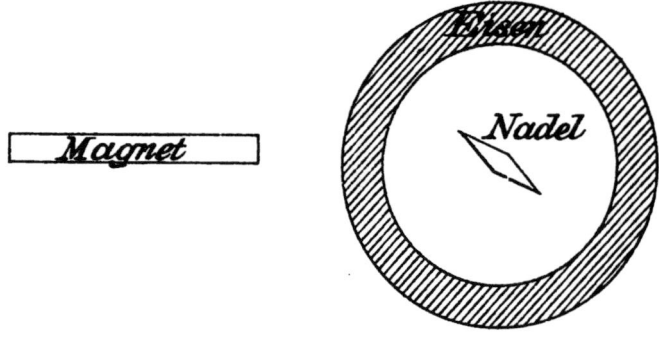

Fig. 7.

wächst, so kann man aus diesem Experiment direkt schliessen, dass die magnetische Kraft durch den Eisenring herabgedrückt wird, da das Trägheitsmoment der Nadel konstant bleibt.

Diese, unter dem Namen der „magnetischen Schirmwirkung" des Eisens bekannte Erscheinung spricht nun thatsächlich für das Vorhandensein des in der Formel (1′) ausgesprochenen Gesetzes. Je kleiner man nämlich die übrig bleibenden, von Eisen freien Höhlungen macht, je mehr man also sich den im Gesetz (1′) gemachten Voraussetzungen nähert, desto stärker wird die Schirmwirkung des Eisens, bis dass man schliesslich, im Grenzfalle, eine Herabsetzung des K von dem in Luft stattfindenden Werthe in einem Betrage finden würde, welcher der Magnetisirungskonstanten des Eisens entspricht.

Wenn sich also auch die dargelegte Methode zur Messung der

Magnetisirungskonstanten fester Körper nicht eignet, so können wir trotzdem, auch wenn das umgebende Medium Bewegungen der Pole nicht gestattet, weil es starr ist, an die in dem Medium stattfindenden Bewegungstendenzen, d. h. an die Formel (1') anknüpfen. Denn mit ihrer Hülfe können wir alle Aenderungen erfahren, welche im Zustande des Aethers eines magnetischen Feldes, sei er nun mit ponderabler Materie dicht besetzt, oder nicht, stattfinden, auch diejenigen, durch welche nicht ponderomotorische Wirkungen ausgeübt werden, und welche sehr gut zur experimentellen Bestimmung der Magnetisirungskonstanten geeignet sind.

20. Paramagnetische und diamagnetische Körper. Nicht alle Körper bewirken, wenn sie das magnetische Feld zwischen zwei Polen ausfüllen, eine Verminderung ihrer gegenseitig ausgeübten Kraft K, es giebt auch Körper, wie z. B. Wismuth, welche eine Vergrösserung von K veranlassen würden. Erstere Klasse von Körpern nennt man paramagnetische, letztere diamagnetische. Für paramagnetische Körper ist daher die Magnetisirungskonstante grösser als 1, für diamagnetische ist sie kleiner als 1. Stark diamagnetische Körper, d. h. solche, für welche ihre Magnetisirungskonstante μ wesentlich kleiner als 1 wäre, sind bisher nicht beobachtet.

Zwischen beiden Klassen von Körpern steht der freie Aether, dessen Magnetisirungskonstante den Werth 1 hat. Nach unserer Auffassung der Uebertragung der magnetischen Kräfte durch das Zwischenmedium ist jedes Medium magnetisch zu nennen; denn in jedem Medium werden gewisse Zustandsänderungen (Spannungen) im magnetischen Felde hervorgerufen. Die im Aether eingelagerte ponderable Materie hat bei para- und diamagnetischen Körpern einen verschiedenen Einfluss auf diese Zustandsänderungen. Durch welche molekulartheoretischen Vorstellungen man diesen verschiedenen Einfluss erklären kann, wollen wir zunächst nicht erörtern, da unser nächster Zweck nur ist, aus beobachtbaren Thatsachen das Material zur mathematischen Vorausberechnung anderer Erscheinungen zu gewinnen.

Auch worin die Gründe liegen, dass wir zu unseren Experimenten bisher stets Stahlkörper verwendet haben, d. h. dass wir durch diese ein magnetisches Feld erzeugen konnten, und dass gerade Eisen und Stahl eine grosse Magnetisirungskonstante besitzen, soll erst später erläutert werden. Hier sei nur bemerkt, dass es **nicht genau dieselben Eigenschaften sind**, die den Stahl zur

Erzeugung eines magnetischen Feldes und das Eisen zur magnetischen Schirmwirkung befähigen.

21. Die Unstetigkeit der Normal-Komponente der magnetischen Kraft an der Grenze zweier verschiedener Medien. Die Differentialgleichung (8) (pag. 15) besteht offenbar in jedem homogenen, d. h. überall gleich beschaffenen Medium; und ebenso daher die charakteristische Gleichung (12) des Potentials der magnetischen Kraft. — Dagegen ist die Formel (9), welche das Potential ausdrückt in dem Falle, dass punktförmige Pole existiren, zu ändern, falls die Magnetisirungskonstante des Mediums, welche das Feld überall erfüllt[1]), einen von 1 verschiedenen Werth μ besitzt. In diesem Falle ist nämlich:

$$V = \frac{1}{\mu}\left[\frac{m_1}{r_1} + \frac{m_2}{r_2} + \cdots\right], \qquad (9')$$

und ebenso ist der Gauss'sche Satz (14) (pag. 19) zu ändern in

$$\mu \int \mathfrak{H}_n \, dS = 4\pi \Sigma m. \qquad (14')$$

Man nennt $\mu \cdot \mathfrak{H}_n \cdot dS$ den Induktionsfluss durch das Flächenelement dS. Für den freien Aether ist also der Induktionsfluss dasselbe, wie der Kräftefluss.

Der Satz (14') besagt, dass in jedem homogenen Medium der Induktionsfluss durch jede geschlossene Fläche gleich ist 4π mal der Summe der eingeschlossenen Polstärken.

Der Induktionsfluss durch eine geschlossene Fläche S hängt also von der magnetischen Natur des Mediums, in welcher die Fläche verläuft, gar nicht ab. Nach dem Principe, dass alle magnetischen Erscheinungen nur durch Nahewirkungen zu Stande kommen, und dem Satze von der Unveränderlichkeit der Nahewirkungen (§ 5, p. 10), kann sich daher der Induktionsfluss durch S auch nicht ändern, wenn die Magnetisirungskonstante μ an verschiedenen Stellen von S

---

[1]) Wir sehen zunächst von der Komplikation ab, die dadurch entsteht, dass der Körper des Magneten, der das Feld erzeugt, eine andere Magnetisirungskonstante hat, als das ihn umgebende Medium. Wenn der Magnet sehr dünn ist, so können dadurch die gegebenen Entwickelungen, welche sich auf die magnetische Kraft ausserhalb des Magneten beziehen, nicht beeinflusst werden, wie weiter unten (vgl. § 35) gezeigt wird. — Von den Vorgängen im Inneren des Magneten selbst wird vorläufig abgesehen. Diese Lücke wird in § 29 ausgefüllt.

eine verschiedene ist. Man kann die Formel (14′) daher auch ausdehnen auf den Fall, dass der Raum mit mehreren verschiedenartigen Medien mit den Magnetisirungskonstanten μ_1, μ_2... ausgefüllt ist, und die Fläche S in mehreren dieser Medien verläuft, oder dass überhaupt das magnetische Feld von einem inhomogenen Medium erfüllt ist, d. h. von einem solchen, in welchem die Magnetisirungskonstante μ von Ort zu Ort wechselt. Der Gauss'sche Satz nimmt dann die Form an:

$$\int \mu \mathfrak{H}_n \, dS = 4\pi \Sigma m, \qquad (14'')$$

wobei wegen der Verschiedenheit des μ an verschiedenen Stellen von S dasselbe unter das Integralzeichen gezogen ist.

Schliesst die Fläche S keine Pole ein, so ist daher

$$\int \mu \mathfrak{H}_n \, dS = 0. \qquad (14''')$$

Es mögen nun zwei Medien von den Magnetisirungskonstanten μ_1 und μ_2 aneinander stossen. Wir wollen als Fläche S die Oberfläche eines Cylinders betrachten, der über einem Elemente dS der Grenzebene beider Medien so konstruirt ist, dass die Basis im ersten derselben, die Endfläche im zweiten liegt, und dessen Höhe unendlich klein gegen die kleine Fläche dS ist. Bei Anwendung der Formel (14′′′) haben wir dann nur die Basis und Endfläche des Cylinders zu berücksichtigen, so dass man erhält

$$\mu_1 (\mathfrak{H}_n)_1 + \mu_2 (\mathfrak{H}_n)_2 = 0.$$

Die Indices deuten die Zugehörigkeit zu den beiden Medien an. Nun bedeutet aber in $(\mathfrak{H}_n)_1$ n diejenige Richtung der auf dS errichteten Normalen, welche vom Medium 2 zum Medium 1 weist, in $(\mathfrak{H}_n)_2$ ist es dagegen umgekehrt.

Rechnet man die positive Richtung der Normalen konsequent nur in einem Sinne, z. B. vom Medium 1 zum Medium 2, so erhält man daher

$$\mu_1 (\mathfrak{H}_n)_1 = \mu_2 (\mathfrak{H}_n)_2, \qquad (19)$$

d. h. beim Uebergang von einem Medium zu einem anderen ändert sich die nach der Normale ihrer Grenzfläche genommene Komponente der magnetischen Kraft unstetig, der Induktionsfluss bleibt aber stetig.

Diesen Satz kann man auch aus den in homogenen Medien gültigen Fernwirkungsgesetzen erschliessen. Denken wir uns nämlich einen Pol P der Stärke m in das Medium von der Magnetisirungskonstante μ_1 eingebettet, und von der geschlossenen Fläche S umgeben (vgl. Figur 8). Ausserhalb derselben erstrecke sich ein Medium von der Magnetisirungskonstante μ_2 bis in die Unendlichkeit.

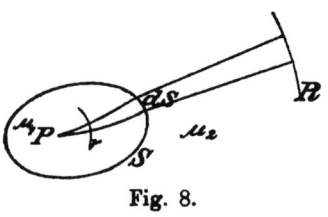

Fig. 8.

Es möge vom Pol P aus eine Kraftröhre konstruirt werden, welche in P den Oeffnungswinkel $d\varphi$ besitzt, und aus S das Stück dS ausschneidet. Diese Kraftröhre wird im Allgemeinen nicht die Gestalt eines Kegels besitzen, wie sie es thun würde, falls der ganze Raum mit einem homogenen Medium erfüllt wäre, d. h. falls $\mu_1 = \mu_2$ wäre. Aber sie wird die Gestalt eines Kegels vom Oeffnungswinkel $d\varphi$ besitzen sowohl in unmittelbarer Nähe von P, als auch in sehr grosser Entfernung von P, da für beide untersuchte Lagen die Fläche S, welche die Störung in der Homogenität bedeutet, sehr weit entfernt ist, daher die Feldstärke sich so verhalten wird, als ob überall nur ein homogenes Medium vorhanden sei.

Die Kraftröhre schneidet daher aus zwei um P mit den Radien r und R beschriebenen Kugelflächen, deren Radien sehr klein, bezw. sehr gross sein sollen im Vergleich zu den Dimensionen des von S umschlossenen Raumes, zwei Stücke der Grösse $r^2 d\varphi$, bezw. $R^2 d\varphi$ aus.

Wenden wir nun den Gauss'schen Satz an auf das von der kleinen Kugel und dS begrenzte Stück der Kraftröhre, so erhalten wir, da innerhalb dieses Stückes, welches ganz vom homogenen Medium 1 angefüllt ist, kein Pol enthalten ist:

$$\mathfrak{H}_r \cdot r^2 \, d\varphi = (\mathfrak{H}_n)_1 \, dS.$$

Hierin ist $\mathfrak{H}_r$ die Feldstärke auf der kleinen Kugel r, n ist positiv gerechnet vom Medium 1 nach Medium 2.

Wenden wir den Gauss'schen Satz ebenso auf das von der grossen Kugel und dS begrenzte Stück der Kraftröhre an, welches ganz vom homogenen Medium 2 angefüllt ist, und ebenfalls keinen Pol enthält, so ergiebt sich

$$\mathfrak{H}_R \cdot R^2 \, d\varphi = (\mathfrak{H}_n)_2 \, dS.$$

Hierin ist n ebenfalls positiv vom Medium 1 nach Medium 2 gerechnet, $\mathfrak{H}_R$ bedeutet die Feldstärke auf der grossen Kugel.

Da nun R sehr gross ist, so würde $\mathfrak{H}_R$ sich nicht ändern, wenn die Polstärke m nicht punktförmig in P vertheilt wäre, sondern den ganzen von S umschlossenen Raum erfüllte. In diesem Falle hätten wir es aber mit der Wirkung einer räumlichen vertheilten, magnetischen Menge zu thun, welche im homogenen Medium 2 eingelagert ist. Es ist daher

d. h.
$$\mathfrak{H}_R = \frac{1}{\mu_2} \cdot \frac{m}{R^2},$$

$$\mu_2 (\mathfrak{H}_n)_2 \, dS = m \, d\varphi. \tag{20}$$

Da ferner r sehr klein ist, so kann die Feldstärke in der Entfernung r von P dadurch nicht beeinflusst werden, dass jenseits der Fläche S, d. h. in sehr weiter Entfernung im Vergleich zu r, die Magnetisirungskonstante μ_2 von μ_1 verschieden ist. Daher hat $\mathfrak{H}_r$ denselben Werth, als ob m im überall homogenen Medium der Konstante μ_1 eingelagert wäre, d. h. es ist

d. h.
$$\mathfrak{H}_r = \frac{1}{\mu_1} \cdot \frac{m}{r^2},$$

$$\mu_1 (\mathfrak{H}_n)_1 \, dS = m \, d\varphi. \tag{20'}$$

Eine Vergleichung der Formeln (20) und (20') führt nun zu dem durch die Formel (19) ausgesprochenen Satze. —

Bei beiden gegebenen Beweisen des Satzes (19) wäre vielleicht zu bedenken, ob nicht durch die Aneinandergrenzung zweier Medien mit verschiedenen magnetischen Eigenschaften in ihrer Grenzfläche Pole entständen, so dass es eine Art Kontaktmagnetismus gäbe, wie es Kontaktelektricität giebt. Dadurch könnte eventuell die Anwendung der Formel (14'''), resp. die Aufstellung der Formel (20) nicht gerechtfertigt erscheinen. Nun ist aber zu bedenken, dass Kontaktmagnetismus nur in der Weise möglich wäre, dass beiderlei Arten Magnetismus in gleichen Mengen auftreten müssten (magnetische Doppelbelegung, oder magnetische Doppelschicht) wegen des in § 4 ausgesprochenen Gesetzes; dadurch würde dann aber die Anwendbarkeit der Formel (14''') nicht gestört, und ebenso würde die Formel (20) richtig bleiben.

22. Die Stetigkeit der Tangentialkomponente der magnetischen Kraft an der Grenze zweier verschiedener Medien. Wie mehrfach hervorgehoben ist, kann man die magnetische Kraft eines mit einem homogenen Medium angefüllten Feldes in den bisher betrachteten Fällen dadurch in analytisch eleganter und übersichtlicher Weise darstellen, dass man gewisse Stellen des Feldes — die Pole — als den Sitz scheinbarer Fernkräfte auffasst [vgl. Formel (9'), pag. 36]. Diese analytische Darstellung ist weiter nichts als das Integral der Differentialgleichungen, dem die magnetische Kraft (oder ihr Potential) zu genügen hat; die Differentialgleichung hatten wir als ein wesentliches Gesetz, nämlich als ein Nahewirkungsgesetz des magnetischen Feldes, hingestellt.

Es liegt in dem Verhältniss begründet, welches die Nahewirkungsgesetze zu den Fernwirkungsgesetzen besitzen, dass man erstere leicht auf inhomogene Medien ausdehnen kann, letztere dagegen nicht. Für den Fall jedoch, dass der Raum mit Stücken homogener Medien angefüllt ist, kann man auch hier Integrale der Nahewirkungsgesetze in Gestalt von Fernkraftgesetzen angeben. **Man muss dann nur den Sitz von Fernkräften ausser in die ursprünglichen Pole auch in die Grenzflächen zwischen zwei verschiedene Medien verlegen, d. h. mathematisch den Ansatz machen, dass auch die Grenzflächen eine magnetische (Flächen-) Belegung besitzen.**

Zum Beweise dieser Behauptung wollen wir den speciellen Fall betrachten, dass wir es nur mit zwei Medien 1 und 2 mit den Konstanten μ_1 und μ_2 zu thun hätten, welche in der Fläche F aneinander stossen. In dem ersten Medium mögen die Pole der Stärken m_1, m_2 etc. liegen, im zweiten Medium die Pole der Stärken m'_1, m'_2 etc., die wir zur Vereinfachung als punktförmig annehmen wollen. Die Funktion V

$$V = \frac{1}{\mu_1}\left[\frac{m_1}{r_1} + \frac{m_2}{r_2} + \ldots\right] + \frac{1}{\mu_2}\left[\frac{m'_1}{r'_1} + \frac{m'_2}{r'_2} + \ldots\right] \quad (21)$$

würde der Differentialgleichung $\Delta V = 0$ des Potentials der magnetischen Kraft genügen. Dagegen würde der Gleichung (19) durch diesen Ansatz für V nicht genügt, weil nach derselben die nach der Normale der Fläche F genommene Komponente der magnetischen Kraft beim Durchgang durch F stetig bleiben würde.

Nach (19) muss aber diese Komponente beim Uebergang aus dem Medium 1 in das Medium 2 sprunghaft zunehmen um:

$$(\mathfrak{H}_n)_2 - (\mathfrak{H}_n)_1 = (\mathfrak{H}_n)_1 \frac{\mu_1 - \mu_2}{\mu_2} = (\mathfrak{H}_n)_2 \frac{\mu_1 - \mu_2}{\mu_1}. \quad (22)$$

Nun sahen wir aber in § 12, dass auch in einem homogenen Medium die Komponente der magnetischen Kraft, welche nach der Normale einer Fläche F genommen wird, sprunghaft sich beim Durchgang durch dieselbe ändert, wenn sie mit einer magnetischen Flächenbelegung behaftet ist. Nach der dort aufgestellten Formel (15) würde die Dichte η der Flächenbelegung von F, welche, falls sie in einem Medium von der Magnetisirungskonstanten 1 lagerte, dieselbe Unstetigkeit von $\mathfrak{H}_n$ hervorbringen würde, wie die durch (22) ausgedrückte, gegeben sein durch:

$$\eta = \frac{(\mathfrak{H}_n)_1}{4\pi} \cdot \frac{\mu_1 - \mu_2}{\mu_2} = \frac{(\mathfrak{H}_n)_2}{4\pi} \cdot \frac{\mu_1 - \mu_2}{\mu_1}. \qquad (23)$$

Dabei muss die positive Richtung von n vom Medium 1 nach dem Medium 2 weisen.

Wenn man daher zu der rechten Seite der Formel (21) noch einen Term hinzufügt, der von einer magnetischen Belegung der Fläche F mit der Dichte η im freien Aether herrühren würde, nämlich den Term

$$\int \frac{\eta \, dF}{r}, \qquad (23')$$

wobei r die Entfernung des Oberflächenelementes dF von dem Punkte P bezeichnet, für den man das Potential berechnen will, und wobei das Integral über die ganze Fläche F zu erstrecken ist, so erhält man den wirklichen Werth des Potentials V der magnetischen Kraft. Denn diese Funktion würde der Gleichung $\Delta V = 0$ überall genügen, ausser in einzelnen Flächen oder Punkten. In der Nähe derselben würde diese Funktion aber in genau derselben Weise unstetig werden, wie das wirkliche Potential. Daraus kann man dann leicht schliessen nach dem in § 16 eingeschlagenen Wege, dass diese Funktion nothwendig mit dem Potential identisch ist.

Das Problem der wirklichen Berechnung von V ist allerdings noch insofern ein mathematisch komplicirtes, als die Dichte η der fingirten Flächenbelegung von F nicht von vornherein gegeben ist, sondern sich erst aus der fertigen Lösung bestimmt, da in η der Faktor $\mathfrak{H}_n$ auftritt. Aber allein schon aus der Thatsache, dass, falls mehrere verschiedene Medien im Felde lagern, das Potential sich grade so verhält, als ob der Raum von einem überall homogenen Medium erfüllt wäre und magnetische Belegung nicht nur in den Polen, sondern auch flächenhaft in den Grenzflächen der verschiedenen Medien vorhanden sei, können wir auf die Stetigkeitseigenschaften des Potentials an jenen Grenzflächen schliessen. Im § 12 ist nämlich bewiesen, dass nur die Normalkomponente der magnetischen Kraft beim Durchgang durch eine Fläche, welche magnetische Belegung enthält, unstetig wird, dagegen jede Tangentialkomponente stetig bleibt.

Wir gewinnen daher den Satz:

Beim Durchgang durch die Grenzfläche zweier Medien mit verschiedenen Magnetisirungskonstanten ändert sich jede Tangentialkomponente der magnetischen Kraft stetig, d. h. es ist

$$(\mathfrak{H}_\tau)_1 = (\mathfrak{H}_\tau)_2. \tag{24}$$

23. Inducirter Magnetismus. Die soeben besprochene Thatsache, dass die Einlagerung eines Mediums 2 in das magnetische Feld eines Mediums 1 so wirkt, als ob die Grenzfläche F derselben der Sitz magnetischer Belegungen würde, kann man auch dadurch passend ausdrücken, dass man sagt, es sei das Medium 2 in dem magnetischen Felde selbst zu einem Magneten geworden mit flächenhaften, an seinen Grenzen befindlichen Polen. Diesen (scheinbaren) Magnetismus nennt man **inducirten Magnetismus**. — Ist $\mu_2 > \mu_1$, was z. B. stattfindet, wenn man ein Eisenstück in das sonst von Luft erfüllte Magnetfeld bringt, so ist nach (23) die inducirte magnetische Belegung η negativ, falls $\mathfrak{H}_n$ positiv ist, d. h. falls die Kraftlinien in das Eisen eintreten. Dagegen ist η positiv, falls die Kraftlinien aus dem Eisen austreten. Diese Verhältnisse kehren sich um, wenn $\mu_2 < \mu_1$ ist, z. B. beim Luftraum im Eisen. Man kann daher auch sagen, **positive Pole induciren auf der ihnen zugewandten Grenzfläche eines Körpers positive oder negative Pole, je nachdem seine Magnetisirungskonstante kleiner oder grösser ist als die des Mediums, in welchem die inducirenden Pole liegen.**

Es mag hier nochmals hervorgehoben werden, **dass diese inducirten magnetischen Belegungen nur scheinbare, und keine wahren sind.** Mit Zuhülfenahme dieser Vorstellung kann man sich aber oft von den beobachteten Erscheinungen sehr bequem Rechenschaft geben. So erklärt sich z. B. das Verhalten von Eisenfeile, welche in ein magnetisches Feld gebracht wird, und welche die Kraftlinien gut abzeichnet, ohne Weiteres, und ebenso die Verstärkung des Feldes zwischen zwei Polen, wenn man Eisen in den Luftraum zwischen sie bringt. Für diese letztere Erscheinung soll später noch ein anschaulicheres Gesetz aufgestellt werden.

Ebenso erklärt sich durch den inducirten Magnetismus, dass **paramagnetische Körper von den inducirenden Polen beständig angezogen werden, einerlei mit welcher Art Magnetismus die letzteren behaftet sind.** Denn sie induciren auf der ihnen zugewandten, d. h. nächsten Grenzfläche des Körpers stets Pole von einer Ladung, welche ihrer eigenen entgegengesetzt ist, und auf die sie daher anziehend wirken müssen. Das Gesetz dieser Anziehung ist insofern ein viel komplicirteres, wie es durch die Formel (1) resp. (1') ausgesprochen wird, als die inducirten Polstärken nicht konstant sind, sondern mit wachsender Entfernung r vom inducirenden Magneten abnehmen.

Zum Unterschiede von diesen durch Induktion hervorgerufenen Magneten (**inducirte Magnete**), welche eine mit der Entfernung r wechselnde Polstärke besitzen, nennt man diejenigen Magnete, welche eine konstante Polstärke aufweisen, d. h. deren ponderomotorische Wirkungen genau durch das Gesetz (1) resp. (1') gegeben sind (mit konstanten, d. h. von r unabhängigen Koefficienten), **permanente Magnete.** — Harte, sehr dünne Stahldrähte sind permanente Magnete. Ein dicker Stab aus weichem Eisen ist kein permanenter Magnet, auch wenn er ein magnetisches Feld ohne Einwirkung anderer Magnete besitzen sollte.

In derselben Weise ergiebt sich, **dass diamagnetische Körper von den inducirenden Polen stets abgestossen werden**, wie es z. B. an Wismuthstücken zu beobachten ist.

Schliesslich erklärt sich aus dem ausgesprochenen Satze über den inducirten Magnetismus, speciell aus der Formel (23), dass paramagnetische Körper in einem Medium von höherer Magnetisirungskonstante so wirken, wie diamagnetische Körper im freien Aether, d. h. **unter Umständen können paramagnetische Körper scheinbar ein Verhalten wie diamagnetische zeigen.**

24. Die entmagnetisirende Einwirkung der inducirten Belegung. Bringt man einen Körper mit grosser Magnetisirungskonstante in ein Medium von kleinerer Magnetisirungskonstante, z. B. Eisen in Luft, so induciren eintretende Kraftlinien eine (scheinbare) negative Belegung. Diese muss im äusseren Medium (Luft) die ursprünglich vorhandene magnetische Kraft verstärken, wie wir soeben auch anführten, dagegen im eingelagerten Körper (dem Eisen) der Kraft des ursprünglich vorhandenen Feldes entgegenwirken. **Die inducirte Belegung übt also einen entmagnetisirenden Einfluss auf den eingelagerten Körper aus.** Dieser Einfluss hat je nach der Gestalt des letzteren verschiedene Grösse; er muss um so grösser ausfallen, je mehr die Oberfläche des Körpers senkrecht zu den Kraftlinien des Feldes verläuft, dagegen um so geringer, je mehr die Oberfläche des Körpers den Kraftlinien des Feldes parallel liegt, da die Dichte der inducirten Belegung nur von der Normalkomponente $\mathfrak{H}_n$ des Feldes abhängt [vgl. Formel (23)].

So ist z. B. der entmagnetisirende Einfluss einer dünnen Eisenscheibe sehr gross, wenn man sie senkrecht zu den Kraftlinien eines homogenen Feldes stellt. Da auf den beiden Seiten der Eisenscheibe der inducirte Magnetismus von gleicher Grösse, aber verschiedenen Vorzeichen sein muss, so heben sich dessen Wirkungen auf das äussere Medium auf, falls die Platte sehr dünn ist. Es ist also die Feldstärke $\mathfrak{H}_1$ in ihm gleich der ursprünglichen Stärke des homogenen Feldes, welche mit $\mathfrak{H}$ bezeichnet sein möge. Dagegen ist nach Formel (19) die Feldstärke in der Eisenplatte

$$\mathfrak{H}_2 = \frac{\mu_1}{\mu_2} \mathfrak{H},$$

d. h. bei Eisen eventuell nur der 2000ste Theil der ursprünglichen Feldstärke.

Bringt man dagegen einen sehr langen und dünnen Eisencylinder (Draht) in ein homogenes Magnetfeld in der Weise, dass die Axe des Cylinders parallel zu den Kraftlinien des Feldes liegt, so ist der entmagnetisirende Einfluss sehr schwach, ja er verschwindet überhaupt, wenn der Cylinder unendlich dünn im Vergleich zu seiner Länge ist. Denn dann liegt die Oberfläche des Eisenkörpers im Wesentlichen überhaupt nur parallel den Kraftlinien, wenn man nämlich absieht von den unendlich kleinen Endflächen des Cylinders. In diesem Falle ist also $\mathfrak{H}_2 = \mathfrak{H}_1 = \mathfrak{H}$, d. h. die ursprüngliche Feldstärke wird durch den in das Feld gebrachten Eisenkörper an keiner Stelle geändert. — In gewissen Fällen, d. h. bei gewisser Gestaltung des magnetischen Feldes, die wir später im II. Kapitel betrachten wollen, ist es möglich, einen Körper thatsächlich so in das Feld zu bringen, dass seine **Oberfläche überall parallel ist den Kraftlinien des ursprünglichen Feldes.** In diesem Falle kann die Feldstärke durch die Einlagerung des Körpers nirgends geändert werden, da die Dichte der inducirten Belegung überall Null ist. Die Gestalt der Kraftlinien des Feldes bleibt dann also auch völlig ungeändert.

Lagert man ein Medium 2 mit kleiner Magnetisirungskonstante in ein solches mit grosser, so übt die inducirte Belegung in 2 nicht einen entmagnetisirenden Einfluss aus, sondern einen verstärkenden.
— Hat man sich z. B. in einem Eisenkörper ein homogenes Magnetfeld der Stärke $\mathfrak{H}$ hergestellt, und stellt man eine dünne Luftschicht in ihm her, welche senkrecht zu den Kraftlinien verläuft, so ist die Feldstärke in ihr etwa 2000 mal grösser als im Eisen. In einem Luftröhrchen, welches den Kraftlinien parallel verläuft, würde die Feldstärke denselben Werth wie im Eisen besitzen.

25. Erweiterung der Definition der Kraftlinienzahl für para- und diamagnetische Medien.

Wenn man auf jedem Flächenelemente eines Systems von Flächen, welche die positiven Pole eines Magnetfeldes einschliessen, einerlei, ob sie punkt- oder flächenförmig sind, eine dem Kraftfluss durch das Flächenelement gleichkommende Anzahl von Kraftlinien konstruirt, so gilt, wie wir in § 18 sahen, diese Beziehung für jedes beliebig im Raume gelagerte Flächenelement, und es giebt nirgends freie Enden von Kraftlinien, ausser in den Polen des Feldes.

Unsere damaligen Betrachtungen gelten aber nur, falls ein homogenes Medium von der Magnetisirungskonstante 1 das Feld erfüllt, d. h. falls ponderable Materie (ausser in den Polen selbst) fehlt. Sie müssen aber offenbar modificirt werden, wenn mehrere Medien mit verschiedenen Magnetisirungskonstanten im Felde lagern. Es müssten nämlich nach unserer bisherigen Definition der Kraftlinienzahl an der Grenzfläche zwischen zwei Medien mit den Konstanten μ_1 und μ_2 freie Enden von Kraftlinien auftreten. Denn betrachten wir z. B. ein Grenzelement von der Grösse dF, so treten im Medium 1 eine Anzahl dN_1 von Kraftlinien durch dasselbe, welche gegeben ist durch

$$dN_1 = (\mathfrak{H}_n)_1 dF,$$

im Medium 2 verlassen aber eine Anzahl dN_2 Kraftlinien das Flächenelement, wobei ist

$$dN_2 = (\mathfrak{H}_n)_2 dF.$$

Hierbei ist n als positiv vom Medium 1 nach Medium 2 gerechnet. Da nun aber nach (19) $(\mathfrak{H}_n)_1$ von $(\mathfrak{H}_n)_2$ verschieden ist, so ist auch dN_1 von dN_2 verschieden. Ist z. B. $\mu_2 > \mu_1$, so ist $dN_2 < dN_1$, und es würde

$$dN_1 - dN_2 = [(\mathfrak{H}_n)_1 - (\mathfrak{H}_n)_2]\, dF = (\mathfrak{H}_n)_1\, dF\, \frac{\mu_2 - \mu_1}{\mu_2}$$

die Zahl der in dF einströmenden Kraftlinien ergeben, welche dort frei endigen. Dies steht in Uebereinstimmung mit der in § 22 besprochenen Thatsache, dass die Grenzfläche F so wirkt, als ob der Raum mit freiem Aether überall angefüllt wäre, während F eine magnetische Belegung von der Dichte η besässe. Da nach dem Gauss'schen Satze (14a), pag. 20, die Anzahl der aus dF ausströmenden Kraftlinien gleich $4\pi\eta\, dF$ sein muss, so gelangt man für η zu derselben Beziehung, wie sie in § 22 durch die Formel (23) ausgedrückt ist.

Aus dem Satze (19) erkennt man aber sofort, dass, **auch wenn mehrere verschiedene Medien im Felde gelagert sind, nirgends freie Enden von Kraftlinien auftreten, falls man die Definition der Kraftlinienzahl, welche ein Flächenstück dF trifft, dahin erweitert, dass sie nicht gleich dem Kräftefluss durch dF ist, sondern gleich dem Induktionsfluss durch dF, d. h. dass ist**

$$dN = \mu\, \mathfrak{H}_n\, dS. \tag{25}$$

Diese Definition der Kraftlinienzahl wollen wir von nun an festhalten.

Es folgt dann aus dem Satze (14'') der pag. 37, dass **die Anzahl von Kraftlinien, welche aus einer geschlossenen Fläche S austritt, gleich ist 4π mal der gesammten von S eingeschlossenen Polstärke, einerlei ob S in einem homogenen Medium verläuft oder in einem stückweise homogenen oder überhaupt inhomogenen Medium.**

26. Das Brechungsgesetz der Kraftlinien. Aus der Richtung einer Kraftlinie an irgend einer Stelle P des Feldes kann man auf das gegenseitige Grössenverhältniss der nach irgend welchen Richtungen genommenen Komponenten der magnetischen Kraft in P schliessen. Da ein solches Verhältniss sich im Allgemeinen stetig ändert, weil jede Komponente der magnetischen Kraft im Allgemeinen stetig ist, so verlaufen auch die Kraftlinien im Allgemeinen ohne plötzliche Richtungsänderungen, d. h. ohne Knicke.

Nur an der Grenzfläche F zwischen zwei verschiedenen Medien muss ein Knick der Kraftlinien eintreten, sie müssen gebrochen erscheinen.

In der That, verlegen wir die Ebene der beigezeichneten Fig. 9 in die Einfallsebene einer Kraftlinie L im Medium 1, d. h. in diejenige Ebene, welche durch die Kraftlinie und die Normale n geht, welche auf der Fläche F im Durchstosspunkte der Kraftlinie errichtet wird, und tragen wir auf L eine Strecke PA ab, welche der Grösse der resultirenden magnetischen Kraft entspricht, so bezeichnen die Projektionen PB und PC von PA auf n und eine dazu senkrechte Richtung τ die Normalkomponente $(\mathfrak{H}_n)_1$ und die Tangentialkomponente $(\mathfrak{H}_\tau)_1$ der magnetischen Kraft. Die Tangentialkomponente $(\mathfrak{H}_\tau)_1$ nach der zu n und τ senkrechten Richtung ist Null. Wegen der Stetigkeit der Tangentialkomponenten ist auch $(\mathfrak{H}_\tau)_2$ im Medium 2 gleich Null, d. h. die Kraftlinie im Medium 2 liegt

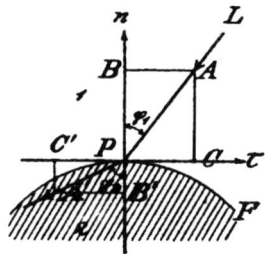

Fig. 9.

ebenfalls in der Nähe von P in der Einfallsebene, d. h. in der Ebene der Figur. — Um ihre Richtung innerhalb dieser Ebene zu erfahren, tragen wir auf n die Normalkomponente $(\mathfrak{H}_n)_2 = PB'$ ab, und auf τ die Tangentialkomponente $(\mathfrak{H}_\tau)_2 = PC'$. Dann giebt die Diagonale PA' des Rechtecks PB'A'C' nach Grösse und Richtung die resultirende magnetische Kraft im Medium 2 in der Nähe der Grenze.

Nun ist nach Formel (24) $PC' = PC$, dagegen nach Formel (19) $\mu_1 PB = \mu_2 PB'$. (In der Figur ist $\mu_2 = 3\,\mu_1$ angenommen.) Bezeichnet man daher die Winkel, welche die Kraftlinie im Medium 1 resp. 2 mit der Normalen n macht, d. h. den Einfalls- und Brechungswinkel der Kraftlinie, mit φ_1 resp. φ_2, so ergiebt sich aus der Konstruktion:

$$\operatorname{tg} \varphi_1 = \frac{PC}{PB}, \qquad \operatorname{tg} \varphi_2 = \frac{PC'}{PB'},$$

$$\operatorname{tg} \varphi_1 : \operatorname{tg} \varphi_2 = \mu_1 : \mu_2. \qquad (26)$$

Wir erhalten also das Gesetz:

Die magnetischen Kraftlinien werden beim Uebergang von einem Medium 1 zu einem Medium 2 in der Einfallsebene gebrochen, und zwar derart, dass die trigonometrischen Tangenten des Einfalls- und Brechungswinkels sich verhalten wie die Magnetisirungskonstanten μ_1 und μ_2 der Medien.

Das Brechungsgesetz (26) hat gewisse Aehnlichkeit mit dem Snellius'schen Brechungsgesetz für Lichtstrahlen, nur dass tg an Stelle von sin tritt. Wegen dieses letzteren Unterschiedes können Erscheinungen der Totalreflexion bei Kraftlinien nie vorkommen. — Den Quotienten $\mu_2 : \mu_1$ könnte man wegen der Analogie mit dem Brechungsgesetz der Lichtstrahlen den (magnetischen) Brechungsindex des Mediums 2 gegen das Medium 1 nennen.

Nach (26) ergiebt sich, dass im stärker paramagnetischen Medium die Kraftlinie weiter von der Normalen abgelenkt ist. Gehen die Kraftlinien z. B. von Luft in Eisen über, so werden sie sehr stark vom Einfallsloth fortgebrochen. So würden z. B. für $\mu_2 = 2300$ schon bei einem Einfallswinkel von 1^0 die Kraftlinien um $87^0\ 36'$ abgelenkt erscheinen von n fort, d. h. der zugehörige Brechungswinkel wäre $88^0\ 36'$. — Selbst bei Eisensorten, welche den kleinsten Werth der Magnetisirungskonstanten besitzen, wie glasharter Klavierdraht, ist die Brechung der Kraftlinien noch sehr stark. So ergeben sich z. B. für den Werth $\mu_2 = 118$, der bei dieser Stahlsorte beobachtet ist, folgende zusammengehörende Werthe von φ_2 und φ_1 (es ist $\mu_1 = 1$ gesetzt):

$$\mu_2 : \mu_1 = 118$$

φ_1	φ_2
0^0	0^0
1^0	$64^0\ 10'$
2^0	$76^0\ 20'$
3^0	$80^0\ 50'$
4^0	$83^0\ 5'$
5^0	$84^0\ 30'$
6^0	$85^0\ 25'$

Für Körper, deren Magnetisirungskonstante nur wenig von 1 abweicht, d. h. für alle Körper, ausser Eisen, Stahl, Nickel, Kobalt, ist die Brechung der Kraftlinien nur sehr gering.

27. Folgerungen aus der Brechung der Kraftlinien.

Durch die starke Brechung, welche die Kraftlinien beim Uebergang der Grenze Luft—Eisen erfahren, liegen dieselben im Eisen viel näher bei einander, als in der Luft, wie aus der Fig. 10 sofort zu erkennen ist, welche sich auf eine sogar noch sehr schwach magnetisirbare Eisensorte beziehen könnte. Man kann daher auch sagen: **Eisen koncentrirt die Kraftlinien eines Magnetfeldes in sich.**

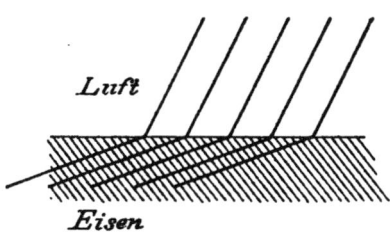

Fig. 10.

Diese Koncentration ist rechnerisch völlig durchführbar, wenn ein Eisenkörper, der die Gestalt eines Ellipsoids hat, in ein Magnetfeld von ursprünglich überall konstanter Stärke gebracht wird. Ein solches Magnetfeld soll im Folgenden ein **gleichförmiges** Magnetfeld genannt werden. Man überzeugt sich nämlich, dass man alle Bedingungsgleichungen, denen die magnetische Kraft zu genügen hat, d. h. die Gleichungen (8), (11), (19) und (24), befriedigen kann durch die Annahme, es sei die Feldstärke im Innern des Ellipsoids überall konstant $= c$, wenn auch noch unbekannt. In diesem Falle kann man die Dichte η der scheinbaren inducirten Belegung der Grenzfläche des Ellipsoids nach Formel (23) angeben und hat dann die mathematischen Hülfsmittel, die noch unbekannte Konstante c durch Anwendung der genannten Gleichungen zu berechnen. Eine kreisförmige dünne Eisenscheibe kann als ein specieller Fall eines Ellipsoids aufgefasst werden. Man kann nun durch eine Zeichnung leicht die Veränderung darstellen, welche eine solche Scheibe in dem Verlauf der Kraftlinien eines ursprünglich gleichförmigen Feldes hervorbringt.

Die Kraftlinien eines gleichförmigen Feldes sind äquidistante gerade Linien. In der Eisenscheibe müssen sie diesen Verlauf haben, da in ihr das Feld gleichförmig ist. Setzt man nun diese Kraftlinien in den Raum ausserhalb der Eisenscheibe nach dem Brechungsgesetz fort, so gelangt man zu der umstehenden Zeichnung (Fig. 11). In grösserer Entfernung von der Eisenscheibe müssen nämlich die Kraftlinien wieder in äquidistante Gerade übergehen, da dort das ursprünglich gleichförmige Magnetfeld durch die Eisenscheibe nicht wesentlich verändert sein kann, wie aus dem Fernwirkungsgesetze (23') der pag. 41 folgt, welches den Effekt der Anwesenheit der Scheibe darstellt. — Die gezeichnete Figur kann man durch Eisenfeile leicht experimentell verificiren.

Trotz dieser Koncentration der Kraftlinien ist die Feldstärke $\mathfrak{H}_2$ im Eisen in der Nähe seiner Begrenzung F nicht grösser als die Feldstärke $\mathfrak{H}_1$ in der Luft nahe bei F, sondern immer kleiner, weil die Feldstärke an einer Stelle P zwar proportional der Dichte

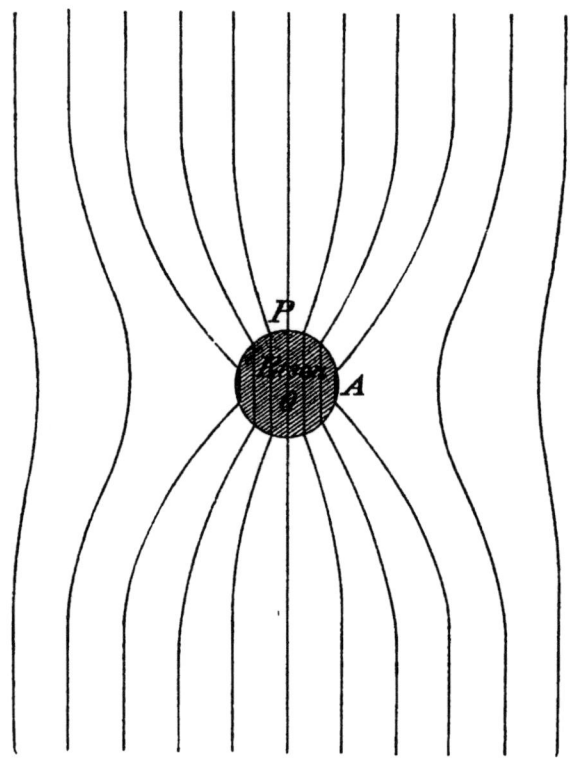

Fig. 11.

der Kraftlinien bei P, aber umgekehrt proportional der Magnetisirungskonstante in P ist.

Dies erkennt man deutlich auch aus folgenden Formeln. Es ist nach der auf pag. 47 angegebenen geometrischen Konstruktion:

$$\mathfrak{H}_1{}^2 = (\mathfrak{H}_n)_1{}^2 + (\mathfrak{H}_\tau)_1{}^2 = \mathfrak{H}_\tau{}^2 \left(1 + \frac{1}{\operatorname{tg}^2 \varphi_1}\right),$$

$$\mathfrak{H}_2{}^2 = (\mathfrak{H}_n)_2{}^2 + (\mathfrak{H}_\tau)_2{}^2 = \mathfrak{H}_\tau{}^2 \left(1 + \frac{1}{\operatorname{tg}^2 \varphi_2}\right),$$

daher
$$\frac{\mathfrak{H}_2}{\mathfrak{H}_1} = \frac{\sin \varphi_1}{\sin \varphi_2}.$$

Für sehr kleine Einfallswinkel φ_1 wird

$$\mathfrak{H}_2 : \mathfrak{H}_1 = \mu_1 : \mu_2,$$

für etwas grössere (es genügt schon $\varphi_1 = 4^0$) ist $\sin \varphi_2$ beim Eisen annähernd gleich 1 zu setzen. Folglich ist dann

$$\mathfrak{H}_2 = \mathfrak{H}_1 \sin \varphi_1.$$

Der Unterschied der Feldstärke im Eisen und in Luft wird also immer kleiner, je schiefer die Kraftlinien auf das Eisen einfallen.

Aus diesem Gesetze erkennt man z. B. aus der Fig. 11, dass, da $\mathfrak{H}_2$ konstant ist, $\mathfrak{H}_1$ wachsen muss, wenn man vom magnetischen Aequator OA der Scheibe zum magnetischen Pol OP vorrückt, wie es sich auch in der Zeichnung durch die wachsende Dichte der Kraftlinien ausprägt.

Auch die Schirmwirkung eines Eisenringes ergiebt sich aus dem Brechungsgesetz der Kraftlinien. Denn wenn eine Kraftlinie an der Stelle P der Aussenseite in einen Eisenring etwas schief (d. h. mit einem kleinen Winkel gegen das Einfallsloth) eintritt, so wird sie so gebrochen, dass sie die Innenseite des Ringes entweder gar nicht erreicht oder an einer Stelle P', welche nicht mehr auf demselben Radiusvektor wie P liegt. Deshalb ergiebt sich in roher Weise der beigezeichnete Verlauf der Kraftlinien der Fig. 12, aus der man erkennt,

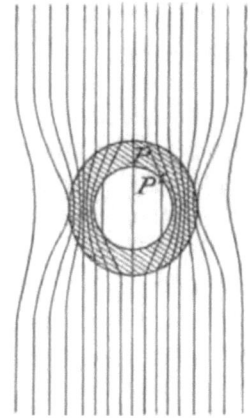

Fig. 12.

dass die Dichte der Kraftlinien, also auch die Feldstärke, im Innern des Ringes kleiner ist, als ausserhalb desselben.

28. Betrachtung des Falles, dass ein Körper in ein Magnetfeld in der Weise gebracht wird, dass seine Oberfläche überall parallel zu den Kraftlinien des ursprünglichen Feldes ist. Wie im § 24 ausgesprochen ist, kann in diesem Falle die ursprüngliche Feldstärke nirgends durch die Einlagerung des Körpers geändert werden, auch im Körper selbst nicht. Es bleibt daher die Gestalt der Kraftlinien dieselbe, wie im ursprünglichen Felde, dagegen muss man ihre Dichte im Verhältniss der Magnetisirungskonstante des Körpers zu der der Umgebung verändern, da die Dichte der Kraftlinien nicht durch den Kräftefluss, sondern durch den Induktionsfluss gemessen wird. Bringt man also z. B. Eisen in der angegebenen Weise in ein Feld, welches in Luft liegt, so ist die Anzahl der Kraftlinien im Eisen etwa 2000 mal grösser als die Anzahl der Kraftlinien, welche vorher in dem Luftraume verliefen, der jetzt von Eisen besetzt ist.

In welcher Weise man diesen Fall experimentell realisiren kann, soll im II. Kapitel erörtert werden.

29. Es giebt keinen wahren Magnetismus. Wir haben bisher unterschieden zwischen scheinbarem, inducirtem Magnetismus, der an der Grenze zweier Medien auftritt, und zwischen eigentlichem oder wahrem Magnetismus in den Polen, welche das Feld erzeugen. Ein Unterscheidungszeichen von wahrem und von scheinbarem Magnetismus haben wir in dem Verhalten der Kraftlinien. Denn diese können nur in wirklichen Polen, d. h. Stellen mit wahrer magnetischer Belegung, endigen resp. anfangen. Eine Stelle P im Raume enthält also nur dann wahren Magnetismus, wenn in eine kleine geschlossene Fläche S, welche man um P konstruirt, nicht ebensoviel Kraftlinien eintreten, wie austreten.

Wir haben nun in unseren bisherigen Betrachtungen den Kraftlinienverlauf, welcher in dem Magneten selbst stattfindet, der das Feld erzeugt, gar nicht berücksichtigt. Wir nahmen den Magneten so dünn, dass wir sein Volumen einfach vernachlässigen zu können glaubten.

Wir wollen jetzt die Betrachtungen vervollständigen, indem wir auch auf den Kraftlinienverlauf im Innern des Magneten selbst Rücksicht nehmen. So viel ist sicher, dass auch in seinem Innern nirgends freie Enden von Kraftlinien auftreten können, da nach § 4 die Summe der Polstärken jedes auch noch so kleinen Volumenelements des Magneten verschwindet, d. h. keinen wahren Magnetismus enthält. Es können also höchstens in den Polen des Magneten, d. h. seinen flächenförmigen Begrenzungen, Enden von Kraftlinien liegen.

Nun können wir durch folgenden Vorgang uns in qualitativer Hinsicht ausreichende Rechenschaft von dem Kraftlinienverlauf im Innern des Magneten M, welcher ein Feld erzeugt, verschaffen:

Setzt man ein Stahlstück S der Einwirkung des Feldes aus, indem man es z. B. dem positiven Pole m_1 von M nähert (vgl. Fig. 13), so wissen wir aus den bisherigen Erörterungen, dass die Richtung der Kraftlinien in S roh genommen dieselbe ist, wie sie sie ursprünglich in der Luft an der gleichen Stelle war. S wirkt wie ein Magnet, dessen negativer Pol m_2' dem positiven m_1 von M gegenüberliegt. Wahrer Magnetismus ist dagegen in S nicht vorhanden; es treten in seine Endflächen, d. h. scheinbaren Pole, genau so viel Kraftlinien ein, wie aus. Speciell geht die Richtung der Kraftlinien im Innern von S vom (scheinbaren) negativen Pol m_2' zum positiven m_1'.

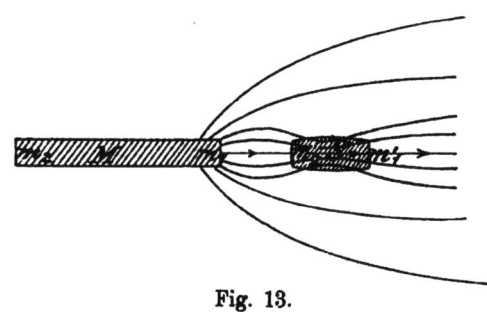

Fig. 13.

Entfernt man nun S wiederum von M, so wird der inducirte Magnetismus schwächer, aber er verliert sich nicht ganz, wenn man S aus dem Felde von M herausbringt; es bleibt Magnetismus in S remanent. Dieser remanente Magnetismus lässt sich aus unseren bisherigen Formeln nicht ableiten. Aus ihnen würde folgen, dass der inducirte Magnetismus verschwindet, wenn die wirkende Ursache verschwindet, d. h. es könnte kein remanenter Magnetismus auftreten.

Wenn daher auch in dieser Hinsicht die Formeln im Stich lassen, so lässt sich doch nach den angestellten Betrachtungen ersehen, dass der Kraftlinienverlauf eines Magneten, der remanenten Magnetismus zeigt, qualitativ derselbe sein muss, als ob nur inducirter Magnetismus vorhanden sei, denn es lässt sich in der That kein Zeitpunkt bei dem beschriebenen Processe angeben, an welchem der Kraftlinienverlauf des inducirten Magnetismus sprunghaft sich in einen anderen des remanenten Magnetismus umwandeln könnte. **Also auch beim remanenten Magnetismus giebt es keinen wahren Magnetismus.** Nun kann aber unser ursprünglicher Magnet M nur derselben Thatsache der Remanenz des Stahles seine Eigenschaften verdanken, als der Magnet S, denn wir können mit S qualitativ ganz dieselben Erscheinungen, d. h. ponderomotorischen Wirkungen auf andere Eisenkörper oder Magnete, hervorbringen, wie mit M, und wenn wir genauer die Herstellung des Magneten M erforschen, so ist sie thatsächlich eine ganz ähnliche, wie die Herstellung des Magneten S. Wir werden nämlich im folgenden Kapitel sehen, dass wir auch M in ein magnetisches Feld gebracht haben, indem wir M in das stromdurchflossene Solenoid stecken, nur besteht der (unwesentliche) Unterschied, dass dies

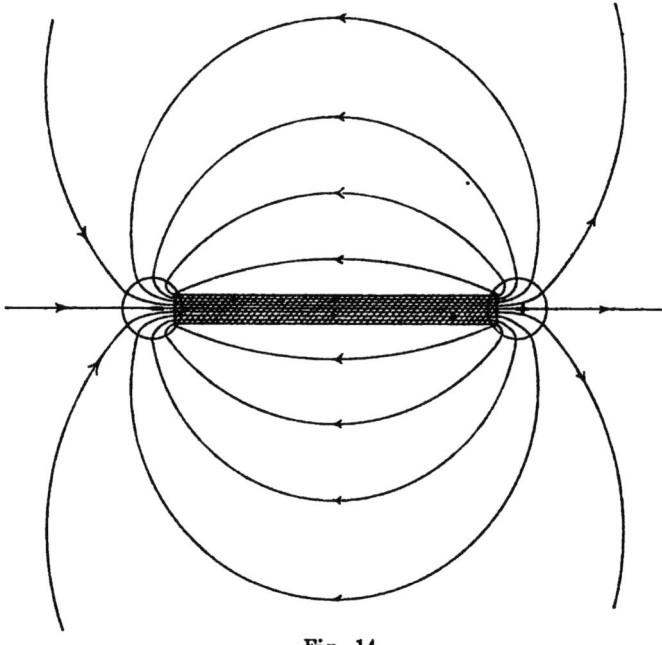

Fig. 14.

magnetische Feld vom galvanischen Strom herrührt, während bei S das Feld des Magneten M gewirkt hat. Daher giebt es auch in M keine wahren Pole, auch in seine Endflächen treten genau so viel Kraftlinien ein wie aus, und im Innern von M geht die positive Richtung der Kraftlinien ebenfalls vom negativen zum positiven (scheinbaren) Pol.

Wenn wir daher den Kraftlinienverlauf zeichnen wollen, wie er in Wirklichkeit stattfindet, d. h. unter Berücksichtigung des Verlaufs im Innern des Magneten, so ist an Stelle der früheren Fig. 6 die hier beistehende Fig. 14 zu setzen. Aus jedem Ende des Magneten treten, gerade so wie früher, in den Aussenraum

$4\pi m$ Kraftlinien ein, resp. aus. Diese Kraftlinien verschwinden aber nicht in den Polen, wie es in der früheren Fig. 6 angenommen wurde, sondern sie setzen sich in das Innere des Magneten fort und schliessen sich dort zu einem zusammenhängenden Linienzuge.

Dass dieser Kraftlinienverlauf thatsächlich richtig ist, kann man experimentell beweisen, wenn auch nicht durch ponderomotorische Wirkungen, da diese sich im Eisen selbst nicht beobachten lassen, so doch durch die sogenannten magnet-elektrischen Induktionswirkungen, welche nicht ponderomotorischer Natur sind und von denen ausführlicher im III. Kapitel die Rede sein soll.

Wir schliessen daher, dass in jedem Magnetfeld, einerlei in welcher Art und Weise wir dasselbe hergestellt haben, die Kraftlinien in sich geschlossene, weder in der Unendlichkeit noch irgendwo im Endlichen endigende Kurven sind, mit anderen Worten, dass es keinen wahren Magnetismus giebt.

Wir werden im § 31 sehen, dass durch diesen Kraftlinienverlauf thatsächlich genau dieselben Wirkungen hervorgebracht werden, als ob an gewissen Stellen des Raumes wahrer Magnetismus vorhanden wäre, welcher Fernkräfte nach dem Gesetze (1′) äusserte.

30. Gleichförmig und ungleichförmig magnetisirte Magnete.

Wir haben im § 1 gesehen, dass man einen Stahlkörper in verschiedener Weise magnetisiren kann und haben dann eine bestimmte Magnetisirungsart angegeben, durch welche man auf die einfachste Gestaltung des Magnetfeldes geführt wird. — Wir können jetzt die dadurch herbeigeführte Magnetisirung des Stahldrahtes durch den Kraftlinienverlauf im Innern desselben gut charakterisiren. Bei der beschriebenen Magnetisirungsmethode verlaufen nämlich die Kraftlinien im Innern stets der Axe des Drahtes parallel (mag sie nun nachher krumm gebogen werden oder nicht), d. h. die Kraftlinien treten nur aus den Endflächen des Drahtes aus. — Man kann daher sagen, dass jedes Theilchen des Drahtes in gleicher Weise magnetisirt wäre und nennt daher den Draht **gleichförmig magnetisirt**.

Zerbricht man den Draht in zwei Theile und entfernt dieselben voneinander, so wirken die neu entstandenen Begrenzungen wie Pole von derselben Stärke, als die ursprünglichen Begrenzungen. Dies geschieht deshalb, weil der Kraftlinienverlauf im Innern der Stücke derselbe geblieben ist, wie vor dem Zerbrechen, und daher auch aus den entstandenen Enden immer gleich viel Kraftlinien in den Aussenraum austreten.

Ist der Magnet nicht mehr von überall gleichem Querschnitt, wie der bisher benutzte Draht, sondern hat beliebige Gestalt, so nennt man ihn dann gleichförmig magnetisirt, wenn an jeder Stelle seines Innern die Kraftlinien in gleicher Richtung und Dichte verlaufen. So ist z. B. ein Eisenellipsoid, welches der Induktionswirkung eines äusseren, gleichförmigen Magnetfeldes unterliegt, gleichförmig magnetisirt.

Im Gegensatze zur gleichförmigen Magnetisirung nennt man einen Körper dann ungleichförmig magnetisirt, wenn der Kraftlinienverlauf an verschiedenen Stellen seines Innern ein verschiedener ist. Die beistehenden beiden Fig. 15 und 16 kennzeichnen den Unterschied eines stabförmigen Magneten, wenn er einmal gleichförmig nach seiner Axe magnetisirt ist (Fig. 15), und wenn er das andere Mal ungleichförmig magnetisirt ist (Fig. 16). Im ersteren Falle tritt keine Kraftlinie aus den Seitenflächen heraus, wohl aber im letzteren Falle. Würde man einen solchen ungleichförmig magnetisirten Stab zerbrechen, so würden seine Bruchstücke nicht immer dieselbe Polstärke zeigen, vielmehr würden die Bruchstücke aus der Mitte die kräftigsten Pole aufweisen.

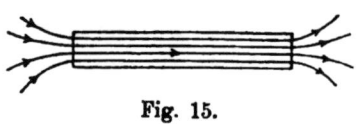

Fig. 15.

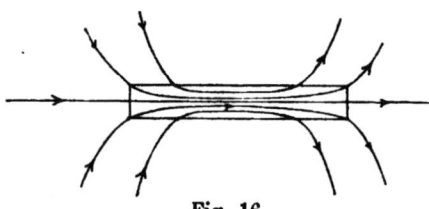

Fig. 16.

31. Der mathematische Ausdruck für die allgemeinen Eigenschaften des magnetischen Feldes. Ein geometrischer Ausdruck für die allgemeinen Eigenschaften des magnetischen Feldes ist der Verlauf der Kraftlinien als geschlossene Kurven, welche nur beim Uebergang über die Grenze zweier Medien mit verschiedener Magnetisirungskonstante geknickt sind. Es handelt sich nun darum, aus diesem geometrischen Ausdruck der Eigenschaften des magnetischen Feldes einen analytischen zu finden. Ein solcher analytischer Ausdruck, d. h. die allgemeinen Formeln des magnetischen Feldes, sind bei der Berechnung seiner Eigenschaften aus gewissen Daten, z. B. aus theilweise bekanntem Verlauf der Kraftlinien, von grossem Werth.

Wir haben nun schon früher in den Formeln (8), (11), (15), (19) die Nahewirkungsgesetze der magnetischen Kraft kennen gelernt, aus denen sie sich vollständig bestimmen lässt, wie in § 16 gezeigt ist. Früher aber haben wir bei der Aufstellung jener Gesetze abgesehen von dem vom Magneten selbst eingenommenen Raum und haben dafür eine Belegung der Begrenzung dieses Raumes mit wahrem Magnetismus angenommen. Diese Annahme (des wahren Magnetismus) trat durch die Formel (15) der pag. 20 zu Tage.

Nun wissen wir jetzt aber, dass es wahren Magnetismus nicht giebt. Wir können also die Formel (15) nicht mehr heranziehen, falls wir die magnetische Kraft im ganzen Raume, d. h. auch im Innern des Magneten, rechnerisch bestimmen wollen.

Wir haben also die Untersuchung jetzt in zwei Punkten zu vervollständigen, indem wir uns die folgenden beiden Fragen vorlegen:

1. Gelten die übrigbleibenden Formeln (8), (11), (19), auch wenn man den vom Magneten selbst eingenommenen Raum mit in den Kreis der Betrachtungen zieht, d. h. **gelten jene Formeln im ganzen Raume?**

2. In welcher Weise kann man die magnetische Kraft rechnerisch vollständig bestimmen, auch ohne Zuhülfenahme der Formel (15)?

Wenden wir uns zunächst zur Untersuchung über die Existenz der Formeln (11), d. h. der Frage, **hat die magnetische Kraft stets ein Potential?** Zur Erörterung dieser Frage muss ein Hülfssatz vorausgeschickt werden.

32. Der Stokes'sche Satz. Es seien α, β, γ drei Funktionen, welche innerhalb eines gewissen Raumes eindeutig, stetig und endlich sind. Wir wollen betrachten das Linienintegral

$$A = \int \alpha\,dx + \beta\,dy + \gamma\,dz,$$

erstreckt über die Begrenzungslinie eines kleinen Dreiecks ABC, dessen Ecken in den Koordinatenaxen liegen sollen (vgl. Fig. 17).

In dem Integral bedeuten dx, dy, dz die unendlich kleinen Aenderungen, welche die Koordinaten eines Punktes P der Begrenzungslinie ABC erfahren, wenn man von P aus um die kleine

Strecke d s auf der Begrenzungslinie im Integrationssinne fortschreitet. d x, d y, d z müssen also bei der Integration positive und negative Werthe annehmen.

Wir können den Werth des Integrals A erhalten, indem wir nacheinander als Integrationsweg OABO, OBCO, OCAO wählen und die drei erhaltenen Resultate addiren. Denn auf diese Weise wird jede der drei Geraden OA, OB, OC zweimal in entgegengesetztem Sinne durchlaufen, so dass die daher rührenden Resultate

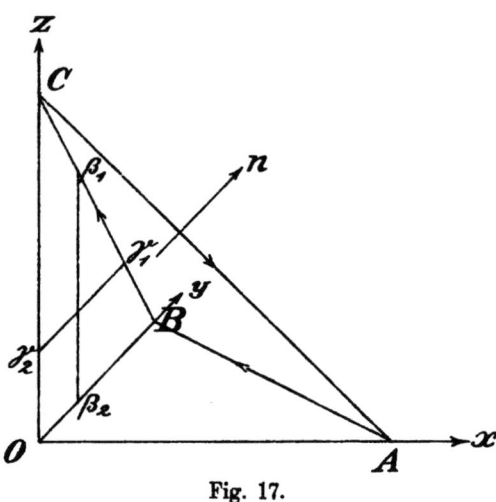

Fig. 17.

sich aufheben. Die Seiten des Dreiecks aber werden in der Richtung ABCA durchlaufen.

Wir haben also:

$$\int_{ABC} (\alpha\,dx + \beta\,dy + \gamma\,dz) = \int_{OBC} (\beta\,dy + \gamma\,dz) + \int_{OCA} (\gamma\,dz + \alpha\,dx)$$
$$+ \int_{OAB} (\alpha\,dx + \beta\,dy). \qquad (27)$$

In den Integralen der rechten Seite treten nur je zwei der Grössen d x, d y, d z auf, weil je eine derselben für die gewählten Integrationswege verschwindet, z. B. verschwindet d x für den Integrationsweg OBC.

Betrachten wir nun aber das Flächenintegral

$$\int \frac{\partial \gamma}{\partial y}\,dy\,dz,$$

welches über die Fläche des Dreiecks OBC genommen werden soll, so können wir eine partielle Integration nach y ausführen und erhalten dadurch

$$\int \frac{\partial \gamma}{\partial y} \, dy \, dz = \int dz \, (\gamma_1 - \gamma_2),$$

wobei γ_1 sich auf die Werthe von γ auf der Linie BC bezieht, γ_2 auf die Werthe von γ auf der Linie OC. In dem Integral der rechten Seite ist dz eine stets positive Grösse, da $dy\,dz$ die Bedeutung der Grösse eines Flächenelementes hat. Legen wir nun aber in diesem Integral dz dieselbe Bedeutung bei, wie wir sie bei dem Integral A definirt haben, d. h. überhaupt bei einem über die Begrenzungslinie eines gewissen Flächenstücks zu nehmenden Linienintegrale, so ist dz positiv auf BC, dagegen negativ auf OC, falls wir den Integrationsweg im Sinne OBC wählen. Es wird daher

$$\int \frac{\partial \gamma}{\partial y} \, dy \, dz = \int \gamma \, dz,$$

wobei das Integral der rechten Seite im angegebenen Sinne über die Begrenzung des Dreiecks zu nehmen ist. — Eine analoge Betrachtung liefert

$$\int \frac{\partial \beta}{\partial z} \, dy \, dz = \int (\beta_1 - \beta_2) \, dy,$$

wobei β_1 die Werthe von β auf BC bezeichnet, β_2 die Werthe von β auf OB. — Schreibt man nun aber das Integral der rechten Seite ebenfalls als Linienintegral über die Begrenzung des Dreiecks OBC im angegebenen Sinne, so ist dy negativ auf BC, positiv auf OB. Daher wird

$$\int \frac{\partial \beta}{\partial z} \, dy \, dz = - \int \beta \, dy.$$

Die Subtraktion der gewonnenen beiden Gleichungen liefert die Formel

$$\int\limits_{OBC} (\beta \, dy + \gamma \, dz) = \int \left(\frac{\partial \gamma}{\partial y} - \frac{\partial \beta}{\partial z} \right) dy \, dz.$$

Zwei analoge Gleichungen müssen für die Linienintegrale über OCA und OAB gelten. Benützt man diese Beziehungen, so ergiebt sich aus der Gleichung (27)

$$A = \int \left(\frac{\partial \gamma}{\partial y} - \frac{\partial \beta}{\partial z}\right) dy\, dz + \int \left(\frac{\partial \alpha}{\partial z} - \frac{\partial \gamma}{\partial x}\right) dz\, dx$$
$$+ \int \left(\frac{\partial \beta}{\partial x} - \frac{\partial \alpha}{\partial y}\right) dx\, dy.$$

Nehmen wir nun das Tetraeder OABC unendlich klein an, so sind die Ausdrücke $\frac{\partial \gamma}{\partial y} - \frac{\partial \beta}{\partial z}$ etc. der Integrale vor das Integralzeichen zu setzen, da sie innerhalb der Integrationsgrenzen nur unendlich wenig variiren. Die Integrationen lassen sich dann leicht ausführen, da z. B. $\int dy\, dz$ den Inhalt des Dreiecks OBC bedeutet, d. h. die Projektion des Dreiecks ABC auf die yz-Ebene. Ist nun $d\sigma$ die Grösse des Dreiecks ABC, und bezeichnet n die Richtung seiner Normale in dem von O fortgerichteten Sinne, so ist

$$\int dy\, dz = d\sigma \cos(nx), \quad \int dz\, dx = d\sigma \cos(ny),$$
$$\int dx\, dy = d\sigma \cos(nz),$$

falls (nx), (ny), (nz) die Winkel bedeuten, welche die positive Richtung n mit den positiven Richtungen der Koordinatenaxen einschliesst.

Es ergiebt sich daher

$$A = \left[\left(\frac{\partial \gamma}{\partial y} - \frac{\partial \beta}{\partial z}\right)\cos(nx) + \left(\frac{\partial \alpha}{\partial z} - \frac{\partial \gamma}{\partial x}\right)\cos(ny) + \left(\frac{\partial \beta}{\partial x} - \frac{\partial \alpha}{\partial y}\right)\cos(nz)\right] d\sigma.$$

Soll das Kurvenintegral A über eine beliebige Kurve C erstreckt werden, welche eine endliche Fläche S begrenzt, so können wir diese Fläche S immer in unendlich kleine Dreiecke zerlegen. Wir erhalten dann das Kurvenintegral, indem wir die Summe aus den über die Dreiecksbegrenzungen dieser Elemente in demselben Drehungssinne erstreckten Integrale bilden, da die Integrale über alle inneren Seiten der Dreiecke sich aufheben und nur die Integrale über die äusseren, in die Kurve C fallenden Seiten übrig bleiben. — Da aber jedes Dreiecksintegral durch die vorhergehende Gleichung gegeben ist, so finden wir für das über die Begrenzung C erstreckte Integral den Ausdruck:

$$\int_{(C)} (\alpha\, dx + \beta\, dy + \gamma\, dz) = \int_{(S)} d\sigma \left[\left(\frac{\partial \gamma}{\partial y} - \frac{\partial \beta}{\partial z}\right)\cos(nx) + \left(\frac{\partial \alpha}{\partial z} - \frac{\partial \gamma}{\partial x}\right)\cos(ny) + \left(\frac{\partial \beta}{\partial x} - \frac{\partial \alpha}{\partial y}\right)\cos(nz)\right], \quad (28)$$

in welchem das Integral der rechten Seite über eine beliebige, von der Kurve C begrenzte Fläche S auszudehnen ist. Diese Formel heisst der Stokes'sche Satz.

Damit der Satz mit den Vorzeichen besteht, wie es durch (28) ausgedrückt ist, ist der Sinn der positiven Normale n der Fläche S und ausserdem die gegenseitige Lage der Koordinatenaxen in der Weise zu wählen, wie es bei der Beweisführung der Fall war. — Allgemein sprechen sich die Regeln für den hier festgelegten Sinn in folgender Weise aus:

Es soll eine Drehung um die positive Richtung einer Axe als positive bezeichnet werden, wenn sie für einen Beobachter, welcher sich in die Axe so stellt, dass ihre positive Richtung von seinen Füssen zu seinem Kopfe zeigt, von rechts nach links erfolgt, d. h. dem Uhrzeiger entgegen. Die Koordinatenaxen sollen nun stets so zueinander liegen, dass die positive y-Axe in die positive z-Axe überzuführen ist durch eine positive Drehung um die positive x-Axe. Ferner soll der Integrationsweg über die Begrenzung C der Fläche S im Sinne einer positiven Drehung um die positive Normale n auf S erfolgen.

Eine Abweichung von einer dieser beiden Regeln würde zur Folge haben, dass eine Seite der Gleichung (28) mit dem Faktor — 1 zu multipliciren wäre.

33. Fortsetzung von § 31. Wir wenden den Satz (28) an auf den Fall, dass α, β, γ die Komponenten der magnetischen Kraft bedeuten. In der That sind diese endliche und eindeutige Funktionen, an der Grenzfläche zweier verschiedener Medien jedoch unstetig. Diese Unstetigkeit wird aber nur dadurch hervorgerufen, dass wir annehmen, es solle die Magnetisirungskonstante μ_1 des einen Mediums an der Grenze plötzlich in die Konstante μ_2 des anderen Mediums übergehen. In Wirklichkeit wird auch dieser Uebergang ein stetiger sein, an Stelle der Grenzfläche muss eine gewisse Uebergangsschicht vorhanden sein, innerhalb welcher der Werth μ der Magnetisirungskonstante stetig von dem Werthe μ_1 zum Werthe μ_2 variirt. Setzen wir also diese Verhältnisse, wie sie streng genommen stattfinden müssen, an Stelle der früher getroffenen Annahme, so sind die Komponenten der magnetischen Kraft im ganzen Raume stetig. Wir können also in der Formel (28) den Funktionen α, β, γ thatsächlich die Bedeutung der Komponenten der magnetischen Kraft beilegen.

In diesem Falle hat die linke Seite A von (28) die Bedeutung der Arbeit, welche die Kräfte des magnetischen Feldes leisten, wenn ein Pol der Stärke 1, d. h. das Ende eines (permanenten) Magneten, aus welchem 4π Kraftlinien in den Aussenraum austreten, längs der Kurve C einmal herumgeführt wird. — Beständen nun die Formeln (11): $\dfrac{\partial \alpha}{\partial y} = \dfrac{\partial \beta}{\partial x}$ etc. im ganzen Raume, so würde die Arbeit A beständig verschwinden, was man auch für eine geschlossene Kurve C wählen möge.

Nun ist das aber jedenfalls nicht der Fall, denn die Kraftlinien des Feldes sind geschlossene Kurven, für welche die Arbeit A keinesfalls verschwinden kann. Denn wenn man den Pol auf einer Kraftlinie im positiven Sinne herumführt, so setzt sich A aus lauter positiven Elementen zusammen. **Die Formeln (11) bestehen also nicht im ganzen Raume eines magnetischen Feldes, d. h. die magnetische Kraft hat kein eindeutiges Potential, wenn man die Betrachtung auf den ganzen Raum ausdehnt.**

Nun haben wir aber früher gesehen, dass die magnetische Kraft ein eindeutiges Potential hat, wenn man gewisse Raumtheile von der Betrachtung ausschliesst. So z. B. hat die magnetische Kraft im Felde eines permanenten Magneten ein Potential, falls man die Betrachtung nur auf den nicht vom permanenten Magneten eingenommenen Raum ausdehnt. **In gewissen Gebieten des Feldes bestehen also die Gleichungen (11), d. h. für diese Gebiete hat die magnetische Kraft ein eindeutiges Potential.**

Es handelt sich nun darum, aus der Gestaltung des Feldes ein Unterscheidungsmerkmal zu gewinnen zwischen letzteren Gebieten und denen, in welchen die Formeln (11) nicht bestehen. Denken wir uns irgend ein Raumelement $d\tau$ abgegrenzt, so bestehen jene Formeln jedenfalls nicht an jeder Stelle von $d\tau$, wenn es Kraftlinien giebt, welche ganz innerhalb $d\tau$ verbleiben, ohne seine Oberfläche zu schneiden, weil man dann innerhalb $d\tau$ Kurven C angeben kann, für welche A nicht verschwindet. Dies kann man aber auch dann, wenn eine Kraftlinie den Raum $d\tau$ zweimal in entgegengesetztem Sinne durchschreitet. Das Charakteristikum für das Verhalten der Kraftlinien in beiden Fällen ist das, dass sich innerhalb $d\tau$ zwei einander benachbarte Punkte P und P' angeben lassen, für die die Richtung der magnetischen Kraft die entgegengesetzte ist. Man kann dann sagen, dass die magnetische Kraft an dem Orte der Punkte P, P' wirbelt.

Die magnetische Kraft hat also kein Potential innerhalb eines Raumes, in welchem Wirbelstellen der magnetischen Kraft vorhanden sind. Der umgekehrte Satz, dass die magnetische Kraft stets ein Potential hat innerhalb eines Raumes, in welchem keine Wirbelstellen vorhanden sind, ist nicht immer richtig. Denn superponiren sich über eine Wirbelstelle $d\tau$ die Kraftlinien eines anderen Feldes, so können diese eventuell so stark sein, dass sie ein Wirbeln der Kraftlinien in $d\tau$ verhindern, ohne dass trotzdem die Gleichungen (11) innerhalb $d\tau$ Gültigkeit besässen. — Wir wollen aber der Bequemlichkeit des Ausdrucks halber die Raumtheile, in welchen die Gleichungen (11) nicht gelten, als Wirbelräume bezeichnen und sie dadurch von den Gebieten unterscheiden, in welchen die Formeln (11) Gültigkeit besitzen, und die wir wirbelfrei nennen wollen.

Betrachten wir die Arbeit A längs einer geschlossenen Kraftlinie C, so muss, wie sich aus dem Vorigen ergiebt, jede beliebige Fläche S, welche man durch C hindurchlegt, Wirbelräume durchschneiden. Da also keine Fläche S durch C konstruirbar ist, welche keinen Wirbelraum trifft, so müssen die Wirbelräume die Kraftlinien ringförmig umschlingen. — Es giebt also kein magnetisches Feld, in welchem der Wirbelraum z. B. die Gestalt einer Kugel oder eines Ellipsoids hätte.

Wir wollen nun die Arbeiten A und A' miteinander vergleichen, die man erhält, wenn man einen Einheitspol auf zwei beliebigen geschlossenen Kurven C und C' in gleichem Rotationssinne bis zum Ausgangspunkt zurückführt. — Wir führen zu dem Zweck zunächst den Pol auf der Kurve C bis zum Ausgangspunkt P zurück, sodann längs der Linie PP' nach C', dann auf C' in einem Sinne, der dem Integrationssinne der Kurve C entgegengesetzt ist, nach P' zurück und schliesslich auf $P'P$ zum Ausgangspunkt P (vgl. Fig. 18). Man hat so eine geschlossene Kurve beschrieben, welche man als Begrenzung einer durch C und C' gelegten krummen Fläche S' auffassen kann. — Die dabei erhaltene Arbeit ist $A - A'$, da die längs der Linie PP' erhaltene Arbeit sich aufhebt, weil PP' zweimal in entgegengesetztem Sinne durchlaufen wird.

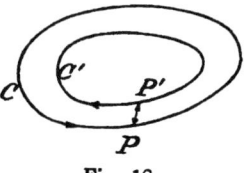

Fig. 18.

Nach Formel (28) ist nun $A - A' = 0$, falls S' keine Wirbelräume schneidet. Wir schliessen daher: **Die Arbeit A, welche man erhält, falls ein Pol längs einer beliebigen Kurve C bis zum Ausgangspunkt zurückgleitet, ist für alle diejenigen Kurven die gleiche, welche sich kontinuirlich ineinander überführen lassen, ohne dass man dabei Wirbelräume durchschreitet.**

Die Arbeit A kann also nur abhängen von den Eigenschaften des von den betrachteten Kurven C umschlungenen Wirbelraumes. **Man nennt daher die Arbeit A die magnetomotorische Kraft des Wirbelraumes, welchen die Kurven umschlingen. Die Arbeit A verschwindet, falls die Kurven C keinen Wirbelraum umschlingen, oder falls die Summe der magnetomotorischen Kräfte der umschlungenen Wirbelräume verschwindet.**

Innerhalb des Raumes, welchen ein System von Linien erfüllen, die alle den gleichen Wirbelraum umschlingen, gelten die Gleichungen (11). Die magnetische Kraft besitzt daher ein Potential V. Dann ist aber

$$A = \int_C (\alpha\, dx + \beta\, dy + \gamma\, dz) = -\int \left(\frac{\partial V}{\partial x} dx + \frac{\partial V}{\partial y} dy + \frac{\partial V}{\partial z} dz\right) = -\int dV,$$

folglich kann V keine eindeutige Funktion mehr sein, da sich ihr Werth bei einmaligem Herumgehen längs einer geschlossenen Kraftlinie C um die konstante Grösse A ändern muss. Die magnetomotorische Arbeit A des Wirbelraumes ist also der sogenannte Periodicitätsmodul des Potentials, welches die magnetische Kraft innerhalb des betrachteten Raumes besitzt.

In Verallgemeinerung ist daher zu schliessen: **Werden mehrere Wirbelräume vom wirbelfreien Raum umschlungen, so besitzt die magnetische Kraft in letzterem ein vieldeutiges Potential, welches die magnetomotorischen Kräfte der Wirbelräume zu Periodicitätsmoduln hat.**

Bezogen sich die bisherigen Erörterungen dieses Paragraphen auf die Untersuchung der Existenz der Formeln (11), so lässt sich die Frage nach der Allgemeingültigkeit der Formeln (8) und (19) kürzer beantworten.

Da es nirgends freie Enden von Kraftlinien giebt, so treten in eine beliebige geschlossene Fläche S des Feldes genau so viel

Kraftlinien ein, wie aus. Der mathematische Ausdruck für diese Thatsache ist

$$\int \mu \mathfrak{H}_n \, dS = 0, \qquad (14''')$$

da durch $\mu \mathfrak{H}_n$ die Anzahl der in dS eintretenden Kraftlinien gemessen wird. Hieraus schliesst man in genau derselben Weise auf die Existenz der Formel (19) an der Grenze zweier anstossender Medien, wie es oben in § 21 angegeben ist. Die Formel (19) gilt also immer, auch in den Räumen, in welchen $\mathfrak{H}$ kein Potential besitzt. — Auch wenn der Uebergang von einem Medium 1 in das angrenzende 2 nicht plötzlich, sondern stetig durch eine Uebergangsschicht von gewisser, aber noch sehr kleiner Dicke erfolgt, muss die Formel (19) gültig bleiben, falls man unter $(\mathfrak{H}_n)_1$ und $(\mathfrak{H}_n)_2$ die Werthe an den Grenzen der Uebergangsschicht versteht, d. h. an den Stellen, wo die Magnetisirungskonstante wirklich die Werthe μ_1 und μ_2 besitzt.

Was in der Uebergangsschicht selbst für eine Gleichung besteht, erfahren wir aus der Formel (14'''), wenn wir sie auf ein allgemeines inhomogenes Medium anwenden, in welchem μ beliebig mit dem Orte variirt.

Wählt man als geschlossene Fläche S die Oberfläche eines kleinen Parallelepipeds, dessen Kanten den Koordinatenaxen parallel sind und die bezw. Längen dx, dy, dz besitzen, so erhält man in derselben Weise, wie es oben pag. 23 zur Ableitung der Poissonschen Differentialgleichung ausgeführt ist, aus der Formel (14''') die Differentialgleichung:

$$\frac{\partial(\mu\alpha)}{\partial x} + \frac{\partial(\mu\beta)}{\partial y} + \frac{\partial(\mu\gamma)}{\partial z} = 0, \qquad (8')$$

welche also ein Nahewirkungsgesetz der magnetischen Kraft in einem inhomogenen Medium ist, d. h. einem solchen, in welchem μ eine Funktion der Koordinaten ist [1]).

Die Formel (8') geht in die früher aufgestellte Formel (8) über, falls μ konstant ist. Die Gleichung (8) gilt also stets

---

[1]) Streng genommen tritt die Formel (8') an Stelle der einfacheren von (8) immer in Anwendung, wenn z. B. Eisen in einem Magnetfeld sich befindet, dessen Stärke nicht überall dieselbe ist, da in den stark magnetisirbaren Metallen μ von $\mathfrak{H}$ abhängt. Ein solches Eisenstück wirkt daher so, als ob nicht nur seine Oberfläche Pole enthielte, sondern als ob auch in seinem Inneren eine räumlich vertheilte magnetische Belegung vorhanden sei.

in einem homogenen Medium, auch dort, wo $\mathfrak{H}$ kein Potential besitzt.

Das Resultat unserer Untersuchung ist also, dass die Gleichungen (8), resp. (8') und (19) innerhalb des ganzen magnetischen Feldes gelten, die Gleichungen (11) jedoch in gewissen Raumtheilen des Feldes — den Wirbelräumen — nicht. Diese Wirbelräume können nur als geschlossene Ringe vorhanden sein.

34. Darstellung der magnetischen Kraft durch die Fernwirkung von magnetischer Flächenbelegung. Wenn wir in einem beliebigen magnetischen Felde, in welchem der Kraftlinienverlauf bekannt ist, alle Wirbelräume durch eine geschlossene Fläche S derart einschliessen, dass es nicht möglich ist, einen Wirbelraum zu umschlingen, falls man immer im Aussenraum der Fläche S bleibt, d. h. die Fläche S nicht durchschreitet, so muss die magnetische Kraft ein eindeutiges Potential V besitzen, falls nur der Aussenraum von S in Betracht gezogen wird. Ist derselbe mit verschiedenen homogenen Medien erfüllt, so gilt wegen der Beziehung (8) überall die Formel $\Delta V = 0$, nur nicht in den Uebergangsschichten F der verschiedenen Medien. Die in ihnen gültige Formel (8') kann man durch die Unstetigkeitsbedingung (19) ersetzen, falls die Uebergangsschichten sehr dünn sind.

Durch diese Bedingungen, sowie durch die Werthe von $\mathfrak{H}_n$ an der Aussenfläche von S ist die Potentialfunktion V vollständig bestimmt, wie im § 17 gezeigt ist. Den genannten Bedingungen kann man nun vollständig genügen durch die Fernwirkungsgesetze von magnetischen Flächenbelegungen in den Grenzflächen F und der Fläche S, und der Annahme, es sei die Magnetisirungskonstante überall gleich 1. Die Dichte dieser fingirten Belegung ist nach § 22, Formel (23) auf einer Fläche F gegeben durch

$$\eta_F = \frac{\mu_1 (\mathfrak{H}_n)_1}{4\pi} \cdot \frac{\mu_1 - \mu_2}{\mu_1 \mu_2} = \frac{N_F}{4\pi} \left(\frac{1}{\mu_2} - \frac{1}{\mu_1} \right), \quad (29)$$

falls N_F die Anzahl der Kraftlinien bedeutet, welche durch die Flächeneinheit der Grenze F zwischen zwei Medien der Konstanten μ_1 und μ_2 in letzteres Medium einströmen.

Auch die fingirte Dichte η_S auf der Fläche S ist zu berechnen, falls die Anzahl N_S der Kraftlinien, welche in S einströmen, überall auf S bekannt ist. Zu dem Zwecke denke man sich die Oberfläche von S in eine Anzahl, etwa 100 kleine Elemente $dS_1, dS_2 \ldots dS_{100}$ zerlegt, und nenne $\eta_1, \eta_2 \ldots \eta_{100}$ die Dichte der Belegung, welche man auf diesen Elementen anzubringen hat.

Die von dieser Belegung herrührende Kraft $\frac{\partial V}{\partial n}$ an einem Element, z. B. dS_1, ist eine lineare Funktion der Grössen η und hängt von den Fernkräften der Belegung auf F ab, hat also die Form:

$$\left(\frac{\partial V}{\partial n}\right)_1 = \eta_1 p_1 + \eta_2 p_2 + \ldots + \eta_{100} p_{100} + \int \frac{\eta_F \, dF}{r}. \quad (30)$$

Die Grössen p sind zu berechnen, falls man die geometrische Anordnung der Elemente dS, sowie ihre Grösse, kennt, und ebenso das Integral über F, falls die Gestalt von F bekannt ist. Da nun $\left(\frac{\partial V}{\partial n}\right)$ sich auf jedem Element aus dN_S nach der Formel (25) der pag. 46 ergiebt, so hat man zur Berechnung der 100 Unbekannten 100 lineare Gleichungen. Es muss dabei die Beziehung $\Sigma dN_S = 0$, und daher auch $\Sigma \eta = 0$ bestehen. Je weiter man die Zertheilung von S treibt, um so genauer kann man den wirklichen Kraftlinienverlauf an der Aussenfläche von S durch die fingirten Belegungen nachahmen.

Es ist also daraus zu schliessen, dass ausserhalb der Fläche S die magnetische Kraft stets durch Fernwirkung von magnetischen Flächenbelegungen darstellbar ist.

35. Wann sind die fingirten Belegungen permanent? Betrachten wir den Fall, dass ausserhalb der Fläche S die Magnetisirungskonstante überall dieselbe sei, dann liegt die fingirte Belegung nur auf S selber. Der Innenraum von S kann daher als der Körper eines oder, falls er aus mehreren Stücken besteht, mehrerer Magnete angesehen werden, welche wahre Pole an ihrer Oberfläche enthalten. Liegt der letztere Fall vor, d. h. besteht S aus mehreren, vielleicht zwei getrennten Stücken S_1 und S_2, so ist die Frage zu erledigen, unter welchen Bedingungen die fingirten Belegungen η_{S_1} und η_{S_2} auf S_1 und S_2 das Charakteristikum der permanenten Magnete aufweisen, d. h. unter welchen Bedingungen diese fingirten Belegungen unabhängig von der gegenseitigen Entfernung und Lage der Stücke S_1 und S_2 sind — wir wollen kurz sagen, wann die Belegungen permanent sind.

Stellt man sich ein Magnetfeld her durch zwei Stahldrähte M_1 und M_2, welche in der im § 1 beschriebenen Weise magnetisirt sind, so können als Flächen S_1 und S_2 zwei beliebige, die Drähte M_1 und M_2 einschliessende Flächen genommen werden. Ist diese Einschliessung nicht eng, so können diese Flächen sicher nicht als permanente Magnete aufgefasst werden, denn der Kraftlinienverlauf an ihnen, d. h. die fingirten Belegungen η_{S_1} und η_{S_2}, müssen mit der relativen Lage von M_1 und M_2 variiren, wie man durch Zeichnung der Kraftlinien unter Benutzung des experimentell gewonnenen Wirkungsgesetzes (1) leicht erkennen kann. — Will man mit diesem Gesetz nach der hier besprochenen Auffassung zur Uebereinstimmung gelangen, so ist es offenbar nöthig, anzunehmen, dass für die Flächen S_1 und S_2 die fingirten Belegungen konstant werden, wenn man sie sich bis auf die Oberfläche der Drähte M_1 und M_2 zusammengezogen denkt. Der Kraftlinienverlauf im Inneren der Drähte muss also konstant sein, d. h. unabhängig von der gegenseitigen Annäherung und Lage. — Wir werden im folgenden Kapitel auf Grund einer molekulartheoretischen Vorstellung der Vorgänge in den stark magnetisirbaren Körpern erkennen, dass obige Bedingung über die Konstanz der Kraftlinien, wenn auch nicht mit absoluter Strenge, so doch sehr annähernd erfüllt sein wird, falls die Drähte genügend lang im Vergleich zu ihrem Querschnitt sind.

Ist diese Bedingung nicht mehr erfüllt, d. h. hat man es mit dickeren Magnetstäben zu thun, welche gleichfalls durch Einstecken in ein stromdurchflossenes Solenoid magnetisirt sind, so ergiebt jene Vorstellung, dass der Kraftlinienverlauf nicht mehr konstant in ihrem Innern ist. Und in der That ergiebt auch das Experiment, dass man mit dem einfachen Fernwirkungsgesetz (1) punktförmiger oder flächenförmiger Pole an den Enden der Magnete mit permanenten Dichtigkeiten η_S nicht mehr die beobachtbaren ponderomotorischen Kräfte zwischen zwei Magnetstäben beschreiben kann, deren Dickendimension nicht mehr sehr klein gegen ihre Längen und gegenseitige Entfernung ist.

Oft genügt die Annahme permanenter Pole im Inneren der Magnete, doch auch dies ist nur eine Annäherung, die versagt, wenn man die beiden Magnete mehr und mehr einander nähert.

Bezogen sich die bisherigen Erörterungen auf die Abhängigkeit der ponderomotorischen Wirkungen zweier permanenter Magnete von ihrer gegenseitigen Entfernung, so soll jetzt noch die Abhängigkeit von der Magnetisirungskonstante μ des Zwischenmediums besprochen werden, wie sie in der Formel (1') zum Ausdruck kommt. Damit dieses Gesetz gültig ist, ist offenbar nothwendig, dass der Kraftlinienverlauf (an Gestalt und Dichte) im Innern eines permanenten Magneten unabhängig von der Magnetisirungskonstante seiner Umgebung ist. Denn wenn die Zahl dN_S der Kraftlinien, welche ein Element dS der Oberfläche S eines Magneten treffen, ungeändert bleibt, falls man ihn in verschiedene Medien einlagert, so werden, da nach Formel (25) der pag. 46

$$dN_S = -\mu \cdot \left(\frac{\partial V}{\partial n}\right) dS, \qquad (31)$$

die fingirten Ladungen η_S, welche nach Formel (30), pag. 67 zu berechnen sind, an jeder Stelle der Fläche S in demselben Verhältniss kleiner, als die Magnetisirungskonstante μ der Umgebung wächst. Daher erhält man das Gesetz (1'). Es macht für die Gültigkeit desselben gar keinen Unterschied, ob die Substanz des Magneten eine Magnetisirungskonstante besitzt, welche von der der Umgebung verschieden oder ihr gleich ist, wofern nur der Kraftlinienverlauf im Magneten ungeändert bleibt. Daher erscheint es jetzt nachträglich gerechtfertigt, dass wir oben in § 19 den Unterschied der Magnetisirungskonstante des Magneten gegen die der Umgebung nicht berücksichtigt haben.

Wir werden allerdings im II. Kapitel sehen, dass genau genommen die Dichte der Kraftlinien eines Stahlmagneten zunehmen muss, wenn man ihn in ein Medium von grösserer Magnetisirungskonstante bringt. Wie aber dort gezeigt wird, ist diese Zunahme unendlich klein, wenn der Querschnitt des Magneten unendlich klein ist. Also auch hier stossen wir wiederum auf die Thatsache, dass der Magnet sehr dünn sein muss, um die einfachen Gesetze permanenter Magnete zu zeigen. Wir können daher schliessen, dass jedes Metallstück, wenn es eine remanente Magnetisirung nach seiner Längsrichtung besitzt, den einfachen Gesetzen permanenter Magnete gehorcht, so lange sein Querschnitt sehr klein ist im Vergleich zu seiner Länge und den Entfernungen von anderen Magneten, d. h. in sehr schwachen Magnetfeldern. — Bei hartem Stahl kann die Stärke der letzteren schon ziemlich beträchtlich sein, ohne dass die Gesetze der permanenten Belegungen aufhörten — einen idealen

70　Magnetische Kraft im Inneren eines Magneten.

permanenten Magneten indess giebt es nicht; auch der härteste Stahl zeigt wechselnde Polstärke in sehr stark variirenden Feldern, auch wenn er ein noch so dünner Draht ist.

36. Die betrachtete Lösung des Potentials für den Aussenraum eines Magneten gilt nicht für den Innenraum desselben. Es ist im § 34 und § 35 gezeigt, dass aus dem Verhalten der Kraftlinien, die geschlossene Kurven sind, d. h. wahre Pole nicht auftreten lassen, die magnetische Kraft ausserhalb der Magnete sich in derselben Weise ergiebt, als ob die Oberflächen der Magnete wahre Pole enthielten, und dass diese unter Umständen permanente Pole sein können. — Diese für den Aussenraum gültige und mit der Erfahrung übereinstimmende Berechnung der magnetischen Kraft oder ihres Potentials darf man nicht auf den Innenraum der Magnete ausdehnen, wenn man nicht zu falschen Resultaten gelangen will. Es ergiebt sich dies schon daraus, dass die Normalkomponente $\mathfrak{H}_n$ beim Durchgang durch eine geladene Fläche meist ihr Vorzeichen wechselt (nämlich immer dann, wenn die Wirkung des Flächenelementes, durch welches der Durchgang stattfindet, die Wirkung der anderen Flächenelemente überwiegt), während dies dem wirklichen Verhalten der Normalkomponente $\mathfrak{H}_n$ an der Oberfläche S eines Magneten nicht entsprechen kann. — So würde z. B. im Falle eines langen, dünnen, gleichförmig magnetisirten Drahtes M die Annahme von Polen an seinen Enden, welche das Potential ausserhalb M in richtiger Weise zu berechnen erlaubt, für das Innere von M zu dem Resultat führen, dass die magnetische Kraft vom positiven zum negativen Pol geht, während sie in Wirklichkeit umgekehrt im Innern von M vom negativen zum positiven Pol geht, wie aus der Fig. 14 der pag. 54 zu erkennen ist.

In vielen Fällen jedoch kann man für den Innenraum der Magnete eine ähnliche Lösung der Berechnung der magnetischen Kraft finden, wie sie bisher für ihren Aussenraum benutzt ist. Wenn nämlich das Innere des Magneten keine Wirbelräume enthält, so dass diese sich auf die Oberfläche des Magneten flächenförmig zusammenziehen — wie es z. B. beim gleichförmig magnetisirten Drahte eintreten muss, da die magnetische Kraft in seinem Innern konstant ist, d. h. ein Potential besitzt — so hat die magnetische Kraft auch in dem Innenraume der Magnete ein eindeutiges, stetiges Potential. Wir können dasselbe daher berechnen durch Annahme Fernkraft-übender Oberflächenbelegungen der Magnete, die Dichte η_s'

derselben fällt aber anders aus, als die fingirte Dichte $\eta_{|s}$, welche das Potential für den Aussenraum berechnen liess. — Man darf daher jetzt ebenfalls nicht die Lösung für das Potential V, welches im Innenraum gültig ist, in den Aussenraum fortsetzen. Die Funktion V würde wenigstens dort nicht mehr die physikalische Bedeutung des Potentials der wirklich vorhandenen magnetischen Kraft besitzen.

37. Das Gesetz des magnetischen Kreislaufs. Betrachten wir eine in sich geschlossene, dünne Kraftröhre, deren Querschnitt an einer beliebigen Stelle dq sei. Dieselbe kann in Medien mit verschiedener Magnetisirungskonstante verlaufen. Setzen wir also allgemein voraus, es sei μ in ihr variabel. Bezeichnet dl das Längenelement einer in der Röhre verlaufenden Kraftlinie, so ist die Arbeit, welche die magnetischen Kräfte leisten, falls man einen Pol von der Stärke 1 auf der Kraftlinie ganz herumführt, d. h. zum Ausgangspunkt zurück, also die magnetomotorische Kraft A des von der Kraftröhre umschlungenen Wirbelraumes, gegeben durch

$$A = \int \mathfrak{H}\, dl,$$

wo $\mathfrak{H}$ die Feldstärke an der Stelle des Linienelementes dl bezeichnet. Ist nun N die Anzahl der Kraftlinien, welche in der Kraftröhre verlaufen, d. h. der Induktionsfluss durch den Querschnitt der Röhre, so ist

$$N = \mu \mathfrak{H}\, dq, \quad \text{d. h.} \quad \mathfrak{H} = \frac{N}{\mu\, dq}.$$

Setzt man diesen Werth für $\mathfrak{H}$ in das obige Integral für A, so kann man N vor das Integralzeichen setzen, da es innerhalb der ganzen Röhre konstant ist. Folglich ist

$$A = N \int \frac{dl}{\mu\, dq}. \tag{32}$$

Diese Formel hat grosse Aehnlichkeit mit dem Ohm'schen Gesetz, welches für den galvanischen Strom, d. h. den elektrischen Kreislauf, gilt, und welches lautet: Die elektromotorische Kraft eines galvanischen Stromes ist gleich dem Produkt aus der Stromstärke und dem galvanischen Widerstande. Wie wir später sehen werden, wird die elektromotorische Kraft ganz ähnlich definirt, wie die magnetomotorische Kraft, und die Stromstärke ist eine analoge Grösse zum Induktionsfluss, da beide innerhalb des ganzen betrachteten Kreislaufs konstant sind. An Stelle des galvanischen Widerstandes tritt daher nach Formel (32) beim magnetischen Kreislauf die Grösse

$$W = \int \frac{dl}{\mu \cdot dq}, \qquad (33)$$

eine Formel, welche der für den galvanischen Widerstand eines Kreislaufs gültigen ganz ähnlich ist, nur dass an Stelle der galvanischen Leitfähigkeit die Grösse μ tritt. Aus diesem Grunde kann man passend μ die magnetische Leitfähigkeit (Permeabilität) und die Grösse W den magnetischen Widerstand der Kraftröhre nennen.

Es lässt sich daher die Formel (32) schreiben:

$$A = N \cdot W, \qquad (34)$$

d. h. die magnetomotorische Kraft in einem magnetischen Kreislauf ist gleich dem Produkt aus dem Induktionsfluss in seinen magnetischen Widerstand.

In vielen Fällen kennt man die magnetomotorische Kraft einer Kraftröhre, wie im folgenden Kapitel gezeigt wird. Man kann dann durch Berechnung des magnetischen Widerstandes den Induktionsfluss nach (34) einfach erhalten.

Diese Formel hat namentlich bei Berechnung der Dynamomaschinen ausserordentliche Bedeutung gewonnen; es wird davon weiter unten noch mehr die Rede sein. — Mit Hülfe der Formel (34) übersieht man sehr einfach, dass die Feldstärke im Luftraum zwischen den Polen eines Hufeisenmagneten wachsen muss, wenn man ihn theilweise mit Eisen ausfüllt. Es geschieht dies deshalb, weil dadurch der magnetische Widerstand des Luftraums abnimmt, daher muss N wachsen, und folglich auch die Feldstärke. — Ebenfalls kann man die oben (pag. 49) besprochene Koncentration der Kraftlinien eines Feldes im Eisen durch das Gesetz (34) leicht verstehen. Diese Erscheinung ist nämlich durchaus vergleichbar der Koncentration des elektrischen Stromes in einem Metallkörper, welchen man in eine, vom Strom durchflossene, galvanisch schlechter leitende Umgebung bringt, z. B. in eine von Elektricität durchströmte Flüssigkeit.

Weitere Analogien zwischen dem elektrischen und dem magnetischen Kreislauf werden im III. Kapitel hervortreten, wenn die Energie des magnetischen Feldes berechnet wird.

Kapitel II.
Elektromagnetismus.

1. Das magnetische Feld des elektrischen Stromes. Taucht man zwei verschiedene Metalle, z. B. Kupfer und Zink, in angesäuertes Wasser und verbindet ihre herausragenden Enden durch einen metallischen Draht, so nimmt man verschiedene Wirkungen wahr, welche nicht vorhanden waren, bevor der Draht mit den Metallstücken in Berührung gebracht wurde. So z. B. erwärmt sich der Draht nach einiger Zeit. Man schliesst daher, dass durch die Verknüpfung des Drahtes mit den Metallen irgend welche Zustandsänderungen mit ihm vorgegangen sein werden; man bringt dies dadurch zum Ausdruck, dass man sagt: **es fliesst in dem Drahte ein elektrischer Strom.**

Mit diesem Satze ist vorläufig über die Natur oder irgend welche andere Eigenschaften des elektrischen Stromes gar nichts gesagt, es bedeutet nur, dass man an Stelle des unbequemen Ausdrucks: „Zustandsänderungen, welche durch die angegebene experimentelle Anordnung hervorgerufen werden" das bequeme Wort: „elektrischer Strom" setzt. Man kann diesem elektrischen Strom eine gewisse Stärke i beilegen, welche man aus den Wirkungen des Stromes numerisch bestimmen kann, gerade wie man die Polstärke eines Magneten aus seinen ponderomotorischen Wirkungen auf einen anderen Magneten bestimmen kann.

So würde die Erwärmung des Drahtes ein solches Mittel bieten, die Stromstärke zu messen, indess giebt es andere Wirkungen des Stromes, welche sich besser dazu eignen, das sind die sogenannten elektromagnetischen Wirkungen. Man nimmt nämlich wahr, dass ein in der Nähe des stromdurchflossenen Drahtes gebrachter

Magnetpol, d. h. das Ende eines langen und dünnen Magneten, ponderomotorische Wirkungen erfährt. **Der elektrische Strom im Drahte erzeugt also ein magnetisches Feld.**

Da wir im vorigen Kapitel die allgemeinen Eigenschaften des magnetischen Feldes kennen gelernt haben, so müssen wir dieselben auch jetzt in unserem Falle wieder antreffen. Für die magnetische Kraft des Feldes müssen also dieselben Gesetze gelten, wie im allgemeinen Falle, und ebenso ist der Begriff der Kraftlinienzahl auch hier anwendbar. Aus der Feldstärke an einer bestimmten Stelle könnte man dann ein Maass für die Stromstärke gewinnen, wenn man vorher noch festgestellt hat, wie dieselbe von der Gestalt und Lage des Drahtes abhängt. Diesem Zwecke wollen wir uns jetzt zuwenden.

Die Richtung der Kraftlinien des Feldes kann man erkennen, wenn man die Bahn verfolgt, welche ein Magnetpol bei langsamer Bewegung unter Einwirkung der elektromagnetischen Kräfte einschlägt; ein bequemeres Mittel aber ist die Benutzung von Eisenfeile. Man nehme ein Stück weissen Karton und bohre Löcher in denselben in der Weise, dass der stromführende Draht durch diese hindurchtreten kann. Legt man den Karton horizontal, so zeichnet aufgestreute Eisenfeile die Kraftlinien des Feldes gut ab, wenn man vorsichtig etwas an den Karton klopft. Damit diese Zeichnung deutlich wird, empfiehlt es sich nicht, den Strom in der eingangs erwähnten Weise zu erzeugen, sondern man nimmt besser eine Zusammenstellung von Zink und Kohle, in der Weise, wie sie als Bunsen'sches Element bekannt ist.

Auf diese Weise kann man nun erkennen, dass die Kraftlinien als geschlossene Kurven erscheinen, welche sämmtlich den stromführenden Draht umschlingen. Ist z. B. der Draht auf einer langen Strecke gerade, so sind die Kraftlinien koncentrische Kreise, deren Ebene senkrecht zum Draht liegt. ·Dieses Resultat muss schon aus Symmetriegründen folgen, da ausser radialen Strahlen nur jene Kreise möglich sind. — Bildet der Draht einen fast geschlossenen Kreis, so haben die Kraftlinien in einer Ebene, welche senkrecht zu ihm steht und durch sein Centrum geht, ungefähr die in der Fig. 19 gezeichnete Gestalt.

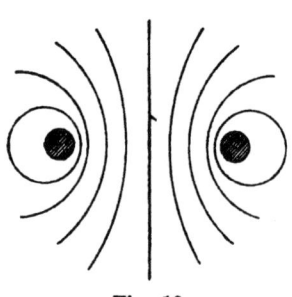

Fig. 19.

2. Kontinuirliche Rotationen von Magneten um elektrische Ströme.

Aus der Gestalt der Kraftlinien des magnetischen Feldes eines stromführenden Drahtes folgt, dass ein Magnetpol kontinuirliche Rotationen um denselben ausführen muss, wenn er stets den Kräften des magnetischen Feldes frei folgen kann. Damit dies letztere eintritt, sind einige experimentelle Kunstgriffe erforderlich, welche es nöthig machen, einige Stücke des stromführenden Systems beweglich zu machen.

Ein solcher elektromagnetischer Rotationsapparat ist in der Fig. 20 gezeichnet.

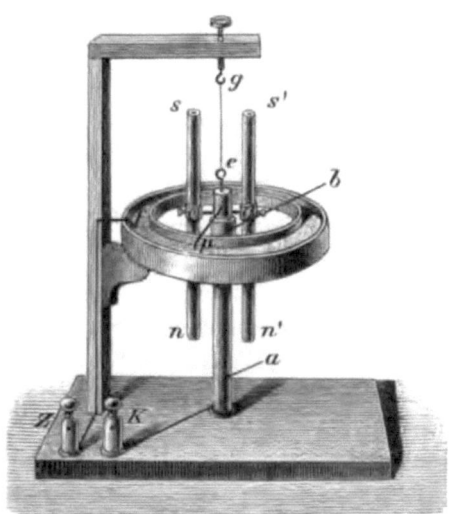

Fig. 20.

Auf dem Bodenbrette des Apparates ist eine Kupfersäule a befestigt, welche oben ein Quecksilbernäpfchen b trägt. In dieses taucht ein Metallfortsatz des Bügels c d ein, welcher an dem Faden e g aufgehängt ist und in vertikaler Stellung die beiden Magnete n s und n' s' trägt.

Von dem Bügel c d geht ein Platindraht p aus, dessen Spitze in die kreisförmige Quecksilberrinne f taucht, deren Mittelpunkt in der Axe des Apparates liegt. Die Säule a ist mit der Klemmschraube K, die Quecksilberrinne mit der Klemmschraube Z durch Drähte metallisch verbunden.

Werden nun die Klemmen K und Z mit der Kohle und dem Zink eines Bunsen'schen Elementes verbunden, so bilden die Zuleitungsdrähte zu den Klemmen, ferner a, p, f und der Zuleitungsdraht zwischen f und Z das stromführende metallische System. Wesentlich für die Bewegung der Pole n, n' der Magnete ist nur a, wenn man dafür sorgt, dass die Pole möglichst nahe an a sich befinden. Der Strom in der Quecksilberrinne f kann übrigens auch deshalb nicht wirken, weil er nur Rotationen der Magnete um horizontale Axen veranlassen würde, nicht um die vertikale Axe e g, und ebenso wenig kann der Strom im Platindraht p wirken, weil dieser mit den Magneten fest verbunden ist, also seine relative Lage zu ihnen gar nicht ändern kann. — Von den Kräften, welche auf die Pole s, s' der Magnete wirken, kann man absehen, wenn die Magnete hinreichend lang sind, da dann s s' weit von den stromführenden Theilen entfernt ist.

Nach der Gestalt der Kraftlinien des Stromes in a muss eine kontinuirliche Rotation des Magnetsystems um a erfolgen, falls die unteren Pole gleichnamig sind, z. B. Nordpole. Die Rotationsrichtung muss sich umkehren, falls die unteren Pole beide Südpole sind. Diese Erscheinungen werden nun thatsächlich beobachtet.

Man nimmt ferner wahr, dass es einen Unterschied im Rotationssinne macht, ob man die Klemme K mit der Kohle, Z mit dem Zink des Bunsen'schen Elementes verbindet, oder umgekehrt. — Im ersteren Falle rotirt, von oben gesehen, das Magnetsystem entgegen dem Uhrzeiger, falls die unteren Pole Nordpole sind.

3. Die Stromstärke in elektromagnetischem Maasse.

Betrachten wir den Fall, dass der Strom in einem geschlossenen, sonst beliebig gestalteten, dünnen Drahte fliesst. Man kann diesen Fall dadurch realisiren, dass man einen Draht in der gewünschten Gestalt biegt, seine Enden aber nicht genau zusammenfügt, sondern sie nur möglichst nahe aneinander bringt, ohne dass sie sich berühren, und mit zwei langen Drahtstücken verbindet, welche zu den Metallenden des Bunsen'schen Elementes gehen. Wenn diese den Strom zuführenden Drahtstücke einander sehr nahe liegen, oder — was noch besser ist — wenn sie gegenseitig umeinander gewickelt sind, ohne dass sie sich metallisch berühren, so können wir von ihnen hinsichtlich der magnetischen Wirkung ganz absehen, da das Experiment zeigt, dass diese Drahtstücke kein magnetisches Feld erzeugen. Entfernen wir ausserdem das Bunsen'sche Element sehr weit von der Stelle der Drahtschleife, deren magnetisches Feld wir untersuchen wollen, so wird dasselbe auch durch eine eventuelle Wirkung des Bunsen'schen Elementes nicht gestört, da die Erfahrung lehrt, dass die elektromagnetischen Wirkungen mit der Entfernung von der stromführenden Stelle abnehmen. — Wir können also in diesem Falle ohne merklichen Fehler annehmen, dass wir das magnetische Feld eines in einem geschlossenen Drahte fliessenden Stromes untersuchen. Diese Strombahn soll mit D bezeichnet werden.

Konstruirt man eine beliebige krumme Fläche S, welche von D begrenzt ist, so durchsetzen alle Kraftlinien des Feldes diese Fläche. Abgesehen von den Figuren, welche die Eisenfeile abzeichnet, kann man dies daran erkennen, dass keine Stelle des Feldes gefunden werden kann, von der aus ein Magnetpol, der den elektromagnetischen Kräften frei folgen kann, eine in sich geschlossene Bahn beschreibt, welche nicht die Fläche S durchsetzt. Daraus ist zu schliessen, dass der Wirbelraum des Magnetfeldes nur im Draht D liegen kann. Denn wäre noch an einer anderen Stelle des Raumes eine Wirbelstelle vorhanden, so müssten nach den Auseinandersetzungen von § 33 im vorigen Kapitel (pag. 63) Kraftlinien existiren, welche diese Wirbelstelle umschlingen, ohne durch die Fläche S zu gehen. Es müsste daher auch der Magnetpol kontinuirliche Rotationen ausführen können, ohne S zu durchschneiden.

Wie nun oben in dem citirten Paragraphen gezeigt ist, muss daher die Arbeit A, welche die magnetischen Kräfte leisten, wenn ein Magnetpol der Stärke $+1$ auf einer geschlossenen Kurve C bis zum Ausgangspunkt zurückgeführt wird, für alle diejenigen Kurven C verschwinden, welche den Draht D nicht umschlingen, dagegen ist A für alle den Draht D einmal umschlingenden Kurven konstant. Diese Konstante hatten wir die magnetomotorische Kraft des Wirbelraumes genannt. Die Stromstärke i muss nun offenbar in einer Beziehung zu A stehen; es muss jedenfalls A verschwinden, wenn i verschwindet, denn dann sind die magnetischen Kräfte Null. Diese Verknüpfung zwischen A und i kann man zur Definition der Stromstärke i benutzen, indem man A zu i proportional setzt. Aus gewissen Bequemlichkeitsgründen, welche weiter unten hervortreten werden, wählt man den Proportionalitätsfaktor zu 4π, d. h. man setzt

$$A = 4\pi i. \qquad (1)$$

Das Produkt aus 4π in die Stromstärke i setzt man also gleich der magnetomotorischen Kraft des Wirbelraums, d. h. gleich der Arbeit, welchen die magnetischen Kräfte leisten, wenn ein **Magnetpol der Stärke** $+1$ auf einer Kraftlinie in ihrer positiven Richtung ganz herumgeführt wird, bis zu dem Ausgangspunkt zurück.

Diese Definition der Stromstärke nennt man die nach elektromagnetischem **Maasse**, weil die elektromagnetischen Wirkungen zur Messung des Stromes benutzt werden.

Man kann die magnetomotorische Kraft A und daher auch i in absolutem Maasse durch gr, cm, sec numerisch ausdrücken. Denn, ist die Polstärke des herumgeführten Magneten nicht 1, sondern m, so ist mA die Arbeit, welche beim Herumführen von m gewonnen wird. Diese kann man experimentell beobachten (z. B. bei dem in § 2 geschilderten Rotationsapparate durch Anlegung einer Bremse) und sie in absolutem Maasse messen. Berechnet man daher den numerischen Werth von m, was auf dem in Kap. I, § 2 beschriebenen Wege stets möglich ist, so kennt man dann auch A, also auch i.

Die Dimensionsformel der Stromstärke i ergiebt sich daraus, dass mi die Dimension einer Arbeit hat, d. h. gleich ist dem Produkt aus einer Kraft in eine Länge. Unter Benutzung der Symbolik in Kap. I, § 3 ergiebt sich daher:

$$[m][i] = ML^2T^{-2},$$

oder unter Rücksicht auf die dortige Formel (3) (pag. 5):

$$[i] = M^{1/2}L^{1/2}T^{-1}. \tag{2}$$

Als praktische Stromeinheit wählt man nun aber nicht denjenigen Strom, welcher in gr, cm, sec ausgedrückt, den Wert 1, sondern denjenigen, welcher den Wert $1/10$ besitzt. (Die Gründe hierfür werden unten besprochen werden.)

Diese Stromeinheit nennt man ein **Ampère**.

Es ist also:

$$1 \text{ Amp.} = \frac{1}{10} \text{gr}^{1/2} \text{cm}^{1/2} \text{sec}^{-1}. \tag{3}$$

4. Das magnetische Feld eines geschlossenen, linearen Stromes ist gleich dem einer magnetischen Doppelfläche. Wir sahen im vorigen Paragraphen, dass, wenn man einem Magnetpol P den Durchgang durch eine Fläche S, welche vom stromführenden Draht D begrenzt wird, nicht gestattet, die von den Kräften des Feldes geleistete Arbeit stets verschwindet, falls P auf einer geschlossenen Kurve C herumgeführt wird. Denn es giebt dann keine Kurve C, welche den Wirbelraum des Feldes, d. h. den Draht D, umschlingt. In diesem Falle hat daher die magnetische Kraft nach Kap. I, § 33, pag. 62 ein eindeutiges Potential.

Wie in Kap. I, § 34, pag. 66 bewiesen ist, kann man dieses durch Fernwirkung von Oberflächenbelegungen desjenigen Raumes darstellen, innerhalb dessen die magnetische Kraft ein eindeutiges Potential besitzt.

Als ein solcher Raum kann nun offenbar der ganze Aussenraum einer jeden geschlossenen Fläche S' angesehen werden, welche D ganz einschliesst. Die Fläche S' kann sich dabei bis auf die Oberfläche von D und die Fläche S zusammenziehen, indem auf der letzteren zwei Seiten von S' zum Zusammenklappen gebracht werden. Der Deutlichkeit halber wollen wir aber zunächst annehmen, dass ein wirkliches Zusammenklappen nicht stattfände, sondern dass S' sich nur bis auf sehr kleine Distanzen an die Fläche S heranzöge. Es sind dann die magnetischen Belegungen, durch deren Fernkraft man das Potential der magnetischen Kraft im Aussenraum von S', d. h. ausserhalb D, darstellen kann, anzubringen zu beiden Seiten der Fläche S und auf der Oberfläche des Drahtes D. Von den Belegungen auf der letzteren kann man absehen, wenn die Oberfläche sehr klein ist, d. h. der stromführende Draht sehr dünn ist, so dass man einen sogenannten linearen Strom besitzt. Dies wollen wir voraussetzen.

Die Belegungen zu beiden Seiten von S, welche in einer kleinen Distanz d anzubringen sind, müssen an gegenüberliegenden Stellen von gleichem numerischen Werthe, aber verschiedenem Vorzeichen sein, da in die eine Seite von S genau so viel Kraftlinien eintreten, wie aus der anderen Seite austreten. Dies wäre nicht möglich, wenn die Ladung eines Flächenelementes dS auf der einen Seite von S, die etwa positiv sein mag, die negative Ladung der anderen Seite überwöge. Denn dann müssten nach dem Gauss'schen Satze pag. 18 im Ganzen aus einer kleinen, das Element dS einschliessenden Fläche mehr Kraftlinien austreten, wie eintreten.

Eine solche Fläche S, welche auf ihren beiden Seiten mit magnetischen Belegungen versehen ist, welche an gegenüberliegenden Stellen numerisch gleich sind, aber von entgegengesetztem Vorzeichen, nennt man eine magnetische Doppelfläche. Befinden sich die Belegungen in der kleinen Entfernung d gegenüber, und lagert auf jeder Seite eines Elementes dS von S die magnetische Menge (Polstärke) $\pm \eta\, dS$, so nennt man

$$\eta\, d = \nu \qquad (4)$$

das **Moment der Doppelfläche.**

5. Das Potential einer magnetischen Doppelfläche. Dasselbe ist leicht zu berechnen, da das Potential V der Doppelfläche gleich ist der Summe der Potentiale seiner beiden Belegungen.

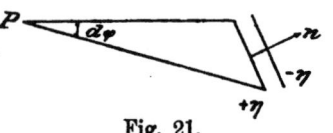

Fig. 21.

Wollen wir dasselbe z. B. in einem Punkte P berechnen (vgl. Fig. 21), wie es herrührt von einem kleinen Element dS der Doppelfläche, so ist dasselbe

$$V = \frac{\eta\, dS}{r} - \frac{\eta\, dS}{r'} = \eta\, dS \left(\frac{1}{r} - \frac{1}{r'}\right), \qquad (5)$$

falls r die Entfernung des Punktes P von der positiven Belegung bezeichnet, r' die Entfernung von P und der negativen Belegung. Bezeichnet nun n die Richtung der Normale auf dS, positiv gerechnet von der positiven zur negativen Belegung hin, so ist offenbar

$$\frac{1}{r'} = \frac{1}{r} + \frac{\partial \frac{1}{r}}{\partial n} \cdot d,$$

d. h. nach (5) und (4) ist:

$$V = -\eta\, d \cdot dS\, \frac{\partial \frac{1}{r}}{\partial n} = \frac{dS \cdot \nu}{r^2} \cos(nr).$$

Nach den Entwickelungen der pag 18 ist nun

$$\frac{dS \cdot \cos(nr)}{r^2} = d\varphi,$$

wo $d\varphi$ den nämlichen Winkel bezeichnet, unter dem dS von P aus erscheint. Folglich ist

$$V = \nu \cdot d\varphi, \qquad (6)$$

d. h. **das Potential eines Elementes dS einer Doppelfläche in einem Punkte P ist gleich dem Produkt aus** dem Moment der Doppelfläche in den räumlichen Winkel, unter dem dS von P aus erscheint. — Das Vorzeichen in der Formel (6) gilt, falls die positive Belegung von dS dem Punkte P zugewandt ist, im anderen Falle würde das negative Vorzeichen gelten.

Rückt P in dS hinein, so wird der räumliche Winkel $d\varphi$ zu 2π. Es ist daher dann

$$V = \pm 2\pi\nu,$$

wobei das positive Zeichen für die Seite von dS gilt, auf welcher sich die positive Belegung befindet, dagegen das negative Zeichen für die Seite von dS, auf welcher die negative Belegung lagert.

Kennzeichnet man die auf diese beiden Seiten von dS bezüglichen Werthe des Potentials durch V_+ und V_-, so ist also

$$V_+ - V_- = 4\pi\nu, \qquad (7)$$

d. h. das Potential ändert sich beim Durchgang durch dS unstetig.

Hat man es mit einer endlich ausgedehnten magnetischen Doppelfläche S zu thun, deren Moment ν an verschiedenen Stellen verschieden sein kann, so wird sich V beim Durchgang durch S ebenfalls unstetig ändern. Zu dieser Unstetigkeit kann offenbar nur dasjenige Flächenelement dS Veranlassung geben, durch welches der Durchgang vollzogen wird, da alle anderen Flächenelemente in endlicher Entfernung r vom betrachteten Punkte P liegen, für welchen man den Werth des Potentials berechnet.

Die Formel (7) gilt daher auch für diesen Fall. ν bezeichnet dabei das Moment an der Durchgangsstelle auf S. Wir gewinnen daher das Resultat:

Das Potential einer magnetischen Doppelfläche S wächst beim Durchgang durch S von der Seite der negativen Belegung zur positiven sprungweise um $4\pi\nu$, wobei ν das Moment der Doppelfläche an der Durchgangsstelle bedeutet.

Verschiebt man einen Magnetpol der Stärke $+1$ von der positiv belegten Seite der Doppelfläche S auf irgend einem (ausserhalb S verlaufenden) Wege bis zum gegenüberliegenden Punkte auf der negativ belegten Seite von S, so wird dabei von den magnetischen Kräften eine Arbeit A geleistet, welche gleich der Abnahme des Potentials ist (vgl. oben pag. 64). Diese Arbeit A ist also $4\pi\nu$.

Lagert die magnetische Doppelfläche in einem Raume der Magnetisirungskonstanten μ, so sind die rechten Seiten der Formeln (6) und (7) durch μ zu dividiren.

6. Das Potential eines geschlossenen linearen Stromes.

Da nach § 4 das Potential eines geschlossenen, linearen Stromes D gleich ist dem Potential einer Doppelfläche S, welche von D begrenzt wird, so ist nach dem letzten Paragraphen die magnetomotorische Kraft A von D gleich $4\pi\nu$, wo ν das Moment der äquivalenten Doppelfläche bezeichnet. Da nun A für alle D umschlingenden Kurven konstant ist, und zwar gleich $4\pi i$, so muss auch das Moment ν auf der ganzen Fläche S konstant sein, und zwar gleich i. Das Potential V einer beliebigen Doppelfläche S von konstantem Moment wird nun nach Formel (6) durch das Produkt aus dem Moment in den räumlichen Winkel φ gemessen, unter dem S von dem betrachteten Punkte P aus erscheint, für den man das Potential berechnen will. In unserem Falle ist also

$$V = i\varphi, \qquad (8)$$

wo φ der räumliche Winkel ist, unter welchem der stromführende Draht D von P aus erscheint.

Wir haben so das Resultat erhalten:

Die magnetische Wirkung eines geschlossenen, linearen Stromes D ist der Wirkung einer beliebig gekrümmten magnetischen Doppelfläche äquivalent, welche von der Stromlinie D begrenzt wird. Das Moment der Doppelfläche muss überall konstant sein, und zwar gleich der Stromstärke. — Das Potential des Stromes D in einem beliebigen Punkte P ist gleich dem Produkt aus der Stromstärke in den räumlichen Winkel, unter dem D von P aus erscheint.

Dies letztere Resultat gilt auch noch, wenn man dem Punkte P den Durchgang durch S nicht mehr verwehrt und den räumlichen Winkel φ stetig variabel annimmt. **Das Potential ist dann eine vieldeutige Funktion, welche die Stromstärke zum Periodicitätsmodul hat** (in Uebereinstimmung mit den Entwickelungen des Kap. I, § 33, pag. 64).

7. Unabhängigkeit der magnetischen Kraft eines Stromes von der Natur des umgebenden Mediums.

Im Vorangegangenen haben wir stillschweigend angenommen, dass die Umgebung des linearen Stromes Luft oder freier Aether sei. Erfüllt ein Medium mit einer Magnetisirungskonstante μ, welche merklich von 1 verschieden ist, z. B. Eisen, einen Theil des Feldes derartig, dass die Begrenzung dieses Mediums den Kraftlinien des Feldes überall parallel liegt (d. h. füllt das Medium μ ein System von Kraftröhren aus), so wird nach Kap. I, § 28, pag. 52 die Feldstärke nirgends geändert (nur die Dichte der Kraftlinien ändert sich). Bei der angegebenen Gestalt der Kraftlinien kann man nun das Medium μ sich allmählig bis auf die Oberfläche des linearen Stromes D ausgedehnt denken, ohne dass eine Kraftlinie die Begrenzung des Mediums μ schneidet. In diesem Falle erfüllt dann aber das betreffende Medium den ganzen Raum (abgesehen von dem unendlich dünnen Draht D), so dass der lineare Strom i dann ganz in das homogene Medium der Magnetisirungskonstante μ eingebettet erscheint. Die magnetische Kraft eines linearen Stromes ist daher von der Magnetisirungskonstante μ seiner Umgebung unabhängig. — Der numerische Werth der Stromstärke fällt daher ganz gleich aus, ob man die magnetische Wirkung des Stromes im freien Aether, in Luft oder in irgend einem anderen Medium, welches den Strom ganz umgiebt, untersucht.

Wir sahen früher (Kap. I, § 19), dass ein derartiges Verhalten für den numerischen Werth der Polstärke eines Magneten sich nicht ergiebt. Stellt man daher das Potential eines geschlossenen Stromes durch das einer Doppelfläche dar, so ist das Moment der äquivalenten Doppelfläche eines Stromes der Stärke i, der von einem Medium der Magnetisirungskonstante μ umgeben ist, nicht gleich i, sondern gleich μi, weil ein Magnetpol der Stärke m in dem Medium im Verhältniss $1 : \mu$ schwächer wirkt auf einen Pol der Stärke 1, als wenn die Umgebung der freie Aether wäre.

Dieser Satz bleibt auch bestehen, wenn die Magnetisirungskonstante in denjenigen Raumtheilen verschieden von μ ist, welche angrenzen an den den Strom i umschliessenden Raumtheil. Denn die Gleichung (7) der pag. 81 für den Potentialsprung an einer magnetischen Doppelfläche vom Moment ν ist zu vervollständigen in

$$V_+ - V_- = \frac{4\pi\nu}{\mu},$$

falls die Magnetisirungskonstante am Orte der Doppelfläche den Werth μ hat, einerlei, welche Werthe sie in benachbarten Raumtheilen besitzt. — Da nun jener Potentialsprung, ganz unabhängig von dem Werth der Magnetisirungskonstante, stets gleich $4\pi i$ sein muss, falls die Doppelfläche die magnetische Wirkung des Stromes ersetzen soll, so muss ν gleich μi sein, auch wenn die Magnetisirungskonstante in benachbarten Raumtheilen von μ verschieden ist.

8. Die Maxwell'schen Gleichungen für die magnetische Kraft im Innern eines stromführenden Systems.

Wir haben bisher mit dem Ausdruck: „Stromstärke im Draht" irgend welche, ihrer [tieferen Natur nach unbekannte Zustandsänderungen in der Gesammtheit desselben verstanden. Nach dem Princip der Existenz der Nahewirkungen müssen diese Zustandsänderungen an jeder Stelle des Drahtes vorhanden sein — wenn auch eventuell an verschiedenen Stellen des Drahtes in verschiedener Weise. Wir wollen nun unter dem Ausdruck: „Stromstärke i in einem kleinen Stück d D des Leiters D" die in demselben stattfindenden Zustandsänderungen bezeichnen. — Die Stromstärke i ist offenbar nicht ein Skalar, sondern eine Vektorgrösse, denn die Wirkungen des stromdurchflossenen Stückes dD hängen auch von der Richtung desselben ab. Man kann daher von den Komponenten der Stromstärke nach irgend welchen Axen gerade so reden und sie berechnen, wie dies bei den Komponenten einer Kraft oder einer Geschwindigkeit oder einer Strecke der Fall ist. — Aus Symmetrierücksichten folgt, dass bei einem linearen Strome die Richtung des Vektors „Stromstärke" parallel zur Axe des stromführenden Drahtes liegen muss.

Wir haben bisher die Dickendimension des Leiters ganz vernachlässigt; derselbe wird aber doch einen endlichen, wenn auch sehr kleinen Querschnitt dq besitzen. Um zum Ausdruck zu bringen, dass der Strom i innerhalb eines Stückes von endlichem Querschnitt dq fliesst, wollen wir setzen

$$i = j \cdot dq, \qquad (9)$$

wobei j eine endliche Grösse ist, die die Stromstärke sein würde, falls $dq = 1$, d. h. gleich 1 cm^2 wäre. Man nennt j die **Stromdichte**. Die Komponenten derselben nach den drei Koordinatenaxen seien mit u, v, w bezeichnet.

Es ist nun die magnetomotorische Kraft A, d. h. die Arbeit, welche die magnetischen Kräfte des Stromes leisten, wenn ein

Magnetpol der Stärke 1 auf einer geschlossenen Kraftlinie C herumgeführt wird bis zum Ausgang zurück, nach Formel (1) auf pag. 77 und (9) gegeben durch:

$$A = \int_C \alpha\,dx + \beta\,dy + \gamma\,dz = 4\,\pi i = 4\,\pi j\,dq. \qquad (10)$$

Nach dem Stokes'schen Satz (Kap. I, § 32, pag. 57) kann man nun das Integral über die Kurve C umwandeln in ein Flächenintegral, welches über eine beliebige Fläche σ genommen wird, welche von C begrenzt wird, nämlich in:

$$\int \left[\left(\frac{\partial \gamma}{\partial y} - \frac{\partial \beta}{\partial z}\right)\cos(nx) + \left(\frac{\partial \alpha}{\partial z} - \frac{\partial \gamma}{\partial x}\right)\cos(ny) + \left(\frac{\partial \beta}{\partial x} - \frac{\partial \alpha}{\partial y}\right)\cos(nz) \right] d\sigma,$$

wobei n die Normale auf dσ bedeutet, positiv genommen in der Richtung, dass die positive Richtung der magnetischen Kraftlinien im positiven Drehungssinne um die positive Richtung von n verläuft (vgl. pag. 61).

In diesem Integrale verschwinden alle diejenigen Elemente, welche sich auf Flächenelemente der Fläche σ beziehen, welche ausserhalb des stromführenden Drahtes D liegen, da ausserhalb D die magnetische Kraft ein Potential besitzt, und daher $\frac{\partial \gamma}{\partial y} - \frac{\partial \beta}{\partial z}$ etc. verschwindet. Es bleibt also von dem Flächenintegral nur der Bestandtheil übrig, welcher sich bezieht auf dasjenige Element dσ der Fläche σ, welches den Schnitt von σ mit dem Draht D bildet.

Nun ist offenbar

$$d\sigma \cdot \cos(sn) = dq,$$

falls (sn) den Winkel bedeutet, welchen die Normale n auf dσ mit der Axe s bildet, welche senkrecht auf dem an der betrachteten Stelle genommenen Querschnitt dq des Drahtes steht. — Es entsteht daher aus (10) die Relation:

$$A = \left[\left(\frac{\partial \gamma}{\partial y} - \frac{\partial \beta}{\partial z}\right)\cos(nx) + \left(\frac{\partial \alpha}{\partial z} - \frac{\partial \gamma}{\partial x}\right)\cos(ny) + \left(\frac{\partial \beta}{\partial x} - \frac{\partial \alpha}{\partial y}\right)\cos(nz) \right] d\sigma$$

$$= 4\,\pi j \cos(sn)\,d\sigma. \qquad (11)$$

Es bezeichnet nun $j \cos(sn)$ die Komponente der Stromdichte nach der Normale n von dσ, da die resultirende Richtung der Stromdichte parallel s liegt. Aus dem bekannten Bildungsgesetze der Komponente eines Vektors j nach einer beliebigen Richtung n aus den Komponenten u, v, w nach den Koordinatenaxen folgt daher

$$j \cos(sn) = u \cos(nx) + v \cos(ny) + w \cos(nz).$$

Setzt man diesen Werth in die Gleichung (11) ein, so kann man dieselbe in drei Gleichungen zerfällen, da die entstandene Relation für jede beliebige Orientirung von dσ gültig sein muss, d. h. für alle Werthe von $\cos(nx)$, $\cos(ny)$, $\cos(nz)$. Diese drei Gleichungen lauten dann:

$$\left.\begin{aligned} 4\pi u &= \frac{\partial \gamma}{\partial y} - \frac{\partial \beta}{\partial z}, \\ 4\pi v &= \frac{\partial \alpha}{\partial z} - \frac{\partial \gamma}{\partial x}, \\ 4\pi w &= \frac{\partial \beta}{\partial x} - \frac{\partial \alpha}{\partial y}. \end{aligned}\right\} \quad (12)$$

Diese Gleichungen wollen wir die **Maxwell'schen** nennen. Sie sind hier abgeleitet aus der Betrachtung eines sehr dünnen stromführenden Systems. Jedoch müssen sie als Nahewirkungsgesetze, nach dem „Satz von der Unveränderlichkeit der Nahewirkungen" (oben pag. 10) auch gelten, falls die benachbarten Raumtheile ebenfalls Ströme enthalten, d. h. sie gelten auch in jedem körperlichen Medium, welches Ströme enthält.

Man erkennt, dass in stromlosen Gebieten die linken Seiten der Gleichungen (12) verschwinden. Sie gehen daher dann in die Formeln (11) des Kap. I (pag. 16) über, welche aussprechen, dass in diesen Gebieten die magnetische Kraft ein Potential besitzt.

Die Gleichungen (12) sind ganz unabhängig von der Magnetisirungskonstante an derjenigen Stelle des Raumes, auf welche sie sich beziehen, da nach § 7 die magnetische Kraft des Stromes von der Natur des Mediums abhängig ist. **Sie gelten daher ebenso, falls die Magnetisirungskonstante in benachbarten Raumtheilen eine verschiedene ist, d. h. in inhomogenen Medien.**

Das Nahewirkungsgesetz (12) in Verbindung mit der in homogenen Medien stets gültigen Gleichung (8) der pag. 15, nämlich

$$\frac{\partial \alpha}{\partial x} + \frac{\partial \beta}{\partial y} + \frac{\partial \gamma}{\partial z} = 0,$$

sowie der Uebergangsbedingung (19) der pag. 37 an der Grenze zweier verschiedener Medien, nämlich:

$$\mu_1 (\mathfrak{H}_n)_1 = \mu_2 (\mathfrak{H}_n)_2,$$

bestimmt die magnetischen Kräfte vollständig, wie nach dem in § 14 und § 16 des Kapitels I auf pag. 23—27 eingeschlagenen Wege leicht zu beweisen ist. Die magnetischen Kräfte sind also völlig bestimmt, falls man die Stromdichte an jeder Stelle des Raumes nach Grösse und Richtung kennt. — Umgekehrt ist natürlich auch letztere durch die Formeln (12) überall bestimmt, falls man überall die magnetische Kraft nach Grösse und Richtung angeben kann.

9. Die positive Richtung des Stromes. — Die Ampèresche Regel. In dem vorigen Paragraphen ist stillschweigend eine Verfügung über die positive Richtung der Stromstärke gemacht. Wir haben nämlich j cos (s n) die Komponente der Stromdichte nach der Normale n auf dσ genannt. Diese muss daher nach Gleichung (11) positiv ausfallen, falls A positiv ist, d. h. wenn die Integration über eine Kraftlinie C längs ihrer positiven Richtung vorgenommen wird. In diesem Falle ist die positive Richtung von n auf der im vorigen Paragraphen angegebenen Weise bestimmt. Es folgt daher, dass eine Stromkomponente, welche mit der so definirten Richtung von n einen spitzen Winkel macht, positiv sein muss. Lassen wir speciell n mit der Axe s der resultirenden Stromrichtung zusammenfallen, so erhalten wir daher das Resultat, dass ein Magnetpol um die positive Stromrichtung Rotationen in dem oben pag. 61 definirten positiven Sinne ausführen muss. — Es folgt hieraus die Ampère'sche Regel, dass für einen Beobachter, welcher sich in einen stromführenden Draht so versetzt denkt, dass die positive Richtung des elektrischen Stromes von seinen Füssen zu seinem Kopf geht, und welcher einen Magneten ansieht, der Nordpol desselben nach links, der Südpol nach rechts getrieben werden muss.

Ebenso folgt, dass diejenige magnetische Doppelfläche S, deren Wirkung die des Stromes für ausserhalb liegende Punkte ersetzen kann, positiv belegt sein muss auf der Seite, von welcher aus gesehen die positive Richtung des Stromes entgegen dem Uhrzeiger rotirt. Wir wollen diese Seite die positive Seite der Stromfläche S nennen.

Die Beobachtung mit dem in § 2 dieses Kapitels beschriebenen Rotationsapparate (vgl. pag. 76) lehrt, dass die positive Stromrichtung beim Bunsen'schen Element von der Kohle zum Zink geht.

10. Es giebt nur geschlossene Ströme.

Wie in Kap. I, § 33, pag. 63 nachgewiesen ist, müssen die Wirbelräume eines Magnetfeldes stets ringförmig geschlossen sein. Wir schliessen daraus, dass auch die stromführenden Räume stets ringförmig geschlossen sein müssen, d. h. dass es nur geschlossene Ströme giebt. — Biegen wir daher den Draht D nicht zu einer fest geschlossenen Kurve zusammen, sondern lassen wir ihn in beliebiger Gestalt die Enden eines galvanischen Elementes berühren, so müssen wir auch im letzteren die Existenz des elektrischen Stromes annehmen, so dass durch das Element der Strom in sich geschlossen erscheint.

Der mathematische Ausdruck für diese Thatsache ergiebt sich leicht aus der Betrachtung eines röhrenförmigen Raumes — Stromröhre — dessen Seitenwände ganz von Stromlinien gebildet sind, d. h. solchen Kurven, deren Tangente in jedem Punkte parallel der resultirenden Stromdichte ist.

Nach Formel (11) muss für jeden beliebig schief liegenden Schnitt $d\sigma$ einer Stromröhre das Produkt aus $d\sigma$ in die Normalkomponente j_n der Stromdichte konstant sein, da A konstant ist. Dies Produkt $j_n \cdot d\sigma$ wollen wir den Stromfluss durch $d\sigma$ nennen. Rechnet man n konsequent als äussere Normale der Oberfläche eines begrenzten Raumes, so folgt also für eine Stromröhre:

$$\int j_n \cdot d\sigma = 0. \tag{13}$$

Dieselbe Gleichung gilt auch für jedes Stück eines beliebig dicken, vom Strom durchflossenen Mediums, da man dasselbe aus einzelnen Stromröhren zusammengesetzt denken kann. — Aus der Formel (13) leitet man in derselben Weise, wie oben pag. 23 die Formel (12') aus dem Gauss'schen Satz abgeleitet wurde, hier ab:

$$\frac{\partial u}{\partial x} + \frac{\partial v}{\partial y} + \frac{\partial w}{\partial z} = 0, \tag{14}$$

eine Relation, welche wir andererseits aus den Maxwell'schen Gleichungen (12) der pag. 86 direkt hätten gewinnen können.

Man erhält also ein anschauliches Bild des Vorgangs beim

elektrischen Strome, wenn man annimmt, derselbe sei wirklich die Strömung einer inkompressibeln Flüssigkeit. Denn dann muss in jeden Raumtheil ebensoviel Flüssigkeit einströmen, wie ausströmen; der mathematische Ausdruck dafür ist aber die Formel (13), resp. die gleichbedeutende (14).

Es mag aber betont werden, dass nur die Gemeinsamkeit dieser Formeln die Vorgänge der elektrischen Strömung mit denen der Strömung einer ponderablen, inkompressiblen Flüssigkeit verbindet. In anderen Punkten, z. B. hinsichtlich der Trägheitsverhältnisse und der Energie der Strömung, versagt die Analogie beider Vorgänge.

Wie eine Vergleichung mit den Formeln (14''') und (8') des I. Kapitels (pag. 37 u. 65) ergiebt, welche den Formeln (13) und (14) dieses Kapitels ganz analog sind, könnte man dasselbe Bild der Strömung eines inkompressiblen Fluidums auch für die Deutung der Eigenschaften des Magnetfeldes ausserhalb eines elektrisch durchströmten Systems verwenden, falls man $\mu\alpha$, $\mu\beta$, $\mu\gamma$ als Komponenten der Strömung interpretirte. Jedoch muss bemerkt werden, dass nicht nur die Strömung, sondern schon die Verschiebung eines inkompressiblen Fluidums aus der Gleichgewichtslage den betreffenden Formeln genügt. Dieses letztere Bild braucht man nun thatsächlich, wenn man von den Komponenten der **magnetischen Verschiebung** spricht, welche durch $\frac{\mu\alpha}{4\pi}$, $\frac{\mu\beta}{4\pi}$, $\frac{\mu\gamma}{4\pi}$ gemessen werden. — Es soll dies hier erwähnt werden, weil wir später beim näheren Studium des elektrischen Feldes analoge Ausdrücke antreffen, für die Maxwell die Bezeichnung: „Komponenten der elektrischen Verschiebung" gebraucht.

Die aufgestellten Formeln gelten ganz unabhängig von den soeben besprochenen mechanischen Bildern, letztere leisten nur oft gute Dienste zur Veranschaulichung der Gesetze. So folgt z. B. aus dem Bilde einer elektrischen Strömung direkt, **dass die Stromstärke in jedem Theile eines Stromkreises, der als Stromröhre aufgefasst werden kann, konstant ist,** d. h. dass die Stromdichte umgekehrt proportional dem Querschnitt ist [wie sich dies auch rein formell aus (13) ergiebt]. Ein in Luft liegender, vom Strom durchflossener Draht ist eine solche Stromröhre, da die Begrenzungen des Drahtes Stromlinien sind. — Auch folgt sofort, dass, falls mehrere stromführende Drähte in einem Punkte P zusammenstossen, die Summe der nach P hinströmenden Stromstärken gleich ist der Summe der von P abfliessenden (sogenantes erstes Kirchhoff'sches Gesetz).

Es ist wichtig, zu bemerken, dass der in diesem Paragraphen besprochene Satz, dass es nur geschlossene Ströme giebt, nicht eine neue Hypothese ist, welche man der Theorie des elektromagnetischen Feldes zufügt, sondern dass sich dieser Satz mit Nothwendigkeit aus den allgemeinen Eigenschaften des magnetischen Feldes ergiebt.

11. Darstellung der magnetischen Kraft durch Fernwirkung des Stromes. Wir wollen die Gleichungen (12) nach α, β, γ auflösen. Diese drei Grössen sind nicht unabhängig voneinander, sondern sind durch die Gleichung

$$\frac{\partial (\mu \alpha)}{\partial x} + \frac{\partial (\mu \beta)}{\partial y} + \frac{\partial (\mu \gamma)}{\partial z} = 0 \qquad (15)$$

miteinander verknüpft [vgl. Kap. I, § 33, pag. 65, Formel (8')], in welcher Gleichung μ mit dem Ort variiren kann.

Mit der Relation (15) ist folgender Ansatz verträglich:

$$\begin{aligned}\mu\alpha &= \frac{\partial H}{\partial y} - \frac{\partial G}{\partial z}, \\ \mu\beta &= \frac{\partial F}{\partial z} - \frac{\partial H}{\partial x}, \\ \mu\gamma &= \frac{\partial G}{\partial x} - \frac{\partial F}{\partial y}.\end{aligned} \qquad (16)$$

Da α, β, γ nur durch zwei voneinander unabhängige Grössen darstellbar sein müssen, so kann man zwischen den F, G, H noch eine Relation vorschreiben. Wir wollen annehmen, es sei

$$\frac{\partial F}{\partial x} + \frac{\partial G}{\partial y} + \frac{\partial H}{\partial z} = 0. \qquad (17)$$

Setzt man die Werthe für β, γ nach (16) in die erste der Gleichungen (12) ein, so wird für den Fall eines homogenen Mediums, d. h. falls μ von x, y, z unabhängig ist,

$$\begin{aligned}4\pi\mu u &= \frac{\partial^2 G}{\partial x \partial y} - \frac{\partial^2 H}{\partial x \partial z} - \frac{\partial^2 F}{\partial y^2} - \frac{\partial^2 F}{\partial z^2} \\ &= \frac{\partial}{\partial x}\left(\frac{\partial F}{\partial x} + \frac{\partial G}{\partial y} + \frac{\partial H}{\partial z}\right) - \Delta F,\end{aligned}$$

d. h. wegen (17):

$$\Delta F = -4\pi\mu u,$$
$$\Delta G = -4\pi\mu v, \qquad (18)$$
$$\Delta H = -4\pi\mu w.$$

und analog

Durch diese Gleichungen, sowie durch die Bedingung, dass F, G, H nebst ihren ersten Differentialquotienten nach den Koordinaten endlich und stetig sind, welche Bedingung jedenfalls erfüllt sein muss, da sonst α, β, γ nicht endlich und stetig wären (was sie in einem homogenen Medium sind), sind die Funktionen F, G, H nach Kap. I, § 16, pag. 27 vollständig bestimmt. Sie sind darstellbar (vgl. Kap. I, § 13, pag. 22) als Potentiale, welche von fernwirkenden Raumbelegungen mit den räumlichen Dichten μu, μv, μw herrühren, d. h. in der Form:

$$F = \mu \int \frac{u\,d\tau}{r}, \quad G = \mu \int \frac{v\,d\tau}{r}, \quad H = \mu \int \frac{w\,d\tau}{r}, \qquad (19)$$

wobei r die Entfernung desjenigen Punktes P bedeutet, für welchen man die F, G, H berechnen will, von dem Volumenelement dτ, in welchem die Komponenten der Stromdichte die Werthe u, v, w besitzen. Diese Funktionen F, G, H werden **die Komponenten des Vektorpotentials** genannt, weil sie in der That als Komponenten eines Strompotentials angesehen werden können, welches Vektoreigenschaften besitzt.

Wenn die Magnetisirungskonstante nicht überall den Werth μ besitzt, so ist immer noch der Ansatz (16) gestattet. F, G, H sind dann aber nicht durch die Formeln (19) darstellbar. Bequemer ist für diese Fälle folgender Ansatz:

$$\alpha = -\frac{\partial V}{\partial x} + \frac{\partial H'}{\partial y} - \frac{\partial G'}{\partial z},$$
$$\beta = -\frac{\partial V}{\partial y} + \frac{\partial F'}{\partial z} - \frac{\partial H'}{\partial x}, \qquad (20)$$
$$\gamma = -\frac{\partial V}{\partial z} + \frac{\partial G'}{\partial x} - \frac{\partial F'}{\partial y}.$$

Nach (20) und (15) ist in einem inhomogenen Medium:

$$\Delta V = -\left(\frac{\partial \alpha}{\partial x} + \frac{\partial \beta}{\partial y} + \frac{\partial \gamma}{\partial z}\right) = \frac{1}{\mu}\left(\alpha\frac{\partial \mu}{\partial x} + \beta\frac{\partial \mu}{\partial y} + \gamma\frac{\partial \mu}{\partial z}\right), \quad (21)$$

dagegen nach (12):

$$\Delta F' = -4\pi u, \quad \Delta G' = -4\pi v, \quad \Delta H' = -4\pi w, \quad (22)$$

falls man wiederum die Bedingung vorschreibt, dass sein soll

$$\frac{\partial F'}{\partial x} + \frac{\partial G'}{\partial y} + \frac{\partial H'}{\partial z} = 0.$$

Aus den Formeln (21) und (22) erkennt man, dass die magnetische Kraft in diesem Falle darstellbar ist durch Fernwirkung, welche von den stromdurchflossenen Gebieten ausgeht, und von denjenigen Raumtheilen, in welchen μ variirt. Sind diese Raumtheile unendlich dünn, wie es bei zwei aneinander grenzenden verschiedenen homogenen Medien der Fall ist, deren Grenzfläche als ein solcher dünner Raumtheil anzusehen ist, so geht die räumliche Belegung dieser Raumtheile, welche scheinbare Fernkräfte äussern, in eine Flächenbelegung auf der Grenzfläche der beiden Medien über, deren Dichte aus (21) leicht zu berechnen ist.

12. Die magnetischen Kraftlinien eines Stromes. Die im vorigen Paragraphen gegebene Darstellung setzt uns in den Stand, in anschaulicher Weise die Kraftlinien eines Stromes zu konstruiren. Knüpfen wir zur Vereinfachung nur an den Fall an, es sei μ im ganzen Raume konstant. — Wir wollen ferner zunächst annehmen, es sei $u = v = 0$ und nur w von Null verschieden; dies kann bei einem sehr langen cylindrischen Metallkörper realisirt werden. Dann folgt aus (16) und (19):

$$\mu\alpha = \frac{\partial H}{\partial y}, \quad \mu\beta = -\frac{\partial H}{\partial x}, \quad \mu\gamma = 0. \quad (23)$$

$$H = \mu \int \frac{w\,d\tau}{r}. \quad (24)$$

Betrachten wir den Schnitt der xy-Ebene mit einer Fläche, für welche $H = $ Konst. ist — wir wollen eine solche Fläche eine **Niveaufläche** nennen — so hat H auf dieser Kurve überall denselben Werth. Wenn wir daher von einem Punkte der Kurve zu einem benachbarten Punkte derselben übergehen, der um die Länge ds vom ersten entfernt ist, so ist

$$\frac{\partial H}{\partial x} dx + \frac{\partial H}{\partial y} dy = 0,$$

falls d x und d y die Projektionen von d s auf die x- und y-Axe bedeuten. Eine Vergleichung dieser Formel mit (23) ergiebt nun

$$\frac{\alpha}{\beta} = \frac{dx}{dy},$$

d. h. die Richtung der Kraftlinie, welche durch das Verhältniss $\alpha : \beta$ gegeben wird, fällt mit der Richtung von d s zusammen, da diese sich durch d x : d y bestimmt. Mit anderen Worten: **Die magnetischen Kraftlinien sind die Schnittkurven, welche eine Schaar Ebenen, die der xy-Ebene parallel sind, mit der Schaar der Niveauflächen bilden.** Der positive Sinn der Kraftlinien bestimmt sich nach der Ampère'schen Regel. Die Grösse der resultirenden magnetischen Kraft, d. h. die Feldstärke, folgt aus (23) zu:

$$\mathfrak{H} = \sqrt{\alpha^2 + \beta^2} = \frac{1}{\mu} \sqrt{\left(\frac{\partial H}{\partial x}\right)^2 + \left(\frac{\partial H}{\partial y}\right)^2}. \quad (25)$$

Nun bezeichnet aber die Quadratwurzel der rechten Seite den Differentialquotienten $\frac{\partial H}{\partial n}$ genommen nach einer Richtung n, welche senkrecht auf den Niveauflächen steht. Man erkennt dies am einfachsten durch die Ueberlegung, dass, wenn H das Potential einer Kraft im gewöhnlichen Sinne ist, dann die Resultante der Kraft in der Richtung n liegt, da alle Komponenten senkrecht zu n verschwinden. Die Resultante der Kraft muss also durch $\frac{\partial H}{\partial n}$ gemessen werden. Andererseits ist die Resultante gleich der Quadratwurzel aus der Summe der Quadrate der Komponenten der Kraft nach den Koordinatenaxen, d. h. es ist

$$\frac{\partial H}{\partial n} = \sqrt{\left(\frac{\partial H}{\partial x}\right)^2 + \left(\frac{\partial H}{\partial y}\right)^2}. \quad (26)$$

Konstruiren wir die Schaar der Ebenen, welche der xy-Ebene parallel sind, als eine äquidistante im Abstand d z, und die Niveauflächen $H = C$ derart, dass sie gleichen Zuwüchsen d H der Konstanten C entsprechen, so ist der Induktionsfluss durch ein senkrecht zu den Kraftlinien liegendes Flächenelement, welches von der

Ebenenschaar und den Niveauflächen begrenzt wird und daher die Grösse $dzdn$ hat, gegeben durch

$$\mu \sqrt{\alpha^2 + \beta^2}\, dzdn,$$

d. h. nach (25) und (26) durch:

$$\mu dz \frac{\partial H}{\partial n} dn = \mu dz \cdot dH.$$

Der Induktionsfluss ist daher durch alle diese Flächenelemente konstant. Da nach der angegebenen Konstruktion eine Kraftlinie auf je ein Flächenelement der Grösse $dzdn$ kommt, so ist daher für ein beliebiges grösseres Flächenstück dS (welches allerdings nicht zu gross sein darf) die durch die angegebene Konstruktion erhaltene Kraftlinienzahl von dS dem Induktionsfluss durch dS proportional. **Durch die angegebene Konstruktion erhalten wir also auch die richtige Anzahl der Kraftlinien, so dass man aus ihrer Dichte die Grösse der magnetischen Kraft an jeder Stelle unmittelbar bestimmen kann** (vgl. Kap. I, § 18, pag. 28; § 25, pag. 45).

13. Die Ströme sollen in parallelen, kreiscylinderförmigen, langen Drähten fliessen. Es sei zunächst nur ein einziger langer Draht im Felde vorhanden, welcher die Gestalt eines Kreiscylinders vom Radius R besitzt. Die Magnetisirungskonstante besitze im ganzen Felde denselben Werth μ. Legt man die z-Axe in die Cylinderaxe, so ist, wie im vorigen Paragraphen, $u = v = 0$. Ebenso verschwinden die Komponenten F, G des Vektorpotentials. Die Komponente H hat nach (18), pag. 91, der Bedingung zu genügen:

$$\Delta H = -4\pi\mu w. \tag{18}$$

Wir wollen annehmen, dass die Stromdichte w in koncentrischen Schichten des Drahtes denselben Werth hat. Aus Symmetriegründen hängt dann H nur von der senkrechten Entfernung r eines Punktes von der z-Axe ab.

Es soll zunächst die Differentialgleichung (18) so transformirt werden, dass als unabhängige Variable nur r auftritt. Es gelingt dies am einfachsten, wenn wir auf die Funktion H den Gauss'schen Satz (cf. pag. 18) anwenden, demzufolge sein muss

$$\int \frac{\partial H}{\partial n} dS = -4\pi\mu \int w d\tau, \tag{27}$$

wo das Integral der linken Seite über die Oberfläche eines geschlossenen Raumes zu erstrecken ist, während das Integral der rechten Seite ein über den Raum zu erstreckendes Raumintegral bedeutet. In der That kann man ja den Gauss'schen Satz auf alle Funktionen anwenden, welche durch eine Differentialgleichung vom Typus der Gleichung (18) definirt sind, da solche Funktionen stets darstellbar sind als Fernwirkungen, welche von gewissen Massen nach dem Newton'schen Gesetz ausgeübt werden.

Wendet man nun den Satz (27) an auf einen um die z-Axe beschriebenen Ring, dessen innerer Radius den Werth r besitzt, während der äussere um dr grösser als r ist, so erhält man:

$$\left[\frac{dH}{dr}\right]_{r+dr} 2\pi(r+dr)\,dz - \left[\frac{dH}{dr}\right]_r 2\pi r\,dz$$
$$= -4\pi\mu w \cdot 2\pi r\,dr\,dz. \qquad (27')$$

Nun ist aber nach dem Taylor'schen Lehrsatze:

$$\left[\frac{dH}{dr}\right]_{r+dr} \cdot (r+dr) = \left[r\frac{dH}{dr}\right]_{r+dr} = \left[\frac{dH}{dr}\right]_r \cdot r$$
$$+ \frac{d}{dr}\left[r\frac{dH}{dr}\right]_r \cdot dr,$$

folglich wird (27') zu:

$$\frac{d}{dr}\left(r\frac{dH}{dr}\right) = -4\pi\mu wr. \qquad (28)$$

Dies ist die gesuchte Umgestaltung der Gleichung (18).

Für stromlose Punkte ($w = 0$) ist das allgemeine Integral von (28):

$$H = C_1 \lg r + C_2, \qquad (29)$$

wo C_1 und C_2 willkürliche Konstanten bedeuten. — Die Konstante C_1 muss verschwinden, wenn der Werth $r = 0$ vorkommen kann, da sonst H und ebenso die magnetische Kraft unendlich gross werden. **Für das Innere eines vom Strom durchflossenen Hohlcylinders ist also H konstant, mithin verschwindet die magnetische Kraft**, da die Stärke $\mathfrak{H}$ des magnetischen Feldes nach (25) und (26), pag. 93, gegeben ist durch:

$$\mathfrak{H} = \frac{1}{\mu} \cdot \frac{dH}{dr}. \qquad (30)$$

Für das Aeussere eines stromdurchflossenen Kreiscylinders bleibt die allgemeine Form (29) bestehen. Die Konstante C_1 ergiebt sich, wenn man den Gauss'schen Satz (27) auf die Oberfläche eines zu dem Draht koncentrischen Cylinders anwendet. Ist seine Länge gleich 1, so folgt aus (27) und (29), falls i die Stromstärke bedeutet:

$$\frac{C_1}{r} 2\pi r = -4\pi\mu \int w\, dq = -4\pi\mu i,$$

daher ist

$$C_1 = -2\mu i$$

und

$$H = -2\mu i \lg r + C_2 \qquad (31)$$

gilt allgemein für jeden Cylinder, in welchem die Stromdichte eine beliebige Funktion des Abstandes von seiner Axe ist. Der Cylinder wirkt also auf äussere Punkte so, als ob sein ganzer Strom in seiner Axe koncentrirt wäre.

Während die beiden ausgesprochenen Sätze allgemein für den Fall gelten, dass w eine beliebige Funktion von r ist, wollen wir nunmehr den Fall betrachten, dass w, falls es überhaupt von Null verschieden ist, nicht mehr von r abhängt. Das allgemeine Integral der Gleichung (28) lautet dann für stromdurchflossene Punkte:

$$H = C_1 \lg r + C_2 - \pi\mu w r^2, \qquad (32)$$

wie man sofort durch Integration aus (28) finden kann.

Wir behandeln nun den Fall eines **gleichförmig durchströmten Vollcylinders**.

Für äussere Punkte muss H die Gestalt von (29) besitzen. Die Konstante C_1 bestimmt sich nach Formel (31) zu:

$$C_1 = -2\pi\mu w R^2.$$

Folglich ist für äussere Punkte:

$$H_a = -2\pi\mu w R^2 \lg r + C. \qquad (33)$$

Für innere Punkte muss H die Form von (32) besitzen, jedoch muss dort C_1 verschwinden, weil der Werth $r = 0$ vorkommt. Es ist also für innere Punkte:

$$H_i = C_2 - \pi\mu w r^2.$$

An der Oberfläche des Cylinders ($r = R$) muss nach pag. 91 H_a

stetig in H_i übergehen, ebenso wie $\frac{dH_a}{dr}$ in $\frac{dH_i}{dr}$. Ersteres giebt die Bedingung:

$$- 2\pi\mu w R^2 \lg R + C = C_2 - \pi\mu w R^2, \qquad (34)$$

letzteres liefert:

$$- 2\pi\mu w R = - 2\pi\mu w R.$$

Dieses ist identisch erfüllt, dagegen kann man aus (33') und (34) C_2 eliminiren und erhält:

$$H = - 2\pi\mu w R^2 \lg R + \pi\mu w (R^2 - r^2) + C. \qquad (35)$$

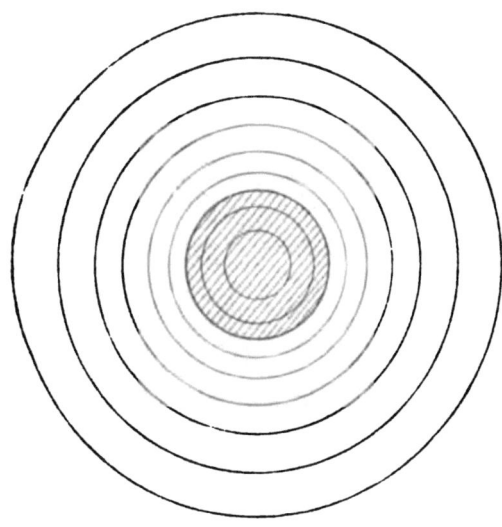

Fig. 22

Da H_a und H_i jetzt allen an sie zu stellenden Bedingungen genügen, so stellen (33) und (35) die Lösung dar. Die noch übrig bleibende Konstante C bestimmt sich aus den Bedingungen, welchen H_a in der Unendlichkeit ($r = \infty$) zu genügen hat. Sind dort keine Ströme vorhanden, so muss H dort verschwinden. Bei der bisher behandelten Aufgabe müssen aber Ströme in der Unendlichkeit vorhanden sein, durch welche der im Draht fliessende Strom als ein geschlossener auftritt. Denn es giebt nur geschlossene Ströme. — Auf den Werth der magnetischen Kraft hat indess die Konstante C keinen Einfluss, da sich die magnetische Kraft nur aus den Differentialquotienten von H berechnet.

Da πR^2 der Querschnitt des Cylinders ist, so ist $\pi R^2 w = i$, falls i die Stromstärke bezeichnet. Man kann daher die Formeln (32) und (35) auch in der Gestalt schreiben:

$$H_a = -2\,\mu i\,(\lg r + C),$$
$$H_i = -2\,\mu i\left[\lg R + C - \frac{1}{2}\left(1 - \frac{r^2}{R^2}\right)\right].\tag{36}$$

Aus Symmetrie folgt, dass die Kraftlinien koncentrische Kreise sind. Konstruirt man die Dichte der Kraftlinien durch die im vorigen § 12 gegebene Regel, dass man für alle Niveauflächen H = Konst. die Konstante um denselben Werth zunehmen lässt, so erhält man das in der Fig. 22 gezeichnete Bild, aus welchem folgt, dass an der Oberfläche des Cylinders (dicken Drahtes) die magnetische Kraft am grössten ist, und von dort aus sowohl nach dem Innern, wie nach dem Aeusseren zu allmählig abnimmt. Dasselbe kann man auch analytisch aus den Formeln (36) ableiten. Denn nach (30) und (36) ist die Feldstärke im Aussenraume:

$$\mathfrak{H}_a = \frac{2\,i}{r},$$

im Innenraume:

$$\mathfrak{H}_i = \frac{2\,i\,r}{R^2}.$$

Es möge nun ein **gleichmässig durchströmter Hohlcylinder** betrachtet werden. Sein äusserer Radius sei R, sein innerer R'. Für den Aussenraum gilt nach (31):

$$H_a = -2\,\mu i\,\lg r + C = -2\,\pi\mu w\,(R^2 - R'^2)\,\lg r + C.\tag{37}$$

Für den inneren Hohlraum muss nach dem oben pag. 95 ausgesprochenen Satze sein

$$H_a' = C',\tag{38}$$

dagegen muss für den durchströmten Raum sein nach (32):

$$H_i = C_1\,\lg r + C_2 - \pi\mu w\,r^2.\tag{39}$$

Die Stetigkeit von $\dfrac{dH}{dr}$ an der Innenfläche des Cylinders (r = R') giebt die Bedingung:

$$0 = \frac{C_1}{R'} - 2\,\pi\mu w\,R',$$

d. h.

$$C_1 = 2\,\pi\mu w\,R'^2,\tag{40}$$

an der Aussenfläche des Cylinders ($r = R$) dagegen:

$$- 2\pi\mu w \frac{R^2 - R'^2}{R} = 2\pi\mu w \left(\frac{R'^2}{R} - R\right).$$

Diese Gleichung ist identisch erfüllt.

Ferner ergiebt die Stetigkeit von H selber an der Innen- und Aussenfläche des Cylinders die beiden Bedingungen:

$$C' = 2\pi\mu w R'^2 \lg R' + C_2 - \pi\mu w R'^2,$$
$$- 2\pi\mu w (R^2 - R'^2) \lg R + C = 2\pi\mu w R'^2 \lg R + C_2 - \pi\mu w R^2.$$

Die letzte Gleichung ergiebt:

$$C_2 = -2\pi\mu w R^2 \lg R + \pi\mu w R^2 + C, \qquad (41)$$

die vorletzte:

$$H_a' = C' = 2\pi\mu w (R'^2 \lg R' - R^2 \lg R) + \pi\mu w (R^2 - R'^2) + C. \quad (42)$$

Es wird daher nach (39), (40) und (41):

$$H_i = 2\pi\mu w (R'^2 \lg r - R^2 \lg R) + \pi\mu w (R^2 - r^2) + C. \quad (43)$$

Nach (30), pag. 95, folgt für die magnetische Feldstärke im Aussenraume:

$$\mathfrak{H}_a = \frac{2i}{r} = \frac{2\pi w (R^2 - R'^2)}{r},$$

im durchströmten Raume:

$$\mathfrak{H}_i = 2\pi w \left(r - \frac{R'^2}{r}\right),$$

im Innenraume:

$$\mathfrak{H}_a' = 0.$$

Auch hier nimmt $\mathfrak{H}_i$ mit abnehmendem r stetig ab. Die Feldstärke ist am grössten an der Aussenfläche des Cylinders. An der Innenfläche hat sie den Werth Null.

Wir wollen jetzt noch betrachten einen **gleichmässig durchströmten Hohlcylinder, in dessen Innerem sich ein gleichmässig durchströmter Vollcylinder koaxial befindet.** Dieser Fall hat, gerade wie die vorigen, ein gewisses praktisches Interesse (das wir beim Kapitel Induktion und Elektrokinematik kennen lernen werden).

Der jetzt zu betrachtende Fall kann offenbar als eine Superposition der beiden vorhin betrachteten Fälle angesehen werden. Für den Aussenraum ergiebt sich nach der allgemeinen Formel (31)

$$H_a = -2\,\mu\,(i_1 + i_2)\,\lg r + C,$$

falls i_1 die Stromstärke im Hohlcylinder, i_2 im eingeschlossenen Vollcylinder bedeutet.

Ist $i_1 = -i_2$, was der Fall ist, wenn der Vollcylinder als einzige Rückleitung für den Hohlcylinder dient, so ergiebt sich

$$H_a = C.$$

Die Konstante C ist in diesem Falle gleich Null zu setzen, da in der Unendlichkeit (für $r = \infty$) keine Ströme fliessen, d. h. H_a dort verschwindet. — Wir wollen jetzt allein diesen Fall näher betrachten, dass $i_1 + i_2 = 0$ ist. Es ist also

$$H_a = 0. \qquad (44)$$

Für den durchströmten Innenraum des Hohlcylinders ergiebt sich durch Addition von (43) und (33):

$$H_i^{(1)} = +\,2\,\pi\mu\,w_1\,(R_1'^2\,\lg r - R_1^2\,\lg R_1) + \pi\mu\,w_1\,(R_1^2 - r^2)$$
$$-\,2\,\pi\mu\,w_2\,R_2^2\,\lg r, \qquad (45)$$

falls w_1 die Stromdichte im Hohlcylinder, w_2 im Vollcylinder, ferner R_2 den Radius des letzteren, R_1 und R_1' den äusseren und inneren Radius des ersteren bedeuten. Wegen der Beziehung $i_1 + i_2 = 0$ ist

$$w_1\,(R_1^2 - R_1'^2) + w_2\,R_2^2 = 0. \qquad (46)$$

Wegen dieser Beziehung schreibt sich

$$H_i^{(1)} = \pi\mu\,w_1\,(R_1^2 - r^2) + 2\,\pi\mu\,w_1\,R_1^2 \cdot \lg \frac{r}{R_1}. \qquad (45')$$

Eine Konstante ist in der Formel (45) nicht mehr zu addiren, denn für $r = R_1$ wird H_i zu Null, d. h. geht stetig in den Werth H_a nach (44) über.

Für den stromfreien Innenraum zwischen Hohl- und Vollcylinder ergiebt sich durch Addition von (42) und (33):

$$H_a' = +\,2\,\pi\mu\,w_1\,(R_1'^2\,\lg R_1' - R_1^2\,\lg R_1) + \pi\mu\,w_1\,(R_1^2 - R_1'^2)$$
$$-\,2\,\pi\mu\,w_2\,R_2^2\,\lg r. \qquad (47)$$

Eine Konstante ist auch hier nicht zu addiren, da für $r = R_1'$ die Formel (45) in die Formel (47) übergeht.

Für den durchströmten Innenraum des Vollcylinders ergiebt sich durch Addition von (42) und (35):

$$H_i^{(2)} = + 2\pi\mu w_1 (R_1'^2 \lg R_1' - R_1^2 \lg R_1) + \pi\mu w_1 (R_1^2 - R_1'^2)$$
$$- 2\pi\mu w_2 R_2^2 \lg R_2 + \pi\mu w_2 (R_2^2 - r^2). \quad (48)$$

Eine Konstante ist wiederum nicht zuzufügen, da für $r = R_2$ der Werth $H_i^{(2)}$ stetig in H_a' übergeht. Wegen der Beziehung (46) wird die letzte Gleichung zu:

$$\mathfrak{H}_i^{(2)} = -\pi\mu w_2 r^2 + 2\pi\mu w_1 (R_1'^2 \lg R_1' - R_1^2 \lg R_1)$$
$$- 2\pi\mu w_2 R_2^2 \lg R_2. \quad (48')$$

Die Feldstärken werden in den betrachteten vier Räumen:

$$\mathfrak{H}_a = 0,$$
$$\mathfrak{H}_i^{(1)} = 2\pi w_1 \left(\frac{R_1^2}{r} - r\right),$$
$$\mathfrak{H}_a' = -2\pi w_2 \frac{R_2^2}{r}, \quad (49)$$
$$\mathfrak{H}_i^{(2)} = -2\pi w_2 r.$$

Da die Feldstärken an den Grenzen der Räume, für welche sie gelten, stetig ineinander übergehen, so sind alle Bedingungen des Problems erfüllt, und die Formeln (49) enthalten also seine Lösung.

Aus (49) ist abzuleiten:

$$\frac{d\mathfrak{H}_i^{(1)}}{dr} = -2\pi w_1 \left(\frac{R_1^2}{r^2} + 1\right),$$

d. h. $\mathfrak{H}_i^{(1)}$ nimmt mit wachsendem r beständig ab, falls man w_1 positiv, daher w_2 negativ rechnet; ebenso $\mathfrak{H}_a'$. Dagegen wächst $\mathfrak{H}_i^{(2)}$ mit r. Man erhält daher das in der umstehenden Fig. 23 angedeutete Bild für den Verlauf der magnetischen Feldstärke. Sie ist am grössten an der Oberfläche des Vollcylinders.

In den bisher betrachteten Fällen sind die Oberflächen der stromführenden Körper Niveauflächen des Vektorpotentials H. Daher liegen die Oberflächen parallel den magnetischen Kraftlinien. Nach den Auseinandersetzungen in Kap. I, § 28, pag. 51 macht es daher auch in diesen Fällen, wo es sich nicht mehr um unendlich dünne (lineare) Ströme handelt, keinen Unterschied für die Grösse der magnetischen Kraft, ob die Magnetisirungskonstante überall denselben Werth besitzt, oder ob sie in den durchströmten Körpern abweicht von der Magnetisirungskonstante der Umgebung. Die entwickelten Formeln für $\mathfrak{H}$ bleiben daher ganz dieselben. Die Formeln für das Vektorpotential H erleiden dagegen eine kleine Veränderung, und wir wollen dieselbe etwas näher betrachten, da für spätere Zwecke nicht nur die Kenntniss der magnetischen Kraft, sondern auch die des Vektorpotentials von Nutzen sein wird. Dieselbe ist am einfachsten zu ermitteln, wenn man nach der in jedem homogenen Medium gültigen Formel (30), pag. 95, H durch Integration nach r aus $\mathfrak{H}$ gewinnt, und die Integrationskonstanten so bestimmt, dass die Werthe von H in den verschiedenen aneinander grenzenden Medien an den Grenzflächen derselben stetig ineinander

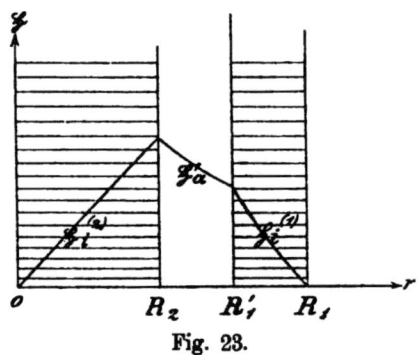

Fig. 23.

übergehen. Dies ist offenbar nothwendig, da sonst die magnetische Kraft in einer Grenzfläche unendlich gross würde, da sie nach den Definitionsgleichungen (16) des Vektorpotentials, pag. 90, abhängt von den ersten Differentialquotienten des letzteren. — Da die magnetische Kraft $\mathfrak{H}$ stetig sich beim Durchgang durch die Grenzfläche verhält, weil sie tangential zu derselben liegt, so muss also nach (30) auch $\dfrac{1}{\mu} \dfrac{\partial H}{\partial n}$ stetig sein, d. h. $\dfrac{\partial H}{\partial n}$ selber unstetig.

So ergiebt sich auf dem auseinandergesetzten Wege für einen gleichmässig durchströmten Hohlcylinder, dessen Magnetisirungskonstante $\mu_1^{(1)}$ ist, und in dessen Innerem sich ein gleichmässig durchströmter Vollcylinder befindet, dessen Magnetisirungskonstante $\mu_1^{(2)}$ ist, für den vorhin betrachteten Fall, dass $i_1 + i_2 = 0$ ist, durch Integration aus den Formeln (49):

$$H_a = 0,$$
$$H_i^{(1)} = -\pi\mu_i^{(1)}w_1 r^2 + 2\pi\mu_i^{(1)}w_1 R_1^2 \lg r + C_1,$$
$$H_a' = -2\pi\mu_a' w_2 R_2^2 \lg r + C_2, \qquad (50)$$
$$H_i^{(2)} = -\pi\mu_i^{(2)}w_2 r^2 + C_3.$$

μ_a' bedeutet die Magnetisirungskonstante des zwischen Hohlcylinder und Vollcylinder befindlichen stromfreien Raumes.

Aus den Stetigkeitsbedingungen des H erhält man folgende Werthe für die Konstanten C:

$$C_1 = \pi\mu_i^{(1)}w_1 R_1^2 (1 - 2\lg R_1),$$
$$C_2 = \pi\mu_i^{(1)}w_1 (R_1^2 - R_1'^2) + 2\pi\mu_i^{(1)}w_1 R_1^2 \lg \frac{R_1'}{R_1}$$
$$\qquad + 2\pi\mu_a' w_2 R_2^2 \lg R_1',$$
$$C_3 = \pi\mu_i^{(1)}w_1(R_1^2 - R_1'^2) + \pi\mu_i^{(2)}w_2 R_2^2 + 2\pi\mu_i^{(1)}w_1 R_1^2 \lg \frac{R_1'}{R_1}$$
$$\qquad - 2\pi\mu_a' w_2 R_2^2 \lg \frac{R_2}{R_1'}.$$

Setzt man diese Werthe in (50) ein, so entsteht:

$$H_a = 0,$$
$$H_i^{(1)} = \pi\mu_i^{(1)}w_1(R_1^2 - r^2) - 2\pi\mu_i^{(1)}w_1 R_1^2 \lg \frac{R_1}{r},$$
$$H_a' = \pi\mu_i^{(1)}w_1(R_1^2 - R_1'^2) + 2\pi\mu_i^{(1)}w_1 R_1^2 \lg \frac{R_1'}{R_1}$$
$$\qquad + 2\pi\mu_a' w_2 R_2^2 \lg \frac{R_1'}{r}, \qquad (51)$$
$$H_i^{(2)} = \pi\mu_i^{(1)}w_1(R_1^2 - R_1'^2) + \pi\mu_i^{(2)}w_2(R_2^2 - r^2)$$
$$\qquad + 2\pi\mu_i^{(1)}w_1 R_1^2 \lg \frac{R_1'}{R_1} + 2\pi\mu_a' w_2 R_2^2 \lg \frac{R_1'}{R_2}.$$

Etwas anders liegen die Verhältnisse, wenn zwei parallele Stromcylinder sich gegenseitig nahe kommen. Die betreffenden Formeln kann man leicht aus Formel (36), pag. 98, ableiten, wenn man wenigstens annimmt, dass μ überall denselben Werth besitze. Es ist nach (36) für den Aussenraum beider Cylinder:

$$H_a = -2\mu(i_1 \lg r_1 + i_2 \lg r_2) + C, \qquad (52)$$

falls r_1 die Entfernung desjenigen Punktes P, für den H_a berechnet werden soll, von der Axe des vom Strom i_1 durchflossenen Cylinders bedeutet und analog r_2 die Entfernung des P von der Axe des vom Strom i_2 durchflossenen Cylinders.

Für den Innenraum des ersten Cylinders gilt:

$$H_i^{(1)} = -2\mu \left\{ i_1 (\lg R_1 + C) - \frac{i_1}{2}\left(1 - \frac{r_1^2}{R_1^2}\right) + i_2 \lg r_2 \right\}, \quad (53)$$

für den Innenraum des zweiten Cylinders:

$$H_i^{(2)} = -2\mu \left\{ i_2 (\lg R_2 + C) - \frac{i_2}{2}\left(1 - \frac{r_2^2}{R_2^2}\right) + i_1 \lg r_1 \right\}. \quad (54)$$

Sind die Stromstärken i_1 und i_2 numerisch gleich und einander entgegengesetzt, ein Fall, den man sich dadurch realisiren kann, dass man einen langen, dicken stromdurchflossenen Draht so umbiegt, dass seine Hälften parallel und in relativer Nähe verlaufen, so muss H_a für $r_1 = r_2 = \infty$ verschwinden, da dort kein Strom fliesst. In diesem Falle muss also die Konstante C aus den Formeln (52), (53), (54) verschwinden.

Für $R_1 = R_2$ und $i_1 + i_2 = 0$ würde sich der in Fig. 24 dargestellte Kraftlinienverlauf ergeben. Man erkennt, dass die Kraftlinien nicht mehr der Drahtoberfläche parallel sind. Daher muss sich der Kraftlinienverlauf und die Feldstärke ändern, falls die Magnetisirungskonstanten der Drähte und der Umgebung merklich verschieden sind, z. B. wenn Eisendrähte in Luft lagern, oder wenn Kupferdrähte isolirt in Eisen eingebettet sind. Es gelten dann die Formeln (52) bis (54) nicht mehr. Die anzubringenden Aenderungen werden unmerklich, wenn die Drähte sehr dünn im Vergleich zu ihrer relativen Entfernung sind, denn dann ist der Kraftlinienverlauf in der Nähe eines Drahtes so, als ob der andere nicht vorhanden wäre. Es gelten also dann wieder die aus den Formeln (52) bis (54) ableitbaren Werthe für die Feldstärke $\mathfrak{H}$, selbst wenn die Magnetisirungskonstante der Drähte merklich abweicht von der ihrer Umgebung. Wie in diesem Falle die Werthe des Vektorpotentials gefunden werden können, d. h. welche Modifikation die Formeln (52) bis (54) selber erfahren, ist nach dem oben an einem Beispiele erläuterten Verfahren leicht ersichtlich.

14. Der allgemeinere Fall. Fortsetzung von § 12. Sind im Felde die elektrischen Strömungen nicht alle einer Richtung parallel, sondern muss man mit drei Stromkomponenten u, v, w rechnen, so kann man sich vorstellen, dass über die magnetische Kraft, welche allein von w herrührt, sich noch die magnetische Kraft, die von u allein, und diejenige, die von v allein herrührt, superponirt. Man erhält also in irgend einem Punkte P Richtung und Grösse der magnetischen Kraft durch geometrische Addition derjenigen drei Strecken, welche die Richtung und Grösse der magnetischen Kraft in den betrachteten Specialfällen darstellen, in denen nur je eine der drei Stromkomponenten vorhanden ist.

Im Allgemeinen ist also die magnetische Kraft in der Oberfläche des stromführenden Körpers nicht derselben parallel. Trennt man dagegen die magnetische Kraft nach dem Schema der Glei-

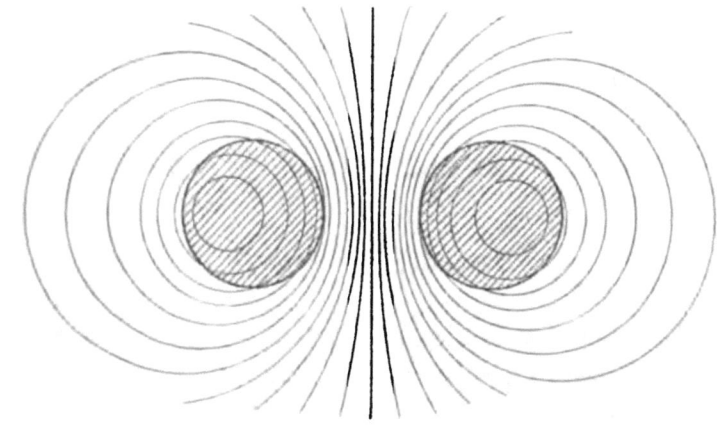

Fig. 24.

chungen (20) auf pag. 91 in zwei Theile, von denen der eine ein Potential besitzt, dagegen der andere nicht, so muss der von letzterem herrührende Theil der magnetischen Kraft in der Oberfläche des stromführenden Systems derselben parallel sein. Denn diese Oberfläche gehört dann der dreifachen Schaar der Niveauflächen $F' = $ Konst., $G' = $ Konst., $H' = $ Konst. gemeinsam an, da ausserhalb des stromführenden Systems die magnetische Kraft ein Potential besitzt, d. h. $F' = G' = H' = 0$ zu setzen ist. In der Oberfläche des durchströmten Körpers D haben also die drei Funktionen F', G', H' den konstanten Werth Null; es liegt daher an der Oberfläche von D jede der drei Komponenten, aus denen sich der Theil der magnetischen Kraft zusammensetzt, welche kein Potential besitzt, in der Oberfläche von D und folglich auch ihre Resultante. Sind z. B. die stromführenden Körper mehrere Kreiscylinder, so wird der potentiallose Antheil der magnetischen Kraftlinien in jedem derselben durch Kreise dargestellt, welche koncentrisch zu dem betreffenden Cylinder liegen, einerlei, welche Lage die anderen Cylinder zu ihm einnehmen.

15. Das Biot-Savart'sche Gesetz.

Grenzen wir in den Formeln (19) der pag. 91, welche die Komponenten des Vektorpotentiales ausdrücken, ein Volumenelement $d\tau$ dadurch ab, dass wir den stromführenden Körper in Stücke von dünnen Stromröhren zerlegt denken, deren Länge ds und deren Querschnitt dq sei, so wird

$$d\tau = ds \cdot dq.$$

Ferner ist $u = j \cdot \cos(sx)$ etc. und da $jdq = i$ ist, so werden die Formeln (19)

$$F = \mu \int \frac{ids}{r} \cos(sx), \quad G = \mu \int \frac{ids}{r} \cos(sy),$$

$$H = \mu \int \frac{ids}{r} \cos(sz). \tag{55}$$

Man kann nun denken, dass jedes einzelne Stückchen der Stromröhren der Länge ds scheinbar eine Fernwirkung ausübt, deren Grösse sich dadurch ergiebt, dass man in (55) die Integralzeichen fortlässt und die so erhaltenen Werthe von F, G, H in die Formeln (16) der pag. 90 einsetzt. Man erhält dadurch, unter Rücksicht auf die Beziehungen:

$$\frac{\partial r}{\partial x} = \cos(rx) \text{ etc. (vgl. oben pag. 17),}$$

wobei r positiv gerechnet ist von ds nach dem Magnetpol hin, aus (16):

$$\alpha = \frac{ids}{r^2} [\cos(sy)\cos(rz) - \cos(sz)\cos(ry)],$$

$$\beta = \frac{ids}{r^2} [\cos(sz)\cos(rx) - \cos(sx)\cos(rz)], \tag{56}$$

$$\gamma = \frac{ids}{r^2} [\cos(sx)\cos(ry) - \cos(sy)\cos(rx)].$$

Aus diesen Gleichungen folgt:

$$\alpha \cos(sx) + \beta \cos(sy) + \gamma \cos(sz) = 0,$$
$$\alpha \cos(rx) + \beta \cos(ry) + \gamma \cos(rz) = 0,$$

d. h. die magnetische Kraft, welche das Stück ds auf einen Magnetpol P der Stärke 1 ausübt, liegt senkrecht zu ds und r, d. h. steht senkrecht auf der durch r und ds gelegten Ebene.

Ersetzen wir zur Abkürzung die Richtungskosinus von ds durch die Buchstaben p_1, p_2, p_3, die von r durch q_1, q_2, q_3, so folgt für die Feldstärke

$$\sqrt{\alpha^2+\beta^2+\gamma^2} = \frac{ids}{r^2}\sqrt{(p_2q_3-p_3q_2)^2+(p_3q_1-p_1q_3)^2+(p_1q_2-p_2q_1)^2}.$$

Nun besteht aber die Identität:

$$(p_2q_3-p_3q_2)^2 + \cdots + \cdots = (p_1^2+p_2^2+p_3^2)(q_1^2+q_2^2+q_3^2)$$
$$- (p_1q_1+p_2q_2+p_3q_3)^2.$$

Bei der Bedeutung der p und q sind die beiden Faktoren des ersten Gliedes der rechten Seite 1, das zweite Glied ist das Quadrat des Kosinus des Winkels (rds), den r mit ds einschliesst. Folglich ist die ganze rechte Seite gleich $\sin^2(rds)$; es wird daher die Feldstärke

$$\mathfrak{H} = \sqrt{\alpha^2+\beta^2+\gamma^2} = \frac{ids}{r^2}\sin(rds). \qquad (57)$$

Man kann also die scheinbare Fernwirkung des Stromes zurückführen auf die Fernwirkung der Stromelemente ds, welche eine Kraft ausüben, deren Werth sich aus der Formel (57) berechnet, und die senkrecht zu der Ebene steht, welche man durch r und ds legen kann. Dieses ist das **Biot-Savart'sche Elementargesetz der elektromagnetischen Wirkung**. Nach dem in diesem Buche eingenommenen Standpunkte ist das Gesetz weiter nichts, als ein Integral der Nahewirkungsgesetze (12) der pag. 86. Diese charakterisiren die Eigenschaften des elektromagnetischen Feldes vollständiger, als die Formel (57), weil aus letzterer nicht hervorgeht, dass es nur geschlossene Ströme giebt. Zur numerischen Berechnung in speciellen Fällen kann aber die Formel (57) gute Dienste leisten, z. B. für die Theorie der Tangentenbussole. Man vergleiche für diese Theorie die Lehrbücher, z. B. Maxwell, Elektricität und Magnetismus, 2. Bd.; F. Neumann, Vorl. über elektrische Ströme, herausg. von K. von der Mühll, Leipzig 1884, pag. 195.

Das Biot-Savart'sche Gesetz ist nur gültig, wenn die Magnetisirungskonstante der Umgebung des Stromes nicht wesentlich abweicht von der des durchströmten Körpers, oder wenn derselbe sehr dünn im Vergleich zu seiner Länge ist, d. h. falls er als ein linearer Strom aufzufassen ist.

16. Wirkung eines beliebigen Magnetfeldes auf ein Stromelement.

Im vorigen Paragraphen ist die Wirkung berechnet, welche ein Stromelement auf einen Magnetpol der Stärke 1 ausübt. Nach dem Princip von der Gleichheit der Aktion und Reaktion muss der Magnetpol der Stärke 1 gleiche, jedoch dem Vorzeichen nach entgegengesetzte Kräfte auf das Stromelement ausüben.

Sind mehrere Pole der Stärken m_1, m_2 etc. vorhanden, so würde daher die x-Komponente der Kraft, welche das Stromelement erfährt, nach (56) gegeben sein durch:

$$\mathfrak{A} = ids \left[\cos(sz) \, \Sigma \, \frac{m \cos(ry)}{r^2} - \cos(sy) \, \Sigma \, \frac{m \cos(rz)}{r^2} \right], \quad (58)$$

und analog würde sich die y- und z-Komponente $\mathfrak{B}$ und $\mathfrak{C}$ bestimmen. Nun ist aber, falls die Magnetisirungskonstante des Raumes gleich μ ist, bei der im vorigen Paragraphen getroffenen Verfügung über die positive Richtung von r (nämlich von ds nach m):

$$\Sigma \, \frac{m \cos(rx)}{r^2} = -\mu \alpha,$$

$$\Sigma \, \frac{m \cos(ry)}{r^2} = -\mu \beta,$$

$$\Sigma \, \frac{m \cos(rz)}{r^2} = -\mu \gamma,$$

falls α, β, γ die Komponenten der Feldstärke $\mathfrak{H}$ des von den Polen m_1, m_2 etc. erzeugten Magnetfeldes bezeichnen.

Es ist daher nach (58):

$$\begin{aligned}\mathfrak{A} &= \mu \, ids \, [\gamma \cos(sy) - \beta \cos(sz)], \\ \mathfrak{B} &= \mu \, ids \, [\alpha \cos(sz) - \gamma \cos(sx)], \\ \mathfrak{C} &= \mu \, ids \, [\beta \cos(sx) - \alpha \cos(sy)].\end{aligned} \quad (59)$$

Diese Formeln gelten allgemein in jedem Magnetfeld, denn nach Kap. I, § 34, pag. 66 kann man jedes Magnetfeld innerhalb eines Gebietes von gewissen Grenzen entstanden ansehen durch Pole, welche flächenförmig oder raumförmig ausgebreitet sind.

Es finden nach (59) die Beziehungen statt:

$$\mathfrak{A}\alpha + \mathfrak{B}\beta + \mathfrak{C}\gamma = 0,$$
$$\mathfrak{A}\cos(sx) + \mathfrak{B}\cos(sy) + \mathfrak{C}\cos(sz) = 0.$$

Die Wirkung des Magnetfeldes auf ds liegt also senkrecht zu ds und zu den magnetischen Kraftlinien. Wenn ds senkrecht zu den magnetischen Kraftlinien liegt, so bilden die Bewegungstendenz, die magnetischen Kraftlinien und die elektrischen Stromlinien ein rechtwinkliges Axenkreuz, deren positive Richtungen, wie aus (59) hervorgeht, durch Daumen, Zeigefinger und Mittelfinger der linken Hand gewiesen werden, falls man aus diesen Fingern ein rechtwinkliges Axenkreuz bildet (Fleming's Regel).

Fig. 25.

Legt man nämlich die x-Axe in die Stromrichtung, die y-Axe in die der magnetischen Kraft, so wird nach (59) $\mathfrak{A} = \mathfrak{B} = 0$,

$$\mathfrak{C} = \mu\beta i ds = \mu\mathfrak{H} i ds. \tag{60}$$

C ist also positiv. Bei der von uns pag. 61 getroffenen Wahl der positiven Richtungen der Koordinatenaxen ergiebt dies die Fleming'sche Regel.

Wird ds nach der z-Richtung um dz verschoben, so leisten die magnetischen Kräfte die Arbeit

$$\mathfrak{C} dz = \mu \mathfrak{H} ds dz i = i dN, \tag{61}$$

wo dN die Anzahl der magnetischen Kraftlinien ist, welche von ds während seiner Bewegung geschnitten werden. Dieser Satz ist sofort auszudehnen auf eine beliebige Bewegungsrichtung von ds und eine beliebige Länge von ds, so dass allgemein folgt:

Bei Verschiebung eines linearen Stromes der Stärke i im magnetischen Felde wird eine Arbeit geleistet (oder gewonnen), welche gleich i, multiplicirt in die bei der Bewegung des Stromes geschnittene Anzahl magnetischer Kraftlinien, ist. Diesen Satz werden wir im folgenden Kapitel noch direkter auf eine andere Weise ableiten.

17. Die magnetische Feldstärke im Inneren eines Solenoids.

Wir wollen uns vorstellen, dass ein elektrischer Strom der Stärke i' innerhalb einer dünnwandigen Röhre von konstantem Querschnitt q fliesst. Die Dimensionen von q seien sehr klein im Vergleich zu der Länge l der Röhre. Die Stromlinien sollen senkrecht zu der Röhrenaxe verlaufen. Man kann diesen Fall mit grosser Annäherung dadurch realisiren, dass man isolirten Draht zu einem Solenoide aufwickelt und durch ihn den Strom leitet. Hat das Solenoid n Windungen, welche gleichmässig auf der Länge l (in einer oder in mehreren Lagen) vertheilt sind, und ist die Stromstärke in ihm gleich i, so muss diese dasselbe magnetische Feld erzeugen, als ob die Solenoidwindungen nicht voneinander isolirt wären, und es flösse in der so gebildeten Metallröhre ein cirkulärer Strom der Stärke

$$i' = ni. \qquad (62)$$

Wenn das Solenoid die Wandung eines geraden, unendlich langen Cylinders bildete, so muss aus Symmetriegründen die magnetische Kraft in seinem Inneren parallel zu seiner Axe liegen. Dasselbe wird der Fall sein, falls sich seine Axe krümmt, so lange nur die Krümmungen so gering im Verhältniss zu den Querschnittsdimensionen bleiben, dass ein endliches Stück der Länge l' der Röhre annähernd immer noch als ein gerader Cylinder angesehen werden kann, welcher sehr lang im Verhältniss zu seinen Querschnittsdimensionen ist.

Im Inneren eines nicht zu stark gekrümmten Solenoids von konstantem Querschnitt, dessen Länge l sehr gross im Vergleich zu seinen Querdimensionen ist, liegen daher die magnetischen Kraftlinien alle annähernd parallel zur Solenoidaxe. Die Kraftlinien schliessen sich, indem sie aus den Solenoidenden austreten und durch den Aussenraum laufen. Dort müssen sie viel weniger dicht verlaufen, als im Innenraum des Solenoids, da dessen Querschnitt q sehr klein ist. Der magnetische Widerstand (vgl. oben pag. 72) der Kraftröhren des Aussenraumes ist daher sehr viel kleiner, als der des Innenraumes, da der Querschnitt der Kraftröhren im ersteren viel grösser ist, als im letzteren. Vernachlässigt man den magnetischen Widerstand des Aussenraumes, so wird der ganze magnetische Widerstand nach Formel (33) auf pag. 72

$$W = \frac{l}{q}, \qquad (63)$$

die Kraftlinienzahl daher nach (34) auf pag. 72, da die magnetomotorische Kraft A gleich $4\pi i' = 4\pi n i$ ist:

$$N = \frac{A}{W} = \frac{4\pi n i q}{l}, \qquad (64)$$

daher die Feldstärke im Inneren des Solenoids

$$\mathfrak{H} = \frac{N}{q} = \frac{4\pi n i}{l}. \qquad (65)$$

Dieselbe ist innerhalb des Querschnittes q konstant, da dieselbe Formel für $\mathfrak{H}$ sich aus der Betrachtung jeder, im Solenoid liegenden Kraftröhre vom Querschnitt dq ergiebt. Ebenfalls ist auch $\mathfrak{H}$ längs der Axe des Solenoids konstant, wie schon daraus folgt, dass die Kraftröhren im Solenoid konstanten Querschnitt besitzen.

Die abgeleitete Formel (65) für $\mathfrak{H}$ gilt noch strenger, wenn die Enden des Solenoids zusammenfallen, dasselbe sich also ringförmig schliesst. Dann treten die Kraftlinien gar nicht aus dem Innenraum heraus, die Formel (63) gilt streng, und daher auch (65). Im Aussenraum ist die magnetische Kraft gleich Null, weil für jede, im Aussenraum verlaufende, geschlossene Kurve die magnetomotorische Kraft verschwindet.

Zwei ringförmig geschlossene Solenoide wirken daher nicht ponderomotorisch aufeinander, da jedes sich ausserhalb des Magnetfeldes des anderen befindet. Dieser Satz gilt jedoch nur, wenn die Stromstärke in den Solenoiden konstant, d. h. von der Zeit unabhängig ist. Bei schnell wechselnden Stromstärken müssen ponderomotorische Wirkungen eintreten, wie weiter unten im § 6 des VIII. Kapitels des Näheren ausgeführt wird. Es ist dieses eine Folgerung der Maxwell'schen Theorie, während die älteren Theorien, welche die Ampère'schen elektrodynamischen Gesetze (vgl. weiter unten im Kapitel: Elektrodynamik) unverändert auch auf Wechselströme übertrugen, folgerten, dass zwei ringförmig geschlossene Solenoide nie aufeinander einwirken könnten.

Zwei geöffnete Solenoide müssen aufeinander wie zwei Magnetstäbe wirken, welche Pole an ihren Enden besitzen. Denn die magnetischen Kraftlinien treten wesentlich nur aus den Enden der Solenoide aus, wenn sie hinreichend lang und dünn sind. Da in diesem Falle der magnetische Widerstand für die durch den elektrischen Strom des einen Solenoids hervorgerufenen Kraftröhren wesentlich nur im Inneren dieses Solenoids liegt und nahezu unabhängig von der Lage des anderen Solenoids ist, wenn auch der elektrische Strom des letzteren den Kraftlinienverlauf des ersteren etwas modificirt, so ist auch die in jedem Solenoid erzeugte Kraftlinienzahl unabhängig von der gegenseitigen Lage der Solenoide. Dieselben wirken daher aufeinander wie zwei permanente Magnetstäbe, deren Polstärken nach (64) gegeben sind durch

$$m = \frac{N}{4\pi} = \frac{n\,i\,q}{l}. \tag{66}$$

So ergiebt sich für ein Solenoid von $q = 1$ cm² Querschnitt, welches 10 Windungen pro Centimeter Länge enthält, und in welchem ein Strom i von der Stärke 1 Amp. fliesst ($i = 1/10$), die Polstärke $m = 1$ in absolutem cgs-System.

Die bisherigen Betrachtungen bezogen sich auf den Fall, dass die Solenoide in einem Medium der Magnetisirungskonstante $\mu = 1$ lagern, d. h. im freien Aether (oder auch in Luft).

In jedem Falle muss die Kraftlinienzahl N eines Magnetfeldes, welches durch konstante Ströme hervorgebracht wird, wachsen, falls an irgend einer Stelle Eisen in das Feld gebracht wird. Denn dadurch wird der magnetische Widerstand des ganzen Feldes in jedem Falle verringert, während die magnetomotorische Kraft A des Feldes ungeändert bleibt, da sie sich allein aus den Stromstärken bestimmt. Es muss daher N nach dem Gesetze des magnetischen Kreislaufes wachsen. Die äquivalente Polstärke eines nicht sehr dünnen und langen Solenoids muss also auch zunehmen, wenn Eisen in den Aussenraum desselben gebracht wird. Die Verringerung des magnetischen Widerstandes und daher die Vermehrung des N ist aber um so bedeutender, je grösser ursprünglich der Widerstand des Feldes an derjenigen Stelle war, an welche man das Eisenstück bringt, d. h. je kleiner dort der Querschnitt der Kraftröhren war, mit anderen Worten, je dichter dort die Kraftlinien lagen. Daher ist die Vermehrung von N, d. h. z. B. der äquivalenten Polstärke eines Solenoids, nur bedeutend, falls Eisen in sein Inneres gebracht wird.

Ist das Innere eines Solenoids mit Eisen der Magnetisirungskonstante μ angefüllt, so ist der magnetische Widerstand W der Formel (63) durch μ zu dividiren, falls das Solenoid so lang und dünn ist, dass immer noch der magnetische Widerstand des Innenraums, selbst wenn er einen Eisenkern enthält, sehr gross ist gegen den des Aussenraumes.

Die Polstärke m nach Formel (66) des Solenoids wird daher durch den Eisenkern μ-mal grösser. Hierauf beruht die starke Wirkung der sogenannten Elektromagnete, indem durch den Eisenkern die Feldstärke im Aussenraum μ-mal grösser wird. Im Innenraum dagegen bleibt sie dieselbe.

Die Kraftlinienzahl im Inneren des Solenoids ist jetzt nach (64):

$$N = \frac{4\pi\mu n i q}{l}. \qquad (67)$$

Diese Formel gilt wiederum streng, wenn das Solenoid ringförmig geschlossen ist.

Wenn der Eisenkern nicht den ganzen Querschnitt q des Solenoidinneren ausfüllt, sondern wenn er den kleineren Querschnitt q' besitzt, so ist der magnetische Widerstand desselben

$$W' = \frac{l}{\mu q'},$$

daher die Kraftlinienzahl im Eisenkern:

$$N' = \frac{A}{W'} = \frac{4\pi\mu n i q'}{l}.$$

Der magnetische Widerstand des Luftraumes im Solenoid ist

$$W^0 = \frac{l}{q - q'},$$

daher seine Kraftlinienzahl:

$$N^0 = \frac{A}{W^0} = \frac{4\pi n i (q - q')}{l}.$$

Die gesammte Anzahl der Kraftlinien, welche im Solenoid vorhanden sind, ist also

$$N = N' + N^0 = \frac{4\pi n i}{l}[q + (\mu - 1)q']. \qquad (68)$$

18. Die magnetometrische Methode zur experimentellen Bestimmung der Magnetisirungskonstanten.

Die Eigenschaft eines stromdurchflossenen Solenoids, ein nahezu gleichförmiges Magnetfeld in seinem Innenraum zu besitzen, kann man dazu benutzen, um auf einem einfachen Wege die Magnetisirungskonstante μ zu ermitteln. Wenn man nämlich in ein Solenoid, welches hinreichend lang ist, um auf eine grosse Länge eine konstante Feldstärke $\mathfrak{H}$ im Inneren zu besitzen, einen Eisenstab steckt, welcher sehr lang im Vergleich zu seinen Querdimensionen, jedoch kürzer als das Solenoid ist, so dass der Eisenstab nur in Orte konstanter Feldstärke gebracht wird, so hat die Feldstärke auch im Eisenstab den Werth (65), da die entmagnetisirenden Wirkungen (vgl. oben pag. 44) der Enden des Eisenstabes zu vernachlässigen sind, wenn er genügend dünn und lang ist. Ist daher sein Querschnitt q', so ist die Kraftlinienzahl im Eisenstab:

$$N' = \mu \cdot \mathfrak{H} \cdot q'.$$

Ohne Eisenstab ist die Kraftlinienzahl des vom Eisenstab eingenommenen Volumens τ:

$$N^0 = \mathfrak{H} \cdot q'.$$

Daher tritt durch den Eisenstab eine Vermehrung der Kraftlinienzahl jenes Raumes τ ein, welche ist:

$$N' - N^0 = \mathfrak{H}(\mu - 1) q'.$$

Die Einsteckung des Eisenstabes muss also denselben Effekt haben, als ob seine Enden die Polstärken

$$\pm m = \frac{N' - N^0}{4\pi} = \mathfrak{H} \cdot q' \cdot \frac{\mu - 1}{4\pi} \qquad (69)$$

besässen[1]). Diesen Effekt kann man durch die Einstellung einer seitlich aufgestellten, drehbar aufgehängten kleinen Magnetnadel mit Fernrohr, Spiegel und Skala genau beobachten. Man nennt dieses Hülfsinstrument ein **Magnetometer**. Da man nach Formel (65) $\mathfrak{H}$ kennt, falls die Stromstärke bekannt ist, und da m aus der Magnetometer-Ablenkung leicht zu berechnen ist, so ergiebt sich nach Formel (69) der Koefficient $\frac{\mu - 1}{4\pi}$, d. h. auch μ selber. — Es

---

[1]) Diese Formel ergiebt sich auch sofort nach den Ueberlegungen, welche in Kap. I, § 23, pag. 42 angestellt sind.

empfiehlt sich, um die Wirkungen des Eisenstabes allein zu erhalten, die Wirkungen des Solenoids auf das Magnetometer durch ein zweites, passend aufgestelltes Solenoid, welches von gleichem Strome i, wie das erste, durchflossen wird, zu kompensiren. Wegen weiterer Details vgl. man Ewing, Magnetic induction in iron and other metals, 1892, London, „The Electrician Publishing Company". Deutsch übersetzt von Holborn und Lindeck; Berlin und München, 1892.

19. Ampère's Theorie des permanenten und inducirten Magnetismus. In § 17 ergab sich, dass hinreichend lange und dünne, stromdurchflossene Solenoide aufeinander wirken wie permanente, gleichförmig magnetisirte Magnetstäbe. Eine consequente Anwendung der allgemeinen Eigenschaften eines Magnetfeldes ergiebt nun, dass die Gleichheit der Wirkungen in beiden Fällen eine innerlich begründete ist, indem ein gleichförmig magnetisirter Magnetstab, welcher ohne das Vorhandensein eines direkt messbaren elektrischen Stromes ein magnetisches Feld erzeugt, nothwendig als ein stromdurchflossenes Solenoid aufzufassen ist.

Wir hatten nämlich im Kapitel I, § 33, pag. 61 gesehen, dass in jedem Magnetfelde, d. h. auch in dem eines permanenten Magneten, ein Wirbelraum vorhanden sein muss. — Im Falle eines gleichförmig magnetisirten Magneten ist der Wirbelraum eine sehr dünne Schicht auf seiner seitlichen Oberfläche, die nur die Endflächen des Magneten nicht bedeckt (vgl. oben pag. 70).

Nun sagen die im § 8 dieses Kapitels auf pag. 86 aufgestellten Formeln (12) aus, dass im Wirbelraum eines magnetischen Feldes elektrische Strömung stattfindet. Da wir zur Verwendung dieser Formeln keine Ausnahme zu machen haben, so müssen sie, auf einen permanenten, gleichförmig magnetisirten Stab angewandt, das Resultat ergeben, dass in dessen seitlichen Oberflächen elektrische Strömung stattfinden muss, deren Grösse wir aus den vorhandenen magnetischen Wirkungen berechnen können. Ein solcher Magnetstab ist also thatsächlich ein stromdurchflossenes Solenoid.

Ampère machte nun die Hypothese, dass diese Strömung in der Oberfläche eines Magneten dadurch hervorgerufen werde, dass die sogenannten stark magnetisirbaren Körper, wie Eisen und Stahl, sehr kleine, drehbare, in sich geschlossene Ströme enthielten, welche in ihren Molekülen verlaufen, ohne an Stärke je einzubüssen. Wenn dieselben durch irgend eine äussere magnetische Kraft gleich gerichtet werden — eine solche ist z. B. vorhanden, wenn wir einen Stahldraht nach § 1 des I. Kapitels in ein stromdurchflossenes Solenoid schieben — und sie verbleiben theilweise in dieser Lage, auch wenn die äussere magnetische Kraft wieder entfernt wird, so hebt sich die Wirkung aller Molekularströme im Inneren des Magneten auf, da in jedem inneren Punkte zwei Stromelemente mit entgegengesetzt gerichtetem Strome zusammenstossen; dagegen die Wirkung der an der Oberfläche des Magneten liegenden Theile der Molekularströme bleibt vorhanden.

Der Magnet besitzt daher eine elektrische Strömung an seiner seitlichen Oberfläche und erzeugt dadurch ein magnetisches Feld. Das Wesen des permanenten Magnetismus ist so durch die Remanenz der Lage der Molekularströme erklärt.

Ebenso erklärt sich die grosse Magnetisirungskonstante einiger Körper in ungezwungener Weise durch die Ampère'sche Hypothese, denn wenn z. B. Eisen in ein von einer äusseren Quelle herrührendes Magnetfeld gebracht wird, so superponiren sich über den Kraftlinien desselben noch die Kraftlinien der gleichgerichteten Molekularströme. Die Kraftlinien erscheinen daher im Eisen verdichtet, und wie wir im I. Kapitel, § 27, pag. 49 sahen, ist diese Verdichtung ja gerade das Merkmal einer grossen Magnetisirungskonstanten.

Hier bedarf aber noch ein Punkt einer näheren Erörterung. Schieben wir in ein stromdurchflossenes Solenoid einen Eisenkern, so bleibt nur die Wirkung der Molekularströme desselben an seiner seitlichen Oberfläche übrig. Man sollte daher denken, dass man die Wirkung des Eisenkernes dadurch nachahmen könnte, dass man in das Solenoid keinen Eisenkern steckt, aber seine Stromstärke in einem gewissen Verhältniss verstärkt.

Dadurch würde nun in der That im Aussenraum des Solenoids die Feldstärke $\mathfrak{H}$ gerade so wachsen, wie sie es durch das Einstecken des Eisenkernes thut, aber auch im Innenraume des Solenoids würde $\mathfrak{H}$ zunehmen — und doch wissen wir, dass dieses durch das Einstecken des Eisenkernes nicht eintritt. Für die Wirkungen im Innenraum des Solenoids kann also der Eisenkern nicht ersetzbar sein durch eine Vergrösserung der Stromstärke des Solenoids.

Der Grund hierfür ist nach der Ampère'schen Vorstellung leicht zu finden. Die Feldstärke $\mathfrak{H}$ im Solenoid wird gemessen durch die Einwirkung desselben auf einen Magnetpol der Stärke 1. Wir wollen uns denselben hergestellt denken durch ein langes, sehr dünnes Solenoid S' der Stromstärke i', während die Stromstärke im ersten Solenoid S gleich i sei. Wird nun, während S' sich innerhalb S befindet, ein Eisenkern in S getaucht, so muss man sich vorstellen, dass nur der Zwischenraum zwischen S und S' mit Eisen angefüllt wird, während das Innere von S' frei bleibt von Eisen. Auf der Oberfläche von S entsteht daher eine Molekularströmung des Eisens, welche i im Verhältniss $\mu : 1$ scheinbar verstärkt, aber auch auf der Oberfläche von S' entsteht eine Molekularströmung des Eisens. Diese muss entgegengesetzte Richtung haben, wie i', denn das Eisen befindet sich im Aussenraum von i', und nach der Lage der magnetischen Kraftlinien von S' ergiebt sich sofort, dass die Molekularströmung des Aussenraumes auf der Fläche S' entgegengesetzt zu i' liegen muss. Durch das Eisen erscheint daher i' im Verhältniss $1 : \mu$ geschwächt. Da nun, wie im Kapitel „Elektrodynamik" ausführlicher gezeigt werden wird, die gegenseitige Einwirkung zweier Stromsysteme proportional dem Produkte ihrer Stromstärken ist, so ist die Einwirkung des Solenoids S auf das Solenoid S' ohne Eisenkern proportional zu $i \cdot i'$, mit Eisenkern proportional zu $\mu i \cdot \dfrac{i'}{\mu} = i \cdot i'$. Die Einwirkungen sind also in beiden Fällen einander gleich, **folglich wird auch die Feldstärke $\mathfrak{H}$ im Inneren des Solenoids S durch den Eisenkern nicht geändert.**

Durch analoge Betrachtungen kann man zeigen, dass die Feldstärke eines Poles gewisser Stärke m, d. h. eines Punktes, welcher eine gewisse Anzahl ($4\pi m$) Kraftlinien entsendet, im Verhältniss $1 : \mu$ abnimmt, wenn der Raum mit Eisen von der Magnetisirungskonstante μ angefüllt wird.

Die Ampère'sche Vorstellung erklärt also gemeinsam die Erscheinung des inducirten und remanenten Magnetismus; es ist aber wichtig zu bemerken, dass ersterer auftreten könnte, ohne letzteren im Gefolge zu haben, und dass zur Erklärung des letzteren noch die weitere Hypothese erforderlich ist, dass die Molekularströme mit einer gewissen Zähigkeit ihre Lage festhalten, falls sie nicht durch eine grössere, äussere magnetische Kraft daran verhindert werden. Im Stahl ist diese Zähigkeit eine grössere, als im Schmiedeeisen, dagegen zeichnet sich letzteres durch eine grosse Magnetisirungskonstante, d. h. durch eine grössere Dichtigkeit der drehbaren Molekularströme vor ersterem aus.

Zur Herstellung kräftiger Elektromagnete empfiehlt sich daher Schmiedeeisen, dagegen zur Herstellung kräftiger permanenter Magnete harter Stahl, da in ihm zwar nicht so viel Magnetismus inducirt wird, aber viel mehr Magnetismus, d. h. Kraftlinien, remanent bleiben, als im weichen Eisen.

Wenn nun der Stahl die Eigenschaft hat, seine Molekularströme in ihrer gegenseitigen Anordnung möglichst festzuhalten, falls nicht kräftige, äussere Ursachen dies verhindern, so ist ein Stahlstab als ein Solenoid konstanter Stromstärke aufzufassen. Wenn er daher so lang und dünn ist, dass der magnetische Widerstand der von seinem Strom erzeugten Kraftröhren wesentlich nur im Stabe selber liegt, so muss er nach den Auseinandersetzungen des § 17, pag. 112 permanente Polstärken besitzen, d. h. solche, deren Stärke weder von der Annäherung anderer Magnete, noch anderer inducirbarer Eisenmassen abhängig ist. In Kap. I, § 35, pag. 68 wurde ja nun auch betont, dass die einfachen Wirkungsgesetze permanenter Magnete nur gelten, wenn dieselben hinreichend lang und dünn sind.

Dass wir zur Herstellung einer gleichförmigen Magnetisirung den Stahldraht nach pag. 2 in ein stromdurchflossenes Solenoid steckten, erklärt sich dadurch sehr einfach, dass nach dem vorigen § 18 die inducirte Magnetisirung dann gleichförmig ist. Folglich muss es auch die remanente annähernd sein, um so mehr, je länger und dünner der Stab ist, da dann die entmagnetisirenden Einwirkungen seiner Enden um so weniger auftreten.

In welcher Weise man das Verhalten der diamagnetischen Körper durch eine Molekularhypothese erklären kann, soll an späterer Stelle erörtert werden (vgl. unten das Kap.: Induktion).

Kapitel III.
Die magnetische Energie.

1. Bedeutung der potentiellen Energie für Bewegung und Gleichgewicht eines beliebigen Systems. Das Potential eines Kraftsystems ist als diejenige Funktion definirt, deren negative Differentialquotienten nach irgend welchen Richtungen angeben die nach diesen Richtungen fallenden Kraftkomponenten. Es folgte aus dieser Definition (vgl. oben pag. 64), dass die Arbeit, welche die Kräfte des Systems leisten, wenn ihr Angriffspunkt auf einer beliebigen Kurve C verschoben wird, gleich ist der dabei erfolgenden Abnahme des Potentials, d. h. gleich der Differenz der Potentialwerthe am Anfang und am Ende der Kurve. Ist daher das Potential eine eindeutige Funktion des Ortes, so ist die Arbeit von der Gestalt der Kurve C ganz unabhängig, sie hängt vielmehr nur ab von der Lage ihres Anfangs- und Endpunktes.

Die bisherigen Betrachtungen beziehen sich auf den Fall, dass sich nur ein Punkt, auf den gewisse Kräfte des Systems wirken, verschiebt, während die sonstigen Theile des Systems, zwischen denen ebenfalls Kräfte thätig sind, in ihrer Konfiguration ungeändert bleiben. Aendert sich diese, d. h. erleidet das System irgend welche Veränderungen in der Konfiguration mehrerer oder aller seiner Theile, so kann man die dabei erhaltene Arbeit berechnen, wenn man die Summe U der Potentiale der auf die einzelnen Systempunkte wirkenden Kräfte bildet. Diese Summe U ist eine gewisse Funktion der Konfiguration des Systems, sie wird **die potentielle Energie des Systems** genannt. Die Arbeit, welche sich durch irgend welche Aenderung der Konfiguration ergibt, ist gleich der dadurch herbeigeführten Abnahme der potentiellen

Energie U. Ist diese eine eindeutige Funktion der Konfiguration des Systems, so ist die Arbeit wiederum ganz unabhängig von dem Wege, auf welchem die Aenderung der Konfiguration von Statten geht, es ist daher durch Kreisprocesse, d. h. durch Zurückführung des Systems in den Anfangszustand, keine Arbeit zu gewinnen möglich.

Nach der Definition einer auf eine ponderable Masse wirkenden Kraft als dem Produkt ihrer Masse in ihre Beschleunigung setzt sich nun eine vom System geleistete Arbeit, d. h. eine Abnahme seiner potentiellen Energie, stets um in einen numerisch gleichen Zuwachs der lebendigen Kraft der Systemtheile, welche man auch als kinetische Energie des Systems bezeichnet. Es folgt also, dass, falls man dem System von aussen keine Energie zuführt, die Summe seiner potentiellen und kinetischen Energie, d. h. die gesammte Energie, konstant bleibt. Diesen Satz bezeichnet man als Princip der Erhaltung der Energie; er ist stets gültig, sowie die Kräfte des Systems ein Potential besitzen.

Mit Hülfe der Kenntniss der potentiellen Energie U kann man die auf irgend einen Punkt P des Systems nach irgend einer Richtung s wirkende Kraft K_s berechnen. Denn wenn P um ds auf s verschoben wird, und wenn $-dU$ die dabei herbeigeführte Abnahme von U bezeichnet, so muss diese gleich sein der von K_s aus geübten Arbeit, d. h. es ist

$$-dU = K_s . ds, \quad K_s = -\frac{\partial U}{\partial s}.$$

Ausserdem kann man aus der potentiellen Energie auch ableiten, in welcher Weise das System, wann es sich selbst überlassen bleibt, sich bewegen wird, und wann es im Gleichgewicht ist. Nehmen wir nämlich zunächst an, wir gingen von einem Ruhezustande des Systems aus, so verschwindet in ihm die kinetische Energie. Wenn es nun von selbst sich in Bewegung setzt, so muss dadurch die kinetische Energie wachsen, denn diese ist eine beständig positive Grösse, da die lebendige Kraft aus einer Summe von quadratischen, d. h. beständig positiven Gliedern besteht. **Es ist daher der Uebergang des Systems aus dem Zustande der Ruhe in den der Bewegung stets von einer Abnahme seiner potentiellen Energie begleitet.** Denn da die kinetische Energie wächst, so muss nach dem Princip der Erhaltung der

Energie die potentielle Energie um einen gleichen Betrag abnehmen.
— Die Richtung der Bewegungstendenz des Systems, d. h. der Aenderung seiner Konfiguration, ist die, in welcher die Abnahme seiner potentiellen Energie am schnellsten erfolgt; man kann sagen, das System hat die Tendenz, sich auf einer Kurve des steilsten Gefälles seiner potentiellen Energie zu bewegen.

Aus diesen Erörterungen geht hervor, dass das System sich nicht von selbst zu bewegen anfangen wird, wenn die potentielle Energie in dem betrachteten Zustande des Systems einen Minimalwerth besitzt, d. h. wenn bei keiner kleinen Aenderung der Konfiguration des Systems eine Abnahme seiner potentiellen Energie eintreten kann. **Ein System befindet sich daher im stabilen Gleichgewicht bei derjenigen Konfiguration, bei welcher seine potentielle Energie einen Minimalwerth erreicht.**

— Es kann ein System mehrere solcher Konfigurationen besitzen, d. h. mehrere Gleichgewichtslagen. So hat z. B. ein parallelepipedischer Holzklotz, der eine horizontale Unterlage besitzt, drei Gleichgewichtslagen, nämlich diejenigen drei Lagen, in denen er auf der Unterlage mit einer seiner drei verschiedenen Seiten ganz aufliegt.

Es kommt zur Beurtheilung der Möglichkeit des Gleichgewichts des Systems in einer Konfiguration G also nicht darauf an, dass die potentielle Energie ein absolutes Minimum ist, d. h. kleiner als bei irgend einer anderen Konfiguration des Systems, sondern nur darauf, dass U bei G ein relatives Minimum erreicht, d. h. dass U bei der Konfiguration G kleiner ist, als bei irgend einer zu G nahe benachbarten Konfiguration.

2. Die potentielle Energie punktförmiger Magnetpole.

Besitzen wir ein magnetisches Feld, welches angesehen werden kann als herrührend von punktförmigen Polen der Stärken m_1, m_2, m_3, m_4 etc., wie wir es uns z. B. durch lange, dünne Stahldrähte realisiren können, so ist die potentielle Energie des Magnetfeldes leicht anzugeben. Ist nämlich die Magnetisirungskonstante des Mediums, in welchem die Magnete lagern, μ, so wirken zwischen je zwei Polen m_h und m_k Kräfte, welche das Potential

$$U_{hk} = \frac{1}{\mu} \frac{m_h m_k}{r_{hk}}$$

besitzen. Es ist daher

$$U = \Sigma U_{hk}, \tag{1}$$

wobei die Summe über alle möglichen Kombinationen h, k zu erstrecken ist. — Man kann nun diese Summe in folgender Gestalt schreiben:

$$U = \frac{1}{2}\left\{m_1 \cdot \frac{1}{\mu}\left(\frac{m_2}{r_{12}} + \frac{m_3}{r_{13}} + \frac{m_4}{r_{14}} + \ldots\right)\right.$$
$$+ m_2 \cdot \frac{1}{\mu}\left(\frac{m_1}{r_{21}} + \frac{m_3}{r_{23}} + \frac{m_4}{r_{24}} + \ldots\right)$$
$$\left. + m_3 \cdot \frac{1}{\mu}\left(\frac{m_1}{r_{31}} + \frac{m_2}{r_{32}} + \frac{m_4}{r_{34}} + \ldots\right) + \ldots\right\}.$$

Die Klammer des Faktors m_1 bedeutet nun aber das Potential V_1 der magnetischen Kraft am Orte des Poles m_1, d. h. den Werth des Potentiales derjenigen Kraft, welche dort ausgeübt würde, falls die Stärke des Poles nicht m_1, sondern 1 wäre. In analoger Bezeichnungsweise gilt daher

$$U = \frac{1}{2}(m_1 V_1 + m_2 V_2 + m_3 V_3 + \ldots) = \frac{1}{2}\Sigma m_h V_h. \quad (2)$$

Die Formel (2) ist anzuwenden, wenn beliebig viele Pole ihre Lage gegenseitig ändern. — Aendert nur ein Pol (m_1) seine Lage, so ändert in der Formel (2) jeder Summand seinen Werth. Denn z. B. V_2 ändert sich ebenfalls dadurch, dass m_1 seinen Ort wechselt. In diesem Falle ist aber die durch Verschiebung von m_1 geleistete Arbeit einfacher zu berechnen, wenn man direkt an die Formel (1) anknüpft und berücksichtigt, dass von den r_{hk} nur diejenigen variabel sind, welche den unteren Index 1 enthalten. Die geleistete Arbeit berechnet sich daher durch Abnahme der Funktion:

$$U_1 = \frac{1}{\mu} m_1 \left\{\frac{m_2}{r_{12}} + \frac{m_3}{r_{13}} + \frac{m_4}{r_{14}} + \ldots\right\} = m_1 V_1, \quad (3)$$

wo V_1 den Werth des Potentiales am Orte des Poles m_1 bezeichnet. — Bei Lagenänderung nur eines einzigen Poles ist daher zweckmässiger die Formel (3) anstatt der Formel (2) für die potentielle Energie zu wählen. — Beide Formeln führen natürlich zu demselben Werthe für die durch Verschiebung von m_1 erhaltene Arbeit.

3. Die magnetische Energie eines linearen Stromes.

Der im vorigen Paragraphen betrachtete Fall des Magnetfeldes punktförmiger Pole ist nur eine Annäherung an die Wirklichkeit, die um so strenger ist, je dünner die Magnete sind, d. h. je mehr man den von den Magneten selbst eingenommenen Raum vernachlässigen kann.

Wenn wir aber die magnetische Energie eines Feldes berechnen wollen, welche Magnete oder Solenoide von endlichem Querschnitt hervorbringen, so haben wir die Untersuchungen des vorigen Paragraphen zu vervollständigen.

Wir haben zunächst zu berücksichtigen, dass, falls man den von den Magneten selbst eingenommenen Raum oder den Innenraum der Solenoide mit in den Kreis der Betrachtungen zieht, die magnetische Kraft nicht ein eindeutiges Potential besitzt, ausserdem aber auch, dass sie in gewissen Gebieten — den Wirbelräumen — überhaupt kein Potential besitzt.

Wir wollen jedoch zunächst annehmen, dass diese Wirbelgebiete einen unendlich kleinen Rauminhalt besitzen sollen, wie es z. B. bei einem gleichförmig magnetisirten Stabe der Fall ist, bei welchem der Wirbelraum sich auf einen Theil seiner Oberfläche beschränkt, oder bei einem linearen elektrischen Strome, bei welchem das Wirbelgebiet ein Ring von unendlich kleinem Querschnitt ist.

Betrachten wir speciell letzteren Fall. Wir wollen zunächst annehmen, es sei die Grösse einer von dem geschlossenen Strom umgrenzten Fläche σ sehr klein; sie habe den Werth $d\sigma$. Die magnetische Wirkung des Stromes, dessen Stärke i sei, ist nach Kap. II, § 6, pag. 82 ersetzbar durch eine magnetische Doppelbelegung auf $d\sigma$ vom Moment $i\mu$, wo μ die Magnetisirungskonstante des den Strom umgebenden Mediums ist, d. h. man hat auf beiden Seiten von $d\sigma$ in der gegenseitigen Entfernung dn die magnetischen Belegungen $\pm\, i\mu\, \dfrac{d\sigma}{dn}$ anzubringen, um die magnetische Kraft von i zu berechnen. Bezeichnet daher V_+ das Potential der magnetischen Kraft auf der positiven Seite von $d\sigma$, d. h. derjenigen Seite, auf welcher die positive Belegung anzubringen ist, V_- das Potential der magnetischen Kraft auf der negativen Seite, wobei es ganz gleichgültig ist, ob die magnetische Kraft noch durch andere Ströme und Magnete oder nur durch den betrachteten Strom i hervorgebracht wird, so ist die potentielle Energie dU der magnetischen Doppelfläche $d\sigma$ nach Formel (3):

$$dU = i\mu \frac{d\sigma}{dn}(V_+ - V_-).$$

Nun ist V eine stetige Funktion des Ortes. Dies würde zwar nicht der Fall sein, wenn dσ wirklich eine magnetische Doppelfläche wäre und i nicht flösse; in unserem Falle aber, wo i fliesst und dσ thatsächlich keine besonderen Eigenthümlichkeiten vor irgend einer anderen Fläche dσ' besitzt, welche vom Strom umgrenzt ist, muss V auch beim Durchgang durch dσ stetig sein. Es ist daher

$$V_+ = V_- + \frac{\partial V}{\partial n} dn,$$

falls dn positiv gerechnet ist beim Durchgang von der negativen zur positiven Seite von dσ, d. h. falls n die auf der positiven Seite des Stromes errichtete Normale bedeutet, um deren positive Richtung der Strom in dem nach pag. 61 definirten positiven Drehungssinn kursirt (vgl. Fig. 26).

Durch Einsetzen der letzten Beziehung in obige Gleichung für dU folgt:

$$dU = i\mu d\sigma \frac{\partial V}{\partial n} = -id\sigma\mu\mathfrak{H}_n. \tag{4}$$

Wir wollen nun die negative potentielle Energie −dU des Stromes seine magnetische Energie dT nennen. Die von den magnetischen Kräften geleistete Arbeit bei irgend einer Konfigurationsänderung des Systemes ist also gleich dem Zuwachs der magnetischen Energie. Nach obiger Formel (4) ergiebt sich dann der Satz: Die magnetische Energie dT des Stromes ist gleich dem Produkt aus seiner Stromstärke in den Induktionsfluss durch dσ, d. h. in die Anzahl der in die negative Seite der Stromfläche dσ eintretenden Kraftlinien.

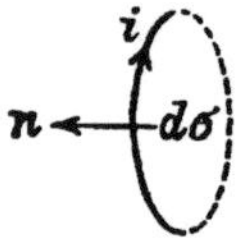

Fig. 26.

Dieser Satz gilt offenbar nicht nur, falls die Stromfläche dσ unendlich klein ist, sondern auch, falls sie eine endliche Grösse σ besitzt, denn man kann in diesem Falle den Strom bestehend denken aus einer Anzahl aneinander liegender Elementarströme, deren jeder nur ein kleines Stück dσ aus σ ausschneidet. Die Wirkung der Stromtheile, welche im Inneren von σ liegen, hebt sich auf, da an jeder Stelle im Inneren von σ zwei Stromstücke mit entgegengesetzten Stromrichtungen aneinander grenzen, so dass nur die Wirkung derjenigen Stromtheile übrig bleibt, welche auf dem Rande von σ liegen. Die Formel (4) ergibt daher für die magnetische Energie eines beliebig ausgedehnten linearen Stromes die Formel:

$$T = i\mu \int d\sigma . \mathfrak{H}_n = i\mu \int [\alpha \cos(nx) + \beta \cos(ny) + \gamma \cos(nz)] d\sigma. \quad (5)$$

Wir können die Betrachtungen leicht auf den Fall verallgemeinern, dass die Magnetisirungskonstante μ nicht überall denselben Werth besitzt. Die Formel (4) giebt nämlich den Werth der Energie eines geschlossenen Elementarstromes auch in dem Falle an, in welchem in benachbarten Raumtheilen μ einen anderen Werth hat als in demjenigen Raumtheil, welcher den Strom umgiebt. Denn derselbe muss nach Kap. II, § 7, pag. 83 hinsichtlich seiner magnetischen Wirkung stets durch die einer magnetischen Doppelfläche vom

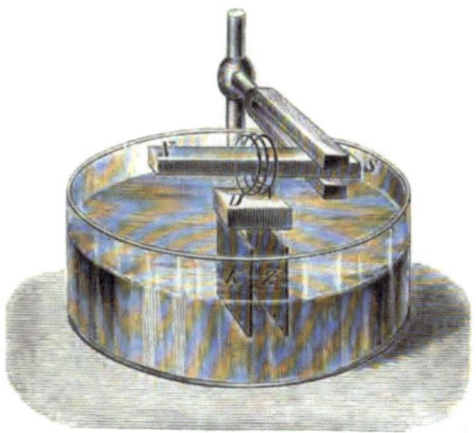

Fig. 27.

Moment $\mu.i$ ersetzbar sein, wobei μ den Werth der Magnetisirungskonstante bezeichnet in demjenigen Raumtheil, welcher den Elementarstrom umgiebt. — Für inhomogene Medien ist daher die Formel (5) zu verallgemeinern in:

$$T = i \int \mu \left[\alpha \cos(nx) + \beta \cos(ny) + \gamma \cos(nz) \right] d\sigma, \quad (5')$$

wobei μ den Werth der Magnetisirungskonstante an derjenigen Stelle der Fläche σ bedeutet, an welcher ihr Element $d\sigma$ liegt.

Der Satz, dass die magnetische Energie eines linearen Stromes gleich dem Produkt seiner Stromstärke in die Anzahl der vom Strom umschlungenen Kraftlinien ist, bleibt also auch für inhomogene Medien gültig.

Da nach § 1 dieses Kapitels eine stabile Gleichgewichtslage des Stromes dadurch charakterisirt ist, dass die potentielle Energie des Systemes ein Minimum ist, und da die magnetische Energie gleich der negativen potentiellen Energie ist, so muss nach obigem Satze ein linearer Strom sich dann im stabilen Gleichgewicht befinden, falls die Anzahl der in seine negative Seite eintretenden Kraftlinien ein Maximum ist.

Diese Folgerung kann man durch eine Versuchsanordnung, welche de la Rive angegeben hat, verificiren: Auf einem Bassin (vgl. Fig. 27), welches angesäuertes Wasser enthält, schwimmt, durch ein Korkstück gehalten, eine Kupfer- und eine Zinkplatte (K und Z), deren obere Enden durch mehrere Windungen eines solenoidartig aufgewundenen Kupferdrahtes D metallisch verbunden sind. In dem Drahte D fliesst daher ein elektrischer Strom der Stärke i. In geeigneter Höhe über dem Flüssigkeitsniveau des Bassins ist ein kräftiger Magnetstab NS befestigt, so dass das Solenoid sich über denselben frei schieben kann. Welche Lage man nun auch demselben ursprünglich geben mag, stets schiebt sich dasselbe von selbst bis auf die Mitte über den Magnetstab NS derartig, dass die positive Seite der durch i umgrenzten Stromfläche nach dem Nordpol N des Magnetstabes weist. Steckt man also z. B. das Solenoid ursprünglich über den Magnetstab so, dass die positive Seite der Stromfläche nach dem Südpol S weist, so schiebt sich das Solenoid von selbst ab vom Magnetstabe, dreht sich sodann um 180° und schiebt sich dann wieder über den Magnetstab bis in die Mitte.

In der That ist bei dem bekannten Kraftlinienverlaufe des durch den Magnetstab hervorgebrachten Feldes dieses die einzige Lage, in welcher die in die negative Seite der Stromfläche i eintretende Kraftlinienzahl ein Maximum ist. Daher kann sich auch nur in dieser Lage i im stabilen Gleichgewicht befinden.

4. Wirkungen des Magnetfeldes auf ein begrenztes Stromstück. Aus dem im vorigen Paragraphen angegebenen Satze über die magnetische Energie eines linearen Stromes kann man leicht die Wirkung ableiten, welche ein beliebig begrenztes Stromstück, z. B. ein Stromelement der Länge ds, im Magnetfelde erfährt. Experimentell kann man diese Wirkung dadurch erhalten, dass ds auf zwei Metallschienen gleitet, welche ihm immer den metallischen Kontakt mit dem übrigen Stromlauf sichern.

Theoretisch ergiebt sich nach dem Satze des vorigen Paragraphen, dass die bei der Verschiebung von d s geleistete Arbeit gleich ist der Stromstärke i, welche in d s fliesst, multiplicirt in die Anzahl der Kraftlinien, welche d s während seiner Bewegung scheidet. Es ist dieses derselbe Satz, welcher in Kap. II, § 16, pag. 109 auf anderem Wege gewonnen wurde. Es ergiebt sich daher auch sofort, dass die maximale, d. h. resultirende, Kraft auf d s senkrecht zu d s und den magnetischen Kraftlinien liegt. Für die Kraftkomponenten $\mathfrak{A}$, $\mathfrak{B}$, $\mathfrak{C}$ der Wirkung auf d s erhält man daher die im Kap. II, § 16 auf pag. 108 abgeleiteten Formeln (59).

5. Die magnetische Energie beliebig vieler linearer Ströme.

Sind beliebig viele lineare Ströme vorhanden, so ist ihre magnetische Energie aus der Formel (5) resp. (5′) zu erhalten, indem die Summe über die einzelnen linearen Ströme gebildet wird. Sind keine anderen Quellen zur Entstehung magnetischer Kraftlinien vorhanden, wie körperliche Ströme oder permanente Magnete, so giebt dann die Energie der linearen Ströme die ganze magnetische Energie des Feldes an.

Indess ist zu berücksichtigen, dass man den Faktor $1/2$ zuzufügen hat, wenn man die Summe über alle linearen Ströme erstreckt. Denn haben wir z. B. zwei lineare Ströme i_1 und i_2, so erhält man die bei einer Verschiebung von i_2 gegen i_1 geleistete Arbeit, indem man die Formel (5) resp. (5′) auf den Strom i_2 anwendet und die bei der Verschiebung eintretende Zunahme von T berechnet. Dieselbe Zunahme würde nun das über den Strom i_1 erstreckte Integral T angeben, da die relative Verschiebung der beiden Ströme ebensogut als eine Verschiebung von i_1 gegen i_2 aufgefasst werden kann, als umgekehrt, und die dabei erhaltenen Arbeiten ganz gleich ausfallen müssen. Bilden wir daher zur Berechnung der magnetischen Energie die Summe der Integrale T über beide Ströme, so ist der Faktor $1/2$ zuzufügen. Diese Betrachtung lässt sich leicht auf beliebig viel Ströme ausdehnen. — Aus ganz ähnlichem Grunde sahen wir auch oben im § 2, dass nach Formel (2) die potentielle Energie mehrerer Pole gleich ist der halben Summe der nach der Formel (3) zu berechnenden Energie der einzelnen Pole.

Man kann sich die linearen Ströme ersetzt denken durch ein System von Elementarströmen, welche die Stromflächen d σ umkreisen. Die magnetische Energie ergiebt sich daher aus (4) unter Berücksichtigung des Faktors $1/2$ zu:

$$T = -\Sigma \frac{1}{2} \int i\mu d\sigma \frac{\partial V}{\partial n}, \qquad (6)$$

welche Formel auch für inhomogene Medien gilt, d. h. für den Fall, dass μ mit dem Ort variirt. Man kann diese Formel umgestalten. Die Integrale in (6) können nämlich aufgefasst werden als Oberflächenintegrale über die Oberfläche kleiner geschlossener Flächen S_h, ausserhalb welcher die magnetische Kraft ein eindeutiges, stetiges Potential besitzt. Diese Flächen S_h sind in unserem Falle die Oberflächen unendlich niedriger Cylinder, welche die Flächen dσ einschliessen. Ausserhalb derselben hat in der That die magnetische Kraft ein eindeutiges, stetiges Potential, da, falls man die Oberfläche dieser Cylinder nicht durchbricht, der Durchgang durch die Stromflächen dσ verwehrt ist (vgl. oben pag. 79). Das Integral (6) ist nur über die Endflächen dieser Cylinder zu nehmen, da ihre Höhe unendlich klein sein soll gegen ihre Endflächen, d. h. die positive und negative Seite von dσ.

Nun ist $4\pi i$ gleich der Arbeit, welche die Kräfte des Systems leisten, wenn ein Pol der Stärke 1 von einem Punkte P der positiven Seite von dσ zu einem gegenüberliegenden P' auf der negativen Seite geführt wird, d. h. gleich der Abnahme $V_+ - V_-$ des Potentials.

Setzt man daher den Werth

$$i = \frac{1}{4\pi}(V_+ - V_-)$$

in die Formel (6) ein, so entsteht:

$$T = -\frac{1}{8\pi} \Sigma \int \mu (V_+ - V_-) \frac{\partial V}{\partial n} d\sigma. \qquad (6')$$

Nun hat $\frac{\partial V}{\partial n}$ auf beiden Seiten von dσ denselben Werth. Ferner geht die positive Richtung n von der negativen zur positiven Seite von dσ. Nennt man nun n die äussere Normale der kleinen geschlossenen Fläche S_h, ausserhalb welcher die magnetische Kraft ein eindeutiges, stetiges Potential besitzt, so ist (6') zu schreiben in der Form

$$T = -\frac{1}{8\pi} \Sigma \int \mu V \frac{\partial V}{\partial n} d\sigma. \qquad (6'')$$

Hierbei ist also die Integration über beide Seiten der Flächen σ zu erstrecken. Dieses Integral können wir nun ähnlich umgestalten, wie es pag. 27 in der Formel (18) des I. Kapitels geschehen ist, welche μ nicht unter dem Integralzeichen enthält. Da nämlich die Identität besteht

$$\int \mu \left(\frac{\partial V}{\partial x}\right)^2 d\tau = \int \frac{\partial}{\partial x}\left(\mu V \frac{\partial V}{\partial x}\right) d\tau - \int V \frac{\partial}{\partial x}\left(\mu \frac{\partial V}{\partial x}\right) d\tau,$$

so erhalten wir, falls μ stetig variirt und damit auch V, sowie seine ersten Differentialquotienten, sowie unter der Annahme, dass auch μ eine eindeutige Funktion des Ortes ist, nach dem in Kap. I, § 15, pag. 26, Formel (17), abgeleiteten Hülfssatz:

$$\int \mu \left[\left(\frac{\partial V}{\partial x}\right)^2 + \left(\frac{\partial V}{\partial y}\right)^2 + \left(\frac{\partial V}{\partial z}\right)^2\right] d\tau = - \int \mu V \frac{\partial V}{\partial n} d\sigma$$

$$- \int V \left[\frac{\partial}{\partial x}\left(\mu \frac{\partial V}{\partial x}\right) + \frac{\partial}{\partial y}\left(\mu \frac{\partial V}{\partial y}\right) + \frac{\partial}{\partial z}\left(\mu \frac{\partial V}{\partial z}\right)\right] d\tau,$$

wobei n in derselben Richtung gewählt ist, wie in der Formel (6'''). Da nun aber $-\frac{\partial V}{\partial x} = \alpha$ etc. ist, so verschwindet das Raumintegral der rechten Seite obiger Gleichung gemäss der Relation (8') in Kap. I, § 33, pag. 65. Die Formel (6''') geht also über in:

$$T = + \frac{1}{8\pi} \int \mu \left[\left(\frac{\partial V}{\partial x}\right)^2 + \left(\frac{\partial V}{\partial y}\right)^2 + \left(\frac{\partial V}{\partial z}\right)^2\right] d\tau$$

$$= \frac{1}{8\pi} \int \mu (\alpha^2 + \beta^2 + \gamma^2) d\tau. \qquad (7)$$

Das Integral (7) ist über den ganzen Raum zu erstrecken, da die beiden Seiten von dσ, über welche das Integral (6''') zu erstrecken ist, unendlich nahe, oder eigentlich ganz zusammenfallen sollen.

Wir können stets annehmen, dass die Magnetisirungskonstante μ eine stetige Funktion des Ortes ist, selbst wenn zwei Medien mit verschiedenen μ aneinander grenzen, da in ihrer Uebergangsschicht ein stetiger Uebergang von μ erfolgt. Aber auch wenn man diese Annahme nicht machen wollte, sondern eine Diskontinuität von μ an einer solchen Grenzfläche F zulassen will, so ergiebt die Anwendung obiger Umformung der Formel (6''') auf diejenigen Räume, innerhalb welcher μ stetig (oder konstant) ist, dass (6″) gleich ist dem Ausdruck:

$$+ \frac{1}{8\pi} \int \mu\, (\alpha^2 + \beta^2 + \gamma^2)\, d\tau + \frac{1}{8\pi} \Sigma \int \mu\, V\, \frac{\partial V}{\partial n}\, dF,$$

wobei das Flächenintegral über die Grenzflächen F zu nehmen ist. Da nun jedes Element dF mit den zwei Summanden multiplicirt ist:

$$\frac{1}{8\pi} \left[\mu_1 V_1 \left(\frac{\partial V}{\partial n} \right)_1 + \mu_2 V_2 \left(\frac{\partial V}{\partial n} \right)_2 \right],$$

wobei sich die Indices 1, 2 auf die beiden Seiten von dF beziehen, und da V stetig durch F hindurchgeht, d. h. $V_1 = V_2$ ist, da ferner n_1 entgegengesetzt gerichtet wie n_2 ist, also nach (19), pag. 37. $\mu_1 \left(\frac{\partial V}{\partial n} \right)_1 + \mu_2 \left(\frac{\partial V}{\partial n} \right)_2 = 0$ ist, so verschwindet der Faktor von dF, d. h. alle über die Flächen F zu erstreckenden Integrale. Es bleibt daher auch in diesem Falle die Formel (7) für die magnetische Energie des Feldes bestehen.

Nach der Formel (6) schreibt sich

$$T = \frac{1}{2} \Sigma i N, \tag{8}$$

wo N die vom Strom i umschlungenen Kraftlinien sind. Ponderomotorische Wirkungen treten daher bei konstantem i nur auf, wenn sich N ändert. Dies mag zunächst als ein Widerspruch mit früheren Auseinandersetzungen über das Verhalten permanenter Magnete erscheinen, welche nach pag. 115 als stromdurchflossene Solenoide konstanter Stromstärke aufzufassen sind, d. h. auch als ein System linearer Ströme. Denn wir sahen oben auf pag. 69, dass die Magnete nur sogenannte permanente sind, wenn der Kraftlinienverlauf in ihrem Inneren sich bei Konfigurationsänderungen nicht ändert.

Nun ist aber zu berücksichtigen, dass die einfachen Gesetze permanenter Magnete nur gelten, falls ihre Querdimensionen sehr klein gegen ihre Länge sind. In diesem Falle muss aber, wie die Formel (66) auf pag. 112 lehrt, die Stärke i des in der Magnetwandung fliessenden Stromes sehr gross sein, falls der Magnet eine endliche Polstärke m besitzen soll. Eine endliche Arbeitsleistung erfordert daher nach (8) nur eine unendlich kleine, bei der Konfigurationsänderung eintretende Ab- oder Zunahme der Kraftlinienzahl N, da i unendlich gross ist. — Daher besteht kein Widerspruch mit den früheren Erörterungen. Zugleich geht aber auch hieraus hervor, dass man zur Berechnung der ponderomotorischen Kräfte permanenter Magnete oder unendlich dünner Solenoide zweckmässiger die Formel (2) der pag. 122, als die Formel (8) für T zu Grunde legen wird, da in letzterer d T in der Form $\infty \cdot 0$ erscheint.

6. Die magnetische Energie im allgemeinsten Falle.

Im allgemeinsten Falle besitzt das magnetische Feld Wirbelräume, d. h. elektrische Ströme, von gewissem endlichen Rauminhalt. Die magnetischen Kräfte sind durch die Formeln (12) der pag. 86 mit den Stromkomponenten verknüpft. Man kann andererseits die magnetischen Kräfte, wie es oben pag. 91, Formel (20) geschehen ist, in der Form darstellen:

$$\alpha = -\frac{\partial V}{\partial x} + \frac{\partial H'}{\partial y} - \frac{\partial G'}{\partial z},$$

$$\beta = -\frac{\partial V}{\partial y} + \frac{\partial F'}{\partial z} - \frac{\partial H'}{\partial x}, \qquad (9)$$

$$\gamma = -\frac{\partial V}{\partial z} + \frac{\partial G'}{\partial x} - \frac{\partial F'}{\partial y}.$$

Hierin sollen nun, in derselben Bedeutung, wie sie oben pag. 105 erörtert ist, $-\frac{\partial V}{\partial x}, -\frac{\partial V}{\partial y}, -\frac{\partial V}{\partial z}$ die Komponenten desjenigen Antheiles der magnetischen Kraft bedeuten, welche ein Potential besitzt. Also auch die Einwirkung von Strömen, welche ausserhalb der betrachteten Stelle P verlaufen, auf welche sich α, β, γ beziehen, soll unter $\frac{\partial V}{\partial x}$ etc. einbegriffen sein. Es bestimmen sich demnach F', G', H' nur durch die Stromkomponenten u, v, w an der betrachteten Stelle P selber, und sie verschwinden, falls keine Strömung in P vorhanden ist.

Nun kann man einen beliebigen, von elektrischen Stömen durchflossenen Raum immer in unendlich dünne, geschlossene Stromröhren zerlegt denken, d. h. in ein System linearer Ströme. Die magnetische Kraft jedes einzelnen derselben ist in Punkten, welche von dem gerade betrachteten linearen Strome nicht selbst durchflossen werden, ersetzbar durch die Wirkung einer durch den linearen Strom hindurchgelegten Doppelfläche von bestimmtem

Moment. Deshalb gilt auch hier, wie es in der Formel (7) für ein System linearer Ströme abgeleitet wurde, für die magnetische Energie des Systems die Formel

$$T = \frac{1}{8\pi} \int \mu \left[\left(\frac{\partial V}{\partial x}\right)^2 + \left(\frac{\partial V}{\partial y}\right)^2 + \left(\frac{\partial V}{\partial z}\right)^2 \right] d\tau, \quad (10)$$

wobei das Integral über den ganzen Raum zu erstrecken ist, und worin V die nach den Formeln (9) definirte Bedeutung des Potentials desjenigen Antheils der magnetischen Kraft hat, welche überhaupt ein Potential besitzt.

Man kann nun die Formel (10) für die magnetische Energie des Systems wiederum, wie früher, pag. 129, Formel (7), in der Gestalt schreiben

$$T = \frac{1}{8\pi} \int \mu (\alpha^2 + \beta^2 + \gamma^2) d\tau = \frac{1}{8\pi} \int \mu \mathfrak{H}^2 d\tau, \quad (11)$$

vorausgesetzt, dass die in irgend einem Punkte P eines Körpers stattfindende elektrische Strömung bei Verschiebung desselben gegen andere Körper oder bei Konfigurationsänderungen des Körpers selbst sich nicht ändern.

In der That sind die Elemente des Integrals (11) mit den Elementen des Integrals (10) an den stromlosen Gebieten $d\tau$ identisch, da dort $\alpha = -\frac{\partial V}{\partial x}$, $\beta = -\frac{\partial V}{\partial y}$, $\gamma = -\frac{\partial V}{\partial z}$ ist. Wir haben also nur noch den Werth des Integrals (11), welches über die stromführenden Gebiete $d\tau$ zu erstrecken ist, mit dem über dieselben Gebiete zu erstreckenden Integral (10) zu vergleichen.

In diesen Strom-, d. h. Wirbelräumen, ist nun nach (9) der der Werth des Integrals (11):

$$T = \frac{1}{8\pi} \int \mu \left[\left(\frac{\partial V}{\partial x}\right)^2 + \left(\frac{\partial V}{\partial y}\right)^2 + \left(\frac{\partial V}{\partial z}\right)^2 \right] d\tau + \frac{2}{8\pi} \int \mu$$
$$\left[\left(\frac{\partial V}{\partial x}\frac{\partial G'}{\partial z} - \frac{\partial V}{\partial z}\frac{\partial G'}{\partial x}\right) + \left(\frac{\partial V}{\partial y}\frac{\partial H'}{\partial x} - \frac{\partial V}{\partial x}\frac{\partial H'}{\partial y}\right) + \left(\frac{\partial V}{\partial z}\frac{\partial F'}{\partial y} - \frac{\partial V}{\partial y}\frac{\partial F'}{\partial z}\right) \right] d\tau$$
$$+ \frac{1}{8\pi} \int \mu \left[\left(\frac{\partial H'}{\partial y} - \frac{\partial G'}{\partial z}\right)^2 + \left(\frac{\partial F'}{\partial z} - \frac{\partial H'}{\partial x}\right)^2 + \left(\frac{\partial G'}{\partial x} - \frac{\partial F'}{\partial y}\right)^2 \right] d\tau. \quad (12)$$

Der Werth des letzten dieser drei Integrale bleibt nun bei irgend welchen Konfigurationsänderungen des Systems ungeändert, da er nur von F′, G′, H′ abhängt und diese, wegen der vorausgesetzten Unveränderlichkeit der elektrischen Strömung, ungeändert bleiben. Es ist daher ganz gleichgültig, ob wir dies Integral in der Formel für die magnetische Energie hinschreiben oder nicht, da die magnetische Energie dadurch definirt ist, dass ihre **Zunahme** bei Konfigurationsänderungen des Systems die dabei von den ponderomotorischen Kräften geleistete Arbeit angiebt. Eine Aenderung von T kann aber nur durch Aenderung der beiden ersten der obigen drei Integrale veranlasst werden, daher können wir sie allein zur Berechnung von T heranziehen. In T bleibt eben eine additive Konstante willkürlich und in diese können wir das dritte der Integrale (12) mit einbegriffen denken.

Das zweite der obigen drei Integrale kann man nun wegen der drei Identitäten:

$$\frac{\partial V}{\partial x}\frac{\partial G'}{\partial z} = \frac{\partial}{\partial x}\left(V\frac{\partial G'}{\partial z}\right) - V\frac{\partial^2 G'}{\partial x \partial z},$$

$$\frac{\partial V}{\partial z}\frac{\partial G'}{\partial x} = \frac{\partial}{\partial z}\left(V\frac{\partial G'}{\partial x}\right) - V\frac{\partial^2 G'}{\partial x \partial z} \text{ etc.}$$

in der Form schreiben:

$$\frac{2}{8\pi}\int \mu\left[\frac{\partial}{\partial x}\left(V\frac{\partial G'}{\partial z}\right) - \frac{\partial}{\partial z}\left(V\frac{\partial G'}{\partial x}\right) + \frac{\partial}{\partial y}\left(V\frac{\partial H'}{\partial x}\right) - \frac{\partial}{\partial x}\left(V\frac{\partial H'}{\partial y}\right) + \frac{\partial}{\partial z}\left(V\frac{\partial F'}{\partial y}\right) - \frac{\partial}{\partial y}\left(V\frac{\partial F'}{\partial z}\right)\right]d\tau. \quad (13)$$

μ kann im stromführenden Körper variiren. Wir wollen denselben aber in sehr kleine Raumtheile R zerlegt denken, so dass innerhalb derselben μ als konstant anzusehen ist. Innerhalb eines solchen Raumtheiles R ist V eine eindeutige und stetige Funktion, da es das Potential der magnetischen Kraft bedeutet, welches die ausserhalb R liegenden Stromgebiete in R hervorrufen. Ebenso sind die Differentialquotienten von F′, G′, H′ nach den Koordinaten in R eindeutige, stetige Funktionen, da F′, G′, H′ darstellbar sind als Potentiale einer in R liegenden Raumbelegung (vgl. oben pag. 92). Wir können daher auf das Integral (13) den Hülfssatz anwenden, der in § 15 des I. Kapitels auf pag. 24 erörtert ist, und erhalten auf diese Weise aus (13):

$$\Sigma\frac{2\mu}{8\pi}\int V\left[\left(\frac{\partial G'}{\partial z} - \frac{\partial H'}{\partial y}\right)\cos(nx) + \left(\frac{\partial H'}{\partial x} - \frac{\partial F'}{\partial z}\right)\cos(ny) + \left(\frac{\partial F'}{\partial y} - \frac{\partial G'}{\partial x}\right)\cos(nz)\right]dS, \quad (14)$$

worin dS ein Element der Oberfläche S eines Raumes R bedeutet, n die äusseren Elemente auf S, und die Σ über alle Oberflächen S der Räume R zu erstrecken ist.

Nun haben wir oben pag. 105 gezeigt, dass der potentiallose Antheil der magnetischen Kraft, d. h. derjenige, dessen Komponenten nach (9) durch $\dfrac{\partial H'}{\partial y} - \dfrac{\partial G'}{\partial z}$ etc. ausgedrückt werden, auf der Oberfläche eines Wirbelgebietes derselben parallel liegt, d. h. dass auf den Flächen S sein muss:

$$\left(\frac{\partial H'}{\partial y} - \frac{\partial G'}{\partial z}\right)\cos(nx) + \left(\frac{\partial F'}{\partial z} - \frac{\partial H'}{\partial x}\right)\cos(ny) + \left(\frac{\partial G'}{\partial x} - \frac{\partial F'}{\partial y}\right)\cos(nz) = 0.$$

Wegen dieser Relation verschwindet die Summe (14) und daher auch das zweite der Integrale in (12).

Folglich ist thatsächlich die magnetische Energie T durch (11) ausdrückbar, so lange die Stromkomponenten in jedem Theile eines Körpers bei Lagenänderung desselben ungeändert bleiben. Die Bedeutung von T ist dabei nur die, dass sein Zuwachs die bei irgend einer Konfigurationsänderung des Systemes von den ponderomotorischen Kräften geleistete Arbeit angiebt.

Man kann die Formel (11) noch umgestalten in

$$T = \frac{1}{8\pi} \int B\mathfrak{H}\, d\tau, \tag{15}$$

wobei

$$B = \mu \mathfrak{H}, \tag{16}$$

die pro Flächeneinheit im Volumenelement $d\tau$ vorhandene Anzahl magnetischer Kraftlinien oder die sogenannte **magnetische Induktion** bedeutet.

Die Formel (15) ist deshalb besonders bequem, weil die Magnetisirungskonstante des Raumes gar nicht auftritt. Dass sich in der That für T eine derartige Form angeben lassen muss, kann man schon aus der Formel (8) pag. 130 schliessen, welche allerdings nur für lineare Ströme gilt. Es soll im nächsten Paragraphen gezeigt werden, dass man von der Formel (15) aus leicht zur Formel (8) zurückgelangt.

Es ist hier die Frage noch gar nicht berührt, ob es einen gewissen äusseren Zwang erfordert, um die Stromstärken bei irgend welchen Konfigurationsänderungen konstant zu erhalten, oder ob sie dieses von selbst thun. Die Beantwortung dieser Frage soll erst im V. Kapitel „Induktion" vorgenommen werden. Jedenfalls ist die bei irgend einer Konfigurationsänderung von den ponderomotorischen Kräften geleistete Arbeit nicht gleich d T, falls man das System sich selbst überlässt und falls sich dann die Stromstärken durch die Konfigurationsänderung ebenfalls verändern sollten. Wir werden unten sehen, dass dieses letztere Verhalten in der That eintritt.

7. Die magnetische Energie einer Kraftröhre.

Wir wollen wiederum annehmen, es sollen die Stromstärken bei irgend welchen Konfigurationsänderungen konstant sein, sei es nun, dass dieses von selbst eintritt, oder nur durch einen gewissen Zwang, d. h. eine gewisse Energie Zu- oder Abfuhr. Wir haben zuletzt die magnetische, d. h. auch die potentielle Energie eines beliebigen Magnetfeldes als ein Raumintegral dargestellt, was wir als die Summe der Energieen der einzelnen Theile des Magnetfeldes auffassen können, da nach dem Princip der Existenz der Nahekräfte die potentielle Energie als in den einzelnen Raumtheilen lokalisirt anzusehen ist. Man kann daher die Energie, welche in einer Kraftröhre des Feldes enthalten ist, berechnen, wenn man das betreffende Raumintegral für T über die Kraftröhre allein erstreckt.

Knüpfen wir zu dem Zweck an die Formel (15) an, indem wir das Integral über eine Kraftröhre erstrecken. Ist ihr Querschnitt an irgend einer Stelle gleich d q, und zertheilen wir die Kraftröhre in kleine Stücke der Länge d l, so ist das Volumen eines solchen Stückes

$$d\tau = dq \cdot dl.$$

Folglich wird nach (15) die magnetische Energie der Kraftröhre:

$$T' = \frac{1}{8\pi} \int B\mathfrak{H}\, dq\, dl.$$

Nun ist aber B d q gleich der Anzahl N' der in der Kraftröhre enthaltenen magnetischen Kraftlinien. Diese Zahl ist eine vor das Integral zu setzende Konstante, so dass ist

$$T' = \frac{1}{8\pi} N' \int \mathfrak{H}\, dl.$$

Da nun nach pag. 71 $\int \mathfrak{H}\, dl$ die magnetomotorische Kraft A des von der Kraftröhre umschlungenen Wirbelraumes ist und diese nach pag. 77 gleich $4\pi i$ ist, falls i die im Wirbelraum fliessende Stromstärke bedeutet, so ist die magnetische Energie der Kraftröhre

$$T' = \frac{AN'}{8\pi} = \frac{1}{2} iN' \qquad (17)$$

Die Summe der Energieen aller Kraftröhren, welche denselben Stromraum i umschlingen, ist also

$$T = \frac{1}{2} i\Sigma N' = \frac{1}{2} iN,$$

wobei N die Gesammtzahl der den Stromraum i umschlingenden Kraftlinien bedeutet.

Sind nur lineare Ströme vorhanden, so ist daher die magnetische Energie des ganzen Feldes

$$T = \frac{1}{2} \Sigma iN,$$

und das ist die oben pag. 130 abgeleitete Formel (8).

Unsere jetzigen Betrachtungen setzen uns aber in den Stand, die magnetische Energie eines Feldes in anschaulicher Form auch dann darstellen zu können, wenn körperliche Ströme im Felde vorhanden sind. Denn auch dann gilt die Formel (17) für die Energie einer Kraftröhre. Es ist bei ihr zu berücksichtigen, dass für eine Kraftröhre, welche einen Wirbelraum schneidet oder ganz in ihm verläuft, i kleiner ist, als für eine Kraftröhre, welche jenen Wirbelraum umschlingt, indem sie ganz ausserhalb desselben verbleibt.

Fassen wir nun zunächst den Fall ins Auge, dass nur ein einziger zusammenhängender Wirbelraum, d. h. nur ein Strom von körperlicher Ausdehnung existirt, wie ihn z. B. die Fig. 24 auf pag. 105 darstellt. Eine gewisse Anzahl N' von Kraftlinien umschlingt den ganzen Wirbelraum. Es sind diejenigen Kraftlinien, welche eine Fläche σ durchsetzen, die man durch die engste Einschnürung des Wirbelraums hindurchlegen kann. Besser noch ist N' dadurch charakterisirt, dass es die Gesammtzahl derjenigen Kraftlinien ist, von denen keine den Wirbelraum durchschneidet. Die magnetische Energie des Theiles des magnetischen Feldes, welcher von diesen Kraftlinien besetzt ist, wird gegeben durch:

$$\Sigma T' = \frac{1}{2} iN', \qquad (18)$$

wo i die Gesammtstromstärke des Wirbelraumes bedeutet.

Die übrigen Kraftlinien des Feldes durchschneiden den Wirbelraum. Die von ihnen umschlungene Stromstärke ist also kleiner als i. Ist i_h die Stromstärke, welche N_h dieser letzteren Kraftlinien umschlingen, so ist die Energie des Raumes, in welchem diese N_h Kraftlinien verlaufen, gegeben durch $\frac{1}{2} i_h N_h$. Es ist daher die gesammte magnetische Energie des Feldes

$$T = \frac{1}{2} i N' + \frac{1}{2} \Sigma i_h N_h. \qquad (19)$$

In dieser Formel variirt i_h von i bis Null. Man kann daher leicht zwei Grenzwerthe angeben, zwischen denen T enthalten sein muss. Setzt man $i_h = i$, so wird der Werth von T zu gross. In diesem Falle würde die rechte Seite von (19) sich vereinfachen zu $\frac{1}{2} i (N' + \Sigma N_h) = \frac{1}{2} i \bar{N}$, wo $\bar{N}$ die Gesammtzahl der überhaupt vorhandenen Kraftlinien des Feldes bedeutet. Andererseits würde der Werth von T zu klein ausfallen, wollte man alle $i_h = 0$ setzen. Es ist daher

$$\frac{1}{2} i \bar{N} > T > \frac{1}{2} i N'.$$

Nach dieser Ungleichung kann man leicht die Fehler schätzen, welche man macht, wenn man ein körperliches Wirbelgebiet durch einen linearen Strom ersetzt denkt, der entweder in den Wirbelstellen der Kraftlinien liegt, die sie alle umkreisen, oder in der engsten Einschnürung des Wirbelraums. So ist z. B. für den in Fig. 24 auf pag. 105 dargestellten Fall $N' = 15$, $\bar{N} = 23$, jene beiden extremen Fälle würden also Energiewerthe ergeben, die sich wie 23 zu 15 verhalten. Es ist daher keiner der beiden extremen Fälle eine genügende Annäherung an die Wahrheit. Nach der Formel (19) lässt sich aber leicht die strenge Formel für T finden, wenn man aus der Figur diejenigen Flächeninhalte der stromführenden Gebiete entnimmt, welche jede der Kraftlinien N_h einschliesst.

Sind mehrere zusammenhängende Wirbelgebiete im Magnetfelde vorhanden, so lassen sich ganz ähnliche Betrachtungen anstellen. Man muss dabei nur berücksichtigen, dass einige Kraftlinien eventuell mehrere dieser Wirbelgebiete gleichzeitig umschlingen können. — Die daraus fliessenden Folgerungen sollen im Kapitel „Elektrodynamik" betrachtet werden.

8. Die Abhängigkeit der magnetischen Energie des Feldes von seinem magnetischen Widerstande.

Nach der Formel (17) ist die magnetische Energie T' einer Kraftröhre

$$T' = \frac{AN}{8\pi}, \qquad (17)$$

wobei $A = 4\pi i$ die magnetomotorische Kraft des von der Kraftröhre umschlungenen Wirbelraumes, N die in der Röhre enthaltene Kraftlinienzahl bedeutet. Die magnetische Energie des ganzen Feldes ist daher

$$T = \Sigma T' = \frac{1}{8\pi} \Sigma AN.$$

Die Formel (17) hat eine bemerkenswerthe Aehnlichkeit mit derjenigen Energie, welche in einem elektrischen Kreislauf, d. h. geschlossenen Strome, in der Sekunde geliefert wird, in welchem die elektromotorische Kraft E und die Stromstärke i ist. Dieser elektrische Effekt ist nämlich Ei, wie später näher erklärt werden soll.

Nun kann man auf jede Kraftröhre das Gesetz des magnetischen Kreislaufs, welches im § 37 des I. Kapitels auf pag. 71 erörtert ist, in Anwendung bringen. Nach der dortigen Formel (34) ist

$$A = N \cdot W = 4\pi i,$$

wo W der magnetische Widerstand der betreffenden Kraftröhre bedeutet. W ist nach der Formel (33) des citirten Paragraphen zu berechnen. Es ist daher nach (17):

$$T' = \frac{A^2}{8\pi W} = \frac{2\pi i^2}{W}, \qquad (20)$$

$$T = \Sigma T' = \frac{1}{8\pi} \Sigma \frac{A^2}{W} = 2\pi \Sigma \frac{i^2}{W}, \qquad (21)$$

oder auch:

$$T' = \frac{N^2 W}{8\pi}, \qquad (20')$$

$$T = \Sigma T' = \frac{1}{8\pi} \Sigma N^2 W. \qquad (21')$$

Die beiden letzten Formeln haben wiederum Aehnlichkeit mit der Wärmemenge (Joule'sche Wärme), welche von dem Strome i in einem Leiter, dessen galvanischer Widerstand W ist, in der

Sekunde entwickelt wird. Diese Wärmemenge hat nämlich den Werth $i^2 W$ (vgl. weiter unten). Die Formeln (20), (21) sind besonders bequem zur Berechnung der ponderomotorischen Wirkungen im Magnetfelde, wenn bei Konfigurationsänderungen und Lagenänderungen der Wirbelgebiete ihre Stromstärke, d. h. auch ihre magnetomotorische Kraft A, ungeändert bleibt, wie wir es bisher stets annahmen und wie es in Magnetfeldern, welche von permanenten Magneten verursacht werden, auch anzunehmen ist. Da Bewegungen der Systemtheile immer in der Weise eintreten (vgl. oben pag. 120), dass die potentielle Energie möglichst klein, d. h. die magnetische Energie möglichst gross wird, so muss sich bei konstantem A der magnetische Widerstand W jeder Kraftröhre möglichst zu verkleinern suchen.

Die ponderomotorischen Wirkungen eines Magnetfeldes gehen also immer in der Weise vor sich, dass der magnetische Widerstand des Feldes möglichst klein wird. Es ist bei diesem Satze allerdings zu berücksichtigen, dass der magnetische Widerstand eines Raumes von der Gestalt der Kraftröhren in ihm abhängt, dass er also nicht genau zu berechnen ist, wenn man nicht den Kraftlinienverlauf in ihm genau kennt. Zur annähernden Schätzung der Bewegungen genügt aber schon die allgemeine Kenntniss des ausgesprochenen Satzes, und er leistet dabei durch seine Anschaulichkeit gute Dienste.

Ist ein einziger zusammenhängender Wirbelraum vorhanden, und befindet sich ausserhalb desselben ein Körper von einer besseren magnetischen Leitfähigkeit, als sie seine Umgebung (Luft) besitzt, z. B. ein Eisenstück, so wird sich dasselbe dahin bewegen, wo in der Luft die Kraftlinien am dichtesten verlaufen, d. h. der Querschnitt der Kraftröhren am engsten ist. Denn dadurch wird der magnetische Widerstand des Feldes am meisten verringert. In dieser Weise ist also die oben pag. 43 besprochene Anziehung, welche Eisenstücke von den Polen permanenter Magnete oder Elektromagnete erfahren, nach den Nahewirkungsgesetzen des Aethers zu verstehen. Umgekehrt ergiebt sich ebenso die Abstossung diamagnetischer Körper von Magnetpolen, da erstere in der Nähe der letzteren den magnetischen Widerstand des Feldes grösser machen würden, als wenn sie weit von den Polen entfernt sind.

Nach diesen Ueberlegungen folgt, dass para- oder diamagnetische Körper in einem gleichförmigen Magnetfelde, d. h. in einem Felde, dessen Kraftlinien äquidistante gerade Linien sind, keinerlei

Bewegungstendenzen besitzen, da der magnetische Widerstand des Feldes unabhängig von der Lage der Körper ist. Es ist bei diesem Satze aber zu berücksichtigen, dass er nur für Körper gilt, welche so schwach para- oder diamagnetisch sind, dass man annehmen kann, der Kraftlinienverlauf des Feldes werde nicht merklich durch ihre Anwesenheit geändert.

Für Körper, deren Magnetisirungskonstante μ stärker von der ihrer Umgebung abweicht, gilt er nicht mehr. So stellt sich z. B. eine Eisenscheibe, welche drehbar zwischen die Pole eines Elektromagneten aufgehängt ist, parallel zu der Verbindungslinie derselben ein, weil in dieser Lage das ursprünglich gleichförmige Magnetfeld merklich ungleichförmig wird, indem die Kraftlinien von den Polen in die Eisenscheibe hineingezogen werden. Dagegen wenn dieselbe senkrecht zur Verbindungslinie der Pole steht, so findet, wegen der entmagnetisirenden Wirkung der Oberflächen der Scheibe, welche in dieser Lage ein Maximum erreicht (vgl. oben pag. 44), eine merkliche Störung der Gleichförmigkeit des Magnetfeldes, d. h. eine Koncentration der Kraftlinien in Eisen, nicht statt. Daher ist in dieser Lage der Eisenscheibe der magnetische Widerstand des Feldes bedeutend grösser, als in der ersten Lage, und daher erfährt die Scheibe Drehungsmomente nach dieser ersten Lage hin, einerlei, in welcher Richtung die Kraftlinien des Feldes verlaufen. Ein solcher Eisenkörper, welcher nach einer oder zwei seiner Dimensionen länger ausgedehnt ist, als nach der dritten, eignet sich daher gut zur Messung der Feldstärke in einem Magnetfelde, in welchem die Richtung der Kraftlinien schnell sich umkehrt, d. h. auch zur Messung der Stärke eines Wechselstroms, und er ist thatsächlich bei der Konstruktion des Bellati-Giltay'schen Elektrodynamometers[1] benutzt. — Es ist selbstverständlich, dass eine Wismuthscheibe das entgegengesetzte Verhalten zeigen muss, wie eine Eisenscheibe, d. h. sie muss sich senkrecht gegen die Kraftlinien des Feldes, d. h. gegen die Verbindungslinie der Pole, einstellen. Nur sind die hier auftretenden Drehungsmomente ausserordentlich viel schwächer, als beim Eisen, weil μ für Wismuth weit weniger von 1 verschieden ist, als für Eisen. — Translatorische Wirkungen werden dagegen in dem angeführten Falle nicht, oder nur sehr schwach ausgeübt, da der Kraftlinienverlauf bei Parallelverschiebung des

---

[1] Für die nähere Beschreibung dieses Instrumentes vgl. Bellati, Atti R. Ist. Ven. (6) 1, pag. 563, 1888. — Giltay, Wied. Ann. 25, pag. 325, 1885.

Körpers sich unmerklich ändert. Es folgt auch schon aus Symmetrierücksichten, dass eine translatorische Kraft nicht vorhanden sein kann an einem Eisenkörper, der in einem symmetrisch gestalteten Felde lagert.

9. Scheinbarer Druck und Zug im magnetischen Felde.

Da die ponderomotorischen Wirkungen im Magnetfelde immer so von statten gehen, dass der magnetische Widerstand der Kraftröhren möglichst klein wird, so erwecken die ponderomotorischen Wirkungen die Vorstellung, als ob die Kraftröhren sich zu verkürzen und zu erweitern strebten, d. h. als ob im Aether ein Zug parallel den Kraftlinien und ein Druck senkrecht zu ihnen vorhanden sei. Aus den Bewegungstendenzen gleichnamiger oder ungleichnamiger Magnetpole erkennt man dies besonders anschaulich, wenn man den Kraftlinienverlauf der von den Polen hervorgerufenen Magnetfelder zeichnet.

Man kann nun thatsächlich durch eine derartige Annahme auch quantitativ genau alle ponderomotorischen Wirkungen im Magnetfeld berechnen, wie Maxwell ausgeführt hat. Die Spannungen werden in einem Medium der Magnetisirungskonstanten μ im Verhältniss $1:\mu$ kleiner, als im freien Aether. μ spielt daher in gewisser Weise die Rolle des Elasticitätskoefficienten des Mediums.

Durch eine solche Darstellung wird aber mehr das spekulative Bedürfniss befriedigt, da diese Darstellung der ponderomotorischen Wirkungen bei Annahme von Nahekräften im Princip möglich sein muss, als dass sie einen Fortschritt oder eine Vereinfachung in der wirklichen Berechnung der ponderomotorischen Wirkungen böte. Diese gestaltet sich allemal am einfachsten, wenn man entweder direkt von den Fernkraftgesetzen, oder von einer aus letzteren abgeleiteten passenden Form der potentiellen Energie ausgeht. Zu irgend welchen anderen Resultaten kann natürlich die Druck- und Zugtheorie nicht führen, denn sie beruht auf denselben Erfahrungsthatsachen, wie das Fernkraftgesetz oder die Form der potentiellen Energie. — Es ist übrigens die mathematische Bestimmung des Druckes, resp. Zuges aus den Erfahrungsthatsachen keine eindeutig bestimmte Aufgabe, sondern man kann unendlich viel verschiedene Lösungen angeben. Es liegt dies daran, dass man den auf eine Fläche $d\sigma$ wirkenden Druck nur angeben kann, wenn man diejenige Aenderung der potentiellen Energie kennt, welche durch gewisse Verschiebung jener Fläche $d\sigma$ allein eintritt. — Diese kennt man nun aber hier nicht. Denn wenn sich eine Fläche $d\sigma$ im Aether verschiebt, so ist damit eine bestimmte Aenderung des Kraftlinienverlaufes, d. h. auch eine berechenbare Aenderung der potentiellen Energie nur dann gegeben, falls $d\sigma$ wahre oder scheinbare Ladungen enthält. Dies ist aber nicht der Fall, wenn $d\sigma$ nicht etwa an der Grenzfläche zweier verschiedenartiger Medien liegt. Die Bestimmung des Druckes oder Zuges auf eine im Inneren eines homogenen Mediums, z. B. des freien Aethers, liegende Fläche $d\sigma$ ist daher eine unbestimmte Aufgabe.

10. Die Integral- und die Differentialdefinition der Magnetisirungskonstante. Die vorangegangenen Entwickelungen setzen keineswegs voraus, dass die Magnetisirungszahl μ überall denselben Werth besitze; auch kann ihr Werth an derselben Stelle von der Feldstärke $\mathfrak{H}$ abhängen, wie dies z. B. beim Eisen wirklich eintritt. Nur ist eine genauere Berechnung des magnetischen Widerstandes in diesem Falle recht komplicirt.

In diesen Fällen, wo μ von $\mathfrak{H}$ abhängt, knüpft die Berechnung der bei irgend welchen Konfigurationsänderungen geleisteten Arbeit dT am besten an die Formel (15) der pag. 134 für T an, da in ihr die Magnetisirungskonstante gar nicht auftritt. Auf diesem Wege erhält man auch am besten Rechenschaft darüber, was man unter der Magnetisirungskonstante versteht, wenn man sie nachträglich in die Endformel wieder einführt. Definirt man μ nach der Formel (16) (pag. 134) als Verhältniss der magnetischen Induktion zur vorhandenen Feldstärke, so wollen wir dies die Integraldefinition von μ nennen. Die in Kap. II, pag. 114 beschriebene magnetometrische Methode bestimmt z. B. diesen Integralwerth von μ.

Oft aber wird das Verhältniss $d\mathfrak{B}$ der Zunahme der magnetischen Induktion zu der Zunahme $d\mathfrak{H}$ der Feldstärke als Magnetisirungszahl μ bezeichnet, d. h. μ wird durch die Gleichung definirt:

$$d\mathfrak{B} = \bar{\mu}\, d\mathfrak{H}. \qquad (22)$$

Dieses soll die Differentialdefinition von μ genannt werden, $\bar{\mu}$ selbst der Differentialwerth. — Wenn es nöthig ist (wie z. B. bei Eisen), den Differentialwerth von dem Integralwerth zu unterscheiden, so soll ersterer durch $\bar{\mu}$, letzterer durch μ bezeichnet werden.

Schliesslich empfiehlt sich für manche Zwecke noch die Einführung einer Abkürzung für das Verhältniss der Zunahme des

Produktes $B\mathfrak{H}$ zu der Zunahme von $\mathfrak{H}^2$. Da dieses Verhältniss die Bedeutung der Magnetisirungszahl μ hat, wenn dieselbe konstant, d. h. von $\mathfrak{H}$ unabhängig ist, so soll es die **Differentialdefinition zweiter Art** der Magnetisirungskonstante genannt werden, der ihr entsprechende Werth $\bar{\bar{\mu}}$ der Differentialwerth zweiter Art. Derselbe ist also definirt durch

$$d\,(B\mathfrak{H}) = \bar{\bar{\mu}}\,d\,(\mathfrak{H}^2). \tag{23}$$

Man kann für diese Gleichung schreiben:

$$B\,d\mathfrak{H} + \mathfrak{H}\,dB = 2\,\bar{\bar{\mu}}\,\mathfrak{H}\,d\mathfrak{H}.$$

Setzt man hierin für B den Werth $\mu\mathfrak{H}$ nach (16), für dB den Werth $\bar{\mu}\,d\mathfrak{H}$ nach (22), so ergiebt sich

$$\bar{\bar{\mu}} = \frac{\mu + \bar{\mu}}{2}, \tag{24}$$

d. h. **der Differentialwerth zweiter Art ist das arithmetische Mittel aus dem Differentialwerth erster Art und dem Integralwerth der Magnetisirungskonstante.**

Kennt man die Magnetisirungskurve eines Körpers, d. h. zu jedem Werth $\mathfrak{H}$ der Feldstärke den Werth seiner magnetischen Induktion B (es muss dafür gesorgt sein, dass $\mathfrak{H}$ innerhalb des Körpers konstant ist), so kann man für jeden Werth $\mathfrak{H}$ der Feldstärke die nach den drei verschiedenen Definitionen sich ergebenden Magnetisirungskonstanten des Körpers durch folgende geometrische Konstruktion finden:

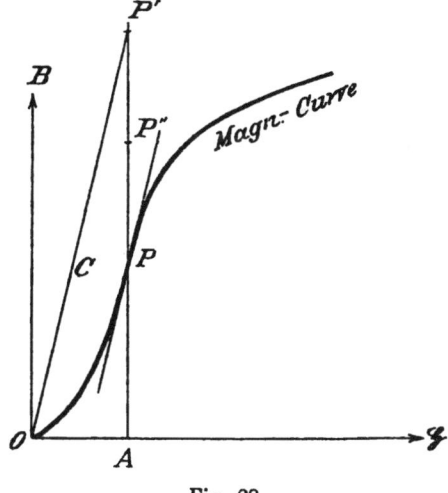

Fig. 28.

Der Integralwerth μ für die Feldstärke OA ist gleich dem Verhältniss der Strecken $PA : AO$ (vgl. Fig. 28). Der Differentialwerth erster Art $\bar{\mu}$ wird erhalten, indem man durch den Anfangspunkt O der Magnetisirungskurve eine Parallele OC zieht zur geometrischen Tangente, welche die Magnetisirungskurve in P besitzt. Die Linie OC mag von dem in A errichteten Lote in P' geschnitten werden. Dann ist der Differentialwerth erster Art $\bar{\mu}$ gleich dem Verhältniss der Strecken P'A : AO.

Bezeichnet sodann P'' den Mittelpunkt der Strecke PP', so ist der Differentialwerth zweiter Art $\bar{\bar{\mu}}$ gleich dem Verhältniss der Strecken P''A : AO. Es ist also

$$\mu : \bar{\mu} : \bar{\bar{\mu}} = PA : P'A : P''A.$$

Alle drei Werthe für μ fallen zusammen, wenn die Magnetisirungskurve eine gerade Linie ist, d. h. wenn μ von der Feldstärke $\mathfrak{H}$ unabhängig ist.

11. Hydrostatische Methode zur Bestimmung der Magnetisirungskonstanten von Flüssigkeiten und Gasen.

Erzeugt man ein kräftiges Magnetfeld zwischen den Polen eines hufeisenförmig gebogenen Elektromagneten, indem man ihn mit Polschuhen versieht, welche man bis auf einen schmalen Luftzwischenraum zusammenschiebt, so werden, wie im § 8 des Näheren ausgeführt wurde, Körper, deren Magnetisirungskonstante μ grösser als die der Luft μ_0 ist, in die kräftigsten Stellen des Magnetfeldes, d. h. in den Raum zwischen die Pole, hineingezogen, Körper dagegen, deren μ kleiner als μ_0 ist, dort hinausgestossen.

Auf diesen Umstand ist eine bequeme Methode zur Messung der Magnetisirungskonstante von Flüssigkeiten und Gasen gegründet. Die Flüssigkeit, deren μ gemessen werden soll, wird in ein U-Rohr gefüllt, dessen Schenkel so weit voneinander entfernt sind, dass, wenn sich der eine an den Stellen der grössten Feldstärke, d. h. in dem Zischenraum der Pole, befindet, die Feldstärke an dem Orte des anderen Schenkels sehr gering ist. Wir wollen sie zunächst ganz vernachlässigen.

Ist nun die Magnetisirungskonstante μ der Flüssigkeit grösser als die Konstante μ_0 der Luft, so wird dieselbe in Folge der Anziehung des Magnetfeldes in dem im Magnetfelde befindlichen Schenkel S_1 höher stehen, als in dem ausserhalb desselben befindlichen Schenkel S_2.

Man kann leicht die vertikale Höhendifferenz h zwischen den Flüssigkeitsoberflächen in beiden Schenkeln berechnen. Im Gleichgewichtsfalle muss nämlich die potentielle Energie ein Minimum sein, d. h. die bei irgend einer möglichen Konfigurationsänderung des Systems von den ponderomotorischen Kräften geleistete Arbeit muss verschwinden, oder strenger genommen, unendlich klein von der zweiten Ordnung sein, wenn die Konfigurationsänderung selbst von der ersten Ordnung unendlich klein ist.

Wir wollen nun annehmen, dass das Flüssigkeitsniveau im Schenkel S_1 um die kleine Strecke d h gehoben werde. Dann leistet die Schwerkraft die negative Arbeit

$$\mathfrak{W}_1 = - h \cdot q \rho g d h, \qquad (25)$$

wobei ρ die Dichtigkeit der Flüssigkeit, q den Querschnitt des Schenkels S_1 an dem Orte des obern Flüssigkeitsniveaus, und g die Beschleunigung beim freien Fall, d. h. die Zahl 981 im cgs-System bedeutet. Denn die Konfigurationsänderung kann man sich dadurch herbeigeführt denken, dass das Flüssigkeitsvolumen q d h aus dem Flüssigkeitsniveau des Schenkels S_2 fortgenommen und auf das Niveau des Schenkels S_1 aufgeschüttet würde, d. h. dass die Masse q d h . ρ um h gehoben würde.

Bei der Konfigurationsänderung üben die magnetischen Kräfte eine positive Arbeit $\mathfrak{W}_2$ aus. Dieselbe berechnet sich aus der Aenderung der magnetischen Energie T in einfacher Weise. Legen wir nämlich für T die Formel (15) der pag. 134 zu Grunde und setzen wir voraus, dass die Flüssigkeit so schwach magnetisch sei, dass die magnetische Kraft an einer Stelle P sich nur unmerklich ändert, wenn sich in und um P Flüssigkeit, anstatt Luft, befindet, so wird nach (15)

$$\mathfrak{W}_2 = dT = \frac{1}{8\pi} (B - B_0) \mathfrak{H} q d h, \qquad (26)$$

wo $\mathfrak{H}$ die Feldstärke an der Stelle des oberen Flüssigkeitsniveaus im Schenkel S_1, B die magnetische Induktion, falls dort Flüssigkeit, B_0, falls dort Luft sich befindet, bezeichnet. Denn durch die Konfigurationsänderung ist für die Berechnung von T nur die Aenderung herbeigeführt, dass in dem Volumen q d h die magnetische Induction von dem Werthe B_0 in den Werth B übergeht. Die Verschiebung des Flüssigkeitsniveaus im Schenkel S_2 macht für T keinen Unterschied, da dort $\mathfrak{H} = 0$ sein soll.

Da nun $\mathfrak{W}_1 + \mathfrak{W}_2 = 0$ sein muss, falls die Höhe h der Gleichgewichtslage der Flüssigkeit entspricht, so folgt aus (25) und (26):

$$h \rho g = \frac{1}{8\pi} (B - B_0) \mathfrak{H}.$$

Setzt man nun $B = \mu \mathfrak{H}$, $B_0 = \mu_0 \mathfrak{H}$, d. h. führt man die Integralwerthe (vgl. oben pag. 142) der Magnetisirungskonstanten ein, so folgt für diese:

$$\mu - \mu_0 = \frac{8 \pi h \rho g}{\mathfrak{H}^2}, \qquad (27)$$

Wenn also h, ρ und $\mathfrak{H}$ gemessen werden, so kann man $\mu - \mu_0$ berechnen. Wie die Herleitung dieser Formel ergiebt, bedeutet $\mathfrak{H}$ die Feldstärke am Orte des oberen Flüssigkeitsniveaus im Schenkel S_1. Es ist also durchaus nicht nothwendig, dafür zu sorgen, dass $\mathfrak{H}$ innerhalb eines grösseren Gebietes konstant sei. Zum Zwecke einer genauen experimentellen Ermittelung des $\mathfrak{H}$ (von der im Kapitel „Induktion" die Rede sein soll) empfiehlt es sich allerdings, ein Magnetfeld anzuwenden, in welchem $\mathfrak{H}$ innerhalb eines gewissen Gebietes nahezu konstant ist.

Ebensowenig ist für die Gültigkeit der Formel (27) die Voraussetzung nöthig, es sei die Magnetisirungskonstante μ der Flüssigkeit von $\mathfrak{H}$ unabhängig. Wie sich aus der Ableitung der Formel ergiebt, wird, bei variabelem μ, der Integralwerth der Magnetisirungskonstante durch diese Methode bestimmt.

Wenn die Feldstärke am Orte des Flüssigkeitsniveaus im Schenkel S_2 nicht verschwindet, sondern den Werth $\mathfrak{H}'$ hat, so ist in (27) $\mathfrak{H}^2 - \mathfrak{H}'^2$ an Stelle von $\mathfrak{H}^2$ zu setzen; genauer genommen würde die Formel lauten:

$$(\mu - \mu_0) \mathfrak{H}^2 - (\mu' - \mu'_0) \mathfrak{H}'^2 = 8 \pi h \rho g, \qquad (28)$$

wo μ', μ_0' die der Feldstärke $\mathfrak{H}'$ zukommenden Integralwerthe der Magnetisirungskonstanten sind. Falls aber $\mathfrak{H}'$ klein ist, so ist in dieser Formel unbedenklich μ' resp. μ_0' gleich μ, resp. μ_0 zu setzen. (Für Luft ist überhaupt μ_0 als von $\mathfrak{H}$ unabhängig anzusehen.)

Die magnetische Steighöhe h wird mit einem Mikroskop abgelesen. Da durch Erregung des Magnetfeldes die Flüssigkeitsoberflächen in beiden Schenkeln S_1 und S_2 sich nach verschiedenen Richtungen bewegen, so erhält man eine möglichst grosse Verschiebung nur der einen Oberfläche, wenn man den Querschnitt des einen Schenkels so gross gegen den Querschnitt des andern wählt, dass die Oberfläche in dem weiten Schenkel kaum sinkt, wenn die im engen Schenkel steigt. Man erhält dann h durch Mikroskopeinstellungen am engen Schenkel allein bei geschlossenem und geöffnetem Erregerstrom des Elektromagneten. Wenn dessen Feldstärke bei geöffnetem Strom nicht gänzlich verschwindet (was infolge der Remanenz des Magnetismus des Eisens nie eintritt), sondern den Werth $\mathfrak{H}_r$ hat, so ist auch bei geöffnetem Erregerstrom eine Niveaudifferenz h_r zwischen den Flüssigkeitsoberflächen in beiden Schenkeln vorhanden. — Es ist dann nach (27):

$$h = (\mu - \mu_0) \frac{\mathfrak{H}^2}{8\pi\rho g}, \qquad h_r = (\mu_r - \mu_0) \frac{\mathfrak{H}_r^2}{8\pi\rho g},$$

wobei μ_r den Integralwerth der Magnetisirungskonstante der Flüssigkeit bezeichnet, welcher bei der Feldstärke $\mathfrak{H}_r$ besteht. Ist μ_r nicht merkbar von μ verschieden, so erhält man für die bei Schliessen und Oeffnen des Erregerstromes eintretende Niveauverschiebung

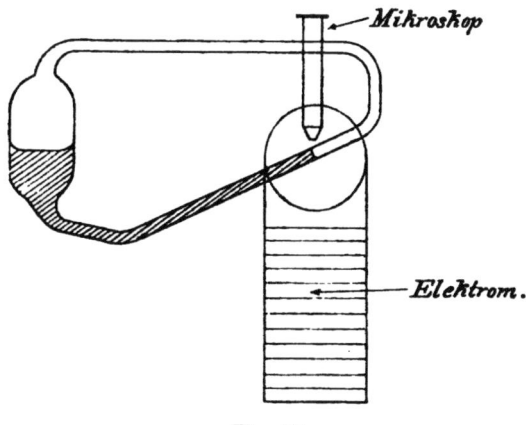

Fig. 29.

$h - h_r$ im engen Schenkel, welche direkt mikroskopisch ablesbar ist:

$$h - h_r = (\mu - \mu_0) \frac{\mathfrak{H}^2 - \mathfrak{H}_r^2}{8\pi\rho g}. \qquad (29)$$

Weil $\mathfrak{H}$ und $\mathfrak{H}_r$ nicht innerhalb grösserer Gebiete konstant sind, so empfiehlt es sich, den engen Schenkel zwischen die Magnetpole zu bringen, den weiten dagegen ausserhalb derselben.

Man kann die Methode empfindlicher machen, d. h. die Verschiebungen des Flüssigkeitsniveaus vergrössern, falls man den Schenkeln S_1 und S_2 eine, nur wenig gegen den Horizont geneigte Lage giebt. Ebenfalls vergrössert sich h, wenn man ein ringförmig geschlossenes Glasrohr (vgl. Fig. 29) anwendet, und zwei nur wenig in ihrer Dichtigkeit verschiedene Flüssigkeiten übereinander schichtet.

Ist ρ_0 die Dichtigkeit der oberen Flüssigkeit, so tritt, wie leicht ersichtlich ist, $\rho - \rho_0$ an Stelle von ρ auf die rechte Seite von $\mathfrak{W}_1$ in Formel (25). Ist μ_0 die Magnetisirungskonstante der oberen Flüssigkeit, so ist daher an Stelle von (27) zu setzen:

$$\mu - \mu_0 = \frac{8\,\pi h\,(\rho - \rho_0)\,g}{\mathfrak{H}^2}. \qquad (30)$$

Pumpt man das Glasrohr luftleer, so ergiebt sich, da $\mu_0 = 1$, $\rho_0 = 0$ ist, die Magnetisirungskonstante μ der Flüssigkeit. Füllt man den oberen Theil des Glasrohres mit verschiedenen Gasen, so kann man jetzt ihre Magnetisirungskonstanten finden, da man die der unteren Flüssigkeit kennt.

Man kann aber auch die Magnetisirungskonstante der Gase direkt miteinander und mit der des leeren Raumes nach gleicher Methode vergleichen; zum Erkennen des „Niveaus" der Gase bedarf man nur zweier leicht im Glasrohr adhärirender, verschiebbarer Flüssigkeitstropfen, welche den Querschnitt des Glasrohres überspannen.

Nach der beschriebenen Methode hat Quincke[1]) und später Wähner[2]) und du Bois[3]) die Magnetisirungskonstante von Flüssigkeiten gemessen. Die von Wähner erhaltenen Zahlen weichen erheblich von denen Quincke's und du Bois' ab, doch scheinen die letzteren Zahlen mehr durch die Resultate anderer Versuchsmethoden gestützt zu werden, als die Zahlen Wähner's. Die benutzten Feldstärken schwankten zwischen 6000 und 13000, gemessen nach cgs-System. Wasser ist diamagnetisch und hat die Magnetisirungskonstante (nach Du Bois) $\mu = 1 - 10{,}5 \cdot 10^{-6}$. Für Wasser beträgt demnach bei der Feldstärke $\mathfrak{H} = 10000$ die magnetische Drucktiefe $(-h)$ im leeren Raum 0,42 mm. — Wässerige und alkoholische Lösungen von Eisenchlorid ($FeCl_3$), Manganchlorid ($MnCl_2$) sind am stärksten von allen bisher untersuchten Flüssigkeiten paramagnetisch. Für eine wässerige $FeCl_3$-Lösung der Dichte $\rho = 1{,}5$ ist etwa $\mu = 1 + 7{,}5 \cdot 10^{-4}$, d. h. die magnetische Steighöhe für $\mathfrak{H} = 10000$ nach (27) etwa gleich 20 mm. Da man mit einer Lupe $^1/_{10}$ mm bequem ablesen kann, so bietet sich dadurch eine bequeme Methode zur Messung grosser Feldstärken, falls μ hinreichend sicher bestimmt ist.

---

[1]) G. Quincke, Wied. Ann. 24, pag. 347, 1885.
[2]) Th. Wähner, Wien. Ber. 96 (2), pag. 85, 1888.
[3]) H. E. J. G. du Bois, Wied. Ann. 35, pag. 137, 1888.

Für Gase sind die Magnetisirungskonstanten nach der beschriebenen Methode ausser von du Bois (l. c.) von Quincke[1]), Töpler[2]) und Hennig[3]) bestimmt. Sauerstoff ist unter den Gasen am stärksten magnetisch, für ihn ist nämlich $\mu = 1 + 1{,}5 \cdot 10^{-6}$. Für Luft ist $\mu = 1 + 0{,}31 \cdot 10^{-6}$. $\mu - 1$ wächst proportional dem Drucke des Gases.

Wie aus den zu Beginn dieses Paragraphen gemachten Betrachtungen hervorgeht, hängt die magnetische Steighöhe in keiner Weise von der Orientirung der freien Flüssigkeitsoberfläche gegen die Kraftlinien des magnetischen Feldes ab. Dies hat auch die Beobachtung bestätigt[4]).

Quincke hat durch Messung der Aenderung des hydrostatischen Druckes im Felde die Magnetisirungskonstante auch bei anderen Anordnungen bestimmt, indem er z. B. die Druckänderung einer Luftblase in der Flüssigkeit, welche sich im Magnetfelde befindet, mass. Die Aufstellung der hier anzuwendenden Formel kann nach denselben Principien und ebenso bequem, wie die Aufstellung der Formel (27) geschehen. Die vorher beschriebene Methode hat aber mehr experimentelle Vortheile.

12. Niveaugestalten von Flüssigkeiten in ungleichförmigen Magnetfeldern.

Die Gestalt des Niveaus einer Flüssigkeit F in einem ungleichförmigen Magnetfelde kann man auf dem im vorigen Paragraphen eingeschlagenen Wege leicht berechnen. Nennt man z die Erhebung des Niveaus an irgend einer Stelle P über diejenige Horizontal-Ebene, welche das Niveau einer mit F kommunicirenden Flüssigkeit sein würde, auf welche nur die Schwere wirkt, so leistet

---

[1]) G. Quincke, Wied. Ann, 34, pag. 401, 1888.
[2]) A. Töpler und R. Hennig, Wied. Ann. 34, pag. 790, 1888.
[3]) R. Hennig, Wied. Ann. 50, pag. 485, 1893.
[4]) Von der im § 9 besprochenen Maxwell'schen Vorstellung von Druck- und Zugkräften im Aether geleitet, hat Poincaré (Elektricität und Optik, deutsch von Jäger und Gumlich, Berlin 1891, I. Bd., pag. 245) geschlossen, dass die Flüssigkeit steigen oder sinken muss, je nachdem das Niveau im Schenkel S_1 parallel oder senkrecht zu den Kraftlinien liegt, und dass daher die Beobachtung, der zufolge dieses Verhalten nicht eintritt, einen Widerspruch gegen die Maxwell'sche Theorie ergäbe. — Dieser Schluss ist aber ein Fehler, welcher vermieden wäre, falls die aus der Maxwell'schen Vorstellung sich ergebenden Kräfte genauer mathematisch berechnet wären. Diese Berechnung würde allerdings weit unbequemer zum Ziele führen, als der im Texte gewählte Weg.

die letztere nach (25) (pag. 145) bei Erhebung des Niveaus einer bei P befindlichen kleinen Fläche dq um dz die negative Arbeit

$$\mathfrak{W}_1 = -zdqdz\rho g,$$

die magnetischen Kräfte leisten dagegen nach (26), pag. 145, die positive Arbeit

$$\mathfrak{W}_2 = dT = \frac{\mu - \mu_0}{8\pi}\mathfrak{H}^2 dqdz,$$

falls μ den Integralwerth der Magnetisirungskonstante der Flüssigkeit, μ_0 den des Gases (Luft) bezeichnet, welches die Flüssigkeit umgiebt.

Im Gleichgewichtsfalle ist $W_1 + W_2 = 0$, d. h. die z-Koordinate des Flüssigkeitsniveaus an irgend einer Stelle wird durch die Gleichung bestimmt:

$$z = \frac{\mu - \mu_0}{8\pi\rho g}\mathfrak{H}^2. \tag{31}$$

Das Niveau erhebt sich daher, falls $\mu - \mu_0$ positiv ist, am meisten, wo $\mathfrak{H}^2$ den grössten Werth hat. Man kann die Gestalt des Niveaus aus (31) mathematisch berechnen, falls $\mathfrak{H}$ als Funktion des Ortes bekannt ist. Rührt z. B. $\mathfrak{H}$ scheinbar von einem punktförmigen Pol der Stärke m her, und bezeichnet R die horizontal gemessene Entfernung des Punktes P von m, so ist

$$\mathfrak{H} = \frac{m}{z^2 + R^2},$$

d. h. nach (31):

$$z(z^2 + R^2)^2 = \frac{m^2(\mu - \mu_0)}{8\pi\rho g} = \text{Konst.}$$

Das Niveau ist daher eine Rotationsfläche, ihre höchste Erhebung über das Niveau in der Unendlichkeit ($R = \infty$) findet für $R = 0$, d. h. senkrecht über dem Pol, statt, und hat den Werth

$$z_{\text{Max}} = \sqrt[5]{\frac{m^2(\mu - \mu_0)}{8\pi\rho g}}.$$

Die schon von Plücker[1]) beobachteten Niveaugestalten paramagnetischer und diamagnetischer Flüssigkeiten (vgl. die Figuren 30 und 31) über zwei gegenüberstehenden Magnetpolen folgen direkt

---

[1]) Plücker, Pogg. Ann. 73, 1848.

aus (31), da in der Nähe eines Poles $\mathfrak{H}$ am grössten ist. Die charakteristische Niveaugestalt zeigt sich besser, falls man zwei gleichnamige Magnetpole gegenüberstellt, als zwei ungleichnamige, weil im ersteren Falle $\mathfrak{H}$ ungleichförmiger ist, als im letzteren. Das Vorzeichen von $\mathfrak{H}$, d. h. das Vorzeichen des Magnetpoles, ist hier natürlich direkt von gar keinem Einfluss, da $\mathfrak{H}$ quadratisch in den Formeln auftritt.

Die Gase (auch Flammengase) zeigen ganz ähnliche Niveaugestalten. Man kann sie gut erkennen, wenn eine Flamme in einem ungleichförmigen Magnetfelde brennt, z. B. zwischen zwei spitzen Polen.

13. Eine andere Methode zur Bestimmung der Magnetisirungskonstanten. Wie im § 8 auf pag. 139 ausgeführt wurde, besitzen schwach para- oder diamagnetische Körper keine Be-

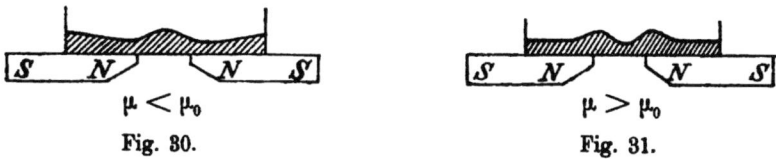

Fig. 30.   Fig. 31.

wegungstendenzen in einem gleichförmigen Magnetfelde, wohl aber in einem ungleichförmigen Felde. Hierauf beruht streng genommen die im § 11 besprochene hydrostatische Methode zur Bestimmung der Magnetisirungskonstanten. Denn wiewohl die Feldstärke am Orte des einen Flüssigkeitsschenkels konstant sein kann, so wird eine Verschiebung der Flüssigkeit doch nur dadurch hervorgerufen, dass die Feldstärke am anderen Schenkel wesentlich kleiner ist.

Man kann nun auch noch eine andere Methode zur Bestimmung der Magnetisirungskonstanten auf die ponderomotorischen Wirkungen im ungleichförmigen Magnetfelde gründen.

Betrachten wir ein beliebig begrenztes kleines Volumen $d\tau$ eines nur schwach para- oder diamagnetischen Körpers. Wenn $d\tau$ in der beliebigen Richtung s um ds verschoben wird, so können wir die dadurch herbeigeführte Aenderung dT der magnetischen Energie nach der Formel (15) auf pag. 134 leicht berechnen. Falls wir nämlich annehmen, dass die Feldstärke $\mathfrak{H}$ an irgend einer Stelle P sich nicht merklich ändern solle, falls der Körper dorthin geschoben wird, so tritt durch die Verschiebung von $d\tau$ um ds weiter keine Aenderung ein, als dass die Induktion des Raumtheiles $d\tau$, in welchem sich ursprünglich der Körper befunden hatte, von B zu B_0 übergeht, während umgekehrt die Induktion des Raumtheiles $d\tau$, in welchem sich der Körper nach der Verschiebung befindet, von B_0' zu B' übergeht. Setzt man daher die Feldstärke in letzterem Raumtheil gleich $\mathfrak{H}'$, die im ersteren gleich $\mathfrak{H}$, so ist nach (15)

$$dT = -\frac{1}{8\pi}(B - B_0)\mathfrak{H}\,d\tau + \frac{1}{8\pi}(B' - B_0')\mathfrak{H}'\,d\tau.$$

Nun ist aber nach dem Taylor'schen Lehrsatze:

$$(B' - B_0')\mathfrak{H}' = (B - B_0)\mathfrak{H} + \frac{\partial\,[(B - B_0)\,\mathfrak{H}]}{\partial s}\,ds.$$

Daher wird

$$dT = \frac{1}{8\pi}\frac{\partial\,[(B - B_0)\,\mathfrak{H}]}{\partial s}\,ds\,d\tau. \qquad (32)$$

Nennt man nun K_s die das Volumen $d\tau$ in der Richtung s bewegende Kraft des Magnetfeldes, so muss dT gleich der Arbeit $K_s \cdot ds$ sein. Es ergibt sich daher nach (32):

$$K_s = \frac{d\tau}{8\pi}\frac{\partial\,[(B - B_0)\,\mathfrak{H}]}{\partial s}. \qquad (33)$$

Benutzt man nun die **Differentialdefinition zweiter Art der Magnetisirungskonstanten** [vgl. oben pag. 143, Formel (23)], derzufolge $d(B\mathfrak{H}) = \bar{\bar{\mu}}\,d(\mathfrak{H}^2)$ ist, so wird die Formel (33) zu:

$$K_s = \frac{\bar{\bar{\mu}} - \bar{\bar{\mu}}_0}{8\pi}\,d\tau\,\frac{\partial\mathfrak{H}^2}{\partial s}. \qquad (34)$$

Die auf die Volumeneinheit wirkenden Kraftkomponenten $\mathfrak{A}, \mathfrak{B}, \mathfrak{C}$ nach den Koordinatenaxen haben daher die Werthe

$$\mathfrak{A} = \frac{\bar{\bar{\mu}} - \bar{\bar{\mu}}_0}{8\pi}\frac{\partial\mathfrak{H}^2}{\partial x},\quad \mathfrak{B} = \frac{\bar{\bar{\mu}} - \bar{\bar{\mu}}_0}{8\pi}\frac{\partial\mathfrak{H}^2}{\partial y},\quad \mathfrak{C} = \frac{\bar{\bar{\mu}} - \bar{\bar{\mu}}_0}{8\pi}\frac{\partial\mathfrak{H}^2}{\partial z}. \qquad (35)$$

Misst man daher das Magnetfeld topographisch aus, so dass man die Differentialquotienten von $\mathfrak{H}^2$ kennt, so kann man $\bar{\bar{\mu}} - \bar{\bar{\mu}}_0$ berechnen aus Beobachtung der ponderomotorischen Wirkungen. Letztere ergeben sich entweder aus Bestimmung der Schwingungsdauer des bifilar oder an einem Torsionsdraht aufgehängten Körpers im Magnetfelde[1]), oder aus dem durch Torsion der Aufhängevorrichtung zu messendem statischen Zuge des Magnetfeldes[2]).

Auch für Flüssigkeiten ist die Methode zur Bestimmung ihres $\bar{\bar{\mu}}$ anwendbar, entweder indem man sie in ein bewegliches Gefäss eingiesst, oder indem man nach dem Vorgange Becquerel's[3]) einen festen Körper abwechselnd im Vakuum und in der Flüssigkeit aufhängt.

Handelt es sich nur um die Vergleichung der Magnetisirungskonstanten $\bar{\bar{\mu}}_1$, $\bar{\bar{\mu}}_2$, ... verschiedener Körper untereinander (nicht mit der der Luft oder des Vakuums), so braucht man das Magnetfeld nicht topographisch auszumessen, sondern erhält direkt die Verhältnisse $\bar{\bar{\mu}}_1 - \bar{\bar{\mu}}_0 : \bar{\bar{\mu}}_2 - \bar{\bar{\mu}}_0$ etc., falls man die ponderomotorischen Wirkungen beobachtet, welche die Körper in unverändertem Magnetfeld erfahren, wenn sie immer an dieselben Stellen desselben gebracht werden.

In den bisherigen Betrachtungen ist angenommen, dass die untersuchten Körper nur schwach para- oder diamagnetisch seien, mit anderen Worten, dass $\bar{\bar{\mu}} - \bar{\bar{\mu}}_0$ eine sehr kleine Zahl sei. Hat diese Differenz beträchtlichere Werthe, wie z. B. bei Eisen in Luft, so sind die Betrachtungen zu modificiren.

Wir wollen uns das kleine Volumen $d\tau$, welches aus Eisen der Magnetisirungskonstante[4]) μ bestehen mag, in Kraftröhren zerlegt denken. Eine derselben mag die Oberfläche des Volumens $d\tau$ in den beiden Querschnitten dq_1 und dq_2 schneiden. Die Länge dieser innerhalb $d\tau$ befindlichen Kraftröhre sei dl. Ihr Volumen ist daher $d\tau' = dq_1 dl$. Die ponderomotorischen Wirkungen, welche $d\tau'$ im Magnetfeld erfährt, lassen sich nach den in Kap. I, § 23, pag. 42 angestellten Ueberlegungen durch die Annahme berechnen, es habe die Magnetisirungskonstante überall den Werth μ_0 der Umgebung des Eisens, und es besässen dq_1 resp. dq_2 eine gewisse magnetische Belegung der Dichte $\pm \eta$. In diesem Falle müsste

---

[1]) So sind verfahren Rowland und Jacques, Sillim. Journ. 18, pag. 360, 1879; Schuhmeister, Wien. Ber. (2) 83, pag. 46, 1881.
[2]) So verfuhr G. Wiedemann, Pogg. Ann. 126, pag. 8, 1865; Schuhmeister, l. c. pag. 52; Eaton, Wied. Ann. 15, pag. 225, 1882; v. Ettingshausen, Wied. Ann. 17, pag. 304, 1882; — Wien. Ber. (2) 96, pag. 777, 1887; S. Henrichsen, Wied. Ann. 34, pag. 180, 1888.
[3]) E. Becquerel, Ann. de chim. et de phys. (3) 28, pag. 290, 1850.
[4]) Es möge vorläufig unentschieden gelassen sein, welche von den drei oben auf pag. 142 besprochenen Definitionen für μ hier anzuwenden ist.

nämlich die Feldstärke $\mathfrak{H}$ beim Durchgang durch dq_1 resp. dq_2 sprungweise sich ändern um

$$\mathfrak{H} - \mathfrak{H}' = \pm \frac{4\pi\eta}{\mu_0}.$$

In Wirklichkeit ist nun nach Formel (19) auf pag. 37

$$\mu_0 \mathfrak{H} = \mu \mathfrak{H}',$$

wo $\mathfrak{H}$ die Feldstärke ausserhalb des Eisens, $\mathfrak{H}'$ dieselbe innerhalb des Eisens an der Oberfläche desselben bedeutet. Daraus gewinnt man für η die Relation:

$$\eta = \pm \frac{\mathfrak{H} - \mathfrak{H}'}{4\pi} \mu_0 = \pm \frac{\mu_0 \mathfrak{H}}{4\pi}\left(1 - \frac{\mu_0}{\mu}\right).$$

Gehen die Kraftlinien von dq_1 nach dq_2 und ist $\mu > \mu_0$, so ist η negativ für dq_1, positiv für dq_2. Die sie angreifenden Kräfte $\eta_1\,dq_1\,\mathfrak{H}_1$, resp. $\eta_2\,dq_2\,\mathfrak{H}_2$ ergeben daher die Summe:

$$K' = -\frac{\mu_0}{4\pi}\mathfrak{H}_1{}^2 dq_1\left(1 - \frac{\mu_0}{\mu}\right) + \frac{\mu_0}{4\pi}\mathfrak{H}_2{}^2 dq_2\left(1 - \frac{\mu_0}{\mu}\right).$$

Hierin bezeichnet $\mathfrak{H}_1$ den Werth der Feldstärke auf der Aussenseite von dq_1, $\mathfrak{H}_2$ den auf der Aussenseite von dq_2. Rechnen wir nun dl positiv in der Richtung der positiven Kraft, d. h. von dq_1 nach dq_2, so ist nach dem Taylor'schen Lehrsatze:

$$\mathfrak{H}_2 = \mathfrak{H}_1 + \frac{\partial \mathfrak{H}}{\partial l}\,dl.$$

Ferner ist die in dq_1 eintretende Kraftlinienzahl gleich der aus dq_2 austretenden, d. h. es ist $\mu_0 dq_1\,\mathfrak{H}_1 = \mu_0 dq_2\,\mathfrak{H}_2$, daher lässt sich K' schreiben in der Form

$$K' = \frac{\mu - \mu_0}{4\pi}\cdot\frac{\mu_0}{\mu}\,\mathfrak{H}_1 dq_1\,(\mathfrak{H}_2 - \mathfrak{H}_1) = \frac{\mu - \mu_0}{4\pi}\cdot\frac{\mu_0}{\mu}\,\mathfrak{H}\,\frac{\partial\mathfrak{H}}{\partial l}\,d\tau'$$

$$= \frac{\mu - \mu_0}{8\pi}\cdot\frac{\mu_0}{\mu}\cdot\frac{\partial\mathfrak{H}^2}{\partial l}\,d\tau'.$$

Die das ganze Volumen $d\tau$ in der Richtung l treibende Kraft K ist gleich $\Sigma K'$, d. h. da $d\tau = \Sigma d\tau'$ ist, so wird

$$K = \frac{\mu - \mu_0}{8\pi}\cdot\frac{\mu_0}{\mu}\cdot\frac{\partial\mathfrak{H}^2}{\partial l}\,d\tau, \qquad (36)$$

falls das Volumen $d\tau$ so klein ist, dass $\dfrac{d\mathfrak{H}^2}{dl}$ bei der Summation nach $d\tau$ als konstant angenommen werden kann. Es ist dieses der Fall, wenn das Volumen $d\tau$ eine dünne Platte bildet, welche senkrecht gegen die Kraftlinien des Feldes gerichtet ist. Die auf die Volumeneinheit wirkende resultirende Kraft ist dann gleich:

$$\frac{\mu - \mu_0}{8\pi} \cdot \frac{\mu_0}{\mu} \cdot \frac{\partial \mathfrak{H}^2}{\partial l},$$

und daher ihre Komponenten nach den Koordinatenaxen

$$\mathfrak{A} = \frac{\mu - \mu_0}{8\pi} \cdot \frac{\mu_0}{\mu} \cdot \frac{\partial \mathfrak{H}^2}{\partial x}, \qquad \mathfrak{B} = \frac{\mu - \mu_0}{8\pi} \cdot \frac{\mu_0}{\mu} \cdot \frac{\partial \mathfrak{H}^2}{\partial y},$$

$$\mathfrak{C} = \frac{\mu - \mu_0}{8\pi} \cdot \frac{\mu_0}{\mu} \cdot \frac{\partial \mathfrak{H}^2}{\partial z}. \qquad (37)$$

Die Formeln (36) und (37) gehen in die früheren (34) und (35) der pag. 152 über, falls μ und μ_0 wenig von 1 verschieden sind und nur bis auf erste Ordnung in $\mu - \mu_0$ entwickelt wird. Ausserdem ergiebt sich durch Vergleich mit jenen Formeln, dass in (36) und (37) unter μ und μ_0 ihre Differentialwerthe $\overline{\mu}$ und $\overline{\mu}_0$ zweiter Art zu verstehen sind, falls die Magnetisirungskonstante merklich mit der Feldstärke $\mathfrak{H}$ variirt. Für sehr grosse μ, z. B. für Eisen, geht die Formel (36) über in:

$$K = \frac{\mu_0}{8\pi} \cdot \frac{\partial \mathfrak{H}^2}{\partial l} d\tau,$$

d. h. die Kräfte werden ganz unabhängig von der Magnetisirungskonstante des Eisens. Die Messung der ponderomotorischen Wirkung eines magnetischen Feldes auf eine kleine Eisenplatte, welche senkrecht zu den Kraftlinien des Feldes gerichtet ist, kann daher zur Messung des Feldgefälles $\dfrac{d\mathfrak{H}^2}{dl}$ dienen.

In einem gleichförmigen Felde erfährt daher die Eisenplatte keinerlei Kräfte; dieser Satz gilt aber nur, so lange die Platte senkrecht gegen die Kraftlinien orientirt ist. Liegt sie schief zu ihnen, so bewirkt sie, dass das Magnetfeld in der Umgebung (Luft) der Platte ungleichförmig wird. Daher erfährt dieselbe Bewegungstendenzen, nämlich ein Drehungsmoment, welches die Platte parallel den Kraftlinien des Feldes zu stellen sucht (vgl. oben pag. 140).

14. Magnetostriktion.

Wir wollen uns einen Körper der Magnetisirungskonstante $\bar{\bar{\mu}}$ in ein völlig gleichförmiges magnetisches Feld gebracht denken; und zwar soll diese Gleichförmigkeit der Feldstärke auch durch die Einlagerung des Körpers nicht geändert werden. Diese Voraussetzungen sind z. B. erfüllt, wenn man ein magnetisches Feld durch ein ringförmig geschlossenes Solenoid herstellt und den Körper in Form eines Ringes, parallel zu den Kraftlinien des Feldes, einlagert.

Wie die Formeln (35) und (37) des vorigen Paragraphen lehren, wirken in diesem Falle keine ponderomotorischen Kräfte auf die Theilchen des Körpers. Derselbe kann sich daher weder als Ganzes in Bewegung setzen, wenn das Magnetfeld des Solenoids durch den elektrischen Strom erregt wird, noch auch können die Theilchen irgendwie gegeneinander bewegt werden, d. h. der Körper kann beim Erregen des Magnetfeldes nicht deformirt werden, wofern man wenigstens von einer etwaigen, durch die Deformation veranlassten Volumenänderung des Körpers absehen kann. Denn wie die Formel (15) auf pag. 134 für die magnetische Energie T lehrt, ändert sich, falls die Feldstärke $\mathfrak{H}$ konstant erhalten wird, T durch die Deformation nicht, wenn dabei das Volumen und die Magnetisirungskonstante $\bar{\bar{\mu}}$ ungeändert bleiben. Es wird daher bei der Deformation von den magnetischen Kräften keine Arbeit geleistet, und daher ist auch bei Erregung des Feldes $\mathfrak{H}$ kein Anlass zu einer Störung des Gleichgewichts, d. h. zu einer Deformation gegeben.

Und doch hat Bidwell[1]) deutlich konstatirt, dass ein Eisenring bei Erregung des Magnetfeldes des Solenoides im Allgemeinen Formänderungen erleidet. Bidwell konnte die Längenänderung des Eisenringes in Richtung der magnetischen Kraftlinien durch die Aenderung des vertikalen Durchmessers des Ringes beobachten. Diese wurde dadurch gemessen, dass der auf einem festen Widerlager E (vgl. Fig. 32) aufgestützte Eisenring S an seinem oberen Ende einen Stab B trug, welcher auf einen, um A drehbaren, langen Hebel AC wirkte. Die Bewegung des Endes C wurde durch Beobachtung der um den Punkt D erfolgenden Drehung des Spiegels F mit Skala und Fernrohr ermittelt. Die Empfindlichkeit der Anordnung war so gross, dass man eine Längenänderung von ungefähr einem Zehn-

---

[1]) S. Bidwell, Proc. Roy. Soc. 40, pag. 109, 257, 1886; 47, pag. 469, 1890. — Phil. Trans. 1888, pag. 205.

milliontel der ganzen Länge nach ablesen konnte. — Um eine Erwärmung durch die Magnetisirungsspule möglichst zu vermeiden, war der Ring von einem Holzmantel umgeben; ferner wurde der Erregerstrom nie länger als Bruchtheile einer Sekunde geschlossen.

Bidwell fand nun, dass der Eisenring sich infolge der Magnetisirung bei kleinen Feldstärken verlängerte. Bei wachsender Feldstärke erreicht die Verlängerung ein Maximum, vermindert sich dann, und ist Null für $\mathfrak{H} = 300$ cgs-Einheiten. In noch stärkeren Feldern verkürzt sich das Eisen, und diese Verkürzung scheint sich, wenn man die Feldstärke weiter steigert, einer bestimmten Grenze zu nähern. Letztere kann bis zu $7 \cdot 10^{-6}$ der eigenen Länge betragen,

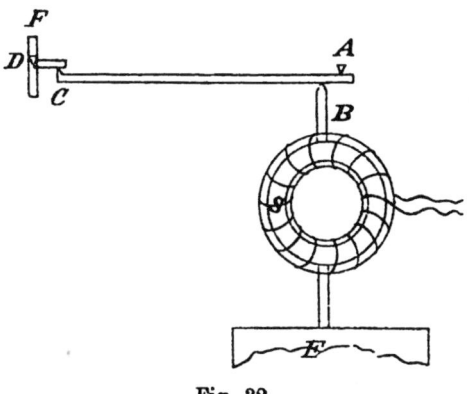

Fig. 32.

während die grösste Verlängerung (bei etwa $\mathfrak{H} = 100$), je nach der Eisenprobe von $5 \cdot 10^{-6}$ bis $2,5 \cdot 10^{-6}$ variirte.

Diese Erscheinung kann nicht erklärt werden durch eine, durch die Deformation eintretende Volumenänderung des Eisens, welche eine gewisse Aenderung der magnetischen Energie veranlassen könnte. Denn Joule[1]), der zuerst Versuche über die Längenänderung des Eisens im Magnetfelde anstellte, fand gleichzeitig mit der Verlängerung eine seitliche Kontraktion, so dass sich das Volumen des Eisenkörpers nicht merklich änderte. Dies konnte Joule noch direkter dadurch nachweisen, dass er den Eisenkörper in eine mit Flüssigkeit gefüllte Röhre steckte, die mit Ausnahme eines ausgezogenen, kapillaren Theiles allseitig geschlossen war.

---

[1]) Joule, Phil. Mag. 30, pag. 76, 225, 1847. — Reprint of Papers, pag. 235.

Der Flüssigkeitsmeniscus im Kapillarrohr verschob sich nicht bei Erregung des Magnetfeldes.

Die Erklärung dieser Erscheinung ergiebt sich aber durch Berücksichtigung des Umstandes, dass die Magnetisirungskonstante des Eisens durch Deformationen geändert wird, insbesondere durch die von **Villari** im Jahre 1868 gemachte Entdeckung, dass sich der Sinn dieser Aenderung bei einer gewissen Feldstärke umkehrt, indem für kleine Feldstärken die Magnetisirungskonstante des Eisens durch longitudinalen Zug wächst, dagegen für grosse Feldstärken abnimmt.

In der That lässt sich nach energetischen Principien zeigen, dass sich Eisen durch die Magnetisirung verlängern muss, wenn der Differentialwerth zweiter Art seiner Magnetisirungskonstante durch Zug wächst. Man würde nämlich sonst einen Kreisprocess vollführen können, durch welchen man fortwährend Arbeit erhielte, d. h. es würde sich ein Perpetuum mobile ergeben.

Denken wir uns nämlich das Eisen etwa in der Form eines langen, dünnen Stabes, von einer Stelle A_1, ausserhalb des Solenoids, in welcher die Feldstärke $\mathfrak{H}_1$ ist, von den magnetischen Kräften in das Solenoid (Feldstärke $\mathfrak{H}_2$) nach einem Orte A_2 gezogen, so können wir dadurch eine positive Arbeit leisten, deren Betrag nach Formel (15) pag. 134 ist, da wir voraussetzen, dass die Feldstärke im Punkte P gar nicht geändert wird, falls Eisen nach P geschoben wird:

$$\mathfrak{W}_{12} = dT = \frac{\bar{\bar{\mu}} - \mu_0}{8\pi}(\mathfrak{H}_2{}^2 - \mathfrak{H}_1{}^2) \cdot V,$$

wo V das Volumen des Eisens, $\bar{\bar{\mu}}$ seine Magnetisirungskonstante (Differentialwerth zweiter Art), μ_0 die Magnetisirungskonstante seiner Umgebung (Luft) ist. Bei diesem Process mag dafür gesorgt sein, dass die Gestalt des Eisens vollkommen ungeändert bleibt. Dann ist $\mathfrak{W}_{12}$ die einzige bei dem Process gewonnene Arbeit.

Nun wollen wir, während das Eisen in A_2 verbleibt, dasselbe durch einen longitudinalen Zug um die Länge dl verlängern. Es mag dazu die Arbeit $\mathfrak{W}_{23}$ aufzuwenden sein. Die Magnetisirungskonstante $\bar{\bar{\mu}}$ soll dadurch den Werth $\bar{\bar{\mu}}'$, das Volumen den Werth V' angenommen haben.

Sodann wollen wir das Eisen wiederum, bei konstant gehaltener Gestalt, nach der Stelle A_1 bringen. Dazu ist der Arbeitsaufwand nothwendig:

$$\mathfrak{W}_{34} = dT = \frac{\bar{\bar{\mu}}' - \mu_0}{8\pi}(\mathfrak{H}_2{}^2 - \mathfrak{H}_1{}^2)V'.$$

Schliesslich wollen wir, während das Eisen in A_1 verbleibt, sich dasselbe frei zusammenziehen lassen, bis es wieder seine ursprüngliche Gestalt, sein Volumen V, und seine Magnetisirungsconstante $\bar{\bar{\mu}}$ angenommen hat. Dadurch mag die Arbeit $\mathfrak{W}_{45}$ gewonnen werden.

Es ist dann ein vollständiger Kreisprocess beschrieben, und nach dem Axiom, dass es kein Perpetuum mobile giebt, muss die Summe der aufgewendeten Arbeiten gleich der Summe der gewonnenen sein. Es muss also sein:

d. h.
$$\mathfrak{W}_{23} + \mathfrak{W}_{34} = \mathfrak{W}_{12} + \mathfrak{W}_{45}.$$

$$\frac{\mathfrak{H}_2{}^2 - \mathfrak{H}_1{}^2}{8\pi} \left\{ (\bar{\bar{\mu}} - \mu_0) V - (\bar{\bar{\mu}}' - \mu_0) V' \right\} = \mathfrak{W}_{23} - \mathfrak{W}_{45}. \quad (38)$$

Hieraus erkennt man, dass, falls die linke Seite von Null verschieden ist, z. B. negativ, wie es bei kleinen Feldstärken für Eisen eintritt, wo $\bar{\bar{\mu}}' > \bar{\bar{\mu}}$ und $V = V'$ ist, dass dann auch $\mathfrak{W}_{23} < \mathfrak{W}_{45}$ sein muss, d. h. **es muss die Aufwendung einer kleineren Arbeit erfordern, das Eisen im starken Magnetfeld $\mathfrak{H}_2$ um eine Strecke dl zu verlängern, als im schwächeren Magnetfeld $\mathfrak{H}_1$. Im stärkeren Magnetfelde wirkt daher schon von selbst eine grössere Kraft, welche das Eisen zu verlängern strebt, als im schwächeren Magnetfelde.**

Nennt man die Kraft, welche im Magnetfeld $\mathfrak{H}_1$ das Eisen von selbst zu verlängern strebt K_1, die analoge Kraft im Feld $\mathfrak{H}_2$ aber K_2, so würde erstere das Eisen von selbst zu verlängern streben um

$$dl_1' = K_1 \cdot \frac{l}{qE}, \quad (39)$$

falls l die Länge des Eisens, q sein Querschnitt, E sein Elasticitätsmodulus (elastischer Dehnungswiderstand) ist.

Bei der Verlängerung um dl wird am Orte A_2 von der Kraft K_2 die Arbeit $K_2\,dl$ geleistet; am Orte A_1 wird, durch Zusammenziehung um dl, von der Kraft K_1 die Arbeit $-K_1\,dl$ geleistet. Da nun $\mathfrak{W}_{23} - \mathfrak{W}_{45}$ die bei dem ganzen Kreisprocess zur Formänderung aufgewendete Arbeit bezeichnet, so muss diese gleich der negativen Summe der beim Kreisprocess geleisteten Arbeiten der Kräfte K_1 und K_2 sein, falls der Dehnungswiderstand E im Felde $\mathfrak{H}_2$ nicht merkbar abweicht von dem im Felde $\mathfrak{H}_1$. Dies wollen wir annehmen. Es ist dann also:

$$\mathfrak{W}_{23} - \mathfrak{W}_{45} = (K_1 - K_2)\,dl.$$

Berücksichtigen wir dies und nehmen wir an, dass wir es nur mit unendlich kleinen Aenderungen bei der Verschiebung des Eisens von A_1 nach A_2 zu thun haben, zufolge dessen ist:

$$\mathfrak{H}_2{}^2 - \mathfrak{H}_1{}^2 = d\mathfrak{H}^2, \qquad K_2 - K_1 = dK,$$

$$(\bar{\bar{\mu}}' - \mu_0)\,V' = (\bar{\bar{\mu}} - \mu_0)\,V + \frac{\partial\,(\bar{\bar{\mu}} - \mu_0)\,V}{\partial l}\,dl,$$

wobei dl positiv gerechnet ist, falls Dilatation eintritt, so wird (38) zu:

$$\frac{d\mathfrak{H}^2}{8\,\pi}\,dl\,\frac{\partial\,(\bar{\bar{\mu}} - \mu_0)\,V}{\partial l} = dK\,dl. \qquad (40)$$

Bei positivem Werthe von $\dfrac{\partial\,(\bar{\bar{\mu}} - \mu_0)\,V}{\partial l}$, wie er bei Eisen für kleinere Feldstärken stattfindet, nimmt also K durch Wachsen von $\mathfrak{H}$ zu. Die dementsprechende procentische Verlängerung $\dfrac{\partial l}{l}$, welche von selbst eintritt, falls die Feldstärke um $d\mathfrak{H}$ wächst, findet man aus (39) und (40) zu:

$$\frac{\delta l}{l} = \frac{\mathfrak{H}}{4\,\pi}\,\frac{\partial\,(\bar{\bar{\mu}} - \mu_0)\,V}{\partial l}\,\frac{d\mathfrak{H}}{qE}. \qquad (41)$$

Man setzt oft

$$\mu = 1 + 4\,\pi k,$$

wobei k die sogenannte **Susceptibilität** des Eisens genannt wird. Auch für die Susceptibilität sind beim Eisen drei verschiedene Definitionen auseinander zu halten; die Integraldefinition (k), die Differentialdefinition erster Art ($\bar{k}$) und die zweiter Art ($\bar{\bar{k}}$). Bei diesen Erscheinungen handelt es sich um letztere.

Nimmt man $\mu_0 = 1$ an, so wird (41) zu:

$$\frac{\delta l}{l} = \frac{\partial\,(\bar{\bar{k}}\,V)}{\partial l}\,\frac{\mathfrak{H}\,d\mathfrak{H}}{qE}. \qquad (42)$$

Man kann diese Gleichung auch in der Form schreiben:

$$\frac{\partial l}{\partial \mathfrak{H}} = \frac{1}{qE}\cdot\mathfrak{H}\cdot\frac{\partial\,(\bar{\bar{k}}\,V)}{\partial l}, \qquad (43)$$

deren linke Seite die Abhängigkeit der Länge von der Feldstärke angiebt.

In dem speciellen Falle, dass sich das Volumen V durch einseitigen Zug nicht merklich ändert, was beim Eisen der Fall zu sein scheint, geht (42) und (43) über in:

$$\frac{\delta l}{l} = \frac{\partial \bar{k}}{\partial l} \cdot \frac{1}{E} \mathfrak{H} d\mathfrak{H}, \qquad (42')$$

$$\frac{\partial l}{\partial \mathfrak{H}} = \frac{l^2}{E} \cdot \mathfrak{H} \cdot \frac{\partial \bar{k}}{\partial l}. \qquad (43')$$

Wenn sich das Volumen durch einseitigen Zug ändert, so ergiebt (42), dass eine Längenänderung durch Magnetisirung eintreten muss, selbst wenn die Susceptibilität ($\bar{k}$) durch Dehnung nicht beeinflusst wird.

In ähnlicher Weise sind alle anderen möglichen Deformationen der Körper durch Magnetisirung, d. h. die Erscheinungen der sogenannten **Magnetostriktion**, zu berechnen, falls die durch jene Deformationen hervorgerufenen Aenderungen von $(\bar{\mu} - \mu_0) V$ oder $\bar{k} V$ bekannt sind.

Für Gase ist k umgekehrt proportional zu V. Obwohl daher bei ihnen k verhältnissmässig stark von einer Deformation, nämlich allseitiger Kompression, beeinflusst wird, **so können trotzdem Gase keine Erscheinungen der Magnetostriktion zeigen**, da für sie das Produkt kV durch die Kompression nicht geändert wird.

Bei der Herleitung der Formel (38) könnte noch der Einwand gemacht werden, dass immer vorausgesetzt ist, dass die Stromstärke im Solenoid und folglich auch seine Feldstärke, konstant gehalten werde bei den Ortsänderungen und Deformationen des Eisenkörpers. Dies kann eventuell (vgl. oben pag. 135) ebenfalls eine gewisse Energie Zu- oder Abfuhr erfordern, deren Beträge in (38) gar nicht berücksichtigt sind. Wir können nun aber thatsächlich bei dem beschriebenen Kreisprocess von diesen Energiebeträgen, welche dazu dienen, die Stromstärke immer konstant zu erhalten, ganz absehen. Denn wir werden weiter unten erkennen, dass bei dem beschriebenen Kreisprocess die Summe jener Energiebeträge stets verschwinden muss bis auf einen beständig positiven, mit der Zeit proportionalen Betrag, welcher aber immer durch Wärmeentwickelung im stromführenden Draht kompensirt wird.

Zum Schluss möge noch einige Litteratur angegeben werden,

in welcher die Magnetostriktion ausführlicher behandelt ist, und auch noch andere specielle Probleme derselben gelöst sind:

J. D. Korteweg, Wied. Ann. 9, pag. 48, 1880.
H. v. Helmholtz, Wied. Ann. 13, pag. 385, 1881.
H. Lorberg, Wied. Ann. 21, pag. 300, 1884.
G. Kirchhoff, Wied. Ann. 24, pag. 52, 1885.
J. J. Thomson, Anwendungen der Dynamik auf Physik und Chemie. Autoris. Uebersetz. Leipzig 1890, pag. 53 u. ff.
F. Pockels, Grun. Archiv. 1892.

15. Umkehrbare Temperaturänderung durch Magnetisirung.
Wenn die Magnetisirungskonstante oder Susceptibilität eines Körpers sich mit seiner Temperatur ändert, so muss sich durch Magnetisirung seine Temperatur ändern. Diesen Satz kann man durch ein ähnliches Verfahren beweisen, wie es im vorigen Paragraphen angewendet wurde.

Denken wir uns einen Körper des Volumens V und der Susceptibilität $\bar{\bar{k}}$ (Differentialdefinition zweiter Art), welcher in Luft lagert ($\mu_0 = 1$), von einer Stelle S_1, in welcher die Feldstärke $\mathfrak{H}$ besteht, nach einer Stelle S_2 höherer Feldstärke $\mathfrak{H} + d\mathfrak{H}$ gebracht, so wird nach pag. 158 von den magnetischen Kräften die Arbeit gewonnen:

$$\mathfrak{W}_{12} = \frac{\bar{\bar{k}} V}{2} d\mathfrak{H}^2.$$

Es möge nun angenommen werden, der Körper solle dabei eine konstante Temperatur ϑ behalten, wozu ihm die Wärmemenge Q_{12} mitzutheilen nöthig sei.

Am Orte S_2 wollen wir nun dem Körper die Wärmemenge Q_{23} zuführen, bis dass er die höhere Temperatur $\vartheta + d\vartheta$ besitzt.

Sodann möge der Körper wieder nach S_1 transportirt werden. Es muss dazu die Arbeit aufgewandt werden:

$$\mathfrak{W}_{34} = \frac{\bar{\bar{k}}' V'}{2} d\mathfrak{H}^2,$$

falls $\bar{\bar{k}}'$ und V' die der höheren Temperatur $\vartheta + d\vartheta$ entsprechenden Werthe der Susceptibilität und des Volumens sind. Bei diesem Process soll der Körper wieder die konstante Temperatur $\vartheta + d\vartheta$ behalten. Es möge zu dem Zweck ihm die Wärmemenge Q_{34} entzogen werden.

Schliesslich soll der Körper in S_1 wieder auf die ursprüngliche Temperatur ϑ abgekühlt werden. Dazu mag ihm die Wärmemenge Q_{45} entzogen werden.

Auf die beschriebene Weise ist ein vollständiger Kreisprocess durchlaufen. Die Summe der dabei gewonnenen Arbeiten muss also gleich der Summe der dabei zugeführten Wärmemengen sein, d. h. es muss sein

$$\mathfrak{W}_{12} - \mathfrak{W}_{34} = Q_{12} + Q_{23} - Q_{34} - Q_{45},$$

oder, da nach dem Taylor'schen Lehrsatze ist

$$\bar{\mathfrak{k}}'V' = \bar{\mathfrak{k}}V + \frac{\partial(\bar{\mathfrak{k}}V)}{d\vartheta} d\vartheta,$$

so muss sein

$$- \mathfrak{H} d\mathfrak{H} \frac{\partial(\bar{\mathfrak{k}}V)}{\partial\vartheta} d\vartheta = Q_{12} - Q_{34} + Q_{23} - Q_{45}. \quad (44)$$

Wir wollen nun annehmen, dass die specifische Wärme des Körpers durch Steigerung der Feldstärke um $d\mathfrak{H}$ sich nicht merkbar ändert. Es ist dann $Q_{23} = Q_{45}$ zu setzen.

Ferner muss nach dem zweiten Hauptsatze der mechanischen Wärmetheorie die Summe der bei einem Kreisprocess zugeführten Wärmemengen, dividirt durch die in den Momenten der Wärmezufuhr stattfindenden entsprechenden absoluten Temperaturen, verschwinden. Dieser Satz gilt nur für umkehrbare Kreisprocesse, d. h. solche, welche auch in umgekehrter Richtung durchlaufen werden können. Der hier betrachtete Kreisprocess ist offenbar umkehrbar. Es ist daher

$$\frac{Q_{12}}{\vartheta} - \frac{Q_{34}}{\vartheta + d\vartheta} = 0. \quad (45)$$

Die Wärmemengen Q_{23} und Q_{45} liefern keine Beträge zu diesem Ausdruck, da sie einander gleich sind, und ebenfalls ihre Zuführungstemperaturen. Es ist also nach (45) zu setzen:

$$Q_{34} = Q_{12}\left(1 + \frac{d\vartheta}{\vartheta}\right).$$

Setzt man diesen Werth in (44) ein, und berücksichtigt, dass $Q_{23} = Q_{45}$ ist, so folgt:

$$- \mathfrak{H} d\mathfrak{H} \cdot \frac{\partial(\bar{\mathfrak{k}}V)}{\partial\vartheta} d\vartheta = - Q_{12} \cdot \frac{d\vartheta}{\vartheta}. \quad (46)$$

Schreiben wir jetzt δQ für $Q_{1\,2}$, so wird also die Wärmemenge δQ, welche dem Körper zuzuführen nöthig ist, damit seine Temperatur konstant bleibt, wenn die Feldstärke in ihm um $d\mathfrak{H}$ gesteigert wird:

$$\delta Q = \vartheta \mathfrak{H} \frac{\partial (\bar{k} V)}{\partial \vartheta} d\mathfrak{H}. \qquad (47)$$

Wenn dem Körper diese Wärmemenge nicht zugeführt wird, so wird er sich abkühlen, d. h. seine Temperatur abnehmen um

$$d\vartheta = \frac{\delta Q}{C V \rho},$$

wobei C die specifische Wärme des Körpers, ρ seine Dichtigkeit ist. Die Temperaturerhöhung durch Magnetisirung ist also:

$$d\vartheta = -\frac{\vartheta \mathfrak{H}}{C V \rho} \frac{\partial (\bar{k} V)}{\partial \vartheta} d\mathfrak{H} \qquad (48)$$

oder, falls wir von der durch Temperaturerhöhung eintretenden Volumenänderung absehen können:

$$d\vartheta = -\frac{\vartheta \mathfrak{H}}{C \rho} \frac{\partial \bar{k}}{\partial \vartheta} d\mathfrak{H}, \qquad (49)$$

welche Gleichung auch in der Form geschrieben werden kann:

$$\left(\frac{\partial \vartheta}{\partial \mathfrak{H}}\right) = -\frac{\vartheta \mathfrak{H}}{C \rho} \frac{\partial \bar{k}}{\partial \vartheta} \text{ [1]}. \qquad (50)$$

Bei Eisen wächst $\bar{k}$ mit der Temperatur, wenn diese nicht zu hoch (500° C) ist. Eisen muss sich daher durch Magnetisirung abkühlen.

Nach (48) ändern Gase ihre Temperatur nicht durch Magnetisirung, da für sie $\bar{k} V$ von ϑ unabhängig ist.

Bei der Ableitung der Gleichung (44) konnte man wiederum aus dem am Ende des vorigen Paragraphen auf pag. 161 angeführten Grunde von den Energiemengen ganz absehen, welche dazu dienen, die Stromstärke, welche das Feld $\mathfrak{H}$ erregt, bei den Verschiebungen und Erwärmungen des Körpers konstant zu erhalten.

---

[1] Diese Formel ist zuerst von Wassmuth abgeleitet (Wien. Ber. 86, pag. 539, 1882; 87, pag. 82, 1883; später in dem auf pag. 162 citirten Werk von J. J. Thomson, pag. 125 u. ff.

16. Erwärmung durch Hysteresis. Zu unterscheiden von der im vorigen Paragraphen behandelten umkehrbaren Temperaturänderung durch Magnetisirung ist eine nicht umkehrbare, welche bei jeder Aenderung der Magnetisirung eine Temperaturerhöhung hervorbringt. Diese wird hervorgerufen durch etwa vorhandene Remanenz oder Hysteresis des Körpers, d. h. durch die Eigenschaft, dass die Anzahl der im Körper vorhandenen magnetischen Kraftlinien nicht nur abhängt von der augenblicklich vorhandenen Feldstärke, sondern auch von derjenigen, welche vorher vorhanden war.

Infolge dieser Eigenschaft ist die Magnetisirungkurve z. B. für Eisen eine geschlossene Kurve C (vgl. Fig. 33) von gewissem Flächeninhalt, falls

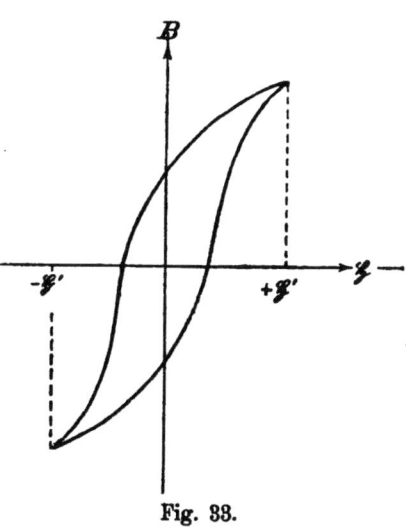

Fig. 33.

man das Eisen einer oft wiederholten cyklischen Aenderung der Feldstärke zwischen den Grenzwerthen $+\mathfrak{H}'$ und $-\mathfrak{H}'$ unterwirft. Die kleineren Werthe der Induktion B entsprechen dem Wachsen der Feldstärke $\mathfrak{H}$, die grösseren der Abnahme von $\mathfrak{H}$.

Eine solche Eigenschaft des Eisens muss eine Erwärmung desselben zur Folge haben, wenn man dasselbe zwischen zwei Stellen S_1 und S_2 der verschiedenen Feldstärken $\mathfrak{H}_1$ und $\mathfrak{H}_2$ hin- und herführt.

Denn nehmen wir z. B. an, es seien beide Feldstärken $\mathfrak{H}_1$ und $\mathfrak{H}_2$ positiv, und es sei $\mathfrak{H}_2 > \mathfrak{H}_1$. Dann sei die diesem Magnetisirungscyklus entsprechende Magnetisirungskurve die in

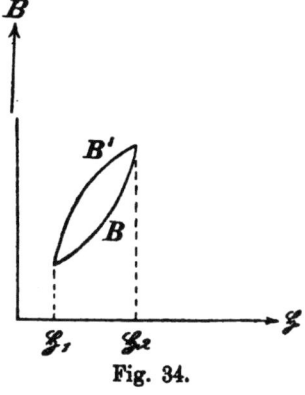

Fig. 34.

der Fig. 34 gezeichnete Kurve B B', deren unterer Zweig B durchlaufen wird, während $\mathfrak{H}_1$ auf $\mathfrak{H}_2$ wächst, d. h. während das Eisen von S_1 nach S_2 transportirt wird, dagegen wird der obere Zweig B' durchlaufen, wenn $\mathfrak{H}_2$ wieder auf $\mathfrak{H}_1$ abnimmt, d. h. das Eisen von S_2 nach S_1 wieder zurücktransportirt wird.

Unsere frühere Formel (15) der pag. 134 für die magnetische Energie können wir nun hier zur Berechnung der bei dem Kreisprocess aufzuwendenden ponderomotorischen Arbeit nicht anwenden, da bei der Ableitung jener Formel vorausgesetzt wurde (cf. oben pag. 129), dass die Magnetisirungskonstante μ eine eindeutige Funktion des Ortes, d. h. auch der Feldstärke, sei. Dieses ist aber jetzt nicht der Fall, vielmehr entsprechen jedem $\mathfrak{H}$ zwei Werthe von B, d. h. auch von μ.

Die bei dem Kreisprocess aufzuwendende Arbeit können wir aber nach folgender Ueberlegung berechnen: Bei der Hinführung von S_1 nach S_2 mag an einer beliebigen Zwischenstelle S die Induktion B im Eisen vorhanden sein. Wenn das Eisen von S aus um dr genähert wird gegen das Solenoid, welches das Magnetfeld erzeugt, so können wir die daraus gewonnene Arbeit nach den in § 2, pag. 121 angestellten Ueberlegungen berechnen, indem wir bei der Verschiebung um dr das Solenoid und das Eisenstück als Magnete von gewissen Polstärken ansehen, welche aus dem Kraftlinienverlaufe zu berechnen sind. Grenzen wir aus dem Eisen ein kleines Volumen $d\tau$ dadurch ab, dass wir aus einer Kraftröhre ein Stück der Länge dl abschneiden, so ist dessen magnetische Wirkung zu berechnen durch die Annahme, dass die Endflächen des Kraftröhrenstückes die Polstärken

$$m_1 = \pm \frac{B\,dq}{4\pi} \qquad (51)$$

besässen, falls dq der Querschnitt des betreffenden Kraftröhrenstückes ist.

Wie nun im § 2 auf pag. 122 gezeigt wurde, ist die bei der Verschiebung zweier Magnetpole der Stärken m_1 und m_2 geleistete Arbeit gleich der dabei herbeigeführten Aenderung der Funktion $\frac{m_1 m_2}{r}$. (Wir nehmen an, es sei die Magnetisirungskonstante ihrer Umgebung gleich 1 zu setzen.) Wir können m_1 als einen Pol des Eisenstückes $d\tau$, m_2 als einen Solenoidpol auffassen. Hier liegt nun der Fall vor, dass bei Verschiebung des Poles m_1 gleichzeitig ein Pol $m_1' = -m_1$ gegen m_2 verschoben wird, welcher um die Länge dl in der Richtung der Kraftlinien, d. h. in der Richtung von r, von m_2 mehr entfernt ist, als der Pol m_1. Die bei der Ver-

Erwärmung durch Hysteresis. 167

schiebung geleistete Arbeit ist daher gleich der Aenderung der Funktion:

$$m_2 \left(\frac{m_1}{r} - \frac{m_1}{r+dl} \right) = - \frac{m_2}{r^2} m_1 dl = - \mathfrak{H} m_1 dl,$$

wobei $\mathfrak{H}$ die vom Pol m_2 herrührende Feldstärke bezeichnet. Wird daher durch die Verschiebung $\mathfrak{H}$ um $d\mathfrak{H}$ geändert am Orte des Eisenstückes, so wird dabei die Arbeit A geleistet (das Vorzeichen mag uns zunächst nicht kümmern):

$$d\mathfrak{W} = m_1 dl d\mathfrak{H}. \tag{52}$$

Diese Formel gilt allgemein, auch wenn das Solenoid mehreren Polen der Stärken m_2, m_2', m_2'', m_2''' etc. äquivalent ist, da dieser Fall durch Superposition abzuleiten ist aus dem ersten Fall, dass nur ein Pol m_2 vorhanden ist.

Setzt man für m_1 seinen Werth aus (51) ein, so folgt aus (52)

$$d\mathfrak{W} = \frac{B}{4\pi} dq \, dl \, d\mathfrak{H} = \frac{B}{4\pi} d\tau \, d\mathfrak{H}.$$

Bei der Rückführung des Eisens von S_2 nach S_1 ist, falls das Eisen wiederum nach S gelangt ist und dort um dr vom Solenoid entfernt wird, der Arbeitsaufwand nöthig:

$$d\mathfrak{W}' = \frac{B'}{4\pi} d\tau \, d\mathfrak{H}.$$

Nach dem Verlaufe des positiven Sinnes der Kraftlinien ergiebt sich sofort, dass $d\mathfrak{W}'$ ein Arbeitsaufwand, $d\mathfrak{W}$ ein Arbeitsgewinn ist. Daher ist bei einem einmaligen Kreisprocess im Ganzen die Arbeit aufzuwenden:

$$\Sigma (d\mathfrak{W}' - d\mathfrak{W}) = \frac{d\tau}{4\pi} \int (B' - B) \, d\mathfrak{H}. \tag{53}$$

Nun ist aber $\int (B' - B) \, d\mathfrak{H}$ gleich dem Flächeninhalt J des von der Magnetisirungskurve begrenzten Stückes. Der Arbeitsaufwand pro Volumeneinheit ist daher

$$\mathfrak{W} = \frac{J}{4\pi}, \tag{54}$$

und diese Formel gilt offenbar, welches auch die Grenzwerthe $\mathfrak{H}_1$ und $\mathfrak{H}_2$ der Feldstärken sein mögen, z. B. auch für einen der Fig. 33 entsprechenden Magnetisirungsprocess.

Dieser Arbeitsaufwand 𝔚 kann nicht verloren gehen. Als einziges Aequivalent[1]) kann aber nur eine Temperaturerhöhung des Eisens gefunden werden. **Dasselbe erhitzt sich daher durch cyklische Magnetisirungsprocesse nach dem Gesetz, dass die durch einen Cyklus pro Volumeneinheit zugeführte Wärmemenge gleich ist dem Flächeninhalt der dem Cyklus entsprechenden Magnetisirungskurve, dividirt durch 4π.** — Dieser Satz ist zuerst von Warburg[2]) ausgesprochen. — Im Kapitel V soll noch eine andere Ableitung dieses Satzes gegeben werden.

Da wir oben pag. 117 sahen, dass die Hysteresis des Eisens durch eine Art Reibung seiner Moleküle, welche die Ampère'schen Molekularströme führen, zu erklären ist, so wird durch diese Vorstellung die Ursache für die durch Veränderung der Kraftlinienzahl hervorgerufene Wärmeentwickelung mechanisch verständlich.

---

[1]) Man kann nämlich wiederum ganz absehen von der Energiezufuhr, welche dazu dient, die Stromstärke im Solenoid konstant zu erhalten bei der Verschiebung des Eisenstückes. Diese Energiezufuhr muss nämlich allemal die Summe Null ergeben, wenn die Induktion im Eisen wieder ihren Anfangswerth erhält. Vgl. dazu das Kapitel V.

[2]) E. Warburg, Wied. Ann. 13, pag. 141, 1881.

Kapitel IV.
Elektrodynamik.

In diesem Kapitel sollen die ponderomotorischen Wirkungen betrachtet werden, welche zwischen den Wirbelräumen eines Magnetfeldes bestehen. Es gehören also hierhin ebenso sehr die Wirkungen elektrischer Ströme aufeinander, wie permanenter Magnete aufeinander, wie die Wechselwirkungen zwischen Magneten und Strömen. Da aber die Erscheinungen der beiden letzteren Klassen schon in den vorigen Kapiteln ausführlicher besprochen sind, so soll hier hauptsächlich die Wirkung elektrischer Ströme aufeinander berücksichtigt werden. Die Bezeichnung „Elektrodynamik" bezieht sich speciell auf diese Erscheinungsklasse.

1. Ponderomotorische Wirkungen in einem magnetischen Felde, welches nur einen zusammenhängenden Wirbelraum besitzt.

Wir wollen annehmen, es sei nur ein zusammenhängender Wirbelraum vorhanden, die Theile desselben seien gegeneinander beweglich, wie es z. B. realisirt werden kann, wenn man einen elektrischen Strom durch einen sehr biegsamen, dünnen Metalldraht oder noch besser durch einen Streifen Blattgold hindurch sendet. Es handelt sich um die hierbei eintretenden ponderomotorischen Wirkungen, aus denen man u. A. die Gestalt des stromführenden Körpers ableiten kann, die er unter Wirkung seiner eigenen magnetischen Kräfte annimmt.

Die ponderomotorischen Wirkungen sind völlig und in einfachster Weise zu berechnen aus der magnetischen Energie T des Magnetfeldes. Wenden wir die Formel (21) des vorigen Kapitels (pag. 138) an, so ergiebt dieselbe, da alle Kraftröhren denselben Wirbelraum umschlingen

$$T = 2\pi i^2 \Sigma \frac{1}{W}, \qquad (1)$$

wo W der magnetische Widerstand einer Kraftröhre ist, i die Stromstärke des Wirbelraums, und die Σ über alle Kraftröhren des Feldes zu erstrecken ist. In der Formel (1) ist vorausgesetzt, dass die magnetomotorische Kraft $A = 4\pi i$ für alle Kraftröhren die gleiche ist. Es ist also abgesehen davon, dass dieselbe etwas geringer ist für diejenigen Kraftröhren, welche ganz oder theilweise im Wirbelgebiete verlaufen. Wir wollen annehmen, dass deren Zahl sehr klein sei, wie es bei einem linearen oder flächenartig ausgebreiteten Strome der Fall ist.

Der Ausdruck $\Sigma \frac{1}{W}$ stellt den reciproken magnetischen Widerstand des ganzen Feldes dar. Den hier vorliegenden Fall würde man mit einer Ausdrucksweise, wie er beim elektrischen Kreislauf üblich ist, dahin charakterisiren, dass man sagt, es seien sämmtliche Kraftröhren des Feldes parallel geschaltet, da in ihnen allen die gleiche magnetomotorische Kraft wirkt. Dieselbe Regel, nach der der galvanische Widerstand eines Systems mehrerer parallel geschalteter elektrischer Stromleiter dadurch zu berechnen ist, dass der reciproke Werth desselben gleich ist der Summe der reciproken Widerstände der Systemtheile (eine Regel, die man auch so ausdrückt: „Die Leitfähigkeiten addiren sich"), finden wir auch hier bei der magnetischen Parallelschaltung wieder.

Die ponderomotorischen Wirkungen gehen nach der Formel (1) so vor sich, dass der magnetische Widerstand des Magnetfeldes möglichst gering wird. Dies tritt ein, wenn der Wirbelraum des Feldes sich möglichst weit ausdehnt, d. h. die Stromfläche σ, welche vom Strom umgrenzt wird, möglichst gross wird, da dann die Querschnitte der Kraftröhren gedehnt werden, d. h. ihr magnetischer Widerstand verringert wird. Ein biegsamer Faden, durch den ein elektrischer Strom fliesst, ordnet sich also in Kreisform an, da σ bei vorgeschriebener Länge seiner Umgrenzung ein Maximum von Flächeninhalt besitzt, wenn die Umgrenzung die Peripherie eines Kreises bildet.

Dasselbe Gesetz der möglichsten Verringerung des magnetischen Widerstandes erkennt man auch bei folgender Erscheinung:

Elektrodynamik eines einzigen Stromes. 171

Ein Kupferbügel B schwimmt in der in Fig. 35 dargestellten Weise in zwei elektrisch voneinander isolirten Quecksilberrinnen, in welche man den Strom von einem galvanischen Element G aus zuleitet. Der Bügel, welcher dann ein bewegliches Stück des ganzen Stromkreises GABCG bildet, entfernt sich von den Stromzuleitungsstellen A, C, einerlei, ob der Strom in A einfliesst oder in C. Diese Erscheinung wird offenbar dadurch erklärt, dass durch diese Bewegung des Bügels B die Stromfläche σ vergrössert, der magnetische Widerstand des Feldes verringert wird. Die Grösse der Kraft, mit welcher der Bügel B abgestossen wird, soll weiter unten (vgl. Kap. V, § 10, d) quantitativ berechnet werden.

Dies Experiment ist ursprünglich erdacht, um dadurch die Abstossung zwischen Stromtheilen zu zeigen, welche, in derselben Richtung liegend, von gleich gerichteten elektrischen Strömen durchflossen werden. Indess kann man auf die Wirkung solcher einzelner herausgegriffener Theile des Wirbelgebietes nicht schliessen, da das Wirbelgebiet stets als geschlossenes auftritt und daher nur die Summe supponirter Theil- oder Elementarwirkungen zu beobachten ist.

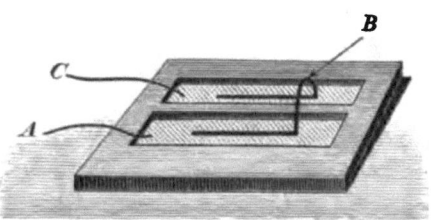

Fig. 35.

Durch kein Experiment ist die Wirkung von Stromstücken aufeinander zu beobachten, da dieselben durch kein Experiment realisirt werden können. Denn es giebt nur geschlossene Ströme (vgl. Kap. II, § 10, pag. 88).

Der magnetische Widerstand des Feldes, d. h. $\Sigma \frac{1}{W}$ hängt nur ab von der geometrischen Gestalt des Wirbelraumes und von der Lage etwaiger para- und diamagnetischer Körper zu ihm. Dagegen ist dieser Widerstand von der Stromstärke des Wirbelraumes unabhängig, da die Komponenten der magnetischen Kraft in irgend einem Punkte alle proportional zu i sind, ihre Verhältnisse und folglich auch die Richtung der Kraftlinien sind daher von i unabhängig.

2. Ponderomotorische Wirkungen in einem magnetischen Felde, welches mehrere getrennte Wirbelräume besitzt. Knüpfen wir speciell an den Fall an, dass zwei lineare Ströme der Stärken

i_1 und i_2 im Felde vorhanden sind. Eine Anzahl von Kraftlinien umschlingt nur je einen dieser Ströme. Die Kraftröhren, in welchen sie laufen, bilden also einen magnetischen Nebenschluss, wenn man die im vorigen Paragraphen benutzte Ausdrucksweise anwendet, die den Verhältnissen elektrischer Stromkreise entnommen ist. Der übrig bleibende Theil von den Kraftlinien des Feldes umschlingt aber beide Stromkreise, in den von ihnen durchlaufenen Kraftröhren addiren oder subtrahiren sich die magnetomotorischen Kräfte $4\pi i_1$ und $4\pi i_2$, je nach der Lage der Ströme zueinander. Addition tritt z. B. ein bei zwei parallelen Stromkurven, die von gleich gerichteten Strömen durchflossen werden; sind sie entgegengesetzt gerichtet, so tritt Subtraktion ein. Diese betreffenden Kraftröhren sind also wiederum parallel geschaltet, da in ihnen die gleiche magnetomotorische Kraft $4\pi(i_1 \pm i_2)$ herrscht, man kann aber sagen, dass in jeder Kraftröhre derjenige Theil derselben, welcher in der Umgebung des Stromes i_1 liegt, in Reihe geschaltet ist mit dem Theil derselben, welcher in der Umgebung des Stromes i_2 liegt. Die magnetischen Widerstände solcher in Reihe geschalteter Theile addiren sich, gerade wie der galvanische Widerstand von hintereinander geschalteten Leitertheilen sich addirt.

Bezeichnet man die Anzahl der Kraftlinien, welche den Strom i_1 allein umschlingen, mit N_{11}, die Anzahl der Kraftlinien, welche den Strom i_2 allein umschlingen, mit N_{22}, und mit N_{12} die Zahl der Kraftlinien, welche beide Ströme umschlingen, so ist die Gesammtzahl der Kraftlinien, welche überhaupt den Strom i_1 umschlingen,

$$N_1 = N_{11} + N_{12},$$

und die Gesammtzahl von Kraftlinien, welche den Strom i_2 umschlingen,

$$N_2 = N_{22} + N_{12}.$$

Nach pag. 136 ist die magnetische Energie T des Feldes gegeben durch die halbe Summe der Stromstärken in die Zahl der umschlingenden Kraftlinien, d. h. es ist

$$T = \frac{1}{2}(i_1 N_1 + i_2 N_2). \qquad (2)$$

Andererseits ist nach dem pag. 71 erörterten Gesetze vom magnetischen Kreislauf, da die magnetomotorische Kraft für die Kraftlinien N_{11} durch $4\pi i_1$, für N_{22} durch $4\pi i_2$, für N_{12} durch $4\pi(i_1 \pm i_2)$ gegeben ist:

$$N_{11} = 4\pi i_1 \Sigma \frac{1}{W_{11}},$$

$$N_{22} = 4\pi i_2 \Sigma \frac{1}{W_{22}}, \qquad (3)$$

$$N_{12} = 4\pi (i_1 \pm i_2) \Sigma \frac{1}{W_{12}},$$

wobei W_{11} den magnetischen Widerstand einer Kraftröhre bedeutet, welche nur den Strom i_1 umschlingt, und wobei in dem Ausdruck für N_{11} die Summe Σ über alle diese Kraftröhren zu erstrecken ist. Analog bedeutet W_{22} den magnetischen Widerstand einer Kraftröhre, welche den Strom i_2 allein umschlingt, und W_{12} den magnetischen Widerstand einer Kraftröhre, welche beide Ströme umschlingt.

Setzt man die Werthe (3) in (2) ein, so wird die magnetische Energie:

$$T = \frac{1}{2}(L_{11} i_1{}^2 + 2L_{12} i_1 i_2 + L_{22} i_2{}^2), \qquad (4)$$

wobei bedeutet:

$$L_{11} = 4\pi \left(\Sigma \frac{1}{W_{11}} + \Sigma \frac{1}{W_{12}} \right),$$

$$L_{12} = \pm 4\pi \Sigma \frac{1}{W_{12}}, \qquad (5)$$

$$L_{22} = 4\pi \left(\Sigma \frac{1}{W_{22}} + \Sigma \frac{1}{W_{12}} \right).$$

Es tritt das positive oder negative Zeichen für L_{12} in Kraft, je nachdem für die Kraftlinien N_{12} die magnetomotorischen Kräfte $4\pi i_1$ und $4\pi i_2$ sich addiren oder subtrahiren.

Wir werden im nächsten Paragraphen zeigen, dass die Werthe der L von den Stromstärken i_1 und i_2 unabhängig sind, dass sie vielmehr nur abhängen von der Gestalt und Lage der Wirbelräume, d. h. Stromkurven, zueinander und zu etwaigen im Felde vorhandenen para- oder diamagnetischen Körpern. Infolge dessen behält also L_{11} auch denselben Werth, wenn $i_2 = 0$ ist. In diesem Falle bedeutet aber $L_{11}/4\pi$ den reciproken Werth des im vorigen Paragraphen besprochenen Widerstandes des gesammten Magnetfeldes für den Strom i_1, wie eine Vergleichung der Formel (4) (für $i_2 = 0$) mit der dortigen Formel (1) zeigt. Ebenso hat $4\pi/L_{22}$ die Bedeutung des magnetischen Widerstandes des Feldes, falls der

Strom i_2 allein fliesst. $\pm 4\pi/L_{12}$ hat nach den Formeln (5) die Bedeutung des magnetischen Widerstandes desjenigen Raumtheiles des Feldes, in welchem die Kraftlinien verlaufen, welche beide Ströme umschlingen. Falls die Theile jedes Stromkreises starr miteinander verbunden sind, so dass die Stromkreise nur als Ganzes beweglich sind, wie es z. B. bei zwei Strömen der Fall ist, die in unbiegsamen Drähten fliessen, so ist daher von den Koefficienten L_{11}, L_{12}, L_{22} nur der mittlere L_{12} bei möglichen Konfigurationsänderungen des Systems variabel. Die Bewegungen erfolgen stets so, dass T möglichst gross wird. Betrachten wir zunächst den Fall, dass für die Kraftlinien N_{12} die magnetomotorischen Kräfte sich addiren, dass also L_{12} das positive Vorzeichen besitzt, so erfolgen nach Formel (4) die Bewegungen der Stromkreise zueinander in der Weise, dass L_{12} möglichst gross, d. h. der magnetische Widerstand der beide Ströme umschlingenden Kraftröhren möglichst klein wird. Dieselben müssen sich daher zu kontrahiren streben, da durch Verkürzung ihrer Länge ihr magnetischer Widerstand abnimmt. **Parallele, gleich gerichtete Ströme ziehen sich daher an.** — Will man die Erscheinung zurückführen auf Zugkräfte, die im magnetischen Felde parallel den Kraftlinien wirken, und auf Druckkräfte, die senkrecht zu ihnen wirken, eine Anschauung, deren Begründung im § 9 des vorigen Kapitels auf pag. 141 gegeben ist, so überwiegt also in diesem Falle die Wirkung des Zuges über die des Druckes.

Das Umgekehrte tritt ein, wenn sich die magnetomotorischen Kräfte $4\pi i_1$ und $4\pi i_2$ in den beide Ströme umschlingenden Kraftröhren subtrahiren. Dann besitzt L_{12} das negative Vorzeichen, die Bewegungen der Stromkreise zueinander erfolgen also in der Weise, dass L_{12} möglichst klein, d. h. der magnetische Widerstand der beide Ströme umschlingenden Kraftröhren möglichst gross wird. Dies tritt ein durch Verlängerung derselben, sie haben daher die Tendenz sich zu dehnen. **Parallele, entgegengesetzt gerichtete Ströme stossen sich daher ab.** — In diesem Falle überwiegt also der senkrecht zu den Kraftlinien herrschende Druck über den in ihnen herrschenden Zug, falls man sich der im § 9 des vorigen Kapitels gemachten Veranschaulichung der ponderomotorischen Wirkungen bedienen will.

Wie eine Vergleichung der Formeln (3) mit den Ausdrücken (5) ergibt, ist die Gesammtzahl der Kraftlinien, welche den Strom i_1 umschlingen,

$$N_1 = N_{11} + N_{12} = i_1 L_{11} + i_2 L_{12}, \qquad (6)$$

und die Gesammtzahl der den Strom i_2 umschlingenden Kraftlinien:

$$N_2 = N_{22} + N_{12} = i_2 L_{22} + i_1 L_{21}. \qquad (6')$$

Die Betrachtungen lassen sich in der angegebenen Weise auf den Fall ausdehnen, dass das magnetische Feld beliebig viele lineare Ströme besitzt. Die magnetische Energie erscheint analog wie in (4) als homogene quadratische Funktion der im Felde vorhandenen Stromstärken.

3. Die F. Neumann'sche Formel für das elektrodynamische Potential.

Die bisherigen Entwickelungen besitzen den Vorzug grosser Anschaulichkeit, dagegen den Nachtheil, dass strenge numerische Werthe für die ponderomotorischen Wirkungen aus ihnen nur unbequem abzuleiten sind, weil man den Verlauf der Kraftlinien erst aus der Lage der Ströme und ihren Intensitäten ermitteln müsste. In dieser Hinsicht ist eine andere Formel für die magnetische Energie oder — was dasselbe besagt — für das elektrodynamische Potential vortheilhafter.

Nach Formel (5') des § 3 im III. Kapitel (pag. 125) ist die magnetische Energie eines linearen Stromes der Stärke i gegeben durch

$$T = i \int \mu \left[\alpha \cos(nx) + \beta \cos(ny) + \gamma \cos(nz) \right] d\sigma.$$

Drückt man nun in dieser Formel $\mu\alpha$, $\mu\beta$, $\mu\gamma$ durch die Komponenten F, G, H des Vektorpotentials aus, wie es im II. Kapitel auf pag. 90 durch die Formeln (16) geschehen ist, und wendet man auf das so entstandene Flächenintegral über σ den Stokesschen Satz [vgl. oben pag. 60, Formel (28)] an, welches gestattet ist, da F, G, H, sowie ihre ersten Differentialquotienten überall eindeutige stetige Funktionen sind, so erhält man

$$T = i \int [F\,dx + G\,dy + H\,dz], \qquad (7)$$

wobei das Integral über die Begrenzung von σ, d. h. über die lineare Stromkurve zu erstrecken ist. Der Fortschreitungssinn der Integration muss nach der auf pag. 124 getroffenen Festlegung der positiven Richtung von n der des positiven Stromes i sein.

Die Formel (7) gilt ganz allgemein, auch wenn die Magnetisirungskonstante μ von Ort zu Ort variirt, da die Formeln (16) der pag. 90 dabei ungeändert gültig bleiben und ebenso die Formel (5') der pag. 125, von der wir hier ausgingen.

Wir wollen aber nun annehmen, dass μ überall ein und denselben Werth besitzen soll. In diesem Fall ist F, G, H durch die Formeln (19) der pag. 91 darstellbar als Funktion der in dem magnetischen Felde vorhandenen Komponenten u, v, w der elektrischen Strömung. Nehmen wir ferner an, dass dieselbe überhaupt nur in linearen Stromleitern stattfinden solle, so ist F, G, H nach (19) (pag. 91) darstellbar durch:

$$F = \mu \Sigma i' \int \frac{dx'}{r}, \qquad G = \mu \Sigma i' \int \frac{dy'}{r},$$
$$H = \mu \Sigma i' \int \frac{dz'}{r}. \qquad (8)$$

Dabei bedeutet i' die Stromstärke irgend eines linearen Stromes des Feldes, dx', dy', dz' die Projektionen eines Längenelementes ds' desselben, und zwar ist ds' positiv gerechnet in der positiven Richtung von i', und r bedeutet die Entfernung des Elementes ds' von demjenigen Punkte P, für welchen man den Werth von F, G, H bestimmen will. Die Summe Σ ist über alle im Felde vorhandenen linearen Stromkreise zu nehmen.

Setzt man den Werth von F, G, H nach (8) in die Formel (7) ein und berücksichtigt, dass man für T den Faktor $\frac{1}{2}$ zuzufügen hat, wenn man die Summe über alle im Felde vorhandenen Stromkreise erstreckt (wegen des pag. 127 angegebenen Grundes), so wird

$$T = \frac{1}{2} \mu \Sigma i i' \int \frac{dx\,dx' + dy\,dy' + dz\,dz'}{r}, \qquad (9)$$

oder

$$T = \frac{\mu}{2} \Sigma i i' \int \frac{ds\,ds'}{r} \cos \varepsilon, \qquad (10)$$

falls ε den Winkel bedeutet, den die positiven Richtungen ds, ds' zweier beliebiger Stromelemente des Feldes miteinander bilden, r ihre gegenseitige Entfernung. Die Summe und das Integral in (9) sind zu erstrecken über alle Kombinationen je zweier Stromelemente, und zwar kommt die Kombination zweier bestimmter Elemente immer zweimal vor.

Die Formel (9) heisst das **Franz Neumann'sche elektrodynamische Potential.** — Aehnlich wie es früher beim Biot-Savart'schen Gesetze (pag. 107) für die elektromagnetische Wirkung ausgesprochen ist, kann man auch hier die elektrodynamische Wirkung zerlegt denken in eine Summe von Elementarwirkungen der einzelnen Stromelemente des Magnetfeldes.

Die Bestimmung dieser Elementarwirkungen aus der Formel (10) ist aber deshalb keine eindeutig bestimmte Aufgabe, weil unbeschadet der beobachtbaren Wirkungen in dem zu findenden Elementargesetze additive Kräfte willkürlich bleiben, deren Summe über einen geschlossenen Strom verschwindet. Denn, wie schon oben mehrfach hervorgehoben ist, giebt es nur geschlossene Ströme, es ist also auch nur die Wirkung solcher zu beobachten.

Ein mit der Formel (10) im Einklang stehendes Elementargesetz für die scheinbare Fernwirkung zweier Stromelemente ist das sogenannte Ampère'sche Gesetz, aber wie gesagt, ist es nicht das einzige Elementargesetz, welches mit (10) im Einklang steht, und es sind thatsächlich auch noch andere Elementargesetze aufgestellt. Zu den aufgestellten könnte man aus dem angeführten Grunde eine unendliche Menge anderer Elementargesetze zufügen.

Eine Bedeutung haben daher diese Elementargesetze nur, wenn man durch sie rechnerische Vortheile zur Berechnung der ponderomotorischen Wirkungen im Magnetfelde erreichen kann, gegenüber dem Integralgesetze (10) oder einem anderen der oben aufgestellten Integralgesetze. Ein solcher Vortheil wird aber wohl niemals bestehen. Die Form der bisher angegebenen Elementargesetze soll daher hier nicht mitgetheilt werden.

Aus der Formel (10) folgt für den Fall, dass zwei lineare Ströme der Stärken i_1 und i_2 im Felde vorhanden sind, die magnetische Energie in Gestalt der Formel (4), und zwar ist dann

$$L_{11} = \mu \int \frac{ds_1 \, ds_1'}{r} \cos \varepsilon,$$

$$L_{12} = \mu \int \frac{ds_1 \, ds_2}{r} \cos \varepsilon, \quad (11)$$

$$L_{22} = \mu \int \frac{ds_2 \, ds_2'}{r} \cos \varepsilon.$$

L_{11} ist nur über den Stromkreis i_1, L_{22} über i_2 zu erstrecken. Jede Kombination ds_1, ds_1' resp. ds_2, ds_2' der demselben Strom i_1 resp. i_2 zugehörigen Elemente kommt in jenen Integralen zweimal vor, L_{12} ist ein Doppelintegral, welches sowohl über i_1 als über i_2 zu erstrecken ist. Jede Kombination $ds_1 ds_2$ zweier den beiden verschiedenen Strömen angehörenden Elemente ds_1 und ds_2 kommt bei L_{12} nur einmal vor.

Aus (11) ist ersichtlich, dass, wie es oben auf pag. 173 behauptet wurde, L_{11}, L_{12}, L_{22} von den Stromstärken unabhängig sind, und nur von der geometrischen Gestalt und Lage der beiden Stromkurven abhängen. Das erstere würde auch eintreten, falls die Magnetisirungskonstante μ nicht überall denselben Werth besitzen sollte. Die Gestalt von L_{11}, L_{12}, L_{22} ist aber dann komplicirter, indem Flächenintegrale hinzukommen, die über die Begrenzungen der im Felde befindlichen para- oder diamagnetischen Körper zu erstrecken sind. Daher hängen dann L_{11}, L_{12}, L_{22} auch von der Lage dieser Körper zu den Stromkreisen ab, was nach der im vorigen Paragraphen erörterten Interpretation der L_{11}, L_{12}, L_{22} als reciproke Werthe von magnetischen Widerständen des Magnetfeldes selbstverständlich ist. Weniger selbstverständlich ist, dass auch in diesem Falle die L_{11}, L_{12}, L_{22} von den Stromstärken i_1 und i_2 nicht abhängen.

Uebrigens ist bei der Berechnung der Koefficienten L_{11}, L_{12}, L_{22} nach den Formeln (11) nur für den mittleren die Annahme gestattet, dass die Ströme des Magnetfeldes wirklich lineare seien. Für L_{11} und L_{22} ist diese Annahme deshalb unstatthaft, weil für gewisse Elemente des Integrales $r = 0$ sein würde; es würde demnach L_{11} und L_{22} unendlich gross werden, was jedenfalls nicht zutreffen kann. — Man hat daher zur Berechnung von L_{11} immer den Strom 1 als einen körperlichen aufzufassen, d. h. ihn als aus unendlich vielen linearen Strömen zusammengesetzt anzusehen, deren einzelne Stromstärken unendlich klein sind. — In welcher Weise man so in einigen speciellen Fällen am bequemsten die Berechnung von L_{11} durchführen kann, soll weiter unten im Kap V, § 9, gezeigt werden.

4. Die Abhängigkeit der elektrodynamischen Wirkung von der Magnetisirungskonstante der Umgebung. Die Formel (10) dieses Kapitels lehrt, dass die magnetische Energie linearer Ströme proportional ist der Magnetisirungskonstante μ der Umgebung der Ströme. Ihre elektrodynamische Wirkung ist also auch mit μ proportional. Ein System linearer Ströme übt also um so kräftigere gegenseitige elektrodynamische Wirkungen aus, je grösser die magnetische Leitfähigkeit ihrer Umgebung ist. Dieses Resultat mag auf den ersten Blick deshalb überraschen, weil, wie im Kap. II, § 7 auf pag. 83 nachgewiesen ist, die elektromagnetische Wirkung eines Stromes i, d. h. die Wirkung auf einen permanenten Magnetpol, von der Magnetisirungskonstante des Mediums unabhängig ist. Nun kann man aber einen permanenten Magneten der Polstärke $\pm$ m ersetzen durch ein dünnes Solenoid, welches von einem derartigen Strome i' durchflossen wird, dass $4\pi m$ Kraftlinien in seinem Inneren erzeugt werden. Man sollte daher denken, dass, wenn die Wirkung von i auf die Magnetpole $\pm$ m von dem μ der Umgebung unabhängig sind, dann auch die Wirkung von i auf das Stromsystem i' von μ nicht abhängen kann.

Bei diesem Schlusse ist aber ein wesentlicher Unterschied übersehen, der zwischen der Ermittelung der elektromagnetischen und zwischen der Ermittelung der elektrodynamischen Wirkung besteht. Bei ersterer kann nämlich das Innere des permanenten Magneten nicht von dem Medium der Magnetisirungskonstante μ erfüllt werden, wohl aber bei letzterer das Innere des Solenoids. Nun ist klar, dass in letzterem Falle die Anzahl der das Solenoid durchsetzenden Kraftlinien im Verhältniss $\mu : 1$ zunehmen muss, wenn die Magnetisirungskonstante seines Inneren, welches den wesentlichen Bestandtheil des magnetischen Widerstandes für die magnetomotorische Kraft $4\pi i'$ ausmacht, in diesem Verhältnisse wächst. Daher ist die äquivalente Polstärke des Solenoids nicht mehr $\pm$ m, sondern $\pm \mu m$, falls das Medium der Konstante μ den ganzen Raum, d. h. auch das Solenoidinnere erfüllt, dagegen bleibt die äquivalente Polstärke des Solenoids unverändert $\pm$ m, wenn das Medium der Konstante μ nur den Aussenraum des Solenoids erfüllt. Die Wirkung des Stromes i auf das Solenoid ist in letzterem Falle — und dieser entspricht der Ermittelung der sogenannten elektromagnetischen Wirkung — daher μ mal schwächer, als im ersteren Falle, welcher der Ermittelung der sogenannten elektrodynamischen Wirkung entspricht.

Aus dem gleichen Grunde ist es verständlich, dass die gegenseitige Einwirkung zweier permanenter Magnetpole umgekehrt proportional dem μ der Umgebung ist [vgl. oben pag. 32, Formel (1')], während die gegenseitige Einwirkung zweier Solenoide, die von unveränderlichen Strömen durchflossen werden, proportional dem μ des sie umgebenden Mediums ist, wenn dasselbe auch in das Innere der beiden Solenoide eindringt. Wäre das letztere nicht der Fall, und wäre das Innere der Solenoide der allein wesentliche Bestandtheil des magnetischen Widerstandes der beiden magnetischen Kreisläufe, welche die Ströme im Solenoid, jeder für sich allein, erzeugen, so würde ihre gegenseitige Einwirkung, gerade wie die permanenter Magnete, umgekehrt proportional der Magnetisirungskonstante μ ihrer Umgebung sein.

Für lineare Ströme ist es zur Berechnung ihrer magnetischen Energie, d. h. ihrer ponderomotorischen Wirkungen, ganz gleichgültig, ob die Magnetisirungskonstante des linearen Wirbelraumes selber, d. h. des stromführenden Leiters, denselben Werth besitzt, wie die der Umgebung oder nicht. Für körperliche Ströme, d. h. körperliche Wirbelräume, würde dies nur eintreten, falls die magnetischen Kraftlinien an der Oberfläche des stromführenden Körpers, d. h. des Wirbelraumes, derselben parallel liegen (vgl. oben pag. 51). Im Allgemeinen werden sie dies nicht thun. Dann gilt nicht mehr die oben pag. 176 aufgestellte einfache Darstellung (8) für die Komponenten F, G, H des Vektorpotentiales, und daher kann man auch nicht mehr die magnetische Energie nach der Formel (10) als Summe der Neumann'schen Potentiale berechnen, welche für die einzelnen linearen Ströme gelten würden, in die man ein System körperlicher Ströme stets zerlegt denken kann. — Die elektrodynamische Einwirkung zweier Ströme, die in sehr dicken Eisendrähten fliessen, welche einander relativ nahe sind, würde ein solcher Fall sein, in welchem eine komplicirtere Berechnung an Stelle der zuletzt mitgetheilten einfachen treten würde. Nach dem in Kap. II, § 11, pag. 91, Formeln (20) und (21), gegebenen Ansatz für α, β, γ muss man in diesem Falle die Oberfläche der Eisendrähte als Sitz magnetischer Belegungen annehmen.

5. Rekapitulation der Formeln für die magnetische Energie. Wir haben die magnetische Energie T des Magnetfeldes dargestellt als Raumintegrale, Flächenintegrale über die Stromflächen σ, welche von linearen Strömen des Feldes umgrenzt werden, und Linienintegrale über diese Ströme selbst.

Zunächst gewannen wir im III. Kapitel, § 6 auf pag. 132 u. 134 in den dortigen Formeln (11) und (15) das **Raumintegral**:

$$T = \frac{1}{8\pi} \int \mu (\alpha^2 + \beta^2 + \gamma^2) \, d\tau = \frac{1}{8\pi} \int B \mathfrak{H} \, d\tau.$$

Die in demselben Kapitel in § 8 auf pag. 138 mitgetheilten Formeln (17'), (21), (21'), welche T als Summe der magnetischen Energieen darstellen, welche die Kraftröhren des Feldes besitzen, sind ebenfalls als Raumintegrale aufzufassen. Diese Formeln waren:

$$T = \frac{1}{8\pi} \Sigma A N = \frac{1}{8\pi} \Sigma \frac{A^2}{W} = \frac{1}{8\pi} \Sigma N^2 W.$$

Diese Darstellungen gelten, auch wenn die Magnetisirungskonstante μ mit dem Ort variirt. Hat sie überall denselben Werth, so kann man aus der Formel (9) dieses Kapitels auf pag. 176 eine Darstellung von T als ein doppeltes Raumintegral gewinnen, falls man körperliche Ströme, deren Stromdichte j die Komponenten u, v, w hat, als ein System linearer Ströme auffasst. Man muss dann setzen, falls dq den Querschnitt einer Stromröhre bezeichnet, ds ein Stück ihrer Länge, dτ das Volumen dieses Stückes:

$$i = j \, dq, \quad u = j \cos(sx) = j \frac{dx}{ds}, \text{ etc. } \quad d\tau = dq \, ds, \qquad (12)$$

daher $i \, dx = u \, d\tau$ etc., und erhält so aus (9):

$$T = \frac{\mu}{2} \int\int \frac{uu' + vv' + ww'}{r} \, d\tau \, d\tau'. \qquad (13)$$

Dieses sechsfache Integral ist so zu nehmen, dass dieselben beiden Volumenelemente $d\tau$, $d\tau'$ stets zweimal vorkommen. Es ist über den ganzen Raum zu erstrecken, oder auch nur über die stromführenden Theile desselben, was auf dasselbe herauskommt, da nur in letzteren die u, v, w von Null verschieden sind.

Aus Formel (5') des § 3 des III. Kapitels (pag. 125) findet man die Darstellung von T als Summe der **Flächenintegrale** über die Stromflächen σ, welche von den linearen Strömen umgrenzt werden, in die man die Wirbelräume jedes Magnetfeldes zerlegt denken kann. Mit Einführung des Faktors $\frac{1}{2}$ aus dem pag. 127 angegebenen Grunde erhält man so:

Formeln für die magnetische Energie.

$$T = \frac{1}{2} \Sigma\, i \int \mu\, [\alpha \cos(nx) + \beta \cos(ny) + \gamma \cos(nz)]\, d\sigma$$

oder

$$T = \frac{1}{2} \Sigma\, i \int \mu\, \mathfrak{H}_n\, d\sigma.$$

Auch hierin kann μ mit dem Ort variiren.

Durch Einführung der Komponenten F, G, H des Vektorpotentials erhält man nach der Formel (7) des § 3 dieses Kapitels (pag. 175) T als Summe von Linienintegralen über die linearen Ströme des Feldes:

$$T = \frac{1}{2} \Sigma\, i \int (F\, dx + G\, dy + H\, dz). \tag{14}$$

μ kann mit dem Ort variiren, F, G, H sind beständig durch die Gleichungen (16) und (17) des II. Kapitels (pag. 90) definirt.

Für zwei lineare Ströme i_1 und i_2 erhält man aus (14) die Formel (4) dieses Kapitels (pag. 173), nämlich:

$$T = \frac{1}{2}(L_{11} i_1{}^2 + 2 L_{12} i_1 i_2 + L_{22} i_2{}^2).$$

Hat μ überall denselben Werth, so ergiebt sich aus (14) die Formel (10) des § 3 dieses Kapitels (pag. 176), nämlich:

$$T = \frac{\mu}{2} \Sigma\, ii' \int \frac{ds\, ds'}{r} \cos \varepsilon.$$

Die Koefficienten L_{11}, L_{12}, L_{22}, welche die magnetische Energie zweier linearer Ströme bestimmen, sind in diesem Falle durch die Formeln (11) des § 3 dieses Kapitels (pag. 177) ausdrückbar.

Die Formel (14) ist eine Summe von Linienintegralen. Diese ist als ein Raumintegral aufzufassen, wenn die Ströme ein räumliches Kontinuum erfüllen. Da in diesem Falle nach den Gleichungen (12) für $i\, dx$ zu setzen ist $u\, d\tau$, so erhält man aus (14) folgende Darstellung von T als Raumintegral:

$$T = \frac{1}{2} \int (uF + vG + wH)\, d\tau. \tag{15}$$

Kapitel V.
Elektroinduktion im Magnetfeld.

1. Anwendung des Princips der Erhaltung der Energie auf die ponderomotorischen Wirkungen eines Magnetfeldes. Die Kraftlinien eines Magnetfeldes sind geschlossene Kurven. Ein Magnetpol würde daher fortwährend unter Erzeugung von Arbeit auf einer geschlossenen Kurve im Felde rotiren, wenn er den magnetischen Kräften stets frei folgen könnte. Eine solche experimentelle Anordnung, in welcher dies erreicht ist, haben wir im II. Kapitel auf pag. 75 kennen gelernt; dort rotirten zwei Magnetpole fortwährend um einen elektrischen Strom. Wenn es nun keinen Arbeitsaufwand erfordern würde, diesen Strom unverändert in derselben Stärke zu erhalten, so würde der beschriebene Apparat ein Perpetuum mobile darstellen. Denn nehmen wir z. B. an, der Magnetpol habe von einem Ausgangspunkte A den elektrischen Strom gerade einmal umkreist, er sei also wieder zu dem Ausgangspunkte A zurückgelangt, so ist die Konfiguration des ganzen Systems genau dieselbe, wie sie ursprünglich war. Trotzdem aber ist Arbeit geleistet, jener Rotationsapparat könnte z. B. eine kleine Maschine treiben.

Man hat die Ueberzeugung, dass es kein Perpetuum mobile giebt. Es muss daher einen Arbeitsaufwand erfordern, einen elektrischen Strom in unveränderter Stärke i zu erhalten während einer Zeit t, in welcher er mechanische Arbeit leistet. Dieser Arbeitsaufwand muss der Quelle entnommen sein, welche den elektrischen Strom erzeugt, d. h. in unserem Falle dem galvanischen Elemente.

In dem beschriebenen Falle nun, in welchem der Strom durch

Kupferdrähte fliesst, erfordert es schon einen gewissen Arbeitsaufwand vom galvanischen Elemente, um den Strom in unveränderter Stärke zu erhalten, auch wenn derselbe keine mechanische Arbeit leistet. Dies ist daraus zu schliessen, dass der stromführende Draht sich erwärmt (Joule'sche Wärme). Nennen wir die innerhalb der Zeit t entwickelte Wärmemenge W, so muss offenbar die ihr entsprechende Energie dem galvanischen Elemente entnommen sein. Und in der That finden wir in demselben chemische Umsetzungen, welche, auch falls sie keinen elektrischen Strom erzeugen, Wärme produciren, d. h. welche einem Herabsinken auf einen kleineren, in ihnen selbst enthaltenen Energiewerth entsprechen.

Nun wäre es denkbar, dass bei Thätigkeit des Rotationsapparates die in den stromführenden Drähten entwickelte Wärme kleiner wäre, als wenn der Rotationsapparat ruhte, dass also das galvanische Element stets die gleiche Energiemenge producirte, dass sich dieselbe aber bei ruhendem Apparat vollständig in Wärme umsetzte, dagegen bei rotirendem Apparat auch theilweise in mechanische Arbeit.

Dieser Auffassung widerspricht nun aber die Erfahrung, aus der sich ergiebt, dass in ein und demselben stromdurchflossenen Drahte die entwickelte Wärmemenge W bei unveränderter Stromstärke stets dieselbe bleibt, einerlei ob der Strom dabei mechanische Arbeit leistet oder nicht. Wir können daher von dem Energiewerth dieser Wärmemenge W bei den hier gestellten Fragen, in denen vorausgesetzt wird, dass die Stromstärke i stets dieselbe bleiben solle, ganz absehen, da sie immer dieselbe bleibt.

Es geht aber aus diesen Erörterungen hervor, dass ein **grösserer** Energieaufwand erforderlich ist, um einen Strom von bestimmter Stärke i während einer Zeit t zu unterhalten, wenn er dabei zugleich durch Bewegung von Magneten oder anderen Strömen mechanische Arbeit leistet, als wenn er dieses nicht thut. Und thatsächlich beobachtet man, dass man mehr galvanische Elemente hintereinander schalten muss, wenn die Stromstärke bei thätigem Rotationsapparate einen bestimmten Werth i besitzen soll, als wenn der Apparat nicht in Thätigkeit ist.

Die von dem elektrischen Strome geleistete Arbeit wird also durch Mehraufwand der chemischen Energie der neu hinzu geschalteten galvanischen Elemente kompensirt. Man kann also den Vorgang bei dem thätigen Rotationsapparate auch so auffassen, dass dessen mechanische Arbeit nicht eigentlich von den dem elektromagnetischen Felde innewohnenden ponderomotorischen Kräften geleistet wird, sondern von der chemischen Energie der neu hinzugeschalteten galvanischen Elemente, und dass das elektromagnetische System nur dazu dient, die Möglichkeit dafür zu schaffen, dass die chemische Energie sich in mechanische Energie umsetzen kann.

2. Definition der elektromotorischen Kraft der Induktion.

Den Mehraufwand an Energie, welcher dazu erforderlich ist, um einen Strom der Stärke i während einer Zeit t zu unterhalten, während der derselbe mechanische Arbeit leistet, setzt man gleich Eit, und nennt E die elektromotorische Kraft der Induktion. Der Name „elektromotorisch" ist deshalb gewählt, weil die aufgewandte Energie nicht direkt zur Bewegung von Massen dient, d. h. ponderomotorisch wirkt, sondern zur Unterhaltung der Stromstärke, welche sinken würde, falls von aussen dem System keine Energie zugeführt würde.

Man kann sich daher auch den Vorgang so vorstellen, dass durch die im System geleistete mechanische Arbeit, d. h. durch die Bewegung seiner Theile, ein Strom inducirt[1]) wird, welcher die entgegengesetzte Richtung besitzt, wie der vorhandene Strom i. Der inducirte Strom sucht also den Strom i zu schwächen, und die von aussen (von den Elementen) dem Strom i zugeführte Energie dient dazu, der elektromotorischen Gegenkraft E der Induktion das Gleichgewicht zu halten.

Durch die getroffene Festsetzung, nach der Eit bei jedem Kreisprocess numerisch gleich der vom Strom geleisteten mechanischen Arbeit sein muss, ist die elektromotorische Kraft E in absolutem Maasse messbar, da man i, t und die erzeugte Arbeit in absolutem Maasse durch die Einheiten der Masse, Länge und Zeit numerisch ausdrücken kann. — Die Dimensionsformel der elektromotorischen Kraft E ergiebt sich daher, da Eit die Dimension einer Arbeit hat, d. h. da

$$[E][i]t = ML^2T^{-2}$$

---

[1]) Die hier zu besprechende Induktion elektrischer Ströme im Magnetfelde ist eine wesentlich andere Erscheinung, als die im Kap. I, § 23, pag. 42 besprochene Induktion von scheinbarem Magnetismus im Magnetfeld. — Zur deutlicheren Unterscheidung kann man daher erstere **Elektroinduktion**, letztere **inducirten Magnetismus** nennen.

ist, unter Berücksichtigung des Werthes von [i] nach Formel (2) des II. Kapitels auf pag. 78 zu:

$$[E] = M^{1/2} L^{3/2} T^{-2}. \qquad (1)$$

Diejenige elektromotorische Kraft, welche im cgs-System den numerischen Werth 10^8 besitzt, nennt man ein Volt (nach dem italienischen Physiker Volta). Es ist also

$$1 \text{ Volt} = 10^8 \text{gr}^{1/2} \text{cm}^{3/2} \text{sec}^{-2}. \qquad (2)$$

Weshalb man 10^8 absolute Einheiten als praktische Einheit der elektromotorischen Kraft eingeführt hat, soll weiter unten erörtert werden.

3. Betrachtung beliebig kleiner Zustandsänderungen. Bisher sind Kreisprocesse des elektromagnetischen Systems betrachtet, d. h. dasselbe sollte vollständig in seine anfängliche Konfiguration und seinen Anfangszustand zurückkehren. Für diese Processe muss die vom System geleistete mechanische Energie gleich sein der Arbeit Eit der von aussen entnommenen elektromotorischen Kraft E, welche der Gegenkraft der Induktion das Gleichgewicht hält, oder, wie wir kurz sagen wollen, die mechanische Arbeit muss gleich der zugeführten elektrischen Energie sein.

Bei beliebig kleinen Zustandsänderungen des Systemes, welche keine Kreisprocesse darstellen, ist es nicht mehr nöthig, dass die elektrische Energie, welche zuzuführen nothwendig ist, um die Stromstärke konstant zu erhalten, gleich ist der bei der Zustandsänderung geleisteten mechanischen Arbeit. Das Princip der Erhaltung der Energie erfordert nur in diesem Falle, dass die Differenz zwischen der zugeführten elektrischen Energie und der geleisteten mechanischen Arbeit gleich ist der Aenderung, d. h. dem vollständigen Differential, einer gewissen eindeutigen Funktion U des Zustandes des Systemes. Bei Kreisprocessen verschwindet die Summe dieser Aenderungen von U, und daher ist bei ihnen jene Differenz gleich Null. — Sind mehrere Ströme im Felde vorhanden, so ist jedem derselben elektrische Energie zuzuführen, damit seine Stromstärke erhalten bleibt. In diesem Falle ist daher, falls die Konfigurationsänderung des Systemes in der kleinen Zeit dt erfolgt:

$$\Sigma E i d t = d T + d U, \qquad (3)$$

wo die Σ über alle Ströme des Feldes zu erstrecken ist und dT die geleistete mechanische Arbeit, d. h. den Zuwachs des elektrodynamischen Potentials (der magnetischen Energie) des ganzen Feldes bedeutet.

4. Die inducirte elektromotorische Kraft bei zwei linearen Strömen. Es möge zunächst der specielle Fall betrachtet werden, dass nur zwei lineare Ströme s_1 und s_2 der Stromstärken i_1 und i_2 im Felde vorhanden sind. Die so erhaltenen Resultate lassen sich leicht auf ein beliebig gestaltetes Magnetfeld verallgemeinern.

Zur Ableitung[1]) der Induktionsgesetze muss ein Erfahrungssatz vorangeschickt werden. Es ergiebt nämlich die Beobachtung, dass nicht nur bei mechanischer Arbeitsleistung, d. h. bei Verschiebung der Ströme gegeneinander, eine elektromotorische Kraft inducirt wird, sondern dass auch bei fester Lage von s_1 und s_2 in s_1 eine elektromotorische Kraft inducirt wird, wenn sich die Stromstärke i_2 in s_2 ändert. Aendert sich die Stromstärke i_2 um di_2 innerhalb der Zeit dt, so ergiebt die Erfahrung, dass die in dem Strome s_1 inducirte elektromotorische Kraft E_1 den Werth

$$E_1 = B \frac{di_2}{dt} \qquad (4)$$

besitzt, wobei B nur von der Gestalt und relativen Lage der beiden Stromkreise s_1 und s_2 abhängt, dagegen von den Stromstärken i_1 und i_2 unabhängig ist. Man nennt B den **Koefficienten der Induktion des Stromes s_2 auf den Strom s_1**. Den ausgesprochenen Satz kann man experimentell dadurch am bequemsten beweisen, dass man dem Strome i_1 keine Energie von aussen zuführt, um seine Stromstärke konstant zu erhalten, während sich i_2 ändert. Dann muss sich auch die Stromstärke i_1 ändern, und die Grösse der Aenderung, d. h. die Grösse des in s_1 inducirten Stromes, muss insofern einen Schluss auf die elektromotorische Kraft E_1 der Induktion in s_1 gestatten, als sie denselben Werth haben muss, wenn der inducirte Strom denselben Werth hat. Nun beobachtet man thatsächlich, dass dessen Grösse nicht von den schon vorhandenen Stromstärken i_1 und i_2 abhängt, dass er also z. B. auch in gleicher Stärke vorhanden ist, wenn i_1 ursprünglich Null war. Die

---

[1]) Im Wesentlichen schliesst sich die hier gegebene Ableitung an die von H. Poincare in Elektricität und Optik, deutsch von Jäger und Gumlich, II. Bd., pag. 25, gegebene an.

Aenderung der Stromstärke i_2 irgend eines Stromes s_2 inducirt also in allen ihm benachbarten metallischen Körpern oder Drähten Ströme, deren Stärke nur von der geometrischen Gestaltung des ganzen Systems und der Geschwindigkeit $\frac{di_2}{dt}$ der Aenderung der Stromstärke i_2 abhängt.

In dem betrachteten Falle müsste man also dem Strome s_1, wenn man seine Stromstärke konstant erhalten wollte, innerhalb der Zeit dt, während welcher die Veränderung di_2 erfolgt, eine elektrische Energie zuführen, deren Werth ist

$$E_1 i_1 dt = i_1 B di_2.$$

Wenn der Strom s_2 seine Stärke i_2 beibehält, dagegen seine Lage gegen den Strom s_1 ändert, so kann man sich diesen Vorgang dadurch ersetzt denken, dass in seiner Anfangslage seine Stromstärke auf 0 abnimmt, dass er dann verschoben wird in seine Endlage, und dass, wenn er diese erreicht hat, die Stromstärke wieder auf i_2 anwächst. Ist der Koefficient der Induktion zwischen s_1 und s_2 in der Anfangslage von s_2 gleich B, in der Endlage gleich $B + dB$, so ist die durch die Aenderung der Stromstärke von i_2 auf Null in s_1 inducirte elektromotorische Kraft E' gegeben durch

$$E' dt = - B i_2,$$

dagegen wird durch Anwachsen der Stromstärke von Null auf i_2 in der Endlage von s_2 eine elektromotorische Kraft E'' in s_1 inducirt, welche ist:

$$E'' dt = (B + dB) i_2.$$

Die bei dem ganzen Vorgang in s_1 inducirte elektromotorische Kraft E_1 hat daher den Werth

$$E_1 = E' + E'' = i_2 \frac{dB}{dt}. \qquad (5)$$

Es ist allerdings der soeben eingeschlagene Weg zur Ableitung dieser Formel deshalb nicht streng, weil bei dem wirklichen Vorgang mechanische Arbeit geleistet wird, bei dem gedachten Vorgang dagegen nicht. Das Experiment bestätigt indess die letzte Formel.

Aendert der Strom s_2 sowohl seine Stärke, wie seine Lage

gegen s_1, so wird in s_1 eine elektromotorische Kraft inducirt, welche sich durch Addition der beiden Formeln (4) und (5) ergiebt zu:

$$E_1 = B \frac{d i_2}{d t} + i_2 \frac{d B}{d t} = \frac{d (i_2 B)}{d t}. \tag{6}$$

Aendert der eigene Strom s_1 seine Gestalt und Stärke, so ist zu schliessen, dass ebenfalls in ihm eine elektromotorische Kraft inducirt wird, da bei Gestaltsveränderungen ponderomotorische Arbeit geleistet wird. Die dadurch in s_1 inducirte elektromotorische Kraft E_1' muss, nach Analogie mit dem Gesetz (6) zu schliessen, den Werth haben

$$E_1' = \frac{d (i_1 A)}{d t}, \tag{7}$$

wo A nur von der Gestalt des Stromes s_1 abhängt. Man nennt A den **Koefficienten der Selbstinduktion** des Stromes s_1.

Treten ganz beliebige Aenderungen in der Gestalt und Stärke beider Ströme s_1 und s_2 ein, so wird daher in s_1 eine elektromotorische Kraft inducirt, die sich durch Addition von (6) und (7) ergiebt zu

$$E_1 = \frac{d (i_1 A)}{d t} + \frac{d (i_2 B)}{d t}. \tag{8}$$

In gleicher Weise ist zu schliessen, dass in s_2 bei diesen Veränderungen eine elektromotorische Kraft E_2 inducirt wird, welche die Form besitzt:

$$E_2 = \frac{d (i_1 C)}{d t} + \frac{d (i_2 D)}{d t}, \tag{8'}$$

wobei C nur abhängt von der gegenseitigen Lage von s_1 und s_2, D nur von der Gestalt von s_2. D ist der Koefficient der Selbstinduktion von s_2.

Die Koefficienten A, B, C, D können wir nun aus dem Energieprincip, d. h. mit Hülfe der Gleichung (3), bestimmen. Wir müssen nur auf der linken Seite dieser Gleichung das Vorzeichen ändern, da wir in diesem Paragraphen unter E_1 und E_2 nicht diejenigen elektromotorischen Kräfte verstanden haben, welche dem System von aussen zuzuführen sind, damit die Stromstärken konstant bleiben, welche also den inducirten elektromotorischen Kräften das Gleichgewicht halten, sondern diese letzteren Kräfte selbst mit E_1

und E_2 bezeichnet haben. Da nach pag. 173, Formel (4), für zwei lineare Stromkreise die geleistete mechanische Arbeit ist:

$$dT = \frac{1}{2}(i_1{}^2 dL_{11} + 2 i_1 i_2 dL_{12} + i_2{}^2 dL_{22}),$$

so wird durch Einsetzen der Werthe (8) und (8') in die Gleichung (3) und Vorzeichenänderung ihrer linken Seite:

$$i_1 [d(i_1 A) + d(i_2 B)] + i_2 [d(i_1 C) + d(i_2 D)]$$
$$+ \frac{1}{2}(i_1{}^2 dL_{11} + 2 i_1 i_2 dL_{12} + i_2{}^2 dL_{22}) = - dU. \quad (9)$$

dU ist das vollständige Differential einer gewissen, noch unbekannten Funktion des Zustandes des Systemes. Derselbe kann in diesem Falle nur abhängen von den Werthen der fünf Grössen: $i_1, i_2, L_{11}, L_{12}, L_{22}$. — Betrachten wir zunächst den Fall, dass die letzteren drei Grössen sich nicht ändern, d. h. dass keine mechanische Arbeit im System geleistet wird. Es folgt dann aus (9):

$$di_1(i_1 A + i_2 C) + di_2(i_1 B + i_2 D) = - dU.$$

Da die linke Seite ein vollständiges Differential sein soll, so muss sein:

$$\frac{d(i_1 A + i_2 C)}{di_2} = \frac{d(i_1 B + i_2 D)}{di_1},$$

d. h.
$$B = C.$$

Durch Integration findet man:

$$U = - \frac{1}{2}(i_1{}^2 A + 2 i_1 i_2 B + i_2{}^2 D) + \text{Konst.}, \quad (10)$$

wo die Konstante nicht von den Intensitäten i_1 und i_2 abhängt.

Bleiben nun die Stromstärken konstant, verschieben sich dagegen die Ströme s_1 und s_2 gegeneinander und gegen sich selbst, so folgt aus (9) und (10):

$$i_1{}^2 dA + 2 i_1 i_2 dB + i_2{}^2 dD + \frac{1}{2}(i_1{}^2 dL_{11} + 2 i_1 i_2 dL_{12} + i_2 dL_{22})$$
$$= \frac{1}{2}(i_1{}^2 dA + 2 i_1 i_2 dB + i_2{}^2 dD) + C', \quad (11)$$

wo C' wiederum nicht von den Stromstärken abhängt. Da die

Gleichung (11) für alle beliebigen Werthe der Stromstärken i_1 und i_2 gelten muss, so folgt $C' = 0$ und:

$$A = -L_{11}, \quad B = -L_{12}, \quad D = -L_{22}. \tag{12}$$

Hierdurch und durch die Gleichungen (8) resp. (8') sind also die inducirten elektromotorischen Kräfte bestimmt und ebenso die Funktion U, welche sich nach (10) ergiebt zu

$$U = T,$$

bis auf eine additive Konstante, die weder von der Konfiguration des Systems noch von den Stromstärken abhängt, und die man daher ganz unberücksichtigt lassen kann. **U ist also die magnetische Energie des Systems.**

5. Allgemeine Folgerungen aus den Induktionsgesetzen zweier linearer Ströme. Nach Gleichung (3), in welcher wir jetzt den Werth von U kennen, ist bei einer kleinen Konfigurationsänderung dem Systeme zweier linearer Ströme, wenn die Stromstärken bei Leistung mechanischer Arbeit konstant bleiben sollen, elektrische Energie zuzuführen, welche doppelt so gross als die geleistete Arbeit, d. h. als der dadurch herbeigeführte Zuwachs der magnetischen Energie ist.

Fehlt diese Zufuhr von elektrischer Energie, so sinkt die Stromstärke, und es ist nach (3):

$$dT = -dU,$$

d. h. in einem sich selbst überlassenen elektromagnetischen System ist die geleistete mechanische Arbeit gleich der Abnahme der magnetischen Energie des Systemes (während sie gleich dem Zuwachs der magnetischen Energie ist, wenn für Erhaltung der Stromstärken gesorgt ist).

Die beiden zuletzt ausgesprochenen allgemeinen Sätze gelten offenbar nicht nur, wenn das Magnetfeld allein zwei lineare Ströme besitzt, sondern auch für ein ganz beliebig gestaltetes Magnetfeld, da man dessen Wirbelräume stets in lineare Ströme zerlegt denken kann, und auf jede Kombination von je zweien dieser linearen Ströme die angestellten Betrachtungen direkt anwenden kann.

Nach den Gleichungen (12) und (8) ist die in dem Strome s_1 inducirte elektromotorische Kraft:

$$E_1 = -\frac{d(i_1 L_{11} + i_2 L_{12})}{dt},$$

und ebenso die in s_2 inducirte elektromotorische Kraft l_2 nach (8'), da $B = C$ ist:

$$E_2 = -\frac{d(i_2 L_{22} + i_1 L_{12})}{dt}.$$

Nun bedeutet $i_1 L_{11} + i_2 L_{12}$ die Gesammtzahl N_1 der Kraftlinien, welche den Strom i_1 umschlingen, wie im IV. Kapitel auf pag. 175 Formel (6) gezeigt ist. Und ebenso ist $i_2 L_{22} + i_1 L_{12}$ die Gesammtzahl N_2 von Kraftlinien, welche den Strom i_2 umschlingen. Die Werthe der inducirten elektromotorischen Kräfte lassen sich daher auch in der Form schreiben:

$$E_1 = -\frac{dN_1}{dt}, \quad E_2 = -\frac{dN_2}{dt}, \tag{13}$$

d. h. **die in einer geschlossenen Kurve s inducirte elektromotorische Kraft E ist gleich der Aenderungsgeschwindigkeit $\frac{dN}{dt}$ der Anzahl N von Kraftlinien, welche die Kurve s umfasst.**

Dieser Satz gilt offenbar wiederum ganz allgemein in jedem Magnetfeld, d. h. nicht allein wenn das Magnetfeld nur zwei lineare Ströme besitzt und die Kurve s von dem einen derselben durchflossen wird.

Die elektrische Energie, welche einem Strome i_1 zuzuführen ist, damit seine Stärke bei der Verschiebung in einem beliebigen Magnetfelde konstant bleibt, ist nach (13):

$$E_1 i_1 dt = i_1 dN.$$

Nach den Entwickelungen des Kapitel III, § 3, auf pag. 124 ist $i_1 dN$ auch gleich der bei der Verschiebung von den Kräften des Magnetfeldes geleisteten Arbeit. **Diese ist also gleich jener elektrischen Energie.** Dieser Satz widerspricht nicht dem im Anfange dieses Paragraphen genannten Satze, da den anderen Strömen des Magnetfeldes, welche nicht verschoben werden, bei Bewegung des Stromes i_1 ebenfalls elektrische Energie zuzuführen ist, um ihre Stromstärke konstant zu erhalten.

Nach diesen Ueberlegungen können permanente Magnete, welche gegeneinander verschoben werden, streng genommen nicht als

Solenoide konstanter Stromstärke angesehen werden. Jedoch können ihre durch Induktion verursachten Stromänderungen nur sehr klein sein, falls der Querschnitt der Magnete sehr klein ist, da dann auch die durch gegenseitige Verschiebung hervorgebrachte Aenderung ihrer Kraftlinienzahl sehr gering ist. Auch hier (vgl. dazu oben pag. 68 u. 118) bestätigt sich also wiederum die Regel, dass die einfachen Gesetze wirklich permanenter Magnete nur ein idealer Grenzfall sind, der um so eher zu erreichen ist, je kleiner der Querschnitt der Magnete ist.

Nach den Formeln (13) hat E das entgegengesetzte Vorzeichen,. wie die Aenderung dN, d. h. der inducirte Strom fliesst in der Richtung, dass er die Aenderung dN der Kraftlinienzahl zu hindern sucht. Wird daher die Kraftlinienzahl durch Bewegung der Ströme des Feldes geändert, so sucht der inducirte Strom stets diese Bewegung zu hemmen. Dieses Gesetz heisst die Lenz'sche Regel. Nach derselben ergiebt sich, dass die Annäherung eines Stromes i an einen ihm parallel liegenden geschlossenen Draht s, mag dieser nun ursprünglich ebenfalls einen Strom enthalten, oder nicht, in s stets einen Strom von entgegengesetzter Richtung inducirt, wie sie i besitzt, da nach pag. 174 parallele, entgegengesetzt gerichtete Ströme sich abstossen. Umgekehrt inducirt eine Entfernung des Stromes i von s stets einen Strom in s, der gleiche Richtung wie i besitzt, da parallele, gleichgerichtete Ströme sich anziehen.

Wird die Aenderung dN der Kraftlinienzahl nicht durch ponderomotorische Arbeit hervorgebracht, d. h. durch Bewegung der Ströme des Feldes, sondern durch Aenderung ihrer Intensitäten, so wirkt der inducirte Strom dieser Aenderung entgegen. So muss die Vermehrung der Stromstärke i in einem parallel liegenden geschlossenen Drahte s stets einen Strom von entgegengesetzter Richtung induciren, wie sie i besitzt, eine Verminderung der Stromstärke i dagegen einen gleichgerichteten Strom. Letztere wirkt also wie eine Entfernung des Stromes, erstere wie eine Annäherung von i an s.

Betrachtet man speciell die inducirten Ströme, wie sie durch Aenderung der Stromstärke im eigenen Strom hervorgerufen werden, d. h. die Erscheinung der Selbstinduktion und der sogenannten Extraströme, so ist klar, dass die Selbstinduktion einem Anwachsen der Stromstärke einen gewissen Widerstand entgegensetzt, da der inducirte Extrastrom entgegengesetzt fliessen muss, wie der bestehende Strom i, dessen Stärke zunehmen soll; dagegen muss bei Abnahme der Stromstärke i der inducirte Extrastrom, da er gleich gerichtet mit i ist, den Strom i in seiner vorhandenen Stärke zu erhalten suchen, d. h. die Abnahme von i weniger plötzlich gestalten. Die Selbstinduktion wirkt also genau so, wie die Trägheit ponderabler Massen bei ihrer Bewegung. Man kann daher in gewisser anschaulicher Weise von der elektrischen Trägheit eines Stromsystemes sprechen, die um so grösser ist, je grösser sein Selbstinduktionskoefficient ist.

Der Selbstinduktionskoefficient (A oder D) eines linearen Stromes ist nach (12) abgesehen vom Vorzeichen gleich dem reciproken Werthe des magnetischen Widerstandes des Feldes für die betrachtete Gestalt der Stromlinie multiplicirt mit 4π, da nach pag. 173 L_{11} resp. L_{22} diese Bedeutung besitzen. Die elektrische Trägheit eines Stromes wird daher bedeutend vermehrt, wenn man Eisen in seine Nähe bringt, vor allem, wenn man es dorthin bringt, wo die Kraftlinien, welche der Strom erzeugt, am dichtesten verlaufen. Denn hierdurch wird der magnetische Widerstand des Feldes am meisten heruntergedrückt. Sonach erklärt sich, dass ein Solenoid mit Eisenkern, welches kräftige elektromagnetische Wirkungen ergiebt, auch eine viel bedeutendere elektrische Trägheit hat, als ein Solenoid ohne Eisenkern.

Eine Erscheinung der Selbstinduktion ist es, dass bei Unterbrechung des metallischen Schlusses eines Stromkreises ein Funken an der Unterbrechungsstelle eintritt. Die elektromotorische Kraft der Selbstinduktion kann nämlich bei grosser elektrischer Trägheit und schneller Aenderung der Stromstärke eine solche Höhe erreichen, dass sie einen elektrischen Strom unter Funkenerscheinung durch die Luft hindurchtreibt, welche sonst dem Strome nicht den Durchgang gestattet.

Da nach Formel (12) der Koefficient B der gegenseitigen Induktion zweier Stromkreise gleich $-L_{12}$, d. h. nach pag. 173 proportional dem reciproken Werthe des magnetischen Widerstandes derjenigen Kraftröhren ist, welche beide Stromkreise umschlingen, so muss auch die gegenseitige Induktion zweier Stromkreise um so grösser werden, je besser die magnetische Leitfähigkeit des Feldes für die beide Ströme umschlingenden Kraftlinien ist. Daher wird das Innere des Ruhmkorff'schen Induktionsapparates und der sogenannten Transformatoren mit Eisen von hoher Permeabilität ausgefüllt, da diese Apparate dazu dienen sollen, durch Aenderung der Stärke eines Stromes kräftige Induktionswirkungen in einem ihn umhüllenden Drahtsolenoid zu erzielen.

6. Ballistische Methode zur Ermittelung der Magnetisirungskonstanten und der Stärke eines Magnetfeldes.

Auf die Erscheinungen der Elektroinduktion im Magnetfelde gründet sich eine einfache Methode zur experimentellen Bestimmung der Magnetisirungskonstanten eines Körpers. Derselbe wird in die Form eines geschlossenen Ringes von konstantem Querschnitt gebracht und mit einem Kupferdraht solenoidartig umwickelt (Primärspule). Fliesst durch diese ein Strom von der Stärke i, so kennt man nach pag. 111 die Feldstärke $\mathfrak{H}$ im Ringe, falls man i in absolutem Maasse misst. Der Ring ist nun an einer Stelle mit einer zweiten Drahtspirale von einigen Windungen umwickelt (Sekundärspule), deren Enden metallisch verbunden werden mit den Enden der Wickelung eines empfindlichen Galvanometers, dessen Ausschläge mit Hülfe von Fernrohr, Spiegel und Skala abgelesen werden. Bei Aenderung der Stromstärke i der Primärspule um di ändert sich die von der Sekundärspule umfasste Anzahl N der magnetischen Kraftlinien, es wird daher ein Strom in ihr inducirt und das Galvanometer zeigt einen Ausschlag α. Derselbe ist, falls die Schwingungsdauer des Galvanometers nicht allzu klein ist, proportional zu der Gesammtänderung dN der Kraftlinienzahl, welche N durch Aenderung von i erfährt. Denn bezeichnet E_1 die während der Zeit dt wirkende Induktionskraft, so wird ihre Wirkung auf das Galvanometer proportional zu $E_1 dt$ sein. Der ganze Ausschlag α ist also proportional zu $\int E_1 dt$, und dieses Integral hat nach (13) den Werth dN.

Macht man denselben Versuch unter ganz denselben Bedingungen, aber ohne Eisenkern, so ist jetzt offenbar dN im Verhältniss $1 : \mu$ kleiner, falls μ die Magnetisirungskonstante des Eisens bezeichnet. Ist also der Galvanometerausschlag jetzt α', so ist

$$\mu = \alpha : \alpha'.$$

Aendert man die Stromstärke i und daher auch die Feldstärke $\mathfrak{H}$ um kleine Beträge, so misst man durch diese Methode den Differentialwerth erster Art $\overline{\mu}$ der Magnetisirungskonstante (vgl. oben pag. 142). Lässt man aber die Stromstärke von 0 plötzlich auf i anwachsen, so misst man den Integralwerth μ. Komplikationen treten ein durch den remanenten Magnetismus. Man kann diesen direkt bestimmen, wenn man die Primärspule und den Eisenkern anstatt in Ringform als langgestreckten Cylinder anwendet. Die Feldstärke $\mathfrak{H}$ ist im Inneren des Solenoids bei gemessenem i ebenfalls bekannt, falls dasselbe genügend [1]) lang im Vergleich zu seinen Querdimensionen ist. Der remanente Magnetismus im Eisen kann dann einfach durch schnelles Abziehen der Sekundärspule vom Eisenkern ermittelt werden.

Die Stromstärke i braucht nicht genau gemessen zu werden, da sie nur dazu benutzt wird, um angeben zu können, zu welchen Feldstärken die beobachteten Werthe von µ gehören.

Fällt der Galvanometerausschlag α' ohne Eisenkern zu klein aus, so kann man entweder die Aenderung d i der Stromstärke in einem zu messenden Verhältniss steigern, oder eine Sekundärspule von grösserer Windungszahl, aber gleichem galvanischen Widerstande (vgl. weiter unten) verwenden.

Ueber weitere Details der Methode vgl. auch Ewing, Magnet. Induktion in Eisen und verwandten Metallen. Deutsch von Holborn und Lindeck. Berlin und München, 1892, pag. 51—74.

Mit Hülfe derselben Benutzung des Galvanometers kann man auch die Stärke $\mathfrak{H}$ eines beliebigen Magnetfeldes messen, indem man die mit den Enden des Galvanometers verbundene Induktionsspule schnell fortbewegt von dem Orte P, an welchem die Feldstärke gemessen werden soll, nach einem Orte P', in welchem die Feldstärke Null ist. Vergleicht man den dadurch erhaltenen Ausschlag α des Galvanometers mit dem Ausschlag α', der unter denselben Bedingungen erhalten wird, wenn man die Induktionsspule aus dem Inneren eines Solenoides von bekannter Windungszahl und der Stromstärke i fortbewegt, in welchem die Feldstärke $\mathfrak{H}'$ sein möge, so ist offenbar

$$\alpha : \alpha' = \mathfrak{H} : \mathfrak{H}'.$$

Wenn man also die Stromstärke i des Solenoides in absolutem Maasse misst, so kann man auch die Feldstärke $\mathfrak{H}$ berechnen.

Auf diese Weise können z. B. die Feldstärken bestimmt werden bei der im Kap. III, § 11, pag. 144 beschriebenen hydrostatischen Methode zur Ermittelung der Magnetisirungskonstanten. Die Induktionsspule muss für diesen Zweck nur nicht zu grossen Flächeninhalt umgrenzen, falls die Feldstärke $\mathfrak{H}$ nicht in grösseren Bereichen konstant ist.

---

[1]) Innerhalb welcher Strecken eines Solenoids die Feldstärke mit und ohne Eisenkern konstant ist, ergiebt sich experimentell sehr einfach, indem man das Galvanometer beobachtet, während die Sekundärspule im Solenoid verschoben wird.

7. Energieverlust durch Hysteresis.

Wenn durch irgend welche Konfigurationsänderungen im Magnetfelde die Kraftlinienzahl geändert wird, welche die elektrischen Ströme des Magnetfeldes umschlingen, und diesen stets soviel elektrische Energie zugeführt wird, dass die Stärke dieser Ströme konstant bleibt, so ist nach den Folgerungen des § 5 auf pag. 192 der Gesammtwerth dieser elektrischen Energie gleich

$$\Sigma i \, dN,$$

wobei die Σ über alle Ströme des Magnetfeldes zu erstrecken ist. Durchläuft die Konfigurationsänderung des Systemes einen Kreisprocess, so verschwindet daher jener Gesammtwerth elektrischer Energie, da sie für jeden einzelnen Strom verschwindet. Denn i soll für ihn konstant bleiben und dN ist gleich Null, falls ein Kreisprocess durchlaufen wird. Dieser Satz bleibt immer gültig, auch wenn im Magnetfelde Körper verschoben werden, welche Hysteresis in ihrem magnetischen Verhalten zeigen.

Daher konnten wir in Kap. III, §§ 14—16, von der elektrischen Energie, welche zuzuführen nothwendig ist, um die Stromstärken bei Konfigurationsänderungen konstant zu erhalten, bei Kreisprocessen derselben einfach abstrahiren.

Anders liegen die Verhältnisse, wenn die Kraftlinienzahl nicht durch Konfigurationsänderungen des Systemes variirt wird, sondern durch Aenderung in den Stromstärken. In diesem Fall wird keine mechanische Arbeit geleistet, sondern nur elektrische. — Denken wir z. B., dass die Stromstärke i in einem Solenoid von n Windungen, welches einen Eisenkern vom Querschnitt q enthält, cyklisch variirt wird. Um die Stromstärke um di zu steigern, ist ein Aufwand elektrischer Energie nothwendig, welcher ist

$$dE = n E i \, dt = n i \, dN.$$

Von der Zahl N der Kraftlinien, welche das Solenoid durchsetzen, mögen N_1 in Luft, N_2 im Eisenkern verlaufen, indem dieser das Innere des Solenoides nicht ganz ausfüllen soll. Es ist also

$$dE = ni(dN_1 + dN_2).$$

Nennt man B den Werth der magnetischen Induktion im Eisen, d. h. die Kraftlinienzahl der Flächeneinheit, so ist

$$dN_2 = q \cdot dB.$$

Erwärmung durch Hysteresis.

Ist ferner l die Länge des Solenoides und des Eisenkernes, so ist die Feldstärke $\mathfrak{H}$ im Solenoid nach Formel (65) auf pag. 111

$$\mathfrak{H} = \frac{4\pi n i}{l}, \text{ d. h. } n i = \frac{\mathfrak{H} l}{4\pi}.$$

Es lässt sich daher dE in der Form schreiben

$$dE = n i \, d N_1 + \frac{\mathfrak{H} \, d B}{4\pi} q l.$$

Für einen Kreisprocess, d. h. bei einer cyklischen Aenderung der Stromstärke, verschwindet nun das erste der beiden Glieder der rechten Seite dieser Gleichung, weil N_1 eine eindeutige Funktion von i ist, dagegen ergiebt das zweite jener Glieder

$$\int dE = \frac{V}{4\pi} \int \mathfrak{H} \, d B,$$

wo V das Volumen des Eisenkernes bedeutet. $\int \mathfrak{H} \, d B$ ist gleich dem Inhalt J der Magnetisirungskurve (vgl. pag. 165) des Eisens, und zwar mit positivem Vorzeichen, da $\mathfrak{H}$ mit wachsendem B grösser ist, als mit abnehmendem B. Es ergiebt sich also

$$\int dE = \frac{J}{4\pi} V,$$

d. h. bei einer cyklischen Magnetisirungsänderung des Eisens ist pro Volumeneinheit ein Aufwand an Energie nothwendig, welcher gleich dem Inhalt der jenem Cyklus entsprechenden Magnetisirungskurve des Eisens ist, dividirt durch 4π. Es ist dieses dasselbe Gesetz, wie es oben auf pag. 167 in der Formel (54) abgeleitet wurde unter der Annahme, dass der Magnetisirungscyklus durch Ortsänderung des Eisens hervorgebracht werde.

Da in dem hier betrachteten Falle, in welchem der Magnetisirungscyklus nur durch Stromänderungen bewerkstelligt wird, gar keine mechanische Arbeit geleistet wird, so muss als einzig mögliche Kompensation des Energieaufwandes eine Erwärmung des Eisens eintreten. Für diese ergiebt sich daher dasselbe Gesetz, wie es schon oben pag. 168 abgeleitet ist unter der Annahme, dass die Stromstärke konstant bleibt und das Eisen nur Ortsänderungen erfährt.

8. Wirbelströme. Bewegt sich irgend ein körperliches Metallstück, in welchem ursprünglich kein elektrischer Strom fliesst, im magnetischen Felde, so müssen nach den Erörterungen des § 5 elektrische Ströme im Metall inducirt werden. Die Bahnen derselben kann man annähernd angeben, wenn man in jedem Punkte die Richtung der Elektroinduktionskraft kennt.

Zur Ermittelung derselben in einem körperlichen Leiter denken wir uns die Formeln (13) der pag. 192 zunächst angewendet auf einen linearen geschlossenen Strom s, von dem nur ein Stück der Länge ds beweglich ist, indem es etwa auf zwei Schienen gleiten kann, welche ihm immer den metallischen Kontakt mit dem übrigen Stromkreise sichern. Dann ergiebt die erste der Formeln (13), dass die in ds hervorgerufene Induktionskraft gleich ist der Anzahl dN magnetischer Kraftlinien, welche ds während seiner Bewegung schneidet, dividirt durch die während derselben verstrichene Zeit dt. So

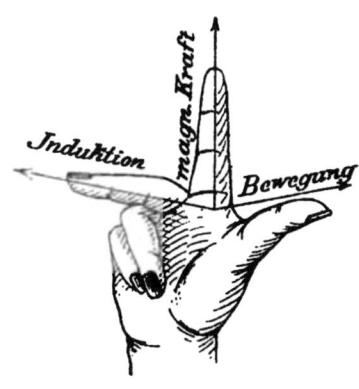

Fig. 36.

würde z. B. in ds die elektromotorische Kraft von 1 Volt inducirt, wenn ds in 1 Sekunde 10^8 magnetische Kraftlinien schnitte.

Man ersieht hieraus, dass die Induktionskraft in ds, bei gleicher Geschwindigkeit der Bewegung, am grössten ist, wenn es sich senkrecht zu den magnetischen Kraftlinien fortbewegt, und senkrecht zur Bewegungs- und Kraftlinienrichtung steht. In diesem Falle bilden also die Bewegung von ds, die magnetischen Kraftlinien und die längs ds hervorgerufene Induktionskraft ein rechtwinkliges Axenkreuz, deren positive Richtungen durch Daumen, Zeigefinger und Mittelfinger der rechten Hand gewiesen werden, falls man aus den Fingern ein rechtwinkliges Axenkreuz bildet (**Fleming's Regel**). Dieses folgt ohne weiteres aus der pag. 109 gegebenen Flemingschen Regel für die ponderomotorische Wirkung, welche ein Stromelement im Magnetfeld erfährt. Da bei jener Regel für dieselben Bedeutungen die Finger der linken Hand verwendet wurden, so müssen hier, zur Ermittelung der Induktionswirkung, die Finger der rechten Hand in denselben Bedeutungen die positiven Richtungen weisen; denn nach der Lenz'schen Regel sucht die Induktionswirkung etwa vorhandene Bewegungstendenz zu schwächen.

Ist die Bewegungsrichtung von ds vorgeschrieben, aber die Richtung von ds selber noch frei verfügbar, so ergiebt sich aus dem oben genannten Satze über die Elektroinduktionskraft in ds, dass dieselbe am grössten ist, wenn ds senkrecht auf der Richtung der magnetischen Kraftlinien und der Bewegungsrichtung steht. — Bewegt sich nun ein körperliches Metallstück im Magnetfelde, so wirken auf verschieden gerichtete Linienelemente ds, welche in einem Punkte P zusammenstossen, elektromotorische Kräfte verschiedener Grösse. Auf dasjenige Element wirkt pro Längeneinheit die grösste elektromotorische Induktionskraft, welches senkrecht zu der Bewegung und zur magnetischen Kraft in P liegt. Diese Richtung fällt daher auch mit der in P resultirenden elektromotorischen Induktionskraft zusammen.

Wenn man nach dieser Regel in jedem Punkte P des Metallstückes die resultirende Induktionskraft konstruirt, so kann man sich ein annäherndes Bild über den Verlauf der Stromlinien leicht verschaffen. Weil die inducirten Ströme sich immer im Metallstück selber schliessen müssen, so bilden dieselben Wirbel. Daher werden sie oft **Wirbelströme** genannt; da Foucault ihre Wirkung näher studirt hat, so werden diese Ströme auch oft als Foucault'sche bezeichnet.

Da die Wirbelströme nach der Lenz'schen Regel die Bewegung im Magnetfelde allemal zu hemmen suchen, so erfordert es einen gewissen Energieaufwand, eine solide Kupfermasse in einem kräftigen Magnetfelde, z. B. zwischen den Polen eines kräftigen Elektromagneten, in Rotation zu erhalten. Dieser Energieaufwand wird durch die Wirbelströme in Joule'sche Wärme umgesetzt. — Ohne Energiezufuhr kommt das Metallstück im Magnetfeld schnell zur Ruhe. —

Eine wichtige Anwendung dieses dämpfenden Einflusses der Wirbelströme ist bei der Konstruktion von Galvanometern gemacht; die Bewegung ihres Magnetsystems kann man dadurch, dass man es mit einer soliden Kupfermasse eng umschliesst, so dämpfen, dass es aperiodisch die Ruhelage erreicht.

Auch wenn eine Aenderung der Kraftlinienzahl in einem Metallkörper nicht durch Bewegung, sondern durch Aenderung der magnetomotorischen Kraft des Magnetfeldes hervorgebracht wird, treten Wirbelströme im Metallkörper auf. Dies tritt z. B. ein, wenn die

Stromstärke eines Solenoides plötzlich geändert wird, welches einen soliden Eisenkern enthält. Die Wirbelströme werden möglichst herabgedrückt, wenn der Metallkörper in Ebenen, welche senkrecht zur resultirenden elektromotorischen Induktionskraft liegen, durch Material zertheilt wird, welches den elektrischen Strom nicht leitet. Die Kerne von Transformatoren oder Induktionsapparaten stellt man deshalb aus Blechscheiben her, welche durch Papierlagen voneinander isolirt sind, oder aus Bündeln dünner, gefirnisster Eisendrähte. Die Wirbelströme sind in der That bei diesen Apparaten möglichst zu vermeiden. Sie ergeben nämlich nicht nur durch das unnöthige Erzeugen Joule'scher Wärme einen Energieverlust, sondern setzen auch die bei den Apparaten beabsichtigte Induktionswirkung herab, weil die Wirbelströme die Aenderung des magnetischen Zustandes der Eisenkerne zu verlangsamen streben.

9. Weber's Theorie des Diamagnetismus. Zur Erklärung der diamagnetischen Eigenschaften der Körper machte W. Weber die Hypothese, dass in ihnen durch Induktion Molekularströme entständen, falls durch äussere Ursachen (Bewegung oder Aenderung der Stärke äusserer Ströme) der Kraftlinienverlauf ihres Inneren eine Aenderung erfährt. Diese Molekularströme sollen ihre Stärke unverändert beibehalten, wenn keine Elektroinduktionskraft auf sie wirkt. Die Strombahnen in den Molekülen weichen also in ihren elektrischen Eigenschaften von den gewöhnlichen metallischen Stromleitern insofern ab, als in ersteren keine Joule'sche Wärme entwickelt wird. Dasselbe trifft auch für die molekularen Strombahnen der Ampère'schen Theorie der paramagnetischen Körper zu (cf. oben pag. 115).

Wenn nun ein Magnetstab etwa mit seinem Nordpol einem diamagnetischen Körper genähert wird, so werden in letzterem Ströme inducirt, welche diese Bewegung zu hindern suchen, welche also auf der dem Magneten zugewandten Seite des Körpers gleichfalls einen Nordpol erzeugen. Da diese Ströme nun andauern sollen, wenn der Körper in seiner neuen Lage verbleibt, so muss auf ihn der Magnetstab eine abstossende Kraft ausüben und dieses Verhalten ist nach Kap. III, § 8, pag. 139 charakteristisch für diamagnetische Körper.

Um die zu erwartenden Abstossungen quantitativ zu berechnen, bedarf es aber noch einiger Ueberlegungen. Wie nämlich deutlicher aus den Betrachtungen des nächsten Kapitels hervorgehen wird, muss die gesammte elektromotorische Kraft, welche auf einen Leiter wirkt, der keine Joule'sche Wärme entwickelt, jederzeit verschwinden, falls nicht die Stromstärke in ihm unendlich gross sein soll.

In unserem Falle setzt sich nun die gesammte, auf eine molekulare Strombahn s wirkende Elektroinduktionskraft aus zwei Theilen zusammen, nämlich der gegenseitigen Induktion zwischen s und den anderen Strömen des Feldes, und der Selbstinduktion von s. Nehmen wir an, dass die Strombahn s ein linearer Leiter sei, so ist die Induktionskraft der Selbstinduktion nach § 5 dieses Kapitels gegeben durch $-\frac{d(iL)}{dt}$, falls i die Stromstärke in s bezeichnet, L den Koefficienten der Selbstinduktion von s.

Bringen die anderen Ströme des Feldes am Orte von s die Feldstärke $\mathfrak{H}$ hervor, und ist s eine ebene Kurve, welche das Flächenstück f umgrenzt und deren Normale mit der Richtung der magnetischen Kraft $\mathfrak{H}$ den Winkel ϑ bilden möge, so senden die andern Ströme $\mathfrak{H} f \cos \vartheta$ magnetische Kraftlinien durch f hindurch. Die gegenseitige Elektroinduktionskraft zwischen s und den anderen Strömen ist also

$$-\frac{d(\mathfrak{H} f \cos \vartheta)}{dt}.$$

Setzt man daher die ganze, auf s wirkende Elektroinduktionskraft gleich Null, so erhält man:

d. h.
$$0 = \frac{d(iL)}{dt} + \frac{d(\mathfrak{H} f \cos \vartheta)}{dt},$$

$$iL + \mathfrak{H} f \cos \vartheta = \text{Konst.} = i_0 L. \tag{14}$$

Die Konstante i_0 hat die Bedeutung der Stromstärke des Molekularstroms in einem Felde $\mathfrak{H} = 0$. Nach Weber soll i_0 für diamagnetische Körper verschwinden. Daher folgt aus (14)

$$i = -\frac{\mathfrak{H} f}{L} \cos \vartheta. \tag{15}$$

Hierbei ist ϑ ein zwischen 0^0 und 90^0 liegender Winkel. Das negative Vorzeichen von i besagt, dass die von i hervorgebrachten magnetischen Kraftlinien denen des äusseren Feldes $\mathfrak{H}$ entgegenlaufen. Es ergiebt sich daher thatsächlich eine Abstossung zwischen i und den das Feld $\mathfrak{H}$ hervorbringenden Strömen. Um dieselbe zu berechnen, ist zu berücksichtigen, dass nach pag. 80 und 82 die Wirkung der dem Strom i äquivalenten Doppelfläche für einen Punkt P, der in der Richtung einer durch die Doppelfläche hindurchgehenden Kraftlinie liegt, proportional ist zu if cos ϑ, d. h. proportional zu

$$\text{f i} \cos \vartheta = - \frac{\mathfrak{H} f^2}{L} \cos^2 \vartheta.$$

Enthält die Volumeneinheit n Molekularströme, und sind die Axen derselben nach allen möglichen Richtungen ganz gleichmässig vertheilt, so wird, weil der Mittelwerth von $\cos^2 \vartheta$ gleich $1/3$ ist, die Wirkung eines Volumens $d\tau$ auf P proportional sein zu

$$- \frac{1}{3} \frac{\mathfrak{H} f^2}{L} n d\tau.$$

Wenn nun $d\tau$ das Stückchen einer Kraftröhre von der Länge dl und dem Querschnitt dq ist, so würde dieses Volumen $d\tau$ die gleiche Wirkung auf P äussern, wenn die Querschnitte dq enthielten die Dichte η der Belegung

$$\eta = \pm \frac{1}{3} \frac{\mathfrak{H} f^2}{L} n. \tag{16}$$

Da nun nach Formel (23) des Kap. I (pag. 41), falls man dort $\mu_1 = 1$, $\mu_2 = \mu$, $(\mathfrak{H}_n)_1 = \mathfrak{H}$ setzt, die Beziehung besteht:

$$\eta = \pm \frac{\mathfrak{H}}{4\pi} \left(\frac{1}{\mu} - 1 \right), \tag{17}$$

falls μ die Magnetisirungskonstante des diamagnetischen Körpers ist, und derselbe im Vakuum lagert ($\mu_1 = 1$), so liefert die Vergleichung der Formeln (16) und (17) für μ:

$$\frac{1-\mu}{4\pi\mu} = \frac{1}{3} \frac{n f^2}{L}. \tag{18}$$

Da bei allen diamagnetischen Körpern μ nur sehr wenig kleiner als 1 ist, so kann bei dieser Formel im Nenner ihrer linken Seite unbedenklich $\mu = 1$ gesetzt werden, so dass man erhält:

$$\frac{1-\mu}{4\pi} = \frac{1}{3} \frac{n f^2}{L}. \tag{19}$$

Etwas anders, wiewohl qualitativ ähnlich, gestalten sich die Verhältnisse, wenn wir die molekularen Strombahnen s nicht als lineare Leiter annehmen, sondern wenn die Moleküle von leitenden Flächen, z. B. Kugelflächen, eingeschlossen sind[1]). Wie man aus (18) und (19) ersieht, ergiebt sich nach dieser Theorie μ als von der Feldstärke $\mathfrak{H}$ unabhängig. Die bisherigen Beobachtungen widersprechen diesem Resultate nicht.

Die hier angestellten Ueberlegungen geben offenbar auch die strengere theoretische Grundlage für die Ampère'sche Molekulartheorie paramagnetischer Körper; es ist nur dazu in den Formeln die Konstante i_0 nicht gleich Null zu setzen, sondern im Gegentheil recht gross, wenn das Verhalten stark paramagnetischer Körper erklärt werden soll. Man kann dann näherungsweise den Einfluss der Induktionsströme überhaupt vernachlässigen. Jedoch gewinnen dieselben, wie aus der Formel (14) hervorgeht, mehr und mehr an Bedeutung, je grösser die Feldstärke $\mathfrak{H}$ wird. Dies würde zur Folge haben, dass die Magnetisirungskonstante (Differentialwerth erster Art $\bar{\mu}$) eines paramagnetischen Körpers bei wachsender Feldstärke nicht dem Grenzwerthe 1 zustrebt, sondern schliesslich kleiner als 1 wird, d. h. der Körper diamagnetisches Verhalten zeigt. In der Holzkohle scheint ein solcher Körper vorzuliegen.

10. Berechnung der Selbstinduktionskoefficienten einiger Stromsysteme. Nach der Formel (11) der pag. 177 ist der Koefficient L_{11} der Selbstinduktion von der Dimension einer Länge. Er wird also in absolutem Maasse nach Centimetern gemessen. Als praktische Einheit hat man die Länge des Erdquadranten, d. h. 10^9 cm für die Selbstinduktion gewählt und nennt diese Einheit 1 Quadrant oder 1 Henry (nach dem amerikanischen Physiker). Diese Einheit ist deshalb gewählt, weil dann in einem Leiter, welcher die Selbstinduktion 1 Quadrant besitzt, die elektromotorische Kraft von 1 Volt inducirt wird, wenn sich seine Stromstärke in einer Sekunde um 1 Ampère ändert. Es folgt dies sofort aus der Formel

$$E = L \frac{di}{dt}.$$

---

[1]) Vgl. darüber Maxwell, Elektricität und Magnetismus, deutsch von Weinstein, Berlin, 1883, 2. Bd., pag. 588.

Um einen Begriff von der Grösse der Selbstinduktion in praktischen Fällen zu haben, und um in späteren Kapiteln an die hier zu entwickelnden Formeln Folgerungen knüpfen zu können, soll die Selbstinduktion in einigen einfachen Fällen berechnet werden. — Nach der Bemerkung auf pag. 178 kann man die Selbstinduktion L_{11} nicht direkt nach der Integralformel (11) berechnen, indem man das Stromsystem als ein lineares auffasst.

a) Selbstinduktion eines Solenoids. Wir nehmen an, der Wickelungsraum des Solenoids sei nur dünn im Vergleich zu seinem Querschnitt q, dagegen sei seine Länge l sehr gross gegen q. Das Solenoid kann gerade sein, die Formeln gelten aber strenger für den Fall, dass das Solenoid sich als Ring schliesst.

Nach der Formel (65) des II. Kapitels auf pag. 111 ist die Feldstärke im Solenoid

$$\mathfrak{H} = \frac{4\pi i n}{l},$$

falls n die Anzahl der Windungen des Solenoids bedeutet. Die Anzahl der das Solenoid durchsetzenden Kraftlinien ist also

$$N = \frac{4\pi \mu q i n}{l},$$

falls μ die Magnetisirungskonstante des Solenoidinneren bedeutet, was eventuell aus Eisen bestehen kann.

Nach der Formel (8) des III. Kapitels auf pag. 130 ist die magnetische Energie gegeben durch

$$T = \frac{1}{2}\Sigma i N = \frac{1}{2} i^2 \cdot 4\pi\mu q \frac{n^2}{l},$$

denn das Solenoid enthält im Ganzen n Ströme der Stärke i.

Da nun andererseits die magnetische Energie eines linearen Stromes nach Formel (4) des IV. Kapitels auf pag. 173 gegeben ist durch

$$T = \frac{1}{2} i^2 L, \qquad (20)$$

wobei L den Koefficienten der Selbstinduktion bezeichnet, so ist für das Solenoid

$$L = 4\pi\mu n^2 \frac{q}{l}. \qquad (21)$$

Nehmen wir z. B. den Fall, dass das Solenoid keinen Eisenkern enthielte, also $\mu = 1$ wäre, ferner, dass der Querschnitt q ein Kreis von 10 cm Durchmesser sei und die Länge $l = 50$ cm. Wie viel Windungen n muss dann das Solenoid besitzen, damit es eine Selbstinduktion von 1 Quadrant besitzt?

Da $q = \dfrac{\pi}{4} \cdot 100$, $l = 50$, so muss nach (21) sein

$$10^9 = \pi^2 \cdot \frac{100}{50} \cdot n^2, \quad n^2 = \frac{10^9}{2\pi^2}, \quad n = \frac{10^4}{\pi}\sqrt{5}$$

$$n = 0{,}711 \cdot 10^4 = 7110.$$

Besteht das Solenoid aus Draht von 1 mm Dicke, so würde eine Lage dieses Drahtes bei der Länge $l = 50$ cm die Windungszahl $n = 500$ ergeben. Das Solenoid müsste also 14 solcher Drahtlagen enthalten, damit es die Selbstinduktion von 1 Quadrant besitzt.

Ist der Querschnitt q ein Kreis vom Radius r, und bezeichnet l' die ganze Drahtlänge des Solenoids, so ist:

$$q = r^2 \pi, \quad l' = 2 r \pi n.$$

Setzt man diese Werthe in (21) ein, so entsteht bei $\mu = 1$:

$$L = \frac{l'^2}{l}. \tag{21'}$$

Die Selbstinduktion wird daher um so grösser, je kürzer die Länge l des Solenoids ist [1]).

Nennt man R den Radius des Drahtes, d. h. 2 R seine Dicke, so ist, falls das Solenoid h Drahtlagen besitzt:

$$l = 2R\,\frac{n}{h},$$

d. h.

$$l' : l = r\pi h : R,$$

und

$$L = l' \cdot \frac{r\pi h}{R} \tag{21''}$$

---

[1]) Diese Betrachtungen gelten aber nur sehr angenähert, da stets l als gross im Vergleich zu den Querdimensionen angenommen ist und der von den Windungen selbst eingenommene Raum vernachlässigt ist. Zur genaueren Berechnung der Selbstinduktion einer Rolle vergleiche das oben citirte Werk von **Maxwell** pag. 432. Dort ist auch genauer diskutirt, wann die Selbstinduktion der Rolle bei vorgeschriebenem l' ein Maximum ist.

In dem vorhin betrachteten Fall ist

d. h. $\quad r = 5, \quad h = 14, \quad R = 0{,}05,$

$$L = 1' \cdot 4396. \tag{21'''}$$

Durch einen Eisenkern wird die Selbstinduktion bedeutend erhöht, wie die Formel (21) ergiebt. Indess muss aus dem pag. 201 angeführten Grunde für eine sorgfältige Zertheilung des Eisenkernes gesorgt sein, falls die Selbstinduktion auch bei schnellen Stromwechseln gross sein soll.

b) Selbstinduktion zweier, einander paralleler, sehr langer Hohlcylinder. Nach der Formel (15) des IV. Kapitels auf pag. 182 ist die magnetische Energie durch das Raumintegral darstellbar:

$$T = \frac{1}{2} \int (uF + vG + wH) \, d\tau. \tag{22}$$

Legt man die z-Axe parallel zu den Cylindern, so verschwindet u und v. Im II. Kapitel ist nun H für den hier vorliegenden Fall berechnet. Für den Aussenraum der Cylinder ist nämlich [vgl. die dortige Formel (52) pag. 103], falls man noch annimmt, dass die Summe der Stromstärken $i_1 + i_2$ beider Cylinder verschwindet:

$$H_a = -2\,\mu i_1 \lg \frac{r_1}{r_2}, \tag{23}$$

falls r_1 und r_2 die Entfernungen des Punktes P, für welchen H_a berechnet werden soll, von den Axen der Cylinder bedeuten. Für den Innenraum des Cylinders 1 erhält man durch Subtraktion der Formel (43) und (37) auf pag. 99 u. 98:

$$H_i^{(1)} = 2\,\pi\mu w_1 (R_1'^2 \lg r_1 - R_1^2 \lg R_1) + \pi\mu w_1 (R_1^2 - r_1^2)$$
$$+ 2\mu i_1 \lg r_2, \tag{24}$$

falls R_1 den äusseren, R_1' den inneren Radius des Cylinders bedeutet. Es ist also

$$i_1 = \pi w_1 (R_1^2 - R_1'^2). \tag{25}$$

Zerlegt man den Cylinder 1 durch koaxiale Cylinderflächen vom Abstand dr_1 und der Länge l des Cylinders in Volumenelemente $d\tau$, so ist die Grösse derselben

$$d\tau = 2\,\pi r_1 \, dr_1 \, l.$$

Setzt man diesen Werth und den Werth (24) für H in (22) ein, so kann man die Integrationen zum Theil sofort ausführen, wenn man die Integralformeln anwendet:

$$\int \lg x \, dx = x (\lg x - 1),$$

daher

$$\int \lg r_1 \cdot r_1 \, dr_1 = \frac{1}{4} \int \lg r_1^2 \cdot dr_1^2 = \frac{r_1^2}{4} (2 \lg r_1 - 1).$$

Man erhält daher aus (22) für den Theil von T, welcher auf den Cylinder 1 zu erstrecken ist:

$$T^{(1)} = \frac{\mu l}{2} \pi^2 w_1^2 \left\{ \lg R_1 (4 R_1^2 R_1'^2 - 2 R_1^4) - 2 \lg R_1' \cdot R_1'^4 \right.$$
$$\left. + \frac{1}{2} (R_1^2 - R_1'^2)^2 - R_1'^2 (R_1^2 - R_1'^2) \right\} + \mu i_1 w_1 \int \lg r_2 \, d\tau.$$

In dieser Formel bedarf nur noch das letzte, auf der rechten Seite auftretende Integral der Berechnung. Dieselbe gestaltet sich sehr einfach mit Hülfe eines Satzes, der im II. Kapitel oben auf pag. 96 abgeleitet ist. Nach der dortigen Formel (31) hat das Vektorpotential, welches von einem linearen Strome i herrührt, den Werth:

$$H = -2 \mu i \lg r + C.$$

Schliessen sich zahlreiche lineare Ströme zu einem stromdurchflossenen Cylinder zusammen, so ist also abgesehen von der Konstante C:

$$H = -2 \mu \Sigma i \lg r = -2 \mu w \int \lg r \, dq,$$

falls w die Stromdichte in einem Stromfaden bedeutet, dessen Querschnitt dq ist. Nennt man das Volumen eines Stromfadens $d\tau$, so ist

$$d\tau = l \cdot dq,$$

falls l die Länge der Stromfäden, d. h. des Cylinders, bedeutet. Es ist also:

$$H = -2 \mu \frac{w}{l} \int \lg r \, d\tau.$$

Wie nun oben auf pag. 96 bewiesen wurde, wirkt ein gleichmässig durchströmter Cylinder auf einen äusseren Punkt so, als ob sein ganzer Strom allein in seiner Axe koncentrirt wäre. Es muss also das letzte Integral den Werth besitzen:

$$H = -2\mu i \lg d,$$

wo d den Abstand des Punktes P, für den der Werth von H berechnet werden soll, von der Cylinderaxe bedeutet. Durch Vergleichung der beiden letzten Gleichungen folgt also:

$$w \int \lg r \, d\tau = i l . \lg d.$$

Eine Konstante ist nicht zu addiren, da für $r = d = \infty$ diese Gleichung offenbar erfüllt ist.

Wenden wir die gewonnene Formel auf unseren Fall an, so ergiebt sich

$$w_1 \int \lg r_2 \, d\tau = i_1 l . \lg d,$$

wo d den Abstand beider Cylinderaxen voneinander bedeutet. Denn der Punkt P, für den der Integralwerth genommen werden soll, liegt in der Axe des zweiten Cylinders (da r_2 von dieser an gerechnet ist).

Mit Hülfe der letzten Formel wird so

$$T^{(1)} = \frac{\mu l}{2} \pi^2 w_1^2 \left\{ -2(R_1^2 - R_1'^2)^2 \lg R_1 + 2 R_1'^4 \lg \frac{R_1}{R_1'} \right.$$
$$\left. + \frac{1}{2}(R_1^2 - R_1'^2)^2 - R_1'^2 (R_1^2 - R_1'^2) \right\} + \frac{1}{2} . 2 \mu l i_1^2 \lg d.$$

Mit Berücksichtigung von (25) wird dies zu

$$T^{(1)} = \frac{\mu l}{2} i_1^2$$

$$\left\{ -2 \lg R_1 + \frac{2 R_1'^4}{(R_1^2 - R_1'^2)^2} \lg \frac{R_1}{R_1'} + \frac{1}{2} - \frac{R_1'^2}{R_1^2 - R_1'^2} + 2 \lg d \right\}$$

Ebenso ergiebt sich für den Theil von T, welcher sich auf den Cylinder 2 bezieht:

$$T^{(2)} = \frac{\mu l}{2} i_1^2$$

$$\left\{ -2 \lg R_1 + \frac{2 R_2'^4}{(R_2^2 - R_2'^2)^2} \lg \frac{R_2}{R_2'} + \frac{1}{2} - \frac{R_2'^2}{R_2^2 - R_2'^2} + 2 \lg d \right\}$$

Durch Addition von $T^{(1)}$ und $T^{(2)}$ erhält man die magnetische Energie T des ganzen Systems. Da nach (20)

$$L = T : \frac{1}{2} i_1^2,$$

so folgt für den Koefficienten der Selbstinduktion:

$$L = \mu l \left\{ 2 \lg \frac{d^2}{R_1 R_2} + 1 - \frac{R_1'^2}{R_1^2 - R_1'^2} - \frac{R_2'^2}{R_2^2 - R_2'^2} \right.$$
$$\left. + 2 \frac{R_1'^4}{(R_1^2 - R_1'^2)^2} \lg \frac{R_1}{R_1'} + 2 \frac{R_2'^4}{(R_2^2 - R_2'^2)^2} \lg \frac{R_2}{R_2'} \right\}. \quad (26)$$

Diese Formel gilt nur für den Fall, dass die Magnetisirungskonstante μ im ganzen Raume denselben Werth hat.

Wie sie umzugestalten ist, wenn die Magnetisirungskonstanten μ_1 und μ_2 der Cylinder abweichen von der Magnetisirungskonstante μ_0 ihrer Umgebung, kann man in dem Falle, dass der Abstand d der Cylinder gross gegen ihre Dickendimensionen R_1 und R_2 ist, leicht angeben nach dem oben pag. 102 erörterten Verfahren. — Da nämlich in diesem Falle die Oberflächen der Cylinder von magnetischen Kraftlinien gebildet werden, so ist der Werth der magnetischen Feldstärke $\mathfrak{H}$ ganz unabhängig davon, ob μ_0 von μ_1 und μ_2 verschieden ist oder nicht.

Nehmen wir daher zunächst an, es sei $\mu_0 = \mu_1 = \mu_2 = \mu$, so findet man in der Nähe des Cylinders 1, für welche r_2 als von r_1 unabhängig anzunehmen ist (wegen der Grösse von d), durch Differentiation von (23) nach r_1, da nach pag. 95 die Gleichung besteht:

$$\mathfrak{H} = \frac{1}{\mu} \frac{dH}{dr_1}, \quad (27)$$

$$\mathfrak{H}_a = \frac{2 i_1}{r_1}. \quad (28)$$

(Das Vorzeichen von $\mathfrak{H}$ ist immer positiv genommen.) Ebenso findet man durch Differentiation von (24) nach r_1:

$$\mathfrak{H}_i^{(1)} = 2 \pi w_1 \left(r_1 - \frac{R_1'^2}{r_1} \right). \quad (29)$$

Die Formeln (27), (28) und (29) gelten nun auch, falls μ_0, μ_1, μ_2 voneinander verschieden sind. Nach (27) ist dann:

$$H_a = \mu_0 \int \mathfrak{H}_a \, dr_1 + C, \quad H_i^{(1)} = \mu_1 \int \mathfrak{H}_i^{(1)} \, dr_1 + C_1.$$

Führt man diese Integrationen aus, so erhält man

$$H_a = -2\mu_0 i_1 \lg r_1 + C,$$
$$H_i^{(1)} = 2\pi\mu_1 w_1 \left(R_1'^2 \lg r_1 - \frac{1}{2} r_1^2\right) + C_1. \qquad (30)$$

Ebenso würde man in der Nähe des zweiten Cylinders erhalten:

$$H_a = -2\mu_0 i_2 \lg r_2 + C',$$
$$H_i^{(2)} = 2\pi\mu_2 w_2 \left(R_2'^2 \lg r_2 - \frac{1}{2} r_2^2\right) + C_2. \qquad (31)$$

Da H_a in den Formeln (30) stetig in das H_a der Formeln (31) überzuführen möglich sein muss, und da es für $r_1 = r_2 = \infty$ verschwindet, so folgt, weil ausserdem $i_1 + i_2 = 0$ ist:

$$H_a = -2\mu_0 i_1 \lg \frac{r_1}{r_2}. \qquad (32)$$

Die Konstante (C_1) in (30) ergiebt sich daraus, dass für $r_1 = R_1$ H_a stetig in $H_i^{(1)}$ übergehen muss. Es folgt so, da in der Nähe des Cylinders 1 für r_2 mit genügender Näherung d zu setzen ist:

$$C_1 = -2\mu_0 i_1 \lg \frac{R_1}{d} - 2\pi\mu_1 w_1 \left(R_1'^2 \lg R_1 - \frac{1}{2} R_1^2\right),$$

d. h.

$$H_i^{(1)} = 2\pi\mu_1 w_1 R_1'^2 \lg \frac{r_1}{R_1} + \pi\mu_1 w_1 (R_1^2 - r_1^2) - 2\mu_0 i_1 \lg \frac{R_1}{d}. \qquad (33)$$

Aus der Stetigkeit von H_a und $H_i^{(2)}$ für $r_2 = R_2$ ergiebt sich analog:

$$H_i^{(2)} = 2\pi\mu_2 w_2 R_2'^2 \lg \frac{r_2}{R_2} + \pi\mu_2 w_2 (R_2^2 - r_2^2) + 2\mu_0 i_1 \lg \frac{R_2}{d}. \qquad (34)$$

Durch Integration ergiebt sich aus (33), da

$$T^{(1)} = \frac{2\pi l w_1}{2} \int H_i^{(1)} r_1 dr_1:$$

$$T^{(1)} = \frac{1}{2} l i_1^2$$
$$\left\{2\mu_0 \lg \frac{d}{R_1} + 2\mu_1 \frac{R_1'^4}{(R_1^2 - R_1'^2)^2} \lg \frac{R_1}{R_1'} + \frac{\mu_1}{2} - \mu_1 \frac{R_1'^2}{R_1^2 - R_1'^2}\right\}.$$

Analog erhält man für $T^{(2)}$:

$$T^{(2)} = \frac{1}{2} l i_1^2$$

$$\left\{ 2\,\mu_0 \lg \frac{d}{R_2} + 2\mu_2 \frac{R_2'^4}{(R_2^2 - R_2'^2)^2} \lg \frac{R_2}{R_2'} + \frac{\mu_2}{2} - \mu_2 \frac{R_2'^2}{R_2^2 - R_2'^2} \right\}.$$

Es folgt daher:

$$L = l \left\{ 2\mu_0 \lg \frac{d^2}{R_1 R_2} + \frac{\mu_1 + \mu_2}{2} - \mu_1 \frac{R_1'^2}{R_1^2 - R_1'^2} - \mu_2 \frac{R_2'^2}{R_2^2 - R_2'^2} \right.$$
$$\left. + 2\mu_1 \frac{R_1'^4}{(R_1^2 - R_1'^2)^2} \lg \frac{R_1}{R_1'} + 2\mu_2 \frac{R_2'^4}{(R_2^2 - R_2'^2)^2} \lg \frac{R_2}{R_2'} \right\}. \quad (35)$$

Diese Formel gilt also nur, falls d gross im Verhältniss zu R_1 und R_2 ist.

Für zwei Vollcylinder leitet man aus (35) ab:

$$L = l \left(2\mu_0 \lg \frac{d^2}{R_1 R_2} + \frac{\mu_1 + \mu_2}{2} \right). \quad (36)$$

Die Selbstinduktion ist daher um so grösser, je geringer die Dicke der Drähte, und je grösser ihr gegenseitiger Abstand und ihre Magnetisirungskonstante ist.

Der kleinste Werth, welchen d annehmen kann, ist $d = R_1 + R_2$. Für diesen Werth dürfen wir aber die Formel (36) nur anwenden, falls $\mu_0 = \mu_1 = \mu_2$ ist. Nehmen wir ihren gemeinsamen Werth zu 1 an, was z. B. eintritt, wenn Kupferdrähte in Luft lagern, so ergiebt sich aus (36) für jenen kleinsten Werth von d:

$$L = l \left(2 \lg \frac{(R_1 + R_2)^2}{R_1 R_2} + 1 \right). \quad (36')$$

In diesem Falle wird L am kleinsten, wenn man beiden Drähten gleiche Dicke giebt. Man hat dann auf die Längeneinheit der Leitung bezogen, da $l' = 2l$, falls l' die Länge der ganzen Leitung ist:

$$\frac{L}{l'} = \left(\lg 4 + \frac{1}{2} \right) = 1{,}886. \quad (36'')$$

Am kleinsten fällt also die Selbstinduktion bei einem Stromkreise aus, wenn man seinem Draht überall die gleiche Dicke giebt und den hinführenden Draht unmittelbar an den rückführenden anlegt. — Doch auch dann verschwindet die Selbstinduktion nicht völlig. Sie ist zwar bei Weitem kleiner, als wenn man den Draht zu einem Solenoid aufwickelt, wie eine Vergleichung der Formeln (36″) und (21″) lehrt. So ist z. B. in dem der Formel (21‴) zu Grunde gelegten Beispiel die Selbstinduktion der Längeneinheit 2330 mal grösser als bei (36″).

Natürlich müssen beide Drähte voneinander isolirt sein, deshalb kann man in der Praxis diesen kleinsten Betrag (36″) nicht voll erreichen. Doch vermag man durch Anwendung breiter, flacher Metallstreifen die Selbstinduktion auf jede beliebige Kleinheit zu reduciren.

In der That kann man zwei solcher sehr breiter Metallstreifen, die nahe aneinander liegen, als ein Solenoid von verschwindendem Querschnitt ansehen, und nach (21) verschwindet dessen Selbstinduktion.

Sind die Drähte Hohlcylinder von sehr geringer Wandstärke, so ergiebt die Formel (26) oder (35), dass die Selbstinduktion ins Unendliche zunimmt, wenn die Wandstärke zu Null abnimmt.

c) **Selbstinduktion eines Hohlcylinders, in dessen Innerem sich ein koaxialer Vollcylinder befindet.** Im II. Kapitel auf pag. 100 ist das Vektorpotential für diesen Fall berechnet. Nehmen wir an, dass die Summe der Stromstärken in beiden Cylindern verschwindet, d. h. dass der eine die Rückleitung des anderen ist, so lauten die auf pag. 103 angegebenen Formeln (51) für das Innere des Hohlcylinders:

$$H_1 = \pi \mu_1 w_1 (R_1^2 - r^2) - 2 \pi \mu_1 w_1 R_1^2 \lg \frac{R_1}{r},$$

für das Innere des Vollcylinders:

$$H_2 = \pi \mu_1 w_1 (R_1^2 - R_1'^2) + \pi \mu_2 w_2 (R_2^2 - r^2)$$
$$- 2 \pi \mu_1 w_1 R_1^2 \lg \frac{R_1}{R_1'} + 2 \pi \mu_0 w_2 R_2^2 \lg \frac{R_1'}{R_2}.$$

Darin bedeutet μ_1 die Magnetisirungskonstante des Hohlcylinders, μ_2 die des Vollcylinders, μ_0 die des Zwischenraumes zwischen beiden. Da nun ist

$$T = \frac{1}{2} \left\{ 2 \pi l w_1 \int_{R_1'}^{R_1} H_1 r \, dr + 2 \pi l w_2 \int_0^{R_2} H_2 r \, dr \right\},$$

so folgt mit Rücksicht auf

$$i_1 + i_2 = \pi w_1 (R_1{}^2 - R_1{}'^2) + \pi w_2 R_2{}^2 = 0:$$

$$L = l\left\{2\mu_0 \lg\frac{R_1'}{R_2} + 2\mu_1 \frac{R_1{}^4}{(R_1{}^2 - R_1{}'^2)^2}\lg\frac{R_1}{R_1'} - \mu_1\frac{R_1{}^2}{R_1{}^2 - R_1{}'^2} + \frac{\mu_2 - \mu_1}{2}\right\}. \quad (37)$$

Die Selbstinduktion wird um so kleiner, je mehr sich Hohlcylinder und Vollcylinder einander nahe kommen, d. h. je mehr R_2 gleich R_1' wird. Tritt dieser Grenzfall ein und ist $\mu_0 = \mu_1 = \mu_2 = 1$, so wird (37) zu:

$$L = l\frac{R_1{}^2}{R_1{}^2 - R_1{}'^2}\left(\frac{R_1{}^2}{R_1{}^2 - R_1{}'^2}\lg\frac{R_1{}^2}{R_1{}'^2} - 1\right),$$

oder wenn man $R_1{}^2 : R_1{}'^2 = \sigma$ setzt:

$$L = l\frac{\sigma}{\sigma - 1}\left(\frac{\sigma}{\sigma - 1}\lg\sigma - 1\right). \quad (37')$$

Dieser Ausdruck nimmt ungefähr für $\sigma = 2$, d. h. $R_1 = 1{,}41\, R_1'$ einen Minimalwerth an, nämlich $0{,}76 \cdot l$. Aber auch für andere Verhältnisse $R_1 : R_1'$ ist die Selbstinduktion immer noch sehr gering, wie folgende Tabelle lehrt:

σ	$L : l$
1	∞
1,5	1,14
2	0,76
3	0,82
4	1,12

Nennt man l' die Länge der ganzen Stromleitung, d. h. die Länge beider Cylinder, so ist $l' = 2\,l$. Die Selbstinduktion pro Längeneinheit der ganzen Leitung $L : l'$ ist also noch die Hälfte des Quotienten $L : l$. — Für $\sigma = 2$ ist daher $L : l' = 0{,}38$, d. h. die Selbstinduktion ist etwa noch 5 mal kleiner als die zweier einander berührender Vollcylinder, da nach (36'') für diese $L : l'$ den Werth 1,886 hat.

d) **Ponderomotorische Wirkungen bei zwei parallelen Stromcylindern.** Nach Kap. IV, § 1, pag. 171, stossen sich die einzelnen Theile eines und desselben Stromsystems voneinander ab. Es wurde dort auch ein Experiment beschrieben, durch das diese Abstossung zu demonstriren war, indem ein Kupferbügel B auf zwei parallelen Quecksilberrinnen schwimmt, denen ein elektrischer Strom zu- bezw. abgeführt wird. Besteht diese Stromleitung aus zwei parallelen sehr langen Drähten, welche die Länge l und den gegenseitigen Abstand d besitzen, so können wir die auf den Bügel B in der Richtung von l wirkende ponderomotorische Kraft jetzt berechnen, da wir den Koefficienten der Selbstinduktion L des Stromsystems und folglich auch seine magnetische Energie T kennen. Denn nach Formel (20) auf pag. 205 ist

$$T = \frac{1}{2} i^2 L,$$

falls i die Stromstärke im System bezeichnet. Die nach irgend einer Richtung s wirkende Kraft ist daher

$$K_s = \frac{1}{2} i^2 \frac{\partial L}{\partial s},$$

da die bei Aenderung der Konfiguration um ds geleistete Arbeit $K_s \cdot ds$ gleich ist der dadurch hervorgerufenen Aenderung dT von T.

Auf den Kupferbügel B wirkt daher nach der Formel (36) für L, falls wir noch $\mu_0 = \mu_1 = \mu_2 = 1$ setzen, die forttreibende Kraft

$$K_l = \frac{1}{2} i^2 \frac{\partial L}{\partial l} = i^2 \left(\lg \frac{d^2}{R_1 R_2} + \frac{1}{2} \right), \tag{38}$$

da durch Bewegung des Bügels nur die Länge l des Stromsystems vergrössert wird. Zur Anstellung jenes Experimentes empfiehlt es sich also, den Radius R_1, R_2 der Zuleitungsdrähte klein im Vergleich zu ihrem gegenseitigen Abstand zu wählen.

Es besteht aber auch zwischen den Zuleitungsdrähten eine Tendenz, ihren gegenseitigen Abstand d zu vergrössern. Die in dieser Richtung auf die Zuleitungsdrähte wirkende Kraft ist

$$K_d = \frac{1}{2} i^2 \frac{\partial L}{\partial d} = 2 i^2 \frac{l}{d}. \tag{39}$$

Zur Demonstration dieser Wirkung ist es also günstig, den gegenseitigen Abstand d der Drähte klein zu wählen, während es dabei auf ihre Dicken gar nicht ankommt.

11. Das Nahewirkungsgesetz der elektromotorischen Kraft für ruhende Körper. Das anschaulichste Gesetz, welches wir bisher für die Elektroinduktionskraft abgeleitet hatten, war in den Formeln (13) der pag. 192 enthalten, welche aussagen, dass die Elektroinduktionskraft in einer beliebigen, geschlossenen Kurve gleich ist der Geschwindigkeit der Aenderung der Kraftlinienzahl, welche diese Kurve umfasst. Dieses Gesetz ist aber kein Nahewirkungsgesetz. Wir sind indess schon im § 8 (pag. 200) von diesem Gesetze aus zu einem Nahewirkungsgesetze gelangt, indem dort der Satz aufgestellt wurde, dass in jedem Stück ds eines geschlossenen Leiters bei seiner Bewegung eine elektromotorische Kraft inducirt wird, welche gleich der während der Bewegung von ds geschnittenen Anzahl magnetischer Kraftlinien ist, dividirt durch die während der Bewegung verstrichene Zeit dt. — Ein ganz analoges Gesetz würde sich ergeben, wenn ds ruhte und eine Wanderung der Kraftlinien gegen ds hervorgebracht würde durch Aenderung der Stromstärke des Stromes s selbst oder anderer Ströme.

Analytisch kann man das Nahewirkungsgesetz der Elektroinduktionskraft aus den Formeln (13) leicht ableiten, wenn man die in der geschlossenen Kurve s inducirte elektromotorische Kraft auffasst als das Integral der in den Elementen von s inducirten elektromotorischen Kräfte. Nennt man die Resultante der pro Längeneinheit an irgend einer Stelle inducirten elektromotorischen Kraft $\mathfrak{E}$, und ihre Komponenten nach den Koordinatenaxen P, Q, R, so ist die in einem Elemente ds der Kurve s erzeugte elektromotorische Kraft:

$$\mathfrak{E}\,ds\,\cos(\mathfrak{E}\,ds) = P\,dx + Q\,dy + R\,dz,$$

falls dx, dy, dz die Projektionen des Elementes ds auf die Koordinatenaxen bedeuten.

Die Integralkraft E der Induktion längs der ganzen Kurve s ist also

$$E = \int P\,dx + Q\,dy + R\,dz. \qquad (40)$$

Wenn ein Strom schon in s fliesst, so soll dieses Integral in Richtung des positiven Stromes längs s erstreckt werden. Ein positiver Werth von E besagt dann, dass die Integralkraft E im Sinne des positiven Stromes wirkt, d. h. den schon bestehenden Strom zu verstärken sucht.

Setzt man den Werth (40) in die Formeln (13) der pag. 192 ein, so entsteht:

$$\int P\,dx + Q\,dy + R\,dz = -\frac{dN}{dt}. \qquad (41)$$

Nun haben wir aber schon früher im Kap. IV auf pag. 175 die von der Kurve s umschlungene Kraftlinienzahl N durch ein über s zu erstreckendes Linienintegral dargestellt. Denn nach der dortigen Formel (7) ist

$$N = \int F\,dx + G\,dy + H\,dz, \qquad (42)$$

wobei F, G, H die Komponenten des Vektorpotentials (vgl. oben pag. 90) bedeuten, und das Integral über s zu erstrecken ist ebenfalls im Sinne des positiven Stromes, wenn ein solcher schon vorhanden sein sollte.

Wenn nun die Stromlinie s ihre Gestalt und Lage im Raum fest beibehält, was wir zunächst annehmen wollen, so kann eine Aenderung von N im Integral (42) nur dadurch veranlasst werden, dass die Werthe von F, G, H an einer bestimmten Stelle von s sich mit der Zeit ändern. Bezeichnet man die entsprechenden Differentialquotienten dieser Aenderung mit $\frac{\partial F}{\partial t}$, $\frac{\partial G}{\partial t}$, $\frac{\partial H}{\partial t}$, so ist also nach (41) und (42):

$$E = \int P\,dx + Q\,dy + R\,dz = -\int \frac{\partial F}{\partial t}\,dx + \frac{\partial G}{\partial t}\,dy + \frac{\partial H}{\partial t}\,dz. \qquad (43)$$

Diese Beziehung soll für jede beliebige Gestalt des Integrationsweges s gelten, d. h. für alle beliebigen Werthe dx, dy, dz. Daraus folgt, dass sein muss:

$$\begin{aligned} P &= -\frac{\partial F}{\partial t} - \frac{\partial \phi}{\partial x}, \\ Q &= -\frac{\partial G}{\partial t} - \frac{\partial \phi}{\partial y}, \\ R &= -\frac{\partial H}{\partial t} - \frac{\partial \phi}{\partial z}, \end{aligned} \qquad (44)$$

wo ϕ irgend eine vorläufig noch unbestimmte eindeutige Funktion des Ortes sein muss.

In der That kann P, Q, R aus der Gleichheit der über eine geschlossene Kurve zu nehmenden Integrale (43) nicht vollständig aus F, G, H bestimmt werden, da das Integral

$$\int \frac{\partial \phi}{\partial x} dx + \frac{\partial \phi}{\partial y} dy + \frac{\partial \phi}{\partial z} dz$$

den Werth Null besitzt, wenn es über eine geschlossene Kurve erstreckt wird und ϕ eine eindeutige Funktion des Ortes ist.

Die Gleichungen (44) gelten offenbar an jeder Stelle des Raumes und sie sind davon unabhängig, dass wir sie aus Betrachtungen an einer beliebig durch den Raum gelegten geschlossenen Kurve gewonnen haben, eben weil die Gestalt und Lage dieser Kurve ganz willkürlich war.

Nach den Definitionsgleichungen (16) auf pag. 90 im II. Kapitel für das Vektorpotential, nämlich:

$$\mu a = \frac{\partial H}{\partial y} - \frac{\partial G}{\partial z} \text{ etc.}$$

kann man nun F, G, H aus den Formeln (44) eliminiren. Man gewinnt dadurch das Formelsystem:

$$\begin{aligned}
\mu \frac{\partial \alpha}{\partial t} &= \frac{\partial Q}{\partial z} - \frac{\partial R}{\partial y}, \\
\mu \frac{\partial \beta}{\partial t} &= \frac{\partial R}{\partial x} - \frac{\partial P}{\partial z}, \\
\mu \frac{\partial \gamma}{\partial t} &= \frac{\partial P}{\partial y} - \frac{\partial Q}{\partial x},
\end{aligned} \quad (45)$$

welches keinerlei unbestimmte Funktion ϕ mehr enthält. **Die Gleichungen (45) gelten nicht nur für homogene Medien, sondern auch für inhomogene, in denen μ mit dem Ort wechselt,** da F, G, H auch für inhomogene Medien durch die Formeln (16) des II. Kapitels definirt sind, und die in diesem Kapitel aufgestellten Relationen (41) und (42) ebenfalls für inhomogene Medien Gültigkeit besitzen.

Die Gleichungen (45) sind nun thatsächlich ein Nahewirkungsgesetz für die Elektroinduktionskraft in ruhenden Körpern.

Ausserdem ist bei diesen Gleichungen die Analogie mit den **Maxwell**'schen Formeln (12) der pag. 86 sehr bemerkenswerth, welche ein Nahewirkungsgesetz für die magnetische Kraft sind.

Dasselbe wird in Verbindung mit der Formel (8') oder (8) der pag. 15 u. 65 vollständig aus den Stromkomponenten u, v, w bestimmt, wie oben auf pag. 87 gezeigt ist. Ob eine der Formel (8) oder (8') analoge Formel auch für die Komponenten P, Q, R der elektromotorischen Kraft besteht, soll erst später untersucht werden. Deshalb können wir auch noch nicht die Frage entscheiden, ob trotz des Auftretens der unbestimmten Funktion ψ in (44) die elektromotorische Kraft durch (45) aus den Aenderungsgeschwindigkeiten der Komponenten der magnetischen Kraft vollständig bestimmt ist oder nicht. Vorläufig gewinnt man wenigstens aus (45) den Schluss, dass die (auf die Längeneinheit reducirte) elektromotorische Kraft ein Potential besitzt an denjenigen Raumstellen, an welchen die Komponenten der magnetischen Kraft sich nicht im Laufe der Zeit ändern.

Die Analogie der Nahewirkungsgesetze der elektromotorischen Kraft und der magnetischen Kraft, d. h. der Formeln (45) und (12) der pag. 86, ist von grosser Bedeutung für die Untersuchung optischer Gesetze geworden, wenn man sie vom Standpunkte der elektromagnetischen Lichttheorie aus unternimmt, wie wir später sehen werden.

So wie man eine Beziehung zwischen den Stromkomponenten u, v, w und denen der elektromotorischen Kraft P, Q, R herstellt, kann man aus beiden Nahewirkungsgesetzen (45) und (12) der pag. 86 zwei Nahewirkungsgesetze herstellen für die magnetische und elektromotorische Kraft, welche nur je eine dieser Grössen enthalten. Diese Aufgabe soll weiter unten gelöst werden.

12. Das Nahewirkungsgesetz der elektromotorischen Kraft für bewegte Körper. Wenn ein linearer geschlossener Stromkreis[1] s im Laufe der Zeit dt auch seine Gestalt und Lage im Raume ändert, so ist die dadurch herbeigeführte Aenderung dN der Zahl N der umschlungenen Kraftlinien zu berechnen, indem man die Differenz der Integrale:

$$N + dN = \int \mu \left[\alpha' \cos(nx) + \beta' \cos(ny) + \gamma' \cos(nz) \right] d\sigma \quad (46)$$

und

$$N = \int \mu \left[\alpha \cos(nx) + \beta \cos(ny) + \gamma \cos(nz) \right] d\sigma \quad (47)$$

---

[1] Das Wort Stromkreis ist gebraucht, auch wenn in s kein Strom fliesst, sondern s nur die Bedeutung irgend einer geschlossenen Kurve hat.

bildet, von denen das erste zu integriren ist über diejenige Fläche σ', welche von dem Stromkreis s in seiner neuen Lage und Gestalt umrandet ist, während das zweite Integral sich auf die anfängliche von s umrandete Fläche σ_1 bezieht. α, β, γ bezeichnen die anfänglichen Werthe der Komponenten der magnetischen Kraft, α', β', γ' die im Verlaufe der Zeit dt angenommenen Werthe $\alpha + d\alpha$, $\beta + d\beta$, $\gamma + d\gamma$.

Nun ist das Integral (46) aufzufassen als die Summe zweier Integrale J_1 und J_2, von denen das erste J_1 über die von der anfänglichen Lage von s umrandete Fläche σ_1 zu erstrecken ist, während das zweite J_2 über diejenige Fläche σ_2 zu erstrecken ist, welche von der Anfangs- und Endlage von s umrandet ist; denn es ist $\sigma' = \sigma_1 + \sigma_2$.

Die Differenz zwischen J_1 und dem Integral (47) bezieht sich nun auf ein und dieselbe vom Integrationswege umrandete Fläche σ_1. Diese Differenz entsteht also nur durch Aenderung der magnetischen Kraft, weil z. B. α' von α verschieden ist. Sie kann daher, wie im vorigen Paragraphen, durch das über die Anfangslage von s zu erstreckende Linienintegral:

$$dt \int \frac{\partial F}{\partial t} dx + \frac{\partial G}{\partial t} dy + \frac{\partial H}{\partial t} dz \qquad (48)$$

ausgedrückt werden, wobei $\frac{\partial F}{\partial t}$ etc. die durch Aenderung der magnetischen Kraft herbeigeführte Aenderung der Komponente F des Vektorpotentials an einer bestimmten Stelle von s bezeichnet.

Der zweite Theil des Integrals (46), d. h. das Integral J_2, kann nun ebenfalls in ein Linienintegral über s umgewandelt werden. Wir können nämlich ein Element dσ von J_2 auffassen als dasjenige Flächenstück, welches zwischen der Anfangslage eines bestimmten Flächenelementes ds von s und der Endlage dieses Elementes liegt. Die Produkte $\cos(nx)d\sigma$, $\cos(ny)d\sigma$, $\cos(nz)d\sigma$ bedeuten dann die Projektionen dieses Flächenstücks dσ auf die Koordinatenebenen. Diese Projektionen bestimmen sich nun bequem mit Hülfe des Lehrsatzes der analytischen Geometrie, dass der Flächeninhalt f eines in der xy-Ebene liegenden Parallelogramms, dessen Ecken die Koordinaten: a, b, $a + x_1$, $b + y_1$, $a + x_2$, $b + y_2$, $a + x_1 + x_2$, $b + y_1 + y_2$ besitzen, gegeben ist durch:

$$f = \pm (x_2 y_1 - x_1 y_2).$$

Das positive oder negative Vorzeichen hängt davon ab, wie die Ecken 1 und 2 des Parallelogramms zueinander liegen. [Diese Formel ist sofort zu beweisen, wenn man berücksichtigt, dass $f = pq \sin \alpha$ ist (vgl. Fig. 37) und dass, falls man den Koordinatenanfang in die eine Ecke des Parallelogramms legt, d. h. $a = b = 0$ setzt, $p^2 = x_1^2 + y_1^2$, $q^2 = x_2^2 + y_2^2$, $pq \cos \alpha = x_1 x_2 + y_1 y_2$ ist.]

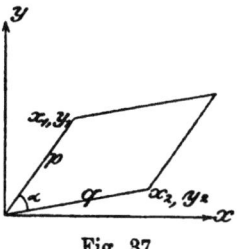

Fig. 37.

Nennen wir die Projektionen des Elementes ds auf die Koordinatenaxen dx, dy, dz, nennen wir ferner die Projektionen der vom Elemente ds im Laufe der Zeit dt zurückgelegten Strecke δx, δy, δz, so haben die Ecken des Parallelogramms $d\sigma$ folgende x-Koordinaten: x, $x + dx$, $x + \delta x$, $x + dx + \delta x$, und folgende y-Koordinaten: y, $y + dy$, $y + \delta y$, $y + dy + \delta y$. Es ist daher die Projektion von $d\sigma$ auf die xy-Ebene

$$d\sigma \cos (nz) = \pm (\delta x\, dy - \delta y\, dx), \qquad (49)$$

und analog folgt durch cyklische Vertauschung der Buchstaben:

$$d\sigma \cos (nx) = \pm (\delta y\, dz - \delta z\, dy),$$
$$d\sigma \cos (ny) = \pm (\delta z\, dx - \delta x\, dz).$$

Das Vorzeichen ist in folgender Weise zu entscheiden: Die Zahl der von s umfassten Kraftlinien wird vergrössert, d. h. die Elemente des Integrals J_2 sind positiv, falls die Fortschreitungsrichtung von ds (δx, δy, δz), die positive Richtung von ds (dx, dy, dz) und die positive Normale so zueinander liegen, wie die positive x-Axe zur positiven y-Axe zur positiven z-Axe, die beständig die auf pag. 61 besprochene Lage zueinander besitzen sollen. Nehmen wir also z. B. an, dass die Normale n mit der z-Axe zusammenfiele, dass ds der y-Axe parallel läge, d. h. dass $dx = 0$ ist, und dass die Fortschreitungsrichtung von ds der x-Axe parallel läge, d. h. dass $\delta y = 0$ ist, so muss $d\sigma \cos (nz)$ positiv sein. Daraus erkennt man, dass das obere Zeichen der Formeln (49) zu wählen ist. Es wird daher:

$$J_2 = \int \mu \left[\alpha' (\delta y\, dz - \delta z\, dy) + \beta' (\delta z\, dx - \delta x\, dz) + \gamma' (\delta x\, dy - \delta y\, dx) \right].$$

J_2 stellt sich also als Linienintegral über s dar.

In diesem Integrale können unbeschadet um die Genauigkeit

für α', β', γ' die anfänglichen Werthe α, β, γ gesetzt werden, da α', β', γ' mit den unendlich kleinen Grössen δx, δy, δz multiplicirt auftreten. Man kann diese Grössen durch die Komponenten $\dot{x}$, $\dot{y}$, $\dot{z}$ der Geschwindigkeit des Elementes ds ausdrücken. Es ist nämlich:

$$\delta x = \dot{x}\, dt, \quad \delta y = \dot{y}\, dt, \quad \delta z = \dot{z}\, dt.$$

Setzt man diese Werthe in den Ausdruck für J_2 ein, und setzt man $\alpha' = \alpha$ etc., so wird

$$J_2 = dt \int \mu\, [(\beta \dot{z} - \gamma \dot{y})\, dx + (\gamma \dot{x} - \alpha \dot{z})\, dy + (\alpha \dot{y} - \beta \dot{x})\, dz]. \quad (50)$$

Die Differenz von (46) und (47) ist gleich der Summe von (48) und (50). Dividirt man durch dt, setzt man nach (13) $E = -\dfrac{dN}{dt}$, und stellt E durch das Linienintegral (40) der (reducirten) elektromotorischen Kraft dar, so erhält man, gerade wie im vorigen Paragraphen die Formeln (44) aus (43) erhalten sind, hier:

$$P = -\frac{\partial F}{\partial t} + \mu \gamma \dot{y} - \mu \beta \dot{z} - \frac{\partial \phi}{\partial x},$$

$$Q = -\frac{\partial G}{\partial t} + \mu \alpha \dot{z} - \mu \gamma \dot{x} - \frac{\partial \phi}{\partial y}, \quad (51)$$

$$R = -\frac{\partial H}{\partial t} + \mu \beta \dot{x} - \mu \alpha \dot{y} - \frac{\partial \phi}{\partial z}.$$

Diese Beziehungen gelten nicht nur, falls der stromführende, bewegte Körper sehr dünn ist, sondern **sie gelten für jede Stelle eines beliebig ausgedehnten bewegten Körpers**, in welchem überhaupt ein elektrischer Strom zu Stande kommen kann, da man einen solchen Körper stets als Summe von unendlich vielen, unendlich dünnen, stromführenden Röhren auffassen kann.

Mit Hülfe der Definitionsgleichungen der Komponenten des Vektorpotentials [oben pag. 90, Formel (16)] kann man wiederum aus (51) F, G, H eliminiren. Es fällt dadurch auch ϕ heraus und man erhält:

$$\mu \frac{\partial \alpha}{\partial t} = \frac{\partial Q}{\partial z} - \frac{\partial R}{\partial y} + \frac{\partial}{\partial z}(\dot{x} \mu \gamma - \dot{z} \mu \alpha)$$
$$- \frac{\partial}{\partial y}(\dot{y} \mu \alpha - \dot{x} \mu \beta) \quad (52)$$

und zwei analoge Gleichungen.

Ist die Bewegungsgeschwindigkeit des Körpers, deren Komponenten $\dot x$, $\dot y$, $\dot z$ sind, in allen seinen Theilen dieselbe, d. h. erfährt er eine translatorische Bewegung ohne Rotation und Deformation, so wird mit Berücksichtigung der Gleichung (8′) auf pag. 65, nämlich:

$$\frac{\partial(\mu\alpha)}{\partial x} + \frac{\partial(\mu\beta)}{\partial y} + \frac{\partial(\mu\gamma)}{\partial z} = 0:$$

$$\mu\frac{\partial\alpha}{\partial t} = \frac{\partial Q}{\partial z} - \frac{\partial R}{\partial y} - \left[\dot x\frac{\partial\mu\alpha}{\partial x} + \dot y\frac{\partial\mu\beta}{\partial y} + \dot z\frac{\partial\mu\gamma}{\partial z}\right]. \quad (53)$$

Die aufgestellten Gleichungen (52) und (53) gelten, auch wenn μ mit dem Ort variirt, d. h. auch in inhomogenen Körpern.

Kapitel VI.

Elektrokinematik.

1. Das Ohm'sche Gesetz für lineare Leiter. Im vorigen Kapitel ist stets die Grösse der inducirten elektromotorischen Kraft untersucht, dagegen nicht die Stärke der inducirten Ströme, d. h. diejenige Aenderung der ursprünglich vorhandenen Ströme, welche bei Induktionsvorgängen, z. B. bei relativer Verschiebung der Ströme, eintritt, wenn man nicht durch geeignete Zufuhr oder Abfuhr elektrischer Energie den elektromotorischen Kräften der Induktion das Gleichgewicht hält. Man kann die Stärke der inducirten Ströme berechnen, sobald man den Zusammenhang der elektromotorischen Kraft und des von ihr hervorgebrachten Stromes kennt. — Zum experimentellen Studium dieses Zusammenhanges bedient man sich nun am bequemsten nicht der elektromotorischen Kraft der Induktion, sondern der der galvanischen Elemente. Auch diese müssen nämlich eine elektromotorische Kraft E besitzen, weil sie einen Strom hervorrufen, welcher einen gewissen Energiewerth abgiebt, da er den stromführenden Draht erwärmt.

In dem galvanischen Elemente selbst findet ebenfalls eine gewisse Wärmeentwickelung statt, jedoch wollen wir von dieser absehen, indem wir annehmen, dass letztere Wärmemenge bei Weitem kleiner sei, als die im Schliessungsdraht entwickelte. Falls derselbe genügend lang und dünn ist, so ist diese Annahme bei vielen galvanischen Elementen zutreffend.

Gerade wie wir nun im § 2 des vorigen Kapitels (pag. 185) sahen, dass die elektrische Energie der Induktion bei Kreisprocessen gleich sein muss der geleisteten mechanischen Arbeit, so muss auch die von dem galvanischen Elemente gelieferte elektrische Energie $E i t$

gleich sein demjenigen Energiewerth, welchen der stromführende Draht in der Zeit t nach aussen abzugeben im Stande ist. Diese Energie erscheint lediglich in der Form von Wärme, falls der Strom keine mechanische Arbeit leistet. Nennt man diese Wärmemenge W, so ist also zu setzen

$$E i t = W. \quad (1)$$

Nun hat Joule gefunden, dass diese Wärmemenge W proportional zu der Zeit t und dem Quadrate der Stromstärke i ist, wenn man dafür sorgt, dass dem Drahte immer so viel Wärme entzogen wird, als er entwickelt, so dass seine Temperatur konstant bleibt. Setzt man den Proportionalitätsfaktor gleich w, so ist also

$$W = i^2 w t. \quad (2)$$

w wird der galvanische Widerstand des Drahtes genannt. Er ist proportional der Länge l des Drahtes, umgekehrt proportional seinem Querschnitt q, und einer nur von dem Material des Drahtes und seiner Temperatur abhängenden Konstanten σ, d. h. es ist

$$w = \frac{l}{q\sigma}. \quad (3)$$

σ wird die **specifische Leitfähigkeit** des Drahtes genannt.

Indem man die Ausdrücke (1) und (2) einander gleich setzt und durch i t dividirt, erhält man

d. h.
$$E = i w, \quad (4)$$

$$i = \frac{E}{w}. \quad (5)$$

Diese Formel giebt den Zusammenhang der Stromstärke mit der elektromotorischen Kraft. Sie heisst nach ihrem Entdecker das **Ohm'sche Gesetz**.

Besteht der Stromkreis aus mehreren hintereinander geschalteten Stücken 1, 2 etc. von verschiedenem galvanischem Widerstand w_1, w_2 etc., so ist die ganze entwickelte Wärmemenge gleich der Summe der von den einzelnen Drähten entwickelten Wärmemengen, d. h. es ist:

$$W = i^2 t (w_1 + w_2 + \ldots).$$

Bringt man diese Summe wieder auf die Form

$$W = i^2 t w,$$

wo man dann w den Gesammtwiderstand des ganzen Stromkreises nennen würde, so ist zu setzen

$$w = w_1 + w_2 + \ldots,$$

d. h. **der Widerstand des ganzen Stromkreises ist gleich der Summe der Widerstände seiner hintereinander geschalteten Theile.**

Hieraus ergiebt sich, dass der galvanische Widerstand w eines Schliessungsdrahtes, dessen Querschnitt q und Leitfähigkeit σ an verschiedenen Stellen seiner Länge eine verschiedene ist, durch die Formel gegeben wird:

$$w = \int \frac{dl}{q \cdot \sigma}, \tag{6}$$

wobei das Integral über die Länge des Drahtes zu erstrecken ist. dl bedeutet dabei die Länge eines kleinen Stückes des Schliessungsdrahtes, dessen Querschnitt den Werth q und dessen Leitfähigkeit den Werth σ besitzt.

Im § 10 des vorigen Kapitels V (pag. 216) ist die elektromotorische Kraft eines geschlossenen elektrischen Stromes durch die dortige Formel (40) dargestellt als die Summe der auf seine einzelnen Elemente wirkenden elektromotorischen Kräfte. — Wenden wir diese Zerlegung auch hier an, und nennen wir $\mathfrak{E}$ die pro Längeneinheit des Schliessungsdrahtes wirkende elektromotorische Kraft (deren Komponenten im § 10 des vorigen Kapitels P, Q, R genannt sind), so folgt aus (4) und (6):

$$\int \mathfrak{E}\, dl = i \int \frac{dl}{\sigma \cdot q} = \int \frac{j\, dl}{\sigma}, \tag{7}$$

falls $j = i : q$ die Stromdichte an irgend einer Stelle des Drahtes bedeutet.

Nach dem Princip der Existenz der Nahekräfte kann nun die Stromdichte j an einer bestimmten Stelle nur abhängen von dem Werth der auf die gleiche Stelle bezüglichen elektromotorischen Kraft $\mathfrak{E}$, es folgt daher aus (7):

$$\mathfrak{E} + \frac{\partial \psi}{\partial l} = \frac{j}{\sigma}, \tag{8}$$

wo ψ eine eindeutige Funktion des Ortes bezeichnet. Den Werth derselben kann man aus dem Integralgesetz (7) nicht bestimmen, da $\int \frac{\partial \phi}{\partial l} dl$, über eine geschlossene Kurve integrirt, identisch den Werth 0 ergiebt. Haben wir aber einen Leiterkreis, der aus einem Drahte homogenen Materials besteht, s. B. einen kreisförmigen geschlossenen Kupferdraht, in welchem durch Bewegung in einem homogenen magnetischen Felde elektrische Ströme inducirt werden, so muss der Ausdruck $\frac{\partial \phi}{\partial l}$ verschwinden. Denn wenn er dies nicht thäte, so müsste nach Gleichung (8) an gewissen Stellen des Kupferdrahtes die Differenz $\mathfrak{E} - j/\sigma$ positive Werthe annehmen, an gewissen Stellen aber negative Werthe. Bei der vollkommenen Symmetrie aller Stücke des Leiterkreises ist aber dieses Verhalten unmöglich.

Wir schliessen daraus, dass innerhalb eines homogenen Drahtes sein muss:

$$j = \mathfrak{E} \cdot \sigma \qquad (9)$$

und dass die Gleichung (8) nur in Kraft tritt, wenn man die Stromdichte in der Grenzfläche zweier angrenzender, verschiedener Stromleiter untersuchen will oder in einem inhomogenen Stromleiter.

Innerhalb eines homogenen Stromleiters ist daher, wie man aus (9) sofort ableiten kann, das Ohm'sche Gesetz auch für ein beliebiges Stück desselben in der Gestalt der Formel (4) gültig, wenn man dabei unter w den galvanischen Widerstand des betreffenden Stückes und unter E die Summe der in diesem Stück wirkenden elektromotorischen Kräfte versteht.

2. Das Ohm'sche Gesetz für körperliche Leiter.

Einen jeden vom elektrischen Strom durchflossenen Körper kann man aus einem Systeme geschlossener, dünner Stromröhren zusammengesetzt denken, d. h. aus einem Systeme linearer Stromleiter. Für jede Stromröhre, d. h. auch für jede Stelle des Körpers, kann man daher die im vorigen Paragraphen angestellten Betrachtungen anwenden. Es gelten also auch für einen körperlichen Stromleiter die Formeln (8) resp. (9). — Ist derselbe vollständig homogen und isotrop, so kann offenbar eine elektromotorische Kraft nur eine mit ihr gleich gerichtete elektrische Strömung veranlassen. Man kann daher die Gleichung (9) einzeln für die drei Koordinatenrichtungen anwenden und erhält so, falls P, Q, R die Komponenten von $\mathfrak{E}$, dagegen u, v, w die Komponenten von j nach den Koordinaten bezeichnen:

$$u = \sigma P, \qquad v = \sigma Q, \qquad w = \sigma R. \qquad (10)$$

Der galvanische Widerstand des Körpers hängt von dem Verlauf der Stromlinien ab, d. h. von den Stellen der Zuleitung und Ableitung des Stromes. Bei bekanntem Verlauf der Stromröhren ist der galvanische Widerstand des Körpers nach der unten im § 5 gegebenen Regel aus dem Widerstande der einzelnen Stromröhren zu berechnen, da diese nach der unten erläuterten Bezeichnung ein System parallel geschalteter linearer Leiter sind.

3. Einheit des Widerstandes. Werth der specifischen Leitfähigkeit in absolutem Maasse. Aus dem Ohm'schen Gesetze (5) folgt, dass derjenige Stromkreis die Einheit des Widerstandes besitzt, in welchem die elektromotorische Kraft 1 die Stromstärke 1 hervorbringt. — Da früher angegeben ist, dass man die elektromotorische Kraft und die Stromstärke in absolutem Maasse messen kann, d. h. numerisch durch die Einheiten der Masse, Länge und Zeit ausdrücken kann, so ist dies also auch für den galvanischen Widerstand möglich.

Die Dimensionsformel für den Widerstand w ergiebt sich nach (5) und den Dimensionsformeln für E (pag. 186) und i (pag. 78) zu:

$$[w] = \frac{[E]}{[i]} = \frac{M^{1/2} L^{3/2} T^{-2}}{M^{1/2} L^{1/2} T^{-1}} = L T^{-1}. \qquad (11)$$

Die Dimension des galvanischen Widerstandes ist also eine Geschwindigkeit. In der That kann man experimentelle Anordnungen angeben, durch die der Widerstand eines Drahtes direkt durch eine Geschwindigkeit gemessen wird. Senden wir z. B. in eine Tangentenbussole den Induktionsstrom, den man bei Rotation einer Drahtschleife um eine senkrechte Axe durch die Wirkung der Horizontalkomponente des erdmagnetischen Feldes erhält, und den man durch einen Kommutator in einen stets gleich gerichteten Strom verwandelt, so wird die Nadel der Tangentenbussole um einen gewissen Winkel aus dem magnetischen Meridian abgelenkt. Ertheilen wir nun der Drahtschleife eine solche Rotationsgeschwindigkeit, dass der Ablenkungswinkel einen bestimmten Werth besitzt, etwa 45°, so kann man den Widerstand des angewandten Stromkreises durch die Rotationsgeschwindigkeit der Drahtschleife numerisch ausdrücken, wenn man noch die Grösse ihres Flächeninhaltes und den Radius der kreisförmigen Stromleitung der Tangentenbussole misst. Diese Widerstandsmessung ist also unabhängig von der Horizontalintensität des Erdmagnetismus und der Polstärke der Bussolennadel. Sie erfordert nur die Messung einiger Längen und einer Zeit und reducirt sich bei bestimmt gewählten Dimensionsverhältnissen der Drahtschleife und der Tangentenbussole lediglich auf die Messung einer Geschwindigkeit.

Da die gebräuchliche Einheit der Stromstärke (1 Ampère) 10^{-1} absolute Einheiten, die Einheit der elektromotorischen Kraft (1 Volt) 10^8 absolute Einheiten des cgs-Systems sind, so wählt man als gebräuchliche Einheit des Widerstandes denjenigen Widerstand, in welchen 1 Volt 1 Ampère erzeugt, welcher also gleich 10^9 absoluten Einheiten des cgs-Systems ist. Diese Widerstandseinheit nennt man ein Ohm. Es ist also

$$1 \text{ Ohm} = 10^9 \text{ cm sec}^{-1}, \tag{12}$$

oder 1 Ohm ist gleich der Geschwindigkeit, mit der 10^9 cm, d. h. der Erdquadrant, in der Sekunde durchlaufen wird.

Dass man zu Einheiten des Widerstandes, der elektromotorischen Kraft und der Stromstärke nicht diejenigen gewählt hat, welche im cgs-System den Werth 1 besitzen, sondern diejenigen, welche im cgs-System gleich gewissen Potenzen von 10 sind, hat seinen Grund in folgenden praktischen Rücksichten: Vor Einführung des absoluten Maassystems für die elektrischen und elektromagnetischen Erscheinungen war die sogenannte Siemens'sche Widerstandseinheit S.E. üblich, nämlich der Widerstand einer Quecksilbersäule von 1 m Länge und 1 mm^2 Querschnitt bei 0° Temperatur. Man wollte nun die absolute Widerstandseinheit möglichst nahe der bis dahin gebräuchlichen S.E. anschliessen, und dies konnte man, da eine Potenz von 10 aus Rechnungsbequemlichkeiten beizubehalten wünschenswerth ist, durch den Faktor 10^9 erreichen. Genauere Untersuchungen haben jetzt gezeigt, dass eine Quecksilbersäule von 106,3 cm Länge, 1 mm^2 Querschnitt und 0° Temperatur den Widerstand 1 Ohm (Ω) hat, es ist also

$$1 \, \Omega = 1{,}063 \text{ S.E.} \tag{13}$$

Ferner war es wünschenswerth, dass die elektromotorische Kraft der gebräuchlichen galvanischen Elemente möglichst annähernd gleichkomme der Einheit der elektromotorischen Kraft, nach absolutem Maasse definirt. Dies konnte man erreichen, indem man 10^8 absolute Einheiten zur Einheit der elektromotorischen Kräfte wählte. Es ergiebt sich so, dass die elektromotorische Kraft eines Daniell'schen Elementes etwa gleich 1,1 Volt ist, diejenige eines Bunsen'schen Elementes etwa gleich 1,8 Volt. Da auf diese Weise die Potenzen von 10 für die Einheiten des Widerstandes und der elektromotorischen Kraft festgelegt waren, ergab sich nach dem Ohm'schen Gesetz von selbst der Faktor 10^{-1} für die Einheit der Stromstärke.

Die Dimension der specifischen Leitfähigkeit σ ergiebt sich nach (3) zu:

$$[\sigma] = \frac{1}{[w] \cdot q} = \frac{1}{[w] \, L} = L^{-2} T^{+1}. \tag{14}$$

Für Quecksilber ist die Leitfähigkeit in absolutem Maasse leicht nach Formel (3) anzugeben. Denn setzt man darin $l = 106,3$; $q = 0,01$,[1] so muss sich w gleich 1 Ohm, d. h. 10^9 cgs-Einheiten ergeben. Es ist also für Quecksilber:

$$10^9 = \frac{106,3}{\sigma \cdot 0,01}, \text{ d. h. } \sigma = 1{,}063 \cdot 10^{-5}. \tag{15}$$

Für andere Metalle als Quecksilber ist

$$\sigma = 1{,}063 \cdot 10^{-5} \cdot \sigma', \tag{16}$$

falls σ' das Verhältniss ihres Leitungsvermögens zu dem des Quecksilbers bedeutet.

Ueber die experimentellen Methoden zur Vergleichung von Widerständen und Leitfähigkeit vergleiche man F. Kohlrausch, Leitfaden der praktischen Physik; über ihre Bestimmung in absolutem Maass: Maxwell, Lehrbuch der Elektricität und des Magnetismus, deutsch von Weinstein, Berlin 1883; II. Bd., Kapitel XVIII, pag. 501. — Mascart et Joubert, Leçons sur l'électricité et le magnétisme, Paris 1886, II. Bd. — G. Wiedemann, Die Lehre von der Elektricität, Braunschweig 1885, IV. Bd., 2. Hälfte, Abschnitt VIII.

4. Brechung der Stromlinien an der Grenze zweier verschiedener Leiter. Nach § 10 des II. Kapitels, Gleichung (13) (pag. 88) besteht die Gleichung:

$$\int j_n \, dS = 0, \tag{17}$$

falls das Integral über eine geschlossene Fläche erstreckt wird, deren Flächenelement dS ist, und falls j_n die Normalkomponente der Stromdichte in dS bezeichnet. Wählt man als geschlossene Fläche die Oberfläche eines unendlich niedrigen Cylinders, welcher über einem Element dS der Grenzfläche zweier angrenzenden stromführenden Körper errichtet wird, so ergiebt die Anwendung der Formel (17) auf diesen Fall, dass die Normalkomponente der Stromdichte stetig sich beim Durchgang durch die Grenzfläche der beiden Körper ändert. — Dagegen muss sich die Tangentialkomponente der Stromdichte unstetig beim Durchgang durch die Grenzfläche der beiden Körper ändern, und zwar in der Weise, dass die Tangentialkomponenten der Strömung in beiden Körpern in der Nähe der Grenzfläche sich verhalten wie die Leitfähigkeiten der betreffenden Körper. Letzterer Satz folgt aus den Gleichungen (10) und den im § 16 des folgenden Kapitels VII angestellten Betrachtungen, nach denen sich ergiebt, dass die Tangentialkomponente der elektromotorischen Kraft stetig sich ändert beim Durchgang durch die Grenzfläche zweier verschiedener angrenzender Stromleiter.

Aus diesem Verhalten der Stromkomponenten folgt ein Brechungsgesetz für die elektrischen Stromlinien, welches dem auf pag. 49 im I. Kapitel auseinandergesetzten Brechungsgesetz der magnetischen Kraftlinien ganz analog[1]) ist. Es tritt nur an Stelle der Magnetisirungskonstante μ die Leitfähigkeit σ. Wegen dieser Analogie erscheint für μ der Name „magnetische Leitfähigkeit" gut gewählt. Es ist jedoch von dieser Bezeichnung hier deshalb Abstand genommen, weil die Analogie des μ mit der später einzuführenden Dielektricitätskonstante eine noch grössere ist.

Die Folgerungen, welche im I. Kapitel an das Brechungsgesetz der Kraftlinien geknüpft sind, lassen sich natürlich auch hier aus dem Brechungsgesetz der Stromlinien ableiten, z. B. der Satz, dass in einem gut leitenden Körper, welcher sich in einer Umgebung mit geringerer Leitfähigkeit befindet, die Stromlinien vorzugsweise kon-

---

[1]) Dass das Gesetz des magnetischen Kreislaufs (pag. 71) dem Ohmschen Gesetz (4) analog ist, und ebenso die Formel (33), pag. 72, des magnetischen Widerstandes der Formel (6) des galvanischen Widerstandes, ist schon oben in Kapitel I auf pag. 72 erwähnt. — Es soll im folgenden Kapitel gezeigt werden, dass die in einer Stromröhre vorhandene elektromotorische Kraft ganz ähnlich definirt werden kann, als die in einer Kraftröhre vorhandene magnetomotorische Kraft.

centrirt sind. — Diese Thatsache soll weiter unten im § 6 noch von einem anderen Standpunkte aus erklärt werden.

5. Verzweigte lineare Leiter. Besteht das stromführende System aus Drahtstücken, von denen an einigen Stellen (Verzweigungsstellen) mehr als zwei zusammenstossen, so gilt zunächst für eine solche Verzweigungsstelle der Satz, dass die Summe der nach ihr hin fliessenden Stromstärken gleich ist der Summe der von ihr abfliessenden (vgl. pag. 90 im II. Kapitel. Erster Kirchhoff'scher Satz).

Ferner folgt aus Formel (8) der pag. 226, dass für jeden geschlossenen Zug, den irgend welche Drahtstücke miteinander bilden, die Summe der Produkte aus den Stromstärken in die Widerstände gleich der Summe der elektromotorischen Kräfte ist (zweiter Kirchhoff'scher Satz), d. h. in Formel:

$$\Sigma i w = \int \mathfrak{E} dl = \Sigma E. \qquad (18)$$

Mit Hülfe der beiden Kirchhoff'schen Sätze lassen sich in allen auch noch so komplicirt verzweigten Systemen die Stromstärken aller Zweige aus ihren Widerständen und den in ihnen wirkenden elektromotorischen Kräften berechnen. — Es möge näher nur der Fall betrachtet werden, dass mehrere Zweige, einerlei, ob von gleichem oder verschiedenem Material, gemeinsamen Ursprung und Ende besitzen, ohne dass einer von ihnen ein galvanisches Element enthält oder der Sitz einer elektromotorischen Induktionskraft ist. Man sagt dann, diese Zweige seien **parallel geschaltet**. Es fliesst nur dann ein Strom durch das System, wenn an den Ursprung, resp. das Ende des Verzweigungssystems, mindestens ein Draht angelegt wird, welcher ein galvanisches Element oder sonst eine Quelle elektromotorischer Kraft enthält. Wie im § 16 des nächsten Kapitels VII näher besprochen werden wird, ist dann die in jedem Zweige wirkende elektromotorische Kraft E die gleiche. Nennen wir dieselbe E, so ist nach (4)

$$E = i_h \cdot w_h, \text{ oder } i_h = E \cdot \frac{1}{w_h}, \qquad (19)$$

falls i_h die Stromstärke im h^{ten} Zweige, w_h seinen Widerstand bedeutet.

Bilden wir die Gleichungen (19) für alle h-Zweige und addiren sie, so entsteht:

$$\Sigma i_h = E \cdot \Sigma \frac{1}{w_h}.$$

Die linke Seite dieser Gleichung hat aber nach dem ersten Kirchhoff'schen Satz die Bedeutung der gesammten, dem Verzweigungssystem zufliessenden Stromstärke. Folglich hat nach (4) $\Sigma \frac{1}{w_h}$ die Bedeutung des reciproken Widerstandes desjenigen unverzweigten Drahtes, durch welchen man das Verzweigungssystem ersetzen konnte, ohne dadurch die Gesammtstromstärke zu ändern.

Es ergiebt sich daher die Regel, dass **der reciproke Widerstand eines Systemes parallel geschalteter linearer Leiter gleich ist der Summe der reciproken Widerstände der einzelnen Leiter.**

Wie schon im § 2 angeführt ist, lässt sich ein körperlicher Leiter auffassen als ein System parallel geschalteter linearer Leiter. Ist der Körper ein gerader, langer Cylinder, so müssen die Stromlinien parallel zur Axe desselben verlaufen. Da für jede der in ihm liegenden Stromröhren $i_h w_h$ denselben Werth hat, und w_h umgekehrt proportional dem Querschnitt der betrachteten Stromröhren ist, so folgt, dass **die Stromdichte j im ganzen Querschnitt des Cylinders konstant ist.**

6. Die Vertheilung eines konstanten Stromes von bestimmter Gesammtstärke in einem körperlichen Leiter ist derartig, dass die entwickelte Joule'sche Wärme ein Minimum ist. Führt man einem körperlichen Leiter an zwei Punkten A und B einen elektrischen Strom der Stärke i zu bezw. ab, so kann man den Körper als ein System parallel geschalteter linearer Leiter auffassen, welche bei A und B Verzweigungsstellen besitzen. Die Stromstärke in diesen linearen Leitern sei i_h, die Widerstände derselben w_h. Ist dann w der Widerstand des Zuführungsdrahtes, E_a die elektromotorische Kraft des in ihm eingeschalteten galvanischen Elementes (oder die in ihm befindliche Elektroinduktionskraft), E die elektromotorische Kraft, welche im Körper zwischen den Stellen A und B wirkt, so ist nach (19):

$$E = i_h w_h, \qquad E_a - E = i w, \qquad (20)$$

während nach dem ersten Kirchhoff'schen Satz ist

$$i = \Sigma i_h. \tag{21}$$

Die im ganzen System entwickelte Joule'sche Wärme ist:

$$W = i^2 w + \Sigma i_h^2 w_h. \tag{22}$$

Wir wollen nun annehmen, dass anstatt der im Körper wirklich vorhandenen und durch die Formeln (20) und (21) bestimmten Stromvertheilung eine andere existire. Dies muss denselben Effekt haben, als ob in den linearen Leitern, in welche wir uns den Körper ursprünglich zerlegt dachten, Stromstärken vorhanden wären, welche nicht der Formel (20), d. h. dem Ohm'schen Gesetz, gehorchten. Bezeichnen wir die so nach dieser supponirten Stromvertheilung sich ergebenden Stromstärken in den linearen Leitern mit $i_h + i_h'$, so ist die im Ganzen entwickelte Joule'sche Wärme, wenn wir annehmen, dass die ganze Stromstärke i, welche dem Körper zugeführt wird, unverändert bleibt:

$$\begin{aligned} W' &= i^2 w + \Sigma (i_h + i_h')^2 w_h \\ &= W + 2\Sigma i_h i_h' w_h + \Sigma i_h'^2 w_h, \end{aligned} \tag{23}$$

oder, da nach (20) $i_h w_h$ konstant gleich E ist:

$$W' = W + 2E \Sigma i_h' + \Sigma i_h'^2 w_h. \tag{24}$$

Nach dem ersten Kirchhoff'schen Satze muss nun sein:

$$i = \Sigma (i_h + i_h'),$$

d. h. nach (21): $\Sigma i_h' = 0$. Daher wird (24) zu:

$$W' = W + \Sigma i_h'^2 w_h, \tag{25}$$

d. h. es ist beständig

$$W' > W,$$

falls nicht alle i_h' gleich Null sind. Die Stromvertheilung im Körper erfolgt also in Wirklichkeit so, dass die entwickelte Joule'sche Wärme ein Minimum ist, NB! unter der Annahme, dass die Gesammtstromstärke i unverändert bleibt. Diesem Satze entspricht es, dass in einem homogenen Metallkörper, der lang im Vergleich zu seinen Querdimensionen ist, in welchem also die Stromlinien nahezu einander parallel verlaufen müssen, die Stromdichte innerhalb jedes Querschnittes dieselbe ist. Wird dagegen in den Körper ein noch besser leitendes Material eingebettet, so muss in diesem die Stromdichte grösser sein, als in der Umgebung, weil infolge des Unterschiedes der Leitfähigkeiten auf diese Weise weniger Joule'sche Wärme entwickelt wird, als wenn die Stromvertheilung anders, z. B. gleichförmig wäre.

Man kann in diesem letzteren Falle also auch sagen, dass die Stromlinien sich in der Weise ausbilden, dass der galvanische Widerstand w' des ganzen Körpers möglichst klein wird. Denn die in ihm entwickelte Joule'sche Wärme ist gleich $i^2 w'$ zu setzen. Wenn also diese ein Minimum ist, so muss, bei festgehaltenem i, w' ein Minimum sein.

Anders liegen die Verhältnisse, wenn nicht i festgehalten wird, sondern die den ganzen Strom treibende elektromotorische Kraft E_a. Denn da $i = \dfrac{E_a}{w + w'}$ ist, so wird die im ganzen System pro Sekunde entwickelte Joule'sche Wärme

$$W = i^2(w + w') = \frac{E_a^2}{w + w'}.$$

Da w' einem Minimum zustrebt, so wird daher W jetzt ein Maximum. **Bei konstanter elektromotorischer Gesammtkraft ist also die Stromvertheilung derartig, dass die entwickelte Joule'sche Wärme ein Maximum ist.**

7. Die Vertheilung eines schnell veränderlichen Stromes von bestimmter Gesammtstärke ist derartig, dass die magnetische Energie des Systems ein Minimum ist. Die Resultate des vorigen Paragraphen bleiben nicht mehr bestehen, wenn die elektromotorischen Kräfte und mit ihr die Stromstärken sich im Laufe der Zeit schnell ändern. Das Ohm'sche Gesetz hat sich zwar bis zu den schnellsten Stromwechseln herauf, die man bisher bei elektrischen Experimenten realisiren konnte, als gültig erwiesen, indess ist bei schnellen Stromwechseln die Selbstinduktion des stromführenden Leiters (vgl. oben pag. 193) von wesentlichem Einfluss, und zwar in der Weise, dass sich ein Leiter um so mehr schnellen Stromwechseln widersetzt, je grösser sein Selbstinduktionskoeffizient ist, gerade wie eine ponderable Masse schnellen Ortsänderungen einen um so grösseren Widerstand entgegensetzt, je grösser ihre Masse, d. h. ihre Trägheit ist.

Wie nun ein Blick auf die oben pag. 177 abgeleitete Neumann'sche Formel (11) für den Selbstinduktionskoefficienten lehrt, muss derselbe im Centrum eines Leiters grösser sein, als mehr nach seiner Oberfläche zu, da im Centrum die sich gegenseitig inducirenden Stromröhren in kleineren Entfernungen r voneinander liegen, als mehr nach der Oberfläche zu. Dies bewirkt, dass, je schneller die Stromwechsel erfolgen, um so kleiner die Stromdichte im Inneren des Leiters im Vergleich zu der Stromdichte in der Nähe seiner Oberfläche wird, so dass schliesslich sehr schnelle Stromwechsel überhaupt nur an der Oberfläche eines Leiters erfolgen, während er schon in geringer Tiefe ganz stromfrei ist. Es soll im folgenden Paragraphen die Differentialgleichung abgeleitet werden, nach der man diese Abnahme der Stromdichte nach dem Inneren zu berechnen kann. Hier soll zunächst noch das in der Ueberschrift genannte allgemeine Gesetz bewiesen werden, vermöge dessen man sich in vielen Fällen eine angenähert richtige Vorstellung von der Stromvertheilung schnell veränderlicher Ströme verschaffen kann [1]).

Es möge angenommen werden, dass in zwei parallel geschalteten Leitern die gemeinsame elektromotorische Kraft E einen Strom i_1 resp. i_2 hervorbringe. Wenn E und damit auch i_1 und i_2 nicht unabhängig von der Zeit t sind, so wird nach pag. 192 im § 5 des Kap. V durch Induktion die elektromotorische Kraft:

$$-\frac{d(i_1 L_{11} + i_2 L_{12})}{dt}$$

im Zweige 1 hervorgerufen, im Zweige 2 dagegen:

$$-\frac{d(i_2 L_{22} + i_1 L_{12})}{dt}.$$

L_{11} und L_{22} bedeuten die Koefficienten der Selbstinduktion der Zweige 1 und 2, L_{12} den der gegenseitigen Induktion zwischen 1 und 2. Diese Koefficienten sind von t unabhängig, wenn die Zweige ihre Gestalt und Lage nicht verändern, was wir annehmen wollen.

Da nun nach dem Ohm'schen Gesetze [Formel (4) auf pag. 225] $i_1 w_1$ gleich der Summe der im Zweige 1 wirkenden elektromotorischen Kräfte sein muss, wobei w_1 den galvanischen Widerstand des Zweiges 1 bedeutet, so ergiebt sich:

---

[1]) Diese Betrachtungen sind J. Stefan (Wied. Ann. 41, pag. 400, 1890) entlehnt.

Bei schnellen Wechseln ist die magnetische Energie ein Minimum. 237

$$i_1 w_1 = E - L_{11} \frac{di_1}{dt} - L_{12} \frac{di_2}{dt}, \qquad (26)$$

und ebenso für den Zweig 2:

$$i_2 w_2 = E - L_{22} \frac{di_2}{dt} - L_{12} \frac{di_1}{dt}. \qquad (26')$$

Aus beiden Gleichungen gewinnt man:

$$i_1 w_1 + L_{11} \frac{di_1}{dt} + L_{12} \frac{di_2}{dt} = i_2 w_2 + L_{22} \frac{di_2}{dt} + L_{12} \frac{di_1}{dt}. (26'')$$

Je schneller nun die Stromstärken sich im Laufe der Zeit verändern, um so weniger sind die galvanischen Widerstände der Zweige massgebend für die Stromvertheilung zwischen ihnen, d. h. für das Verhältniss $i_1 : i_2$. Man erkennt dies aus der letzten Gleichung (26''), da, je schneller sich i_1 und i_2 mit t ändern, um so weniger die Glieder $i_1 w_1$, bezw. $i_2 w_2$ ins Gewicht fallen gegen die Glieder $L_{11} \frac{di_1}{dt}$ etc. Wir wollen erstere Glieder gegen letztere ganz vernachlässigen, was gestattet sein wird, wenn die Widerstände der Leitung nicht sehr gross sind (z. B. wenn sie aus Kupferdrähten besteht) und die Stromänderungen schnell erfolgen.

Dann wird (26'') zu:

$$L_{11} \frac{di_1}{dt} + L_{12} \frac{di_2}{dt} = L_{22} \frac{di_2}{dt} + L_{12} \frac{di_1}{dt}. \qquad (27)$$

Enthalten die Ausdrücke für i_1 und i_2 kein von der Zeit unabhängiges Glied, was wir annehmen wollen (diese Untersuchungen beziehen sich also nicht auf diejenigen Bestandtheile der Stromstärken, welche von einer von t unabhängigen elektromotorischen Kraft hervorgebracht werden, die sich eventuell noch über die veränderliche elektromotorische Kraft E superponiren kann), so ergiebt die Integration von (27):

$$L_{11} i_1 + L_{12} i_2 = L_{22} i_2 + L_{12} i_1. \qquad (28)$$

Diese Gleichung drückt aber die Bedingung aus, unter welcher die magnetische Energie des Systems, nämlich

$$T = \frac{1}{2}(L_{11} i_1^2 + 2 L_{12} i_1 i_2 + L_{22} i_2^2) \qquad (29)$$

ein Minimum ist, falls der Werth $i_1 + i_2$ der Gesammtstromstärke vorgeschrieben bleibt. Denn man erhält für diese Bedingung aus (29):

$$0 = \frac{\partial T}{\partial i_1} d i_1 + \frac{\partial T}{\partial i_2} d i_2 = (L_{11} i_1 + L_{12} i_2) d i_1 \\ + (L_{22} i_2 + L_{12} i_1) d i_2. \quad (30)$$

Da nun $i_1 + i_2 =$ Konst., d. h. $d i_1 + d i_2 = 0$ sein soll, so folgt aus (30) die Gleichung (28).

Die Stromvertheilung zwischen den beiden Zweigen ist also derartig, dass die magnetische Energie ein Minimum ist. Da sich dieser Satz in gleicher Weise für beliebig viele Zweige führen lässt, so gilt er also auch für einen stromdurchflossenen Körper, z. B. einen dicken Leitungsdraht, da man ihn zerlegen kann in unendlich viele, unendlich dünne Stromfäden. In einem geraden Leiter von kreisförmigem Querschnitt, welcher keinen seitlichen Einwirkungen ausgesetzt ist, können sich elektrische Ströme nur symmetrisch um die Axe vertheilen. Wie nun auch die Stromdichte von der Axe gegen die Oberfläche hin variiren mag, der Leiter wirkt (vgl. oben pag. 96) nach aussen magnetisch so, als ob der ganze Strom in der Axe koncentrirt wäre. Die magnetische Energie des Aussenraumes des Leiters ist also invariabel, wenn es die Gesammtstromstärke ist. Das Minimum der magnetischen Energie des ganzen Systemes ist folglich dadurch bestimmt, dass dieselbe in dem vom Leiter erfüllten Raume den kleinsten Werth erhält. Dieser kleinste Werth, und zwar der Werth Null, wird dann erreicht, wenn der ganze Strom in einer unendlich dünnen Schicht an der Oberfläche des cylindrischen Leiters kondensirt ist, denn nach pag. 95 übt eine solche Stromröhre in dem von ihr umschlossenen Raume keine magnetische Kraft aus.

Wirkt für den Strom i_2 nicht die elektromotorische Kraft E, sondern wird dieser nur inducirt durch den Strom i_1, so ist in der Gleichung (26′) $E = 0$ zu setzen, so dass man, bei Vernachlässigung des mit w_2 proportionalen Gliedes und durch Integration nach t aus (26′) erhält:

$$L_{12} i_1 + L_{22} i_2 = 0. \quad (31)$$

Diese Gleichung drückt die Bedingung dafür aus, unter welcher die magnetische Energie T des Systems für einen gegebenen Werth von i_1 ein Minimum wird.

Wird ein veränderlicher Strom durch einen Draht geschickt, welcher von einer koncentrischen Metallröhre isolirt umgeben ist, so wird in dieser Röhre ein Strom inducirt. Die Richtung und Grösse, sowie die Vertheilung dieses Stromes lässt sich aus obigem Satz unmittelbar ableiten. Das Minimum der magnetischen Energie wird nämlich bei folgender Anordnung erreicht: Der centrale Strom ist in einer unendlich dünnen Schicht an der Oberfläche seines Leiters kondensirt. Der inducirte Strom fliesst in einer unendlich dünnen Schicht an der inneren Fläche der Röhre und hat in jedem Zeitpunkte dieselbe Intensität wie der Strom im Mitteldrahte, aber die entgegengesetzte Richtung. Bei dieser Anordnung ist das magnetische Feld nur auf den Raum zwischen der Oberfläche des Drahtes und der inneren Wandfläche der Röhre beschränkt. Das Innere des Drahtes, sowie der von der Substanz der Röhre erfüllte, aber ausserdem noch der ganze äussere Raum sind von magnetischen Kräften frei.

Die den Draht umschliessende Röhre hebt daher auch seine inducirende Wirkung im ganzen äusseren Raume auf, sie bildet einen vollkommenen Schirm für die inducirenden, wie für die magnetischen Kräfte des von ihr umhüllten Drahtes. Diese Schirmwirkung kommt also dadurch zu Stande, dass die Wirkungen des centralen Stromes durch die Wirkungen des in der Röhre inducirten Stromes aufgehoben werden. In gewisser Weise ähnlich, nur nicht als ganz so vollkommener Schirm, wirkt schon ein parallel zum Strome i_1 ausgespannter, benachbarter Leiter. Von diesem Satze macht man bei der Anlage von Starkstrom- oder Schwachstromleitungen (Telegraphie, Telephonie) Gebrauch, indem diese sich gegenseitig nicht stören, wenn als Rückleitung der Ströme nicht die Erde benutzt wird, sondern ein Draht, welcher nahe beim Herleitungsdraht angebracht ist.

Der inducirte Strom wirkt auch auf den primären Strom ein, indem ersterer das magnetische Feld des letzteren, und damit seine Selbstinduktion verkleinert. Auf dieser Thatsache beruht die Erscheinung, dass der Primärstrom eines Transformators ausserordentlich an Stärke zunimmt, wenn der Transformator voll belastet wird, d. h. der Sekundärstrom voll zur Ausbildung kommt. Denn die Stärke eines Wechselstromes muss zunehmen, wenn die Selbstinduktion seiner Leitung vermindert wird.

Die Thatsache, dass bei einer plötzlich auftretenden Aenderung der elektromotorischen Kraft die Selbstinduktion fast allein massgebend für die Stromstärke ist, während dies bei stationären Strömen lediglich der galvanische Widerstand ist, hat neuerdings bei der Konstruktion des Blitzschutzes von oberirdischen Drahtleitungen seine praktische Anwendung gefunden, indem an vielen Stellen Drähte zur Erde geführt werden, welche nur durch eine kleine Luftstrecke von der oberirdischen Leitung getrennt sind. Diese genügt zur Isolation bei stationären oder langsam wechselnden Strömen. Dagegen wird ohne wesentliches Hinderniss ein in die Leitung einschlagender Blitz durch die Luftstrecke zur Erdleitung geführt, da diese bei ihrer geringen Selbstinduktion der Blitzwelle ein weit bequemerer Weg ist, als die lange oberirdische Leitung mit grosser elektrischer Trägheit.

8. Vertheilung eines Wechselstromes in einem körperlichen Leiter mit Berücksichtigung seines Widerstandes.

Die Resultate des vorigen Paragraphen waren gewonnen durch Vernachlässigung des galvanischen Widerstandes des Leiters. Sie stellen also einen gewissen Grenzfall dar, welcher eintritt, wenn die Leitfähigkeit des Körpers sehr hoch ist, oder die Stromänderungen sehr schnell erfolgen. Man kann nun auch leicht diejenigen Resultate für die Vertheilung der Stromdichte im Körper ableiten, welche sich mit Berücksichtigung seines galvanischen Widerstandes ergeben.

Nach den Formeln (10) der pag. 228 ist nämlich an jeder Stelle des Körpers:

$$u = \sigma P, \quad v = \sigma Q, \quad w = \sigma R, \tag{32}$$

wobei P, Q, R die Komponenten der an der betreffenden Stelle wirkenden elektromotorischen Kraft sind. Diese setzt sich zusammen aus der Elektroinduktionskraft, deren Komponenten nach den Formeln (44) des V. Kap. auf pag. 217 gegeben sind durch:

$$-\frac{\partial F}{\partial t} - \frac{\partial \phi}{\partial x}, \quad -\frac{\partial G}{\partial t} - \frac{\partial \phi}{\partial y}, \quad -\frac{\partial H}{\partial t} - \frac{\partial \phi}{\partial z},$$

wobei F, G, H die Komponenten des Vektorpotentiales und ϕ eine eindeutige Funktion des Ortes bedeuten, und aus derjenigen elektromotorischen Kraft, welche nicht durch Stromänderungen hervorgebracht wird, sondern z. B. durch galvanische Elemente. Wir wollen nun annehmen, dass der Ursprung der elektromotorischen Kräfte dieser Gattung nicht in dem Körper selbst enthalten sei, für den wir die Stromvertheilung untersuchen wollen. Dann kann man die Komponenten der elektromotorischen Kräfte dieser Gattung in die Ausdrücke $\frac{\partial \phi}{\partial x}$, $\frac{\partial \phi}{\partial y}$, $\frac{\partial \phi}{\partial z}$ miteinbegriffen denken, wie aus den Erörterungen des § 16 des folgenden Kap. VII hervorgehen wird.

Ausserdem folgt aus diesen Erörterungen, dass ψ innerhalb des Körpers der Gleichung

$$\Delta \psi = 0 \qquad (33)$$

genügen muss [1]). Die Komponenten F, G, H des Vektorpotentials genügen, falls die Magnetisirungskonstante μ überall denselben Werth besitzt, was wir zunächst annehmen wollen, den Gleichungen (18) des II. Kap. auf pag. 91, nämlich:

$$\Delta F = -4\pi\mu u, \quad \Delta G = -4\pi\mu v, \quad \Delta H = -4\pi\mu w. \qquad (34)$$

Setzt man die Werthe $P = -\dfrac{\partial F}{\partial t} - \dfrac{\partial \psi}{\partial x}$ etc. in (32) ein, so folgt:

$$u = -\sigma \frac{\partial F}{\partial t} - \sigma \frac{\partial \psi}{\partial x} \text{ etc.}, \qquad (35)$$

oder unter Rücksicht auf (34):

$$\frac{\Delta F}{4\pi\mu} = \sigma \frac{\partial F}{\partial t} + \sigma \frac{\partial \psi}{\partial x}. \qquad (36)$$

Differencirt man diese Gleichung nach t, setzt für $\dfrac{\partial F}{\partial t}$ den aus (35) folgenden Werth $-\dfrac{u}{\sigma} - \dfrac{\partial \psi}{\partial x}$, und berücksichtigt (33), so folgt

$$\frac{\partial u}{\partial t} = \frac{1}{4\pi\mu\sigma} \Delta u,$$

und ebenso für die y- und z-Komponente der Strömung:

$$\begin{aligned}\frac{\partial v}{\partial t} &= \frac{1}{4\pi\mu\sigma} \Delta v, \\ \frac{\partial w}{\partial t} &= \frac{1}{4\pi\mu\sigma} \Delta w.\end{aligned} \qquad (37)$$

Diese Differentialgleichungen bleiben auch bestehen, wenn die Magnetisirungskonstante μ des stromdurchflossenen Körpers abweicht von der seiner Umgebung, also z. B. wenn ein in Luft lagernder Eisendraht den Strom führt, falls wenigstens die magnetischen Kraft-

---

[1]) ψ hat nämlich die Bedeutung der Potentialfunktion von elektrischen Ladungen, welche sich ausserhalb des Körpers oder an seiner Oberfläche befinden.

linien des elektrischen Stromes in der Oberfläche des Körpers dieser parallel verlaufen. Denn nach den früheren Auseinandersetzungen (pag. 51) wird dann die Feldstärke im Körper, d. h. die Grössen α, β, γ, gar nicht geändert, falls die Magnetisirungskonstante der Umgebung abweicht von der des Körpers, und da nun F, G, H durch die Gleichungen (16) und (17) des II. Kap. (pag. 90) vollständig durch die α, β, γ bestimmt sind, so gelten für sie auch in diesem Falle die Gleichungen (34), d. h. es gelten auch die Gleichungen (37).

Die Differentialgleichungen (37), welche für das Innere des Stromleiters gelten, besitzen dieselbe Gestalt, wie diejenigen Differentialgleichungen, welche die Temperatur ϑ in einem die Wärme leitenden Körper besitzen. Für einen solchen ist nämlich [1]:

$$\frac{\partial \vartheta}{\partial t} = \frac{k}{\rho C} \Delta \vartheta = a^2 \Delta \vartheta, \qquad (38)$$

wobei k die specifische Wärmeleitungsfähigkeit, ρ die Dichtigkeit, C die specifische Wärme des Körpers bedeutet. Der Ausdruck $1 : 4\pi\mu\sigma$ tritt also in Analogie zu dem Koefficienten $k : \rho C = a^2$ der Wärmeleitungstheorie. Von dieser Analogie der Probleme können wir hier nützlichen Gebrauch machen, da die Wärmeleitungsprobleme bekannter und in gewisser Weise anschaulicher sind, als die der Stromvertheilung eines Wechselstromes in einem körperlichen Leiter.

Bei beiderlei Problemen wird die vollständige Lösung der Differentialgleichungen (37) bezw. (38) erst erhalten durch Eingehen auf die Bedingungen an der Oberfläche des Körpers. Dadurch kommt im elektrischen Problem der Einfluss der Funktion ψ, d. h. der äusseren elektromotorischen Kräfte zur Geltung, im Wärmeleitungsproblem der Einfluss der Aussentemperatur ϑ_a. Wird daher der elektrische Ruhezustand in einem Drahte, den wir jetzt als körperlichen Leiter auffassen, gestört, indem durch ihn ein galvanisches Element geschlossen wird, so tritt im Drahte ein ähnlicher Vorgang ein, wie wenn sein Temperaturgleichgewicht gestört würde dadurch, dass er aus einem Raume von tieferer in einen solchen von höherer Temperatur versetzt wird.

Der Strom (gerade wie die Temperaturerhöhung) beginnt in der Oberfläche des Leiters und erreicht hier zuerst seine definitive

---

[1] Man vgl. B. Riemann, Partielle Differentialgleichungen. Bearbeitet von Hattendorff, Braunschweig, 1869, pag. 121.

Dichtigkeit, später erst in den tieferen Schichten, zuletzt im centralen Faden. Der Ausgleich der Stromdichte (der Temperaturerhöhung) vollzieht sich um so rascher, je grösser der Koefficient $a^2 = 1 : 4\pi\mu\sigma$ ist, d. h. je kleiner die Leitfähigkeit des Körpers ist; er geht im stark magnetisirbaren Eisendraht sehr viel langsamer vor sich, als in den sogenannten unmagnetischen Metallen. So hat J. Stefan berechnet, dass, wenn zur Schliessung des galvanischen Elementes ein runder Eisendraht von 1 m Länge und 1 cm Durchmesser gewählt wird, für welchen $\mu = 150$ beträgt, nach 0,01 Sek. die Stromdichte in der Oberfläche von ihrem definitiven Werthe nur um 3% abweicht, dass sie aber in der Mitte des Drahtes zu dieser Zeit erst die Hälfte ihres definitiven Werthes besitzt.

Wird ein Körper in einen Raum gebracht, dessen Temperatur periodisch wechselt, so stellt sich ein stationärer Zustand der Temperaturvertheilung im Körper ein, derart, dass die Temperatur desselben in allen Schichten die periodischen Schwankungen der äusseren Temperatur mitmacht. Die Amplituden der Schwankungen nehmen jedoch gegen das Innere des Körpers ab, und zwar um so rascher, je kürzer die Periode dieser Schwankungen und je kleiner der Koefficient a^2 ist. Zugleich haben diese Schwankungen in verschiedenen Tiefen verschiedene Phasen, so dass z. B. die Maxima in einer Schicht um so später auftreten, je weiter diese Schicht von der Oberfläche des Körpers entfernt ist. Diese Erscheinungen sind bekannt aus dem Gange der Temperatur, welchen der Erdboden in verschiedenen Tiefen im Vergleich zu den täglichen und jährlichen Schwankungen der Temperatur an der Erdoberfläche zeigt.

In derselben Weise muss sich nun auch ein periodisch-stationärer Vertheilungszustand der Stromdichte in einem Leitungsdrahte ausbilden, wenn durch ihn ein Wechselstrom von hoher Wechselzahl hindurchgesandt wird. Die periodisch sich wiederholenden Maxima der Stromdichte müssen um so kleiner und ihre Phasenverzögerung um so grösser werden, je tiefer die betrachtete Schicht unter der Oberfläche des Drahtes liegt, und je grösser das Produkt $\mu\sigma$ ist. Diese Erscheinungen sind daher in gut leitendem Kupfer stärker ausgebildet, als in schlechter leitendem Neusilber, und sind am deutlichsten im stark magnetisirbaren Eisen. So ergiebt nach Stefan die Rechnung, dass für einen Eisendraht ($\mu = 150$) von 4 mm Dicke für den Fall, dass der Strom in demselben 500mal seine Richtung pro Sekunde wechselt, die Amplitude der Schwingungen in der Oberfläche 2,52mal so gross ist, als in der Axe. Bei der

Wechselzahl 1000 steigt diese Zahl auf 5,86, bei 2000 Wechseln pro Sekunde auf 20,59. Die Stromschwingung in der Axe hat gegen jene in der Oberfläche in diesen drei Fällen die Phasendifferenzen 116° 2′, 174° 50′, 215° 38′. Dieselben Verhältnisse gelten für einen Kupferdraht von 5mal grösserer Dicke, oder bei gleicher Dicke für 25mal höhere Wechselzahlen.

Wir werden unten im IX. Kap. Experimente kennen lernen, durch welche es deutlich gezeigt wird, dass bei sehr hoher Wechselzahl das Innere des Drahtes stromfrei ist.

Die beschriebene Art der Stromvertheilung hat zur Folge, dass ein Draht für einen Strom von sehr hoher Wechselzahl einen viel grösseren galvanischen Widerstand besitzen muss, wie für einen konstanten Strom, da in ersterem Falle sich der Strom nur auf eine dünne Oberflächenschicht vertheilt, während er im letzteren Falle den Querschnitt gleichförmig erfüllt. Zur Berechnung dieser Verhältnisse setzt man zweckmässig den stromführenden Körper in der Form eines langen, geraden Kreiscylinders voraus, so dass die Stromdichte j nur eine Funktion von t und der senkrechten Entfernung r von der Axe des Cylinders ist. Da in diesem Falle nach der Gleichung (28) des II. Kap. auf pag. 95 die Operation Δ identisch ist mit $\dfrac{1}{r}\dfrac{\partial}{\partial r}\left(r\dfrac{\partial}{\partial r}\right)$, so ist nach den Gleichungen (37) in diesem Paragraphen:

$$\frac{\partial j}{\partial t} = \frac{1}{4\pi\mu\sigma r}\frac{\partial}{\partial r}\left(r\frac{\partial j}{\partial r}\right) = \frac{1}{4\pi\mu\sigma}\left(\frac{\partial^2 j}{\partial r^2} + \frac{1}{r}\frac{\partial j}{\partial r}\right). \quad (39)$$

Man kann diese Differentialgleichung mit Hülfe sogenannter Bessel'scher Funktionen integriren und vergleiche hierüber Maxwell, Elektr. u. Magnet., deutsch von Weinstein, II. Bd., p. 393; Lord Rayleigh, Phil. Mag. (5) 21, pag. 369, 1886, und J. Stefan, Wied. Ann. 41, pag. 421, 1890. Von diesen Arbeiten soll hier nur das Resultat Stefan's erwähnt werden, dass bei sehr hohen Wechselzahlen der Widerstand w' des Drahtes für einen Strom, dessen Schwingungsperiode T Sek. betrage, den Werth hat

$$w' = w\left(\pi R\sqrt{\frac{\mu\sigma}{T}} + \frac{1}{4}\right), \quad (40)$$

wobei w den Widerstand des Drahtes für einen konstanten Strom bezeichnet, R den Radius, d. h. die halbe Dicke des Drahtes. Die Stefan'sche Formel (40) geht für sehr schnell wechselnde Ströme,

d. h. für sehr kleine Werthe von T, über in die von Lord Rayleigh angegebene Formel

$$w' = w \pi R \sqrt{\frac{\mu \sigma}{T}}. \qquad (41)$$

Die verhältnissmässige Widerstandserhöhung $w':w$ für einen Wechselstrom ist also proportional zu $\sqrt{\sigma}$, d. h. um so grösser, je grösser die Leitfähigkeit σ des Drahtes ist; der absolute Werth w' selber für den Widerstand ist aber allemal um so kleiner, je grösser σ ist, da w umgekehrt proportional zu σ ist.

Nach den auf pag. 235 im vorigen Paragraphen angestellten Ueberlegungen muss die Selbstinduktion eines Drahtes durch die ungleichförmige Stromvertheilung für einen Strom von hoher Wechselzahl kleiner sein, als für einen Strom von kleiner Wechselzahl. Denn die ungleichförmige Stromvertheilung sucht die magnetische Energie möglichst klein zu machen. Diese Verkleinerung der Selbstinduktion ist aber bei einem massiven geraden Drahte, welcher dünn im Vergleich zu seiner Länge ist, nicht erheblich.

Kapitel VII.

Elektrostatik.

1. Herstellung eines elektrostatischen Feldes. Das vorige Kapitel ist mit „Elektrokinematik", d. h. Lehre von der bewegten Elektricität, überschrieben. Obwohl nun eine wirkliche Bewegung von irgend einer Substanz nicht wahrzunehmen ist, wenn man die Klemmen eines galvanischen Elementes durch einen Metalldraht verbindet, so drängt sich die Vorstellung einer Bewegung, d. h. eines Stromes einer inkompressiblen Flüssigkeit (vgl. oben pag. 89) trotzdem aus dem Grunde auf, weil bei dem Vorgang des elektrischen Stromes ein fortdauernder Energieumsatz (Joule'sche Wärme) stattfindet, und ein solcher eher bei einer Bewegung als bei Ruhezuständen zu begreifen ist. — Unter Umständen, nämlich bei den sogenannten elektrolytischen Processen, kann man auch direkt einen Transport, d. h. eine Bewegung ponderabler Massen, beobachten, welche durch den elektrischen Strom veranlasst wird, ja man kann behaupten, dass der elektrische Strom, welcher durch einen Elektrolyten geht, thatsächlich in dem Transport gewisser ponderabler Bestandtheile des Elektrolyten besteht.

Verbinden wir die Klemmen eines galvanischen Elementes nicht durch einen Draht, so fliesst kein elektrischer Strom, d. h. man beobachtet weder elektromagnetische Wirkungen, noch irgend einen Energieumsatz, d. h. eine Erwärmung. Trotzdem muss der Aether der Umgebung des Elementes in gewisser Weise in seinem Gleichgewichtszustande gestört sein, wie man daraus erkennen kann, dass zwischen den beiden Klemmen des galvanischen Elementes eine ponderomotorische Anziehungskraft besteht, die weit grösser ist, als die allgemeine Newton'sche Massenattraktion.

Diese Anziehungskraft kann man bei verfeinerten Anordnungen thatsächlich beobachten, man muss dazu die Klemmen des Elementes nur recht nahe aneinander bringen und leicht gegeneinander beweglich machen. Es beeinträchtigt die Wirkung durchaus nicht, wenn man, anstatt der Anziehung der Klemmen selbst, die gegenseitige Einwirkung von irgendwie gestalteten Metallstücken untersucht, von denen jedes mit je einer Klemme des Elementes metallisch verbunden ist. — Als solche, leicht gegeneinander bewegliche Metallstücke wählt man z. B. passend ein sogenanntes Quadrantelektrometer von W. Thomson, welches aus vier voneinander isolirten Metallquadranten besteht, über welche ein geeignet gestaltetes, sehr leichtes Metallstück (die Nadel) frei schwingen kann, indem es bifilar oder an einem versilberten Quarzfaden aufgehängt ist. Die Nadel ist so justirt, dass ihre Gleichgewichtslage ohne Verbindung mit dem galvanischen Element symmetrisch zu zwei benachbarten Quadranten liegt. Sobald nun die Nadel, sowie das eine Paar zweier gegenüber liegender Quadranten mit der einen Klemme des galvanischen Elementes metallisch verbunden wird, und ebenso das andere Paar gegenüber liegender Quadranten mit der anderen Klemme des Elementes, so bewegt sich die Nadel nach dem letzteren Quadrantenpaar zu, d. h. es findet eine Anziehung zwischen ihm und der Nadel statt. — Wie aus den nachfolgenden Erörterungen hervorgeht, muss auch eine solche zwischen den Klemmen des Elementes selbst stattfinden, nur ist diese zu schwach, um direkt beobachtet werden zu können, d. h. ohne verfeinerte Hülfsmittel, wie das soeben beschriebene eines ist.

Da bei dem besprochenen Versuch keinerlei Energieumsatz, d. h. Wärmeentwickelung oder fortdauernde Erzeugung mechanischer Arbeit, zu beobachten ist, so nennt man passend die vom galvanischen Element verursachte Störung des Gleichgewichts des Aethers einen statischen Zustand, und zwar einen elektrostatischen, da diese Störung durch Ursachen veranlasst wird, welche unter Umständen einen elektrischen Strom zu liefern im Stande sind.

Den Raum, innerhalb dessen der Aether merklich gestört ist, und innerhalb dessen merkbare ponderomotorische Kräfte ausgeübt werden, die an Grösse weit die Newton'sche Massenattraktion überragen, nennt man das elektrostatische Feld; die Körper, welche die ponderomotorischen Wirkungen ausüben und erfahren, nennt man elektrisirt.

Wir haben im I. Kapitel gesehen, dass auch magnetisirte Körper starke ponderomotorische Kräfte gegenseitig aufeinander ausüben. Diese Erscheinungen sind aber von den soeben besprochenen deshalb leicht zu unterscheiden, weil magnetisirte Körper, z. B. eine nach pag. 2 behandelte Stahlnadel, im elektrostatischen Felde keine Einwirkungen erfahren, und ebensowenig elektrisirte Körper im magnetischen Felde. Man muss also annehmen, dass die Störungen, welche der Aether im magnetischen Felde und im elektrostatischen Felde erfährt, verschiedene sind, so dass dadurch verschiedene Erscheinungen hervorgerufen werden. Dies ist schon von vornherein deshalb plausibel, weil, wie oben auf pag. 115 auseinandergesetzt ist, ein magnetisches Feld nothwendig mit elektrischen Strömungen an gewissen Stellen des Raumes verknüpft ist. Man könnte daher ein magnetisches Feld auch ein elektrokinematisches Feld nennen; und es ist begreiflich, dass dieses in anderer Weise wirkt, als ein elektrostatisches.

Beiderlei Störungen des Aethers können sich superponiren. Den Effekt dieser Superposition, den wir als „elektromagnetisches Feld" bezeichnen wollen, werden wir aber erst in späteren Kapiteln ins Auge fassen. In diesem Kapitel sollen allein die Eigenschaften des elektrostatischen Feldes näher betrachtet werden.

Im elektrostatischen Felde der Polklemmen eines galvanischen Elementes sind nur sehr schwache ponderomotorische Wirkungen wahrzunehmen, es ist deshalb zum experimentellen Studium der elektrostatischen Eigenschaften nicht gut geeignet. Kräftigere Wirkungen erhält man, wenn man gewisse Körper aneinander reibt, z. B. Glas mit Seide, oder Ebonit mit Flanell. **Durch Reibung werden alle diese Körper elektrisirt.**

Auf dieser Erscheinung beruht die Wirkung der sogenannten Elektrisirmaschinen, deren Beschreibung wohl hier übergangen werden kann. — Der Konduktor der Elektrisirmaschine erzeugt ein kräftiges elektrostatisches Feld in seiner Umgebung. Er zieht z. B. Papierschnitzel zu sich heran und stösst sie dann wieder ab. Ein einfaches und empfindliches Mittel, um erkennen zu können, ob ein Körper elektrisirt ist, ist das Goldblatt-Elektroskop, welches aus zwei an einem Metalldraht angehängten Goldschlägerhäutchen besteht. (Neuerdings wird auch dünnes Aluminiumblech anstatt der Goldblätter verwandt.) Sowie der Metalldraht einen elektrisch geladenen Körper berührt, so spreizen die Goldblätter auseinander.

— Um sie vor Luftströmungen zu schützen, befinden sie sich in einem geschlossenen Glasgefäss, aus dem nur der Metalldraht herausragt.

2. Leiter und Nichtleiter. Wenn ein Körper den Konduktor der Elektrisirmaschine berührt, so wird er elektrisirt, d. h. er kann dann ponderomotorische Wirkungen von anderen elektrisirten Körpern, z. B. dem Konduktor selbst, erfahren. Jedoch trennen sich die Körper in zwei Klassen, welche sich wesentlich hinsichtlich ihrer elektrostatischen Eigenschaften unterscheiden: die eine Klasse von Körpern, zu welchen z. B. Glas gehört, zeigen nach der Berührung mit dem Konduktor um so kräftigere elektrostatische Wirkungen, je mehr Punkte ihrer Oberfläche mit dem Konduktor in Berührung gebracht sind; dagegen macht dies für die andere Klasse von Körpern, zu denen die Metalle gehören, keinen Unterschied. Nach einer einmaligen Berührung verstärkt sich ihre elektrostatische Wirkung nicht mehr. Man kann diese letztere Thatsache dadurch ausdrücken, dass man sagt, die Elektricität verbreite sich auf einem Metall von selbst in der Weise, dass sie einen gewissen Gleichgewichtszustand in kurzer Zeit, d. h. schon im Momente der ersten Berührung, erreicht. Eine zweite Berührung kann dann an diesem Gleichgewichtszustande nichts ändern, d. h. die elektrische Ladung des Metalls nicht verstärken. Da sich also die elektrostatische Ladung, d. h. eine gewisse Störung im umgebenden Aether, auf dem Metall von selbst verbreiten kann, so nennt man diese Klasse von Körpern **Leiter der Elektricität** oder **Konduktoren**.

Bei der ersten Klasse von Körpern dagegen bleibt die elektrische Ladung auf diejenigen Theile derselben beschränkt, welche direkt mit dem Konduktor der Elektrisirmaschine in Berührung gekommen sind; sie heissen daher **Nichtleiter der Elektricität** oder **Isolatoren**.

Da die Berührung eines elektrisirten Körpers mit der Erde sein elektrostatisches Feld vernichtet, so muss man Konduktoren von der leitenden Berührung mit der Erde durch Befestigung an Isolatoren, z. B. Aufhängung an Seidenfäden, hindern, wenn man elektrostatische Ladungen an ihnen nachweisen will. Da der menschliche Körper selbst zu den Konduktoren zählt, so kann man daher ein Metallstück dadurch nicht elektrisiren, dass man es, in der Hand haltend, mit dem Konduktor der Elektrisirmaschine in Berührung bringt. — Gute Isolatoren sind z. B. Seide, Glimmer, Paraffin,

Schellack, Glas, Terpentinöl und vor Allem die Gase und der luftleere Raum, d. h. der freie Aether.

3. Die zwei Arten von elektrischer Ladung.

Man beobachtet sowohl Anziehung wie Abstossung zwischen elektrisirten Körpern. So z. B. ziehen sich Metallstücke, welche mit den Polklemmen eines galvanischen Elementes leitend (d. h. metallisch) verbunden sind, an (vgl. oben § 1), ebenso zwei Hollundermarkkügelchen, von denen die eine durch Berührung mit einem auf Seide geriebenen Glasstab, die andere mit einem auf Wolle geriebenen Schellackstab elektrisirt ist. Dagegen beobachtet man in anderen Fällen Abstossung zwischen elektrisirten Körpern. Man sagt daher, es giebt zwei verschiedene Arten von Elektricität. Körper, welche gleichartige elektrostatische Ladung enthalten, stossen sich ab, wie man leicht erkennt, wenn man beide Körper durch Berührung mit ein und demselben elektrisch geladenen Körper, z. B. dem Konduktor einer Elektrisirmaschine, elektrisirt. Dagegen schreibt man Körpern, welche sich anziehen, ungleichnamige elektrostatische Ladungen zu.

Dem Kohlenpol des Bunsen'schen Elementes schreibt man eine positive elektrostatische Ladung zu, weil bei metallischer Verbindung mit dem Zinkpol die positive Richtung des elektrischen Stromes, wie wir oben pag. 88 sahen, im Schliessungsdraht von der Kohle zum Zink geht. Fasst man nun den elektrischen Strom als bewegte elektrostatische Ladungen auf, so ist die positive Richtung des Stromes diejenige, in welcher die positiven Ladungen fliessen. Da diese also vom Kohlenpol abgestossen und vom Zinkpol angezogen werden, so muss man ersteren positiv, letzteren negativ geladen annehmen. Durch Beobachtung ergiebt sich, dass zwischen dem Kohlenpol und einem mit Seide geriebenen Glasstab eine Abstossungstendenz besteht. Daher ist letzterer ebenfalls positiv elektrisirt, ein geriebener Schellackstab dagegen negativ.

4. Das Coulomb'sche Gesetz.

Dass es zwei verschiedene Arten elektrischer Ladung giebt, welche nach dem im vorigen Paragraphen ausgesprochenen Gesetze sich sowohl durch Anziehung als durch Abstossung äussern, tritt in Analogie mit den bei magnetisirten Körpern wahrgenommenen Erscheinungen (vgl. I. Kapitel, § 1, pag. 2). — Auch die numerische Abhängigkeit der Einwirkungen kleiner elektrisirter Körper von ihrer gegenseitigen Entfernung r ist ganz dieselbe, wie sie nach § 2 im I. Kapitel (pag. 3) für zwei Magnetpole besteht. Die gegenseitig ausgeübte Kraft K zwischen zwei sehr kleinen elektrisirten Körpern 1 und 2 ist nämlich

$$K = f \cdot \frac{e_1 e_2}{r^2}, \qquad (1)$$

wo f ein Proportionalitätsfaktor ist, und e_1 eine gewisse Konstante für den einen elektrisirten Körper 1, e_2 eine Konstante für den Körper 2 bedeutet, die sich nicht ändern, solange diese Körper nicht mit einem Leiter in Berührung kommen.

Coulomb hat durch Messungen mit der Torsionswage das Gesetz (1) aufgefunden, und daher ist es nach ihm benannt.

5. Eine indirekte Bestätigung des Coulomb'schen Gesetzes.

Der Beweis des elektrischen Fundamentalgesetzes (1) durch die Coulomb'sche Torsionswage ist nicht sehr streng. Es ist nämlich von vornherein klar, dass die Einwirkung zweier ausgedehnter elektrisirter Körper nicht nur von ihrer Entfernung, sondern auch von ihrer relativen Lage abhängen wird, und dass das einfache Gesetz (1) nur einen Grenzfall darstellt, wenn nämlich die Dimensionen der Körper hinreichend klein im Vergleich zu ihrer gegenseitigen Entfernung sind. Von vornherein weiss man nun bei dem Versuch nicht, ob thatsächlich die elektrisirten Körper klein genug gewählt sind, um diesen Grenzfall als realisirt ansehen zu können. — Sodann macht der fortdauernde Verlust der elektrischen Ladung der Körper, welche auch in trockener Luft stets stattfindet, die Versuche komplicirt und ungenau, und schliesslich haben die Wände des Kastens, in welchem der Apparat zum Schutz gegen Luftströmungen stehen muss, ebenfalls einen zum Theil schwer in Rechnung zu ziehenden Einfluss auf die zwischen den elektrisirten Körpern beobachteten Kräfte, da sie ebenfalls unter ihrem Einfluss elektrisch erregt werden, wie weiter unten des Näheren auseinandergesetzt werden soll.

Es ist daher sehr gut, dass man für das elektrostatische Fundamentalgesetz noch einen anderen, sichereren experimentellen Beweis besitzt, der allerdings mehr indirekt vorgeht.

Es lässt sich nach Cavendish experimentell beweisen, dass die elektrische Ladung nur an der Oberfläche der Konduktoren haftet.

Wenn man nämlich einen geladenen Konduktor A einfügt in einen ihn rings umschliessenden Konduktor B (zu dem Zwecke muss letzterer aufklappbar sein) und ihn dann mit B durch einen Draht verbindet, so bildet das ganze System einen einzigen Konduktor. Unterbricht man dann die Drahtverbindung zwischen A und B, ohne dass man mit einem fremden Konduktor diese Theile oder den Draht berührt, und nimmt A aus B heraus, so zeigt A keine Spur elektrischer Ladung mehr, was durch ein empfindliches Elektroskop konstatirt werden kann. Der Versuch gelingt stets in gleicher Weise, wie dünn auch B gewählt wird und wie sehr auch A die Höhlung von B ausfüllt. Daraus ist zu schliessen, dass das Innere eines Konduktors stets unelektrisch ist.

Diese Thatsache wollen wir benutzen, um das Elementargesetz daraus abzuleiten. Bei genügend kleinen Dimensionen der aufeinander wirkenden Körper kann ihre gegenseitig ausgeübte Kraft K nur von ihrer relativen Entfernung r abhängen und muss in der Verbindungslinie der Körper liegen. Letzteres ist nothwendig, weil sonst fortdauernde Rotationen der Körper entstehen würden, welche mit dem Energieprincip unvereinbar sind.

Wir wollen daher setzen:
$$K = \varphi(r),$$
wo φ eine unbekannte Funktion von r ist.

Wenn man ein Metallstück A in leitende Berührung mit einem Konduktor B bringt, welcher ein elektrostatisches Feld besitzt, so ladet sich das Metallstück, d. h. es besitzt ebenfalls ein elektrostatisches Feld.

Wenn dies nun nicht der Fall ist, falls A sich in dem Hohlraum eines geladenen Konduktors B befindet, so kann dort kein elektrostatisches Feld existiren, d. h. die Wirkung der elektrisch geladenen Oberflächenschicht von B muss auf jeden der inneren Punkte P von B die Resultante Null ergeben.

Nehmen wir nun an, es sei B eine Kugel, so muss aus Symmetrierücksichten die Ladung derselben auf ihrer Oberfläche gleichmässig vertheilt sein. Konstruiren wir daher einen Kegel von der kleinen Oeffnung $d\omega$, dessen Spitze in einem beliebigen inneren Punkte P der Kugel liegt, und der aus der Kugeloberfläche die beiden kleinen Stücke dS und dS' (vgl. Fig. 38) ausschneidet, so ist die Wirkung, welche eine sehr kleine in P gedachte elektrische Ladung von dS resp. dS' erfährt, wegen der gleichförmigen Elektrisirung der Kugel offenbar zu dS, resp. dS' proportional. P erfährt daher von dS die Wirkung:
$$K = dS\,\varphi(r) = \frac{r^2 d\omega}{\cos i}\,\varphi(r),$$

falls i den Winkel zwischen der Axe des Elementarkegels und der Normale auf dS bedeutet. — Von dS′ erfährt dagegen P eine der vorigen entgegengesetzte Kraft K′, welche den Werth hat

$$K' = dS'\varphi(r') = \frac{r'^2 d\omega}{\cos i'}\varphi(r'),$$

wobei r′ und i′ analoge Bedeutungen haben, wie vorhin r und i. Da nun bei der Kugel $i = i'$ ist, so heben sich die Wirkungen von dS und dS′ auf P gegenseitig auf, falls

$$r^2\varphi(r) = r'^2\varphi(r'),$$

d. h. wenn

$$\varphi(r) = \frac{\text{Konst.}}{r^2} \tag{2}$$

ist. — Das in der Formel (2) ausgesprochene Gesetz für $\varphi(r)$ ergiebt also wirklich, dass eine oberflächlich geladene Kugel in ihrem Inneren kein elektrostatisches Feld erzeugt, das Gesetz ist also mit dem Cavendish'schen Experimente verträglich.

Es erübrigt noch, zu zeigen, dass das Gesetz mit Nothwendigkeit aus dem Experimente folgt. In der That, ist $r^2\varphi(r)$ nicht eine von r unabhängige Konstante, so können stets zwei Grössen r_1 und r_2 für die Variable r angegeben werden, innerhalb deren $r^2\varphi(r)$ nur abnimmt oder nur zunimmt. — Wir betrachten nun eine Kugel vom Durchmesser $r_1 + r_2$ und nehmen an, dass der Punkt P auf der Entfernung r_1 von der Peripherie läge (vgl. Fig. 38). Wir wollen durch eine durch P gehende Ebene AC, welche senkrecht auf dem durch P gehenden Radiusvektor BPD der Kugel steht, die Oberfläche der letzteren in zwei Kalotten ABC und ADC theilen. Ein beliebiges Element dS der ersteren Kalotte befindet sich dann stets in einem kleineren Abstande r von P, als das auf der Sehne PdS ebenfalls gelegene Element dS′ der Kalotte ADC. Da nun die Entfernungen r und r′ der Elemente dS und dS′ von P innerhalb der Werthe r_1 und r_2 eingeschlossen sind, so ist die Wirkung beider Elemente auf P, welche proportional zu $r^2\varphi(r) - r'^2\varphi(r')$ ist, jedenfalls nicht Null, sondern hat entweder einen positiven oder

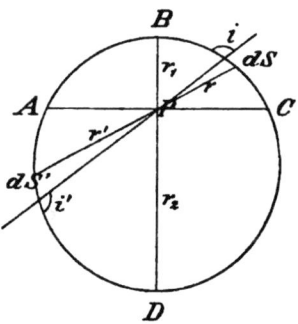

Fig. 38.

negativen Werth, je nachdem $r^2 \varphi(r)$ im Intervall r_1 bis r_2 mit wachsendem r beständig ab- oder zunimmt. — Gleiches gilt für jedes Elementenpaar dS und dS', welche auf einer durch P gehenden Sehne liegen. Daher kann die Wirkung der ganzen Kalotte ABC nicht von der Wirkung der Kalotte ADC neutralisirt werden, d. h. es müsste irgend eine elektrostatische Wirkung in P übrig bleiben, falls $r^2 \varphi(r)$ nicht eine von r unabhängige Konstante wäre. Da dieses aber dem Experimente von Cavendish widerspricht, so folgt mit Nothwendigkeit aus ihm das Coulomb'sche Gesetz.

6. Die Stärke der elektrostatischen Ladung in absolutem Maasse. Wenn wir bisher von der „elektrostatischen Ladung" eines Körpers sprachen, so war damit nur gemeint, dass der den Körper umgebende Aether in gewisser Weise gestört sein müsse, und dass sich diese Störung durch ponderomotorische Wirkungen auf andere Körper mit elektrostatischer Ladung offenbare. Wir können nun aber dieser Bezeichnung auch eine quantitative Bedeutung beilegen, indem wir die im Coulomb'schen Gesetz (1) auftretenden Faktoren e_1 und e_2 als Maass der elektrostatischen Ladungen der Körper 1 und 2 definiren. Setzen wir den Proportionalitätsfaktor f gleich 1, so erhalten wir dadurch, gerade wie beim magnetischen Elementargesetz (vgl. oben pag. 4), die Möglichkeit, die elektrische Ladung in absolutem Maasse, d. h. in den Einheiten der Masse (M), Länge (L), und Zeit (T) auszudrücken.

Ein Körper enthält die elektrostatische Ladung 1, wenn er auf einen gleich stark geladenen Körper in der Entfernung 1 cm die Kraft von 1 Dyne ausübt.

Zwei Körper, die gleich stark geladen sind, kann man sich leicht herstellen, wenn man zwei gleiche, kleine Kugeln durch gleichzeitige Berührung mit einer grossen, elektrisirten Kugel ladet. Aus Symmetrierücksichten folgt, dass dann die kleinen Kugeln gleiche Ladungen enthalten müssen.

Die Dimension der elektrischen Ladung ergiebt sich nach den getroffenen Festsetzungen gerade wie die der magnetischen Polstärke [vgl. oben pag. 5, Formel (3)] zu:

$$[e] = M^{1/2} L^{3/2} T^{-1}. \qquad (3)$$

7. Die Stärke des elektrischen Feldes oder die elektrische Kraft. Als Maass für die Stärke des elektrischen Feldes an einer bestimmten Stelle P des Raumes wird diejenige Kraft definirt, welche ein in P befindlicher, mit der positiven Einheit der Elektricitätsmenge behafteter Körper R erfahren würde. Es ist aber dabei vorausgesetzt, dass durch die Anwesenheit dieses geladenen Körpers R in P die Ladungen der anderen, im Felde lagernden Körper R_1', R_2' etc. nicht gestört werden. Dies ist stets der Fall, wenn R nur sehr wenig ausgedehnt ist im Vergleich zu seinen Entfernungen von den Körpern R'.

Die so definirte Feldstärke kann gerade wie die magnetische Feldstärke (vgl. oben pag. 13) als Maass für die Störungen angesehen werden, welche der Aether im elektrostatischen Felde erfährt.

An Stelle der Bezeichnung „Stärke des elektrischen Feldes" soll oft die kürzere „Elektrische Kraft" treten. Sie soll mit $\mathfrak{F}$ bezeichnet werden, ihre nach den Koordinaten x, y, z genommenen Komponenten mit X, Y, Z.

8. Eigenschaften der elektrischen Kraft. Die Eigenschaften der elektrischen Kraft müssen ganz gleiche, wie die der magnetischen Kraft sein, da für beide dasselbe mathematische Gesetz gilt. Die Ableitung dieser Eigenschaften braucht daher hier nicht von Neuem vorgenommen zu werden, sondern es mag genügen, durch die in Klammer angefügten Zahlen auf die entsprechenden Ableitungen, die im Kap. I angegeben sind, hinzuweisen.

Die elektrische Kraft hat ein Potential V, d. h. es ist:

$$X = -\frac{\partial V}{\partial x}, \quad Y = -\frac{\partial V}{\partial y}, \quad Z = -\frac{\partial V}{\partial z}, \qquad (4)$$

und [§ 10, Formel (9), pag. 15]:

$$V = \Sigma \frac{e}{r}. \qquad (5)$$

Das Nahewirkungsgesetz des elektrischen Potentials lautet an Raumstellen, welche keine Ladung enthalten [§ 10, Formel (12), pag. 16]:

$$\Delta V = \frac{\partial^2 V}{\partial x^2} + \frac{\partial^2 V}{\partial y^2} + \frac{\partial^2 V}{\partial z^2} = 0, \qquad (6)$$

dagegen an Raumstellen, welche die räumliche Dichte ρ enthalten [§ 13, Formel (12'), pag. 23]:

$$\Delta V = -4\pi\rho. \qquad (7)$$

256   Es giebt wahre Elektricität.

Beim Durchgang durch eine elektrisch geladene Fläche (mit der Dichte η) ändert sich die Normalkomponente der elektrischen Kraft unstetig nach der Beziehung [§ 12, Formel (16), pag. 20]:

$$\left(\frac{\partial V}{\partial n}\right)_+ - \left(\frac{\partial V}{\partial n}\right)_- = -4\pi\eta. \tag{8}$$

Es gilt der Gauss'sche Satz [§ 11, Formel (14), pag. 18]:

$$\int \frac{\partial V}{\partial n}\,dS = -4\pi\Sigma e, \tag{9}$$

wobei das Integral über die Oberfläche eines geschlossenen Raumes zu erstrecken ist, welcher die gesammte Elektricitätsmenge Σe einschliesst, und wobei n die auf dem Oberflächenelement dS des Raumes nach aussen errichtete Normale bedeutet.

Aus (6) und (7) ergeben sich für die Komponenten der elektrischen Kraft die Nahewirkungsgesetze:

$$\frac{\partial X}{\partial x} + \frac{\partial Y}{\partial y} + \frac{\partial Z}{\partial z} = 0, \tag{6'}$$

$$\frac{\partial X}{\partial x} + \frac{\partial Y}{\partial y} + \frac{\partial Z}{\partial z} = 4\pi\rho. \tag{7'}$$

9. Unterschiede im Verhalten der elektrischen und der magnetischen Kraft. Während im vorigen Paragraphen nur Eigenschaften hervorgehoben waren, welche die elektrische und magnetische Kraft in gleicher Weise besitzen, mag jetzt auf die Unterschiede im Verhalten beider hingewiesen werden.

Wir hatten in Kap. I (pag. 52) gesehen, dass die Summe der magnetischen Polstärken eines jeden auch noch so kleinen Theiles eines Magneten verschwindet, woraus wir geschlossen hatten, dass es keinen wahren Magnetismus giebt. — Dagegen verschwindet die Summe der elektrischen Ladungen eines Körpers in sehr vielen Fällen nicht, z. B. immer dann nicht, wenn derselbe, ohne dass andere elektrisirte Körper in seiner Nähe sind, ein elektrostatisches Feld erzeugt.

Es giebt also wahre Elektricität.

Es ist allerdings zu schliessen, dass die Summe aller überhaupt vorhandenen Elektricität verschwindet; bei jeder Erzeugung von einer Art Elektricität wird nämlich ein gleich grosses Quantum entgegengesetzter Art erzeugt. Wenn wir z. B. einen Glasstab durch

Reiben mit Seide positiv elektrisiren, so erhält die Seide ein gleich grosses Quantum negativer Elektricität. Aber das Eigenthümliche der elektrischen Ladungen, was sie vor den magnetischen Ladungen voraus haben, ist, dass sich beide Arten Elektricität räumlich trennen lassen, so dass die eine Art nur auf dem einen Körper angehäuft erscheint, die zweite Art aber auf einem anderen.

Ferner giebt es Leiter der Elektricität, aber keine Leiter des Magnetismus, und dementsprechend kann man leicht elektrische Ströme, aber nicht magnetische Ströme (wenigstens stationäre) herstellen[1]).

Für einen Leiter der Elektricität muss in seinem Inneren die elektrische Kraft verschwinden, wenigstens wenn ein statischer Zustand erreicht wird, da sonst in seinem Inneren fortdauernd elektrische Ströme circuliren müssten, weil im Leiter die Elektricität den auf sie wirkenden Kräften nachgiebt. Daher muss das Potential der elektrischen Kraft auf einem Leiter überall denselben Werth besitzen.

Die Gleichung (8) des vorigen Paragraphen nimmt daher, auf die Oberfläche eines geladenen Konduktors angewandt, die Form an:

$$\frac{\partial V}{\partial n} = -4\pi\eta, \qquad (8')$$

wobei n die auf der Oberfläche nach aussen errichtete Normale bedeutet. Der auf der Innenseite der Oberfläche des Konduktors genommene Werth von $\frac{\partial V}{\partial n}$ verschwindet, da V in seinem Inneren überall konstant ist.

10. Eine gegebene elektrische Ladung ist nur bei einer bestimmten Vertheilung auf einem Konduktor im Gleichgewicht. Zum Beweis dieses Satzes knüpfen wir an die im Kap. I, § 16, auf pag. 27 gegebene Formel an:

---

[1]) Hätte man stationäre magnetische Ströme, so müssten sie auf elektrische Ladungen ponderomotorisch (magnetoelektrisch) wirken, gerade wie die stationären elektrischen Ströme (elektromagnetisch) auf magnetische Ladungen. Das Gleichungssystem (45) der pag. 218 wäre dann ohne Zuhülfenahme der Induktionserscheinungen aus den magnetoelektrischen Wirkungen stationärer magnetischer Ströme in derselben Weise abzuleiten, wie das Gleichungssystem (12) der pag. 86 im § 8 aus den elektromagnetischen Wirkungen stationärer elektrischer Ströme abgeleitet ist.

258 Eine Ladung vertheilt sich nur in einerlei Weise.

$$\int\left[\left(\frac{\partial V}{\partial x}\right)^2 + \left(\frac{\partial V}{\partial y}\right)^2 + \left(\frac{\partial V}{\partial z}\right)^2 + V \Delta V\right] d\tau = \int V \frac{\partial V}{\partial n} dS, \quad (10)$$

welche für jede beliebige Funktion V gilt, welche nebst ihren ersten Differentialquotienten überall stetig und eindeutig in dem Raume ist, dessen Volumenelement $d\tau$ ist.

Haben wir einen mit der Elektricitätsmenge e geladenen Konduktor (derselbe kann auch aus mehreren einzelnen Stücken bestehen) und sonst keinerlei Ladung im Felde, und bezeichnet V die von der Ladung e herrührende Potentialfunktion, so muss im Aussenraume ΔV überall verschwinden. Ferner besitzt V auf der Oberfläche des Konduktors (deren Element dS ist) einen konstanten Werth c, und nach (9) ist

$$\int \frac{\partial V}{\partial n} dS = 4 \pi e.$$

Es gilt das geschriebene Vorzeichen, weil die Gleichung (10) auf den Aussenraum des Konduktors angewandt werden soll, n daher die äussere Normale des Aussenraumes, d. h. die innere Normale des Konduktors bedeutet.

Für den Aussenraum angewandt, ergiebt daher die Gleichung (10):

$$\int\left[\left(\frac{\partial V}{\partial x}\right)^2 + \left(\frac{\partial V}{\partial y}\right)^2 + \left(\frac{\partial V}{\partial z}\right)^2\right] d\tau = 4 \pi c e. \quad (11)$$

Wäre nun noch eine andere Vertheilung der Gesammtladung e auf dem Konduktor möglich, welche ein anderes Potential V' im Aussenraume erzeugt, und den konstanten Werth c' auf der Oberfläche des Konduktors besitzt, so müsste die Superposition der ersten und der negativen zweiten Vertheilung ein Potential erzeugen, welches im Aussenraume den Werth $V - V'$ besitzt und auf der Oberfläche des Konduktors den konstanten Werth $c - c'$. Da die Gesammtladung des Konduktors in diesem Falle Null ist, so ergiebt die Anwendung von (11) auf die Potentialfunktion $V - V' = V''$:

$$\int\left[\left(\frac{\partial V''}{\partial x}\right)^2 + \left(\frac{\partial V''}{\partial y}\right)^2 + \left(\frac{\partial V''}{\partial z}\right)^2\right] d\tau = 0. \quad (12)$$

Hieraus folgert man, gerade wie es in Kap. I auf pag. 27 geschehen ist, dass

$$\frac{\partial V''}{\partial x} = \frac{\partial V''}{\partial y} = \frac{\partial V''}{\partial z} = 0$$

sei, d. h. dass V' sich von V nur um eine additive Konstante unterscheiden kann. Aber auch diese ist Null, da beide Potentialfunktionen in der Unendlichkeit verschwinden. Es ist daher V mit V' völlig identisch, und daher auch in beiden Fällen die Ladungen des Konduktors an jeder Stelle, da sich diese aus V nach der Formel (8') bestimmen.

11. Die Kapacität eines Konduktors. Wenn sich die Gesammtladung eines Konduktors im Verhältniss $1:n$ vergrössert, so muss sich die Ladung jedes seiner Theile in demselben Verhältniss vergrössern. Denn in der That, nehmen wir an, dass dies wirklich stattfinde, so muss nach der Formel (5) das Potential an jeder Stelle ebenfalls im Verhältniss $1:n$ vergrössert sein, d. h. es hat auf der Oberfläche des Konduktors wiederum einen konstanten Werth, da es bei der ursprünglichen Ladung auf der Oberfläche desselben konstant war. Folglich ist die Gleichgewichtsbedingung der elektrischen Vertheilung erfüllt, und da es nach dem vorigen Paragraphen nur eine Vertheilung zu jeder Gesammtladung giebt, so muss die angegebene Vertheilung wirklich eintreten.

Da also die gesammte auf einem Konduktor vorhandene Elektricitätsmenge und der auf ihm stattfindende konstante Potentialwerth stets in gleichem Verhältniss wachsen, so folgt, dass der Quotient dieser beiden Grössen nur von der geometrischen Gestalt des Konduktors (und der Lage etwaiger ihm benachbarter Konduktoren) abhängt, nicht dagegen von der besonderen Natur des Metalls des Konduktors oder seiner Ladung. Man nennt diesen Quotienten die **Kapacität C des Konduktors**, und setzt also:

$$e = V \cdot C, \tag{13}$$

wo V den von der Ladung e herrührenden konstanten Potentialwerth bezeichnet. Es ist bei der Definition der Kapacität nach der Formel (13) vorausgesetzt, dass, wenn andere Konduktoren sich in der Nähe des betrachteten Konduktors befinden, diese zur Erde abgeleitet sind, d. h. den Potentialwerth Null besitzen.

Nach (5) ergiebt sich sofort, dass die Kapacität die Dimension einer Länge hat. Es ist also

$$[C] = L. \tag{14}$$

So ist z. B. die Kapacität einer allein im Felde befindlichen Kugel gleich ihrem Radius, wie aus (5) sofort folgt unter Berücksichtigung des Umstandes, dass die Wirkung einer gleichförmig geladenen Kugelfläche nach aussen dieselbe ist, als ob die Gesammtladung in ihrem Centrum vereinigt wäre.

Als Einheit der Kapacität wählt man aus Gründen, die weiter unten näher angeführt werden sollen, die Länge $9 \cdot 10^5$ cm und nennt sie **Mikrofarad**. Eine Kugel von 9 km Radius hat also eine Kapacität von einem Mikrofarad.

Die Kapacität eines Konduktors A kann man dadurch sehr vergrössern, dass man in seine Nähe zur Erde abgeleitete Metallmassen B bringt. Damit nämlich das Potential auf B den Werth Null annimmt, muss B sich unter dem Einfluss des elektrostatischen Feldes von A mit einer der Ladung von A entgegengesetzten Elektricitätsart laden, da diese die Wirkung der Ladung von A auf der Oberfläche von B bis zum Potential Null herabdrücken muss. Man nennt diese Art der Ladung eines Leiters im elektrostatischen Felde eines anderen Konduktors, welche ohne Berührung desselben stattfindet, **Ladung durch Influenz**.

Die Influenzelektricität auf B muss nun aber nicht nur auf B selbst, sondern, wenn auch in vermindertem Maasse, auch auf A das elektrische Potential herabdrücken, da B zu A entgegengesetzt geladen ist. Daher ist nach (13) die Kapacität C von A jetzt sehr viel grösser als ursprünglich, da bei derselben Ladung e das Potential V auf A viel kleiner geworden ist.

Wir wollen näher den Fall betrachten, dass die beiden Konduktoren A und B zwei gleich grosse, ebene Platten seien, welche sich in dem konstanten Abstand d voneinander befinden. Man nennt diese Anordnung einen **Kondensator**. Wenn der Abstand d sehr klein im Vergleich zu den Dimensionen der Platten ist, so dass diese als unendlich gross gegen d angesehen werden können, so kann nach Symmetrierücksichten das Potential V zwischen beiden Platten nur in der zu beiden Platten senkrechten Richtung variiren. Wählt man diese zur z-Axe, so wird also V von x und y unabhängig. Die Gleichung (6) liefert daher:

$$\frac{\partial^2 V}{\partial z^2} = 0, \text{ d. h. } V = az + b. \tag{15}$$

Der Koefficient b muss nun verschwinden, wenn man den Koordinatenanfang in die zur Erde abgeleitete Platte B verlegt, da dann

$V = 0$ sein muss für $z = 0$. Nach Gleichung (8'), pag. 257, ist ferner

$$a = 4\pi\eta = 4\pi\frac{e}{S}, \qquad (16)$$

wenn η die Ladungsdichte, e die Gesammtladung, S die Grösse der Platte A bedeutet. Aus (15) und (16) folgt daher, wenn man den Werth des Potentials auf der Platte A (für $z = d$) V_1 nennt:

$$V_1 = 4\pi\frac{e}{S}d. \qquad (17)$$

Ein Vergleich dieser Formel mit (13) liefert für die Kapacität des Kondensators den Werth:

$$C = \frac{S}{4\pi d}, \qquad (18)$$

wobei S die dem Konduktor B zugewandte Oberfläche von A bedeutet.

Sind beide Platten niedrige Cylinder von kreisförmiger Grundfläche, deren Radius R ist, so wird $S = \pi R^2$, d. h.

$$C = \frac{R^2}{4d}.$$

Beträgt der Abstand $d = 1$ mm, so folgt hiernach, dass, falls die Kapacität 1 Mikrofarad betragen soll, sein muss:

$$9 \cdot 10^5 = \frac{R^2}{0{,}4},$$

d. h. $R = 600$ cm $= 6$ m.

Um besser vergleichen zu können, in welchem Verhältniss die Kapacität von A durch die Anwesenheit von B wächst, wollen wir annehmen, es seien A und B zwei einander umschliessende Kugelschalen, welche zwischen sich einen Abstand von 1 mm besitzen. Näherungsweise kann man auch auf diesen Fall die Formel (18) in Anwendung bringen, da die Krümmung der Platten gross sein soll im Vergleich zu ihrem gegenseitigen Abstand. — Bezeichnet nun R den bis zur äusseren Oberfläche gerechneten Abstand der inneren Kugelschale, so ist $S = 4\pi R^2$, und $C = \frac{R^2}{d}$. Für $C = 9 \cdot 10^5$ wird daher $R = 3$ m. — Während also eine allein im Felde befindliche Kugel von 9 km Radius eine Kapacität von 1 Mikrofarad besitzt, besteht schon dieselbe Kapacität für eine Kugel von 3 m Radius, wenn man sie mit einer Kugelschale im Abstand von 1 mm umschliesst und diese zur Erde ableitet. Ohne letztere Schale würde die Kugel eine 3000mal kleinere Kapacität besitzen.

Wegen der Vergrösserung der Kapacität, welche ein Kondensator gegenüber einem allein vorhandenen Konduktor zeigt, häuft sich auf ersterem eine viel grössere Elektricitätsmenge an, wenn man ihn durch Berührung mit einem Körper von bestimmtem Potential, z. B. dem Konduktor einer Elektrisirmaschine oder dem Pol eines galvanischen Elementes, ladet, als bei einem allein vorhandenen Konduktor. Wegen dieser Eigenschaft nennt man eben die beschriebene Kombination zweier Konduktoren einen Verdichtungsapparat für Elektricität oder einen Kondensator.

Aus der Anwendung der Formel (8') auf (15) folgt sofort, dass die Platte B des Kondensators, deren Potential Null ist, durch Influenz die elektrische Ladung $-e$ erhalten hat. — Wir können nun die Betrachtungen leicht auf den Fall ausdehnen, dass die Platte B nicht zur Erde abgeleitet ist, sondern das Potential V_2 besitzt, indem wir über den ursprünglichen Ladungsvorgang superponirt denken eine Ladung der Platte B mit der Elektricitätsmenge e', während dabei die Platte A zur Erde abgeleitet ist. Auf dieser wird dann durch Influenz die Elektricitätsmenge

$$-e' = -\frac{S}{4\pi d} V_2 = -C V_2$$

erzeugt. — Durch Superposition beider Fälle erhält man daher auf A die Elektricitätsmenge

$$e - e' = C(V_1 - V_2),$$

auf B eine gleich grosse Gesammtladung von anderem Vorzeichen.

Bezeichnen wir jetzt mit e die Gesammtladung auf A, so ist also

$$e = C(V_1 - V_2), \quad C = S : 4\pi d. \tag{19}$$

Diese Formeln gelten immer unter der Voraussetzung, dass die Ladungen der beiden Kondensatorplatten entgegengesetzt gleich sind.

Schaltet man mehrere Kondensatoren parallel zueinander, so dass sie alle dieselbe Potentialdifferenz ihrer Belegungen besitzen, so folgt aus (19), dass die Kapacität des ganzen Systems gleich der Summe der Kapacitäten der einzelnen Kondensatoren ist.

Bei Parallelschaltung addiren sich also die Kapacitäten.

Schaltet man dagegen mehrere Kondensatoren in Reihe hintereinander (Kaskadenbatterie), so enthalten sie alle die gleiche Ladung. Die Potentialdifferenz zwischen Anfang und Ende dieser Reihe ist gleich der Summe der Potentialdifferenzen in den einzelnen Kondensatoren. Daher folgt aus (19), dass der reciproke Werth der Kapacität des ganzen Systems gleich ist der Summe der reciproken Werthe der Kapacitäten der einzelnen Kondensatoren.

Bei Reihenschaltung addiren sich also die reciproken Werthe der Kapacitäten.

12. Die Abhängigkeit der elektrischen Kraft von der Natur des umgebenden Mediums. Bisher haben wir stillschweigend angenommen, dass die elektrisirten Konduktoren in der Luft lagern sollten. Die Wahl des ausserhalb der Konduktoren befindlichen Mediums ist nun nicht gleichgültig für die Einwirkung, welche dieselben (und auch etwaige elektrisirte Isolatoren) aufeinander äussern, während die Beschaffenheit des Inneren der Konduktoren, ob sich dort Metall oder Flüssigkeiten oder Gase befinden, keinerlei Einfluss hat. Letzteres ist leicht verständlich, da im Inneren jedes Konduktors die Stärke des elektrostatischen Feldes den Werth Null hat (vgl. oben pag. 257).

Bringt man zwei elektrisirte kleine Metallkugeln, welche die Ladungen e_1 und e_2 enthalten, in eine gut isolirende Flüssigkeit, z. B. Terpentinöl, so üben sie aufeinander eine kleinere Kraft aus, als ursprünglich in der Luft oder im luftleeren Raume. Während letztere Kraft den Werth hat:

$$K = \frac{e_1 e_2}{r^2}, \qquad (20)$$

ist für die im Terpentinöl stattfindende Kraft zu setzen:

$$K = \frac{1}{\varepsilon} \frac{e_1 e_2}{r^2}, \qquad (21)$$

und zwar muss ε grösser als 1 sein (ε ist für Terpentinöl etwa 2,2).

Streng genommen ist nun schon die Einwirkung der Kugeln im luftleeren und lufterfüllten Raume nicht ganz die gleiche, nur ist der Unterschied so gering, dass er direkt durch Beobachtung der ponderomotorischen Kräfte nicht gut zu konstatiren wäre. Aber, wie weiter unten angeführt wird, sind Experimente angestellt, nach welchen unzweifelhaft ein solcher Unterschied bestehen muss.

Hiernach ist klar, dass die Zahl, welche die elektrostatische Ladung eines Körpers angiebt, etwas (wenn auch in sehr geringem Maasse) verschieden ausfallen muss, je nachdem man seine Wirkungen im luftleeren oder im lufterfüllten Raume misst, wenigstens wenn man in beiden Fällen die Formel (20) zu Grunde legt.

Wir wollen nun diese Formel nur im luftleeren Raume, im freien Aether, zur Anwendung bringen, d. h. die Einheit der elektrostatischen Ladung nur aus den im freien Aether stattfindenden Wirkungen definiren. Dann ist für jede Umgebung der elektrisirten Körper, welche mit ponderabler Materie beladen ist, die Formel (21) zur Anwendung zu bringen. Die in ihr auftretende Konstante ε, welche das Verhältniss angiebt, in welchem die Einwirkungen zweier elektrisirter Körper im freien Aether und im umgebenden Isolator zueinander stehen, wird die Dielektricitätskonstante des letzteren genannt.

Diese Definition der Dielektricitätskonstanten ist auch auf feste Isolatoren auszudehnen. Denn obwohl nicht direkt ponderomotorische Wirkungen zu beobachten sind, wenn die elektrisirten Konduktoren in feste Isolatoren eingebettet sind, so muss man doch auch in diesem Falle eine Bewegungstendenz derselben als vorhanden annehmen. Aus anderen Erscheinungen, welche aus dem Gesetz (21) folgen, lassen sich dann auch die Dielektricitätskonstanten fester Körper bestimmen, wie weiter unten angeführt werden soll.

Wie ein Vergleich zeigt mit den Entwickelungen, welche im I. Kapitel auf pag. 31 bis pag. 35 gegeben sind, tritt die Dielektricitätskonstante in völlige Parallele mit der Magnetisirungskonstanten. Ein Zusammenhang dieser beiden Konstanten für ein und denselben Körper ergiebt sich indessen nicht. Auch unterscheidet sich die Dielektricitätskonstante der Isolatoren stets viel mehr von 1, als ihre Magnetisirungskonstante, wie folgende Tabelle lehrt:

	ε
Luft	1,00059
Schweflige Säure .	1,0095
Terpentinöl . . .	2,18 bis 2,26
Ebonit	2,1 bis 3,1
Glas	3,2 bis 7,4
Methyl-Alkohol . .	32,7
Wasser	83,7

Schliesslich fällt der Gegensatz, wie er sich im Verhältniss der paramagnetischen zu den diamagnetischen Körpern (vgl. oben pag. 35) ausspricht, für welch letztere $\mu < 1$ ist, hier fort, für alle Körper ist die Dielektricitätskonstante grösser als 1.

13. Folgerungen aus dem dielektrischen Verhalten der Körper. Da die Gesetze der elektrischen Kraft in einem Isolator formell identisch sind mit den Gesetzen der magnetischen Kraft, so lassen sich für erstere dieselben Folgerungen ziehen, wie für letztere. Dieselben können daher hier kurz angegeben werden, indem durch die in den beigesetzten Klammern stehenden Seitenzahlen auf die ausführlichere Ableitung im I. Kapitel verwiesen wird.

Im homogenen Dielektrikum ist das Potential der elektrischen Ladungen e_1, e_2 etc. [§ 21, Formel (9′), pag. 36]:

$$V = \frac{1}{\varepsilon} \Sigma \frac{e}{r}. \qquad (22)$$

Der Gauss'sche Satz ändert sich demnach in [§ 21, Formel (14′), pag. 36]:

$$\varepsilon \int \frac{\partial V}{\partial n} dS = -4\pi \Sigma e. \qquad (23)$$

Daraus folgt (§ 13, pag. 22), dass im Inneren eines mit der Raumdichte ρ geladenen Isolators die Gleichung besteht:

$$\Delta V = -4\pi \frac{\rho}{\varepsilon}. \qquad (24)$$

Beim Uebergang über die Grenze zweier verschiedener Dielektrika mit den Konstanten ε_1 und ε_2 ändert sich die Normalkomponente der elektrischen Kraft unstetig (§ 21, pag. 36), ihre Tangentialkomponente dagegen stetig (§ 22, pag. 40).

Ist die Grenzfläche nicht geladen, so ist [§ 21, Formel (19), pag. 37]:

$$\varepsilon_1 \left(\frac{\partial V}{\partial n}\right)_1 = \varepsilon_2 \left(\frac{\partial V}{\partial n}\right)_2, \qquad (25)$$

ist dagegen die Grenzfläche geladen, und bezeichnet η die Flächendichte der Ladung, so ergiebt die Erweiterung der Formel (8) dieses Kapitels:

$$\varepsilon_1 \left(\frac{\partial V}{\partial n}\right)_1 - \varepsilon_2 \left(\frac{\partial V}{\partial n}\right)_2 = -4\pi\eta. \qquad (26)$$

Die Anwendung des Gauss'schen Satzes auf **inhomogene geladene** Medien, d. h. solche, in welchen ε mit dem Ort variirt, ergiebt [§ 33, Formel (8'), pag. 65]:

$$\frac{\partial \left(\varepsilon \frac{\partial V}{\partial x}\right)}{\partial x} + \frac{\partial \left(\varepsilon \frac{\partial V}{\partial y}\right)}{\partial y} + \frac{\partial \left(\varepsilon \frac{\partial V}{\partial z}\right)}{\partial z} = -4\pi\rho, \qquad (27)$$

falls ρ die Raumdichte der Ladung bezeichnet.

Aus (24) und (27) folgen für die Komponenten der elektrischen Kraft die Nahewirkungsgesetze für homogene Medien:

$$\varepsilon \left(\frac{\partial X}{\partial x} + \frac{\partial Y}{\partial y} + \frac{\partial Z}{\partial z}\right) = 4\pi\rho, \qquad (28)$$

für inhomogene Medien:

$$\frac{\partial(\varepsilon X)}{\partial x} + \frac{\partial(\varepsilon Y)}{\partial y} + \frac{\partial(\varepsilon Z)}{\partial z} = 4\pi\rho. \qquad (29)$$

Aus der Unstetigkeit der Normalkomponente der elektrischen Kraft an der Grenze zweier verschiedener Isolatoren nach Maassgabe der Formel (25) folgt (vgl. § 23, im I. Kapitel, pag. 42), dass die Einlagerung eines Isolators in eine Umgebung von niedrigerer Dielektricitätskonstanten so wirkt, als ob seine Oberfläche an denjenigen Stellen mit negativer Elektricität geladen wäre, auf welcher die elektrische Kraft nach dem Inneren des Isolators gerichtet ist, an den anderen Stellen dagegen, an welchen die elektrische Kraft nach aussen gerichtet ist, mit positiver Elektricität.

Die umgekehrte Art einer scheinbaren Ladung tritt ein, wenn der Isolator eine kleinere Dielektricitätskonstante als seine Umgebung besitzt.

Man nennt diese Erscheinung, die also ganz das Analogon zum inducirten Magnetismus ist, die **Influenzelektricität der Isolatoren**.

Zwischen dieser Influenzelektricität der Isolatoren und der oben auf pag. 260 behandelten der Konduktoren besteht der wesentliche Unterschied, **dass erstere keine wahre elektrische Ladung ist, wohl aber letztere**. Denn ein durch Influenz geladener Konduktor behält seine Ladung, wenn man ihn an isolirenden Handhaben aus dem influencirenden elektrischen Felde herausbringt, ein durch Influenz geladener Isolator dagegen nicht.

Nach diesen Erörterungen ist klar, dass die Kapacität eines Kondensators zunehmen muss, wenn die Platte eines festen Isolators in den Luftraum zwischen die beiden Platten A, B des Kondensators gebracht wird. Denn jeder feste Isolator hat eine grössere Dielektricitätskonstante als Luft, und da folglich auf der dem Konduktor A zugewandten Seite der Platte des Isolators eine scheinbare Ladung influencirt wird, welche entgegengesetztes Vorzeichen als die Ladung von A besitzt, so muss die Einlagerung der Platte in demselben Sinne wirken, wie eine Annäherung der Platte B an A, da B ebenfalls Influenzelektricität entgegengesetzter Art zu A enthält. Eine Verkleinerung des Abstandes zwischen B und A vergrössert aber die Kapacität (vgl. oben pag. 261).

Den betrachteten Fall wollen wir einer Rechnung unterziehen. Nehmen wir zunächst an, dass ein Isolator der Dielektricitätskonstante ε_2 den Raum zwischen den Kondensatorplatten A, B ganz ausfülle, so ist die frühere Formel (18) für die Kapacität umzuändern in:

$$C = \frac{\varepsilon_2 S}{4 \pi d}, \qquad (30)$$

da die Entwickelungen, durch welche man zu dieser Formel gelangt, ganz dieselben bleiben, wie oben auf pag. 261, nur dass man zur Bestimmung des Koefficienten a in (15) nicht die Gleichung (8') verwenden darf, sondern die aus (26) folgende, allgemeinere:

$$\varepsilon_2 \frac{\partial V}{\partial n} = 4 \pi \eta_i. \qquad (31)$$

Hat nun der Isolator die Dicke d' und füllt er den Zwischenraum des Kondensators von der Dicke d (vgl. Fig. 39) nicht ganz aus, so ist die Anordnung aufzufassen als eine Reihenschaltung eines Luftkondensators der Dicke $d - d'$ und eines mit dem Isolator (ϵ_2) angefüllten Kondensators der Dicke d'. Nach dem allgemeinen Satze auf pag. 263 und der Formel (30) ist daher jetzt:

$$\frac{1}{C} = \frac{4\pi}{S}\left(\frac{d-d'}{\epsilon_1} + \frac{d'}{\epsilon_2}\right), \tag{32}$$

falls ϵ_1 die Dielektricitätskonstante der Luft bezeichnet. — Hieraus erkennt man, dass durch die Einschiebung des Isolators C gewachsen ist, falls $\epsilon_2 > \epsilon_1$ ist.

Wird anstatt eines Isolators eine Metallplatte der Dicke d' zwischen den Platten des Kondensators eingeschoben, so muss sich ebenfalls seine Kapacität erhöhen, weil das Potential auf dem Kondensator durch die Influenzelektricität der eingeschobenen Platte erniedrigt wird. — Da aus Symmetrierücksichten die Kapacität ganz unabhängig von dem Orte der eingeschobenen Metallplatte sein muss, so kann man annehmen, es berühre dieselbe eine der Kondensatorplatten. In diesem Falle ist aber offenbar der Effekt derselbe, als ob die Kondensatorplatten auf die Distanz $d - d'$ genähert wären. — Die Kapacität des Kondensators wird also durch Einschieben einer leitenden Platte der Dicke d' erhöht auf

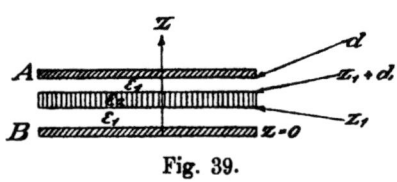

Fig. 39.

$$C = \frac{\epsilon_1 S}{4\pi(d-d')}. \tag{33}$$

Diese Formel kann aus (32) abgeleitet werden, wenn man $\epsilon_2 = \infty$ setzt. **Ein Konduktor wirkt also in diesem Falle wie ein Isolator, dessen Dielektricitätskonstante unendlich gross wäre.**

Hieraus darf man nicht schliessen, dass ein Konduktor in jeder Beziehung gleich einem Isolator sei von unendlich grosser Dielektricitätskonstante, vielmehr verhält er sich wesentlich von letzterem verschieden bei nicht statischen elektrischen Zuständen, da dann im Konduktor Joule'sche Wärme entwickelt wird, im Isolator hingegen nicht.

14. Darstellung der Eigenschaften des elektrischen Feldes durch Richtung und Anzahl der Kraftlinien.

Genau so, wie es im I. Kapitel in den §§ 18 und 25 für die Darstellbarkeit der Eigenschaften eines magnetischen Feldes entwickelt ist, können auch die Eigenschaften des elektrischen Feldes durch Richtung und Dichtigkeit der elektrischen Kraftlinien dargestellt werden. Die Richtung der Kraftlinien fällt in jedem Punkte mit der Richtung der resultirenden elektrischen Kraft $\mathfrak{F}$ zusammen, die Anzahl dN der irgend ein Flächenstück dS durchsetzenden Kraftlinien ist gleich dem durch dS hindurch stattfindenden Induktionsfluss, d. h. es ist

$$dN = \varepsilon \mathfrak{F}_n dS, \tag{34}$$

wo ε die Dielektricitätskonstante der Umgebung von dS bedeutet, $\mathfrak{F}_n$ diejenige Komponente der elektrischen Kraft, welche normal zu dS gerichtet ist. — Die Feldstärke $\mathfrak{F}$ an irgend einer Stelle des Raumes wird daher gemessen durch die Anzahl der Kraftlinien, welche ein zu denselben normal liegendes Flächenstück von der Grösse $dS = 1$ durchsetzt.

Nach der Formel (25) des vorigen Paragraphen liegen auf einer Grenzfläche zweier Isolatoren mit verschiedener Dielektricitätskonstante keine freien Enden von Kraftlinien, dieselben endigen vielmehr nur an Stellen, welche wahre elektrische Ladung enthalten. Nach (23) [und (26)] liegen auf jeder kleinen geschlossenen Fläche, welche die wahre Ladung e umschliesst, $4\pi e$ freie Enden von Kraftlinien.

Die elektrischen Kraftlinien können also thatsächlich freie Enden besitzen im Gegensatz zu den magnetischen Kraftlinien, welche nirgends endigen, sondern stets geschlossene Kurven sind. — Dieser Gegensatz ist dadurch begründet, dass es wahre Elektricität, aber keinen wahren Magnetismus giebt.

Da die Summe der gesammten im Raume vorhandenen elektrischen Ladungen stets Null ist (vgl. oben pag. 256), so endigen die elektrischen Kraftlinien nirgends in der Unendlichkeit, sondern strömen aus Stellen, welche wahre positive Elektricität enthalten, aus und strömen stets in Stellen, welche wahre negative Elektricität enthalten, wieder ein.

Haben wir z. B. einen Kondensator, dessen Platten A und B mit $\pm e$ geladen sind, so verlaufen alle [1]) Kraftlinien des Feldes im

---

[1]) Dies gilt wenigstens in grosser Annäherung, falls A und B sehr gross im Vergleich zu ihrem Abstand d sind.

Zwischenraume zwischen A und B als gerade, äquidistante, zu A und B senkrechte Linien, und zwar gehen $4\pi e$ Kraftlinien von der positiv geladenen Kondensatorplatte aus und endigen in der negativ geladenen Kondensatorplatte. — An diesem Resultat wird auch nichts geändert, wenn eine Platte P eines Isolators J zwischen A und B eingeschoben sind.

Durch das Verhalten der Kraftlinien kann man daher in anschaulicher Weise Stellen mit wahrer elektrischer Ladung von Stellen mit scheinbarer Ladung unterscheiden. Auf der Oberfläche der Platte P ist keine wahre Ladung influencirt, da dort keine Kraftlinien endigen, wohl aber influencirt der positiv geladene Konduktor A auf dem zur Erde abgeleiteten Konduktor B wahre negative Ladung, da auf ihm freie Enden von Kraftlinien liegen.

Da das Potential körperlicher oder flächenhafter Ladungen überall stetig ist (vgl. oben pag. 21), so muss auch die Tangentialkomponente der elektrischen Kraft beim Uebergang über die Grenze zweier Isolatoren stetig sein. Dieser Satz in Verbindung mit der durch die Formel (25) ausgedrückten Unstetigkeit der Normalkomponente der elektrischen Kraft ergiebt an der Grenze zweier Isolatoren für die elektrischen Kraftlinien ein Brechungsgesetz, wie es ganz dem im § 26 des I. Kapitels auf pag. 46 ausgesprochenen Brechungsgesetze der magnetischen Kraftlinien analog ist. An Stelle der Magnetisirungskonstante des Mediums tritt hier seine Dielektricitätskonstante.

Alle die Folgerungen, welche im § 27 im I. Kapitel (pag. 49) an das Brechungsgesetz der Kraftlinien geknüpft sind, gelten natürlich auch hier. Nur treten dieselben, z. B. die Schirmwirkung, bei den elektrischen Erscheinungen nicht so evident zu Tage, als bei den magnetischen Erscheinungen, weil die Unterschiede der Dielektricitätskonstanten der verschiedenen Körper nicht entfernt so gross sind, als der Unterschied der Magnetisirungskonstanten von Eisen und Luft.

Nach der Tabelle auf pag. 265 hat das Wasser von allen Körpern die grösste Dielektricitätskonstante. Bei ihm könnte man also am ehesten die Erscheinungen dielektrischer Schirmwirkung aufzufinden hoffen. Dies ist auch in der That der Fall, eine Hohlkugel von Wasser schirmt innere Punkte vollständig gegen die Einflüsse eines von äusseren Ladungen herrührenden elektrischen Feldes. — Aber diese Erscheinung hat ihren Grund nicht in der grossen Dielektricitätskonstante des Wassers, sondern in seiner

Leitfähigkeit. Wasser ist für statische Elektricität kein guter Isolator.

In der That muss ein Leiter vollständige Schirmwirkung auf innere Punkte ausüben. Denn unter dem Einfluss eines äusseren elektrischen Feldes ladet sich seine Oberfläche in der Weise, dass das Potential auf ihr überall ein und denselben konstanten Werth besitzt. Nun ist aber das Potential nach § 17 des I. Kapitels (pag. 28) im Inneren eines begrenzten Raumes vollständig bestimmt durch die Werthe, welche das Potential auf seiner Oberfläche besitzt. Wenn diese Oberflächenwerthe alle gleich der Konstante C sind, so werden alle Bedingungen, welchen das Potential in jenem Raume zu genügen hat, vollständig erfüllt, wenn man im ganzen betreffenden Raume das Potential V gleich C setzt. Dies ist also eine mögliche Lösung und nach obigem Satze daher auch die einzige. Leiter üben daher eine vollständige elektrostatische Schirmwirkung für Punkte aus, welche sie ganz umschliessen, d. h. **die elektrischen Kraftlinien dringen nie in das Innere von Leitern ein.**

Aus diesen Erörterungen geht ebenfalls (cf. oben pag. 268) hervor, dass für Probleme der Elektrostatik Leiter als Isolatoren angesehen werden können, deren Dielektricitätskonstante unendlich gross ist. In der That kann das Aufhören der Kraftlinien beim Auftreffen auf einen Leiter angesehen werden als eine sehr starke Brechung der Kraftlinien, derzufolge dieselben parallel der Begrenzung des Leiters verlaufen, ohne in sein Inneres gelangen zu können. Eine so starke Brechung würde aber eine unendlich grosse Dielektricitätskonstante des betreffenden Körpers erfordern, falls man ihn als Isolator auffasst.

An der Oberfläche eines Konduktors verschwindet die Tangentialkomponente der elektrischen Kraft, weil sie stetig sich in das Innere des Konduktors fortsetzen muss, woselbst die ganze elektrische Kraft verschwindet. **Die elektrischen Kraftlinien müssen daher die Oberfläche von Konduktoren senkrecht schneiden.**

15. Die Energie des elektrischen Feldes. Die potentielle Energie E des elektrischen Feldes, d. h. diejenige Funktion, deren Abnahme gleich der von den ponderomotorischen Wirkungen des Feldes bei irgend welchen Konfigurationsänderungen geleisteten Arbeit ist, können wir sofort nach den Entwickelungen des § 2 im

III. Kapitel (pag. 122) hinschreiben, da dort die Formel für die potentielle Energie punktförmiger Magnetpole gegeben ist.

Besitzt das elektrische Feld an gewissen Stellen die Ladungen $e_1, e_2, e_3 \ldots e_h \ldots$, und sind dort die Werthe des elektrischen Potentials resp. $V_1, V_2, V_3, \ldots V_h \ldots$, so ist die potentielle Energie:

$$E = \frac{1}{2}(e_1 V_1 + e_2 V_2 + \ldots) = \frac{1}{2}\Sigma e_h V_h. \qquad (35)$$

Diese Formel gilt für jedes Medium, einerlei ob dasselbe ein homogener oder inhomogener Isolator oder ein Leiter ist, oder aus beiden besteht.

Wir wollen die potentielle Energie E des elektrischen Feldes seine **elektrische Energie** nennen. — Man kann ihren Werth (35) noch in anderer Weise ausdrücken.

Wir wollen uns denken, dass die Ladungen $e_1, e_2 \ldots$ nicht streng punktförmige wären[1]), sondern dass sie, wie es der Wirklichkeit entspricht, eine gewisse räumliche oder flächenhafte Vertheilung innerhalb kleiner, geschlossener Flächen $S_1, S_2 \ldots$ besässen. Dann bestimmt sich der Potentialwerth V_h an der Fläche S_h wesentlich durch die elektrischen Ladungen, welche sich innerhalb S_h selber befinden. — Nach dem Gauss'schen Satze [Formel (23), pag. 265] ist:

$$\varepsilon \int \frac{\partial V_h}{\partial n} dS_h = -4\pi e_h, \qquad (36)$$

wobei n die äussere Normale auf dS_h bedeutet.

Setzt man diesen Werth für e_h in (35) ein, so folgt

$$E = -\Sigma \frac{\varepsilon}{8\pi} \int V_h \frac{\partial V_h}{\partial n} dS_h. \qquad (37)$$

Wenn die Dielektricitätskonstante ε eine Funktion des Ortes ist, so würde die Formel (36) zu schreiben sein:

$$\int \varepsilon \frac{\partial V_h}{\partial n} dS_h = -4\pi e_h, \qquad (38)$$

---

[1]) Eine analoge Betrachtung kann man für das magnetische Feld nicht anstellen, da die Vertheilung supponirter Magnetpole eine wesentlich andere ist.

und (37):
$$E = -\frac{1}{8\pi} \Sigma \int \varepsilon V_h \frac{\partial V_h}{\partial n} dS_h. \qquad (39)$$

Dieses ist dieselbe Formel, wie sie im III. Kapitel, § 5, auf pag. 128 in der dortigen Formel (6''') für die magnetische Energie T gewonnen wurde. Nach den dortigen Entwickelungen auf pag. 129 folgt also hier:

$$E = \frac{1}{8\pi} \int \varepsilon \left[\left(\frac{\partial V}{\partial x}\right)^2 + \left(\frac{\partial V}{\partial y}\right)^2 + \left(\frac{\partial V}{\partial z}\right)^2 \right] d\tau \qquad (40)$$

oder

$$E = \frac{1}{8\pi} \int \varepsilon (X^2 + Y^2 + Z^2) d\tau = \frac{1}{8\pi} \int \varepsilon \mathfrak{F}^2 d\tau, \qquad (41)$$

wobei das Integral über den ganzen Raum zu erstrecken ist[1]).

Somit besteht also eine auch formale Analogie zwischen der elektrischen Energie und zwischen der magnetischen Energie. Beide Energien geben durch ihre Abnahme die von den ponderomotorischen elektrischen, bezw. magnetischen Kräften bei irgend einer Konfigurationsänderung geleistete Arbeit an, falls man sonst dem System keine Energie von aussen zuführt oder ihm entzieht. (Für die magnetische Energie ist dieser Satz oben auf pag. 191 bewiesen.)

In einem Felde, in welchem sowohl elektrische, wie magnetische Kräfte thätig sind, d. h. in einem elektromagnetischen Felde, wird daher die bei irgend welchen Konfigurationsänderungen geleistete Arbeit durch die Abnahme der Funktion:

$$E + T = \frac{1}{8\pi} \int \varepsilon \mathfrak{F}^2 d\tau + \frac{1}{8\pi} \int \mu \mathfrak{H}^2 d\tau \qquad (42)$$

gegeben. Diese Funktion soll daher die Energie des elektromagnetischen Feldes oder kurz die elektromagnetische Energie genannt werden.

Die Berechnung der im elektrischen Felde vorhandenen ponderomotorischen Wirkungen aus der elektrischen Energie E kann

---

[1]) Dass der Ausschluss des Innenraumes der Flächen S_h zu vernachlässigen ist, erkennt man daran, dass, wenn man für e_h setzt

$$\rho_h d\tau = -\frac{\varepsilon}{4\pi} \Delta V_h d\tau,$$

die Formel (38) sofort in das über den ganzen Raum zu erstreckende Integral (41) umzugestalten ist.

Dielektrischer Widerstand.

man nicht in völlig analoger Weise gestalten, wie sie im Anfang des § 13 des III. Kapitels auf pag. 151 für die magnetische Energie gegeben ist; denn man kann hier nicht voraussetzen, dass durch die Bewegung der Körper die Feldstärke $\mathfrak{F}$ nahezu ungeändert bleibe, sondern man muss die Bedingung berücksichtigen, dass die elektrische Ladung der das Feld erzeugenden Körper unveränderlich ist. — Dagegen gelten die am Ende des § 13 des III. Kapitels auf pag. 153 bis pag. 155 gegebenen Entwickelungen auch hier unverändert, falls man die Magnetisirungskonstanten μ, μ_0 durch die Dielektricitätskonstanten ε, ε_0 und $\mathfrak{H}$ durch $\mathfrak{F}$ ersetzt. Diese Entwickelungen knüpfen also dann an die Influenzelektricität der Isolatoren an. Aus diesen Betrachtungen geht hervor, dass ein in Luft lagernder Isolator sich nach Stellen der grössten Feldstärke hinzubewegen strebt, er wird also stets von einem geladenen Konduktor angezogen.

In Analogie mit dem § 8 des III. Kapitels auf pag. 138 kann man die elektrische Energie als Funktion des **dielektrischen Widerstandes** des Feldes ansehen, indem man als den dielektrischen Widerstand W einer Kraftröhre die Grösse definirt:

$$W = \int \frac{dl}{\varepsilon \, dq}, \qquad (43)$$

falls dl ein Längenelement der Kraftröhre an einer Stelle bezeichnet, an welcher ihr Querschnitt dq ist und die Dielektricitätskonstante den Werth ε hat. — Die Kraftröhre wird nämlich nothwendig an einer Stelle S_1, welche die Ladung e und das Potential V_1 besitzt, beginnen und endigen an einer Stelle S_2, welche die Ladung $-e$ und das Potential V_2 besitzt. Die in der Kraftröhre enthaltene Anzahl N elektrischer Kraftlinien ist gleich $4\pi e$. Da nun ist

$$\int \mathfrak{F} \, dl = V_1 - V_2, \qquad (44)$$

und

$$\varepsilon \mathfrak{F} dq = N = 4\pi e, \text{ d. h. } \mathfrak{F} = \frac{N}{\varepsilon \, dq}, \qquad (45)$$

so wird

$$N \cdot \int \frac{dl}{\varepsilon \, dq} = V_1 - V_2,$$

d. h.

$$N = \frac{V_1 - V_2}{W}. \qquad (46)$$

Man nennt nun die Potentialdifferenz $V_1 - V_2$ die **elektromotorische Kraft** (nach elektrostatischem Maasse), welche in der Kraftröhre wirkt. Man kann nun die Formel (46) wiederum in Analogie mit dem Ohm'schen Gesetz so ausdrücken:
Der Kraftfluss in einer Kraftröhre ist gleich der in ihr wirkenden elektromotorischen Kraft, dividirt durch ihren dielektrischen Widerstand. — Die in der elektrischen Kraftröhre wirkende elektromotorische Kraft ist ganz analog, wie früher die magnetomotorische Kraft einer magnetischen Kraftröhre, definirt als diejenige Arbeit, welche die elektrischen Kräfte bei Verschiebung eines mit $e = +1$ geladenen Körpers durch die ganze Kraftröhre hindurch leisten.

Nach Formel (41) ist die in einer Kraftröhre enthaltene elektrische Energie:

$$E^v = \frac{1}{8\pi}\int \varepsilon \mathfrak{F}^2 d\tau = \frac{1}{8\pi}\int \varepsilon \mathfrak{F}^2 dq\, dl. \qquad (47)$$

Berücksichtigt man (45) und (46), so kann man diese Formel in den drei verschiedenen Weisen schreiben:

$$E^v = \frac{(V_1 - V_2)\,N}{8\pi}, \qquad (48)$$

$$E^v = \frac{(V_1 - V_2)^2}{8\pi W}, \qquad (49)$$

$$E^v = \frac{N^2 W}{8\pi}. \qquad (50)$$

Die Energie des ganzen Feldes wird durch Summirung über alle Kraftröhren gewonnen. — Diese drei Formeln sind völlig den Formeln (17), (20), (20') der magnetischen Energie auf pag. 138 analog.

Während aber dort die Formel (20) am bequemsten zur Berechnung der ponderomotorischen Wirkungen war, falls im Magnetfeld die magnetomotorischen Kräfte unveränderlich sind, so ist es hier die Formel (50), da die Kraftlinienzahl N, d. h. die elektrischen Ladungen, unveränderlich sind. — Im Magnetfelde ergab sich aus der dortigen Formel (20), dass der magnetische Widerstand W sich möglichst zu verkleinern strebt, da die magnetische Energie T bei konstant gehaltenen magnetomotorischen Kräften einem Maximum zustrebt, — hier ergiebt sich analog aus der Formel (50), da E einem Minimum zustrebt, dass die ponderomotorischen Wirkungen eines elektrischen Feldes in der Weise vor sich gehen, dass der dielektrische Widerstand desselben möglichst verringert wird.

Von diesem Standpunkt aus erklärt sich also ebenfalls die Bewegung eines Isolators nach Stellen der grössten Feldstärke (vgl. dazu die Erörterungen des III. Kapitels auf pag. 139). — Wenn ein gleichförmiges elektrisches Feld durch die Einlagerung eines Isolators nicht gestört erscheint, so kann derselbe keinerlei Bewegungstendenzen in ihm erfahren. Ein lang gestreckter Isolator stört aber merklich die Gleichförmigkeit des Feldes; er stellt sich daher aus demselben Grunde parallel zu den Kraftlinien, wie er oben im III. Kapitel auf pag. 140 angegeben ist.

Diese Erscheinung ist neuerdings von Grätz und Fomm[1]) auch beobachtet.

Da sich die Kraftröhren zu verkürzen und ihren Querschnitt zu vergrössern streben, so kann man, wie Maxwell auch rechnerisch nachgewiesen hat, die ponderomotorischen Wirkungen im elektrischen Felde auch durch einen Zug parallel den Kraftlinien und einen Druck senkrecht zu ihnen erklären. — Es gelten hierfür ganz dieselben Betrachtungen, wie sie oben in § 9 des III. Kapitels auf pag. 141 angestellt sind.

Man kann übrigens öfter die Formel (49) bequemer zur Berechnung der bei irgend einer Konfigurationsänderung geleisteten Arbeit verwenden als die Formel (50). Letztere ergiebt nämlich für die geleistete Arbeit $d\mathfrak{W}$ den Werth:

$$d\mathfrak{W} = - dE' = - \frac{N^2}{8\pi} dW,$$

da N konstant bleibt. Setzt man nun hierin für N seinen Werth nach (46), so folgt

$$d\mathfrak{W} = - \frac{(V_1 - V_2)^2}{8\pi W^2} dW = + (dE'),$$

wenn man unter (dE') die Zunahme der nach der Formel (49) definirten Funktion E' versteht und dabei $V_1 - V_2$ als unveränder-

---

[1]) L. Grätz und L. Fomm, Bayr. Akad. d. Wiss., 23, pag. 275, 1893. Die Verfasser schliessen, dass diese Erscheinung unerwartet sei und sich nur durch eine Molekularkonstitution der Dielektrika erklären lasse. — Nach der im Text angegebenen Darstellung erscheint diese Auffassung nicht berechtigt.

lich annimmt. Man erhält daher den Satz, dass die bei irgend einer Konfigurationsänderung von den ponderomotorischen Kräften geleistete Arbeit gleich ist der **Zunahme** der elektrischen Energie des Systems, wenn man annimmt, dass bei der Konfigurationsänderung nicht die elektrischen Ladungen der Körper, sondern ihre Potentialwerthe unverändert bleiben. — Aus diesem Satze folgt, dass die nach (49) definirte Funktion E' einem Maximum, d. h. der dielektrische Widerstand einem Minimum zustrebt, was vorhin aus der Formel (50) abgeleitet war.

16. Unstetigkeit des Potentials an der Grenze zweier Körper. Im § 9 dieses Kapitels ist darauf hingewiesen, dass das Potential der elektrischen Kraft auf einem Leiter überall denselben Werth haben muss. Wenn sich nun zwei verschiedene Leiter berühren, so ist nicht nothwendig, dass der Potentialwerth auf beiden ein und denselben konstanten Werth besitzt, im Gegentheil, im Allgemeinen besteht stets eine Differenz zwischen den Potentialwerthen auf beiden Leitern.

Diese Thatsache erkennt man schon aus der Potentialdifferenz an den Klemmen eines geöffneten galvanischen Elementes, welches stets eine Kombination von drei oder vier einander berührenden Leitern ist, von denen allerdings einer oder zwei elektrolytisch leiten, die also eine Veränderung durch den Stromdurchgang erfahren. Aber auch wenn zwei blank geschmirgelte Metallplatten ohne dazwischen lagernden Elektrolyten aufeinander gelegt werden, kann man eine Potentialdifferenz mit Hülfe eines empfindlichen Elektroskops oder Elektromotors nachweisen.

Es ergiebt sich dabei das Gesetz, dass die Potentialdifferenz zweier einander berührender Leiter nur von der Natur derselben abhängig, dagegen von ihrer Grösse oder der Grösse der Berührungsstelle ganz unabhängig ist. Man kann diesen Satz dadurch experimentell beweisen, dass man sich zwei Kombinationen derselben einander berührenden Leiter herstellt (wir wollen kurz sagen: zwei „Ketten"), deren Anordnung aber hinsichtlich der Grösse der Leiter und der Berührungsflächen eine verschiedene sein kann. Wird je ein Ende der Kette, welches aus dem gleichen Leiter besteht, zur Erde abgeleitet (oder miteinander leitend durch einen Draht verbunden), und verbindet man ferner die beiden anderen Enden der Ketten durch einen Draht, der aus demselben leitenden Material wie die betreffenden Enden der Kette besteht, so kann man in ihm, weder im Moment der Verbindung, noch später, die Wirkung eines elektrischen Stromes entdecken. Ein solcher müsste aber vorhanden sein, wenn eine Potentialdifferenz zwischen den Enden beider Ketten ursprünglich oder nach der Verbindung bestanden hätte, denn der verbindende Metalldraht muss sich in der Weise elektrisch laden, dass das Potential auf ihm, falls keine elektrische Strömung vorhanden sein soll, ein und denselben konstanten Werth besitzt. Wenn nun vor der Verbindung mit dem Drahte eine Potentialdifferenz zwischen beiden Enden der Kette bestanden hätte, so müsste jedenfalls im Momente der Verbindung eine Bewegung von elektrischen Ladungen, d. h. ein elektrischer Strom, wahrnehmbar sein.

Es ist also zu schliessen, dass die Potentialdifferenz zweier einander berührender Leiter A und B eine nur von ihrer Natur abhängende Konstante ist.

Die Unstetigkeit, welche das elektrische Potential an der gegenseitigen Berührungsfläche zweier Leiter besitzt, kann nach den Entwickelungen[1]) des § 5 im II. Kapitel (pag. 80) nur dadurch hervorgebracht werden, dass die Berührungsfläche eine elektrische Doppelfläche ist [und zwar von konstantem Moment, nach Formel (7) auf pag. 81]. Da die Gesammtladung einer solchen Doppelfläche Null ist, so liegen auf der Berührungsfläche keine freien Enden von Kraftlinien. Dasselbe würde auch der Fall sein, wenn die Berührung zweier Isolatoren zu einer konstanten Potentialdifferenz Anlass geben sollte, wovon man sich bisher durch das Experiment keinen Aufschluss hat verschaffen können.

Sollte daher eine solche Potentialdifferenz bestehen, so würde immer noch der im § 14 dieses Kapitels ausgesprochene Satz über das Endigen der Kraftlinien gültig bleiben, und auch das Brechungsgesetz derselben würde unverändert bestehen, da die Tangentialkomponente der elektrischen Kraft beim Uebergang über die Grenze zweier Isolatoren stetig bleibt, wenn sie eine konstante Potentialdifferenz besitzen. — Auch das im § 13 erhaltene Resultat der Kapacitätsänderung eines Kondensators durch eine dazwischen geschobene Platte würde unverändert gelten.

Wie schon oben hervorgehoben ist, muss man einen elektri-

---

[1]) Diese dortigen Entwickelungen gelten zwar zunächst nur für das magnetische Potential, sie sind aber auch auf das elektrische Potential zu übertragen, da beide dieselben Gesetze befolgen.

schen Strom erhalten, wenn man durch einen Leiter zwei andere Leiter A und B verbindet, welche verschiedenes Potential besitzen. Die den Strom treibende elektromotorische Kraft E muss daher im Zusammenhang stehen mit der Potentialdifferenz der Leiter A, B, derart, dass sie stets die gleiche ist, wenn die Potentialdifferenz denselben Werth hat. Aus dieser Bemerkung ergiebt sich der Satz, dass die Tangentialkomponente der elektromotorischen Kraft stetig sich verhält beim Durchgang durch die Grenze zweier einander berührender Leiter, da zwischen einander berührenden Punkten der beiden Leiter eine konstante Potentialdifferenz besteht. — Dieser Satz über die Stetigkeit der Tangentialkomponente der elektromotorischen Kraft ist ja oben im § 4 des vorigen Kapitels auf pag. 231 benutzt zur Ableitung des Brechungsgesetzes der elektrischen Stromlinien.

Ferner folgt aus der Deutung der elektromotorischen Kraft E als Differenz zweier Potentialwerthe, dass E über parallel geschaltete Leiter summirt, denselben Werth haben muss (vgl. oben pag. 232). Denn wenn das Verzweigungssystem nur aus Drähten desselben Materials besteht, so muss am Anfang A der Verzweigung in allen Drähten derselbe Potentialwerth V_A bestehen und ebenso am Ende B der Verzweigung in allen Drähten derselbe Potentialwerth V_B. Da aber E für jeden Draht proportional zu $V_A - V_B$ ist, so ist es in jedem derselben gleich. — Dieses Resultat bleibt auch gültig, wenn die Verzweigungen aus Drähten verschiedenen Materials bestehen. Denn ist z. B. für einen Kupferdraht der Verzweigung die Potentialdifferenz seiner Enden $V_A - V_B$, für einen Eisendraht der Verzweigung dagegen die Potentialdifferenz seiner Enden $V_A' - V_B'$, so muss die Differenz $V_A - V_A'$ und $V_B - V_B'$ die gleiche sein, da sich in A und B Eisen und Kupfer berühren. Folglich ist auch

$$V_A - V_B = V_A' - V_B',$$

d. h. auch die längs beider Zweige wirkenden elektromotorischen Kräfte E sind die gleichen.

Wie aus den auf pag. 226 angestellten Erörterungen des § 1 im vorigen Kapitel und aus der dortigen Formel (8) hervorgeht, ist längs eines Stückes eines linearen Leiters das Produkt aus seiner Stromstärke in seinen galvanischen Widerstand nur dann gleich der längs des Leiterstückes wirkenden elektromotorischen Kraft $E = \int \mathfrak{E} dl$, wenn der Leiter aus homogenem Material besteht. Ist dies nicht der Fall, so tritt in der dortigen Gleichung (8) noch eine unbekannte Funktion ψ auf.

Wir können jetzt ihre Bedeutung leicht bestimmen. Denn bei zwei einander berührenden Metallen A und B ist E proportional ihrer Potentialdifferenz $V_A - V_B$, trotzdem tritt keine dauernde elektrische Strömung ein. Es muss also nach der auf pag. 226 stehenden Formel (8) sein $j = 0$, d. h. falls c einen vorläufig noch unbestimmten Faktor (er wird im nächsten Paragraph bestimmt werden) bedeutet, muss sein:

$$c(V_A - V_B) + \int \frac{\partial \psi}{\partial l} dl = 0,$$

d. h.

$$\psi_A - \psi_B = c(V_A - V_B).$$

Bezeichnet man die Potentialdifferenz $V_A - V_B$ zweier einander berührender Leiter mit V_{AB}, so gilt für eine Kette A, B, C, D mehrerer hintereinander geschalteter Leiter, von welchen keiner ein Elektrolyt ist:

$$V_{AB} + V_{BC} + V_{CD} = V_{AD}. \tag{51}$$

Diese Formel wird das **Volta'sche Spannungsgesetz** genannt. Zufolge desselben kann man nie einen dauernden elektrischen Strom durch Schliessung einer Kette metallischer Leiter (vorausgesetzt, dass keine Temperaturverschiedenheiten bestehen) erhalten, da nach (51) die Summe der elektromotorischen Kräfte in der geschlossenen Kette verschwindet. Diese Thatsache kann man andererseits als besten Beweis für die Gültigkeit des Volta'schen Spannungsgesetzes ansehen.

Enthält die Kette einen oder mehrere elektrolytisch leitende Körper, so gilt das Gesetz (51) nicht mehr, und daher gelingt es auch, durch Schluss der Kette einen dauernden elektrischen Strom zu erhalten, wie es bei der Herstellung elektrischer Ströme durch die sogenannten galvanischen Elemente realisirt ist. Sorgt man dafür, dass die chemische Natur der einander berührenden Leiter auch beim Stromdurchgang die gleiche bleibt, so muss die elektromotorische Kraft der Kette konstant, d. h. unabhängig von der hindurchgegangenen oder hindurchgehenden Stromstärke sein. Solche Elemente werden konstante Elemente genannt. — Woher die Potentialdifferenz zweier einander berührender Leiter rührt, mag hier nicht des Specielleren erörtert werden. Nur kurz will ich anführen, dass die Potentialdifferenz zweier einander berührender Elektrolyten erklärt wird durch folgende Vorstellung, die man sich in neuerer Zeit gebildet hat: in einem Elektrolyten schwimmen kleine ponderable Theile, welche sowohl positiv wie negativ geladen sind (man nennt diese Theile die Ionen). Die Tendenz, in die benachbarten Elektrolyten durch Diffusion einzudringen, ist für die positiv geladenen Ionen eine andere, wie für die negativ geladenen. Durch die in verschiedenem Maasse hineindiffundirten Ionen bildet sich eine Potentialdifferenz zwischen beiden Elektrolyten aus.

Es ist eine noch offenstehende Frage, ob die Potentialdifferenz, welche bei der Berührung zweier Metalle entsteht, ebenfalls die Folge der Einwirkung von Elektrolyten ist, welche sich in Spuren zwischen der Berührungsfläche beider Metalle befinden.

17. Das Verhältniss des elektrostatischen Maasssystems zum elektromagnetischen. Wenn man zwei zu verschiedenem Potential geladene Konduktoren (z. B. Kupferkugeln) durch einen Metalldraht (z. B. Kupferdraht) verbindet, so tritt im Momente der Verbindung eine Bewegung von elektrischen Ladungen auf ihm ein, bis das Potential auf den Konduktoren und dem Drahte ein und denselben konstanten Werth angenommen hat. Diese Bewegung der elektrischen Ladungen hat die Wirkungen eines elektrischen Stromes; in der That erwärmt sich z. B. der Schliessungsdraht; auch kann man eine Stahlnadel dauernd magnetisiren, wenn man um sie spiralförmig einen Draht wickelt, durch den man den Entladungsschlag eines Kondensators (einer Leydener Flasche) leitet.

Der Effekt der Verbindung zweier Konduktoren A und B verschiedenen Potentials durch einen Draht muss offenbar der sein, dass die positive Ladung desjenigen Konduktors A, dessen Potentialwerth V_A vor der Verbindung der grössere war, nach derselben abgenommen hat, während die positive Ladung des anderen Konduktors B zugenommen hat, mit anderen Worten: durch den Schliessungsdraht ist eine gewisse Elektricitätsmenge hindurchgeströmt, und zwar, wenn wir nur die positive ins Auge fassen, von Orten höheren Potentials zu Orten niederen Potentials.

Durch einen solchen Entladungsvorgang erhält man nun aber nicht die Wirkungen eines stationären elektrischen Stromes, die Nadel eines Galvanometers erhält wohl einen Stoss, aber nicht eine dauernde Ablenkung. Um letztere zu erhalten, muss man dafür sorgen, dass der Entladungsvorgang in möglichst kurzen Zeitintervallen unter gleichen Bedingungen wiederholt wird, was man dadurch sehr gut erreichen kann, dass man durch einen Stimmgabel-Unterbrecher die Platten eines Kondensators abwechselnd mit den Polen einer galvanischen Batterie in Verbindung setzt, d. h. zu einer ganz bestimmten Potentialdifferenz ladet, und dann durch die Windungen des Galvanometers hindurch entladet. Die Nadel desselben zeigt eine konstante Ablenkung, gerade wie wenn ein stationärer elektrischer Strom i durch die Windungen des Galvanometers flösse.

Da die Wirkungen ganz die gleichen sind, so werden wir bei dem beschriebenen Vorgange thatsächlich von einer gewissen Stromstärke i reden können. Wir können dieselbe aus den Ablenkungen der Galvanometernadel berechnen (z. B. wenn das Galvanometer als Tangentenbussole oder Sinusbussole eingerichtet ist). Das Experiment lehrt dann, dass die so berechnete Stromstärke der entladenen Elektricitätsmenge e und der Schwingungszahl n der Stimmgabel proportional ist. Es ist also zu setzen

$$en = ci, \qquad (52)$$

wo c einen Proportionalitätsfaktor bedeutet, e die durch den Draht bei einer Entladung hindurchgehende positive Elektricitätsmenge, n die Anzahl der Entladungen in der Sekunde. **en bedeutet also die in der Sekunde durch den Draht fliessende positive Elektricitätsmenge.**

Würde man den Faktor c = 1 setzen, so würde man nach (52) eine neue Definition des elektrischen Stromes erhalten, durch welche man seine Stärke ebenfalls nach absolutem Maasse messen, d. h. durch die Einheiten der Masse, Länge und Zeit ausdrücken könnte. In diesem Falle sagt man, dass **die Stromstärke nach elektrostatischem Maasse** gemessen wird, da die Kenntniss der Elektricitätsmenge e der Entladung aus elektrostatischen Experimenten entnommen wird.

Nennt man also i_e die Stromstärke, wenn man sie nach elektrostatischem Maasse misst (zum Unterschied von i oder i_m, welches die Stromstärke nach dem oben pag. 77 definirten elektromagnetischen Maasse bedeuten soll), so ist zu setzen:

$$i_e = en. \qquad (53)$$

Die Dimensionsformel von i_e ergiebt sich nach Formel (3) auf pag. 254, da n eine reciproke Zeit bedeutet:

$$[i_e] = M^{1/2} L^{3/2} T^{-2} \qquad (54)$$

Wenn wir dagegen die auf das Galvanometer wirkende Stromstärke i in absolutem elektromagnetischen Maasse messen, so müssen wir an der Formel (52) festhalten. c bedeutet dann das Verhältniss der nach elektrostatischem Maasse gemessenen Einheit der Stromstärke zu der nach elektromagnetischem Maasse gemessenen.

Wie eine Vergleichung der Formeln (54) und (2) auf pag. 78 zeigt, ist c nicht eine dimensionslose Zahl, sondern ist von der Dimension einer Geschwindigkeit. Denn es ist

$$[c] = \frac{[i_e]}{[i_m]} = \frac{M^{1/2} L^{3/2} T^{-2}}{M^{1/2} L^{1/2} T^{-1}} = L T^{-1}. \quad (55)$$

Man kann diese Zahl c dadurch ermitteln, dass man wirklich die entladene Elektricitätsmenge e des Kondensators in absolutem elektrostatischem Maasse misst (am einfachsten durch Messung der Kapacität und der Potentialdifferenz nach absolutem Maasse) und ebenso die aus der Ablenkung der Galvanometernadel resultirende Stromstärke i nach absolutem elektromagnetischem Maasse. (Ueber wirklich ausgeführte Bestimmungen von c vgl. die oben pag. 230 citirten Werke von G. Wiedemann [Bd. V, Abschn. VIII], Maxwell und Mascart et Joubert.) Es hat sich ergeben, dass c sehr nahe den Werth besitzt:

$$c = 3 \cdot 10^{10} \, \text{cm sec}^{-1}. \quad (56)$$

Nach dem Vorigen ist im elektrostatischen Maasse ausgedrückt die durch den Querschnitt eines Leiters im Laufe irgend welcher Zeit t hindurchtretende Elektricitätsmenge gleich der im Leiter stattfindenden Stromstärke i_e multiplicirt mit der Zeit t.

Dehnt man diesen Satz auch auf das elektromagnetische Maasssystem aus, so erhält man eine Definition der Elektricitätsmenge nach elektromagnetischem Maasse.

Das Verhältniss der absoluten Einheit der Elektricitätsmenge nach elektrostatischem und elektromagnetischem Maasse wird nach diesen Definitionen wiederum durch die Zahl c ausgedrückt.

Die Dimension $[e_m]$ der nach elektromagnetischem Maasse gemessenen Elektricitätsmenge e_m ergiebt sich aus der Formel

$$e_m = i_m \cdot t \quad (57)$$

und nach der Dimension von i_m (vgl. oben pag. 78) zu:

$$[e_m] = M^{1/2} L^{1/2}. \quad (58)$$

Definition des Coulomb.

Als praktische Einheit der Elektricitätsmenge hat man diejenige Elektricitätsmenge eingeführt, welche den Strom von der Stärke 1 Ampère innerhalb 1 sec. befördert, und nennt diese Elektricitätsmenge 1 Coulomb. Es ist daher, da 1 Amp. den Werth von $^1/_{10}$ im absoluten cgs-System hat (cf. oben pag. 78) nach (57) und (58):

$$1 \text{ Coulomb} = \frac{1}{10} \text{ gr}^{1/2} \text{ cm}^{1/2}. \qquad (59)$$

Aus (3) (pag. 254) und (58) folgt:

$$\frac{e}{e_m} = c = LT^{-1}, \qquad (60)$$

wie es je nach (55) auch sein muss.

Die elektromotorische Kraft E_e, welche in einer Kraftröhre enthalten ist, ist auf pag. 275 definirt als diejenige Arbeit, welche die elektrischen Kräfte leisten, wenn die Einheit der Elektricitätsmenge längs der ganzen Kraftröhre verschoben wird. Bezieht sich dabei die Einheit der Elektricitätsmenge auf elektrostatisches Maass, so ist auch dadurch die elektromotorische Kraft nach elektrostatischem Maasse definirt.

Ein stationärer Strom der Stärke i_e in elektrostatischem Maasse, welcher während eines Zeitelementes dt fliesst, kann nun nach pag. 282 angesehen werden als ein Transport der Elektricitätsmenge $i_e dt$ durch jeden Querschnitt der Strombahn. Diese gleichzeitige Verschiebung der Elektricitätsmenge $i_e dt$ durch jeden Querschnitt um eine gewisse Strecke muss nun offenbar denselben Arbeitswerth besitzen, als wenn der Elektricitätstransport nicht überall gleichzeitig, sondern successive von Querschnitt zu Querschnitt geschieht, mit anderen Worten: wenn die Elektricitätsmenge $i_e dt$ einmal ganz in der Strombahn herumgeführt wird, bis zu ihrem Ausgangspunkt zurück. Es ist demnach der Arbeitswerth dieses Elektricitätstransportes

$$E_e i_e dt.$$

Bedeutet nun i_m die Stromstärke desselben Stromes, gemessen nach elektromagnetischem Maasse, so haben wir den Arbeitswerth des Stromes im VI. Kapitel auf pag. 225 auch ausgedrückt durch

$$E_m i_m dt,$$

wobei E_m die nach elektromagnetischem Maasse gemessene elektromotorische Kraft bedeutet, welche im Strom wirkt[1]). Beide Ausdrücke für den Arbeitswerth des Stromes müssen nun offenbar zu demselben Werthe führen, d. h. es muss sein

$$E_e \, i_e \, dt = E_m \, i_m \, dt.$$

Hieraus und aus (55) folgt:

$$\frac{E_e}{E_m} = \frac{i_m}{i_e} = \frac{1}{c}. \tag{61}$$

Es ergiebt sich aus den obigen Ueberlegungen zugleich, dass die elektromotorische Kraft E_m, gemessen nach elektromagnetischem Maasse, welche in einer Strombahn wirkt, definirt werden kann als diejenige Arbeit, welche die elektrischen Kräfte leisten, wenn die elektromagnetisch gemessene Elektricitätsmenge 1 (gleich 10 Coulombs) einmal in der Strombahn ganz herumgeführt wird.

Bezeichnet $\mathfrak{E}_e$ die pro Längeneinheit wirkende elektromotorische Kraft nach elektrostatischem Maasse, so ist zu setzen:

$$E_e = \int_A^B \mathfrak{E}_e \, dl.$$

Da nun aber ist

$$E_e = V_A - V_B = \int_B^A \frac{\partial V}{\partial l} \, dl = \int_A^B \mathfrak{F} \, dl,$$

wo $\mathfrak{F}$ die Stärke des elektrostatischen Feldes oder die elektrische Kraft bezeichnet, so ist

$$\mathfrak{E}_e = \mathfrak{F}.$$

Die Komponenten der elektrischen Kraft $\mathfrak{F}$, d. h. auch der pro Längeneinheit wirkenden elektromotorischen Kraft $\mathfrak{E}_e$ nach elektrostatischem Maass, waren früher (pag. 255) mit X, Y, Z bezeichnet. Ebenso waren (oben pag. 216) die Komponenten der pro Längeneinheit wirkenden elektromotorischen Kraft $\mathfrak{E}_m$, wenn man sie nach elektromagnetischem Maasse misst, mit P, Q, R bezeichnet. Da nun zwischen $\mathfrak{E}_e$ und $\mathfrak{E}_m$ dasselbe Verhältniss $1/c$ bestehen muss, wie es nach (61)

---

[1]) Oben auf pag. 225 ist anstatt E_m einfach E geschrieben. Der Index m dient hier nur zur deutlicheren Unterscheidung der in elektromagnetischem Maass gemessenen Grössen von den in elektrostatischem Maass gemessenen (Index e).

zwischen E_e und E_m besteht, so muss dasselbe auch einzeln für die Komponenten von $\mathfrak{E}_e$ und $\mathfrak{E}_m$ gelten, d. h. es ist

$$P = cX,$$
$$Q = cY, \qquad (62)$$
$$R = cZ.$$

Man kann nun die Potentialdifferenz der Konduktoren eines Kondensators auch in elektromagnetischem Maass (nach Volts) messen, wenn man ihn z. B. durch ein galvanisches Element ladet, dessen elektromotorische Kraft in Volts bekannt ist. Die auf dem Kondensator befindliche Elektricitätsmenge ist stets der Potentialdifferenz seiner Konduktoren proportional, der Proportionalitätsfaktor wird seine Kapacität genannt (vgl. oben § 11, pag. 259). Drückt man aber sowohl die Elektricitätsmenge e_m wie die Potentialdifferenz V_m in elektromagnetischem Maasse aus, so hat die nach der Formel

$$e_m = V_m \cdot C_m \qquad (63)$$

definirte Kapacität C_m des Kondensators einen anderen Werth, ja eine andere Dimension, als die nach der Formel (13) auf pag. 259 definirte Kapacität C_e nach elektrostatischem Maasse, welch letztere die Dimension einer Länge hat (nach pag. 259, Formel 14).

In der That ist nach (13) und (63)

$$\frac{C_e}{C_m} = \frac{e}{e_m} \cdot \frac{V_m}{V_e}, \qquad (64)$$

falls V_e die Potentialdifferenz des Kondensators nach elektrostatischem Maasse bezeichnet. Da nun aber nach (61) ist:

$$\frac{V_m}{V_e} = \frac{E_m}{E_e} = c,$$

so folgt aus (64) und (60):

$$\frac{C_e}{C_m} = c^2. \qquad (65)$$

Hieraus ergiebt sich die Dimensionsformel der Kapacität nach elektromagnetischem Maasse:

$$[C_m] = [C_e] : [c^2] = L : L^2 T^{-2} = L^{-1} T^2. \qquad (66)$$

Als praktische Kapacitätseinheit definirt man nun diejenige, welche ein Kondensator besitzt, der bei einer Potentialdifferenz von 1 Volt die Ladung $\pm$ 1 Coulomb enthält, und nennt diese Kapazität ein **Farad** (nach Faraday). Da 1 Volt im absoluten elektromagnetischen cgs-System den Werth 10^8 besitzt (vgl. oben pag. 186), 1 Coulomb den Werth 10^{-1} (vgl. Formel [59]), so folgt aus (63) der numerische Werth von 1 Farad zu 10^{-9}. Es ist also:

$$1 \text{ Farad} = 10^{-9} \text{ cm}^{-1} \text{ sec}^2. \qquad (67)$$

Diese Kapacitätseinheit ist aber so gross, dass sie in vielen Fällen sich als unpraktisch erweist. Man hat daher neben dem Farad auch den millionsten Theil desselben als Einheit der Kapacität eingeführt, und nennt diese **Mikrofarad**. Es ist also im **elektromagnetischen Maasse gemessen**

$$1 \text{ Mikrofarad} = 10^{-15} \text{ cm}^{-1} \text{ sec}^2. \qquad (68)$$

Misst man die Kapacität im elektrostatischen Maasse, so ist nach (65) obige Zahl mit c^2, d. h. dem Faktor $9 \cdot 10^{20} \text{ cm}^2 \text{ sec}^{-2}$ zu multipliciren.

Im **elektrostatischen Maasse gemessen** ist also

$$1 \text{ Mikrofarad} = 9 \cdot 10^5 \text{ cm}, \qquad (69)$$

und dies ist der Werth, der oben im § 11, pag. 260, den Rechnungen zu Grunde gelegt ist.

Es hat noch ein gewisses Interesse, den Werth des galvanischen Widerstandes nach elektromagnetischem und nach elektrostatischem Maasse miteinander zu vergleichen. Da nach dem Ohmschen Gesetz der Widerstand w_e gleich dem Quotienten aus der elektromotorischen Kraft E_e und der Stromstärke i_e ist, so erhält man w_e im elektrostatischen Maasse, wenn man i_e und E_e in demselben misst und den Quotienten bildet

$$w_e = E_e : i_e. \qquad (70)$$

Da nach (55) $i_e = c\, i_m$ und nach (61) $E_e = E_m : c$ ist, falls i_m und E_m Stromstärke und elektromotorische Kraft, in elektromagnetischem Maasse ausgedrückt, bezeichnen, so folgt aus (70):

$$w_e = \frac{1}{c^2} \frac{E_m}{i_m} = \frac{w_m}{c^2}, \qquad (71)$$

wobei w_m den Widerstand, in elektromagnetischem Maasse gemessen, bedeutet.

Wir hatten oben (pag. 228) gesehen, dass w_m die Dimension einer Geschwindigkeit besitzt, und hatten auch ein Experiment angegeben, aus dem dies Resultat in anschaulicher Weise hervorging. Da c eine Geschwindigkeit ist, so folgt demnach aus (71), dass der Widerstand w_e in elektrostatischem Maasse das Reciproke einer Geschwindigkeit sein muss.

Auch dieses Resultat kann man durch ein Experiment sich dem Verständniss nahe bringen. Denkt man sich einen kugelförmigen Konduktor A zum Potential V geladen und durch einen Leiter L mit der Erde in Verbindung gesetzt, so fliesst Elektricität von A ab und V sinkt rapide. Wenn sich die Kugel A zusammenzieht, so wird bei konstanter Ladung das Potential V erhöht. Die Leitfähigkeit, d. h. der reciproke Werth des Widerstandes des Leiters L, wird nun durch die Geschwindigkeit gemessen, mit welcher der Kugelradius von A sich verkleinern muss, damit das Potential auf A bei Ableitung durch L konstant bleibt, wie man sich leicht nach (70) überzeugt, da dort $E_e = V$, $i_e = e : t$, $e = R \cdot V$ zu setzen ist, falls R den Kugelradius bedeutet.

Die in diesem Paragraphen gewonnenen Resultate hinsichtlich des Verhältnisses des elektrostatischen und elektromagnetischen Maassystems sind zur besseren Uebersicht in nachfolgender Tabelle zusammengestellt. Dabei sind die elektrischen Grössen in der Weise bezeichnet (mit oder ohne Index e, bezw. m), wie sie in den folgenden Kapiteln (und auch mit Ausnahme der Kapacitätsbezeichnung C in den vorhergehenden Kapiteln) angewandt ist.

	Maassystem		Verhältnisse
	Elektrostatisches	Elektromagnetisches	
Elektricitätsmenge	$[e] = M^{1/2} L^{3/2} T^{-1}$	$[e_m] = M^{1/2} L^{1/2}$	$e : e_m = c$
Stromstärke . . .	$[i_e] = M^{1/2} L^{3/2} T^{-2}$	$[i] = M^{1/2} L^{1/2} T^{-1}$	$i_e : i = c$
Elektromotorische Kraft	$[E_e] = M^{1/2} L^{1/2} T^{-1}$	$[E] = M^{1/2} L^{3/2} T^{-2}$	$E_e : E = c^{-1}$
Widerstand . . .	$[w_e] = L^{-1} T^{+1}$	$[w] = L^{+1} T^{-1}$	$w_e : w = c^{-2}$
Kapacität	$[C_e] = L$	$[C] = L^{-1} T^{+2}$	$C_e : C = c^{+2}$

Im elektromagnetischen Maassystem sind folgende praktische Einheiten eingeführt:

Für e_m 1 Coulomb $= 10^{-1}$ g$^{1/2}$ cm$^{1/2}$,

„ i 1 Ampère $= 10^{-1}$ g$^{1/2}$ cm$^{1/2}$ sec^{-1},

Für E 1 Volt $= 10^8$ g$^{1/2}$ cm$^{3/2}$ sec^{-2},
„ w 1 Ohm $= 10^9$ cm^{+1} sec^{-1},
„ C 1 Mikrofarad $= 10^{-15}$ cm^{-1} sec^{+2}.

18. Experimentelle Ermittelung der Dielektricitätskonstanten.

Es sollen hier die Methoden zur experimentellen Ermittelung der Dielektricitätskonstanten nur kurz skizzirt werden. Betreffs der ausführlicheren Beschreibung sei auf die oben pag. 230 citirten Werke von G. Wiedemann (II. Bd., Kap. I) oder Mascart et Joubert (II. Bd.) verwiesen.

a) Ermittelung aus Kapacitätsvergleichung. Die Kapacitäten ein und desselben Kondensators, dessen Zwischenmedium einmal mit Luft, das andere Mal mit dem zu untersuchenden Körper angefüllt ist, verhalten sich nach pag. 267 wie die Dielektricitätskonstanten ε_0 und ε der Luft und des Körpers. — Ist der betreffende Körper nicht selbst ein Gas, so kann man ε_0 gleich 1 (d. h. gleich der Dielektricitätskonstanten des Vakuums) setzen, da dann die Bestimmungsfehler von ε meist die Grösse der Differenz $\varepsilon_0 - 1$ weit überragen. — Wenn der zu untersuchende Körper nicht den ganzen Zwischenraum zwischen den Kondensatorplatten ausfüllt, so ergiebt sich aus der Formel (32) der pag. 268 ε ebenfalls durch Vergleichung der Kapacitäten des Kondensators mit und ohne zwischengeschobenen Körper.

Die Kapacitäten werden entweder durch den Ausschlag eines mit dem Kondensator verbundenen Elektrometers (oder Elektroskops) miteinander verglichen, oder durch den Ausschlag eines Galvanometers (Siemens, Pogg. Ann. 102, pag. 91, 1857), Elektrodynamometers (Donle, Wied. Ann. 40, pag. 307, 1890) oder Telephons (Palaz, Inaug.-Diss., Zürich 1886. Winkelmann, Wied. Ann. 38, pag. 161, 1889; 40, pag. 732, 1890), durch deren Windungen der Ladungs- oder Entladungsstrom des Kondensators geführt wird.

Es hat sich gezeigt, dass bei vielen Körpern die Dielektricitätskonstante verschieden ausfällt, je nachdem sie in einem elektrischen Felde von konstanter, oder schnell wechselnder Stärke untersucht werden. Die Erscheinungen werden nämlich beeinflusst durch eine etwa vorhandene galvanische Leitfähigkeit der Körper. Diese muss bei Untersuchung in statischen Feldern eine scheinbare Vergrösserung der Dielektricitätskonstanten hervorrufen, denn in der That sahen wir ja oben auf pag. 268, dass ein Konduktor in einem elektrostatischen Felde so wirkt, wie ein Isolator, dessen Dielektricitätskonstante unendlich gross ist.

Wenn der Körper nicht homogen ist, so kann eine etwa vorhandene Leitfähigkeit auch die Erscheinung des sogenannten Rückstandes erklären, derzufolge ein Kondensator einige Zeit nach der Entladung wiederum von selbst sich geladen erweist.

Wie nämlich Maxwell[1]) zeigte, muss eine solche Rückstandsbildung immer eintreten, wenn die Dielektricitätskonstante an verschiedenen Stellen des Körpers in verschiedenem Verhältniss zur Leitungsfähigkeit steht, was bei inhomogenen Körpern eintreten kann. — Diese Maxwell'sche Theorie der Rückstandsbildung ist experimentell in mehreren Fällen bestätigt[2]).

Bei Körpern, welche nicht, wie z. B. die Gase oder der Schwefel, sehr gute Isolatoren sind, ist es daher zweckmässiger, sich zur Bestimmung der Dielektricitätskonstanten einer Methode zu bedienen, deren Resultat nicht durch etwa vorhandene Leitfähigkeit gestört wird.

Zu dem Zweck kann man entweder so verfahren, dass man den Körper nur in möglichst schnell wechselnden Feldern untersucht, weil dann, wie Maxwell gezeigt hat, die Leitfähigkeit die Erscheinungen nicht stört, oder nach der von Cohn und Arons[3]) angegebenen Methode, welche Dielektricitätskonstante und Leitfähigkeit gesondert zu bestimmen erlaubt. Der grundlegende Gedanke ist bei dieser Methode, dass die Leitfähigkeit der Zwischenschicht eines Kondensators denselben Effekt haben muss, als ob dieselbe vollkommen isolirte, aber die Kondensatorplatten durch einen gewissen, grossen galvanischen Widerstand leitend verbunden würden. Indem man diese Schaltung wirklich vornimmt, und diesen Widerstand in bekannten Verhältnissen variirt, kann der Effekt der Leitfähigkeit des unvollkommenen Isolators experimentell ermittelt werden.

Auf demselben Gedanken beruht eine noch einfachere Versuchsanordnung von Nernst[4]), welcher die beiden Kondensatoren, deren Kapacitäten verglichen werden sollen, in die Zweige einer Wheatstone'schen Brücke einschaltet und beide Kondensatoren

---

[1]) Cl. Maxwell, Elektricität und Magnetismus; deutsch von Weinstein, I. Bd. pag. 471. — Ueber ein mechanisches Modell eines Isolators mit Rückstandseigenschaften vgl. auch O. Lodge, Modern Views of Elektricity.
[2]) Betreffs der Literatur hierzu vgl. Winkelmann, Handb. d. Physik, III. Bd. pag. 98 (Artikel: Dielektricität von L. Graetz).
[3]) Cohn und Arons, Wied. Ann. 28, pag. 454, 1886; 33, pag. 32, 1888.
[4]) W. Nernst, Gött. Nachr. 1893.

durch einen grossen, kapacitätsfreien Widerstand schliesst. Es wird mit Wechselströmen (Induktionsapparat) gearbeitet und die Kapacitäten, resp. Widerstände in der Weise abgeglichen, dass ein im Verbindungsdraht der Wheatstone'schen Brücke befindliches Telephon zum Schweigen gebracht wird. Da auf dasselbe die Kapacität und der Widerstand der Zweige einen verschiedenen, gegenseitig unkompensirbaren Einfluss ausüben, so stehen, beim Verschwinden des Telephongeräusches, die Widerstände der Brückenzweige in einem bestimmten Verhältniss zueinander, während die beiden Kapacitäten einander gleich sein müssen. Nach dieser Methode lassen sich die Dielektricitätskonstanten von Körpern messen, deren Leitfähigkeit noch etwas besser, als die des destillirten Wassers ist[1]).

Wie oben erwähnt wurde, ist es, zur Verminderung des Einflusses der Leitfähigkeit des Dielektrikums, günstig, die Ladungen der Kondensatoren möglichst schnell zu wechseln. Es ist dies auch aus dem Grunde noch günstig, weil eventuell die Dielektrika hinsichtlich ihres Verhaltens im elektrischen Felde Nachwirkungseigenschaften besitzen könnten, analog wie sie fast alle Körper gegenüber mechanischen oder thermischen Einflüssen aufweisen[2]). Eine dielektrische Nachwirkung würde ebenfalls, auch wenn sie nicht von galvanischer Leitfähigkeit begleitet wäre, die Rückstandsbildung erklären[3]); ebenso ergeben sich dadurch verschiedene Werthe der Dielektricitätskonstanten je nach der Ladungsdauer der Kondensatoren. — Je kürzer letztere aber gewählt wird, um so weniger können sich Nachwirkungserscheinungen bemerklich machen.

b) **Ermittelung aus ponderomotorischen Wirkungen.** Nach pag. 263 ist die ponderomotorische Einwirkung zweier Körper, welche bestimmte elektrische Ladungen enthalten, umgekehrt proportional der Dielektricitätskonstante ihrer Umgebung. Enthalten die Körper nicht bestimmte Elektricitätsmengen, sondern werden sie immer zu

---

[1]) Die oben genannte Methode von Cohn und Arons versagt für diesen Zweck — später konnte aber Cohn durch Beobachtung des zeitlichen Verlaufs der Entladung die Dielektricitätskonstante auch für Wasser bestimmen (Wied. Ann. 38, pag. 42, 1889). Dieser letzten Methode verwandt ist die Versuchsanordnung von E. Bouty, Compt. Rend. 114, pag. 533, 1421, 1892.
[2]) L. Boltzmann, Wien. Ber. (2), 80, pag. 275, 1875. — Boltzmann, Romich und Nowak, Wien. Ber. (2) 70, pag. 381, 1874.
[3]) Vgl. hierüber Hopkinson, Phil. Trans. Lond. 167, pag. 599, 1877.

demselben Potential geladen, so muss ihre Anziehung direkt proportional der Dielektricitätskonstanten ihrer Umgebung sein. Denn aus

$$K = \frac{1}{\varepsilon} \frac{e_1 e_2}{r^2}$$

folgt, da die Potentiale V_1 und V_2 der Körper auf ihrer Oberfläche die Werthe haben

$$V_1 = \frac{e_1}{\varepsilon R_1}, \quad V_2 = \frac{e_2}{\varepsilon R_2},$$

falls man die Körper als Kugeln der Radien R_1 und R_2 annimmt und diese klein im Verhältniss zu der gegenseitigen Entfernung der Körper sind,

$$K = \varepsilon R_1 R_2 \frac{V_1 V_2}{r^2}.$$

In ähnlicher Weise lässt sich für eine beliebige Gestalt der Körper mit Hülfe des Gauss'schen Satzes [oben pag. 265, Formel (23)], nachweisen, dass K proportional zu ε ist, falls V konstant gehalten wird.

Auf diesem Satze beruht die Methode von Silow[1]), welcher die Anziehung der Nadel eines einfach gestalteten Quadrantelektrometers maass, wenn dasselbe mit verschiedenen Flüssigkeiten gefüllt wurde. Die Nadel und das eine Quadrantenpaar des Elektrometers wurden durch Verbindung mit den Polen einer galvanischen Batterie immer zu einer bestimmten Potentialdifferenz geladen. — Nach gleicher Methode haben Tomaszewski[2]) und Pérot[3]) gearbeitet. Durch die Anwendung schnell wechselnder Ladungen konnten Cohn und Arons[4]), Tereschin[5]), Rosa[6]) und Heerwagen[7]) nach dieser Methode auch die Dielektricitätskonstanten schlecht leitender Flüssigkeiten, z. B. des destillirten Wassers und des Alkohols, messen. — Es ergiebt sich für Wasser ε zu etwa 80, was in Uebereinstimmung mit den Resultaten steht, welche sich nach den auf voriger Pagina genannten Methoden ergeben.

---

[1]) Silow, Pogg. Ann. 156, pag. 389, 1875.
[2]) F. Tomaszewski, Wied. Ann. 33, pag. 33, 1888.
[3]) A. Pérot, Journ. de Phys. (2), 10, pag. 149, 1891.
[4]) E. Cohn und L. Arons, Wied. Ann. 33, pag. 13, 1888.
[5]) S. Tereschin, Wied. Ann. 36, pag. 792, 1889.
[6]) E. B. Rosa, Phil. Mag. (5), 31, pag. 188, 1891.
[7]) F. Heerwagen, Wied. Ann. 48, pag. 35; 49, pag. 272, 1893.

Quincke[1]) maass die Anziehung zwischen den Platten eines Kondensators, welcher verschiedene Flüssigkeiten enthielt, indem er die eine Platte des Kondensators an einem Wagebalken aufhing und die Gewichte bestimmte, welche den elektrischen Zugkräften das Gleichgewicht halten. Durch Vergleichung dieser Zugkräfte ergeben sich direkt die Dielektricitätskonstanten der Flüssigkeiten, falls der Kondensator immer zu derselben Potentialdifferenz geladen wird und seine Platten immer denselben Abstand voneinander besitzen.

In anderer Weise verfuhr Boltzmann[2]), welcher die Kraft maass, welche eine kleine Kugel aus dem zu untersuchenden Dielektrikum in einem ungleichförmigen elektrischen Felde erfährt. Nach dem § 15 dieses Kapitels und dem Kap. III, § 13, pag. 154, Formel (36) wirkt auf ein Volumenelement $d\tau$ eines Dielektrikums der Konstante ε, welches sich in einem Isolator der Dielektricitätskonstante ε_0 befindet, eine Kraft ein, deren Komponenten nach den Koordinatenaxen sind

$$\mathfrak{A} = \frac{\varepsilon - \varepsilon_0}{8\pi} \cdot \frac{\varepsilon_0}{\varepsilon} \cdot \frac{\partial \mathfrak{F}^2}{\partial x} d\tau,$$

$$\mathfrak{B} = \frac{\varepsilon - \varepsilon_0}{8\pi} \cdot \frac{\varepsilon_0}{\varepsilon} \cdot \frac{\partial \mathfrak{F}^2}{\partial y} d\tau, \qquad (72)$$

$$\mathfrak{C} = \frac{\varepsilon - \varepsilon_0}{8\pi} \cdot \frac{\varepsilon_0}{\varepsilon} \cdot \frac{\partial \mathfrak{F}^2}{\partial z} d\tau.$$

Wenn nun das Gefälle $\frac{\partial \mathfrak{F}^2}{\partial x}$ etc. des Quadrates der Feldstärke innerhalb der ganzen Kugel des Dielektrikums dasselbe wäre, so würden obige Formeln direkt die auf die Kugel wirkenden Kraftkomponenten angeben, falls man für $d\tau$ das ganze Volumen der Kugel setzt. — Diese Annahme ist jedoch nicht gestattet, auch wenn das Volumen der Kugel noch so klein gewählt wird. In letzterem Falle kann man aber annehmen, dass der Verlauf der Kraftlinien innerhalb der Kugel nahezu derselbe ist, als ob sie sich in einem gleichförmigen Felde befände. Diese Aufgabe kann man streng lösen (vgl. oben pag. 49). Es ergiebt sich dann, dass die

---

[1]) G. Quincke, Wied. Ann. 19, pag. 705, 1883; 28, pag. 530, 1886.
[2]) L. Boltzmann, Wien. Ber. (2) 68, pag. 81, 1870; 70, pag. 307, 1874. — Pogg. Ann. 153, pag. 525, 1874. — In derselben Weise haben Romich und Nowak gearbeitet [Wien. Ber. (2) 70, pag. 380, 1874].

auf die ganze Kugel wirkenden Kräfte, falls man $\varepsilon_0 = 1$ setzen kann, den Werth haben:

$$\mathfrak{A} = \frac{\varepsilon - 1}{4\pi\left(1 + \frac{\varepsilon - 1}{3}\right)} \frac{\partial \mathfrak{F}^2}{\partial x} V = \frac{3}{4\pi} \frac{\varepsilon - 1}{\varepsilon + 2} \frac{\partial \mathfrak{F}^2}{\partial x} V, \quad (73)$$

wobei V das Volumen der Kugel bedeutet.

Analoge Werthe ergeben sich für die Kraftkomponenten $\mathfrak{B}$ und $\mathfrak{C}$.

Die Komponenten des Gefälles des Quadrates der Feldstärke $\frac{\partial \mathfrak{F}^2}{\partial x}, \frac{\partial \mathfrak{F}^2}{\partial y}, \frac{\partial \mathfrak{F}^2}{\partial z}$ können nun dadurch bestimmt (oder eliminirt) werden, dass man an denselben Ort, an welchem sich vorhin die Kugel des Dielektrikums befand, eine gleich grosse leitende Kugel bringt (am einfachsten gelingt dieses, wenn man die Kugel des Dielektrikums mit einer sehr dünnen, metallisch leitenden Schicht überzieht. Denn im elektrostatischen Felde wirkt eine metallische Hohlkugel ebenso, wie eine metallische Vollkugel). Eine leitende Kugel wirkt nämlich wie eine Kugel eines Dielektrikums, dessen Dielektricitätskonstante unendlich gross wäre. Dieses kann man, abgesehen von den früheren, auf pag. 268 gemachten Erörterungen, daraus erkennen, dass nach Kap. III, pag. 154 die Dichte der scheinbaren elektrischen Belegung eines in Luft lagernden Isolators ist

$$\eta = \pm \frac{\mathfrak{F}}{4\pi}\left(1 - \frac{1}{\varepsilon}\right),$$

während nach Formel (8′) in diesem Kapitel (auf pag. 257) die Dichte der wahren elektrischen Belegung eines in Luft lagernden Konduktors den Werth hat:

$$\eta' = \pm \frac{\mathfrak{F}}{4\pi}.$$

η' geht also aus η hervor, indem man $\varepsilon = \infty$ annimmt.

Die Wirkung der leitenden Kugel im elektrischen Felde folgt daher, indem man in (73) $\varepsilon = \infty$ setzt:

$$\mathfrak{A}' = \frac{3}{4\pi} \frac{\partial \mathfrak{F}^2}{\partial x} V. \quad (74)$$

Wenn nun die Kugeln klein sind, so werden sie den Verlauf der elektrischen Kraftlinien nur in ihrer nächsten Nähe beeinflussen, und das Gefälle des Quadrates der Feldstärke wird ausserhalb der Kugeln in beiden Fällen nahezu dasselbe sein.

Setzt man daher $\dfrac{\partial \mathfrak{F}^2}{\partial x}$ in den Formeln (73) und (74) einander gleich, so ergiebt sich der Koefficient $\dfrac{\varepsilon - 1}{\varepsilon + 2}$ durch Vergleichung der Wirkungen $\mathfrak{A}$ und $\mathfrak{A}'$. In dieser Weise hat Boltzmann auch für Krystalle (Schwefel) die Dielektricitätskonstante bestimmt. — Die Betrachtungen sind dann etwas zu modificiren, da ε im Krystall von der Richtung abhängt.

Auf dem gleichen Gedanken, dass nämlich der Isolator nach Stellen der grössten Feldstärke sich hinbewegt mit einer Kraft, welche proportional zu $\varepsilon - \varepsilon_0$ ist, beruht eine Bestimmungsmethode von Rosa[1]). Es wurde dabei ein schnell wechselndes elektrisches Feld benutzt.

Man kann Anordnungen treffen, bei welchen die elektrischen Kraftlinien rotiren. Hängt man in ein solches elektrisches Drehfeld ein Dielektrikum in Form eines Rotationskörpers, dessen Axe senkrecht zu den elektrischen Kraftlinien steht, so ist zuweilen eine Rotation des Körpers um diese seine Axe zu beobachten[2]). Diese Erscheinung kann nur durch dielektrische Nachwirkung (vgl. oben pag. 291), die man auch dielektrische Hysteresis nennen kann, erklärt werden. Das Drehungsmoment, welches der Körper im elektrischen Drehfelde erfährt, kann zur Messung seiner dielektrischen Hysteresis verwandt werden.

Die im Kap. III, § 11 auf pag. 144 beschriebene hydrostatische Methode Quincke's kann man ebenfalls zur Messung der Dielektricitätskonstanten verwenden, wenn man die Flüssigkeit in ein U-Rohr bringt, dessen einer Schenkel ausserhalb des elektrischen Feldes sich befindet, während der andere in einem elektrischen Felde der Stärke $\mathfrak{F}$ steht. Die für diesen Fall gültigen Formeln sind aber hier deshalb komplicirter, als die entsprechenden Formeln für das magnetische Problem, weil die Dielektricitätskonstanten der Flüssigkeiten weit mehr von 1 verschieden sind, als ihre Magnetisirungskonstanten. Daher veranlasst im Allgemeinen die Flüssigkeit im U-Rohr eine merkliche Deformation der elektrischen Kraftlinien, so dass die Steighöhe der Flüssigkeit im elektrischen Felde nicht einfach proportional der Differenz $\varepsilon - \varepsilon_0$ wird, sondern von einem

---

[1]) E. B. Rosa, Phil. Mag. (5), 34, pag. 344, 1892. — Referirt in Wied. Beibl. 1893, pag. 212.

[2]) Vgl. Arno, Elektrotechn. Zeitschrift 1893.

komplicirteren Aggregat der Dielektricitätskonstanten abhängt, dessen Werth sich nach der Querschnittsform des Flüssigkeitsmeniskus richtet. Ist dieser Querschnitt in Richtung der Kraftlinien sehr wenig, dagegen senkrecht zu den Kraftlinien lang ausgedehnt, so würde zur Berechnung der bei Verschieben des Flüssigkeitsmeniskus geleisteten elektrischen Arbeit die Anwendung der Formeln (72) in der Weise gestattet sein, dass die Kräfte $\mathfrak{A}$, $\mathfrak{B}$, $\mathfrak{C}$ innerhalb des ganzen verschobenen Flüssigkeitsvolumens als dieselben anzunehmen wären, da in diesem Falle keine merkliche Deformation der elektrischen Kraftlinien durch die Flüssigkeit herbeigeführt wird. Man erhielte dadurch auf dem im Kap. III auf pag. 146 eingeschlagenen Wege, gerade wie sich dort die Formel (27) ergab, so hier:

$$(\varepsilon - \varepsilon_0) \frac{\varepsilon_0}{\varepsilon} = \frac{8 \pi h \rho g}{\mathfrak{F}^2}, \qquad (75)$$

wobei h die elektrische Steighöhe der Flüssigkeit, ρ ihre Dichte, $\mathfrak{F}$ die Stärke des elektrischen Feldes, und g die Zahl 981 bedeutet.

Quincke[1]) verfuhr nach einer etwas anderen Methode, welche für elektrische Messungen geeigneter ist, da dabei irgend welche Korrektion wegen der Gestaltung des Flüssigkeitsquerschnittes nicht nöthig ist.

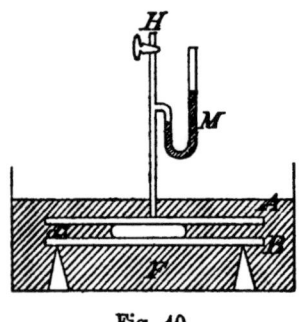

Fig. 40.

Sein Apparat bestand aus einem Kondensator, dessen Platten (A und B, Fig. 40) horizontal lagen und den konstanten Abstand d von einander besassen. Der Kondensator befand sich in einem Gefässe, in welches die zu untersuchende Flüssigkeit F, z. B. Terpentinöl, eingefüllt wurde. Vom Mittelpunkte der oberen Platte A aus erhebt sich eine vertikale Röhre, welche einerseits mit einem Flüssigkeitsmanometer M kommunicirt, andererseits mit dem Hahn H. Durch diesen kann trockene Luft in den Zwischenraum zwischen die Kondensatorplatten eingeblasen werden. Dieselbe bildet dort die Form einer flachen Blase.

Wenn nun die Kondensatorplatten elektrisch geladen werden, so zieht sich die Flüssigkeit möglichst hinein in das elektrische Feld, die Luftblase kontrahirt sich daher, bis dass ihr durch eine

---

[1]) G. Quincke, Wied. Ann. 19, pag. 705, 1883.

gewisse Steighöhe h der Manometerflüssigkeit das Gleichgewicht gehalten wird. h soll diejenige Höhe bedeuten, um welche diese Flüssigkeit steigt, wenn der Kondensator elektrisirt wird.

Diese elektrische Steighöhe h kann man nun leicht aus der Ladung des Kondensators berechnen. Wenn nämlich die Luftblase sich von ihrer, bei der Elektrisirung erreichten Gleichgewichtslage aus noch etwas zusammenzieht, so dass sich ihr Querschnitt O um dO verkleinert, so leisten die elektrischen Kräfte dabei eine positive Arbeit, deren Werth nach der Bemerkung der pag. 277 gleich ist der Zunahme der Funktion

$$E = \Sigma E' = \frac{1}{8\pi} \Sigma \frac{(V_1 - V_2)^2}{W},$$

wobei die Σ über alle Kraftröhren des elektrischen Feldes zu erstrecken ist. W bedeutet den dielektrischen Widerstand einer Röhre, $V_1 - V_2$ die Potentialdifferenz ihrer Enden. Diese ist nach der Bemerkung der pag. 277 bei der Konfigurationsänderung der Luftblase als unveränderlich anzusehen.

In unserem Falle ist die Potentialdifferenz $V_1 - V_2$ für alle Kraftröhren dieselbe, nämlich gleich der Potentialdifferenz der Kondensatorplatten A und B.

Durch die Kontraktion der Luftblase um dO wird E dadurch geändert, dass diejenigen Kraftröhren, welche auf dO endigen, die Flüssigkeit F mit der Dielektricitätskonstante ε enthalten, während sie vor der Kontraktion Luft von der Dielektricitätskonstante ε_0 enthielten. Da, falls die Ränder der Luftblase nicht nahe am Rande des Kondensators liegen, die Kraftlinien von dO einander parallel und senkrecht zu dO verlaufen, so ist der dielektrische Widerstand der Kraftröhren, welche auf dO endigen, vor der Kontraktion:

$$W' = \frac{d}{\varepsilon_0 \, dO},$$

nach der Kontraktion:

$$W'' = \frac{d}{\varepsilon \, dO}.$$

Durch die Kontraktion der Luftblase hat daher E zugenommen um

$$dE = \frac{1}{8\pi}(V_1 - V_2)^2 \left(\frac{1}{W''} - \frac{1}{W'}\right) = \frac{1}{8\pi}(V_1 - V_2)^2 \frac{\varepsilon - \varepsilon_0}{d} dO.$$

Dieses ist die von den elektrischen Kräften geleistete Arbeit.

Bezeichnet man das Volumen Luft, welches durch die Kontraktion der Blase aus dem Kondensator ausgetreten ist, durch $d\tau$, so ist

$$d\tau = d.dO,$$

daher

$$dE = \frac{\varepsilon - \varepsilon_0}{8\pi} \frac{(V_1 - V_2)^2}{d^2} d\tau.$$

Dieses ausgetriebene Volumen $d\tau$ muss, da der Hahn H geschlossen ist, die Manometerflüssigkeit veranlassen, um dh zu steigen; ist der Querschnitt derselben dq, so ist

$$d\tau = dh.dq.$$

Dabei wird von der Schwere die negative Arbeit geleistet

$$-d\mathfrak{W} = h\rho g\,dq\,dh = h\rho g\,d\tau,$$

falls ρ die Dichte der Manometerflüssigkeit bedeutet, h die elektrische Steighöhe derselben. Eigentlich müsste hierin h die Höhendifferenz der Flüssigkeitsmenisken in beiden Schenkeln des Manometerrohres bedeuten. Es wären dann aber auch noch diejenigen Arbeiten zu berücksichtigen, welche die Schwere durch Verschiebung der über der Luftblase liegenden Kondensatorflüssigkeit F bei Kontraktion der Luftblase ausübt, sowie die Arbeit der Kapillarkräfte. Man kann aber, wie leicht ersichtlich ist, von diesen beiden Arbeiten absehen, wenn in der obigen Gleichung für $d\mathfrak{W}$ die Bedeutung von h die der elektrischen Steighöhe ist, d. h. die allein durch Elektrisirung des Kondensators herbeigeführte Erhebung der Manometerflüssigkeit.

Da nun im Gleichgewichtsfalle die Summe der geleisteten Arbeiten verschwinden muss (cf. oben pag. 145), so folgt

$$dE - d\mathfrak{W} = 0,$$

d. h.

$$h\rho g = \frac{\varepsilon - \varepsilon_0}{8\pi} \frac{(V_1 - V_2)^2}{d^2},$$

$$\varepsilon - \varepsilon_0 = 8\pi h\rho g \frac{d^2}{(V_1 - V_2)^2}. \qquad (76)$$

Durch Messung der Potentialdifferenz $V_1 - V_2$, des Plattenabstandes d und der elektrischen Steighöhe h kann man also die Dielektricitätskonstante ε der Flüssigkeit F berechnen, falls ε_0 bekannt ist (für Luft ist ε_0 sehr nahezu gleich 1). Quincke verfuhr nicht direkt so, sondern er bestimmte den Quotienten $(V_1 - V_2)^2 : d^2$

durch die Anziehung, welche auf die obere Platte des Kondensators von der unteren ausgeübt wurde, falls der ganze Zwischenraum mit der Flüssigkeit F angefüllt war. Diese Anziehung ist ebenfalls proportional der Dielektricitätskonstanten ε (vgl. oben pag. 293), sowie dem Quotienten $(V_1 - V_2)^2 : d^2$. — Durch Messung dieser Anziehung und der Steighöhe h kann man daher nach (76) ε berechnen, ohne dass $V_1 - V_2$ oder d zu messen nöthig wäre.

c) Ermittelung aus der Brechung der Kraftlinien. Wenn ein Prisma eines Dielektrikums D in ein gleichförmiges elektrisches Feld, welches zwischen zwei geladenen, parallelen Platten A, B besteht, derart gebracht wird, dass die eine Seite des Prismas D der einen Platte A parallel ist, so werden die Kraftlinien des Feldes durch das Prisma nach dem oben auf pag. 270 genannten Brechungsgesetz gebrochen. Das elektrische Feld wird daher zwischen der Platte B und dem Prisma D jedenfalls ungleichförmig, d. h. die elektrischen Kraftlinien können nicht mehr äquidistante gerade Linien sein; denn sie müssen auf B, wie auf jeden Konduktor, senkrecht auftreffen (nach dem oben auf pag. 271 genannten Satze), während in der Nähe des Prismas die Richtung der Kraftlinien infolge der Brechung durch das Prisma jedenfalls eine andere sein muss. Der Kraftlinienverlauf wird ungefähr der in der Figur 41 angedeutete sein. Wenn aber die Platte B gegen ihre ursprüngliche Lage so gedreht wird, dass sie senkrecht liegt zu derjenigen Richtung, welche den von A ausgehenden Kraftlinien infolge der Brechung durch das Prisma zugewiesen wird, so können diese Kraftlinien nach der Brechung ihre Richtung im Zwischenraume zwischen B und D völlig beibehalten, da sie dann senkrecht

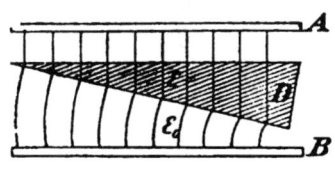

Fig. 41.

auf B auftreffen. In diesem Falle ist daher auch in diesem Zwischenraum das elektrische Feld gleichförmig.

Auf diesem Satze beruht die Methode von Pérot[1]). Zur Prüfung, ob das Feld zwischen D und B gleichförmig ist, dient eine isolirte, verschiebbare kleine Metallplatte b, welche immer parallel zu B liegt. Die Kapacität des ganzen Systems ist offenbar von der specielleren Lage der Platte b unabhängig, wenn das elektrische

---

[1]) A. Pérot, Compt. Rend. 113, pag. 415, 1891.

Feld zwischen D und B gleichförmig ist; im anderen Falle muss das Potential auf B sich ändern, wenn b verschoben wird. Es wird nun bei irgend einer Lage der Platte b zunächst das Potential auf B gleich Null gemacht, indem B mit der Erde leitend verbunden wird. Sodann wird die Erdverbindung aufgehoben und die Platte b parallel mit B irgendwie verschoben. Im Allgemeinen ist dann das Potential von B nicht mehr Null, was an dem Ausschlag eines mit B verbundenen Elektroskops erkannt werden kann.

Nur falls die Platte B einen bestimmten Winkel β mit der ihr zugewandten Seite des Prismas D einschliesst, bleibt das Potential auf B dauernd gleich Null bei beliebiger Parallelverschiebung

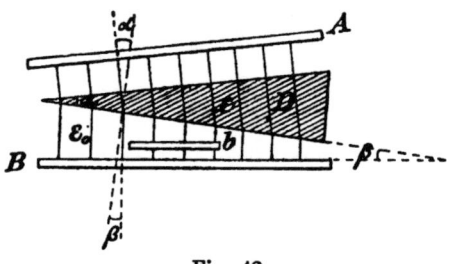

Fig. 42.

von b. Wie aus der Fig. 42 und dem im Kap. I auf pag. 47 ausgesprochenen Brechungsgesetz [Formel (26)] hervorgeht, ist dies der Fall, wenn

$$\frac{\operatorname{tg} \alpha}{\operatorname{tg} \beta} = \frac{\varepsilon}{\varepsilon_0}, \qquad (77)$$

falls α der brechende Winkel des Prismas, ε seine Dielektricitätskonstante, ε_0 die des Zwischenraumes zwischen D und B (Luft) ist. Es ergiebt sich daher nach (77) ε, falls man α und β misst, da $\varepsilon_0 = 1$ zu setzen ist.

Wir werden unten im Kap. IX noch eine andere Methode kennen lernen, nach welcher die Dielektricitätskonstante ebenfalls durch die brechende Kraft eines Prismas gemessen wird. Es handelt sich dabei aber nicht um die Brechung der Kraftlinien eines elektrostatischen Feldes, sondern um die der Fortpflanzungsrichtungen elektromagnetischer Wellen. Der Vorgang ist derselbe, wie er bei der Lichtbrechung durch ein Prisma stattfindet. Daher sind auch in beiden Fällen die zur Berechnung zu verwendenden Formeln dieselben, während die Formel (77) wesentlich von ihnen verschieden ist; denn das Brechungsgesetz jener Wellenfortpflanzungsrichtungen ist ein anderes, als das der Kraftlinien.

In dem dortigen Kap. IX werden auch noch einige andere Methoden zur Ermittelung der Dielektricitätskonstante besprochen werden, welche sehr schnelle elektrische Schwingungen, d. h. sehr schnell wechselnde elektrische Felder, benutzen. Aus dem oben auf pag. 290 angeführten Grunde müssen diese Methoden besonders für diejenigen Körper werthvoll erscheinen, bei welchen infolge ihrer Leitfähigkeit oder dielektrischen Nachwirkung die statischen Methoden zur Bestimmung ihrer Dielektricitätskonstante nicht gut anzuwenden sind.

19. Elektrostriktion und Temperaturänderung durch Elektrisirung. Die hier zu besprechenden Erscheinungen treten in völlige Parallele mit den in den §§ 14 bis 16 des Kap. III auf pag. 156 bis pag. 164 besprochenen Erscheinungen der Magnetostriktion und Temperaturänderung durch Magnetisirung.

Wenn nämlich irgend ein Dielektrikum dadurch elektrisirt wird, dass es von Stellen kleiner elektrischer Feldstärke $\mathfrak{F}$ nach Stellen grösserer Feldstärke hinbewegt wird, so ist nach pag. 277 die dabei von den ponderomotorischen elektrischen Kräften geleistete Arbeit gleich der Zunahme der elektrischen Energie, falls wir dabei annehmen, dass die Potentiale aller geladenen Körper ungeändert bleiben. Bei dieser Annahme kann sich offenbar die Feldstärke $\mathfrak{F}$ an irgend einer bestimmten Stelle P des elektrischen Feldes durch die Verschiebung des Dielektrikums nicht ändern, denn wenn die Potentiale auf den geladenen Körpern ungeändert bleiben, deren Oberflächen, falls man die Unendlichkeit mit hinzunimmt, als vollständige Begrenzung des elektrischen Feldes angesehen werden können, so muss das Potential und daher auch $\mathfrak{F}$ an jeder Stelle des Feldes ungeändert bleiben, da das Potential durch seine Werthe auf der Begrenzung des Feldes eindeutig bestimmt ist (vgl. oben pag. 28).

Legen wir daher der elektrischen Energie die Formel (41) der pag. 273 zu Grunde, nämlich

$$E = \frac{1}{8\pi} \int \epsilon \mathfrak{F}^2 d\tau,$$

so berechnet sich die bei der Verschiebung eines Dielektrikums gewonnene Arbeit aus der Zunahme der Funktion E, wenn wir dabei annehmen, dass die Feldstärke $\mathfrak{F}$ an jeder Stelle des Raumes ungeändert bleibt. Bringt man daher ein kleines Volumen V eines Isolators von einer Stelle, für welche $\mathfrak{F} = 0$ ist, nach einer Stelle, an welcher ursprünglich die Feldstärke $\mathfrak{F}$ bestanden hat, so ist die gewonnene Arbeit

$$dE = \frac{\varepsilon - \varepsilon_0}{8\pi} \mathfrak{F}^2 . V,$$

falls ε die Dielektricitätskonstante des Isolators, ε_0 die seiner Umgebung bedeutet. $\mathfrak{F}$ hat also dabei die Bedeutung der Feldstärke, welche sich aus den elektrischen Ladungen des Feldes ergiebt unter der Annahme, dass die Dielektricitätskonstante überall den Werth ε_0 besässe.

Wir hatten nun oben im Kap. III auf pag. 158 gesehen, dass bei Verschiebung eines Körpers der Magnetisirungskonstante μ aus der Unendlichkeit in ein Magnetfeld der Stärke $\mathfrak{H}$ die Arbeit gewonnen wird:

$$dT = \frac{\mu - \mu_0}{8\pi} \mathfrak{H}^2 . V.$$

Wir können daher direkt die früheren Entwickelungen auch hier anwenden, wenn wir μ, μ_0 durch ε, ε_0 ersetzen, und $\mathfrak{H}$ durch $\mathfrak{F}$, wobei $\mathfrak{F}$ in der soeben genannten Bedeutung zu verstehen ist.

Setzt man $\varepsilon_0 = 1$ und $\varepsilon = 1 + 4\pi\vartheta$, so treten durch Elektrisirung irgendwelche Formänderungen des Isolators ein, falls das Produkt ϑV sich bei diesen Formänderungen, wenn man sie künstlich erzeugt, ändert. So berechnet sich z. B. nach der oben auf pag. 161 angegebenen Formel (43') die Verlängerung durch Elektrisirung:

$$\frac{\partial l}{\partial \mathfrak{F}} = \frac{l^2}{E^*} \mathfrak{F} \frac{\partial \vartheta}{\partial l},$$

falls E^* der elastische Dehnungswiderstand des Isolators ist, und falls die Aenderung seines Volumens bei einseitigem Zuge zu vernachlässigen ist [sonst wäre die dortige Formel (43) anzuwenden].

Eine solche Längenänderung durch Elektrisirung kann man nach Röntgen[1]) am Kautschuk gut demonstriren.

Für Gase ist nach Boltzmann ϑV unabhängig von etwaiger Kompression oder Dilatation. Dementsprechend erfahren sie keine

---

[1]) W. C. Röntgen, Wied. Ann. 11, pag. 786, 1880.

Volumenänderungen durch Elektrisirung[1]). In der That konnte auch Quincke[2]) eine solche nicht beobachten.

Betreffs anderer, über Elektrostriktion angestellter Versuche sei der Leser auf G. Wiedemann, Lehre von der Elektricität, II. Bd., Kapitel II, verwiesen. Bei diesen Versuchen sind zum Theil Komplikationen zu berücksichtigen, welche durch die auf die geladenen Theile des elektrischen Feldes selbst ausgeübten Drucke herbeigeführt werden. Betreffs theoretischer Literatur vergleiche oben pag. 162 im Kapitel III.

Die Dielektricitätskonstante hat sich bisher bei keinem Körper als stark von der Feldstärke abhängig erwiesen. Deshalb ist auch die Unterscheidung dreier verschiedener Definitionen, wie sie oben auf pag. 142 für die Magnetisirungskonstante aufgestellt wurden, hier für die Dielektricitätskonstante nicht nöthig.

Wenn die Dielektricitätskonstante mit der Temperatur wächst, so muss sich der Isolator durch Elektrisiren abkühlen; dagegen muss er sich durch Elektrisiren erwärmen, falls ε mit wachsender Temperatur abnimmt. Die hierfür gültigen Formeln sind sofort aus dem § 15 des Kap. III pag. 162 abzuleiten[3]), da alle dortigen Betrachtungen auch unverändert hier gelten, falls man μ und $\mathfrak{H}$ durch ε und $\mathfrak{F}$ ersetzt. Streng genommen kommt es auf die Aenderung von $V(\varepsilon - 1)$ mit der Temperatur an. Da diese bei Gasen nicht eintritt, so können sie auch durch Elektrisirung keine Temperaturänderung erfahren.

Zeigt der Isolator dielektrische Hysteresis, so muss er durch Elektrisirung eine nicht umkehrbare Temperaturänderung, nämlich beständig eine Erwärmung, erfahren. Die Berechnung derselben ist ganz analog durchzuführen, wie im § 16 des Kap. III auf pag. 165 die Erwärmung durch magnetische Hysteresis.

---

[1]) Diese Entwickelungen befinden sich im Gegensatz zu den von Lippmann in Annal. de Chim. et de Phys. (5), 24, pag. 45 (vgl. auch Poincaré, Elektricität und Optik, I. Bd., pag. 236) gegebenen. — Ich halte das Lippmann'sche Resultat für fehlerhaft.
[2]) G. Quincke, Wied. Ann. 10, pag. 529, 1880.
[3]) Der Buchstabe ϑ ist dort für die Temperatur gebraucht. Hier hat er die Bedeutung $\varepsilon - 1 : 4\pi$.

Kapitel VIII.

Das elektromagnetische Feld in Isolatoren.

1. Elektrische Ströme in Isolatoren. Bisher ist immer nur die Rede gewesen von elektrischen Strömen, welche in sogenannten Konduktoren oder Leitern stattfinden. Indessen müssen auch in Isolatoren elektrische Ströme existiren können, nur sind die Umstände, unter welchen sie zu Stande kommen, andere als bei den Leitern.

Betrachten wir nämlich zwei zu verschiedenem Potential elektrostatisch geladene Konduktoren A und B, welche durch einen Draht D verbunden werden, so fliesst in D im Momente der Verbindung ein elektrischer Strom. Wenn wir nun annehmen, dass derselbe nur innerhalb der Leiter A, B, D fliesst, so ist der Strom kein geschlossener.

Wir haben aber im II. Kapitel, § 10, pag. 88 gesehen, dass die allgemeinen Eigenschaften des magnetischen Feldes mit Nothwendigkeit zu der Annahme führen, dass es nur geschlossene Ströme giebt. Dieser Satz war allerdings nur abgeleitet aus den Eigenschaften des magnetischen Feldes, welches stationäre Ströme erzeugen, die entweder in Leitern fliessen oder auch Ampère'sche Molekularströme sein können. **Maxwell macht nun aber die Hypothese, dass die (hier im I. Kapitel auseinandergesetzten) allgemeinen Eigenschaften des magnetischen Feldes unter allen Umständen dieselben sind, einerlei, ob die elektrische Strömung in seinen Wirbelräumen Leitungsströme sind oder dies nicht sind.**

Machen wir daher von dieser Hypothese Gebrauch, so folgt, dass es stets nur geschlossene Ströme giebt, d. h. dass auch in dem betrachteten Falle zweier sich entladenden Konduktoren irgendwo ein Schluss der elektrischen Stromlinien existiren muss. Dieser kann sich offenbar nur durch den die Konduktoren A, B, D umgebenden Isolator (Luft) hindurch vollziehen, d. h. auch in einem Isolator müssen unter gewissen Umständen elektrische Ströme zu Stande kommen.

2. Die Abhängigkeit der Stromkomponenten eines Isolators von der elektrischen Kraft.

Wir wollen jetzt etwas näher die Umstände betrachten, unter welchen ein elektrischer Strom in einem Isolator zu Stande kommt. Bei dem im vorigen Paragraphen beschriebenen Experimente haben wir es nicht mit einem stationären elektrischen Strome zu thun, sondern mit einem schnell in seiner Stärke abklingenden. Bei stationären Strömen, wie sie z. B. in einem durch einen Draht D geschlossenen galvanischen Element von konstanter elektromotorischer Kraft erzeugt werden, kommen im umgebenden Isolator keine elektrischen Ströme vor, wie man daraus erkennen kann, dass die magnetische Kraft ausserhalb des Drahtes D (und des Elementes) überall ein Potential besitzt (vgl. oben pag. 79) und fortdauernde Rotationen von Magnetpolen nur dann möglich sind, wenn sie den Draht D auf ihrer Bahn umschlingen können.

Es ist daraus zu schliessen, dass die elektrische Stromdichte in einem Isolator nicht abhängen kann von den Werthen der elektrischen Kraft selber, sondern nur von den Aenderungen derselben mit der Zeit, d. h. den nach der Zeit genommenen Differentialquotienten der elektrischen Kraft.

Dieser Satz lässt sich auch aus einem anderen Umstande deduktiv ableiten.

Der elektrische Strom in einem Leiter ist stets von einer Wärmeentwickelung begleitet, so dass, wenn man von dieser absieht, durch das Fliessen des elektrischen Stromes eine Energieverminderung des betreffenden Systemes eintritt.

Dem ist nicht so, falls in einem vollkommenen Isolator ein elektrischer Strom fliesst. Denn einerseits kann man bei dem beschriebenen Experimente der Entladung zweier Konduktoren in der umgebenden Luft nirgends eine Wärmeentwickelung nachweisen (NB. falls man absieht von der Erwärmung an einer eventuellen Funkenstrecke), andererseits folgt aus der Auffassung der Natur des Lichtes als elektromagnetische Schwingungen und der vollkommenen Durchsichtigkeit des freien Aethers, dass in letzterem, der als der vollkommenste Isolator anzusehen ist, ohne jedwede Energieverminderung elektrische Ströme fliessen können.

Verleihen wir nun diesem Gedanken einen mathematischen Ausdruck.

Wir sahen im Kapitel VII auf pag. 284, dass die Energie E, welche aufzuwenden nöthig ist, damit ein linearer Strom der Stärke i_e (gemessen nach elektrostatischem Maass) während einer kleinen Zeit dt fliesse, gegeben ist durch:

$$E = \mathrm{E}_e i_e dt = i_e dt \int \frac{\partial \mathfrak{E}_e}{\partial s} ds, \qquad (1)$$

wobei E_e die längs des ganzen Stromes wirkende elektromotorische Kraft (nach elektrostatischem Maass), $\mathfrak{E}_e$ die pro Längeneinheit wirkende elektromotorische Kraft bedeutet. ds bedeute ein Längenelement der Stromlinien, das Integral der rechten Seite von (1) ist über die ganze Länge des Stromes zu erstrecken.

Nach § 17 des VII. Kapitels (pag. 285) ist nun $\dfrac{\partial \mathfrak{E}_e}{\partial s}$ gleich der Resultante $\mathfrak{F}$ der elektrischen Kraft. Bezeichnen wir ferner die Stromdichte mit j_e, so ist

$$j_e dq = i_e,$$

falls dq der Querschnitt des linearen Leiters ist. Da nun $dq\, ds = d\tau$, d. h. gleich einem Volumenelement des linearen Stromes ist, so wird nach (1)

$$E = dt \int \mathfrak{F} \cdot j_e \cdot d\tau, \qquad (2)$$

wobei das Integral über den ganzen vom Strom durchflossenen Raum zu nehmen ist. Da nun ist:

$$\mathfrak{F} = X \cos(sx) + Y \cos(sy) + Z \cos(sz), \\ j_e \cos(sx) = u_e, \quad j_e \cos(sy) = v_e, \quad j_e \cos(sz) = w_e, \qquad (3)$$

falls X, Y, Z die Komponenten der elektrischen Kraft, u_e, v_e, w_e die der Stromdichte bedeuten, und (sx) etc. die Winkel, welche die Stromrichtung s mit den Koordinatenaxen einschliesst, so kann man (2) umgestalten in:

$$E = dt \int (X u_e + Y v_e + Z w_e) d\tau. \qquad (4)$$

Bisher setzten wir voraus, dass die Strömung in einer sehr dünnen Röhre erfolgen solle (linearer Strom). Die Formel (4) gilt aber offenbar ebenso für ein beliebiges körperliches, vom Strom durchflossenes System, da man dieses aus einer Anzahl dünner Stromröhren zusammengesetzt denken kann.

Betrachten wir nun zunächst den Fall, dass die Komponenten der Stromdichte proportional zur elektrischen Kraft seien, d. h. dass wäre:

$$u_e = \sigma_e X, \qquad v_e = \sigma_e Y, \qquad w_e = \sigma_e Z, \qquad (5)$$

so folgt aus (4):

$$E = dt \int \sigma_e (X^2 + Y^2 + Z^2)\, d\tau = dt \int \frac{j_e^2}{\sigma_e} d\tau. \qquad (6)$$

Da σ_e, welches nach Analogie mit den oben pag. 228 im VI. Kapitel abgeleiteten Formeln (10) die Leitfähigkeit des Körpers, nach elektrostatischem Maasse gemessen, sein würde, eine positive Grösse sein muss, so hat auch E nach (6) stets einen positiven Werth. Es erfordert daher stets einen gewissen Energieaufwand, wenn im Körper ein Strom eine gewisse Zeit hindurchfliessen soll, auch wenn das ganze System einen Kreisprocess durchmacht, d. h. am Ende der betrachteten Zeit das System ganz denselben Zustand besitzt wie am Anfang. Dieser Energieaufwand setzt sich in Joule'sche Wärme um. In der That ergiebt die rechte Seite von (6), auf einen linearen Strom angewandt:

$$E = i_e^2 w_e\, dt,$$

falls w_e den galvanischen Widerstand nach elektrostatischem Maasse bedeutet. Nach der oben auf pag. 288 befindlichen Tabelle ist $i_e^2 w_e = i^2 w$, falls i und w Stromstärke und Widerstand, nach elektromagnetischem Maasse gemessen, bedeuten. E hat daher den Werth der sogenannten Joule'schen Wärme [vgl. oben pag. 225 Formel (2)].

Der Ansatz (5) kann also in einem Isolator nicht richtig sein. Versuchen wir nun das Nächstliegende, nämlich:

$$u_e = \varkappa \frac{\partial X}{\partial t}, \qquad v_e = \varkappa \frac{\partial Y}{\partial t}, \qquad w_e = \varkappa \frac{\partial Z}{\partial t}. \qquad (7)$$

In (4) eingesetzt, ergiebt dies:

$$E = dt\, \frac{\partial}{\partial t} \int \frac{\varkappa}{2} (X^2 + Y^2 + Z^2)\, d\tau. \qquad (8)$$

308 Die Abhängigkeit der Stromkomponenten von der elektrischen Kraft.

Hiernach ergiebt sich E nicht beständig als positiv, sondern, da E nach (8) gleich der innerhalb der Zeit dt eintretenden Aenderung der Funktion Φ ist, wobei

$$\Phi = \int \frac{\varkappa}{2}(X^2 + Y^2 + Z^2)\,d\tau,$$

so kann E auch negative Werthe annehmen, d. h. es kann Energie gewonnen werden durch die elektrische Strömung. Dies geschieht sogar sicher, wenn das ganze System einen Kreisprocess durchläuft, wenn also die Funktion Φ nach beliebigen Zwischenwerthen zu ihrem Anfangswerthe zurückkehrt. Nach (8) ist dann die gesammte aufzuwendende Energie gleich Null.

In diesem Falle ist das Auftreten elektrischer Strömungen nicht von einer Energieverminderung begleitet; der Ansatz (7) ist daher möglich für einen Isolator.

Es wäre nun aber noch zu untersuchen, ob nicht die Stromkomponenten u_e etc. auch noch von höheren Differentialquotienten der elektrischen Kraft nach der Zeit abhängen könnten.

Es sind dabei zwei Fälle zu unterscheiden, nämlich je nachdem u_e von einem geraden Differentialquotienten von X nach t abhängt, oder von einem ungeraden.

Betrachten wir zunächst ersteren Fall, setzen wir also allgemein

$$u_e = \varkappa_{2h}\frac{\partial^{2h}X}{\partial t^{2h}},$$

so tritt in der Formel (4) für E als Summand das Glied auf $X\dfrac{\partial^{2h}X}{\partial t^{2h}}$. Nun ist aber

$$X\frac{\partial^2 X}{\partial t^2} = \frac{\partial}{\partial t}\left(X\frac{\partial X}{dt}\right) - \left(\frac{\partial X}{\partial t}\right)^2,$$

$$X\frac{\partial^4 X}{\partial t^4} = \frac{\partial}{\partial t}\left(X\frac{\partial^3 X}{\partial t^3} - \frac{\partial X}{\partial t}\frac{\partial^2 X}{\partial t^2}\right) + \left(\frac{\partial^2 X}{\partial t^2}\right)^2,$$

und allgemein ist $X\dfrac{\partial^{2h}X}{\partial t^{2h}}$ gleich einem Differentialquotienten nach der Zeit vermindert oder vermehrt um eine stets positive Grösse, je nachdem h eine ungerade oder eine gerade Zahl ist. — Da nun aber, wie aus den angestellten Betrachtungen erhellt, E gleich dem Differentialquotienten einer Funktion des Zustandes des Systemes nach der Zeit sein muss, falls bei Kreisprocessen E verschwinden soll, so können die Stromkomponenten in einem Isolator nicht von geraden Differentialquotienten der elektrischen Kraft nach der Zeit abhängen.

Dagegen können, wenigstens aus der Energieerhaltung geschlossen, die Stromkomponenten von beliebigen ungeraden Differentialquotienten der elektrischen Kraft nach den Koordinaten abhängen. Denn $X \dfrac{\partial^{2h+1} X}{\partial t^{2h+1}}$ ist stets gleich dem Differentialquotienten einer Funktion nach der Zeit. Man erkennt dies aus den Identitäten:

$$X \frac{\partial X}{\partial t} = \frac{1}{2} \frac{\partial X^2}{\partial t},$$

$$X \frac{\partial^3 X}{\partial t^3} = \frac{\partial}{\partial t}\left[X \frac{\partial^2 X}{\partial t^2} - \frac{1}{2}\left(\frac{\partial X}{\partial t}\right)^2\right],$$

$$X \frac{\partial^5 X}{\partial t^5} = \frac{\partial}{\partial t}\left[X \frac{\partial^4 X}{\partial t^4} - \frac{\partial X}{\partial t}\frac{\partial^3 X}{\partial t^3} + \frac{1}{2}\left(\frac{\partial^2 X}{\partial t^2}\right)^2\right],$$

deren Fortsetzung für beliebig hohe Differentialquotienten man leicht hiernach bilden kann.

Sonach wäre der allgemeinste Ansatz, wenigstens wenn man zunächst von einer Abhängigkeit der u_e, v_e, w_e von den Differentialquotienten der X, Y, Z nach den x, y, z absieht:

$$u_e = \varkappa \frac{\partial X}{\partial t} + \varkappa' \frac{\partial^3 X}{\partial t^3} + \varkappa'' \frac{\partial^5 X}{\partial t^5} + \ldots \tag{9}$$

Die Koefficienten $\varkappa$, $\varkappa'$, $\varkappa''$ etc. kann man nun mit Hülfe des Gauss'schen Satzes, d. h. der Formel (23) auf pag. 265 bestimmen, mit Rücksicht auf die Thatsache, dass es nur geschlossene Ströme geben kann. Letzteres erfordert, dass die gesammte Elektricitätsmenge, welche in einem Isolator innerhalb der Zeit dt durch eine geschlossene Fläche S tritt, die einen geladenen Konduktor umschliesst, gleich der innerhalb dt stattfindenden Aenderung der Elektricitätsmenge des Konduktors ist. Nennt man letztere $\dfrac{de}{dt}dt$, so muss also nach dem Satze der Existenz geschlossener Ströme sein:

$$dt \int j_n \, dS = \frac{de}{dt} dt, \tag{10}$$

wobei j_n die nach der äusseren Normale n auf dS genommene Komponente der Stromdichte ist. — Setzt man die Werthe nach (9) in (10) ein, so entsteht

$$dt \int \left(\varkappa \frac{\partial \mathfrak{F}_n}{\partial t} + \varkappa' \frac{\partial^3 \mathfrak{F}_n}{\partial t^3} + \ldots \right) dS = \frac{de}{dt} dt, \quad (10')$$

wobei F_n die nach n genommene Komponente der elektrischen Kraft bedeutet.

Nun ist aber nach dem Gauss'schen Satze, d. h. der Formel (23) auf pag. 265, in welcher $\dfrac{\partial V}{\partial n} = - \mathfrak{F}_n$ zu setzen ist:

$$\int \varepsilon \, \mathfrak{F}_n \, dS = 4 \pi e, \quad (11)$$

daher

$$\frac{de}{dt} dt = dt \int \frac{\varepsilon}{4 \pi} \frac{\partial \mathfrak{F}_n}{\partial t} dS . \quad (12)$$

ε bedeutet die Dielektricitätskonstante des Isolators an der Stelle von dS.

Eine Vergleichung von (10') und (12) liefert:

$$\varkappa = \frac{\varepsilon}{4 \pi}, \quad \varkappa' = 0, \quad \varkappa'' = 0, \quad \text{etc.} \quad (13)$$

Es ist also in einem Isolator:

$$u_e = \frac{\varepsilon}{4 \pi} \frac{\partial X}{\partial t}, \quad v_e = \frac{\varepsilon}{4 \pi} \frac{\partial Y}{\partial t}, \quad w_e = \frac{\varepsilon}{4 \pi} \frac{\partial Z}{\partial t}. \quad (14)$$

Diese Gleichungen gelten auch in einem inhomogenen Medium, d. h. in einem solchen, in welchem ε mit dem Ort variirt. Denn der Gauss'sche Satz (11) hat auch für ein inhomogenes Medium seine Gültigkeit. Man sieht, dass die Funktion Φ die Bedeutung der oben auf pag. 273 durch Formel (41) bestimmten elektrischen Energie hat. Die Relationen (14) sind mit Hülfe des Gauss'schen Satzes abgeleitet. Derselbe ist aus elektrostatischen Experimenten erschlossen, in welchen also die elektrischen Ladungen im Gleichgewicht sind. Wenn wir den Gauss'schen Satz auch hier auf strömende Elektricität anwenden, so liegt darin also die Voraussetzung, dass dies wirklich gestattet sei.

Es könnte denkbar erscheinen, dass für sehr schnelle Zustandsänderungen, wie sie z. B. bei Lichtschwingungen vorliegen, der Gauss'sche Satz wenigstens in ponderablen Medien nicht mehr streng gültig wäre, und dass daher dann die höheren Entwickelungsglieder der Formel (9) wirklich mit zu berücksichtigen wären. Auf diese Frage soll weiter unten im § 8 des X. Kapitels bei Besprechung der optischen Eigenschaften der Körper eingegangen werden. Zunächst wollen wir an dem Gauss'schen Satze, d. h. auch an den Gleichungen (14) festhalten, da sie jedenfalls für Zustände gelten, welche nicht sehr schnell mit der Zeit sich ändern. Die Uebereinstimmung mit den Beobachtungsergebnissen zeigt, dass in allen sogenannten rein elektrischen (nicht optischen) Experimenten, selbst bei den schnellsten, bisher erreichten Schwingungen, die Vernachlässigung der höheren Differentialquotienten in (9) als gerechtfertigt erscheint. Ihr Einfluss müsste sich nämlich in einer Art Dispersion bemerklich machen, d. h. in einer Abhängigkeit der Fortpflanzungsgeschwindigkeit elektrischer Wellen von ihrer Schwingungsdauer. Eine solche Abhängigkeit ist aber bisher nicht zu konstatiren gewesen.

Die Gültigkeit des Gauss'schen Satzes bedingt es auch, dass die Stromkomponenten nicht von den Differentialquotienten der elektrischen Kraft nach den Koordinaten abhängen können, wie man sich leicht überzeugt durch Einsetzen solcher Terme in die Formel (10). Ebensowenig können in u, v, w höhere als erste Potenzen von $\frac{\partial X}{\partial t}$ etc. auftreten. Dies geht auch schon aus dem Grunde nicht, weil alle Gleichungen linear und homogen sein müssen, da stets beobachtet wird, dass zwei verschiedene Zustandsänderungen sich ohne gegenseitige Beeinflussung oder Störung additiv superponiren.

3. Versinnbildlichung der Eigenschaften des elektrischen Feldes. Es ist schon im II. Kapitel oben auf pag. 88 gesagt, dass man wegen des Umstandes, dass es nur geschlossene Ströme giebt, für den elektrischen Strom das Bild der Bewegung eines inkompressiblen Fluidums gebrauchen kann. Die Geschwindigkeitskomponenten dieses Fluidums sind dann gleich den Stromkomponenten u_e, v_e, w_e zu setzen. — Wie die Gleichungen (14) lehren, wären dann die Ausdrücke:

$$\frac{\varepsilon}{4\pi} X, \quad \frac{\varepsilon}{4\pi} Y, \quad \frac{\varepsilon}{4\pi} Z$$

gleich den Verschiebungen des Fluidums aus seiner ursprünglichen (Gleichgewichts-) Lage. Diese Grössen sind daher von Maxwell

die **Komponenten der elektrischen Verschiebung** genannt.
— Wir wollen deshalb die elektrischen Ströme in einem Isolator kurz **Verschiebungsströme** nennen zum Unterschied von den in einem Leiter fliessenden **Leitungsströmen.**

Die Ladung zweier Konduktoren mit positiver und negativer Elektricität besteht nach dem genannten Bilde darin, dass durch die Oberfläche des positiv geladenen Konduktors hindurch ein gewisses Quantum des Fluidums nach aussen, dagegen durch die Oberfläche des negativ geladenen Konduktors ein gleich grosses Quantum des Fluidums nach innen von seiner Ruhelage aus verschoben ist. An jeder Stelle des zwischen beiden Konduktoren befindlichen Isolators müssen wegen der Inkompressibilität des Fluidums Verschiebungen desselben auftreten, denen zufolge gewisse Drucke und Spannungen bestehen, welche die Konduktoren gegeneinander zu bewegen suchen. Die Grösse und Art dieser Spannungen, durch welche die beobachteten ponderomotorischen Wirkungen des elektrostatischen Feldes hervorgerufen werden würden, sind schon im vorigen Kapitel oben auf pag. 276 angegeben.

Nach dem hier gebrauchten Bilde ist es verständlich, warum die ponderomotorischen Wirkungen zweier geladener Konduktoren umgekehrt proportional zur Dielektricitätskonstante ε des Zwischenmittels sind. Denn diese Grösse spielt offenbar, da sie proportional der elektrischen Verschiebung, dividirt durch die die Verschiebung veranlassende Kraft ist, die Rolle des reciproken elastischen Widerstandes des Zwischenmittels. Je grösser daher ε ist, um so kleiner müssen die durch die Verschiebungen, d. h. elektrischen Ladungen, hervorgerufenen Spannungen und daher auch ponderomotorischen Wirkungen sein.

Die hier angestellten Betrachtungen gelten in ganz ähnlicher Weise für das magnetische Feld, wie aus den Erörterungen im II. Kapitel pag. 89 zu ersehen ist. Die Komponenten der magnetischen Verschiebung sind

$$\frac{\mu}{4\pi}\alpha, \qquad \frac{\mu}{4\pi}\beta, \qquad \frac{\mu}{4\pi}\gamma.$$

Wie schon dort hervorgehoben wurde, sind diese Vorstellungen weiter nichts als ein Sinnbild, durch welches die aus den Beobachtungen mit Sicherheit abstrahirten Gleichungen der Anschauung näher gerückt werden. Es ist durchaus nicht gesagt, dass die elektrische Ladung wirklich in der Verschiebung einer inkompressiblen Flüssigkeit bestände. Denn nur was uns die Beobachtung liefert, ist als sicher begründet anzusehen. Das sind aber hier nur die Gleichungen, durch welche die Eigenschaften des elektrischen (resp. magnetischen) Feldes charakterisirt sind. Es bleibt der Phantasie und der Willkür überlassen, diese Gleichungen durch irgendwie gewählte Bilder tiefer zu interpretiren.

4. Grundgleichungen des elektromagnetischen Feldes ruhender Isolatoren.

Wenn in einem Isolator durch Veränderung der elektrischen Kräfte elektrische Ströme (Verschiebungsströme) entstehen, so müssen letztere magnetische Kräfte ausüben [1]). Es müssen daher Zustandsänderungen im Aether hervorgerufen werden, welche eine Superposition der Zustandsänderungen sind, welche der Aether im elektrischen, und derer, welche er im magnetischen Felde erfährt. Diese Superposition von Zustandsänderungen verstehen wir jetzt unter der Bezeichnung: „Elektromagnetisches Feld des Isolators".

Da die Beziehungen zwischen den Komponenten des elektrischen Stromes und denen der elektrischen Kraft in einem Isolator abgeleitet sind, so sind wir jetzt im Stande, das vollständige System der Grundgleichungen des elektromagnetischen Feldes in Isolatoren aufzustellen.

Zunächst lauten die in jedem elektromagnetischen Felde gültigen Maxwell'schen Gleichungen, welche im II. Kapitel, § 8, Formeln (12) auf pag. 86 abgeleitet sind:

$$4\pi u = \frac{\partial \gamma}{\partial y} - \frac{\partial \beta}{\partial z},$$

$$4\pi v = \frac{\partial \alpha}{\partial z} - \frac{\partial \gamma}{\partial x}, \quad (15)$$

$$4\pi w = \frac{\partial \beta}{\partial x} - \frac{\partial \alpha}{\partial y},$$

wobei α, β, γ die Komponenten der magnetischen Kraft, u, v, w die des elektrischen Stromes bedeuten. Letztere sind nach elektromagnetischem Maasse gemessen. (Für erstere gilt stets nur das eine im I. Kapitel festgesetzte Maasssystem.)

---

[1]) Diese magnetische Wirkung der Verschiebungsströme ist thatsächlich auch von Röntgen (Ber. der Berl. Akad. 1885) beobachtet.

Die Formeln (15) waren zunächst nur abgeleitet aus den magnetischen Eigenschaften stationärer Leitungsströme. Nach der oben pag. 304 genannten Maxwell'schen Hypothese gelten sie aber auch, falls die Stromkomponenten u, v, w von Verschiebungsströmen herrühren. Ferner nimmt Maxwell an, dass die Gleichungen (15) auch gelten, wenn sich u, v, w schnell mit der Zeit ändert.

Ferner gelten für ruhende Körper die im V. Kapitel, § 11, pag. 218 abgeleiteten Formeln (45), nämlich:

$$\mu \frac{\partial \alpha}{\partial t} = \frac{\partial Q}{\partial z} - \frac{\partial R}{\partial y},$$

$$\mu \frac{\partial \beta}{\partial t} = \frac{\partial R}{\partial x} - \frac{\partial P}{\partial z}, \quad (16)$$

$$\mu \frac{\partial \gamma}{\partial t} = \frac{\partial P}{\partial y} - \frac{\partial Q}{\partial x}.$$

P, Q, R bedeuten die Komponenten der auf die Längeneinheit wirkenden elektromotorischen Kraft $\mathfrak{E}$ nach elektromagnetischem Maasse.

Die Gleichungen (16) waren gewonnen aus den Eigenschaften der Elektroinduktion von Leitungsströmen. Nach Maxwell wirken aber Verschiebungsströme in derselben Weise induktorisch[1], wie Leitungsströme. Wir stellen daher die Gleichungen (16) auch für das elektromagnetische Feld eines Isolators auf.

Für die Grössen P, Q, R kann man die nach elektrostatischem Maass gemessenen Komponenten X, Y, Z der elektrischen Kraft einführen mit Hülfe der im VII. Kapitel auf pag. 286 abgeleiteten Formeln (62):

$$P = cX, \quad Q = cY, \quad R = cZ. \quad (17)$$

c ist das Verhältniss der elektrostatisch gemessenen Stromstärke zu der elektromagnetisch gemessenen. — Wegen dieser Bedeutung von c ist also:

$$c = u_e : u = v_e : v = w_e : w, \quad (18)$$

falls u_e, v_e, w_e die Komponenten der Dichtigkeit des elektrischen Stromes, nach elektrostatischem Maass gemessen, bedeuten.

---

[1] Die induktorische Wirksamkeit der Verschiebungsströme ist experimentell deutlich durch die im nächsten Kapitel zu besprechenden Versuche von Hertz nachgewiesen.

Nach den Formeln (14) des § 2 dieses Kapitels (pag. 310) ist schliesslich:

$$u_e = \frac{\varepsilon}{4\pi} \frac{\partial X}{\partial t}, \quad v_e = \frac{\varepsilon}{4\pi} \frac{\partial Y}{\partial t}, \quad w_e = \frac{\varepsilon}{4\pi} \frac{\partial Z}{\partial t}. \quad (19)$$

Führt man nun in dem System (15) die elektrische Kraft nach (18) und (19) ein, und ersetzt man im System (16) P, Q, R durch X, Y, Z nach den Gleichungen (17), so erhält man die beiden folgenden Gleichungssysteme:

$$\frac{\varepsilon}{c} \frac{\partial X}{\partial t} = \frac{\partial \gamma}{\partial y} - \frac{\partial \beta}{\partial z},$$

$$\frac{\varepsilon}{c} \frac{\partial Y}{\partial t} = \frac{\partial \alpha}{\partial z} - \frac{\partial \gamma}{\partial x}, \quad (20)$$

$$\frac{\varepsilon}{c} \frac{\partial Z}{\partial t} = \frac{\partial \beta}{\partial x} - \frac{\partial \alpha}{\partial y}.$$

$$\frac{\mu}{c} \frac{\partial \alpha}{\partial t} = \frac{\partial Y}{\partial z} - \frac{\partial Z}{\partial y},$$

$$\frac{\mu}{c} \frac{\partial \beta}{\partial t} = \frac{\partial Z}{\partial x} - \frac{\partial X}{\partial z}, \quad (21)$$

$$\frac{\mu}{c} \frac{\partial \gamma}{\partial t} = \frac{\partial X}{\partial y} - \frac{\partial Y}{\partial x}.$$

Die zur Herleitung von (20) und (21) benutzten Gleichungen (15) bis (19) gelten auch in inhomogenen Körpern, wie bei der Entstehung jener Gleichungen stets hervorgehoben ist. **Daher gelten (20) und (21) ebenfalls auch in inhomogenen Isolatoren, d. h. solchen, in welchen ε und μ Funktionen des Ortes sind.**

Differencirt man die drei Gleichungen (20) bezw. nach x, y, z, und addirt dann, so ergiebt sich:

$$\frac{\partial}{\partial t}\left[\frac{\partial(\varepsilon X)}{\partial x} + \frac{\partial(\varepsilon Y)}{\partial y} + \frac{\partial(\varepsilon Z)}{\partial z}\right] = 0. \quad (22)$$

Der in der Klammer stehende Ausdruck hat nach Formel (27) des vorigen Kapitels (pag. 266) die Bedeutung der räumlichen Dichte der wahren elektrischen Ladung, multiplicirt mit 4π. Da diese in einem vollkommenen Isolator nur durch direkte Berührung mit einem anderen Körper geändert werden kann, so ist es klar, dass sie in einem vollkommen ruhenden Systeme an jeder seiner Stellen sich im Laufe der Zeit nicht ändern kann, d. h. dass die linke Seite von (22) verschwinden muss.

Dieselbe Operation, auf die drei Gleichungen des Systemes (21) angewandt, ergiebt:

$$\frac{\partial}{\partial t}\left[\frac{\partial (\mu \alpha)}{\partial x} + \frac{\partial (\mu \beta)}{\partial y} + \frac{\partial (\mu \gamma)}{\partial z}\right] = 0. \quad (23)$$

Auch diese Relation ist nach unseren früheren Entwickelungen selbstverständlich, da die linke Seite von (23) den nach der Zeit genommenen Differentialquotienten der Dichtigkeit des wahren Magnetismus, multiplicirt mit 4π, bedeutet. Da nun aber letzterer immer verschwindet, nach pag. 52, so muss nicht nur die Relation (23) bestehen, sondern sogar die schon oben pag. 65 abgeleitete Relation:

$$\frac{\partial (\mu \alpha)}{\partial x} + \frac{\partial (\mu \beta)}{\partial y} + \frac{\partial (\mu \gamma)}{\partial z} = 0. \quad (24)$$

Die Gleichungen des elektromagnetischen Feldes ruhender Isolatoren sind in der durch (20) und (21) angegebenen Form zuerst von Heaviside[1]), sodann von Hertz[2]) und Cohn[3]) aufgestellt.

Die positiven Richtungen der Koordinatenaxen sind durch die oben auf pag. 61 genannte Verfügung festgelegt. — Für ein inverses Koordinatensystem würden sich die Vorzeichen der rechten Seiten der Gleichungen (20) und (21) umkehren[4]).

Die aufgestellten Gleichungen sind Nahewirkungsgesetze. Durch sie sind die Eigenschaften des elektromagnetischen Feldes ruhender Isolatoren vollständig charakterisirt, wenn man noch in Rücksicht zieht, dass die Energie des Feldes nach pag. 273 gleich der Summe der Energieen des magnetischen und des elektrischen Feldes sein muss, nämlich gleich dem Ausdruck:

$$E + T = \frac{1}{8\pi}\int \varepsilon (X^2 + Y^2 + Z^2)\, d\tau + \frac{1}{8\pi}\int \mu (\alpha^2 + \beta^2 + \gamma^2)\, d\tau. \quad (25)$$

In der That kann man rückwärts aus (20), (21) und (25) alle

---

[1]) O. Heaviside, Electrician, 1885. — Phil. Mag. Febr. 1888.
[2]) H. Hertz, Gött. Nachr. März 1890. — Wied. Ann. 40, p. 577, 1890.
[3]) E. Cohn, Wied. Ann. 40, pag. 625, 1890.
[4]) Bei Hertz findet sich diese Vorzeichendifferenz, obgleich das Koordinatensystem so gewählt ist, wie hier im Text. — Es ist dies als eine Unrichtigkeit anzusehen.

bisher bekannten Erscheinungen des elektromagnetischen Feldes ableiten.

Falls nämlich Gleichgewichtszustände bestehen, so verschwinden die linken Seiten von (20) und (21). Die magnetischen Kräfte sowohl wie die elektrischen haben demnach ein Potential. Nennt man eines derselben, z. B. letzteres, V, so ergiebt sich, da nach (22) stets $\frac{\partial\,(\epsilon X)}{\partial x} + $ etc. eine von t unabhängige Konstante sein muss, welche $4\pi\rho$ genannt werden möge, z. B. für ein homogenes Medium:

$$\epsilon \Delta V = -4\pi\rho.$$

Durch diese Gleichung ist aber in Verbindung mit gewissen Stetigkeitseigenschaften das Potential V vollständig bestimmt (vgl. oben pag. 27).

Auch die ponderomotorischen Wirkungen im elektrischen Felde ergeben sich entsprechend der Beobachtung aus (20), (21) und (25), wenn man berücksichtigt, dass die von den ponderomotorischen Kräften geleistete Arbeit gleich der Abnahme der elektrischen Energie E sein muss.

Im Falle stationärer Ströme, d. h. für konstantes $\frac{\partial X}{\partial t}$ etc., ergeben sich aus (20) die richtigen Werthe für die ponderomotorischen Wirkungen eines Magnetfeldes, z. B. das Biot-Savart'sche Gesetz.

Man erhält aus (21) die Gesetze für die Grösse der inducirten elektromotorischen Kraft, wie man sofort erkennt, wenn man den im Kap. V, § 11, pag. 218 zur Ableitung der dortigen Formeln (45) eingeschlagenen Weg rückwärts geht.

Auch die Grenzbedingungen beim Uebergang über die Grenze zweier verschiedener, aneinandergrenzender Körper kann man aus den Gleichungen (20) und (21) ableiten. In Wirklichkeit müssen nämlich ϵ und μ stetige Funktionen des Ortes sein, da in der Natur Unstetigkeiten im mathematischen Sinne des Wortes nicht vorkommen. Daher müssen auch die Komponenten der magnetischen und der elektrischen Kraft stetig variiren. Nur in gewissen Fällen kann es vorkommen, dass diese Grössen so schnell variiren, dass man zur bequemeren Darstellung der Erscheinungen gelangt, wenn man an Stelle der schnellen Variation eine Unstetigkeit supponirt. Dies tritt in dem jetzt zu betrachtenden Falle ein, wenn zwei homogene Körper mit verschiedener Natur, d. h. verschiedenen ε und μ aneinanderstossen. Ihre Berührungsfläche muss strenggenommen eine Schicht von sehr geringer Dicke sein, in welcher ε und μ sehr schnell variiren. Auch in dieser sehr stark inhomogenen Schicht müssen die Gleichungen (20) und (21) gelten, und alle ihre Termen müssen endliche Werthe behalten.

Legen wir nun die z-Axe des Koordinatensystems senkrecht zur Berührungsfläche, so folgt aus der Endlichkeit der in den Gleichungen (20) und (21) auftretenden Terme $\dfrac{\partial \alpha}{\partial z}$, $\dfrac{\partial \beta}{\partial z}$, $\dfrac{\partial X}{\partial z}$, $\dfrac{\partial Y}{\partial z}$, dass α, β, X, Y stetig variiren beim Durchgang durch die inhomogene Uebergangsschicht, d. h. **dass sie zu beiden Seiten der Grenzfläche dieselben Werthe besitzen, wenn wir die Uebergangsschicht als unendlich dünn, d. h. den Uebergang der Natur des einen Mediums in die des anderen als sprunghaft ansehen.** — Da diese Gleichheit der Werthe von α, β, X, Y zu beiden Seiten der Grenze für alle Punkte derselben, d. h. für alle Koordinaten x, y besteht, so sind auch die Differentialquotienten $\dfrac{\partial \alpha}{\partial x}$, $\dfrac{\partial \alpha}{\partial y}$, $\dfrac{\partial \beta}{\partial x}$ etc. zu beiden Seiten der Grenze einander gleich. Aus der dritten Gleichung des Systemes (20) und der des Systemes (21) folgt daher, dass auch εZ und $\mu \gamma$ zu beiden Seiten der Grenze dieselben Werthe besitzt.

Bezeichnen wir daher die Zugehörigkeit zu den beiden aneinandergrenzenden Medien durch untere Indices 1, 2, so gelten die Grenzbedingungen:

$$\begin{aligned}\alpha_1 &= \alpha_2, \quad \beta_1 = \beta_2, \quad \mu_1 \gamma_1 = \mu_2 \gamma_2, \\ X_1 &= X_2, \quad Y_1 = Y_2, \quad \varepsilon_1 Z_1 = \varepsilon_2 Z_2.\end{aligned} \quad (26)$$

Diese Grenzbedingungen, welche die Stetigkeit der tangentiellen Kraftkomponenten und eine bestimmte Unstetigkeit der normalen Kraftkomponenten beim Durchgang durch die Grenze aussprechen, haben wir früher aus anderen Betrachtungen abgeleitet (vgl. pag. 36—39 und pag. 270). Die Gleichungen (20) und (21) sind also auch in der Hinsicht vollständig, dass sie die Grenzbedingungen ebenfalls in sich enthalten. Es ist dies ein Vortheil, der allen Nahewirkungsgesetzen anhaftet, welche auch für inhomogene Medien Gültigkeit besitzen, welcher jedoch abgeht einer mathematischen Darstellung der Erscheinungen durch Fernwirkungsgesetze, die aus Beobachtungen in homogenen Medien abstrahirt sind.

Aus diesem Grunde ist die Erforschung der Nahewirkungsgesetze zur mathematischen Beschreibung der Erscheinungen in besserer Weise geeignet, als die sich zunächst darbietenden Fernwirkungsgesetze.

Während nach den angestellten Ueberlegungen es für die Erscheinungen ganz gleichgültig sein muss, durch welche Zwischenwerthe hindurch der Uebergang von ε_1 in ε_2 und von μ_1 in μ_2 erfolgt, wenn nur derselbe in einer unendlich dünnen Schicht erfolgt, kommen die Zwischenwerthe wohl in Betracht, wenn die Uebergangsschicht nicht mehr als unendlich dünn anzusehen ist. Dies wird weiter unten bei Besprechung einiger optischer Versuche noch deutlicher hervortreten.

Die in diesem Paragraphen aufgestellten Gleichungen sind für die Maxwell'sche Theorie des elektromagnetischen Feldes charakteristisch. Sie basiren allein auf der Hypothese, dass die allgemeinen Eigenschaften des magnetischen Feldes (vgl. Kap. I) immer dieselben sind, d. h. dass sie unabhängig von der Art der elektrischen Strömungen in den Wirbelräumen des Magnetfeldes sind und von der Geschwindigkeit der Stromänderungen im Laufe der Zeit.

5. Die Poynting'sche Formel für den Energiefluss im elektromagnetischen Felde. Wenn man die Formeln (20) und (21) beziehungsweise mit den Faktoren $X d\tau$, $Y d\tau$, $Z d\tau$, $\alpha d\tau$, $\beta d\tau$, $\gamma d\tau$ multiplicirt, wobei $d\tau$ ein Volumenelement bedeutet, und über einen beliebigen Bereich integrirt, so erhält man:

$$\frac{1}{c}\left\{\int \varepsilon \left(X\frac{\partial X}{\partial t}+Y\frac{\partial Y}{\partial t}+Z\frac{\partial Z}{\partial t}\right) d\tau + \int \mu \left(\alpha\frac{\partial \alpha}{\partial t}+\beta\frac{\partial \beta}{\partial t}+\gamma\frac{\partial \gamma}{\partial t}\right) d\tau\right\}$$
$$=\int\left(\frac{\partial \gamma}{\partial y}-\frac{\partial \beta}{\partial z}\right) X d\tau + .. + \int\left(\frac{\partial Y}{\partial z}-\frac{\partial Z}{\partial y}\right) \alpha d\tau + .. \quad (27)$$

Nun ist nach dem im Kap. I auf pag. 26 genannten Hülfssatz:

$$\int \frac{\partial \gamma}{\partial y} X d\tau = -\int \gamma X \cos(ny) dS - \int \gamma \frac{\partial X}{\partial y} d\tau,$$

falls dS ein Oberflächenelement der Oberfläche desjenigen Raumes bedeutet, über welchen die Integration erstreckt wird, und n die innere Normale auf dS. Wendet man diesen Satz an auf die ersten drei Integrale, welche auf der rechten Seite von (27) auftreten, so heben sich die Raumintegrale gegenseitig fort. Da die linke Seite von (27) infolge der Gleichung (25) proportional zu dem Differentialquotienten der elektromagnetischen Energie $E + T$ ist, welche der betrachtete Raum enthält, so folgt daher

$$\frac{\partial (E + T)}{\partial t} = \frac{c}{4\pi} \int [(\gamma Y - \beta Z) \cos(nx) + (\alpha Z - \gamma X) \cos(ny) + (\beta X - \alpha Y) \cos(nz)] \, dS. \quad (28)$$

Den Sinn dieser Formel kann man so interpretiren, dass die Aenderung der elektromagnetischen Energie eines Raumes dadurch herbeigeführt wird, dass dieselbe in seine Begrenzungsfläche ein-, resp. ausströmt. Als Komponenten f_x, f_y, f_z dieses Energieflusses können nach (28) angesehen werden:

$$f_x = \frac{c}{4\pi} (\gamma Y - \beta Z),$$

$$f_y = \frac{c}{4\pi} (\alpha Z - \gamma X), \quad (29)$$

$$f_z = \frac{c}{4\pi} (\beta X - \alpha Y).$$

Da hiernach die Relationen bestehen:

$$\alpha . f_x + \beta . f_y + \gamma . f_z = 0,$$
$$X . f_x + Y . f_y + Z . f_z = 0,$$

so steht die Bahn des Energieflusses in jedem Punkte senkrecht auf der dort vorhandenen magnetischen und elektrischen Kraft. Die Grösse des Energieflusses ist nach (29) zu schreiben in der Form:

$$\sqrt{f_x^2 + f_y^2 + f_z^2} = \frac{c}{4\pi} \sqrt{\alpha^2 + \beta^2 + \gamma^2} \cdot \sqrt{X^2 + Y^2 + Z^2}$$

$$\sqrt{1 - \frac{(\alpha X + \beta X + \gamma Z)^2}{(\alpha^2 + \beta^2 + \gamma^2)(X^2 + Y^2 + Z^2)}} = \frac{c}{4\pi} \mathfrak{H} \cdot \mathfrak{F} \cdot \sin(\mathfrak{H}\mathfrak{F}), \quad (30)$$

d. h. der Energiefluss ist gleich $c : 4\pi$ multiplicirt mit dem Producte aus der magnetischen und der elektrischen Kraft und dem Sinus des Winkels, welchen letztere miteinander bilden.

Diese Theorie der Bewegung der Energie im elektromagnetischen Felde ist von Poynting[1]) aufgestellt.

---

[1]) J. H. Poynting, Philos. Transact. 1884, 2, pag. 343.

Wie eine Vergleichung der Formeln (29) mit den im Kap. II auf pag. 108 aufgestellten Formeln (59) lehrt, sind die Komponenten des Energieflusses proportional mit den Kraftkomponenten $\mathfrak{A}$, $\mathfrak{B}$, $\mathfrak{C}$, welche ein Stromelement in einem Magnetfelde erfährt. Wenn die elektrische Kraft senkrecht zur magnetischen Kraft steht, so wird daher die positive Richtung des Energieflusses nach der dort (pag. 109) gegebenen Fleming'schen Regel durch den Daumen der linken Hand gewiesen, wenn die magnetische Kraft durch den Zeigefinger, die elektrische Kraft durch den Mittelfinger gewiesen werden.

6. Einwirkung geschlossener Solenoide aufeinander.

Nach Kap. II, § 17, pag. 111 wirken zwei ringförmig geschlossene Solenoide, welche von konstanten Strömen durchflossen werden, nicht aufeinander ein. — Dagegen muss eine ponderomotorische Kraft zwischen ihnen auftreten, falls die Solenoide von veränderlichen oder Wechselströmen hoher Wechselzahl durchflossen werden. Denn in diesem Falle existirt im Inneren der Solenoide eine magnetische Strömung, d. h. eine Aenderung der magnetischen Kraft im Laufe der Zeit, und wie die Gleichungen (21) lehren, muss ein Ring magnetischer Strömung in ähnlicher Weise elektrische Kräfte ausüben, wie nach den Gleichungen (20) ein Ring elektrischer Strömung magnetische Kräfte ausübt. Ein von Wechselströmen durchflossenes, ringförmig geschlossenes Solenoid muss also elektrische Kräfte ausüben wie eine, vom Solenoid umgrenzte elektrische Doppelfläche, deren Moment in jedem Augenblicke von der Geschwindigkeit der Stromänderung abhängt. Nach diesem Gesichtspunkte ist die gegenseitige Einwirkung zweier, von Wechselströmen durchflossener, geschlossener Solenoide zu berechnen. Wie sofort ersichtlich ist, hängt diese Einwirkung wesentlich von der Phasendifferenz beider Wechselströme gegeneinander ab, gerade wie bei einem gewöhnlichen Elektrodynamometer.

Wirklich beobachtet ist bisher die genannte Erscheinung noch nicht. Die Wechselströme müssen sehr schnell wechseln, um merkbare Wirkung zu erzielen, weil die linke Seite von (21), aus der sich das Moment der äquivalenten elektrischen Doppelfläche berechnet, die grosse Zahl c im Nenner enthält. Immerhin erscheint es nicht aussichtslos, die besprochene Wirkung durch ein Experiment zeigen zu können. — Es wäre dann deutlich demonstrirt, dass die Ampèreschen elektrodynamischen Gesetze nicht unverändert für Wechsel-, wie für Gleichströme Gültigkeit besässen.

7. Die Fortpflanzung ebener elektromagnetischer Wellen in einem homogenen Isolator.

Differencirt man die erste der Gleichungen (20) nach t, so entsteht:

$$\frac{\varepsilon}{c}\frac{\partial^2 X}{\partial t^2} = \frac{\partial}{\partial y}\frac{\partial \gamma}{\partial t} - \frac{\partial}{\partial z}\frac{\partial \beta}{\partial t}.$$

Setzt man in dieser Gleichung für $\frac{\partial \gamma}{\partial t}$ und $\frac{\partial \beta}{\partial t}$ ihre aus der zweiten und dritten der Gleichungen (21) folgenden Werthe ein, so erhält man:

$$\frac{\varepsilon\mu}{c^2}\frac{\partial^2 X}{\partial t^2} = \frac{\partial^2 X}{\partial y^2} - \frac{\partial^2 Y}{\partial y \partial x} - \frac{\partial^2 Z}{\partial z \partial x} - \frac{\partial^2 X}{\partial z^2},$$

was man auch in der Form schreiben kann:

$$\frac{\varepsilon\mu}{c^2}\frac{\partial^2 X}{\partial t^2} = \Delta X - \frac{\partial}{\partial x}\left(\frac{\partial X}{\partial x} + \frac{\partial Y}{\partial y} + \frac{\partial Z}{\partial z}\right). \quad (31)$$

Nun ist nach (22), in welcher Gleichung ε von x, y, z als unabhängig anzusehen ist, da das Medium homogen sein soll, $\frac{\partial X}{\partial x} + \frac{\partial Y}{\partial y} + \frac{\partial Z}{\partial z}$ eine von der Zeit unabhängige Konstante. Wir wollen aber jetzt nur die Gesetze desjenigen Bestandtheiles der elektrischen und magnetischen Kraft untersuchen, welcher von der Zeit abhängt. Es ist dann obiger Ausdruck ganz zu ignoriren, und es wird die Gleichung (31):

$$\frac{\varepsilon\mu}{c^2}\frac{\partial^2 X}{\partial t^2} = \Delta X. \quad (32)$$

Ganz analog gebaute Gleichungen gelten für Y, Z, und da die Gleichungen (20) und (21) hinsichtlich der elektrischen und magnetischen Kräfte symmetrisch gebaut sind, auch für α, β, γ.

Wir wollen nun annehmen, dass die elektrischen Kräfte für jeden Werth der Zeit t denselben Werth besitzen auf einander parallelen Ebenen. In welcher Weise man experimentell diesen Fall realisiren kann, soll im nächsten Kapitel besprochen werden. — Wählt man die zu allen Ebenen gemeinsame Normale zur z-Axe, so können nach unserer Voraussetzung die X, Y, Z nur von z und t abhängen. Daher muss nach (22) Z verschwinden.

Da X, Y, Z nur von z und t abhängen, so folgt aus dem System (21), dass auch α, β, γ nur von z und t abhängen können, und dass wegen der letzten Gleichung (21) γ ebenfalls verschwinden muss.

Die Gleichung (32) geht jetzt über in:

$$\frac{\varepsilon\mu}{c^2} \frac{\partial^2 X}{\partial t^2} = \frac{\partial^2 X}{\partial z^2}, \qquad (33)$$

deren allgemeines Integral ist:

$$X = f_1\left(z - \frac{c}{\sqrt{\varepsilon\mu}} t\right) + f_2\left(z + \frac{c}{\sqrt{\varepsilon\mu}} t\right), \qquad (34)$$

wobei f_1 und f_2 irgend welche beliebige Funktionen ihrer in den beigesetzten Klammern stehenden Argumente bedeuten.

Die Formel (34) stellt die Superposition zweier ebener Wellenzüge dar, von denen die eine nach der positiven z-Axe, die andere nach der negativen z-Axe sich mit der Geschwindigkeit $c : \sqrt{\varepsilon\mu}$ fortpflanzt.

In der That, hat $f_1\left(z - \frac{c}{\sqrt{\varepsilon\mu}} t\right)$ einen gewissen Werth A für $z = 0$, $t = 0$, so muss es denselben Werth A besitzen für $t = t_1$, $z = \frac{c}{\sqrt{\varepsilon\mu}} t_1$, d. h. nach Ablauf der Zeit t_1 hat sich der Werth A von X um die Strecke $\frac{c}{\sqrt{\varepsilon\mu}} t_1$ nach der positiven z-Richtung fortgepflanzt. Die Geschwindigkeit dieser Fortpflanzung ist also $\frac{c}{\sqrt{\varepsilon\mu}}$.

— Man nennt diese Wellenbewegung eine **Transversalwelle**, da nur Kraftkomponenten existiren, welche senkrecht zur Fortpflanzungsrichtung liegen.

Da für Y eine der Gleichung (33) ganz analoge Gleichung gilt, so folgt

$$Y = \varphi_1\left(z - \frac{c}{\sqrt{\varepsilon\mu}} t\right) + \varphi_2\left(z + \frac{c}{\sqrt{\varepsilon\mu}} t\right), \qquad (35)$$

wobei φ_1 und φ_2 zwei neue willkürliche Funktionen ihrer in den beigesetzten Klammern stehenden Argumente bedeuten, welche mit den Funktionen f_1 und f_2 nicht nothwendig in Zusammenhang zu stehen brauchen.

Durch die elektrischen Kräfte sind die magnetischen Kräfte

bestimmt. Denn aus den beiden ersten Gleichungen des Systems (21) folgt:

$$\frac{\mu}{c}\frac{\partial \alpha}{\partial t} = \frac{\partial \varphi_1}{\partial z} + \frac{\partial \varphi_2}{\partial z}, \quad \frac{\mu}{c}\frac{\partial \beta}{\partial t} = -\frac{\partial f_1}{\partial z} - \frac{\partial f_2}{\partial z}, \quad (36)$$

oder, da die Identitäten bestehen:

$$\frac{\partial \varphi_1}{\partial z} = -\frac{\sqrt{\varepsilon\mu}}{c}\frac{\partial \varphi_1}{\partial t}, \quad \frac{\partial \varphi_2}{\partial z} = +\frac{\sqrt{\varepsilon\mu}}{c}\frac{\partial \varphi_2}{\partial t},$$

$$\frac{\partial f_1}{\partial z} = -\frac{\sqrt{\varepsilon\mu}}{c}\frac{\partial f_1}{\partial t}, \quad \frac{\partial f_2}{\partial z} = +\frac{\sqrt{\varepsilon\mu}}{c}\frac{\partial f_2}{\partial t},$$

so lässt sich (36) in der Form schreiben:

$$\sqrt{\frac{\mu}{\varepsilon}}\frac{\partial \alpha}{\partial t} = -\frac{\partial \varphi_1}{\partial t} + \frac{\partial \varphi_2}{\partial t}, \quad \sqrt{\frac{\mu}{\varepsilon}}\frac{\partial \beta}{\partial t} = \frac{\partial f_1}{\partial t} - \frac{\partial f_2}{\partial t},$$

woraus man durch Integration sofort gewinnt:

$$\sqrt{\frac{\mu}{\varepsilon}}\,\alpha = -\varphi_1 + \varphi_2, \quad \sqrt{\frac{\mu}{\varepsilon}}\,\beta = f_1 - f_2. \quad (37)$$

Auf eine von t unabhängige Integrationsconstante kommt es nicht an, da wir nur die von t abhängigen Theile von α und β untersuchen wollen.

Durch Multiplikation von (37) mit resp. (34) und (35) und darauf folgende Addition ergiebt sich:

$$\sqrt{\frac{\mu}{\varepsilon}}\,(\alpha X + \beta Y) = 2\,(f_1\varphi_2 - f_2\varphi_1). \quad (38)$$

Wir wollen nun den Specialfall betrachten, dass sich im Isolator nur ebene Wellen nach einerlei Richtung fortpflanzen, z. B. nach der positiven z-Axe. Dann ist $f_2 = \varphi_2 = 0$ zu setzen, und die letzte Gleichung (38) zeigt, dass **die magnetische Kraft senkrecht zur elektrischen Kraft liegt**. In welchem Sinne die positiven Richtungen dieser Kräfte liegen, ergiebt sich aus dem speciellen Falle $f_1 > 0$, $\varphi_1 = 0$. Es ist dann $X > 0$, $Y = 0$, $\alpha = 0$, $\beta > 0$, d. h. **die positive Richtung der elektrischen Kraft, die der magnetischen Kraft und die der Fortpflanzungsrichtung der Welle liegen so zu einander, wie die posi-**

tive x-Axe, die positive y-Axe und die positive z-Axe. (Für die Lage derselben gilt die pag. 61 getroffene Festsetzung.)

Der ausgesprochene Satz bleibt natürlich ebenso gültig, falls die Wellen sich nur nach der negativen z-Axe fortpflanzen, d. h. falls $f_1 = \varphi_1 = 0$ ist. Dies erkennt man aus dem Specialfall $f_2 > 0$, $\varphi_2 = 0$, demzufolge ist: $X > 0$, $\beta < 0$.

Existiren zwei Wellensysteme gleichzeitig, welche sich nach zwei einander entgegengesetzten Richtungen fortpflanzen, so liegt im Allgemeinen die aus beiden Wellen resultirende magnetische Kraft nicht mehr senkrecht gegen die resultirende elektrische Kraft, da im Allgemeinen die rechte Seite von (38) nicht verschwindet. Dies tritt aber wieder ein, wenn $f_1 : \varphi_1 = f_2 : \varphi_2$ ist, was z. B. bei ebenen optischen Wellen stattfindet, welche senkrecht auf einen Spiegel fallen und von ihm reflektirt werden. Sind also ebene elektrische Wellen periodische Funktionen der Zeit, und werden sie von irgend einer Ebene so reflektirt, dass durch die Reflexion die Amplituden der Wellen des X und des Y in gleichem Verhältniss geschwächt werden, so steht wiederum an jeder Stelle des Raumes die magnetische Kraft senkrecht zu der in demselben Momente dort stattfindenden elektrischen Kraft.

Durch die Superposition (Interferenz) zweier einander entgegenlaufender Wellen (wir wollen kurz sagen, einer einfallenden Welle und einer reflektirten Welle) der X und Y müssen abwechselnd Maxima und Minima (stehende Wellen) der elektrischen Kraft entstehen, erstere nämlich an Orten, wo die elektrische Kraft der einfallenden Welle gleichgerichtet ist mit der der reflektirten Welle, letztere dagegen an Orten, wo die einfallende und reflektirte elektrische Kraft entgegengesetzt gerichtet ist. Aus der auf voriger pag. angegebenen Regel über die Lage der magnetischen Kraft zur elektrischen folgt, dass die Maxima der ersteren auf die Minima der letzteren fallen und umgekehrt. Denn ist die elektrische Kraft der einfallenden und reflektirten Welle z. B. gleichgerichtet, so muss nach der dort gegebenen Regel die magnetische Kraft der einfallenden Welle entgegengesetzt gerichtet sein zu der magnetischen Kraft der reflektirten Welle, da die Fortpflanzungsrichtung der einen Welle der der anderen entgegengesetzt ist. Bilden sich also stehende Wellen aus, so fallen die Bäuche der elektrischen Kraft zusammen mit den Knoten der magnetischen Kraft und umgekehrt.

Die magnetische Energie hat den Werth [man vgl. (25)]:

$$T = \frac{\varepsilon}{8\pi} \int [(f_1 - f_2)^2 + (\varphi_1 - \varphi_2)^2] d\tau,$$

die elektrische Energie:

$$E = \frac{\varepsilon}{8\pi} \int [(f_1 + f_2)^2 + (\varphi_1 + \varphi_2)^2] d\tau.$$

Für Wellen von einerlei Richtung ist also die elektrische Energie überall und stets gleich der magnetischen Energie, dagegen liegen bei zwei entgegenlaufenden Wellensystemen die Maxima der elektrischen Energie an denjenigen Stellen, wo die magnetische Energie ein Minimum besitzt und umgekehrt. Dieses Gesetz ist leicht verständlich nach der Regel, welche für die gegenseitige Lage der Knoten und Bäuche der elektrischen und magnetischen Kraft bei stehenden Wellen gegeben ist.

8. Vergleich der Maxwell'schen Theorie mit anderen Theorieen. Das im vorigen Paragraphen abgeleitete Resultat, dass eine zeitliche Aenderung der elektrischen oder der magnetischen Kraft sich als Transversalwelle mit der endlichen Geschwindigkeit $c : \sqrt{\varepsilon\mu}$, also im freien Aether mit der Geschwindigkeit c, fortpflanzt, unterscheidet die hier aufgestellte Maxwell'sche Theorie sehr wesentlich von anderen Theorieen der Elektricität.

Nach dem Erfolge, mit welchem das allgemeine Newton'sche Gravitationsgesetz — ein Fernwirkungsgesetz — auf die Behandlung astronomischer und geophysikalischer Probleme angewandt werden konnte, glaubten viele Physiker die elektrischen und magnetischen Erscheinungen ebenfalls aus Fernwirkungsgesetzen erklären zu sollen. Es hat dies zur Folge, dass die Ausbreitung der diesen Erscheinungen zu Grunde liegenden Kräfte als zeitlos, d. h. die Ausbreitungsgeschwindigkeit als unendlich gross angesehen werden muss. Denn wenn z. B. der Luftraum oder der freie Aether, in welchem sich zwei elektrisch geladene Konduktoren befinden, wegen des Fehlens jedweder Nahewirkungen nicht der Sitz elektrischer Energie sein kann, so würde man, falls die Ladung des einen Konduktors A sich ändert und eine gewisse Zeit t_0 verstreichen muss, bis dass die dadurch hervorgebrachte Wirkung auf den anderen Konduktor B sich äussert, für diese Zwischenzeit t_0 nicht angeben können, wo und in welcher Form die der Ladungsänderung von A entsprechende Energie sich befindet. Durch die Faraday'sche Entdeckung, dass die Natur des Zwischenmediums Einfluss auf die Kapacität eines Kondensators hat, mussten diese älteren Theorieen erweitert werden, indem auch dem Zwischenmedium eine gewisse Rolle beim Zustandekommen der elektrischen Wirkungen zugewiesen wurde, aber — und darin unterscheidet sich die namentlich durch v. Helmholtz[1]) in dem genannten Sinne erweiterte ältere Theorie von der Maxwell'schen — nicht die einzige Rolle. Nach dieser erweiterten Fernwirkungstheorie wird angenommen, dass ein im elektrischen Felde befindlicher Isolator sich polarisire, d. h. dass unter dem Einfluss der elektrischen Kräfte eines geladenen Konduktors eine Scheidung der beiden, in jedem Volumenelement des Isolators zu gleichen Theilen vorhandenen Elektricitätsmengen eintrete bis zu einem von der Natur des Isolators abhängenden endlichen Grade. Die elektrische Kraft an irgend einem Punkte setzt sich dann zusammen aus der von den geladenen Konduktoren herrührenden — als reine Fernwirkung — und der von der elektrischen Polarisation des Isolators herrührenden — also einer durch den Isolator vermittelten Wirkung. — Die Komponenten der elektrischen Strömung an irgend einer Stelle berechnen sich dagegen nur aus den Polarisationsänderungen des Isolators an der betrachteten Stelle, da ohne seine Polarisation an jener Stelle keinerlei Veränderung durch Ladungsänderung anderswo befindlicher Konduktoren eintreten soll.

Dass neben der durch den Isolator vermittelten Wirkung noch die unvermittelte Fernwirkung existiren soll, unterscheidet diese Theorie von der Maxwell'schen. Wir wollen nun mathematisch die Konsequenzen beider Theorieen miteinander vergleichen.

Wenn an einer Stelle die Elektricitätsmengen $\pm$ e voneinander bis zu einer sehr kleinen Distanz d s geschieden werden, so ist das elektrische Potential in einem Punkte P:

$$\Omega = \frac{e}{r'} - \frac{e}{r},$$

wo r' die Entfernung des Punktes P von der Ladung $+$ e bedeutet, r die Entfernung des P von $-$ e. Nach dem Taylor'schen Lehrsatze ist nun:

---

[1]) H. v. Helmholtz, Crelle's Journ. 72, pag. 57. — Wissenschaftl. Abhandl. Bd. 1, pag. 545.

328 Vergleich der Maxwell'schen Theorie mit der v. Helmholtz'schen.

$$\frac{1}{r'} = \frac{1}{r} + \frac{\partial \frac{1}{r}}{\partial s} ds,$$

falls ds positiv gerechnet ist von $-e$ nach $+e$ hin.
Daher wird

$$\Omega = e \frac{\partial \frac{1}{r}}{\partial s} ds.$$

Tritt die elektrische Scheidung längs einer engen Röhre vom Querschnitt dq ein, und bezeichnet ε die geschiedene Elektricitätsmenge, falls der Querschnitt der Röhre $dq = 1$ wäre, so ist zu setzen

$$e = \varepsilon \, dq,$$

und

$$\Omega = \varepsilon \frac{\partial \frac{1}{r}}{\partial s} dq \, ds = \varepsilon \frac{\partial \frac{1}{r}}{\partial s} d\tau,$$

wo $d\tau$ die Grösse des Volumenelementes bezeichnet, innerhalb dessen die elektrische Polarisation stattgefunden hat. ε wird das **elektrische Moment der Volumeneinheit** genannt.

Eine jede beliebige Polarisation von $d\tau$ kann man auffassen als Superposition dreier Polarisationen, deren Richtungen, die wir vorhin mit ds bezeichneten, je mit einer der Koordinatenrichtungen zusammenfallen. Nennt man die elektrischen Momente dieser drei Polarisationen f, g, h (sie werden die Komponenten von ε genannt), so ergiebt sich das Potential Ω der Superposition durch Addition der Potentiale der drei einzelnen Polarisationen, d. h. es ist:

$$\Omega = d\tau \left(f \frac{\partial \frac{1}{r}}{\partial x} + g \frac{\partial \frac{1}{r}}{\partial y} + h \frac{\partial \frac{1}{r}}{\partial z} \right).$$

Hieraus folgt für das Potential eines beliebig ausgedehnten Isolators, in welchem die elektrische Polarisation beliebig variiren kann:

$$\Omega = \int d\tau \left(f \frac{\partial \frac{1}{r}}{\partial x} + g \frac{\partial \frac{1}{r}}{\partial y} + h \frac{\partial \frac{1}{r}}{\partial z} \right), \qquad (39)$$

wobei das Integral über das ganze Volumen des Isolators zu erstrecken ist.

Man setzt nun f, g, h an irgend einer Stelle proportional den Komponenten X, Y, Z der gesammten dort wirkenden elektrischen Kraft, d. h. man setzt

$$f = \vartheta X, \quad g = \vartheta Y, \quad h = \vartheta Z. \tag{40}$$

Bezeichnet man daher mit U das Potential der unvermittelten Fernkraft, welches von irgendwo befindlichen wahren elektrischen Ladungen, z. B. geladenen Konduktoren, herrührt, und mit V das Potential der gesammten elektrischen Kraft, so ist:

$$V = U + \Omega.$$

Da nun $X = -\dfrac{\partial V}{\partial x}$, $Y = -\dfrac{\partial V}{\partial y}$, $Z = -\dfrac{\partial V}{\partial z}$ ist, so folgt:

$$f = -\vartheta \frac{\partial (U + \Omega)}{\partial x}, \; g = -\vartheta \frac{\partial (U + \Omega)}{\partial y}, \; h = -\vartheta \frac{\partial (U + \Omega)}{\partial z}. \tag{41}$$

Wir wollen nun annehmen, dass in dem unendlich ausgedehnten Isolator sich eine Höhle H befinde, aus welcher das polarisationsfähige Medium entfernt ist. In dieser Höhle sollen allein die wahren elektrischen Ladungen liegen, welche zum Potential U Anlass geben. Es muss dann ausserhalb dieser Höhle U sowohl wie Ω, nebst allen ihren Differentialquotienten eindeutig und stetig sein, letzteres deshalb, weil die elektrische Kraft überall endlich sein muss. Dasselbe gilt daher nach (41) auch für f, g, h. Ferner wollen wir annehmen, dass der Punkt P, für welchen das Potential Ω berechnet werden soll, ausserhalb des Dielektrikums (d. h. des polarisationsfähigen Mediums), nämlich in der angenommenen Höhle, liege. Dann ist auch r in der Formel (39) stets endlich. Wir können daher auf sie die Umgestaltung mit Hülfe des auf pag. 26 genannten Hülfssatzes anwenden, wie sie analog der auf pag. 319 vorgenommenen Umgestaltung der Formel (27) ist. Dies ergiebt:

$$\Omega = \int \frac{f \cos(nx) + g \cos(ny) + h \cos(nz)}{r} \, dS$$

$$- \int \left(\frac{\partial f}{\partial x} + \frac{\partial g}{\partial y} + \frac{\partial h}{\partial z} \right) \frac{1}{r} \, d\tau, \tag{42}$$

wobei n die Normale auf dem Oberflächenelement dS der Höhle

bedeutet. Die positive Richtung von n ist in das Innere der Höhle gerichtet.

Denken wir uns nun ein kleines rechtwinkliges Parallelepipedon mit den Kantenlängen dx, dy, dz, so bedeutet $f\,dy\,dz$ die durch die eine Fläche des Parallelepipeds, deren Grösse $dy\,dz$ ist, bei der Polarisation hindurchgetretene Elektricitätsmenge, dagegen $\left(f + \frac{\partial f}{\partial x} dx\right) dy\,dz$ die durch die gegenüberliegende Fläche des Parallelepipeds hinausgetretene Elektricitätsmenge. Es befindet sich daher im Parallelepipedon, dessen Volumen mit $d\tau$ bezeichnet sein möge, eine wahre elektrische Ladung von dem Betrage $-\frac{\partial f}{\partial x} d\tau$, falls die Polarisation nur parallel der x-Axe stattfände. Finden auch Polarisationen nach der y-Axe und z-Axe statt, so erkennt man daher, dass der Ausdruck:

$$-\left(\frac{\partial f}{\partial x} + \frac{\partial g}{\partial y} + \frac{\partial h}{\partial z}\right) = \rho \qquad (43)$$

bedeutet die Dichte ρ der wahren elektrischen Ladung eines Volumenelementes des Dielektrikums. Man nimmt nun an, dass durch den Einfluss ausserhalb befindlicher Ladungen das Dielektrikum keine wahren Ladungen erhalten könne; man setzt daher $\rho = 0$.

Unter diesen Umständen ist daher das Potential Ω nach (42), wenn man noch für f, g, h die Werthe nach (41) einsetzt:

$$\Omega = -\vartheta \int \frac{1}{r} \left[\frac{\partial (U + \Omega)}{\partial n}\right]_i dS, \qquad (44)$$

wobei der an $\frac{\partial (U + \Omega)}{\partial n}$ angehängte Index i bedeuten soll, dass der betreffende Werth auf der nach dem Dielektrikum zu genommenen Seite von dS zu nehmen ist. Denn auch in (42) gelten f, g, h für das Innere des Dielektrikums an seiner Oberfläche.

Auf äussere Punkte wirkt demnach die Polarisation des Dielektrikums so, als ob seine Oberfläche allein mit Elektricität geladen wäre. Die Dichte η dieser Ladung ergiebt sich nach (44) zu:

$$\eta = -\vartheta \left[\frac{\partial (U + \Omega)}{\partial n}\right]_i. \qquad (45)$$

Für innerhalb des Dielektrikums gelegene Punkte P kann man

die Formel (44) nicht unmittelbar aus (39) durch die oben angewandte Umgestaltung gewinnen, denn diese ist für innere Punkte deshalb nicht zulässig, weil für sie r in (39) unendlich gross wird.

Man kann sich dadurch zu helfen suchen, dass man unmittelbar um den inneren Punkt P das Dielektrikum in Form eines kleinen Körperchens K fortgenommen denkt. Das Potential des ganzen Dielektrikums muss dann gleich dem Potential Ω' von K sein, vermehrt um das Potential Ω'' des übrigen Dielektrikums. Für letzteres gilt aber, da P sich ausserhalb desselben befindet, die Formel (44), nur muss man das dortige Flächenintegral auf alle Oberflächen des Dielektrikums erstrecken, d. h. auch auf die Oberfläche der kleinen Höhle K, innerhalb deren sich P befindet.

Nun ergiebt sich aber eine eigenthümliche mathematische Schwierigkeit. Man sollte nämlich zunächst denken, dass die Wirkung von K auf einen inneren Punkt P verschwinden müsse, falls nur das Volumen von K genügend klein wird, so dass man nach den angestellten Ueberlegungen allemal zu dem richtigen Werthe des Potentials Ω'' für innere Punkte P gelangen müsse, wenn man nur das Volumen der um P gelegenen Höhle K zu Null zusammenschrumpfen lässt. Dem ist aber nicht so, denn es zeigt sich, dass man auf diese Weise zu verschiedenen Werthen des Potentials Ω'' gelangen würde, je nach der Oberflächengestalt von K, auch wenn der Rauminhalt von K unendlich klein wird.

Ist z. B. K eine sehr dünne Kraftröhre, welche durch zwei Querschnitte begrenzt ist, die weit von P entfernt sind, so ergiebt das über die Oberfläche von K gemäss der Formel (44) zu erstreckende Integral keinen merklichen Betrag. Denn nur an den die Röhre begrenzenden Querschnitten ist $\dfrac{\partial (U + \Omega)}{\partial n}$ von Null verschieden, und auch diese können keine Wirkung geben, falls r endlich ist, und ihre Grösse dS unendlich klein wird.

Ist dagegen K ein senkrecht zu den Kraftlinien verlaufender, sehr schmaler Spalt, so muss, auch wenn derselbe unendlich schmal wird, das über seine Oberfläche zu erstreckende Integral (44) einen gewissen Werth behalten. Denn dasselbe bedeutet dann das Potential einer elektrischen Doppelfläche auf einen inneren Punkt. Die elektrische Kraft für einen solchen ist aber $4\pi\eta$, falls η die Ladungsdichte der einen Seite der Doppelfläche bedeutet; dieser Werth ist gültig, auch wenn die Dicke der Doppelfläche zu Null abnimmt.

Es ist hiernach zu schliessen, dass die Wirkung der Polarisation eines Dielektrikums K auf einen inneren Punkt von der Gestalt seiner Oberfläche abhängt, auch wenn das Volumen von K unendlich klein wird. Es handelt sich nun darum, solche Gestaltungen von K anzugeben, bei denen man aus gewissen Ueberlegungen die Wirkung auf einen inneren Punkt angeben kann, um dann daraus und nach der Formel (44) das Potential des ganzen Dielektrikums zu finden. Dazu eignet sich nun am besten der schon oben betrachtete Fall, dass K die Gestalt einer unendlich dünnen Kraftröhre von endlicher Länge besitzt. Nach der auseinandergesetzten Theorie muss eine elektrisch polarisirte Kraftröhre aus einer Zahl von hintereinander liegenden elektrischen Ladungen bestehen. Man nimmt nun an, dass die Distanz ds, bis zu welcher in demselben Volumenelement die beiden elektrischen Ladungen im Akte der Polarisation geschieden werden, gross ist im Vergleich zu der Distanz, welche zwei entgegengesetzte Ladungen einander benachbarter, polarisirter Volumenelemente voneinander besitzen. Da diese Ladungen von gleichem absolutem Betrage sein müssen, weil sonst wahre Elektricität im Isolator vorhanden wäre, und da also ihre Distanz sehr klein sein soll, so heben sich ihre Wirkungen gegenseitig auf. Es bleiben also nur die Wirkungen der Ladungen übrig, welche die begrenzenden Querschnitte der Kraftröhre besitzen, und auch diese verschwindet, wenn bei endlicher Länge der Kraftröhre die Querschnitte unendlich klein werden.

Da sonach bei dieser Gestalt des K die Wirkung auf einen inneren Punkt verschwindet, so wird die Wirkung eines beliebig gestalteten Dielektrikums auf einen inneren Punkt P durch die Formel (44) dargestellt, falls das Oberflächenintegral über die wirkliche Oberfläche des Dielektrikums erstreckt wird (Oberfläche von H) und über die Oberfläche einer durch P gehenden, unendlich dünnen Kraftröhre K. Letzteres Oberflächenintegral verschwindet aber, wie wir oben auf voriger pag. sahen. Es bleibt daher nur das erstere Oberflächenintegral übrig; d. h. **auch für innere Punkte wirkt das Dielektrikum so, als ob seine Oberfläche mit der durch Formel (45) dargestellten Flächendichte geladen wäre.**

Man erkennt leicht, dass dieser Satz eine direkte Folge der auseinandergesetzten speciellen Vorstellung der Polarisation ist, nach der die Wirkung anliegender Ladungen benachbarter Volumenelemente sich aufheben muss, so dass nur die Wirkung der äusseren Ladungen derjenigen Volumenelemente übrig bleibt, welche an der Oberfläche des Dielektrikums liegen. Hätte man vorausgesetzt, dass die Distanz ds, bis zu welcher die Ladungen eines Volumenelementes durch die Polarisation geschieden werden, nicht gross, sondern klein sei gegen die Distanz anliegender Ladungen benachbarter Volumenelemente, so würden sich die Wirkungen der Ladungen desselben Volumenelementes nahezu aufheben; man würde daher überhaupt keine Wirkung der Polarisation des Dielektrikums erhalten.

Dieser Umstand, dass eine sehr specielle Vorstellung über die Polarisation nothwendig ist, um bestimmte Resultate zu erhalten, macht die ganze Theorie unnatürlich und gekünstelt.

Wir wollen jedoch die nun gewonnenen Resultate weiter verwerthen.

Da sowohl für äussere wie für innere Punkte Ω sich als Potential einer Flächenbelegung der Dichte η, Formel (45), darstellt, so muss nach pag. 256 Formel (8) $\dfrac{\partial \Omega}{\partial n}$ unstetig beim Durchgang durch die Oberfläche dS des Dielektrikums sein, nach der Beziehung:

$$\left[\frac{\partial \Omega}{\partial n}\right]_a - \left[\frac{\partial \Omega}{\partial n}\right]_i = -4\pi\eta = +4\pi\vartheta \left[\frac{\partial (U+\Omega)}{\partial n}\right]_i. \quad (46)$$

Der Index a bedeutet, dass der Werth ausserhalb, der Index i, dass er innerhalb des Dielektrikums genommen werden soll.

Da die Ladungen, welche das Potential U veranlassen, innerhalb der Höhle H liegen sollen, so muss U beim Durchgang durch dS stetig sein. Es ist also:

$$\left[\frac{\partial U}{\partial n}\right]_a - \left[\frac{\partial U}{\partial n}\right]_i = 0. \quad (47)$$

Durch Addition von (46) und (47) erhält man:

$$\left[\frac{\partial (U+\Omega)}{\partial n}\right]_a - \left[\frac{\partial (U+\Omega)}{\partial n}\right]_i = 4\pi\vartheta \left[\frac{\partial (U+\Omega)}{\partial n}\right]_i,$$

oder wenn man für $U+\Omega$ das Potential V der gesammten elektrischen Kraft schreibt:

$$\left[\frac{\partial V}{\partial n}\right]_a = (1 + 4\pi\vartheta) \left[\frac{\partial V}{\partial n}\right]_i. \quad (48)$$

Diese Gleichung sagt aus, dass die Normalkomponente $\mathfrak{F}_n$ der elektrischen Kraft innerhalb des Dielektrikums im Verhältniss $1 : 1 + 4\pi\vartheta$ kleiner ist als ausserhalb desselben.

Befindet sich in der Höhle H nur eine Elektricitätsmenge e auf einer sehr kleinen Kugel, und wählt man als Gestalt der Höhle H eine zu letzterer koncentrische Kugel, so hat innerhalb H die elektrische Kraft denselben Werth, als ob das Dielektrikum gar nicht vorhanden wäre. Denn die Wirkung desselben ist die einer Kugelfläche von gleichförmiger Belegung, und diese Wirkung verschwindet für innere Punkte (vgl. oben pag. 253).

Ausserhalb der Höhle H, d. h. innerhalb des Dielektrikums, ist daher nach dem Satze (48) die elektrische Kraft im Verhältniss $1 : 1 + 4\pi\vartheta$ kleiner, als wenn das Dielektrikum nicht vorhanden wäre, d. h. sie hat den Werth

$$\mathfrak{F} = \frac{1}{1 + 4\pi\vartheta} \cdot \frac{e}{r^2}.$$

Diese Formel bleibt noch gültig, wenn das Volumen der Höhle H verschwindet, d. h. die Elektricitätsmenge e ganz in das Dielektrikum eingebettet ist.

Die Kraft zwischen zwei Elektricitätsmengen e und e', welche im Dielektrikum eingelagert sind, ist also

$$K = \frac{1}{1 + 4\pi\vartheta} \frac{e e'}{r^2}. \qquad (49)$$

Ein Vergleich dieser Formel mit der Formel (21) auf pag. 263 zeigt, dass

$$1 + 4\pi\vartheta = \varepsilon \qquad (50)$$

die Dielektricitätskonstante des polarisirbaren Raumes zu nennen ist.

In der Formel (49) bedeuten e und e' die nach absolutem elektrostatischem Maasse aus ponderomotorischen Wirkungen in einem polarisationsfreien Raume erhaltenen Zahlen für die elektrischen Ladungen. Es ist zunächst fraglich, ob man sich wirklich einen polarisationsfreien Raum herstellen kann. Ursprünglich herrschte natürlich die Ansicht, dass der freie Aether ein solcher Raum sein müsse. Diese Ansicht muss aber auf Grund der von Hertz angestellten Versuche durchaus fallen gelassen werden. — Wir wollen daher die Möglichkeit der Polarisation des freien Aethers, d. h. des luftleeren Raumes, zulassen, und seine Konstanten mit ϑ_0 und ε_0 bezeichnen.

Jedenfalls muss man e als im polarisationsfreien Raume gemessen ansehen, wenn das Verhältniss c' der nach elektrostatischem und der nach elektromagnetischem Maasse gemessenen Elektricitätsmenge, d. h. also die Zahl

$$c' = e : e_m \tag{51}$$

von der besonderen Natur desjenigen Raumes unabhängig sein soll, in welchem e gemessen wird. Denn die elektromagnetischen Wirkungen des Stromes sind davon unabhängig (vgl. oben pag. 83), und daher muss auch e_m es sein.

Da nach beiden Maassystemen die Arbeit, welche bei Verschiebung einer elektrischen Ladung um die Strecke dx geleistet wird, gegeben ist durch $eXdx$, resp. $e_m P dx$, wo X die x-Komponente der elektrischen Kraft nach elektrostatischem Maassystem, P die x-Komponente der elektrischen Kraft nach elektromagnetischem Maassystem bedeutet, so müssen beide Ausdrücke numerisch gleich sein, d. h. es muss sein:

$$eX = e_m P.$$

Nach (51) bestehen daher die Relationen:

$$P = c'X, \quad \text{und analog} \quad Q = c'Y, \quad R = c'Z, \tag{52}$$

welche mit den schon oben pag. 314 abgeleiteten Gleichungen (17) identisch sind.

Da nach der Vorstellung der hier besprochenen Theorie (vgl. oben pag. 327) die Stromdichte im Isolator nach elektrostatischem Maasse gemessen wird durch die Geschwindigkeit der bei der Polarisation durch die Flächeneinheit hindurchtretenden Elektricitätsmenge, so muss sein:

$$u_e = \frac{\partial f}{\partial t}, \quad v_e = \frac{\partial g}{\partial t}, \quad w_e = \frac{\partial h}{\partial t}, \tag{53}$$

d. h. nach (40) und (50):

$$u_e = \frac{\varepsilon - 1}{4\pi} \frac{\partial X}{\partial t}, \quad v_e = \frac{\varepsilon - 1}{4\pi} \frac{\partial Y}{\partial t}, \quad w_e = \frac{\varepsilon - 1}{4\pi} \frac{\partial Z}{\partial t}. \tag{54}$$

Ferner ist nach (51):

$$u_e = c'u, \quad v_e = c'v, \quad w_e = c'w, \tag{55}$$

wo u, v, w die nach elektromagnetischem Maass gemessenen Komponenten der Stromdichte sind.

Für diese erhält man aus den elektromagnetischen Wirkungen des Stromes die Gleichungen:

$$4\pi u = \frac{\partial \gamma}{\partial y} - \frac{\partial \beta}{\partial z} + \frac{\partial^2 \phi}{\partial x \partial t},$$

$$4\pi v = \frac{\partial \alpha}{\partial z} - \frac{\partial \gamma}{\partial x} + \frac{\partial^2 \phi}{\partial y \partial t}, \quad (56)$$

$$4\pi w = \frac{\partial \beta}{\partial x} - \frac{\partial \alpha}{\partial y} + \frac{\partial^2 \phi}{\partial z \partial t},$$

welche sich von den oben auf pag. 86 entwickelten Maxwellschen Gleichungen nur unterscheiden durch die letzten Glieder, welche die Funktion ψ enthalten. Diese muss man deshalb bei dieser Theorie einführen, weil im Allgemeinen, z. B. bei der Entladung eines Konduktors in einem polarisationsfreien Raume, der elektrische Strom nicht geschlossen ist.

Bezeichnet man die räumliche Dichte der an einem Orte befindlichen wahren elektrischen Ladung, nach elektromagnetischem Maass gemessen, mit ρ, so ist nach (43) und (53):

$$\frac{\partial \rho}{\partial t} = -\left(\frac{\partial u}{\partial x} + \frac{\partial v}{\partial y} + \frac{\partial w}{\partial z}\right).$$

Aus (56) folgt daher für ψ die Beziehung:

$$\frac{\partial \rho}{\partial t} = -\frac{1}{4\pi} \frac{\partial}{\partial t} \Delta \phi.$$

Es ist also

$$\Delta \phi = -4\pi \rho, \quad (57)$$

d. h. ψ ist das von den wahren Ladungen herrührende elektrische Potential, was oben mit U bezeichnet war.

Aus den Induktionsgesetzen erhält man genau so, wie es im V. Kapitel gezeigt ist [vgl. Formeln (16) dieses Kapitels], auch hier bei dieser Theorie:

$$\mu \frac{\partial \alpha}{\partial t} = \frac{\partial Q}{\partial z} - \frac{\partial R}{\partial y},$$

$$\mu \frac{\partial \beta}{\partial t} = \frac{\partial R}{\partial x} - \frac{\partial P}{\partial z}, \quad (58)$$

$$\mu \frac{\partial \gamma}{\partial t} = \frac{\partial P}{\partial y} - \frac{\partial Q}{\partial x},$$

Ein Zusatzglied tritt auf der rechten Seite dieser Gleichungen nicht auf, da auch nach dieser Theorie wahrer Magnetismus nicht vorkommt, d. h. in einem homogenen Medium sein muss:

$$\frac{\partial \alpha}{\partial x} + \frac{\partial \beta}{\partial y} + \frac{\partial \gamma}{\partial z} = 0. \tag{59}$$

Führt man im System (56) die elektrische Kraft vermöge (55) und (54) ein und ersetzt man ebenso in (58) P, Q, R durch X, Y, Z nach den Gleichungen (52), so erhält man die beiden folgenden Gleichungssysteme:

$$\begin{aligned}
\frac{\varepsilon-1}{c'}\frac{\partial X}{\partial t} &= \frac{\partial \gamma}{\partial y} - \frac{\partial \beta}{\partial z} + \frac{\partial^2 \psi}{\partial x \partial t}, \\
\frac{\varepsilon-1}{c'}\frac{\partial Y}{\partial t} &= \frac{\partial \alpha}{\partial z} - \frac{\partial \gamma}{\partial x} + \frac{\partial^2 \psi}{\partial y \partial t}, \\
\frac{\varepsilon-1}{c'}\frac{\partial Z}{\partial t} &= \frac{\partial \beta}{\partial x} - \frac{\partial \alpha}{\partial y} + \frac{\partial^2 \psi}{\partial z \partial t}.
\end{aligned} \tag{60}$$

$$\begin{aligned}
\frac{\mu}{c'}\frac{\partial \alpha}{\partial t} &= \frac{\partial Y}{\partial z} - \frac{\partial Z}{\partial y}, \\
\frac{\mu}{c'}\frac{\partial \beta}{\partial t} &= \frac{\partial Z}{\partial x} - \frac{\partial X}{\partial z}, \\
\frac{\mu}{c'}\frac{\partial \gamma}{\partial t} &= \frac{\partial X}{\partial y} - \frac{\partial Y}{\partial x}.
\end{aligned} \tag{61}$$

Differencirt man die drei Gleichungen (60) nach t und setzt für $\frac{\partial \alpha}{\partial t}$, $\frac{\partial \beta}{\partial t}$ und $\frac{\partial \gamma}{\partial t}$ die aus (61) folgenden Werthe ein, so ergiebt sich:

$$\begin{aligned}
\frac{\mu(\varepsilon-1)}{c'^2}\frac{\partial^2 X}{\partial t^2} &= \Delta X - \frac{\partial}{\partial x}\left(\frac{\partial X}{\partial x} + \frac{\partial Y}{\partial y} + \frac{\partial Z}{\partial z} - \frac{\mu}{c'}\frac{\partial^2 \psi}{\partial t^2}\right), \\
\frac{\mu(\varepsilon-1)}{c'^2}\frac{\partial^2 Y}{\partial t^2} &= \Delta Y - \frac{\partial}{\partial y}\left(\frac{\partial X}{\partial x} + \frac{\partial Y}{\partial y} + \frac{\partial Z}{\partial z} - \frac{\mu}{c'}\frac{\partial^2 \psi}{\partial t^2}\right), \\
\frac{\mu(\varepsilon-1)}{c'^2}\frac{\partial^2 Z}{\partial t^2} &= \Delta Z - \frac{\partial}{\partial z}\left(\frac{\partial X}{\partial x} + \frac{\partial Y}{\partial y} + \frac{\partial Z}{\partial z} - \frac{\mu}{c'}\frac{\partial^2 \psi}{\partial t^2}\right).
\end{aligned} \tag{62}$$

Differencirt man dagegen die drei Gleichungen (61) nach t

und setzt für $\frac{\partial X}{\partial t}, \frac{\partial Y}{\partial t}, \frac{\partial Z}{\partial t}$ ihre aus (60) folgenden Werthe, so ergiebt sich mit Rücksicht auf (59):

$$\frac{\mu(\varepsilon-1)}{c'^2} \frac{\partial^2 \alpha}{\partial t^2} = \Delta \alpha,$$

$$\frac{\mu(\varepsilon-1)}{c'^2} \frac{\partial^2 \beta}{\partial t^2} = \Delta \beta, \qquad (63)$$

$$\frac{\mu(\varepsilon-1)}{c'^2} \frac{\partial^2 \gamma}{\partial t^2} = \Delta \gamma.$$

Aus diesen Gleichungen, in Verbindung mit (59), folgt nach den in § 7 auf pag. 323 angestellten Rechnungen, dass, wenn es sich um ebene Wellen handelt, **die magnetische Kraft sich nur in transversalen Wellen fortpflanzen kann** mit der endlichen Geschwindigkeit $\frac{c'}{\sqrt{\mu(\varepsilon-1)}}$.

Für die elektrische Kraft ergiebt sich dies dagegen aus (62) nicht. Zerlegen wir dieselben in zwei Theile, indem wir schreiben

$$X = X_1 + X_2, \qquad Y = Y_1 + Y_2, \qquad Z = Z_1 + Z_2, \qquad (64)$$

so ist es offenbar erlaubt, für X_1, Y_1, Z_1 die Bedingung vorzuschreiben:

$$\frac{\partial X_1}{\partial x} + \frac{\partial Y_1}{\partial y} + \frac{\partial Z_1}{\partial z} = 0, \qquad (65)$$

während die Ausdrücke $\frac{\partial Y_1}{\partial z} - \frac{\partial Z_1}{\partial y}$ etc. von Null verschieden sein können, dagegen für X_2, Y_2, Z_2 die Bedingung vorzuschreiben:

$$\frac{\partial Y_2}{\partial z} - \frac{\partial Z_2}{\partial y} = \frac{\partial Z_2}{\partial x} - \frac{\partial X_2}{\partial z} = \frac{\partial X_2}{\partial y} - \frac{\partial Y_2}{\partial x} = 0, \qquad (66)$$

während

$$\frac{\partial X_2}{\partial x} + \frac{\partial Y_2}{\partial y} + \frac{\partial Z_2}{\partial z}$$

von Null verschieden sein kann. Denn durch Addition jener beiden Bestandtheile der elektrischen Kraft erhält man keinerlei Beschränkung für den Werth der Ausdrücke

$$\frac{\partial X}{\partial x} + \frac{\partial Y}{\partial y} + \frac{\partial Z}{\partial z} \quad \text{und} \quad \frac{\partial Y}{\partial z} - \frac{\partial Z}{\partial y} \quad \text{etc.}$$

Auf ebene Wellen angewandt zeigt die Gleichung (65), dass X_1, Y_1, Z_1 die Komponenten einer transversalen Welle sind, während nach (66) X_2, Y_2, Z_2 die Komponenten einer longitudinalen Welle sind. Denn nach (66) haben X_2, Y_2, Z_2 ein Potential, d. h. man kann setzen:

$$X_2 = -\frac{\partial \varphi}{\partial x}, \quad Y_2 = -\frac{\partial \varphi}{\partial y}, \quad Z_2 = -\frac{\partial \varphi}{\partial z}, \quad (67)$$

und wenn man hierin für φ den einer ebenen Welle entsprechenden Ausdruck einsetzt, so erkennt man sofort, dass die aus X_2, Y_2, Z_2 resultirende Kraft in der Fortpflanzungsrichtung der Welle liegt.

Nach (64), (65) und (67) nehmen die Gleichungen (62) die Form an:

$$\frac{\mu(\varepsilon-1)}{c'^2}\left(\frac{\partial^2 X_1}{\partial t^2} + \frac{\partial^2 X_2}{\partial t^2}\right) = \Delta X_1 + \frac{\mu}{c'}\frac{\partial}{\partial x}\frac{\partial^2 \phi}{\partial t^2} \quad \text{etc.} \quad (68)$$

Diese Gleichung, sowie die beiden ihr entsprechenden Gleichungen für die y- und z-Komponenten lassen sich nun stets in folgende beiden Systeme spalten:

$$\frac{\mu(\varepsilon-1)}{c'^2}\frac{\partial^2 X_1}{\partial t^2} = \Delta X_1 + A,$$

$$\frac{\mu(\varepsilon-1)}{c'^2}\frac{\partial^2 Y_1}{\partial t^2} = \Delta Y_1 + B, \quad (69)$$

$$\frac{\mu(\varepsilon-1)}{c'^2}\frac{\partial^2 Z_1}{\partial t^2} = \Delta Z_1 + C,$$

und

$$\frac{\mu(\varepsilon-1)}{c'^2}\frac{\partial^2 X_2}{\partial t^2} = \frac{\mu}{c'}\frac{\partial^3 \phi}{\partial x \partial t^2} - A,$$

$$\frac{\mu(\varepsilon-1)}{c'^2}\frac{\partial^2 Y_2}{\partial t^2} = \frac{\mu}{c'}\frac{\partial^3 \phi}{\partial y \partial t^2} - B, \quad (70)$$

$$\frac{\mu(\varepsilon-1)}{c'^2}\frac{\partial^2 Z_2}{\partial t^2} = \frac{\mu}{c'}\frac{\partial^3 \phi}{\partial z \partial t^2} - C,$$

wo A, B, C vorläufig noch unbekannte Grössen sind. Wegen der Gleichungen (66) muss aber sein

$$\frac{\partial B}{\partial z} - \frac{\partial C}{\partial y} = \frac{\partial C}{\partial x} - \frac{\partial A}{\partial z} = \frac{\partial A}{\partial y} - \frac{\partial B}{\partial x} = 0,$$

wie man sofort aus den Gleichungen (70) durch geeignete Differentiation und Subtraktion erkennt. Es müssen daher A, B, C die Form besitzen:

$$A = -\frac{\partial \chi}{\partial x}, \quad B = -\frac{\partial \chi}{\partial y}, \quad C = -\frac{\partial \chi}{\partial z}.$$

Differencirt man nun aber die Gleichungen (69) bezw. nach x, y, z und addirt sie, so folgt wegen (65):

$$\Delta \chi = 0.$$

Da diese Beziehung im ganzen Raume gelten muss, den wir vollständig vom homogenen Dielektrikum erfüllt ansehen wollen, so folgt:

$$\chi = 0, \text{ d. h. } A = B = C = 0. \tag{71}$$

Nun zeigen die Gleichungen (69), **dass die transversale Welle der elektrischen Kraft, gerade so wie die magnetische Kraft, mit der endlichen Geschwindigkeit** $c': \sqrt{\mu\,(\varepsilon - 1)}$ **fortschreitet.**

Die Gleichungen (70) ergeben für die Longitudinalwelle φ, wenn man für X_2, Y_2, Z_2 die Werthe aus (67) einsetzt und A, B, C nach (71) fortlässt:

$$\frac{\varepsilon - 1}{c'}\,\varphi = \psi = U. \tag{72}$$

ψ oder U war das Potential der wahren elektrischen Ladungen, wie es aus dem unvermittelten Fernwirkungsgesetze folgt. **Aendern sich daher diese Ladungen, so rufen sie eine zeitlos sich ausbreitende longitudinale Welle hervor. Die Fortpflanzungsgeschwindigkeit derselben ist also als unendlich gross anzusehen.**

Wenden wir die erhaltenen Resultate auf die Fortpflanzung elektromagnetischer Wellen im luftleeren Raume an, so ist für ε die Dielektricitätskonstante ε_0 des freien Aethers zu setzen. Die Magnetisirungskonstante μ desselben ist gleich 1 zu setzen, gemäss der Definition der magnetischen Kraft aus den im freien Aether wahrnehmbaren ponderomotorischen Wirkungen zweier gleicher Magnetpole. [Ob in magnetischer Hinsicht der Aether als polarisirbar angesehen wird, oder nicht, macht hier gar keinen Unterschied, da die magnetische Kraft nur nach einerlei Maass (im absoluten magnetostatischen Maass) gemessen wird.]

Die Geschwindigkeit der elektrischen und magnetischen ebenen

Transversalwellen im Aether ist also $c' : \sqrt{\varepsilon_0 - 1}$, die der elektrischen longitudinalen Welle unendlich gross. — Da übrigens die ponderomotorischen Wirkungen zweier kleiner elektrisirter Körper, selbst bei empfindlichen Versuchsanordnungen, kaum merklich davon abhängen, ob sie sich im lufterfüllten oder im luftleeren Raume befinden, so kann die Dielektricitätskonstante in beiden Fällen kaum merklich verschieden sein. Also auch im lufterfüllten Raume muss die Fortpflanzungsgeschwindigkeit der transversalen elektromagnetischen Wellen sehr nahezu $c' : \sqrt{\varepsilon_0 - 1}$ sein.

Dieses Resultat ist aber deshalb für eine Prüfung durch die Erfahrung vorläufig noch ungeeignet, weil die Zahl c' nicht direkt der Beobachtung zugänglich ist. Denn wir können nur im luftleeren oder lufterfüllten Raume experimentiren und eine elektrische Ladung nach absolutem elektrostatischem Maasse messen, während zur Bestimmung des Werthes von c' angenommen war, dass man die Messung im polarisationsfreien Raume anstellte. Misst man aber die Ladung eines Körpers nach absolutem elektrostatischem Maasse nicht im polarisationsfreien Raum, sondern im Aether (oder Luft), dessen Dielektricitätskonstante ε_0 ist, so erhält man in letzterem Falle eine Zahl, welche $\sqrt{\varepsilon_0}$ mal kleiner ist, als im ersteren Falle, da zwei geladene Körper im Aether schwächer aufeinander wirken, als im polarisationsfreien Raume, und da das Verhältniss beider Wirkungen $1 : \varepsilon_0$ ist.

Bezeichnet daher c das Verhältniss der beiden Zahlen, welche man erhält, wenn man die Ladung eines Körpers in absolutem elektrostatischem Maasse aus seinen elektrostatischen Wirkungen im Aether (oder Luft) bestimmt, und wenn man sie andererseits aus seinen bei der Entladung eintretenden elektromagnetischen Wirkungen in absolutem elektromagnetischem Maasse bestimmt, so ist auch c im Verhältniss $1 : \sqrt{\varepsilon_0}$ kleiner als c', d. h. es ist

$$c' = \sqrt{\varepsilon_0} \cdot c. \qquad (73)$$

c hat dieselbe Bedeutung, wie oben pag. 283, und hat etwa den Werth $3 \cdot 10^{10}$ cm sec^{-1}.

Die Fortpflanzungsgeschwindigkeit der transversalen elektromagnetischen Wellen im Aether (oder Luft) wird daher nach der v. Helmholtz'schen Theorie:

$$c \sqrt{\frac{\varepsilon_0}{\varepsilon_0 - 1}} .$$

Zum Vergleich mögen die Resultate der **Maxwell**'schen und v. **Helmholtz**'schen Theorie hier noch einmal kurz zusammengestellt werden.

Erfahren die elektrischen oder magnetischen Kräfte Störungen, welche in zueinander parallelen Ebenen denselben Werth haben, so pflanzen sich dieselben im freien Aether nach **Maxwell** als Transversalwelle mit der endlichen Geschwindigkeit c fort, nach v. **Helmholtz** mit der endlichen Geschwindigkeit $c\sqrt{\dfrac{\varepsilon_0}{\varepsilon_0-1}}$.

Ausserdem tritt nach v. **Helmholtz** noch eine Longitudinalwelle der elektrischen Kraft auf, deren Fortpflanzungsgeschwindigkeit unendlich gross ist. c bedeutet die oben pag. 283 definirte, experimentell bestimmte Zahl.

Die Fortpflanzungsgeschwindigkeiten zweier transversaler elektromagnetischer Wellen, welche sich in zwei verschiedenen Isolatoren fortpflanzen (sie mögen gleiche Magnetisirungskonstante besitzen), verhalten sich nach **Maxwell** umgekehrt wie die Quadratwurzeln aus ihren Dielektricitätskonstanten, nach v. **Helmholtz** umgekehrt wie die Quadratwurzeln aus ihren um 1 verminderten Dielektricitätskonstanten.

Man sieht, dass die Resultate der v. **Helmholtz**'schen Theorie in die der **Maxwell**'schen übergehen, wenn man nach ersterer die Dielektricitätskonstanten aller Isolatoren, auch die des freien Aethers, als sehr gross gegen 1 ansieht. Dann decken sich aber thatsächlich auch die Vorstellungen beider Theorien. Denn wenn nach der v. **Helmholtz**'schen Theorie die Dielektricitätskonstante ε und daher nach (50) auch ϑ sehr gross, sagen wir unendlich gross wird, so wird die Wirkung der Polarisation, d. h. das Potential Ω, unendlich gross gegen die unvermittelte Fernkraft, deren Potential U ist. Denn Ω rührt von einer Flächenbelegung her, deren Dichte η nach (45) mit ϑ proportional ist. U ist also gegen Ω zu vernachlässigen. Wenn man aber dies thut, d. h. die unvermittelte Fernkraft gegen die durch den Isolator vermittelte Wirkung vernachlässigt, so steht man ganz auf dem Boden der **Maxwell**'schen Theorie.

Wir wollen nun sehen, ob die an elektromagnetischen Wellen gemachten Erfahrungen zu Gunsten der einen oder anderen Theorie entscheiden. Dies soll im nächsten Kapitel näher besprochen werden.

Kapitel IX.

Elektrische Schwingungen.

1. Einleitung. Aus den Erörterungen des vorigen Kapitels geht hervor, dass die Untersuchung der Frage, ob eine elektrische Störung sich zeitlos im Luftraume oder mit einer gewissen endlichen Geschwindigkeit ausbreite, von grossem theoretischem Interesse ist. Die Lösung dieses Problems hat aber lange Zeit grosse Schwierigkeiten bereitet. Von den telegraphischen Wirkungen wusste man zwar schon seit vielen Jahren, dass dieselben sich sehr schnell in einem Leitungsdrahte verbreiten; auch macht es nicht allzugrosse Schwierigkeiten, die Gesetze der Ausbreitung der telegraphischen Wirkungen experimentell zu ermitteln, wie die Versuche von Siemens[1]) und Anderen beweisen.

Indess haben diese Versuche nicht das theoretische Interesse, dass sie eine Entscheidung zwischen der Maxwell'schen und den anderen Theorien bieten könnten. — Denn hinsichtlich der Fortpflanzung der elektrischen Störungen in einem Drahte kommen alle Theorien zu denselben Resultaten; Differenzen entstehen erst bei Erscheinungen, für welche die Verschiebungsströme maassgebend sind.

Also nur die Messung der Fortpflanzungsgeschwindigkeit elektrischer Störungen in der Luft oder in einem Isolator kann hier entscheidend sein.

Wenn man nun berücksichtigt, dass nach der Maxwell'schen

---

[1]) W. v. Siemens, Berl. Ber. 1875, pag. 774. — Pogg. Ann. 157, pag. 809, 1876.

Theorie die Fortpflanzungsgeschwindigkeit ebener elektromagnetischer Wellen in der Luft den Werth $3 \cdot 10^{10}$ cm sec^{-1} besitzen soll, welcher Werth mit dem der Lichtgeschwindigkeit nahezu zusammenfällt, so begreift man die Schwierigkeit der anzustellenden Versuche, falls wenigstens die Wellen wirklich jene Geschwindigkeit besitzen. Denn man braucht vergleichsweise nur daran zu denken, mit Anwendung welcher Mühe es erst gelang, aus terrestrischen Versuchen einen zuverlässigen Werth für die Lichtfortpflanzungsgeschwindigkeit zu erhalten.

Das einfachste Mittel, an welches man vielleicht denken könnte, nämlich die Messung des Zeitraumes, welcher verstreicht zwischen der Entladung eines Konduktors A und der ihr entsprechenden elektrischen (Influenz-) Wirkung auf einem Konduktor B, scheitert daran, dass, wenn jener Zeitraum messbare Grösse haben sollte, dann die Entfernung zwischen A und B so gross sein müsste, dass überhaupt auf B keine Wirkung von A wahrnehmbar wäre. — Aber aus den in der Optik üblichen experimentellen Anordnungen kann man lernen für unsere Zwecke, die wir hier im Auge haben. Zwar kann man die Versuche von Fizeau und Foucault zur Ermittelung der Lichtgeschwindigkeit nicht ins Elektrische übertragen, weil die elektrische Wirkung nicht wie die optische durch verhältnissmässig kleine Körper abgeschirmt oder reflektirt wird, wie sie z. B. die Zähne des Fizeau'schen Zahnrades oder der rotirende Spiegel Foucault's darstellen. Indess sind zahlreiche optische Versuchsanordnungen bekannt, bei denen durch Interferenz gewisser Wellenzüge ihre sogenannte Wellenlänge ermittelt werden kann. Nennt man dieselbe λ, so steht dieselbe bekanntlich mit der Fortpflanzungsgeschwindigkeit V der Wellen und der Schwingungsdauer T derselben in der Beziehung:

$$\lambda = VT. \qquad (1)$$

Aus λ kann man daher bei bekanntem T den Werth von V berechnen.

Gelingt es daher, periodische elektromagnetische Störungen zu erzeugen und ihre Wellenlänge durch das Interferiren gewisser Wellenzüge zu bestimmen, so kann man ihre Fortpflanzungsgeschwindigkeit berechnen, falls man die Dauer der Periode der elektromagnetischen Störungen kennt.

Wie man aus (1) erkennen kann, muss es sich dabei um sehr schnelle elektromagnetische Störungen — oder, wie wir kurz sagen wollen — „elektrische Schwingungen" handeln, falls ihre Wellenlänge λ innerhalb des Raumes eines grossen Zimmers messbar sein soll, wenigstens wenn V wirklich den grossen Betrag von $3 \cdot 10^{10}$ cm sec^{-1} besitzt. So z. B. würde aus (1) für $\lambda = 3$ m folgen $T = 3 \cdot 10^{-8}$ sec.

Soll also der angedeutete Weg zum Ziel führen, so handelt es sich vor Allem um Herstellung sehr schneller elektrischer Schwingungen. Diese realisirt zu haben, ist das Verdienst von H. Hertz. Durch die Versuche, welche Hertz in den Jahren 1888 und 1889 anstellte, lehrte er die Wirkungen elektrischer Schwingungen zu untersuchen, deren Schwingungsdauer etwa $T = 2 \cdot 10^{-9}$ sec beträgt. Es ist einleuchtend, welcher Fortschritt für die Beantwortung der hier aufgeworfenen Fragen durch diese Versuche angebahnt wurde und welches Interesse sich an sie knüpft. Ist es doch jetzt ermöglicht, innerhalb einer kleinen Distanz (schon von 2 m) nicht nur deutlich nachzuweisen, dass eine elektrische Störung sich mit einer endlichen Geschwindigkeit ausbreitet, sondern sogar dieselbe numerisch anzugeben.

Bevor wir jedoch zur Beschreibung dieser Hertz'schen Versuche schreiten, möge zur Erleichterung des Verständnisses zunächst auf Versuche eingegangen werden, welche Feddersen schon im Jahre 1861 anstellte, und welche die Grundlage zu den Hertz'schen Versuchen bilden.

2. Die oscillatorische Entladung eines Kondensators.

Wie im I. Kapitel auf pag. 2 erwähnt ist, kann man Stahlnadeln dauernd dadurch magnetisiren, dass man sie in ein vom elektrischen Strom durchflossenes Solenoid steckt. Es genügt zu diesem Zwecke jedoch auch schon ein Stromstoss, wie er im Solenoid zu Stande kommt, wenn man mit demselben, als Schliessungsdraht, die beiden Belegungen eines Kondensators, z. B. einer Leydener Flasche, berührt. — Jedoch nimmt man in diesem Falle wahr, wie Savary[1]) schon im Jahre 1827 entdeckte, dass die Pole der magnetisirten Stahlnadel durchaus nicht immer diejenige Lage besitzen, welche sie nach dem Sinne des Entladungsstromes und der Ampère'schen Regel besitzen sollten. Vielmehr findet sich, auch wenn die Belegungen des Kondensators immer zu denselben Potentialwerthen geladen werden und das Solenoid immer in derselben Weise die

---

[1]) Savary, Pogg. Ann. 10, pag. 100, 1827.

Belegungen berührt, dass der Nordpol der Stahlnadel bald an ihrem einen und bald an ihrem anderen Ende liegt. Diese Erscheinung ist nur zu erklären möglich, wenn man annimmt, dass der Sinn des positiven Stromes im Schliessungsdraht des Kondensators nicht einerlei Richtung habe, sondern oscillire. Die Oscillationen nehmen allmählig an Stärke ab, bis dass sie auf einmal ganz aufhören, wenn sie nämlich nicht mehr die bei dem Schliessungsdraht des Kondensators vorhandene kleine Luftstrecke mit einem Funken durchbrechen können. Der Sinn des letzten Stromdurchganges vor dem Aufhören der Oscillationen kann je nach gewissen Zufälligkeiten, z. B. der Länge der Luftstrecke, ein verschiedener sein, und da die Magnetisirungsrichtung der Nadel sich wesentlich nach dem Sinne des letzten Stromdurchganges richten muss, so wird auch die Nadel eine je nach Zufälligkeiten wechselnde Lage ihrer Pole aufweisen.

Dass die Auffassung von einer oscillatorischen Natur der Entladung einer Leydener Flasche richtig ist, beweisen auch Versuche von v. Oettingen[1]), nach denen auf der ursprünglich positiv geladenen Belegung sich oft unmittelbar nach Aufhören des Entladungsfunkens ein negativer Rückstand vorfindet.

Noch deutlicher zeigte Paalzow[2]) die oscillatorische Entladung, indem er in den Schliessungskreis einer Leydener Batterie eine Geissler'sche Röhre einschaltete und dieselbe mit Hülfe eines sehr schnell rotirenden Spiegels betrachtete. An dem Aussehen der Lichterscheinung in der Geissler'schen Röhre kann man sofort den Sinn des Stromdurchganges erkennen, indem das Licht an der Eintrittsstelle des positiven Stromes (der Anode) unter Umständen als ein kleiner röthlicher Punkt erscheint, dagegen an der Austrittsstelle (der Kathode) als blaues, grösseres Büschel. — Wenn man nun die Geissler'sche Röhre in einem schnell rotirenden Spiegel betrachtet, so werden die zeitlich in ihr aufeinander folgenden Lichterscheinungen räumlich getrennt.

Es zeigte sich nun nicht nur, dass die Röhre abwechselnd hell und dunkel wurde, sondern auch, dass der Sinn des positiven Stromes nach jedem Erlöschen des Lichtes der Röhre sich umkehrte.

---

[1]) A. v. Oettingen, Pogg. Ann. 115, pag. 513, 1862.
[2]) Paalzow, Berl. Ber. 1862, pag. 152.

v. Bezold[1]) konnte den oscillatorischen Charakter der Entladung durch Lichtenberg'sche Figuren nachweisen. Die Methode des rotirenden Spiegels ist zuerst zur Untersuchung des Entladungsfunkens im Schliessungsdraht eines Kondensators von Feddersen[2]) angewandt, und zwar ermöglichte er eine gute Messung der Schwingungsdauer der elektrischen Oscillationen, indem der rotirende Spiegel ein reelles Bild des Entladungsfunkens auf photographisch empfindliches Papier warf. Auf demselben entsteht dann bei jeder Entladung eine Reihe von Bildern. Durch Messung ihres Abstandes, ferner des Abstandes des Papiers vom Spiegel und der Drehungsgeschwindigkeit des letzteren erhält man leicht die zwischen zwei aufeinander fol-

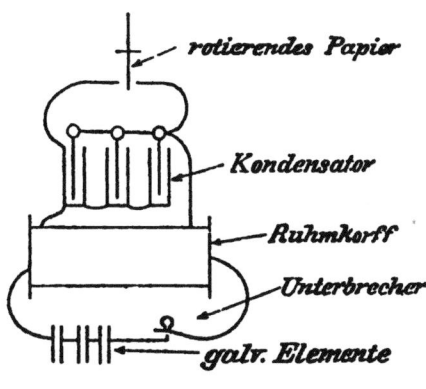

Fig. 43.

genden Funken der Entladung verstrichene Zeit, d. h. die halbe Schwingungsdauer.

Es ergab sich T um so grösser, je länger der Schliessungsdraht und je grösser die Zahl der Leydener Flaschen war. Sehr annähernd zeigte sich T proportional zu der Quadratwurzel aus dieser Zahl, d. h. der Kapacität des Kondensators. Feddersen erhielt bei 10 Flaschen

für 5,3 m Schliessungsdrahtlänge: $T = 2{,}6 \cdot 10^{-6}$ sec.
„ 445 „ „ $T = 45{,}4 \cdot 10^{-6}$ sec.

Die Versuche von Feddersen sind später, um die im nächsten Paragraphen zu besprechende Theorie besser prüfen zu können,

---
[1]) W. v. Bezold, Pogg. Ann. 140, pag. 541, 1870.
[2]) Feddersen, Pogg. Ann. 113, pag. 437, 1861; 116, 1862.

von L. Lorenz[1]) sehr sorgfältig wiederholt. Wir werden darauf unten noch einmal zurückkommen.

Feddersen operirte nicht mit einem Solenoid als Schliessungsdraht, sondern mit möglichst geradlinig verlaufendem Draht. Die Schwingungen verlaufen dadurch viel schneller, als wenn sich der Draht solenoidartig windet.

Bildet der Schliessungsdraht eine vielgewundene Spirale, z. B. die sekundäre Spirale eines grossen Ruhmkorff'schen Induktionsapparates, deren Enden mit den Belegungen eines Kondensators verbunden sind, so wird die Schwingungsdauer so herabgedrückt, dass man auch ohne Zuhülfenahme eines sehr schnell rotirenden Spiegels die Oscillationen nachweisen kann. So z. B. ist ein zur Demonstration sehr geeignetes Mittel[2]) eine auf der Axe eines kleinen Uhrwerkes schnell rotirende, berusste Papierscheibe, welche sich in der etwa 1 cm langen Luftstrecke eines kurzen Nebenschlusses befindet, der parallel zum Kondensator geschaltet ist (vgl. Fig. 43). Derselbe wird durch eine Stromunterbrechung des in der primären Spule des Ruhmkorff'schen Apparates fliessenden Stromes geladen[3]) und entladet sich durch die sekundäre Spirale in oscillatorischer Weise. Da die Enden der dem Kondensator parallel geschalteten Luft-

---

[1]) L. Lorenz, Wied. Ann. 7, pag. 161, 1879. — Auch Rood [Sillim. Journ. (2) 48, pag. 154, 1869] hat die Feddersen'schen Versuche wiederholt.

[2]) Dasselbe hat A. M. Mayer angegeben in Sillim. Journ. (3) 8, pag. 436, 1874.

[3]) Der Kondensator wird durch die Unterbrechung des Primärstromes nicht mit wahrer Elektricität geladen, denn das würde ein Widerspruch mit dem im § 4 des vorigen Kapitels auf pag. 315 besprochenen allgemeinen Grundsatze sein, dass in einem ruhenden Systeme die Ladung jedes Theiles unveränderlich ist. — Vielmehr ist die Wirkung der Unterbrechung des Primärstromes genauer betrachtet folgende: Sie ruft eine elektromotorische Kraft in der Sekundärspule des Ruhmkorff hervor, derzufolge in ihr ein Leitungsstrom auftritt, der sich als Verschiebungsstrom zwischen den Platten des Kondensators schliesst. Die Grösse dieser elektrischen Verschiebung wird aus der Potentialdifferenz der Kondensatorplatten und der Kapacität des Kondensators genau so berechnet, als ob die elektrischen Kraftlinien an den Kondensatorplatten aufhörten, d. h. als ob der Kondensator wahre elektrische Ladung enthielte. — Aus diesem Grunde soll im Folgenden kurz von der Ladung des Kondensators gesprochen werden, worunter dann die Anzahl der elektrischen Kraftlinien verstanden ist, welche zwischen den Kondensatorplatten verlaufen. — Einer wahren Ladung entsprechen also diese Kraftlinien deshalb nicht, weil sie sich ohne Unterbrechung schliessen durch die Sekundärspule des Ruhmkorff hindurch.

strecke nahezu gleiches Potential wie die Kondensatorbelegungen besitzen, so ahmt der in der Luftstrecke auftretende Funken das Spiel der Potentialschwankungen im Kondensator nach. Es entsteht daher bei einer einzigen Stromunterbrechung in der primären Spirale auf der rotirenden Russscheibe eine Reihenfolge von Löchern, welche der Sekundärfunke geschlagen hat und die sich gut dadurch kennzeichnen, dass durch Fortschleuderung des Russes ein grösserer weisser Fleck jedes Loch umsäumt. Die Schwingungsdauer der Oscillationen findet man aus der Rotationsgeschwindigkeit des Papiers in einfacher Weise.

Indess eignet sich die zuletzt beschriebene Methode wohl gut zur Demonstration, aber nicht zur quantitativen Messung, um daran die Theorie zu prüfen. Denn der Entladungskreis enthält eine vom Funken zu durchschlagende Luftstrecke und Papierschicht. Es ist schwer zu sagen, ob dies denselben Effekt hat, als ob die Luftstrecke durch einen Metalldraht von gewissem galvanischen Widerstande überbrückt wäre; jedenfalls ist dieser äquivalente Widerstand nicht leicht anzugeben.

Wie man sieht, haftet dieser Uebelstand überhaupt allen bisher beschriebenen Methoden zur Untersuchung oscillatorischer Entladungen an, da stets im Schliessungskreise eine Funkenstrecke auftritt. Es ist daher als ein Fortschritt zu bezeichnen, als v. Helmholtz[1]) eine Methode angab, bei welcher die Funkenstrecke vermieden wird. Durch einen geeignet konstruirten Pendelunterbrecher konnte v. Helmholtz den Primärstrom eines Ruhmkorff'schen Apparates öffnen und dann nach einem sehr kurzen, genau messbaren Zeitintervall δt den Sekundärkreis unterbrechen. Nach der ersten Unterbrechung, aber vor der zweiten, finden im Sekundärkreis elektrische Schwingungen statt. Durch die zweite Unterbrechung werden diese Schwingungen abgeschnitten, ihre Phase kann im Momente der Unterbrechung je nach der Grösse des Zeitintervalls δt eine verschiedene sein. Findet beispielsweise die zweite Unterbrechung gerade in dem Moment statt, in welchem die Potentialdifferenz der Belegungen des Kondensators ein Maximum ist, so wird ein mit seinen Belegungen geeignet verbundener Froschschenkel im Moment der zweiten Unterbrechung lebhaft zucken. Unterbricht man etwas später, d. h. lässt man δt wachsen, so wird die Zuckung kleiner, bis dass sie schliesslich Null wird. Dies tritt

---

[1]) H. v. Helmholtz, Carl's Repert. V, pag. 269, 1869. — Verhandl. des naturwissenschaftl. Vereins zu Heidelberg 1869, pag. 353.

ein, wenn im Moment der zweiten Unterbrechung die Potentialdifferenz des Kondensators Null ist.

Bei weiter wachsendem δt nimmt die Zuckung wieder zu, bis dass sie wieder ein Maximum erreicht. Die Zunahme, um welche δt wachsen muss, um von einem Zuckungsmaximum bis zum nächstfolgenden zu gelangen, entspricht offenbar einer halben Periode der elektrischen Schwingungen. — An Stelle eines Froschschenkels kann man natürlich jedes Instrument anwenden, welches in empfindlicher Weise Potentialdifferenzen anzeigt, z. B. ein Quadrantelektrometer. Mit Hülfe eines solchen hat Schiller[1]) nach der v. Helmholtzschen Methode die Periode der oscillatorischen Entladungen bestimmt und dadurch werthvolle Beiträge zur experimentellen Ermittelung der Dielektricitätskonstanten der Körper im schnell oscillirenden elektrischen Felde geliefert, wie des Näheren im nächsten Paragraphen ausgeführt werden wird. — Zugleich ist es durch die Ersetzung des nur qualitativ wirkenden Froschschenkels durch das quantitativ arbeitende Elektrometer möglich, auch die Dämpfung der Schwingungen nach der Zeit zu bestimmen.

Operirt man nach der beschriebenen Methode, so ergeben sich die Schwingungsdauern der elektrischen Entladungen kurz nach der Einleitung derselben etwas anders, als die der später nachfolgenden. Es hat dies seinen Grund darin, dass auch in der primären Spirale des Induktionsapparates elektrische Schwingungen stattfinden, welche in gewisser Weise störend auf die in der sekundären Spirale stattfindenden einwirken, obwohl ihre Schwingungsdauer viel kleiner ist. Da aber diese Schwingungen in der primären Spirale viel schneller abklingen (cf. unten) als die in der sekundären, so erscheinen die späteren sekundären Schwingungen ungestört. Es ergiebt sich daher die Regel, dass, wenn man die Versuche quantitativ verwerthen will, und den gegenseitigen Einfluss der primären und sekundären Spirale nicht in Rechnung bringen kann, die Schwingungsdauer für nicht zu kleine Zeiten δt zu bestimmen ist.

Den genannten Einfluss hat in experimenteller und theoretischer Hinsicht Colley[2]) näher studirt. Es soll unten im § 5 näher darauf eingegangen werden.

---

[1]) Schiller, Pogg. Ann. 152, pag. 535, 1874. Ferner haben Mouton (Compt. Rend. 82, pag. 1387, 1876) und J. Klemencic (Rep. d. Phys. 22, pag. 587, 1887) nach ähnlicher Methode Schwingungsdauer und Dämpfung elektrischer Oscillationen bestimmt.

[2]) Colley, Wied. Ann. 44, pag. 109, 1891.

3. Theorie der oscillatorischen Entladung.

Dass ein Kondensator sich oscillatorisch entladet, wenn sein Schliessungsdraht eine vielgewundene Spirale ist, wird leicht verständlich, wenn wir uns an ein oben pag. 194 angewandtes Bild aus der Mechanik erinnern, dem eine Spirale hinsichtlich ihrer elektrischen Eigenschaften gleicht. Wir sahen dort, dass eine Spirale, welche einen grossen Selbstinduktionskoefficienten besitzt, sich gegen Stromimpulse verhält wie ein träger Körper gegen mechanische Bewegungsimpulse. Die grosse elektrische Trägheit des Schliessungsdrahtes bewirkt es, dass die Elektricität, nachdem sie von den Belegungen des Kondensators soweit abgeströmt ist, dass sie gleiches Potential besitzen, über diese Gleichgewichtslage herüberströmt und den Kondensator in entgegengesetzter Weise ladet. Auf diese Weise vollziehen sich Schwingungen wie die eines trägen, gehobenen Pendels, welches losgelassen wird. Die Schwingungsdauer wird um so kleiner, je geringer die Trägheit, d. h. die Selbstinduktion, und je kleiner die Kapacität ist. Denn der reciproke Werth der letzteren spielt dieselbe Rolle, wie die Spannkraft im mechanischen System, z. B. die Schwere beim Pendel. Die Schwingungen sind mit einer Energieabnahme verbunden — die elektrischen mit Joule'scher Wärme, die mechanischen mit Reibungswärme — und daher müssen sie allmählig verklingen.

Wegen der Analogie beider Bilder übersieht man auch, dass, gerade wie das Pendel bei sehr starker Reibung aperiodisch in seine Gleichgewichtslage gelangt, so auch die Entladung des Kondensators nicht oscillatorischer Natur sein wird, wenn der galvanische Widerstand des Schliessungskreises sehr gross ist. Dies wird durch die Versuche vollkommen bestätigt. Denn alle im vorigen Paragraphen beschriebenen Erscheinungen, welche die Existenz von Oscillationen bei der Entladung beweisen, hören auf, wenn in den Schliessungskreis ein nasser Bindfaden oder überhaupt eine Strecke von hohem galvanischen Widerstande eingeschaltet wird.

Wir wollen nun die Erscheinungen quantitativ verfolgen. Zu dem Zweck nehmen wir an, dass wir es bei der Entladung des Kondensators im Wesentlichen nur mit einem nahezu geschlossenen linearen Strome zu thun hätten. Dies ist sehr annähernd realisirt, wenn die Belegungen des Kondensators nur durch die dünne Schicht eines Isolators voneinander getrennt sind, wie es in Wirklichkeit meist der Fall ist. Der im Isolator bei der Entladung stattfindende

Verschiebungsstrom (vgl. oben pag. 348, Anm. 2) hat dann bei seiner geringen Ausdehnung wenig Einfluss auf den numerischen Werth des Koefficienten der Selbstinduktion des ganzen Stromkreises, der als ein linearer anzusehen ist, wenn der Schliessungsdraht dünn ist im Vergleich zu seiner Länge.

Ferner wollen wir annehmen, dass die Elektricitätsmenge, welche durch den Querschnitt des Schliessungsdrahtes fliesst, vollständig bestimmt ist durch die Aenderung der Ladungen auf den Kondensatorbelegungen, d. h., dass elektrische Ladungen auf dem Schliessungsdraht selber nicht existiren. Diese Annahme wird um so mehr erfüllt sein, je grösser die Kapacität des Kondensators gegenüber der Kapacität des Schliessungsdrahtes ist.

Nennen wir die Potentialwerthe auf den Kondensatorbelegungen V_1 und V_2, seine Kapacität C, die auf der positiv geladenen Belegung (V_1) befindliche Elektricitätsmenge e_m [1]), — alle Ausdrücke nach elektromagnetischem Maass gemessen — so ist nach Formel (19) des VII. Kapitels auf pag. 262

$$e_m = C(V_1 - V_2). \qquad (2)$$

Die innerhalb des Zeitelementes dt durch den Querschnitt des Schliessungsdrahtes von dem Ende 1 nach dem Ende 2 hindurchfliessende Elektricitätsmenge wird nun nach den getroffenen Annahmen durch die innerhalb dt eintretende Abnahme von e_m, d. h. durch $-de_m/dt \cdot dt$, gemessen. Bezeichnet andererseits i die Stromstärke nach elektromagnetischem Maasse, so bedeutet $i \cdot dt$ ebenfalls die innerhalb dt durch einen Querschnitt des Drahtes von 1 nach 2 wandernde Elektricitätsmenge. Es muss also sein

$$i\,dt = -\frac{de_m}{dt}\,dt, \text{ d. h. } i = -\frac{de_m}{dt}. \qquad (3)$$

Nun bringen wir auf den Schliessungsdraht das Ohm'sche Gesetz (pag. 225) in Anwendung, demzufolge das Produkt aus der Stromstärke i in den galvanischen Widerstand w des Schliessungsdrahtes gleich ist der Summe der elektromotorischen Kräfte, welche zwischen seinen Enden wirken. Misst man alle diese Grössen in elektromagnetischem Maasse, so setzt sich die elektromotorische

---

[1]) Die Bedeutung von e_m ist nach der Anmerkung *) auf pag. 348 nur die, dass $4\pi e_m$ Kraftlinien zwischen den Kondensatorbelegungen existiren sollen.

Kraft zusammen aus der der Selbstinduktion, welche nach pag. 189 und 191, Formeln (8) und (12) den Werth $-L\frac{di}{dt}$ hat (wobei zur Berechnung des Selbstinduktionskoefficienten L der Schliessungsdraht als geschlossener Stromkreis angesehen wird), und der Potentialdifferenz $V_1 - V_2$ an den Enden des Drahtes.

Der Ausdruck des Ohm'schen Gesetzes ist also:

$$iw = -L\frac{di}{dt} + V_1 - V_2. \tag{4}$$

Ferner ist nach (2) und (3):

$$i = -C\frac{d(V_1 - V_2)}{dt}. \tag{5}$$

Aus den letzten beiden Gleichungen kann man nun eine der Grössen i oder $(V_1 - V_2)$ eliminiren. Um letzteres zu thun, differencire man (4) nach t, multiplicire es mit C und addire (5). Man erhält dann:

$$wC\frac{di}{dt} + i = -LC\frac{d^2i}{dt^2},$$

oder

$$\frac{d^2i}{dt^2} + \frac{w}{L}\frac{di}{dt} + \frac{1}{LC}i = 0. \tag{6}$$

Als Integral dieser Differentialgleichung schreiben wir:

$$i = A e^{kt}. \tag{7}$$

Setzt man diesen Werth in (6) ein, so folgt für k die Gleichung:

$$k^2 + \frac{w}{L}k + \frac{1}{LC} = 0,$$

d. h.

$$k = \frac{-w \pm \sqrt{w^2 - 4\frac{L}{C}}}{2L}. \tag{8}$$

Nennt man k_1 und k_2 die beiden Wurzeln von k, so ist also sowohl

$$i = A_1 e^{k_1 t}$$

als

$$i = A_2 e^{k_2 t}$$

ein Integral von (6). Ebenso muss die Summe obiger Ausdrücke ein Integral von (6) sein, d. h.

$$i = A_1 e^{k_1 t} + A_2 e^{k_2 t}. \tag{9}$$

Diese Formel stellt das allgemeine Integral von (6) dar, da zwei willkürliche Konstanten (A_1 und A_2) auftreten, die bei dem allgemeinen Integral einer Differentialgleichung zweiter Ordnung vorhanden sein müssen.

Es sind nun die Fälle zu sondern, in welchen k reell ist, von denen, in welchen k imaginär ist. Erstere ergeben eine aperiodische Entladung des Kondensators, letztere eine periodische. Wie man aus der Formel (8) abliest, ist der kritische Widerstand, für welchen der eine in den anderen Fall übergeht, gegeben durch:

$$w = 2\sqrt{\frac{L}{C}}. \tag{10}$$

Für kleinere w treten Oscillationen ein. Wir wollen annehmen, es sei w^2 neben $4\frac{L}{C}$ zu vernachlässigen. Es wird dann

$$\begin{aligned} i &= e^{-\frac{w}{2L}t} \left(A_1 e^{+i\frac{t}{\sqrt{LC}}} + A_2 e^{-i\frac{t}{\sqrt{LC}}} \right) \\ &= e^{-\frac{w}{2L}t} \left(A_1' \cos 2\pi \frac{t}{T} + A_2' \sin 2\pi \frac{t}{T} \right), \end{aligned} \tag{11}$$

wo die A_1', A_2' in leicht angebbarer Weise mit den A_1 und A_2 zusammenhängen und wobei ist

$$T = 2\pi \sqrt{LC}. \tag{12}$$

Die Formel für die Potentialdifferenz ($V_1 - V_2$) lässt sich aus (11) und (5) sofort finden. Wie man sieht, findet zwischen i und ($V_1 - V_2$) eine Phasendifferenz von $1/2\, \pi$ statt. T bedeutet die Schwingungsdauer der Oscillationen. Dieselbe ist also thatsächlich um so grösser, je grösser die Selbstinduktion des Schliessungskreises und die Kapazität des Kondensators ist. Für L = 1 Quadrant = 10^9 und C = 1 Mikrofarad = 10^{-15} folgt $T = 2\pi \sqrt{10^{-6}} = 0{,}006$ sec.

Wir sehen in der Formel (12) das von Feddersen empirisch gefundene Gesetz bestätigt (vgl. oben pag. 347), dass die Schwingungsdauer der Quadratwurzel aus der Zahl der angewendeten Leydener Flaschen proportional ist. — Bei einer genaueren Berechnung der

Versuchsresultate Feddersen's nach der Formel (12) fand Kirchhoff[1]) keine sehr gute Uebereinstimmung zwischen Beobachtung und Theorie. Es lag dies aber wohl daran, dass Kirchhoff zur Schätzung der Kapacität der von Feddersen angewandten Leydener Flaschen eine willkürliche Annahme über die Dielektricitätskonstante ihres Glases machen musste.

Als später L. Lorenz die Feddersen'schen Versuche wiederholte (vgl. oben pag. 347) und dabei Kapacität und Selbstinduktion bestimmte, fand er eine sehr gute Bestätigung der Formel (12) durch die Beobachtung. So beobachtete er den Werth $T = 12{,}64 \cdot 10^{-6}$ sec, während die Formel (12) für den betreffenden Versuch ergab $T = 12{,}76 \cdot 10^{-6}$ sec.

4. Benutzung der oscillatorischen Entladung zur Bestimmung der Dielektricitätskonstante, der Selbstinduktion und des Widerstandes. Da die Kapacität eines Kondensators proportional der Dielektricitätskonstante des zwischen seinen Belegungen vorhandenen Dielektrikums ist, oder, falls dasselbe die Zwischenschicht nicht ganz ausfüllt, nach einer einfachen Formel [vgl. oben pag. 268, Formel (32)] mit seiner Dielektricitätskonstanten zusammenhängt, so erkennt man gemäss der Formel (12), dass man durch Vergleichung der Schwingungsdauern der oscillatorischen Entladungen eines Kondensators, zwischen dessen Belegungen sich das eine Mal Luft und das andere Mal irgend ein anderer Körper befindet, die Dielektricitätskonstante des Körpers mit der der Luft vergleichen kann, falls der Schliessungsdraht in beiden Fällen der gleiche ist (und daher auch L).

In etwas anderer Weise verfuhr Schiller (vgl. oben pag. 350), indem er zu einem Kondensator der Kapacität C, dessen Entladungsperiode T beobachtet wurde, parallel schaltete einen Kondensator der Kapacität C', welcher das zu untersuchende Dielektrikum enthielt. Die Schwingungsdauer der oscillatorischen Entladungen mag dadurch auf T' gewachsen sein. Aus

$$T^2 = 4\pi^2 CL, \quad T'^2 = 4\pi^2 (C + C') L$$

erhält man

---

[1]) G. Kirchhoff, Pogg. Ann. 121, 1864. — Die Theorie der oscillatorischen Entladung ist ausser von Kirchhoff auch von W. Thomson aufgestellt [Phil. Mag. (4) 5, pag. 393, 1853].

d. h.
$$\frac{T^2}{T'^2} = \frac{C}{C+C'},$$

$$C' = C\,\frac{T'^2 - T^2}{T^2}. \tag{13}$$

Man kann also C' mit C vergleichen und bei bekannten Dimensionen des Kondensators C' daher auch die Dielektricitätskonstante seines Dielektrikums messen.

Diese Schiller'sche Methode der Messung der Dielektricitätskonstante ist deshalb so werthvoll, weil durch ein schnelles Oscilliren der elektrischen Kraft Nachwirkungs- und Leitungserscheinungen vermieden werden, welche die für die Dielektricitätskonstante erhaltene Zahl störend beeinflussen können (vgl. oben pag. 290). Wir werden weiter unten sehen, dass es neuerdings gelungen ist, die Dielektricitätskonstante bei noch weit schnelleren Oscillationen zu ermitteln.

Schaltet man anstatt eines Schliessungsdrahtes deren zwei hintereinander, so kann man durch eine der Formel (13) analoge Formel ihre Selbstinduktionen L und L' miteinander vergleichen.

Die Formel (11) lehrt, dass die Dämpfung der Schwingungen mit der Zeit um so grösser ist, je grösser $w:L$ wird. Bei bekanntem L kann man daher aus beobachteter Dämpfung w bestimmen. Auch dies ist von Schiller geschehen.

5. Die elektrischen Schwingungen eines Ruhmkorff'schen Apparates.

Wir wollen jetzt näher die oben auf pag. 350 genannten Störungen betrachten, welche der Primärstrom auf die Schwingungen des Sekundärstromes ausübt.

Es soll sich der Index 1 auf die sekundäre, der Index 2 auf die primäre Spule beziehen. Auch für letztere wollen wir eine gewisse Kapacität C_2 annehmen, welche das Verhältnis der auf dem einen Ende der Spule angehäuften Elektricität e_2 (in der oben pag. 348 Anm. 2 angegebenen Bedeutung) zu der Potentialdifferenz der Enden $(V_1 - V_2)_2$ bezeichnet. Die Bedeutung von C_2 ist ohne weiteres klar, wenn die Enden der primären Spule wirklich mit einem Kondensator verbunden sind, was meist der Fall ist. Fehlt derselbe, so besitzt trotzdem die Spule eine gewisse Kapacität, weil jedem Leiter eine solche zukommt, und zumal bei einer stromdurchflossenen Spule muss die Kapacität deshalb von verhältnissmässiger Grösse sein, da Leitertheile dicht bei einander liegen, zwischen denen wegen der in der Spule vorhandenen elektromotorischen Kraft eine Potentialdifferenz bestehen muss. Die Verhältnisse werden dann nur deshalb komplicirter, weil der Sitz der Kapacität und der Ladung e_2 nicht nur an den Enden der Spule sich befindet. — Wir wollen indess der Rechnung zunächst hier nur die einfachen Verhältnisse zu Grunde legen.

Nennt man L_{11}, resp. L_{22} die Selbstinduktionskoefficienten der sekundären, resp. primären Spule, L_{12} den Koefficienten ihrer gegenseitigen Induktion, so ist in leicht verständlicher Bezeichnung, wie aus (4) und (5) folgt:

$$i_1 w_1 = - L_{11} \frac{d i_1}{d t} - L_{12} \frac{d i_2}{d t} + (V_1 - V_2)_1, \qquad (14)$$

$$i_1 = - C_1 \frac{d (V_1 - V_2)_1}{d t}, \qquad (15)$$

$$i_2 w_2 = - L_{22} \frac{d i_2}{d t} - L_{12} \frac{d i_1}{d t} + (V_1 - V_2)_2, \qquad (16)$$

$$i_2 = - C_2 \frac{d (V_1 - V_2)_2}{d t}. \qquad (17)$$

Hieraus gewinnt man für i_1 und i_2 die beiden simultanen Differentialgleichungen:

$$\frac{d^2 i_1}{d t^2} + \frac{w_1}{L_{11}} \frac{d i_1}{d t} + \frac{i_1}{L_{11} C_1} = \frac{L_{12}}{L_{11}} \frac{d^2 i_2}{d t^2}, \qquad (18)$$

$$\frac{d^2 i_2}{d t^2} + \frac{w_2}{L_{22}} \frac{d i_2}{d t} + \frac{i_2}{L_{22} C_2} = \frac{L_{12}}{L_{22}} \frac{d^2 i_1}{d t^2}. \qquad (19)$$

Wie nun auch der gegenseitige Einfluss von i_1 und i_2 sein mag, jedenfalls ist klar, dass i_1 viel langsamer sich mit der Zeit ändern wird als i_2, da i_1 eine viel grössere elektrische Trägheit zu überwinden hat als i_2.

In der Gleichung (19) ist daher ihre rechte Seite gegen das erste Glied der linken Seite zu vernachlässigen. Demnach führt i_2 lediglich seine Eigenschwingungen aus. Für genügend kleines w_2 lautet daher das Integral von (19) gemäss (11):

wobei ist:
$$i_2 = e^{-\delta_2 t}\left(A_2 \cos 2\pi \frac{t}{T_2} + A_2' \sin 2\pi \frac{t}{T_2}\right), \quad (20)$$

$$\delta_2 = \frac{w_2}{2L_{22}}, \quad T_2 = 2\pi\sqrt{L_{22} C_2}. \quad (21)$$

Die Gleichung (18) für i_1 ist nun eine Differentialgleichung mit sogenanntem zweiten Gliede (eine nicht homogene Differentialgleichung). Ihr allgemeines Integral wird geliefert durch das allgemeine Integral ohne zweites Glied, d. h. für $\frac{d^2 i_2}{dt^2} = 0$, welches sich in der Form darstellt:

$$i_1' = e^{-\delta_1 t}\left(A_1 \cos 2\pi \frac{t}{T_1} + A_1' \sin 2\pi \frac{t}{T_1}\right), \quad (22)$$

wobei ist:
$$\delta_1 = \frac{w_1}{2L_{11}}, \quad T_1 = 2\pi\sqrt{L_{11} C_1}, \quad (23)$$

vermehrt um ein partikulares Integral von (18) mit zweitem Gliede. Dieses lässt sich stets in die Form bringen:

$$i_1'' = e^{-\delta_2 t}\left(B_2 \cos 2\pi \frac{t}{T_2} + B_2' \sin 2\pi \frac{t}{T_2}\right), \quad (24)$$

wobei B_2 und B_2' passend aus (18) bestimmt werden können. — Es ist also
$$i_1 = i_1' + i_1'', \quad (25)$$

d. h. die elektrischen Schwingungen in der sekundären Spule sind eine Superposition ihrer Eigenschwingungen (i_1') und der durch die primäre Spule erzwungenen Schwingungen (i_1''). Für letztere ist aber die Dämpfung viel grösser als für erstere; denn da der galvanische Widerstand w proportional der Länge einer Spule ist, ihre Selbstinduktion L dagegen annähernd proportional zum Quadrate der Windungszahl der Spule (nach pag. 205), d. h. auch proportional zum Quadrate ihrer Länge, so ist die Dämpfung $\delta = w : 2L$ um so grösser, je kürzer die Spule ist. Daher ist $\delta_2 > \delta_1$. Nach Ablauf einer gewissen Zeit vollführt daher die sekundäre Spule nur ihre Eigenschwingungen.

6. Der Koefficient der Selbstinduktion des Schliessungskreises.

Wie aus der Formel (12) hervorgeht, ist bei geringem Widerstande eines Schliessungskreises nur seine Kapacität und sein Selbstinduktionskoefficient maassgebend für die Periode seiner elektrischen Eigenschwingungen. — Die Kapacität kann man nun, wenn der angehängte Kondensator einfache Gestalt besitzt, leicht berechnen[1]), oder experimentell mit anderen bekannten Kapacitäten vergleichen, z. B. aus der Stärke des Entladungsstromes bei bekannter Potentialdifferenz, oder mit Hülfe von Wechselströmen durch die Anwendung einer Schaltung, wie sie als Wheatstone'sche Brücke zur Bestimmung galvanischer Widerstände bekannt ist.

Den Koefficienten der Selbstinduktion kann man zwar ebenfalls durch eine Art Wheatstone'sche Brückenkombination experimentell mit bekannten Induktionskoefficienten vergleichen[2]), oder man kann auch Methoden angeben, um ihn in absolutem Maasse zu messen; indess versagen diese Methoden alle, wenn die Selbstinduktion sehr klein wird, z. B. wenn sie in einem wesentlich gradlinig geführten Drahte gemessen werden soll. Dieser letztere Fall hat nun aber gerade für uns das grösste Interesse, da bei den Versuchen von Feddersen der Schliessungsdraht aus langen, gradlinig geführten Stücken bestand, und da wir unten besonders die elektrischen Schwingungen grader, kurzer Drähte näher zu studiren haben.

Man ist daher, um sich eine Kenntniss von dem Selbstinduktionskoefficienten der Schliessung zu verschaffen, lediglich auf die Theorie verwiesen.

Dieselbe erlaubt ja nun auch für jede bestimmte Gestalt des Schliessungskreises ihren Selbstinduktionskoefficienten L zu berechnen, jedoch nur, wenn die Stromvertheilung innerhalb des Querschnittes des Schliessungskreises als bekannt angesehen wird. So haben wir

---

[1]) Bei dieser Berechnung wird dann allerdings vorausgesetzt, dass dieselben Formeln für statische Ladungen und für schnell wechselnde Ladungen gelten. Dies ist streng genommen nicht der Fall, wie wir weiter unten im § 31 des Näheren sehen werden. Indess werden wir dort erkennen, dass für Schwingungen von der Schnelligkeit der bisher betrachteten die statischen Formeln noch mit genügender Näherung anwendbar sind.

[2]) Solche Methode hat zuerst Maxwell angegeben (Lehrbuch der Elektricität und des Magnetismus, deutsch von Weinstein, Berlin 1883, pag. 495—500).

oben in Kap. V für gewisse einfache Fälle L berechnet. Nach der dortigen Formel (36) auf pag. 212 ist für zwei einander parallel geführte Vollcylinder von gleichem Radius $R_1 = R_2 = R$, falls noch $\mu_0 = \mu_1 = \mu_2 = 1$ gesetzt wird:

$$L = l\left(2 \lg \frac{d^2}{R^2} + 1\right),$$

wobei d den Abstand der Drähte voneinander bedeutet. Diese Formel wäre also anzuwenden, wenn bei den Feddersen'schen Versuchen der Schliessungsdraht aus einer graden Hinleitung und einer parallelen Rückleitung bestanden hätte. Nennt man l' die Länge der ganzen Leitung (nicht nur der Hinleitung oder Rückleitung allein), so ist in obiger Formel l' gleich $2l$ zu setzen. Es entsteht daher:

$$L = 2l'\left(\lg \frac{d}{R} + \frac{1}{4}\right), \tag{26}$$

Dieselbe Formel ist anwendbar, wenn der Schliessungskreis aus mehreren solcher Paare paralleler Leitungen besteht, welche gegenseitig keine Induktion aufeinander ausüben. In gewisser Annäherung kann der Fall, dass der Schliessungsdraht ein Quadrat (von der Seitenlänge s) bildet, als eine Superposition zweier paralleler Leitungspaare angesehen werden, bei denen das eine Paar deshalb nicht inducirend auf das andere Paar wirkt, weil die Richtung der Stromfäden des einen Paares senkrecht zu denen des anderen Paares ist. In der That zeigt ja die oben pag. 177 abgeleitete Neumann'sche Formel der Induktionskoefficienten, dass dieselben verschwinden, falls $\varepsilon = \dfrac{\pi}{2}$ wird.

Es ist daher nach (26), in welcher $d = s$, $l' = 2s$ zu setzen ist, und in welcher der Faktor 2 zuzufügen ist, da der Schliessungsdraht aus zwei gleichen Paaren besteht:

$$L = 2 \cdot 4s\left(\lg \frac{s}{R} + \frac{1}{4}\right),$$

oder falls wir wieder die ganze Länge $4s$ des Schliessungskreises mit l' bezeichnen:

$$L = 2l'\left(\lg\frac{1}{4}\frac{l'}{R} + \frac{1}{4}\right) = 2l'\left(\lg\frac{l'}{R} + \lg\frac{1}{4} + \frac{1}{4}\right)$$
$$= 2l'\left(\lg\frac{l'}{R} - 1{,}13\right). \tag{27}$$

Die Formel kann nicht ganz streng richtig sein, weil bei ihrer Ableitung vorausgesetzt ist, dass die Distanz d der Drähte gross gegen ihre Länge l' ist, was bei unserem jetzt betrachteten Falle des Quadrates nicht erfüllt ist. Man erhält denn auch in der That durch strengere Berechnung:

$$L = 2l'\left(\lg\frac{l'}{R} - 1{,}9\right). \tag{27'}$$

Ist der Schliessungsdraht ein Kreis, so erhält man nach strenger Berechnung:

$$L = 2l'\left(\lg\frac{l'}{R} - 1{,}5\right). \tag{27''}$$

Die drei verschiedenen Werthe von L nach (27), (27') und (27'') unterscheiden sich procentisch wenig voneinander, wenn, wie es meist der Fall ist, $\frac{l'}{R}$ eine sehr grosse Zahl ist. So betrug bei dem einen Versuche Feddersen's $l' = 134\,300$ cm, $R = 0{,}067$ cm, d. h. $l' : R = 2 \cdot 10^6$, $\lg\frac{l'}{R} = 14{,}5$; die Formeln (27), (27') bis (27'') ergeben daher für L Werthe, welche sich höchstens um etwa 5 % unterscheiden, und da die Schwingungsdauer T nach (12) proportional $\sqrt{L}$ ist, so würden sich die entsprechenden Werthe von T nur etwa um 2,5 % unterscheiden.

Wenn $l' : R$ gross ist, so kann man daher auch den Subtrahend in den Formeln (27) bis (27'') ganz fortlassen, und einfach für den Koeffizienten der Selbstinduktion eines Schliessungskreises, welcher möglichst in der Form gradliniger Strecken in der Weise geführt ist, dass die von den Strecken umrandete Fläche von der Grössenordnung des Quadrates der Länge der Strecken ist, näherungsweise die Formel anwenden:

$$L = 2l'\lg\frac{l'}{R}. \tag{27'''}$$

Die bisherigen Entwickelungen für L gelten nur für den Fall, dass im ganzen Querschnitt des Schliessungsdrahtes die Stromvertheilung eine gleichförmige sei. Dieses findet aber bei elektrischen Schwingungen streng genommen jedenfalls nicht statt. Denn nach den Ueberlegungen, welche wir oben in Kap. VI, pag. 243 anstellten, ergiebt sich, dass die Stromdichte bei schnell stattfindenden Stromänderungen nach dem Inneren des Leiters zu abnimmt. Bei den sehr schnellen Schwingungen, wie sie bei der oscillatorischen Entladung Leydener Flaschen vorkommen, muss daher der Strom wesentlich nur in der äusseren Schicht des Leiters verlaufen, während sein Inneres ganz stromfrei ist.

Dies hat zur Folge (vgl. oben pag. 244), dass einerseits der galvanische Widerstand des Schliessungsdrahtes für schnelle elektrische Schwingungen bedeutend grösser ausfällt, als für stationäre Ströme, da der stromführende Querschnitt für erstere ein viel kleinerer ist, als für letztere. Dieser Umstand kann indess, so lange der Widerstand immer noch klein gegen $2\sqrt{L:C}$ ist, nur auf die Dämpfung der Schwingungen [gemäss der Formel (11)] Einfluss haben, dagegen nicht auf die Schwingungsdauer, da in der Formel (12) der galvanische Widerstand der Schliessung gar nicht vorkommt. — Dagegen wäre es möglich, dass auch die Selbstinduktion durch die ungleichförmige Stromvertheilung merklich geändert wäre, so dass aus diesem Grunde die Formel (12) nicht ganz richtig sein kann, wenn man in ihr L aus der Annahme einer gleichförmigen Stromvertheilung berechnet.

Suchen wir nun diese Annahme dadurch zu verbessern, dass wir voraussetzen, dass der Strom allein in einer dünnen Oberflächenschicht der Drähte fliesst, und wenden wir daher für L die in Kap. V auf pag. 212 abgeleitete Formel (35) für zwei parallele Hohlcylinder an, so stossen wir dabei auf die Schwierigkeit, dass die Selbstinduktion L unendlich gross wird, wenn die durchströmte Oberflächenschicht unendlich dünn wird ($R_1 = R_1'$, $R_2 = R_2'$). Dies Resultat kann aber nach den allgemeinen Ueberlegungen der pag. 235 nicht richtig sein, in denen gezeigt wurde, dass bei schnellen Stromwechseln die Stromvertheilung stets in der Weise stattfindet, dass die magnetische Energie, d. h. die Selbstinduktion, ein Minimum wird. Je schneller daher die Stromwechsel erfolgen, und je mehr sich der Strom auf die Oberfläche des Drahtes zusammenzieht, um so kleiner muss der Koefficient der Selbstinduktion werden.

Dass wir durch die Voraussetzung gleichförmig durchströmter

Hohlcylinder zu einem falschen Resultate für L kommen, liegt daran, dass in der Oberflächenschicht der Drähte bei schnellen Stromwechseln die Stromdichte ebenfalls nicht gleichförmig ist, sondern dass dicht nebeneinander Ströme von verschiedener Phase laufen, die sogar entgegengesetzt gerichtet sein können. Es folgte dies ja aus der oben pag. 243 erläuterten Analogie mit der Wärmebewegung.

Wir können nun unsere dortigen Ueberlegungen leicht in der Weise vervollständigen, dass wir eine strengere Theorie der oscillatorischen Entladung mit Rücksicht auf die ungleichförmige Stromvertheilung im Querschnitt erhalten[1]). Es soll dies im nächsten Paragraphen geschehen.

7. Die Stromstärke ist im Querschnitt ungleichförmig vertheilt. Wir wollen annehmen, ein Kondensator werde durch zwei einander parallel geführte, gerade Drähte entladen. — Legt man die z-Axe ihrer Richtung parallel, so findet die elektrische Strömung nur parallel der z-Axe statt.

Nach der Formel (35) des Kap. VI, pag. 241, ist:

$$\frac{j}{\sigma} = -\frac{\partial H}{\partial t} + \mathfrak{E}, \qquad (28)$$

falls j die Stromdichte an einer bestimmten Stelle des Leiters, σ die specifische Leitfähigkeit an jener Stelle, H das Vektorpotential und $\mathfrak{E}$ die pro Längeneinheit wirkende äussere elektromotorische Kraft bezeichnet. Es ist nun in unserem Falle die ganze, auf der Länge l' des Schliessungsdrahtes wirkende elektromotorische Kraft

$$E = \int \mathfrak{E}\, dl = V_1 - V_2,$$

d. h. gleich der Potentialdifferenz des Kondensators. — Wir wollen annehmen, es solle j und ebenso daher H und $\mathfrak{E}$ unabhängig von der Entfernung l vom Ende der Leitung sein. Es ergiebt sich dann aus der letzten Gleichung:

$$\mathfrak{E} = \frac{V_1 - V_2}{l'}. \qquad (29)$$

Die Gleichungen (28) und (29) gelten für jede Stelle innerhalb

---

[1]) Diese Vervollständigung der Theorie ist von J. Stefan in Wied. Ann. 41, pag. 421, 1890 gegeben.

des Querschnittes des Leitungsdrahtes. Aber man kann nicht für eine beliebige Stelle des Querschnittes den dort herrschenden Werth H des Vektorpotentiales angeben, ohne die Stromvertheilung im Inneren der Drähte zu kennen. Wohl gelingt dies aber für eine Stromfaser an der Oberfläche des Drahtes, falls dieser als Kreiscylinder aufzufassen ist.

Wie nämlich oben pag. 96 nachgewiesen wurde, ist das Vektorpotential an der Oberfläche eines kreiscylinderförmigen, durchströmten Drahtes nicht abhängig von der speciellen Art der Stromvertheilung im Drahte, sondern bestimmt sich nur aus der gesammten im Drahte fliessenden Stromstärke. Wird diese mit i bezeichnet, sowie der Radius des Drahtes mit R, so ist nämlich nach Formel (31) auf pag. 96 an der Oberfläche des Drahtes

$$H = -2\mu i \lg R + C_1, \tag{30}$$

wo C_1 eine gewisse Konstante bedeutet, welche, falls die Rückleitung des Stromes ein im Abstande d befindlicher paralleler Cylinder ist, den Werth besitzt (vgl. oben pag. 103)

$$C_1 = +2\mu i \lg d. \tag{31}$$

μ bedeutet in diesen Formeln die Magnetisirungskonstante des Raumes. Sie ist bei der oben ausgeführten Ableitung der Formeln zunächst überall als von einerlei Werth angenommen. Aus den später auf pag. 211 angestellten Ueberlegungen folgt aber, dass, falls die Magnetisirungskonstante der Drähte von der ihrer Umgebung verschieden sein sollte, dann die Formeln (30) und (31) noch bestehen bleiben, falls die beiden stromführenden Drähte sich nicht gegenseitig sehr nahe kommen; d. h. falls d gross gegen den Radius R ist. Wie aus der dortigen Formel (33) hervorgeht, muss dann dem μ in (30) und (31) der Werth der Magnetisirungskonstante in der Umgebung des Drahtes beigelegt werden. Nennt man diesen Werth μ_0, so wird daher

$$H = +2i\mu_0 (\lg d - \lg R). \tag{32}$$

Setzt man diesen Werth von H in (28) ein und benutzt (29), so entsteht:

$$\frac{j'}{\sigma} = -2\mu_0 (\lg d - \lg R) \frac{di}{dt} + \frac{V_1 - V_2}{l'}. \tag{33}$$

wobei j' die Stromdichte in der Oberfläche des Drahtes bedeutet.

Die Gesammtstromstärke i ist nun mit der Potentialdifferenz $V_1 - V_2$ durch die Formel (5) der pag. 353 verknüpft, nämlich:

$$i = -C \frac{d(V_1 - V_2)}{dt}, \qquad (34)$$

wo C die Kapacität (nach elektromagnetischem Maasse) des Kondensators bedeutet.

Aus den beiden Gleichungen (33) und (34) kann man nun leicht $V_1 - V_2$ eliminiren, indem man (33) nach t differencirt. Indess bleibt dann in gewisser Weise als störendes Glied $\frac{1}{\sigma} \frac{dj'}{dt}$ stehen, was deshalb stört, weil wir nicht wissen, in welcher Weise j' mit i zusammenhängt. Indess kann man dies Glied einfach fortlassen, wenn wir auch hier, gerade wie oben, voraussetzen, dass der galvanische Widerstand des Schliessungskreises verhältnissmässig klein, d. h. σ verhältnissmässig gross ist. Jenes Glied kann dann nämlich nur auf die Dämpfung der elektrischen Schwingungen von Einfluss sein, während es die Periode nicht modificirt. Zur Berechnung der letzteren können wir daher einfach $\sigma = \infty$ annehmen, und erhalten so aus (33) und (34):

$$\frac{d^2 i}{dt^2} + \frac{i}{C \cdot 2l' \mu_0 (\lg d - \lg R)} = 0. \qquad (35)$$

Wenn man diese Differentialgleichung für i mit der oben abgeleiteten Differentialgleichung (6) vergleicht, so erkennt man, dass an Stelle des Koefficienten L der Selbstinduktion des gleichmässig durchströmten Drahtes hier der Ausdruck tritt:

$$L' = 2l' \mu_0 (\lg d - \lg R), \qquad (36)$$

welcher, gemäss der Ableitung der Formel (33), die physikalische Bedeutung des Koefficienten der Induktion des Stromes auf eine Stromfaser in seiner Oberfläche besitzt. Es gilt daher auch hier für die Schwingungsdauer der Oscillationen eine der Formel (12) analoge Formel, nämlich:

$$T = 2\pi \sqrt{L'C}. \qquad (37)$$

Lagert der Schliessungskreis nicht in einem Medium von hoher Magnetisirungskonstante (d. h. in Eisen, Nickel, Kobalt), so ist $\mu_0 = 1$ zu setzen.

Es wird dann (36) zu

$$L' = 2\,l'\,\lg\frac{d}{R}.\tag{38}$$

Vergleicht man diesen Werth von L' mit dem bei gleichförmiger Vertheilung der Stromdichte sich ergebenden Werthe von L der Formel (26), so erkennt man, dass in der That, wie es ja auch nach den am Ende des vorigen Paragraphen angeführten allgemeinen Ueberlegungen sein muss, L' etwas kleiner als L ist. Indess ist bei dem grossen Werthe, den $\lg\frac{d}{R}$ bei den angestellten Versuchen hat (vgl. oben pag. 361), die Abweichung des L' und L und daher um so mehr die Differenz der Schwingungsdauern T, wenn man sie nach (12) oder nach (37) berechnet, völlig unmerkbar.

Anders gestalten sich die Verhältnisse, wenn der Schliessungskreis aus Material von hoher Magnetisirungskonstante, z. B. Eisen, besteht. Sind zwei relativ weit voneinander (um d) entfernte parallele Eisencylinder (Magnetisirungskonstante μ) gleichförmig von einem hin- resp. rücklaufenden Strome durchflossen, so ist nach Formel (36) der pag. 212 ihr Koefficient L der Selbstinduktion, falls die Eisendrähte in Luft lagern ($\mu_0 = 1$) und l' die Gesammtlänge beider Drähte ist,

$$L = 2\,l'\left(\lg\frac{d}{R} + \frac{\mu}{4}\right).$$

Da μ eine erhebliche Grösse besitzt, z. B. der Werth $\mu = 120$ noch sehr gering ist, so müsste hiernach L bedeutend grösser und daher die elektrischen Schwingungen nach (12) bedeutend langsamer ausfallen, wenn der Schliessungsdraht aus Eisen, als wenn er z. B. aus Kupfer besteht. So müsste in dem pag. 361 berechneten Beispiel, wo $\lg\frac{d}{R} = 14{,}5$ ist, L für $\mu = 120$ etwa dreimal so gross ausfallen, d. h. die Schwingungsdauer etwa 1,7 mal so gross.

Dagegen kann nach der in diesem Paragraphen angestellten strengeren Betrachtungsweise, d. h. nach der Formel (37), ein Einfluss des Materials des Schliessungskreises auf die Schwingungsdauer T nicht bestehen, da in (36) die Magnetisirungskonstante μ der Leitung nicht auftritt, sondern nur die Magnetisirungskonstante μ_0 der Umgebung.

Dieses Resultat ist nun auch in der That bei sehr schnellen Schwingungen, die noch weit schneller als die bisher betrachteten Kondensatorentladungen erfolgen, experimentell bestätigt. Es soll davon unten ausführlicher die Rede sein.

Da wir oben pag. 243 sahen, dass bei hoher Magnetisirungskonstante die Schwingungen viel mehr nach der Oberfläche hingedrängt werden, als bei $\mu = 1$, so muss der galvanische Widerstand durch ein grosses μ wachsen, da sich der Strom auf einen kleineren Querschnitt zusammendrängt. Infolge dessen muss die Dämpfung der Schwingungen von dem Material des Schliessungskreises wesentlich beeinflusst werden, indem sie nicht nur mit abnehmender Leitfähigkeit σ, sondern auch mit wachsender Magnetisirungskonstante μ des Drahtes erheblich wachsen muss. Auch dieses Verhalten ist experimentell bestätigt, wie wir weiter unten sehen werden.

Es mag hier hervorgehoben werden, dass aus dem Umstande, dass die Schwingungsdauer bei Anwendung eines Eisendrahtes dieselbe wie bei der eines Kupferdrahtes ist, nicht folgt, dass die Ampèreschen Molekularströme, welche die hohe Magnetisirungskonstante des Eisens bedingen (vgl. oben pag. 116), schnellen Schwingungen nicht mehr zu folgen im Stande sind. Im Gegentheil wird dies Folgen durch die erhöhte Dämpfung der Schwingungen in einem Eisendrahte gegenüber denen in einem Kupferdrahte erwiesen. Für noch wesentlich schnellere Schwingungen, nämlich für die des Lichtes, muss man allerdings jenes Verhalten (des Nichtfolgens) annehmen, da sich weiter unten (Kap. XI, § 6) ergeben wird, dass für Lichtschwingungen bei allen Körpern μ nicht wesentlich von 1 verschieden sein kann.

Wenn der Schliessungskreis nicht mehr die angegebene einfache Gestalt zweier paralleler Drähte besitzt, so ergiebt sich aus den Entwickelungen dieses Paragraphen, dass die Formel (37) für die Schwingungsdauer des Systems bestehen bleibt. L' bedeutet darin den Koefficienten der Induktion des Stromsystems auf eine Stromfaser in seiner Oberfläche.

8. Weitere Vervollständigung der Theorie.

Die bisher vorgetragene Theorie der oscillatorischen Entladung bedarf noch aus mehreren Gründen der Verbesserung. Nämlich 1. ist bisher angenommen, dass elektrische Strömung nur im Schliessungsdrahte, resp. an seiner Oberfläche, dagegen nicht in dem ihn umgebenden Isolator stattfände. Denn nur unter dieser Annahme gilt die

Formel (32) für das Vektorpotential H, während man den Werth von H an der Oberfläche des Drahtes ohne Weiteres nicht angeben kann, wenn im umgebenden Isolator Ströme von unbekannter Vertheilung vorhanden sind. — Die Annahme, dass Ströme nur im Leiter existiren, kann aber nicht streng richtig sein, denn auch im umgebenden Isolator existirt in Folge der oscillatorischen Entladungen eine periodisch wechselnde elektrische Kraft, welche daher auch im Isolator alternirende Ströme (sogenannte Verschiebungsströme, siehe oben pag. 305) wachrufen muss. — Wir können dies auch daran erkennen, dass das Vektorpotential, gerade wie die elektrische und magnetische Kraft selber, in der Luft der oben im vorigen Kapitel pag. 322 abgeleiteten Formel (32), in welcher $\mu = \varepsilon = 1$ zu setzen ist, nämlich:

$$\frac{1}{c^2} \frac{\partial^2 H}{\partial t^2} = \Delta H,$$

genügen muss. Da nun nach Gleichung (18) des II. Kapitels auf pag. 91 ist:

$$\Delta H = -4\pi w,$$

so folgt für die Stromdichte w in der Luft:

$$w = -\frac{1}{4\pi c^2} \frac{\partial^2 H}{\partial t^2}. \tag{39}$$

Es ist also w nur dann gleich Null, wenn H unabhängig von t ist, d. h. wenn im Schliessungsdrahte ein konstanter Strom fliesst. Je schneller aber derselbe und damit auch H variirt, um so mehr müssen sich Verschiebungsströme im Isolator ausbilden.

Da der Faktor $\dfrac{1}{4\pi c^2}$ in der rechten Seite der Gleichung (39) sehr klein ist, so müssen die Stromwechsel schon sehr schnell erfolgen, wenn die Korrektion merklich werden soll. Bei welcher Wechselzahl dies eintritt, können wir leicht aus (39) taxiren. Falls nämlich ein Strom der Gesammtstärke i in einem geraden Leiter hinfliesst und in einem im Abstande d von ihm befindlichen parallelen Leiter zurückfliesst, so ist für einen Punkt P ausserhalb der Leiter, welcher von deren Axen die Abstände r_1 und r_2 besitzt, nach Formel (52) auf pag. 103 bei Ignorirung der Verschiebungsströme zu setzen:

$$H = 2 i \lg \frac{r_2}{r_1}.$$

Nennt man i' die Stromstärke, welche in der Luft in einem Cylinder fliesst, welcher den einen der Drähte umgiebt und sich bis zur Mitte des Abstandes zwischen beiden Drähten erstreckt, so ist

$$i' = 2\pi \int_{R_1}^{d/2} w r_1 \, dr_1 = -\frac{1}{c^2} \frac{d^2 i}{dt^2} \int_{R_1}^{d/2} r_1 \, dr_1 \, \lg \frac{r_2}{r_1},$$

oder, da

$$\frac{d^2 i}{dt^2} = -\frac{4\pi^2}{T^2} i,$$

falls T die Schwingungsdauer der Oscillationen bezeichnet,

$$\frac{i'}{i} = \frac{4\pi^2}{T^2 c^2} \int_{R_1}^{d/2} r_1 \lg \frac{r_2}{r_1} \, dr_1.$$

Nun findet man durch Integration den Werth des Integrals der rechten Seite zu

$$\frac{d^2}{8}\left(\frac{1}{2} + \lg 2\right) - \frac{R_1^2}{2}\left(\lg \frac{d}{R_1} + \frac{1}{2}\right).$$

Nimmt man d als sehr gross gegen R_1 an, was meist erfüllt ist, so kann man daher näherungsweise schreiben:

$$\frac{i'}{i} = \frac{4\pi^2}{T^2 c^2} d^2 \cdot 0{,}15 = 6 \frac{d^2}{T^2 c^2}. \tag{40}$$

Wie man hieraus ersieht, kommt es auf das Verhältniss $d : Tc$ an, ob die Stromstärke i' in der Luft mit zu berücksichtigen ist oder nicht. — Wir haben oben pag. 323 gesehen, dass nach der hier gegebenen Maxwell'schen Theorie ebene elektrische Wellen sich mit der Geschwindigkeit c in der Luft fortpflanzen müssen. Bei periodischer Wiederholung der Wellen mit der Periode T hat daher Tc nach der Formel (1) auf pag. 344 die Bedeutung der sogenannten Wellenlänge der Wellen. Ob daher unsere bisherige Annäherung ausreicht oder nicht, wird davon abhängen, ob die Distanz der Schliessungsdrähte verschwindet gegenüber der Wellenlänge, mit welcher sich ebene elektrische Wellen gleicher Periode in der Luft fortpflanzen würden, oder nicht.

Für den Feddersen'schen Versuch lag T zwischen $2{,}6 \cdot 10^{-6}$ und $45{,}4 \cdot 10^{-6}$ sec, die Wellenlänge Tc daher zwischen $7{,}8 \cdot 10^4$

und $136 \cdot 10^4$ cm, d. h. zwischen 780 m und 13,6 km. Gegen diese Distanzen verschwindet natürlich völlig die gegenseitige Entfernung d der Schliessungsdrähte, da in bedeckten Räumen Distanzen von mehr als 100 m überhaupt meist nicht realisirbar sind. Deshalb ist auch nach (40) die Stromstärke i' in der Luft gegen die im Drahte zu vernachlässigen, und wir können also die bisherige Theorie als ausreichend ansehen für die Feddersen'schen Versuche.

Da wir aber unten sehen werden, dass Hertz elektrische Schwingungen von der Periode $T = 2 \cdot 10^{-9}$ sec hergestellt hat, denen also, als ebene Wellen in Luft verlaufend, eine Wellenlänge von 60 cm zukommt, so verschwindet bei solch schnellen Schwingungen die gegenseitige Entfernung der Theile des Schliessungskreises voneinander nicht mehr gegen die Wellenlänge Tc. Daher würde für diese Schwingungen die bisherige Theorie nicht ausreichend sein.

Jedoch lässt sich leicht angeben, wie man den Ausgangspunkt für eine in jedem Falle strenge Theorie zu wählen hat. Im vorigen Kapitel sind nämlich auf pag. 315 die Gleichungen (20) und (21) aufgestellt, denen die elektrische und magnetische Kraft in jedem Isolator zu genügen hat. Stellt man analoge Gleichungen für das Innere der Leiter auf, die aber wegen des Vorhandenseins der sogenannten Leitfähigkeit entsprechend zu modificiren sind, so hat man ein System von Differentialgleichungen, welches zur Bestimmung der elektrischen und magnetischen Kraft völlig ausreichen muss, wenn man noch die Bedingungen an der Grenze zwischen Leiter und Isolator, sowie den zur Zeit $t = 0$ als gegeben anzusehenden Anfangszustand berücksichtigt. — Zur Berechnung der aus der Theorie fliessenden Resultate sind also nur noch mathematische Schwierigkeiten zu überwinden, die sich der Auffindung passender Integrale der Differentialgleichungen entgegenstellen können. Solche Schwierigkeiten sind nun in der That meist in bedeutendem Maasse vorhanden, indess lassen sie sich gut überwinden, wenn, gerade wie bei der im vorigen Paragraphen behandelten angenäherten Theorie der oscillatorischen Entladung, der galvanische Widerstand der Leitung als verschwindend, d. h. die specifische Leitfähigkeit σ als unendlich gross angenommen wird. Diese vollständige Theorie soll jedoch erst weiter unten auseinandergesetzt werden, nachdem die Experimente besprochen sind, welche zu einer Vervollständigung der Theorie aus den obengenannten Gründen nöthigen.

Zunächst sollen noch zwei andere Punkte der bisherigen Theorie besprochen werden, welche der Vervollständigung bedürfen. Nämlich:

2. ist zur Berechnung der Kapacität des Kondensators oben pag. 352 eine Formel angewandt, welche nur aus elektrostatischen Erscheinungen abgeleitet ist. Auch diese Formel wird nur bei langsamen Schwingungen Gültigkeit behalten, denn sie setzt voraus, dass die Kondensatorplatten überall dieselbe Ladungsdichte besitzen, d. h. die Dichtigkeit der Verschiebungsströme überall zwischen den Kondensatorplatten konstant ist. Für schnelle Schwingungen muss jedoch dieselbe wegen der Selbstinduktion nach den Rändern der Kondensatorbelegungen zunehmen, gerade wie auch die Dichtigkeit der Leitungsströme wegen der Selbstinduktion nach ihrer Begrenzung zu wachsen muss. Daher ist die Kapacität eines Kondensators nicht ein Begriff, der völlig unabhängig von der Schnelligkeit der Ladungen und Entladungen ist (selbst wenn man einen Luft- oder Vakuumkondensator hat, in dessen Isolator also irgend welche Nachwirkungs- oder Leitungserscheinungen völlig fehlen); indess ist eine merkliche Aenderung der Kapacität eines Kondensators wiederum erst bei sehr schnellen Schwingungen zu erwarten, deren Häufigkeit die bei der oscillatorischen Entladung von Leydener Flaschen eintretende weit übersteigt. Diese Korrektion soll daher ebenfalls erst weiter unten (§ 31) besprochen werden.

3. Aber ein dritter Punkt erscheint auch für die bisher betrachteten langsamen Entladungen Feddersen's noch näherer Prüfung werth. Es wurde nämlich vorausgesetzt (vgl. oben pag. 352), dass die Stromstärke im ganzen Schliessungsdrahte, d. h. längs seiner ganzen Länge, dieselbe sei, was dasselbe bedeutet, als wenn wir sagen: es sollen die elektrischen Stromlinien nur aus den Kondensatorflächen austreten, dagegen nicht aus den Seitenflächen des Schliessungsdrahtes. Da wir elektrische Stromlinien, welche in einen Leiter aus- oder eintreten, als mit der Zeit abnehmende oder wachsende elektrische Ladungen des Leiters auffassen können, wenn wir die Vorgänge in dem den Leiter umgebenden Isolator ignoriren, so ist also die bisherige Voraussetzung die, dass elektrische Ladungen nur auf dem Kondensator, dagegen nicht auf dem Schliessungsdraht vorhanden sein sollen. In dieser Fassung erkennt man, dass diese Voraussetzung um so eher erfüllt sein wird, je grösser die Kapacität des Kondensators im Vergleich zu der des Schliessungskreises ist. Die Voraussetzung wird also gelten bei der Entladung eines Kon-

densators von grosser Kapacität durch einen dünnen und nicht zu langen Schliessungsdraht. Da aber bei den Feddersen'schen Versuchen derselbe zum Theil eine Länge von 1,34 km besass, so erscheint es als möglich, dass hier obige Voraussetzung nicht mehr genügend erfüllt ist.

Die Kapacität eines geraden Kreiscylinders der Länge l ist nun leicht zu berechnen. Für Punkte ausserhalb desselben ist nämlich

$$\Delta V = 0,$$

falls V das Potential seiner Ladung bezeichnet. Ist l so gross gegen den Radius R des Cylinders, dass das Potential V der Ladung nur von r, der senkrechten Entfernung von der Cylinderaxe, abhängig ist, so geht nach pag. 95, Formel (28) obige Differentialgleichung über in

$$\frac{d}{dr}\left(r\frac{dV}{dr}\right) = 0,$$

deren allgemeines Integral ist:

$$V = A \lg r + B.$$

Die Konstante A bestimmt sich durch Anwendung des Gauss'schen Satzes (cf. oben pag. 256). Ist nämlich e die auf der Längeneinheit des Cylinders befindliche Elektricitätsmenge (sie sei nach elektrostatischem Maasse gemessen, gerade wie auch der Potentialwerth V), so ist nach jenem Satze:

$$2\pi r \frac{dV}{dr} = -4\pi e,$$

d. h.
$$V = -2e \lg r + B.$$

Befindet sich dem Cylinder gegenüber in der Entfernung d ein paralleler Cylinder, welcher entgegengesetzt geladen ist, und ist d gross gegen R, so ist daher

$$V = -2e \lg \frac{r_1}{r_2},$$

falls r_1 die Entfernung des Punktes P, für den V berechnet werden soll, von der Axe des ersten (mit $+e$ geladenen) Cylinders bezeichnet, r_2 die Entfernung zwischen P und dem zweiten (mit $-e$

geladenen) Cylinder. — Das Potential V besitzt daher auf dem ersten Cylinder den Werth:

$$V_1 = + 2e \lg \frac{d}{R}, \qquad (41)$$

auf dem zweiten Cylinder (der von gleichem Radius R angenommen werden möge) den Werth

$$V_2 = - 2e \lg \frac{d}{R}.$$

Auf der Länge l des ersten Cylinders lagert daher die Elektricitätsmenge

$$e = e\,l = \frac{1}{2} V_1 \cdot \frac{l}{\lg \frac{d}{R}},$$

so dass seine Kapacität, die wegen der grossen Distanz des anderen Cylinders so zu berechnen ist, als ob letzterer gar nicht vorhanden sei, den Werth hat in elektrostatischem Maass:

$$C_e^{(1)} = \frac{1}{2} \frac{l}{\lg \frac{d}{R}}.$$

Dieselbe Kapacität besitzt der zweite Cylinder. Daher ist die Kapacität beider Cylinder auf einer Strecke der Länge l in elektrostatischem Maasse

$$C_e = \frac{l}{\lg \frac{d}{R}} = \frac{l'}{2 \lg \frac{d}{R}}, \qquad (42)$$

falls l' wiederum die Länge beider Drähte bedeutet, d. h. falls ist l' = 2 l.

Vergleicht man diese Formel mit Formel (38) auf pag. 365, so erkennt man, dass die Kapacität der Längeneinheit in elektrostatischem Maass gleich dem reciproken Werth des Koefficienten der Induktion auf die Oberfläche der Drähte pro Längeneinheit ist.

Bei den Versuchen Feddersen's ist der Leitungsdraht nicht als ein Doppelparallelstrang geführt. Jedenfalls sind aber zur Schätzung seiner Kapacität in (42) für d Werthe einzusetzen, welche zwischen l' und etwa 2 m liegen. Für den längsten Leitungsdraht Feddersen's betrug l' = 1,343 . 10^5 cm, R = 0,067 cm. Daher ist für ihn bei d = 2 m, die Kapacität nach elektrostatischem Maasse:

$$C_e = \frac{1{,}343 \cdot 10^5}{2 \lg 3000} = 0{,}84 \cdot 10^4,$$

folglich in elektromagnetischem Maasse:

$$C = \frac{C_e}{c^2} = 0{,}1 \cdot 10^{-16} = 0{,}01 \text{ Mikrofarad}.$$

Da aber die Kapacität der von Feddersen angewendeten Leydener Flaschen zum Theil von der Grössenordnung 0,013 Mikrofarad war, so ist also bei dem längsten der Schliessungsdrähte jedenfalls seine Kapacität nicht gegenüber der des Kondensators zu vernachlässigen. Wir wollen daher die Theorie jetzt noch vervollständigen dadurch, dass wir die Stromstärke im Draht nicht nur in seinem Querschnitt, sondern auch längs seiner Länge variirend annehmen, dabei jedoch die Wirkungen der Verschiebungsströme im umgebenden Isolator zunächst nicht berücksichtigen, was bei Schwingungsdauern von der Ordnung $T = 10^{-6}$ sec nach den obigen Auseinandersetzungen zulässig erscheint.

9. Die Stromstärke variirt im Querschnitt und in der Länge. Für eine beliebige Stelle P im Inneren eines Leiters gilt die Gleichung (28) des § 7, pag. 363, nämlich:

$$\frac{j}{\sigma} = -\frac{\partial H}{\partial t} + \mathfrak{E}, \qquad (43)$$

wobei j die Stromdichte, $-\dfrac{\partial H}{\partial t}$ die durch die elektrischen Ströme hervorgebrachte elektromotorische Kraft der Induction, $\mathfrak{E}$ die aus anderen Ursachen hervorgebrachte elektromotorische Kraft pro Längeneinheit bedeutet. Als solche haben wir bisher nur die elektrischen Ladungen des Kondensators, d. h. die aus seinen Belegungen austretenden elektrischen Kraftlinien angesehen. Wir wollen jetzt annehmen, dass $\mathfrak{E}$ allein von den elektrischen Ladungen, d. h. austretenden elektrischen Kraftlinien des Leitungsdrahtes selber hervorgebracht werde. Den vorhin betrachteten Fall können wir unter den jetzt betrachteten subsumiren, wenn wir an den an den Kondensator angefügten Enden des Leitungsdrahtes noch Drahtstücke von einer derartigen Länge angebracht denken, dass sie dieselben Ladungen enthalten wie der Kondensator, falls er zu gleicher Potentialdifferenz wie die Drahtstücke geladen ist. Besteht nun das

Leitungssystem aus zwei parallelen Kreiscylindern vom Radius R und der Entfernung d, und variirt die Stromstärke und die elektrische Ladung so langsam in Richtung der Axe s der Cylinder, dass wir für jeden Punkt P die Grössen H und $\mathfrak{E}$ so berechnen können, als ob in jedem Querschnitt der beiden Leitungsdrähte die Stromstärke und Ladung gerade so vertheilt wäre, wie in dem durch P hindurchgehenden Querschnitt, so ist, falls P an der Oberfläche eines der Drähte liegt, nach Formel (32), pag. 364, wenn man dort $\mu_0 = 1$ setzt:

$$H = 2 \, i \, \lg \frac{d}{R}, \qquad (44)$$

wobei i die ganze, durch den Querschnitt eines Drahtes bei P gehende Stromstärke bedeutet. — Wir nehmen, gerade wie früher, an, dass an gegenüberliegenden Stellen beider Drähte sowohl die Stromstärken, als die Ladungen numerisch gleich, doch von entgegengesetztem Vorzeichen sind, was aus Symmetrierücksichten erfüllt sein muss, wenn z. B. die Drahtenden mit einem symmetrisch gestalteten Kondensator, z. B. Plattenkondensator, verbunden werden.

Ferner ist das Potential V der Ladung im Punkte P nach den gemachten Annahmen durch Formel (41) im elektrostatischen Maass gegeben. Es ist also im elektromagnetischen Maass gemessen (vgl. oben pag. 288)

$$\mathfrak{E} = - c \, \frac{\partial V}{\partial s} = - 2 \, c \, \lg \frac{d}{R} \, \frac{\partial e}{\partial s}, \qquad (45)$$

wobei e die auf der Längeneinheit des Cylinders bei P lagernde Elektricitätsmenge nach elektrostatischem Maass bedeutet.

Betrachten wir ein Stück von der Länge ds eines Drahtes, welches durch zwei Querschnitte 1 und 2 begrenzt ist, so ist die durch den Querschnitt 1 innerhalb der kleinen Zeit dt eintretende Elektricitätsmenge in elektromagnetischem Maasse: $i_1 \, dt$, wo i_1 die ganze, durch den Querschnitt 1 hindurchgehende Stromstärke bezeichnet. In analoger Bezeichnung ist $i_2 \, dt$ die durch den Querschnitt 2 austretende Elektricitätsmenge. Es ist also $(i_1 - i_2) \, dt$ der in der Zeit dt eintretende Zuwachs der elektrischen Ladung des Stückes von der Länge ds, d. h. es muss sein

$$(i_1 - i_2) \, dt = \frac{1}{c} \, \frac{\partial e}{\partial t} \, dt \, ds.$$

Der Faktor $\frac{1}{c}$ muss angefügt werden, weil e sich auf elektrostatisches Maass bezieht. Da nun nach dem Taylor'schen Lehrsatze ist:

$$i_2 = i_1 + \frac{\partial i}{\partial s} ds,$$

so entsteht

$$\frac{\partial i}{\partial s} = -\frac{1}{c} \cdot \frac{\partial e}{\partial t}. \tag{46}$$

Jetzt haben wir die Mittel gewonnen, eine Differentialgleichung allein für i zu gewinnen. Setzt man nämlich (44) und (45) in (43) ein, und nimmt $\sigma = \infty$, da wir wissen, dass der galvanische Widerstand, falls die Drähte aus guten Leitern bestehen, nur auf die Dämpfung der Schwingungen von Einfluss ist, nicht auf die Periode, welche wir jetzt allein untersuchen wollen, so entsteht:

$$0 = \frac{\partial i}{\partial t} + c \frac{\partial e}{\partial s}.$$

Differencirt man diese Gleichung nach t und setzt für $\frac{\partial e}{\partial t}$ den aus (46) folgenden Werth, so ensteht:

$$\frac{\partial^2 i}{\partial t^2} = c^2 \frac{\partial^2 i}{\partial s^2}. \tag{47}$$

Diese Differentialgleichung charakterisirt eine längs der Drähte hingleitende Wellenbewegung für i; ihr allgemeines Integral ist

$$i = f_1(s - ct) + f_2(s + ct). \tag{48}$$

f_1 entspricht einer nach der $+s$-Richtung, f_2 einer nach der $-s$-Richtung sich fortpflanzenden Welle. Die Fortpflanzungsgeschwindigkeit dieser Wellen ist c, d. h. gleich dem Verhältniss der elektrostatischen zur elektromagnetischen Einheit der Elektricitätsmenge[1]).

Würden die Drähte anstatt in Luft in einem Isolator lagern,

---

[1]) Wie sich aus der Herleitung dieses Satzes ergiebt, ist wesentlich für seine Gültigkeit, dass die Selbstinduktion pro Längeneinheit gleich dem reciproken Werth der Kapacität pro Längeneinheit ist. Bei anderen Anordnungen des Drahtsystems, für welche diese Beziehung nicht mehr besteht (z. B. bei Solenoiden), ist daher auch die Fortpflanzungsgeschwindigkeit elektrischer Störungen nicht mehr gleich c.

dessen Magnetisirungskonstante μ und dessen Dielektricitätskonstante ε ist, so würde nach Formel (32), pag. 364, sein

$$H = 2\mu i \lg \frac{d}{R},$$

ferner müsste (41) erweitert werden in

$$V = \frac{2e}{\varepsilon} \lg \frac{d}{R} \qquad (41')$$

(da die von einer Ladung e ausgehende Kraft im Verhältniss $\frac{1}{\varepsilon}$ sinkt). Wir würden daher aus (43) erhalten mit Fortlassung des gemeinsamen Faktors $2 \lg \frac{d}{R}$:

$$0 = \mu \frac{\partial i}{\partial t} + \frac{c}{\varepsilon} \frac{\partial e}{\partial s},$$

welche Gleichung, mit (46) kombinirt, liefert:

$$\frac{\partial^2 i}{\partial t^2} = \frac{c^2}{\mu \varepsilon} \frac{\partial^2 i}{\partial s^2}. \qquad (47')$$

Das Integral dieser Gleichung ist

$$i = f_1\left(s - \frac{c}{\sqrt{\mu \varepsilon}} t\right) + f_2\left(s + \frac{c}{\sqrt{\mu \varepsilon}} t\right), \qquad (48')$$

d. h. die Wellen pflanzen sich mit der Geschwindigkeit $c : \sqrt{\mu \varepsilon}$ längs der Drähte fort.

Es ist bemerkenswerth, dass für diese, längs sehr guter Leiter sich fortpflanzenden Wellen ganz dieselben Gesetze gelten, wie für ebene, im Isolator sich fortpflanzende Wellen elektrischer, resp. magnetischer Verschiebungsströme (vgl. oben pag. 323). — Da zur Herleitung des Resultates für die Fortpflanzung der Wellen längs Leitern die Verschiebungsströme völlig ignorirt sind, so ist das hier gewonnene Resultat natürlich keineswegs charakteristisch für die Maxwell'sche Theorie.

In der That ist die hier eingeschlagene Ableitung der Gleichungen dem Sinne nach identisch mit derjenigen, welche G. Kirchhoff[1]) schon im Jahre 1857, auf dem Boden der Fernwirkungstheorie stehend, gegeben hat.

---

[1]) G. Kirchhoff, Pogg. Ann. 100, pag. 193 u. 351; 102, pag. 529, 1857. — Gesamm. Abhandl. pag. 131, 154, 182.

10. Die Grenzbedingungen des Problems. Wir haben noch zu den Differentialgleichungen (47), resp. (47'), die Bedingungen für die Enden der Drähte zu bilden, welche bei $s = 0$ und $s = l$ liegen sollen. Es sind zwei verschiedene Fälle von Grenzbedingungen möglich: Sind die beiden Leitungsdrähte an einem Ende zusammenhängend, oder durch einen guten Leiter überbrückt, so muss dort offenbar das Potential V ein und denselben Werth besitzen. Da nun an gegenüberliegenden Stellen die Ladungen e der Drähte von entgegengesetztem Vorzeichen sind, und daher auch V, so erfordert die Gleichheit beider V, dass sie dort verschwinden. Es muss also an einer kurz überbrückten Stelle e verschwinden, d. h. nach (46) muss dort sein:

$$\frac{\partial i}{\partial s} = 0, \text{ an der Brücke.} \quad (49)$$

Dies gilt nicht nur, falls die überbrückte Stelle am Ende der Drähte liegt, sondern auch, falls eine beliebige Zwischenstelle, oder deren mehrere, überbrückt sind.

Da aus (46) folgt, dass auch die Ladungen e, resp. die Potentiale V die Superposition zweier mit der Geschwindigkeit $c : \sqrt{\mu \varepsilon}$ sich fortpflanzender Wellen sind, weil dies für i gilt, so bedeutet die Grenzbedingung (49), welche gleichbedeutend mit $e = 0$ ist, dass an einer Brücke eine Reflexion der Ladungswelle (Welle der e) in der Weise eintritt, dass die Amplitude der reflektirten Welle von gleicher Grösse ist, doch entgegengesetzt gerichtet wie die Amplitude der einfallenden Ladungswelle.

Die andere mögliche Grenzbedingung ist die, dass die Enden der Drähte mit einem Kondensator von bekannter Kapacität C verbunden sind. Jedoch wollen wir gleich die allgemeinere Bedingung behandeln, dass an zwei gegenüberliegenden Zwischenstellen des Leitungsdrahtes grössere, gleichbeschaffene Metallkörper A_1, A_2 angeschlossen sind, deren jeder die Kapacität C besitzt. Wir wollen zunächst voraussetzen, dass A_1 von A_2 soweit entfernt sei, dass sie nicht influencirend aufeinander wirken, was ja von den Leitungsdrähten ebenfalls angenommen ist. Dann ist die Stromstärke i', welche in den Körper A_1 fliesst, gegeben durch

$$i' = C \frac{dV_1}{dt}, \quad (50)$$

falls V_1 das auf A_1 stattfindende Potential bezeichnet. Es seien alle Grössen, i', C, V_1, elektromagnetisch gemessen. Den Körper A_1 kann man nach der oben pag. 374 gemachten Bemerkung ersetzt denken durch ein gewisses zu gleichem Potential geladenes Drahtstück. Die auf demselben pro Längeneinheit lagernde Elektricitätsmenge e müsste nach (41′) in elektrostatischem Maasse betragen:

$$e = \frac{\varepsilon}{2\lg\frac{d}{R}} V_e = \frac{\varepsilon}{2\lg\frac{d}{R}} \frac{1}{c} V_1. \quad (51)$$

falls V_e das Potential in elektrostatischem Maasse bedeutet. Durch Differentiation nach t erhält man mit Rücksicht auf (46):

$$\frac{\partial e}{\partial t} = -c\frac{\partial i}{\partial s} = \frac{\varepsilon}{2\lg\frac{d}{R}} \frac{1}{c} \frac{dV_1}{dt}. \quad (52)$$

Nun ist die Verbindungsstelle des einen Drahtes mit A_1 als eine Stromverzweigungsstelle aufzufassen. Bezeichnet man mit i_z den in der positiven Richtung von s zufliessenden Strom, mit i_a den von der Verzweigungsstelle abfliessenden Strom im Drahte, so ist

$$i_z = i_a + i',$$

oder, wenn man für i' den Werth (50) einsetzt und $\frac{dV_1}{dt}$ durch (52) eliminirt:

$$i_z - i_a = -2\lg\frac{d}{R} c^2 \frac{C}{\varepsilon} \frac{\partial i}{\partial s}. \quad (53)$$

Wenn die beiden Körper A_1 und A_2 sich so nahe kommen, dass die Ladung des einen auf dem anderen eine gleich grosse entgegengesetzte influencirt, wie es bei einem Kondensator nahezu eintritt, so ist an Stelle von (50) zu setzen:

$$i' = C\frac{d(V_1 - V_2)}{dt},$$

oder da $V_2 = -V_1$ ist:

$$i' = 2C\frac{dV_1}{dt}.$$

Die Bedingung (53) verwandelt sich daher dann in:

$$i - i_a = -4\lg\frac{d}{R} c^2 \frac{C}{\varepsilon} \frac{\partial i}{\partial s}. \quad (53')$$

Wie man sieht, ist also an der Anschlussstelle an die Metallkörper ein Sprung in der Stromstärke vorhanden. $\frac{\partial i}{\partial s}$ geht stetig durch die Anschlussstelle hindurch, da V_1, d. h. auch $\frac{dV_1}{dt}$ stetig bleiben muss, folglich nach (52) auch $\frac{\partial i}{\partial s}$.

Ein Specialfall des Betrachteten ist der, dass ein Kondensator am Ende der Drähte angeschlossen ist. Es ist dann in (53), resp. (53') $i_a = 0$ zu setzen. Ist die Kapacität des Endes C sehr klein, d. h. enden die Drähte frei, womöglich in Spitzen, so wird die Grenzbedingung

$$i = 0, \text{ am freien Ende.} \tag{54}$$

Diese Bedingung besagt, dass am freien Ende durch Reflexion eine Umkehr der Amplitude der einfallenden Stromwelle erfolgt.

Es können auch Reflexionen dadurch erfolgen, dass die Kapacität der Drähte sich ändert, d. h. dass sich R, d oder ε sprungweise ändert. Die an einer solchen Stelle zu erfüllenden Bedingungen werden sofort aus (41') abgeleitet, da V stetig bleiben muss. Es folgt daher aus (41') und (46), dass dort sein muss:

$$\frac{\partial i}{\partial s} \frac{1}{\varepsilon} \lg \frac{d}{R} \text{ stetig.} \tag{55}$$

Ebenso muss natürlich auch i stetig sein.

Falls die Magnetisirungskonstante μ der Umgebung der Drähte unstetig variirt, so sind Stetigkeit von i und V, d. h. $\frac{\partial i}{\partial s}$, die Grenzbedingungen.

11. Die vollständige Lösung des Problems. Zur vollständigen Integration der Differentialgleichung (47), resp. (47') bedarf es ausser den Bedingungen (49), (53), (54), (55), welche für bestimmte Stellen, d. h. bestimmte Werthe von s, zu jeder Zeit t gelten, noch einer Anfangsbedingung für $t = 0$, welche für alle s gilt, d. h. es muss der Anfangszustand des Leitersystems gegeben sein. Man muss daher annehmen, dass für $t = 0$ i eine bekannte Funktion von s ist. Oft sind die Anfangsbedingungen für das Potential V, resp. die Ladung e direkter gegeben, als die für die Stromstärke i. Dies ist z. B. der Fall, wenn der ursprünglich ungeladene Schliessungsdraht mit einem Kondensator verbunden wird, der zu bekanntem Potential geladen ist. Wie schon oben angeführt wurde, kann man einen Kondensator ersetzt denken durch eine zu gleichem Potential geladene Drahtstrecke von gewisser, vorläufig noch unbekannter Länge l_0. Anstatt der bekannten Länge l der Drähte ist dann die unbekannte Grösse $l + l_0 = l_1$ für ihre Länge einzuführen. V ist dann für $t = 0$ überall gleich Null, ausser auf der (unbekannten) Länge l_0 der Drähte, wo es konstant ist. Da für e resp. V dieselbe Differentialgleichung (47) wie für i gilt und auch die Grenzbedingungen, welche wir für i hingeschrieben haben, gemäss der Gleichung (46) leicht in solche für e verwandelt werden können, so gelten für die Ladungswellen ganz dieselben Ueberlegungen, die wir hier für die Stromwellen durchführen wollen.

Es möge nun also $i = \varphi(s)$ für $t = 0$ im Intervall $s = 0$ bis $s = l_1$ als gegeben angesehen werden. l_1 ist nur dann gleich der Länge l der Drähte, wenn kein Kondensator angehängt ist. Nach dem Fourier'schen Lehrsatze kann man nun stets schreiben:

$$i_{(t=0)} = A_0 + A_1 \sin\frac{\pi s}{l_1} + A_2 \sin\frac{2\pi s}{l_1} + \ldots + A_n \sin\frac{n\pi s}{l_1} + \ldots$$
$$+ B_1 \cos\frac{\pi s}{l_1} + B_2 \cos\frac{2\pi s}{l_1} + \ldots + B_n \cos\frac{n\pi s}{l_1} + \ldots, \quad (56)$$

wo die A, B aus $\varphi(s)$ berechnet werden können. Es ist nämlich

$$A_n = \frac{2}{l_1} \int_0^{l_1} \varphi(s) \sin\frac{n\pi s}{l_1}\, ds,$$

$$B_n = \frac{2}{l_1} \int_0^{l_1} \varphi(s) \cos\frac{n\pi s}{l_1}\, ds.$$

Da i für beliebige t in der Form (48) erscheinen muss (es soll jetzt $\mu = \epsilon = 1$ gesetzt werden), so folgt aus (56) für beliebige t (die Konstante A_0 wird fortgelassen, da es sich hier nur um veränderliche Ströme handelt):

$$i = \Sigma A_n' \sin\frac{n\pi}{l_1}(s - ct) + A_n'' \sin\frac{n\pi}{l_1}(s + ct)$$
$$+ \Sigma B_n' \cos\frac{n\pi}{l_1}(s - ct) + B_n'' \cos\frac{n\pi}{l_1}(s + ct), \quad (57)$$

welche Gleichung man auch in der Form schreiben kann:

$$i = \Sigma A_n \sin \frac{n\pi s}{l_1} \cos \frac{n\pi c t}{l_1}$$
$$+ \Sigma B_n \cos \frac{n\pi s}{l_1} \cos \frac{n\pi c t}{l_1}$$
$$+ \Sigma C_n \cos \frac{n\pi s}{l_1} \sin \frac{n\pi c t}{l_1} \quad (58)$$
$$+ \Sigma D_n \sin \frac{n\pi s}{l_1} \sin \frac{n\pi c t}{l_1}.$$

Die A_n, B_n, C_n, D_n sind erst dann völlig bestimmt, wenn nicht nur i, sondern auch $\frac{\partial i}{\partial s}$ oder $\frac{\partial i}{\partial t}$ für $t = 0$ gegeben ist.

Aus der Formel (57) oder (58) erkennt man, dass i in jedem Falle eine Superposition von Schwingungen ist, deren Periode ist:

$$T_n = \frac{2 l_1}{n c}. \quad (59)$$

Diese Schwingungsdauern, die überhaupt vorkommen können, fallen je nach den verschiedenen Nebenbedingungen (49), (53), (54), (55) verschieden aus.

Betrachten wir specieller den uns hier interessirenden Fall, dass bei $s = l$ ein Kondensator der Kapazität C angehängt ist, während die anderen Enden der Drähte ($s = 0$) leitend verbunden sind. d und R sollen überall denselben Werth haben. Dann gilt für $s = l$ die Gleichung (53'), (für $s = 1$, $i_a = 0$), nämlich:

$$\left[i = - 4 \lg \frac{d}{R} c^2 C \frac{\partial i}{\partial s} \right]_{s=l}, \quad (60)$$

während nach (49) für $s = 0$ gilt:

$$\left[\frac{\partial i}{\partial s} \right]_{s=0} = 0.$$

Zufolge letzterer Gleichung müssen die Koefficienten A_n, D_n in (58) verschwinden. Die erstere Gleichung (60) liefert dagegen:

$$\cos \frac{n\pi l}{l_1} = 4 \lg \frac{d}{R} c^2 C \sin \frac{n\pi l}{l_1} \cdot \frac{n\pi}{l_1},$$

oder wenn man die Schwingungsdauer T_n nach (59) einführt:

Berechnung der Grundschwingung.

$$1 = 8 \lg \frac{d}{R} c C \frac{\pi}{T_n} \operatorname{tg} \frac{2\pi l}{T_n c}. \tag{61}$$

Dies ist eine transcendente Gleichung für die Schwingungsdauer T_n. Setzt man zur Abkürzung

$$\frac{2\pi l}{T_n c} = x, \tag{62}$$

so wird (61) zu

$$x \operatorname{tg} x = \frac{1}{4 c^2 C \lg \frac{d}{R}}. \tag{63}$$

Die rechte Seite dieser Gleichung ist nun bei Entladungen grösserer Kondensatoren durch einen Schliessungskreis, für welchen $d:R$ eine grosse Zahl ist, eine kleine Zahl. So ist z. B. bei dem oben pag. 361 berechneten Versuche Feddersen's $C = 0{,}013$ Mikrofarad $= 0{,}013 \cdot 10^{-15}$, $\lg \frac{d}{R}$ annähernd gleich 14,5, für den längsten Schliessungskreis war l (die halbe Länge) $= 0{,}67 \cdot 10^5$ cm. Es wird die rechte Seite von (63) zu 0,101. Die Werthe von x liegen daher nahe bei 0, π, 2π ... etc. Für den kleinsten Werth von x, welcher nach (62) der grössten Schwingungsdauer T_0 entspricht, d. h. der sogenannten Grundschwingung, erhält man daher aus (63), wenn man x für $\operatorname{tg} x$ schreibt:

$$x^2 = \frac{4\pi^2 l^2}{T_0^2 c^2} = \frac{1}{4 c^2 C \lg \frac{d}{R}},$$

d. h.

$$T_0 = 2\pi \sqrt{2 l' \lg \frac{d}{R} C} = 2\pi \sqrt{L'C}, \tag{64}$$

wobei $l = 2l$ die Gesammtlänge des Schliessungsdrahtes bedeutet. Dies ist dieselbe Formel, die oben pag. 365 abgeleitet ist unter der Annahme, dass die Stromstärke nicht längs s variire. **Das dort erhaltene Resultat wird also durch die Oberschwingungen nicht merklich modificirt.**

Die erste Oberschwingung T_1 erhält man angenähert, indem man $x = \pi$ setzt. Es folgt dann aus (62) $T_1 = \frac{l'}{c}$. Einen genaueren Werth erhält man, indem man $x = \pi + \alpha$ setzt, wo α eine kleine Zahl ist. Für diese ergiebt sich aus (63):

$$(\pi + \alpha)\,\alpha = \dfrac{1}{4\,c^2\,C\,\lg \dfrac{d}{R}},$$

oder, indem α^2 gegen $\pi\alpha$ vernachlässigt:

$$\pi\alpha = \dfrac{1}{4\,c^2\,C\,\lg \dfrac{d}{R}},$$

d. h.

$$x = \pi\left(1 + \dfrac{1}{4\,\pi^2 c^2 C\,\lg \dfrac{d}{R}}\right).$$

Folglich wird der genauere Werth von T_1:

$$T_1 = \dfrac{l'}{c}\left(1 - \dfrac{l'}{8\,\pi^2 c^2 C\,\lg \dfrac{d}{R}}\right).$$

Bei dem soeben angeführten Versuche Feddersen's ergiebt sich daher T_1 zu

$$T_1 = \dfrac{1{,}34 \cdot 10^5}{3 \cdot 10^{10}}\left(1 - \dfrac{1{,}34}{8 \cdot \pi^2 \cdot 9 \cdot 0{,}013 \cdot 14{,}5}\right)$$
$$= 4{,}46 \cdot 10^{-6}\,(1 - 0{,}01) = 4{,}42 \cdot 10^{-6}\ \text{sec}.$$

Wie man sieht, ist der Näherungswerth $T_1 = \dfrac{l'}{c}$ bis auf 1% richtig. Vergleicht man den Werth der ersten Oberschwingung T_1 mit dem der Grundschwingung T_0, welche nach (64) bei diesem Versuche zu

$$T_0 = 44{,}6 \cdot 10^{-6}\ \text{sec}$$

folgt, so erkennt man, dass die Wirkung der Grundschwingung von der der Oberschwingungen experimentell leicht zu trennen ist, da erstere 10 mal langsamer erfolgt als die langsamste der Oberschwingungen. Die Entladung eines grossen Kondensators bietet also eine gewisse Analogie zu dem Schwingungsvorgang in einer recht massiven Stimmgabel, welche ebenfalls erst so hohe Obertöne zeigt, dass sie den Grundton kaum stören.

Die höheren Oberschwingungen T_2, T_3 etc. des Schliessungskreises sind sehr nahezu ganzzahlige Brüche von T_1, nämlich

$T_2 = \frac{1}{2} T_1$, $T_3 = \frac{1}{3} T_1$ etc. Die Oberschwingungen sind also sehr nahezu harmonisch zu einander.

Da wir jetzt die Schwingungsdauern berechnet haben, so können wir auch die oben pag. 381 eingeführte, dem Kondensator äquivalente Drahtlänge l_0 berechnen. Wenn nämlich der Schliessungsdraht bei $s = 1 + l_0 = l_1$ frei endigt, ohne merkliche Kapacität an seinen Enden zu besitzen, so muss dort nach (54) i verschwinden. Da nach (49) die Koefficienten A_n, D_n in (58) verschwinden (vgl. pag. 382), so folgt aus $i = 0$ für $s = l_1$, dass n die Form besitzen muss

$$n = \frac{2h+1}{2},$$

wo h eine ganze Zahl bedeutet. Die Schwingungsdauern ergeben sich daher nach (59) zu:

$$T_h = \frac{4 l_1}{(2h+1) c} = \frac{4(1+l_0)}{(2h+1) c}. \quad (65)$$

Für die Grundschwingung muss also sein:

$$T_0 = 2\pi \sqrt{4 l \lg \frac{d}{R} C} = \frac{4(1+l_0)}{c},$$

d. h.

$$\frac{l_0}{l} = \pi \sqrt{C \frac{c^2}{l} \lg \frac{d}{R}} - 1. \quad (66)$$

Bei dem berechneten Versuch ergiebt sich so $l_0 = 4\, l$ als die äquivalente Drahtlänge für die Grundschwingung. — Für die h^{te} Oberschwingung muss sein:

$$T_h = \frac{2 l}{h c} = \frac{4(1+l_0)}{(2h+1) c}, \quad \text{d. h.} \quad \frac{l_0}{l} = \frac{1}{2h}. \quad (67)$$

Es wirkt also für die Oberschwingungen ein angehängter grosser Kondensator so, als ob die Drähte dort leitend überbrückt wären, was von vornherein als plausibel erscheinen muss, da ein grosser Kondensator den Eintritt eines Stromes nahezu ungehindert gestattet. In der That würden wir nämlich, falls die Drähte nicht nur bei $s = 0$, sondern auch bei $s = 1$ überbrückt sind, aus (49) erhalten, dass in (58) $A_n = D_n = 0$ sein muss, und ferner, dass n eine ganze

Zahl h sein muss. Die Schwingungsdauern T_h würden sich daher aus (59) ergeben zu:

$$T_h = \frac{2\,l}{h\,c}. \tag{68}$$

Dies sind aber dieselben Schwingungsdauern, wie sie nach (63) nahezu für die wirklich stattfindenden Oberschwingungen bei Anhängung eines grossen Kondensators C erfolgen.

Wie schon oben erwähnt wurde, hat $T_h c$ die Bedeutung der Wellenlänge λ_h der h^{ten} Oberschwingung. Aus (68) folgt daher, dass die Distanz l zwischen zwei Brücken ein ganzzahliges Vielfaches einer halben Wellenlänge sein muss, da die Beziehung besteht:

$$l = h \cdot \frac{\lambda_h}{2}. \tag{68'}$$

Es bilden sich daher stehende Wellen aus, deren Schwingungsmaximum (Bauch) für die Stromwellen an den Brücken liegt, während der Knoten der Grundschwingung in der Mitte zwischen den Brücken liegt.

Umgekehrt liegen für die Ladungs- oder Spannungswellen (V) an den Brücken die Knoten, in der Mitte zwischen denselben der Bauch für die langsamste Eigenschwingung.

Ferner folgt aus (65), dass die Distanz l_1 zwischen einer Brücke und einem freien Ende gleich dem ungraden Vielfachen einer Viertelwellenlänge ist, da nach (65):

$$l_1 = (2\,h + 1)\,\frac{\lambda_h}{4}. \tag{65'}$$

Die Analogie dieses Falles mit der der Luftschwingung in einer gedackten Pfeife liegt auf der Hand. Das geschlossene Ende derselben entspricht für die Excursionen der Lufttheile dem freien Ende der Drähte für die Stromwellen, das offene Ende der Pfeife entspricht der Brücke der Drähte. — Ebenso entspricht der in (68') behandelte Fall den Schwingungen in einer offenen Pfeife.

12. Wann beeinflusst der galvanische Widerstand die Fortpflanzungsgeschwindigkeit elektrischer Drahtwellen? Wir wollen die Rechnungen des vorigen Paragraphen noch vervollständigen durch eine nähere Untersuchung über die Berechtigung der pag. 376 gemachten Voraussetzung, dass der galvanische Widerstand die Periode der elektrischen Schwingungen gar nicht beeinflusse. Würde man in (43) (pag. 374) σ nicht gleich ∞ gesetzt haben, so hätte man aus (43), (44) und (45) erhalten:

$$\frac{j}{\sigma} = -2 \lg \frac{d}{R} \frac{\partial i}{\partial t} - 2 c \lg \frac{d}{R} \frac{\partial e}{\partial s}.$$

Nimmt man zur Schätzung des Einflusses des galvanischen Widerstandes an, dass die Stromdichte j gleichförmig vertheilt sei innerhalb eines Querschnittes q, der allerdings kleiner sein kann, als der wirkliche Querschnitt des Drahtes, so ist $\frac{1}{q\sigma}$ der galvanische Widerstand w' der Längeneinheit, und $j = i : q$. Die obige Gleichung wird daher zu:

$$i w' = -2 \lg \frac{d}{R} \frac{\partial i}{\partial t} - 2 c \lg \frac{d}{R} \frac{\partial e}{\partial s}.$$

Verbindet man mit dieser Gleichung die Formel (46), nämlich

$$\frac{\partial i}{\partial s} = -\frac{1}{c} \frac{\partial e}{\partial t},$$

so erhält man durch Elimination von e:

$$c^2 \frac{\partial^2 i}{\partial s^2} = \frac{\partial^2 i}{\partial t^2} + \frac{w'}{2 \lg \frac{d}{R}} \frac{\partial i}{\partial t}. \qquad (69)$$

Wenn nun i eine periodische Funktion der Zeit ist, mit der Periode T, so ist i gleich dem reellen Theile von

$$i = i_0 e^{2\pi \frac{t}{T} \sqrt{-1}}. \qquad (70)$$

Rechnet man so, als ob i wirklich gleich dieser komplexen Grösse wäre, was man thun kann, da die Differentialgleichungen lineare sind, so ist nach (70):

$$\frac{\partial i}{\partial t} = -\frac{T}{2\pi} \sqrt{-1} \frac{\partial^2 i}{\partial t^2},$$

daher nach (69)

$$c^2 \frac{\partial^2 i}{\partial s^2} = \frac{\partial^2 i}{\partial t^2} \left(1 - \sqrt{-1} \frac{w' T}{4\pi \lg \frac{d}{R}}\right). \qquad (71)$$

Hieraus erkennt man, dass die Gleichung (47), nämlich:

$$c^2 \frac{\partial^2 i}{\partial s^2} = \frac{\partial^2 i}{\partial t^2},$$

und daher auch die Fortpflanzungsgeschwindigkeit der Wellen unbeeinflusst vom galvanischen Widerstande bleibt, falls

$$w' \text{ zu vernachlässigen ist gegen} \quad \frac{4\pi \lg \frac{d}{R}}{T}. \qquad (72)$$

Je schneller die Schwingungen sind, d. h. je kleiner T ist, um so weniger kann daher der galvanische Widerstand von Einfluss auf die Periode sein, falls nicht allerdings w' dadurch sehr erheblich wird, dass die Stromstärke sich nach der Oberfläche sehr stark hindrängt und q sehr klein wird. Man kann letzteren Einfluss nach der im VI. Kapitel auf pag. 245 gegebenen Formel (41) schätzen. Nach dieser ist nämlich für sehr schnelle Schwingungen der Periode T der Widerstand w eines Drahtes vom Radius R und der specifischen Leitfähigkeit σ (nach elektromagnetischem Maass):

$$w = w_0 \pi R \sqrt{\frac{\mu \sigma}{T}}, \qquad (73)$$

falls w_0 den Widerstand des Drahtes für konstanten Strom bedeutet und μ die magnetische Leitfähigkeit des Drahtes. Da nun ist

$$w_0 = \frac{1}{\pi R^2 \sigma},$$

so ist der Widerstand w' pro Längeneinheit:

$$w' = \frac{1}{R} \sqrt{\frac{\mu}{\sigma T}}. \qquad (73')$$

Der Widerstand bei schnellen Schwingungen hängt also auch von der magnetischen Leitfähigkeit ab, was daraus verständlich ist, dass bei grossem μ die Schwingungen mehr an die Oberfläche des Drahtes gedrängt werden, als bei kleinem μ (vgl. oben pag. 243). Der galvanische Widerstand ist also ohne Einfluss auf die Periode der Schwingungen und ihre Fortpflanzungsgeschwindigkeit, falls

$$\frac{1}{R} \sqrt{\frac{\mu}{\sigma T}} \text{ zu vernachlässigen ist gegen} \quad \frac{4\pi \lg \frac{d}{R}}{T}$$

oder falls

$$\sqrt{\frac{\mu}{\sigma}} \text{ klein gegen } \frac{4 \pi R \lg \frac{d}{R}}{\sqrt{T}}.$$

Also auch nach dieser strengeren Schätzung ergiebt sich, dass der galvanische Widerstand um so mehr vernachlässigt werden kann, je schneller die Schwingungen sind und je grösser R und d ist. Für Kupferdrähte, für welche $\mu = 1$, $\sigma = 1{,}063 \cdot 10^{-5} \cdot 60$ [nach Formel (16) auf pag. 230; es ist das Verhältniss σ' der Leitfähigkeit des Kupfers zum Quecksilber etwa gleich 60], ergiebt sich für verhältnissmässig langsame Schwingungen, nämlich $T = 10^{-5}$, wie sie Entladungen grosser Leydener Flaschen durch lange Drähte entsprechen, bei $R = 1$ mm und $d = 10$ cm:

$$\sqrt{\frac{\mu}{\sigma}} = 39{,}6 \, ; \quad \frac{4 \pi R \lg \frac{d}{R}}{\sqrt{T}} = 1833.$$

Also schon bei Schwingungen der Schnelligkeit $T = 10^{-5}$ und noch schnelleren ist bei 2 mm dicken Kupferdrähten ihr Widerstand ohne merkbaren Einfluss auf die Geschwindigkeit der in ihnen fortgepflanzten Wellen.

Ist der Draht mit einem Kondensator der Kapazität C verbunden und setzen wir in (72) für T den Werth der Grundschwingung T_0 nach (64), so spricht (72) dieselbe Bedingung aus, wie sie oben pag. 354 für die Unabhängigkeit der Schwingungsdauer vom galvanischen Widerstande angegeben ist. — Ist der Draht aber ohne Kondensator, so erhält man nach dem vorigen Paragraphen die langsamsten Schwingungen, wenn die beiden parallelen Drähte von der Länge l an einem ihrer Enden leitend verbunden sind, während ihre anderen Enden ohne Kapazität auslaufen. Nach (65′) (pag. 386) ist dann für die Grundschwingung l gleich ¼ Wellenlänge $= ¼ \, Tc$, d. h. $T = 4 \frac{l}{c} = 2 \frac{l'}{c}$, falls l′ die Gesammtlänge der Drähte bezeichnet. Die Bedingung (72) geht daher in diesem Falle über in:

$$w' \text{ klein gegen } 2 \pi c \frac{\lg \frac{d}{R}}{l'},$$

oder, falls man den Widerstand der ganzen Leitung mit $w = w'l'$ bezeichnet, so folgt, dass, wenn

$$\text{w klein gegen } 2\pi c \lg \frac{d}{R} = 188 \lg \frac{d}{R} \text{ Ohm} \quad (74)$$

(vgl. oben pag. 229) ist, dann die Schwingungsperiode, d. h. auch die Fortpflanzungsgeschwindigkeit der Wellen unabhängig vom galvanischen Widerstande der Leitung ist.

Setzt man für w seinen Werth nach (73′) und für T den der Grundschwingung $T = 2\, l' : c$, so geht die Bedingung (74) über in:

$$\sqrt{\frac{\mu}{\sigma}} \text{ klein gegen } 2\pi \sqrt{\frac{c}{l}} R \lg \frac{d}{R}. \quad (74')$$

Diese Bedingung ist bei allen in Laboratorien mit Metalldrähten ausgeführten Versuchen erfüllt.

Für Kupferdrähte von $R = 0{,}1$ cm, $d = 10$ cm, der Länge $l = 100$ m, folgt

$$2\pi R \lg \frac{d}{R} \sqrt{\frac{c}{l}} = 5000.$$

Die Drähte müssten also erheblich dünner oder länger sein, wenn der Werth von $\sqrt{\frac{\mu}{\sigma}}$, der gleich 39,6 ist, ins Gewicht gegen $2\pi R \lg \frac{d}{R}\sqrt{\frac{c}{l}}$ fallen sollte. — Wenn anstatt der Kupferdrähte Eisen genommen wird, für welches $\sigma = 1{,}063 \cdot 10^{-5} \cdot 10{,}1 = 10{,}8 \cdot 10^{-5}$ und μ bei sehr schnellen Schwingungen etwa gleich 111 ist[1]), so folgt $\sqrt{\frac{\mu}{\sigma}} = 1020$. Dies würde schon einen gewissen Einfluss des Widerstandes auf die Fortpflanzungsgeschwindigkeit bedingen für $l = 100$ m, d. h. für $Tc = \lambda = 2\, l' = 4\, l = 400$ m, also für Wellen von 400 m Länge. Dagegen würde für Wellen von 4 m Länge der Einfluss des Widerstandes sehr unerheblich sein, da 1020 klein neben 50 000 ist.

Dagegen wird die Bedingung (74′) bei den an Telegraphenlinien angestellten Versuchen über die Fortpflanzungsgeschwindigkeit einer elektrischen Störung nicht mehr erfüllt sein wegen der grossen Länge l, welche bei diesen Versuchen benutzt wird.

---

[1]) Diese Zahl ist einer Bestimmung von J. Klemencic (Wied. Ann. 50, pag. 475, 1893) entnommen.

Aus diesen Gründen ist es erklärlich, dass die Gesetze der Ausbreitung einer elektrischen Störung in einer Telegraphenlinie wesentlich andere sind, wie u. A. auch Hagenbach[1]) konstatirt hat, als die von schnellen Schwingungen in kurzen Leitungsbahnen. — Für erstere kann man den galvanischen Leitungswiderstand nicht vernachlässigen. Man erhält dann aus (28) (pag. 363) mit Beibehaltung von σ ähnliche Formeln, wie sie für die Diffusion oder Wärmeleitung bestehen.

13. Elektrische Schwingungen in kurzen, ungeschlossenen Leitern. In den bisherigen Paragraphen sind elektrische Schwingungen in geschlossenen oder nahezu geschlossenen Leitern behandelt. Wenn es nun durch geeignete experimentelle Anordnungen

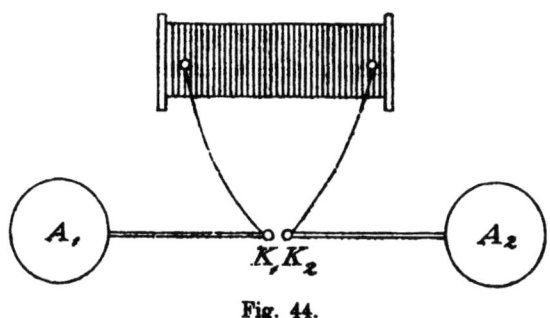

Fig. 44.

gelingen könnte, diese Wellen loszulösen von den ihnen durch die Leitungsdrähte gewiesenen Bahnen und ebene Wellen daraus zu schaffen, welche sich frei durch den Luftraum, ohne Gegenwart irgend welcher Leiter, bewegen, so könnten wir vielleicht eine Erreichung des erstrebten Zieles hoffen, nämlich die Messung der den Wellen im freien Lufträume zukommenden Wellenlänge.

Man muss allerdings zur Erreichung dieses Zweckes die Periode der Schwingungen noch bedeutend verkleinern; den bisher betrachteten Kondensatorentladungen der Periode $T = 2 \cdot 10^{-6}$ sec würde nämlich eine Wellenlänge der Grösse $\lambda = 6 \cdot 10^4$ cm entsprechen. — Diese Wellenlänge, d. h. auch die Periode T muss jedenfalls noch verkleinert werden, wenn sie in einem Zimmer gemessen werden soll.

---

[1]) Hagenbach, Arch. de Gen. (3) 12, pag. 476, 1884. — Wied. Ann. 29, pag. 377, 1886.

Die genannten experimentellen Bedingungen sind nun durch eine Versuchsanordnung von Hertz[1]) im Jahre 1887 realisirt. Er ging von dem Gedanken aus, dass die Schwingungsdauer der Entladung zweier zu verschiedenem Potential geladener Körper A_1, A_2 sehr klein ausfallen müsste, wenn dieselben durch einen kurzen, geraden Schliessungsdraht verbunden würden, weil bei dieser Anordnung die Selbstinduktion und die Kapacität des Systems sehr gering ist.

Hertz verwandte als Konduktoren A_1 und A_2 zwei Zinkkugeln von 30 cm Durchmesser. In dieselben waren zwei geradlinige Kupferdrähte von 0,5 cm Durchmesser verschiebbar eingesetzt. An ihren anderen Enden trugen die Drähte zwei kleine, gut polirte Messingkugeln K_1, K_2 von etwa 3 cm Durchmesser. Wir wollen dieselben der Kürze halber die „Entladungskugeln" nennen. Auf isolirenden Stützen wurden nun die Leitersysteme derart aufgestellt (vgl. Fig. 44), dass die Drähte eine geradlinige Fortsetzung bildeten, und dass die Entladungskugeln einen gegenseitigen Abstand von etwa 0,75 cm, die Centren der Kugeln A_1, A_2 einen Abstand von 1,50 m oder 1 m (in verschiedenen Versuchen verschieden) besassen. Dicht bei den Entladungskugeln waren die Enden der Sekundärspule eines grossen Ruhmkorff'schen Induktionsapparates angefügt. Bei einer einmaligen Unterbrechung des Stromes in der Primärspule des Ruhmkorff'schen Apparates ladet die Sekundärspule die Kugeln A_1, A_2 zu entgegengesetztem Potential, wodurch ein Funken an den Entladungskugeln überschlägt. Diese Entladung der Kugeln A_1, A_2 muss oscillatorischer Natur sein, da der galvanische Widerstand der Schliessung sehr gering ist. Sein Werth ist deshalb nicht genau angebbar, weil der Widerstand der Funkenstrecke nicht zu bestimmen ist. Jedenfalls ist aber aus weiter unten zu beschreibenden Erscheinungen mit Sicherheit auf die oscillatorische Natur der Entladung zu schliessen, falls gewisse Nebenbedingungen noch erfüllt sind, die ebenfalls weiter unten besprochen werden sollen.

Zunächst ist die Frage zu erledigen, ob die Eigenschwingung des Systems, nämlich der Konduktoren A_1 und A_2 und der angesetzten geraden Drähte, nicht beeinflusst werden durch die Verknüpfung mit der Sekundärspule des Ruhmkorff'schen Apparates, welche ja eine leitende Verbindung zwischen A_1 und A_2 herstellt.

Aus unseren früheren Betrachtungen geht hervor, dass, auch

---

[1]) H. Hertz, Wied. Ann. 31, pag. 421, 1887.

wenn gar kein Funken zwischen den Entladungskugeln überschlägt, doch der durch eine einmalige Unterbrechung des Primärstromes hergestellte Potentialunterschied der Konduktoren A_1, A_2 sich in oscillatorischer Weise durch die Sekundärspule entladen muss. Diese Schwingungen sind wegen der grossen Selbstinduktion der Sekundärspule verhältnissmässig langsam und jedenfalls sehr viel langsamer, als die Eigenschwingung der durch die geraden Drähte und den Entladungsfunken leitend verbundenen Konduktoren A_1, A_2. Da diese Eigenschwingungen sehr schnell verlaufen müssen, bildet für sie die leitende Verbindung durch die Sekundärspule mit ihrer grossen elektrischen Trägheit überhaupt keine Leitung; die in der Eigenschwingung oscillirende Stromstärke wird also trotz der Verbindung mit der Sekundärspule nur in den geraden Drähten und dem Entladungsfunken fliessen.

Es bliebe nun aber noch zu untersuchen, ob nicht die Induktion der trägen Schwingungen der Sekundärspule merklich die Periode der schnellen Schwingungen der geraden Drähte beeinflussen könnte. Das Problem ist ganz ähnlich dem in § 5 untersuchten, in dem es sich um die gegenseitige Beeinflussung der Schwingungen in der Primär- und in der Sekundärspule eines Ruhmkorff'schen Apparates handelt. Auch in unserem Falle hat man es nämlich mit zwei, in getrennten Bahnen (ohne gegenseitige Verzweigung) fliessenden elektrischen Schwingungen zu thun, von denen die eine weit schneller als die andere ist. Wie dort gezeigt wurde, wird die schnellere Schwingung durch die viel langsamere gar nicht beeinflusst. Da sie eine viel stärkere Dämpfung besitzt als letztere, so wird sie früher erlöschen. Von diesem Zeitpunkte an geht dann auch die langsamere Schwingung völlig ungestört vor sich.

Es ist also hiernach zu schliessen, dass die Periode der Eigenschwingung der durch die geraden Drähte und den Entladungsfunken verbundenen Konduktoren A_1, A_2 durch die Verknüpfung mit der Sekundärspule des Ruhmkorff gar nicht beeinflusst wird. Der ganze Vorgang lässt sich, wie Poincaré[1]) treffend sagt, damit vergleichen, dass man an die Linse eines Pendels ein zweites Pendel anheftet. Haben die Linsen beider Pendel nahezu die gleiche Trägheit (Masse), dann werden ihre Schwingungsperioden wesent-

---

[1]) Poincaré, Elektricität u. Optik; deutsch von Jäger und Gumlich, Berlin 1892, II. Bd., pag. 184.

lich beeinflusst; ist aber das erste Pendel sehr lang und die Masse seiner Linse sehr beträchtlich, das zweite dagegen kurz und leicht, dann wird die Schwingungsperiode des letzteren durch die Bewegung des ersteren nur wenig gestört werden.

Wenn man also durch einen automatischen Unterbrecher (Neefschen Hammer, Foucault'schen Quecksilberinterruptor) den Strom in der Primärspule des Ruhmkorff periodisch schliesst und öffnet, so haben wir drei wesentlich voneinander verschiedene Perioden der elektrischen Vorgänge zu unterscheiden: die schnellste Periode ist die in dem Entladungsfunken sich abspielende. Ueber sie lagert sich die vielleicht mehr wie 1000 mal langsamere Schwingung in der Sekundärspule, welche wegen ihrer verhältnissmässig kleinen Dämpfung noch vorhanden ist, wenn der Entladungsfunke schon seit einiger Zeit aufgehört hat. Doch auch diese langsamen Schwingungen werden absterben. Wenn sie schon vollständig abgeklungen sind, wird ein neuer Anstoss des Neef'schen Hammers die beiden soeben betrachteten Schwingungen wieder ins Leben rufen. Diese Periode der Wiederholungen der Vorgänge, welche man aus dem Tone des Neef'schen Hammers berechnen kann, ist also die weitaus langsamste der Vorgänge, und sie bezweckt weiter nichts, als dass die Erscheinungen, welche bei einer einmaligen Unterbrechung des Primärstromes sich vielleicht wegen der Kürze ihrer Dauer der Beobachtung entziehen könnten, durch häufige Wiederholung bequemer sichtbar werden.

Wegen der sehr verschiedenen Grössenordnung dieser drei Perioden ist es leicht, die Wirkungen der schnellsten derselben ungestört durch das Vorhandensein der langsameren für sich zu untersuchen. — Wir wollen uns jetzt zu einer Berechnung dieser schnellsten Periode wenden, nämlich der Eigenschwingung der durch eine gerade Leiterstrecke der Länge l verbundenen Konduktoren A_1 und A_2.

14. Berechnung der Periode des Hertz'schen Erregers. Es bedürfen zunächst die Gleichungen, welche uns bisher die Dauer der Grundschwingung des Systems geliefert haben, einer kleinen Aenderung, da der Konduktor A_1 kaum influencirend wirken kann auf A_2. Wir wollen die Influenz von A_1 auf A_2 ganz vernachlässigen. — Es gilt die Gleichung (4) dieses Kapitels (pag. 353) auch hier noch, welche lautet, falls man den galvanischen Widerstand w vernachlässigt:

$$0 = -L\frac{di}{dt} + V_1 - V_2. \tag{75}$$

L bedeutet den Koefficienten der Selbstinduktion des Systems, oder, wenn man die ungleiche Vertheilung der Stromdichte im Querschnitt berücksichtigt, den Induktionskoefficienten des Stromsystems auf die in seiner Oberfläche verlaufenden Ströme (cf. oben pag. 367). V_1 und V_2 bedeuten die Potentialwerthe der Enden des Systems, in elektromagnetischem Maasse gemessen.

Dagegen gilt die frühere Gleichung (2) pag. 352, nämlich

$$e_m = C\,(V_1 - V_2)$$

nicht mehr, falls e_m die an dem einen Ende des Systems befindliche elektrische Ladung, d. h. besser die dort austretende Zahl der elektrischen Kraftlinien bedeutet, sondern es ist hier, da der Konduktor A_2 nicht influencirend auf den Konduktor A_1 wirkt:

$$e_m = CV_1, \tag{76}$$

falls C die Kapacität (in elektromagnetischem Maasse) des für sich allein betrachteten Konduktors A_1 bedeutet.

Da nun auch hier die Gleichung (3) (pag. 352) gilt, nämlich:

$$i = -\frac{de_m}{dt}, \tag{77}$$

und da ausserdem bei symmetrischer Beschaffenheit des Systems $V_2 = -V_1$ ist, so folgt durch Differentiation von (75) nach t und Berücksichtigung von (76) und (77):

$$\frac{d^2i}{dt^2} + \frac{2}{LC}i = 0. \tag{78}$$

An Stelle der Formel (12) der pag. 354 tritt hier also

$$T = \pi\sqrt{2LC}. \tag{79}$$

Schwierigkeiten macht nun die Berechnung des Induktionskoefficienten L. Wir haben denselben oben berechnen können für gewisse einfachste Formen eines geschlossenen Leiterkreises unter Vernachlässigung der Induktionswirkungen der Verschiebungsströme, welche in dem den Leiter umgebenden Isolator verlaufen. Von diesen Verschiebungsströmen können wir aber in diesem Falle, wo der Leiter aus einem geraden Drahte besteht, nicht abstrahiren, denn ohne sie würde der elektrische Strom gar nicht als ein geschlossener, in sich zurücklaufender erscheinen. Eine strenge Berechnung der Eigenschwingung unseres Systems hat nun deshalb in der That mit grossen Schwierigkeiten zu kämpfen. Der Weg, auf welchem man zu einer solchen strengen Berechnung gelangt, ist der schon oben pag. 370 skizzirte. Aber nur in wenigen ganz speciellen Fällen sind bisher die mathematischen Schwierigkeiten, welche der Weg bietet, überwunden[1]), und ist eine strenge Berechnung von T ermöglicht.

Zur Schätzung der Schwingungsdauer kann man dagegen einen angenäherten Weg gehen. Wir sahen oben pag. 365, dass der Koefficient L, falls der Schliessungsdraht aus zwei einander im Abstand d parallel geführten Drähten vom Radius R und der Länge l besteht, den Werth hat:

$$L = 2\,l'\,\lg\frac{d}{R} = 4\,l\,\lg\frac{d}{R}, \qquad (80)$$

falls l' die Gesammtlänge des Schliessungsdrahtes ist. Wenn nun R klein gegen d ist, so ändert sich der Werth des Ausdruckes (80) nur wenig bei variirendem d. Näherungsweise können wir daher in dem Falle, dass die Konduktoren A_1, A_2 durch einen geraden Schliessungsdraht verbunden werden, der dünn im Vergleich zu seiner Länge l ist, annehmen, dass die den Strom schliessenden Verschiebungsströme in ihrer Wirkung gleichkommen einem im Abstande l parallel geführten Drähte. — Es ist also zur Schätzung von T in (80) d = l zu setzen. Jedoch ist dann noch L mit dem Faktor 2 zu dividiren, da in (75) L nur die Wirkung der Induktion auf den Leiterstrom ausdrückt, nicht auf den Leiterstrom plus dem Verschiebungsstrom. Es wird daher näherungsweise die Beziehung gelten:

$$L = 2\,l\,\lg\frac{l}{R}. \qquad (81)$$

l bezeichnet die Länge des geraden Schliessungsdrahtes plus Funkenstrecke, d. h. des nächsten Abstandes der Oberfläche der Konduktoren A_1 und A_2. — Wie man sieht, ist bei dieser Ableitung der Formel (81) die Induktionswirkung der in A_1 und A_2 selber ablaufenden Ströme nicht berücksichtigt. Man ist dazu um so eher

---

[1]) Solche Rechnungen sind von F. Kolácek in Wied. Ann. 43, pag. 371, 1891 angestellt.

berechtigt, je grösser die Dimensionen von A_1 und A_2 im Verhältniss zu denen des Querschnittes ihres Verbindungsdrahtes sind, weil dann die Stromdichte in den Konduktoren um vieles kleiner ist, als in dem Drahte.

Sind z. B. A_1 und A_2 grosse Kugeln (Hertz verwandte solche von 30 cm Durchmesser), vom Radius R', so ist zu setzen:

$$C = \frac{R'}{c^2}. \tag{82}$$

Es wird daher nach (79) und (81):

$$T = \frac{2\pi}{c} \sqrt{1 R' \lg \frac{1}{R}}. \tag{83}$$

Man erhält daher für die eine der Hertz'schen Versuchsanordnungen, in welcher $R' = 15$; $R = 0{,}25$; $l = 120$ (die Kugelcentren waren um 1,50 m voneinander entfernt) zu setzen ist:

$$T = 2{,}21 \cdot 10^{-8} \text{ sec}.$$

Eine ebene elektromagnetische Welle dieser Periode, welche sich mit der Geschwindigkeit $c = 3 \cdot 10^{10}$ cm sec^{-1} fortpflanzt, würde daher eine Wellenlänge besitzen von

$$\lambda = Tc = 6{,}62 \text{ m}.$$

Bei einer anderen Versuchsanordnung von Hertz betrug die Distanz der Centren der Kugeln A_1, A_2 1 m, es ist also $l = 70$ cm zu setzen. Dann wird

$$T = 1{,}60 \cdot 10^{-8} \text{ sec},$$

und

$$\lambda = 4{,}80 \text{ m}.$$

Diese Schwingungsdauern sind über 100 mal kleiner, als die bei den Feddersen'schen Versuchen erreichten.

Ob der galvanische Widerstand auch in diesem Falle wirklich klein genug ist, um den oscillatorischen Charakter der Entladung nicht zu stören und die Periode nicht merklich zu beeinflussen, können wir leicht beurtheilen, wenn wir uns daran erinnern (vgl. oben pag. 354), dass dieser Umstand für die Entladungen von Leydener Flaschen eintritt, falls w^2 klein neben $4\frac{L}{C}$ ist. Da nun hier an Stelle der Kapacität C der Leydener Flasche nach (78) die halbe Kapacität der Kugel A_1 tritt, so lautet also die Bedingung so, dass w^2 klein neben $8\frac{L}{C}$ ist, d. h. w klein gegen

$2\sqrt{2\frac{L}{C}}$. Nach (81) und (82) wird der letzte Ausdruck zu

$$2\sqrt{2\frac{L}{C}} = 4c\sqrt{\frac{1}{R'}\lg\frac{1}{R}}.$$

Für $l = 120$; $R' = 15$; $R = 0{,}25$; ergiebt sich daher, dass w klein sein muss gegen $84 \cdot 10^{10}$, oder da 10^9 absolute Einheiten ein Ohm sind (vgl. oben pag. 229), so muss w klein gegen 840 Ohm sein. Diese Bedingung ist wohl sicher als erfüllt anzusehen, falls die Funkenstrecke nicht zu lang ist, selbst wenn der Strom wesentlich nur an der Oberfläche der Kupferdrähte verläuft.

15. Resonanzerscheinungen bei elektrischen Schwingungen.
Bringt man in die Nähe der im § 13 beschriebenen Anordnung, die wir kurz den „Erreger" oder die „Primärleitung" nennen wollen, Drahtstücke, welche bis auf eine sehr kleine Distanz, nämlich Bruchtheile eines Millimeters, einander genähert werden können, so sieht man dort im Allgemeinen bei jedem Erregerfunken („Primärfunken") ebenfalls kleine Fünkchen („Sekundärfunken") erscheinen. Bei bestimmter Anordnung dieser Drahtstücke, welche wir die „Sekundärleitung" nennen wollen, erreichen diese Sekundärfünkchen eine besondere Stärke, während sie bei gewissen Anordnungen der Sekundärleitung ganz verschwinden. Man schafft sich ein bequemes Maass für die Grösse der die Sekundärfunken verursachenden Potentialdifferenz, wenn man die Enden der Unterbrechungsstelle der Sekundärleitung mikrometrisch gegeneinander verschiebbar macht. Derjenige Abstand [1]) der Drahtenden, bei welchen gerade das Spiel der Sekundärfunken aufhört, kann als Maassstab für die dieselben verursachende Potentialdifferenz der Drahtenden angesehen werden. Zweckmässig wählt man das eine Drahtende als feine Spitze, das andere als kleine Kugelfläche von etwa $1/4$ cm Radius, weil hierdurch schon bei kleinen Potentialdifferenzen Funken entstehen (vgl. Fig. 45).

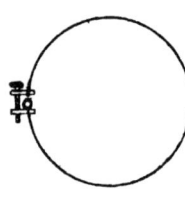

Fig. 45.

---

[1]) Diese maximale zu erreichende Länge der Sekundärfunken soll im Folgenden kurz mit „Länge der Sekundärfunken" bezeichnet werden.

Besteht die Sekundärleitung aus einem bis auf die Unterbrechungsstelle leitend geschlossenem, isolirtem Drahte, der ein gewisses ebenes Flächenstück von der Grösse F umgrenzt (vgl. Fig. 45), so erscheinen die Sekundärfunken im Allgemeinen immer, wenn die Fläche F bei Verlängerung durch die Leitung des Erregers geht und ihr Mittelpunkt etwa auf der Senkrechten liegt, welche man auf der Primärleitung in ihrer Funkenstrecke errichten kann.

Aber die Länge der Sekundärfunken, gemessen an der besprochenen mikrometrischen Einrichtung, variirt, wenn man die Kapacität der Sekundärleitung durch angefügte Konduktoren, z. B. Stanniolblättchen, verändert, oder wenn man Kapacität und Selbstinduktion der Sekundärleitung verändert, indem man ihre Länge ändert. Es giebt zu jeder bestimmten elektrischen Anordnung, d. h. Verfügung über Kapacität und Selbstinduktion des Erregers, eine bestimmte elektrische Anordnung der Sekundärleitung, für welche die Sekundärfunken eine maximale Länge erreichen, d. h. ihre Länge nimmt sowohl ab, wenn man die Kapacität oder Selbstinduktion der Sekundärleitung verkleinert, als wenn man jene vergrössert. So fand Hertz bei dem auf pag. 392 besprochenen Erreger, der aus zwei Zinkkugeln von 30 cm Durchmesser bestand, deren Mittelpunkte einen Abstand von 1,50 m hatten, und deren Entladungsdraht von $\frac{1}{2}$ cm Durchmesser war, dass die Länge der Sekundärfunken ein Maximum war, wenn die Sekundärleitung die Gestalt eines Quadrats von 75 cm Seitenlänge besass. Diese maximale Funkenlänge betrug 3 mm, wenn die nächste Entfernung der Sekundärleitung von der primären 30 cm betrug. — Bei einem Abstande der Mittelpunkte der Kugeln des Erregers von 1 m ergab sich für kreisförmige Gestalt der Sekundärleitung eine maximale sekundäre Funkenlänge, falls die Sekundärleitung einen Kreis von 35 cm Radius bildete.

Diese Erscheinungen sind nun offenbar nur durch eine Resonanzwirkung zwischen der primären und sekundären Leitung zu erklären. In der That können wir uns nach den im § 11 angestellten Ueberlegungen leicht überzeugen, dass die Dauer der Grundschwingung der Sekundärleitung in den beiden angegebenen Fällen nahe mit der im vorigen Paragraphen berechneten Periode des Erregers zusammenfallen muss. Im § 11 haben wir nämlich gesehen, dass bei zwei parallelen Drähten der Länge l', welche an ihrem einen Ende leitend überbrückt sind, während ihre anderen Enden frei in der Luft ohne merkliche Kapacität endigen, für die Grundschwingung die Länge l gleich einer viertel Wellenlänge ist, d. h. die Gesammtlänge $l' = 2l$ der Drähte ist gleich einer halben Wellenlänge. Da die Drähte soweit voneinander entfernt sein sollten, dass sie merklich influencirend nicht aufeinander wirken, so können wir das hier gewonnene Resultat auch für die soeben beschriebenen Formen der Sekundärleitung anwenden, indem also allgemein für die Grundschwingung die Gesammtlänge einer beiderseits ohne Kapacität endigenden Leitung gleich einer halben Wellenlänge ist. Da die Wellen sich mit der Geschwindigkeit c fortpflanzen, so ist cT die Wellenlänge. Aus

$$l' = \frac{1}{2} cT$$

folgt also die Dauer der Grundschwingung der sekundären Leitung zu:

$$T = \frac{2 l'}{c}.$$

Für das Quadrat von 75 cm Seitenlänge ist $l' = 3$ m, d. h. $T = 2{,}0 \cdot 10^{-8}$ sec. — Für den Kreis von 35 cm Radius ist $l' = 70 \pi$ cm, d. h. $T = 1{,}47 \cdot 10^{-8}$ sec. Diese beiden Werthe von T sind nahezu dieselben, welche im vorigen Paragraphen auf pag. 397 als Perioden der zugehörigen Erreger berechnet sind. Erstere sind etwas kleiner als letztere, jedoch wird diese Differenz dadurch herbeigeführt sein, dass in Wirklichkeit die Enden der Sekundärleitung nicht ohne alle Kapacität sind, dass also an Stelle ihrer wirklichen Länge l' eine etwas grössere einzusetzen wäre. — Die Dimensionen der Sekundärleitung, für welche Resonanz mit dem Erreger eintritt, sind von der Natur ihres Metalls ganz unabhängig, z. B. für Eisendrähte ganz dieselben, wie für Kupferdrähte.

Diese Erscheinung, dass der Eisendraht keine langsamere Eigenschwingung hat, als der Kupferdraht, ist nach den Erörterungen des § 7 auf pag. 366 zu erklären.

Wie nun der Sekundärfunke zu Stande kommt, kann man sich in folgender Weise vorstellen. In der beschriebenen Lage der Sekundärleitung müssen die von der Primärleitung erzeugten magnetischen Kraftlinien die von der Sekundärleitung umgrenzte Fläche F durchsetzen. Denn jene magnetischen Kraftlinien sind Kreise, deren Ebene senkrecht zur Primärleitung und deren Mittelpunkte in der Primärleitung liegen. Es wird daher in der Sekundärleitung eine periodisch wechselnde elektromotorische

Kraft inducirt, welche durch die Anzahl der die Fläche F durchsetzenden magnetischen Kraftlinien gemessen wird. Die Vorgänge in der Sekundärleitung sind daher diejenigen, welche man in der Mechanik studirt bei der Einwirkung von erzwungenen Schwingungen auf ein System, welches Eigenschwingungen besitzt. Wenn die Periode beider Schwingungen zusammenfällt — wenn Resonanz eintritt, wie es in der Akustik heisst —, so werden die Eigenschwingungen besonders stark. Sie erhalten nämlich dann einen Faktor, der proportional mit der Zeit ist. Es macht gar keine Schwierigkeiten, diese Gleichungen für den elektrischen Resonator abzuleiten. Da diese Ableitung sich aber nicht wesentlich von der in der Mechanik oder Akustik üblichen unterscheiden würde, so mag sie hier unterbleiben. — Wenn die Potentialdifferenz an den Enden der Unterbrechungsstelle der Sekundärleitung durch mehrere, synchron mit den Eigenschwingungen erfolgende Anstösse der Primärschwingung eine genügende Höhe erreicht hat, wird dieselbe einen Funken zwischen den Enden überschlagen lassen. In diesem Momente steht die Sekundärleitung unter wesentlich anderen Bedingungen als ursprünglich, wo der Funke die Enden nicht leitend verbindet. Da nämlich jetzt durch den Funken ein kontinuirlich zusammenhängender Leiter hergestellt ist, so ergiebt sich aus den Entwickelungen des § 11 auf pag. 386, dass für die Grundschwingung die Länge des Leiters gleich einer Wellenlänge ist. Die Periode der Eigenschwingungen ist daher jetzt nur halb so gross, als vorher ohne leitenden Funken. Aber diese jetzigen Eigenschwingungen der Sekundärleitung werden durch die halb so schnell erfolgenden Primärschwingungen nicht unterhalten, sondern im Gegentheil vernichtet. Sie können also nicht zur dauernden Ausbildung kommen, sondern der Sekundärfunke muss wieder erlöschen. — Dann beginnt das beschriebene Spiel von neuem, indem, falls die Funkenleitung fehlt, die Sekundärleitung wieder in Resonanz mit der Primärleitung steht, und daher die Schwingungsamplitude bis zu einem erneuten Funkendurchbruch gesteigert wird.

16. Nebenbedingungen für die Wirksamkeit der Primärfunken. Daraus, dass die Sekundärfunken bei einer bestimmten Periode der Eigenschwingung des Sekundärleiters eine maximale Länge annehmen, dass also ein Resonanzphänomen besteht, kann mit Sicherheit auf den oscillatorischen Charakter der Primärentladung geschlossen werden. Denn eine Eigenschwingung kann nur dann den Effekt einer äusseren Kraft steigern, wenn diese ebenfalls periodisch pulsirt. Daher versagen auch die Resonanzerscheinungen und das Spiel der Sekundärfunken, wenn durch irgend welche Umstände die Primärentladung nicht mehr oscillatorisch ist. Dies tritt z. B. ein, wenn die primäre Funkenstrecke zu lang ist, so dass ihr Widerstand zu gross wird, um eine oscillatorische Entladung zuzulassen (cf. oben pag. 354), oder wenn überhaupt kein Primärfunke erscheint, so dass nur die weit trägeren Ruhmkorff-Schwingungen übrig bleiben. — Falls die primäre Funkenstrecke zu kurz ist, versagen die Erscheinungen ebenfalls, vermuthlich weil die Konduktoren A_1, A_2 der Primärleitung dann nicht zu einer genügend hohen Potentialdifferenz vor dem Einsetzen des Funkens geladen werden können, so dass die Energie der ganzen elektrischen Bewegung zu klein ist. — Es giebt einen gewissen günstigsten Abstand der Entladungskugeln der Primärleitung, der etwa bei $3/4$ cm liegt. Es kann dieser Abstand leicht in jedem Falle aus der Beobachtung der Lebhaftigkeit der Sekundärfunken gefunden werden. Der Primärfunke besitzt dann einen scharfen, lauten Knall und sieht weisslich, nicht röthlich aus.

Aber auch bei diesem günstigsten Abstande der Entladungskugeln versagen die Schwingungen, wenn diese Kugeln nicht eine reine und gut polirte Oberfläche besitzen, z. B. wenn sie Spuren von Fett enthalten oder durch die Entladungen selbst in stärkerem Maasse oxydirt werden. Vielleicht übernehmen in diesem Falle losgerissene Schmutztheilchen den Transport der Elektricität, wenigstens theilweise; diese materiellen Theilchen vermögen aber infolge ihrer Trägheit nicht die sehr schnellen Schwingungen auszuführen.

Wegen des zuletzt ausgeführten Verhaltens ist es nothwendig, die Entladungskugeln öfter wieder frisch zu putzen. Schon ein Abreiben mit einem Schmirgelpapier No. 0000 genügt meist, um den Primärfunken wieder „aktiv" zu machen, eventuell muss man noch mit Alkohol, Putzleder und Wiener Kalk nachputzen. Ausserdem soll ein auf die Kugeln gerichteter Strom trockener Luft ihre Aktivität längere Zeit bewahren[1]). Vielleicht bewährt sich auch bei den schnellen Hertz'schen Schwingungen ein elektromagnetisches Gebläse, wie es von Tesla[2]) mit gutem Erfolge zur oscillatorischen

---

[1]) Vgl. dazu H. Classen, Wied. Ann. 89, pag. 647, 1890.

[2]) E. de Fodor, Experimente mit Strömen hoher Wechselzahl. Wien 1894, pag. 96.

Entladung grösserer Kondensatoren angewandt ist. Bringt man nämlich senkrecht zur Entladungsbahn ein kräftiges magnetisches Feld an, so bläst dasselbe durch elektromagnetische Ablenkung einen gebildeten Entladungsfunken schnell wieder aus, ohne seine ursprüngliche Einsetzung zu verhindern. Dies Mittel muss daher günstig für den oscillatorischen Charakter einer Entladung wirken. — Von sehr gutem Erfolge zur Bewahrung der Aktivität ist ein von Sarasin und de la Rive[1]) angewandtes Mittel, den Entladungsfunken anstatt in Luft in Oel oder Petroleum überschlagen zu lassen. Die Entladungsfunken werden von einem kleinen Glas- oder Ebonitgefäss umgeben, dessen Wände die Entladungsdrähte gut schliessend durchsetzen. In das Gefäss wird das Oel gegossen. Bei dieser Einrichtung erhält man andauernd kräftige „aktive" Funken, ohne dass man wiederholt ein Putzen der Entladungskugeln vorzunehmen braucht. — In jedem Falle empfiehlt es sich, Feuchtigkeit von den Entladungskugeln fern zu halten. Wenn man den Funken nicht in Oel überschlagen lässt, so umgiebt man ihn daher bei Demonstrationen in Zimmern, in welchen viel Menschen sind, zweckmässig mit einem kleinen metallfreien Kästchen, in welches man Stücke von Chlorkalcium oder sonstige Trockenmittel legt.

Schliesslich muss man auch die primäre Funkenstrecke vor Beleuchtung mit ultraviolettem Lichte schützen, wie sie z. B. durch eine kleine Nebenentladung oder durch kräftige Sekundärfunken in grosser Nähe an der Primärleitung hervorgerufen werden kann, falls sie nicht ihre Aktivität einbüssen sollen [2]).

17. Untersuchung der elektrischen Kraft mit Hülfe des Resonators. Die Funken in der passend dimensionirten sekundären Leitung, die wir jetzt kurz auch als den „Resonator" im Gegensatz zu dem „Erreger" bezeichnen wollen, haben nach der im § 15 angestellten Ueberlegung ihre Ursache darin, dass in die vom Resonator umgrenzte Fläche F periodisch wechselnd magnetische Kraftlinien eintreten und austreten. — Aber wir können dem Resonator auch Lagen geben, in welchen die Gesammtzahl der die Fläche F schneidenden Kraftlinien stets Null ist, ohne dass deshalb die Sekundärfunken aufhören, nämlich wenn wir einen kreisförmigen

---

[1]) Sarasin et de la Rive, Comp. Rend. 115, pag. 489, 1892. — Arch. de Genève (3) 28, pag. 306, 1892.
[2]) Vgl. dazu H. Hertz, Wied. Ann. 34, pag. 169, 1888.

Resonator so aufstellen, dass seine Fläche F senkrecht zu derjenigen Ebene steht, welche man durch die Primärleitung und das Centrum von F legen kann. Liegt z. B. das Centrum von F in derselben Horizontalebene mit der Primärleitung, so würde der Resonator eine der genannten Lagen einnehmen, falls seine Fläche F vertikal steht. Da aus Symmetrierücksichten die magnetischen Kraftlinien des in der Primärleitung verlaufenden Stromes koncentrisch zu ihr verlaufende Kreise sein müssen, deren Ebene senkrecht zur Primärleitung steht, so müssen in der beschriebenen Lage von F dieselben Kraftlinien, welche in F eintreten, auch wieder aus F austreten, so dass zu jeder Zeit die Gesammtzahl der F wirklich durchsetzenden Kraftlinien Null ist. Obgleich dann die über den ganzen Resonator summirte elektromotorische Kraft der Induktion verschwindet, so treten trotzdem bei gewissen Lagen der Funkenstrecke des Resonators die sekundären Funken auf. Aber es macht sich ein bemerkenswerther Unterschied in dem Verhalten des Resonators bei diesen Lagen und bei denjenigen geltend, in welchen die Fläche F von magnetischen Kraftlinien durchsetzt wird. Während nämlich in letzterem Falle die Lage der Unterbrechungsstelle, falls man den Resonator in sich dreht, im Allgemeinen ziemlich wenig Einfluss auf das Einsetzen der Sekundärfunken hat, so tritt dies im ersteren Falle in bedeutendem Maasse ein, so dass man immer bei Drehung des Resonators in sich zwei Lagen für die Unterbrechungsstelle findet, in welcher die Sekundärfunken überhaupt nicht einsetzen.

Diese Erscheinungen beweisen, dass wir bisher noch nicht alle auf den Resonator wirkenden elektromotorischen Kräfte berücksichtigt haben, und dass für die bei den zuletzt beschriebenen Erscheinungen wirkenden elektromotorischen Kräfte der Resonator nicht als ein geschlossener Leiter aufzufassen ist, wie wir es bei der Berechnung der bisherigen elektromotorischen Kräfte annahmen, sondern dass für die hier wirkenden Kräfte die Lage der Unterbrechungsstelle in der Leitung des Resonators von Bedeutung ist.

Es ist nun auch nicht schwer, die Theorie des Resonators zu vervollständigen, so dass man auch von den neuen Erscheinungen Rechenschaft erhält[1]). Wir haben nämlich bisher die Wirkung der

---

[1]) Ueber eine ausführlichere Theorie des Resonators vgl. einen Aufsatz des Verfassers in Wied. Ann. 1894.

vom Erreger ausgesandten elektrischen Kraftlinien nicht berücksichtigt. Wenn diese den Resonator treffen, so verursachen sie elektrische Strömung im Resonator. Die Wirkung der an einer Stelle P desselben herrschenden elektrischen Kraft muss aber um so stärker ausfallen, je näher P am Schwingungsbauche der Strömung liegt, d. h. je mehr P vom Schwingungsknoten, nämlich der Unterbrechungsstelle des Resonators, entfernt liegt. Es ist dieses ohne weitere mathematische Untersuchung verständlich, wenn man an analoge Vorgänge in der Akustik denkt; z. B. kann man eine Stimmgabel nicht zum Tönen bringen, wenn man sie an ihrem Fussende anstreicht.

Daher eignet sich der Resonator in einer Lage, bei welcher magnetische Kraftlinien seine Fläche F nicht durchsetzen, zur Untersuchung der Summenwirkung derjenigen elektrischen Kraft, welche an den von der Unterbrechungsstelle entfernten Orten der Resonatorleitung wirkt. Da die elektrischen Kraftlinien des Erregers ebene Kurven sind, welche seine beiden Konduktoren verbinden, so müssen daher in der auf voriger pag. genannten Lage des Resonators die Sekundärfunken maximale Längen besitzen, wenn seine Unterbrechungsstelle die höchste oder die tiefste Lage einnimmt. Liegt sie aber in einer Horizontalebene mit dem Erreger, so müssen die Sekundärfunken verschwinden, weil aus Symmetrierücksichten die Wirkung aller elektrischen Kräfte im Resonator sich aufhebt.

Liegt das Centrum der Resonatorfläche F in einer durch den Erreger gehenden Horizontalebene, liegt ferner die Unterbrechungsstelle des Resonators vertikal über (oder unter) dem Centrum, und dreht man den Resonator um eine, durch das Centrum gehende, vertikale Axe, so erreichen während einer vollen Umdrehung die Sekundärfunken zweimal einen Maximalwerth und zweimal einen Minimalwerth (resp. Null). Bei letzteren Lagen muss offenbar die Richtung der maximalen elektrischen Kraft senkrecht zur Resonatorfläche F gerichtet sein. — In gewissen

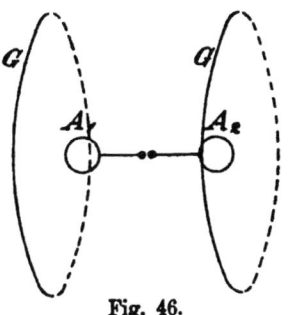

Fig. 46.

Stellen G des Raumes, welche sich zu zwei, die Konduktoren A_1, A_2 umgebenden Ringen zusammenschliessen (vgl. Fig. 46), variirt jedoch die Länge der Sekundärfunken gar nicht bei Drehung des Resonators.

Diese Erscheinungen sind ein sicheres Anzeichen dafür, dass die elektrische Kraft an einer beliebigen Stelle P des vom Erreger erzeugten Feldes aus mehreren Komponenten verschiedener Phase besteht, so dass sich die Richtung der in P resultirenden elektrischen Kraft im Laufe einer Schwingung einmal herumdreht. Bleibt dabei die Grösse der Resultirenden konstant, so hat sie für alle Richtungen, welche man durch P legen kann, den gleichen Mittelwerth im Laufe mehrerer Schwingungen. Dies muss offenbar für die Ringgebiete G eintreten, die wir auch kurz „Kreisgebiete" nennen wollen, weil in ihnen eine die elektrische Kraft repräsentirende Gerade einen Kreis beschreibt während einer Schwingung.

Hertz[1]) hat aus diesen Erscheinungen geschlossen, dass mindestens eine der die elektrische Kraft zusammensetzenden Komponenten eine endliche Fortpflanzungsgeschwindigkeit besitzen müsse. Dieser Schluss ist aber nicht streng, wie wir am Ende des § 19 erkennen werden.

Welches die verschiedenen, hier ins Spiel tretenden Komponenten der elektrischen Kraft nach der Maxwell'schen Theorie sind, soll genauer in § 19 untersucht werden.

18. Verhalten des Resonators bei beliebiger Lage. Bei beliebiger Lage des Resonators entstehen die sekundären Funken durch Superposition der im § 15 allein betrachteten Induktionskraft, welche die Aenderung der äusseren **magnetischen Kraft** hervorbringt, und der im vorigen § 17 betrachteten Wirkung der äusseren **elektrischen Kraft**.

Von diesem Standpunkte aus kann man nun leicht alle Erscheinungen verstehen, welche der Resonator in speciellen Lagen bei Drehungen in sich zeigt, d. h. bei Drehungen um eine durch das Centrum der Resonatorfläche F hindurchgehende, senkrecht zu F stehende Axe.

Betrachten wir der Einfachheit halber nur die Fälle, dass der Mittelpunkt der Resonatorfläche F in der Aequatorebene[2]) und mit der Primärleitung in einer Horizontal-

---

[1]) H. Hertz, Wied. Ann. 34, pag. 168, 1888.
[2]) Hierunter ist die Ebene verstanden, welche senkrecht zur Primärleitung steht und durch ihre Funkenstrecke hindurchgeht.

ebene liege, so können drei Hauptlagen von F unterschieden werden.

1. **F ist vertikal und senkrecht zum Primärleiter.** Bei keiner Lage der Unterbrechungsstelle des Resonators erscheinen Sekundärfunken. In der That kann weder die elektrische noch die magnetische Kraft wirken.

2. **F ist vertikal und parallel zum Primärleiter.** Es erscheinen Sekundärfunken, falls die Funkenstrecke die höchste oder tiefste Stelle des Resonators einnimmt, dagegen keine, falls die Funkenstrecke in der durch den Mittelpunkt von F gehenden Horizontalebene liegt. — Der Grund für diese Erscheinungen ist schon oben pag. 405 gegeben. Die magnetische Kraft wirkt hier nicht.

3. **F ist horizontal.** Die Sekundärfunken verschwinden bei keiner Lage der Unterbrechungsstelle des Resonators. Sie erreichen aber einen Maximal- resp. Minimalwerth, falls die Unterbrechungsstelle auf der durch den Primärfunken und das Centrum von F gehenden Geraden liegt, und zwar erreichen die Funken den Maximalwerth, falls die Unterbrechungsstelle von dem Primärleiter abgewandt ist, dagegen den Minimalwerth, falls sie dem Primärleiter zugewandt ist. — Dieses Verhalten ergibt sich daraus, dass die Wirkung der magnetischen Kraft bei allen Lagen der Unterbrechungsstelle dieselbe ist. Die Wirkung der elektrischen Kraft erreicht ihre Maximalwerte, falls die Unterbrechungsstelle auf der Geraden G liegt. — Eine genauere Diskussion[1]), die aber hier übergangen werden möge, ergiebt nun thatsächlich das Verhalten des Resonators, wie es die Beobachtung lehrt.

Liegt die Unterbrechungsstelle senkrecht zur Geraden G, so wirkt die elektrische Kraft gar nicht. **In dieser Lage erscheint daher der Resonator geeignet zur Untersuchung der alleinigen Wirkung der magnetischen Kraft.** (Streng genommen untersucht man den Mittelwerth der magnetischen Kraft innerhalb der Kreisfläche F.)

Haben wir uns bisher von dem Verlauf der elektrischen und magnetischen Kraft in der Umgebung des Erregers nur eine Art rohe Vorstellung gebildet, um besser von vornherein die Bedeutung

---

[1]) Vgl. hierüber den pag. 404, Anm. [1]) genannten Aufsatz des Verfassers.

der hier beschriebenen Hertz'schen Versuche erkennen zu können, so soll jetzt eine strengere Berechnung auf Grund der Formeln (20) und (21) des VIII. Kapitels (pag. 315) geschehen [1]).

19. Die elektrische und die magnetische Kraft um eine geradlinige Schwingung nach der Maxwell'schen Theorie. Die Gleichungen (20) und (21) des VIII. Kapitels (pag. 315), von denen auszugehen ist, sollen zunächst für den Fall specialisirt werden, dass die Verteilung der Kräfte symmetrisch um die z-Axe ist, derart, dass dieselben für irgend einen Punkt nur abhängen von seiner z-Koordinate und seiner senkrechten Entfernung $\rho = \sqrt{x^2 + y^2}$ von der z-Axe. Dieser Fall liegt offenbar bei der bisher betrachteten geradlinigen Primärleitung vor, falls die z-Axe in dieselbe gelegt wird. Nennen wir P die Komponente der elektrischen Kraft nach ρ, P' die Komponente der elektrischen Kraft, welche senkrecht zu ρ und z liegt, und zwar positiv gerechnet in dem Sinne, dass P' durch eine negative Drehung (cf. oben pag. 61) um die z-Axe in die Richtung von P übergeführt werden kann, so ist

$$X = P\frac{x}{\rho} - P'\frac{y}{\rho}, \quad Y = P\frac{y}{\rho} + P'\frac{x}{\rho}. \tag{84}$$

Ferner soll M' die Komponente der magnetischen Kraft nach ρ, M diejenige senkrecht zu ρ und z liegende Komponente bedeuten, und zwar ist M positiv gerechnet in demselben Sinne wie P', d. h. ein positives M sucht seinen Angriffspunkt in positivem Sinne (cf. oben pag. 61) um die +z-Axe zu drehen. Dann gelten analog wie (84) auch die Formeln

$$\alpha = M'\frac{x}{\rho} - M\frac{y}{\rho}, \quad \beta = M'\frac{y}{\rho} + M\frac{x}{\rho}. \tag{84'}$$

Setzt man diese Werte nach (84) und (84') in die Formeln (20) und (21) der pag. 315 ein, so erhält man unter Berücksichtigung der Beziehungen

$$\frac{\partial \rho}{\partial x} = \frac{x}{\rho}, \quad \frac{\partial \rho}{\partial y} = \frac{y}{\rho}$$

und geeignete Zusammenfassung der entstehenden Formeln mit den Faktoren $\frac{x}{\rho}$, $\frac{y}{\rho}$:

---

[1]) Diese Berechnung ist H. Hertz, Wied. Ann. 36, pag. 1, 1889, entlehnt.

Theorie der geradlinigen Schwingung.

$$\frac{\varepsilon}{c}\frac{\partial P}{\partial t} = -\frac{\partial M}{\partial z},$$

$$\frac{\varepsilon}{c}\frac{\partial P'}{\partial t} = \frac{\partial M'}{\partial z} - \frac{\partial \gamma}{\partial \rho},$$

$$\frac{\varepsilon}{c}\frac{\partial Z}{\partial t} = \frac{M}{\rho} + \frac{\partial M}{\partial \rho}, \quad (85)$$

$$\frac{\mu}{c}\frac{\partial M'}{\partial t} = \frac{\partial P'}{\partial z},$$

$$\frac{\mu}{c}\frac{\partial M}{\partial t} = -\frac{\partial P}{\partial z} + \frac{\partial Z}{\partial \rho},$$

$$\frac{\mu}{c}\frac{\partial \gamma}{\partial t} = -\frac{P'}{\rho} - \frac{\partial P'}{\partial \rho},$$

während aus den Formeln (22) und (23) der pag. 315, 316 entsteht, falls ε und μ als konstant angenommen werden:

$$\frac{\partial}{\partial t}\left(\frac{\partial P}{\partial \rho} + \frac{P}{\rho} + \frac{\partial Z}{\partial z}\right) = 0, \quad (86)$$

$$\frac{\partial}{\partial t}\left(\frac{\partial M'}{\partial \rho} + \frac{M'}{\rho} + \frac{\partial \gamma}{\partial z}\right) = 0. \quad (86')$$

Die beiden letzten Formeln sind nicht unabhängig von den Gleichungen (85), sondern folgen identisch aus ihnen, wie man sich leicht durch Einsetzen der Werthe von $\frac{\partial P}{\partial t}$ etc. nach (85) überzeugen kann.

Die abgeleiteten Formeln haben das Eigenthümliche, dass nur M, P und Z nothwendig miteinander verbunden erscheinen und ebenso M', P' und γ. Wir können daher den allgemeinsten Fall, in welchem die elektrischen Kräfte sowohl als die magnetischen nur von z, ρ und t abhängen, als eine Superposition von zwei Kraftsystemen auffassen, für deren eines die elektrischen Kraftlinien in den Meridianebenen, die magnetischen Kraftlinien senkrecht zu ihnen (als Breitenkreise) verlaufen, während im anderen Kraftsystem umgekehrt die magnetischen Kraftlinien in Meridianebenen verlaufen, während die elektrischen Kraftlinien Breitenkreise sind. — Für den geradlinigen Hertz'schen Erreger tritt offenbar nur das erstere Kraftsystem allein auf, wir haben daher zu setzen M'=P'=γ=0. Die übrigbleibenden Kräfte M, P, Z müssen durch eine einzige

Grösse ausdrückbar sein. Wir befriedigen die erste der Gleichungen (85), indem wir setzen:

$$P = -\frac{\partial Q}{\partial z}, \quad M = +\frac{\varepsilon}{c}\frac{\partial Q}{\partial t}, \qquad (87)$$

worin Q eine noch weiter zu bestimmende Funktion von ρ, z und t ist. Nach der dritten der Gleichungen (85) muss dann sein

$$Z = \frac{Q}{\rho} + \frac{\partial Q}{\partial \rho}, \qquad (88)$$

während nach der fünften der Gleichungen (85) für Q die Gleichung folgt:

$$\frac{\mu\varepsilon}{c^2}\frac{\partial^2 Q}{\partial t^2} = \frac{\partial^2 Q}{\partial z^2} + \frac{\partial}{\partial \rho}\left(\frac{Q}{\rho} + \frac{\partial Q}{\partial \rho}\right). \qquad (89)$$

Die Lösung der Aufgabe ist also in den Gleichungen (87) und (88) enthalten, wenn wir darin Q entsprechend der Gleichung (89) wählen. Diese Gleichung (89) hat dieselbe Bauart wie diejenigen beiden Gleichungen, denen P und M für sich allein genügen müssen, wie man sofort erkennt, wenn man (89) einmal nach z oder einmal nach t differencirt und für $\frac{\partial Q}{\partial z}$, resp. $\frac{\partial Q}{\partial t}$ die Werthe P, resp. M nach (87) einsetzt. — Dagegen muss Z einer anderen Differentialgleichung genügen. Dividirt man nämlich (89) durch ρ, so kann man schreiben:

$$\frac{\mu\varepsilon}{c^2}\frac{\partial^2}{\partial t^2}\frac{Q}{\rho} = \frac{\partial^2}{\partial z^2}\frac{Q}{\rho} + \frac{1}{\rho}\frac{\partial}{\partial \rho}\left(\frac{Q}{\rho} + \frac{\partial Q}{\partial \rho}\right),$$

differencirt man dagegen (89) nach ρ, so erhält man:

$$\frac{\mu\varepsilon}{c^2}\frac{\partial^2}{\partial t^2}\frac{\partial Q}{\partial \rho} = \frac{\partial^2}{\partial z^2}\frac{\partial Q}{\partial \rho} + \frac{\partial^2}{\partial \rho^2}\left(\frac{Q}{\rho} + \frac{\partial Q}{\partial \rho}\right).$$

Addirt man nun die beiden zuletzt erhaltenen Gleichungen und setzt für $\frac{Q}{\rho} + \frac{\partial Q}{\partial \rho}$ nach (88) den Werth Z, so ergibt sich für Z die Differentialgleichung:

$$\frac{\mu\varepsilon}{c^2}\frac{\partial^2 Z}{\partial t^2} = \frac{\partial^2 Z}{\partial z^2} + \frac{1}{\rho}\frac{\partial Z}{\partial \rho} + \frac{\partial^2 Z}{\partial \rho^2}. \qquad (90)$$

Diese Gleichung muss die Umgestaltung der nach pag. 322 im VIII. Kapitel aufgestellten, stets gültigen Formel (32) sein, nämlich

$$\frac{\mu\varepsilon}{c^2}\frac{\partial^2 Z}{\partial t^2} = \Delta Z, \qquad (90')$$

falls man ρ und z als unabhängige Variabeln einführt. — Es ist also die rechte Seite von (90) identisch mit ΔZ, d. h. es ist:

$$\Delta Z = \frac{\partial^2 Z}{\partial z^2} + \frac{1}{\rho}\frac{\partial Z}{\partial \rho} + \frac{\partial^2 Z}{\partial \rho^2}. \qquad (91)$$

Man kann nun auch die Lösung des hier gestellten Problems zurückführen auf die Aufsuchung einer Funktion Π, welche nicht einer Differentialgleichung der Form (89), sondern einer der Form (90) genügt. Man braucht zu dem Zwecke nämlich nur zu setzen:

$$Q = \frac{\partial \Pi}{\partial \rho}. \qquad (92)$$

Setzt man nämlich diesen Werth für Q in (89) ein, so kann man eine Integration nach ρ ausführen und erhält für Π die Gleichung:

$$\frac{\mu\varepsilon}{c^2}\frac{\partial^2 \Pi}{\partial t^2} = \frac{\partial^2 \Pi}{\partial z^2} + \frac{1}{\rho}\frac{\partial \Pi}{\partial \rho} + \frac{\partial^2 \Pi}{\partial \rho^2} = \Delta \Pi. \qquad (93)$$

Die Gleichungen (87) werden dann nach (92):

$$P = -\frac{\partial^2 \Pi}{\partial \rho \partial z}, \quad M = +\frac{\varepsilon}{c}\frac{\partial^2 \Pi}{\partial \rho \partial t}, \qquad (94)$$

während (88) ergiebt:

$$Z = \frac{1}{\rho}\frac{\partial \Pi}{\partial \rho} + \frac{\partial^2 \Pi}{\partial \rho^2} = \frac{1}{\rho}\frac{\partial}{\partial \rho}\left(\rho\,\frac{\partial \Pi}{\partial \rho}\right). \qquad (95)$$

Die Gleichungen (93), (94) und (95) enthalten also ebenso die Lösung der gestellten Aufgabe, wie die früheren Gleichungen (87), (88) und (89). Diese zweite Form der Lösung ist hier angegeben, weil die Differentialgleichung (93) eine bekanntere ist als die Differentialgleichung (89).

Die Differentialgleichung (93) ist für die unabhängigen Variabeln ρ und z explicit hier hingeschrieben. Es ist für das Folgende auch nützlich, sie für den Fall umzuformen, dass $r = \sqrt{\rho^2 + z^2}$ allein als unabhängige Variable auftritt. Diese Umgestaltung gelingt am einfachsten, wenn wir wiederum den oben pag. 95 eingeschlagenen

Weg gehen, indem wir berücksichtigen, dass Π als die Potentialfunktion einer Massenvertheilung angesehen werden kann, deren räumliche Dichte $-\dfrac{1}{4\pi}\dfrac{\mu\varepsilon}{c^2}\dfrac{\partial^2\Pi}{\partial t^2}$ ist. Wenden wir dann auf Π den Gauss'schen Satz (cf. oben pag. 18) an innerhalb einer von den Radien r und $r + dr$ begrenzten Kugelschaale, so ergibt sich

$$4\pi\left\{(r+dr)^2\left[\frac{\partial\Pi}{\partial r}\right]_{r+dr} - r^2\left[\frac{\partial\Pi}{\partial r}\right]_r\right\} = 4\pi r^2 dr\,\frac{\mu\varepsilon}{c^2}\frac{\partial^2\Pi}{\partial t^2},$$

d. h. durch Entwickelung von $\left[\dfrac{\partial\Pi}{\partial r}\right]_{r+dr}$ nach dem Taylor'schen Lehrsatze folgt:

$$\frac{\mu\varepsilon}{c^2}\frac{\partial^2\Pi}{\partial t^2} = \frac{2}{r}\frac{\partial\Pi}{\partial r} + \frac{\partial^2\Pi}{\partial r^2}. \qquad (96)$$

Dies ist also die gesuchte Umgestaltung der Differentialgleichung (93) in den specielleren Fall, dass Π nur von $r = \sqrt{\rho^2 + z^2}$ abhängt.

Für diesen Fall kann man nun leicht das allgemeine Integral der Differentialgleichung (96) hinschreiben. Es ist nämlich

$$\Pi = \frac{1}{r}\left[f_1\!\left(r - \frac{c}{\sqrt{\varepsilon\mu}}t\right) + f_2\!\left(r + \frac{c}{\sqrt{\varepsilon\mu}}t\right)\right], \qquad (97)$$

wobei f_1 und f_2 irgend welche beliebige Funktionen ihrer in den beigesetzten Klammern stehenden Argumente bedeuten. In der That erhält man aus (97), falls man den ersten Differentialquotienten von f_1 nach seinem Argument mit f_1', den zweiten mit f_1'' bezeichnet:

$$\frac{\partial\Pi}{\partial r} = \frac{1}{r}(f_1' + f_2') - \frac{f_1 + f_2}{r^2},$$

$$\frac{\partial^2\Pi}{\partial r^2} = \frac{1}{r}(f_1'' + f_2'') - \frac{2(f_1' + f_2')}{r^2} + \frac{2(f_1 + f_2)}{r^3},$$

$$\frac{2}{r}\frac{\partial\Pi}{\partial r} = \frac{2(f_1' + f_2')}{r^2} - \frac{2(f_1 + f_2)}{r^3}.$$

Addirt man die beiden letzten Gleichungen, so sieht man, dass (96) identisch erfüllt ist.

Die Form (97) von Π entspricht zwei mit der Geschwindigkeit $\dfrac{c}{\sqrt{\varepsilon\mu}}$ fortgepflanzten Kugelwellen, von denen die eine (f_1) sich in Richtung der wachsenden Radien r, während die andere (f_2) sich in

Richtung abnehmender Radien r fortpflanzt. Letztere Bewegung kann nur durch Reflexion der vom Erreger ausgehenden Wellen an irgend welchen Wänden entstehen. Wir wollen sie vorläufig ignoriren, indem wir annehmen, der Erreger befinde sich in einem unbegrenzten Luftraum. Für diesen ist auch $\varepsilon = \mu = 1$ zu setzen, was wir von nun an thun wollen.

Π wird im Koordinatenanfang, d. h. für $r = 0$ unendlich gross. Dort kann daher die Form (97) keine Gültigkeit mehr besitzen. Um zu erfahren, welche elektrischen Vorgänge in diesem Punkte der durch Π gegebenen Kräftevertheilung entsprechen, untersuchen wir seine nächste Umgebung, indem wir r gegen $-ct$ vernachlässigen. Es wird dann nach (97), wenn wir für $f_1(-ct)$ einfach $f(t)$ schreiben und $f_2 = 0$ setzen:

$$\Pi = \frac{1}{r} f(t). \tag{97'}$$

Nach (94) wird

$$P = -\frac{\partial^2 \Pi}{\partial \rho \, \partial z} = -f(t) \frac{\partial}{\partial \rho}\left(\frac{\partial \frac{1}{r}}{\partial z}\right), \tag{98}$$

nach (95) wird, da nach (91)

$$\frac{1}{\rho} \frac{\partial \Pi}{\partial \rho} + \frac{\partial^2 \Pi}{\partial \rho^2} = \Delta \Pi - \frac{\partial^2 \Pi}{\partial z^2}$$

ist und $\Delta \Pi$ nach (97') verschwindet:

$$Z = -\frac{\partial^2 \Pi}{\partial z^2} = -f(t) \frac{\partial}{\partial z}\left(\frac{\partial \frac{1}{r}}{\partial z}\right). \tag{99}$$

Die Formeln (98) und (99) entsprechen der elektrostatischen Kraft, welche von zwei auf der z-Axe in kleinem Abstand dz befindlichen Punkten herrührt, deren Ladungen e entgegengesetzt gleich und zu $f(t)$ proportional sind. In der That ist das von einem dieser Punkte herrührende Potential:

$$V_1 = \frac{e}{r},$$

das vom zweiten mit $-e$ geladenen Punkte, dessen z-Koordinate um dz kleiner ist, herrührende Potential

$$V_2 = -e\left(\frac{1}{r} - dz\,\frac{\partial\frac{1}{r}}{\partial z}\right),$$

daher das Potential beider Punkte:

$$V = V_1 + V_2 = e\,dz \cdot \frac{\partial\frac{1}{r}}{\partial z}.$$

Es ist nun wirklich

$$P = -\frac{\partial V}{\partial \rho}, \qquad Z = -\frac{\partial V}{\partial z},$$

falls man setzt

$$e\,dz = f(t). \tag{100}$$

Die hier gewählte Form von Π entspricht also angenähert der um den Hertz'schen Erreger bestehenden Kraftvertheilung, falls seine Länge als die unendlich kleine Grösse dz angesehen werden kann, d. h. falls man die Kraft in Punkten untersucht, welche so weit vom Erreger entfernt sind, dass seine Länge gegen diese Entfernung als klein angesehen werden kann.

Die magnetische Kraft M in der Nähe des Erregers ist nach (94), (97') und (100)

$$M = \frac{1}{c}\frac{\partial^2 \Pi}{\partial \rho\,\partial t} = \frac{dz}{c}\frac{\partial e}{\partial t}\cdot\frac{\partial\frac{1}{r}}{\partial \rho}.$$

Nun ist $\dfrac{\partial r}{\partial \rho} = \dfrac{\rho}{r} = \sin(r\,dz)$, folglich

$$M = -\frac{1}{c}\,dz\,\frac{\partial e}{\partial t}\,\frac{\sin(r\,dz)}{r^2}. \tag{101}$$

Nach dem Biot-Savart'schen Gesetz [Formel (57) auf pag. 107] müsste die magnetische Kraft, welche von einem Stromelemente der Länge dz und der Stromstärke i herrührt, sein:

$$M = \frac{i\,dz}{r^2}\sin(r\,dz).$$

Eine Vergleichung mit der Formel (101) liefert für i:

$$i = -\frac{1}{c}\frac{\partial e}{\partial t},$$

und in der That wird die im Erreger fliessende Stromstärke i nach elektromagnetischem Maasse durch diese Formel gegeben, da e elektrostatisch gemessen ist (da es P und Z sind).

Theorie der geradlinigen Schwingung.

In grösseren Entfernungen vom Erreger, falls also r nicht mehr neben c t zu vernachlässigen ist, folgt aus (94), (95) und (97), da $\frac{\partial r}{\partial \rho} = \frac{\rho}{r}$, $\frac{\partial r}{\partial z} = \frac{z}{r}$ ist, wenn man den Index 1 an f_1 fortlässt:

$$M = \frac{\rho}{r^2}\left(\frac{f'}{r} - f''\right),$$

$$P = \frac{\rho z}{r^3}\left(-\frac{3f}{r^2} + \frac{3f'}{r} - f''\right), \quad (102)$$

$$Z = \frac{z^2}{r^2}\left(-\frac{f}{r} + f'\right) + \frac{\rho^2}{r^3}\left(\frac{3f}{r^2} - \frac{3f'}{r} + f''\right).$$

Für die z-Axe, d. h. in Richtung der Erregerschwingung, ist $\rho = 0$, daher $M = P = 0$, $Z = -\frac{2f}{r^3} + \frac{2f'}{r^2}$. Die elektrische Kraft fällt also in die Richtung der Schwingung. Ist f eine periodische Funktion der Zeit, wie es beim Hertz'schen Erreger der Fall ist, so nimmt die Amplitude der elektrischen Kraft Z in kleinen Entfernungen ab wie die dritte Potenz, in grösseren Entfernungen wie das Quadrat der reciproken Entfernung.

In der Aequatorebene ist $z = 0$, $\rho = r$, daher

$$P = 0, \quad M = \frac{f'}{r^2} - \frac{f''}{r}, \quad Z = \frac{f}{r^3} - \frac{f'}{r^2} + \frac{f''}{r}.$$

Ist f eine periodische Funktion, so nimmt also die Amplitude der elektrischen Kraft mit wachsendem r zunächst, bei kleiner Entfernung r, schnell ab, wie $\frac{1}{r^3}$, für grosse r langsamer, nämlich wie $\frac{1}{r}$.

In sehr grossen Entfernungen ergiebt sich aus (102), falls man den Winkel, welchen der Radiusvektor r mit der z-Axe bildet, ϑ nennt, wobei $\rho : r = \sin \vartheta$, $z : r = \cos \vartheta$ ist,

$$M = -\frac{f''}{r}\sin\vartheta,$$

$$P = -\frac{f''}{r}\sin\vartheta\cos\vartheta, \quad (102')$$

$$Z = +\frac{f''}{r}\sin^2\vartheta.$$

Hieraus folgt $Z \cos \vartheta + P \sin \vartheta = 0$, d. h. die Richtung der elektrischen Kraft steht in grossen Entfernungen überall senkrecht auf der Richtung vom Ausgangspunkte der Kraft, dieselbe pflanzt sich also dort als Transversalwelle fort. Die Grösse der resultirenden elektrischen Kraft ist $\sqrt{P^2 + Z^2} = \dfrac{f''}{r} \sin \vartheta$. Dieselbe ist also in der Aequatorebene ($\vartheta = 90^{\circ}$) am grössten, dagegen verschwindet sie in der Verlängerung der Axe des Erregers ($\vartheta = 0$). Die Versuche bestätigen diese Folgerung.

Nach (100) giebt f für $r = 0$ die elektrische Ladung eines Konduktors des Erregers an, multiplicirt mit der Länge dz des Erregers. Je schneller die Ladung variirt, um so mehr überwiegt in den Formeln (102) f'' über f' und f. Die mit f proportionalen Terme geben daher die elektrische Kraft für sehr langsame Schwingungen des Erregers an, d. h. die sogenannte elektrostatische Kraft. Die mit f'' proportionalen Terme entsprechen dagegen der von dem Strome im Erreger inducirten elektromotorischen Kraft, da dieselbe proportional mit $\dfrac{\partial i}{\partial t} = \dfrac{\partial^2 e}{\partial t^2} = f''$ ist. Die Induktionskraft überwiegt also um so mehr über die elektrostatische Kraft, je schneller die Schwingungen des Erregers erfolgen und je grösser der Abstand r ist.

Ausser diesen beiden Bestandtheilen setzt sich die elektrische Kraft noch aus einem dritten Theil zusammen, nämlich aus den mit f' proportionalen Termen. Diese würden erhalten bleiben, auch wenn der Primärleiter von einem konstanten Strome durchflossen wäre, da dann f' von Null verschieden, während f'' gleich Null ist. Diese Terme entstehen offenbar dadurch, dass der Primärleiter ungeschlossen ist, so dass ein in demselben fliessender Strom nothwendig von Verschiebungsströmen im umgebenden Luftraum begleitet ist. Wir wollen daher abkürzend die mit f' proportionalen Terme die elektrische Kraft der Verschiebungsströme nennen.

Alle drei Bestandtheile der elektrischen Kraft, die elektrostatische Kraft, die Induktionskraft und die elektrische Kraft der Verschiebungsströme, haben dieselbe Fortpflanzungsgeschwindigkeit c, letztere Kraft hat aber, im Falle periodischer Veränderungen, eine Phasendifferenz von 90° gegen die beiden ersteren, die von gleicher Phase sind.

Das Auftreten des dritten Bestandtheiles der elektrischen Kraft bewirkt, dass dieselbe bei periodischen Störungen des elektrischen

Gleichgewichts des Erregers in der Aequatorebene in keiner Entfernung r verschwindet und dass Kreisgebiete G (cf. oben pag. 406) auftreten, für welche die elektrische Kraft für keine Richtung ein Maximum oder Minimum besitzt.

Man kann leicht die Lage der Kreisgebiete G angeben, falls der Erreger ungedämpfte Wellen aussendet. Ist nämlich T die Periode seiner Schwingungen, so ist f (r — ct) proportional zu $\sin 2\pi \left(\frac{t}{T} - \frac{r}{\lambda}\right)$ zu setzen, wobei $\lambda = Tc$ sein muss. Daher hat nach (102) P und Z die Form:

$$P = A \sin 2\pi \left(\frac{t}{T} - \frac{r}{\lambda}\right) + B \cos 2\pi \left(\frac{t}{T} - \frac{r}{\lambda}\right),$$

$$Z = A' \sin 2\pi \left(\frac{t}{T} - \frac{r}{\lambda}\right) + B' \cos 2\pi \left(\frac{t}{T} - \frac{r}{\lambda}\right),$$

wobei A, B, A', B' gewisse Funktionen von ϑ und r sind. Der Endpunkt des die resultirende elektrische Kraft nach Grösse und Richtung darstellenden Vektors beschreibt im Laufe einer Periode T einen Kreis, wenn ist

$$A^2 + B^2 = A'^2 + B'^2, \qquad AA' + BB' = 0.$$

Aus diesen beiden Gleichungen ist das zu den Kreisgebieten G zugehörige r und ϑ zu bestimmen.

Man erkennt, dass Kreisgebiete auch auftreten müssen, wenn die Fortpflanzungsgeschwindigkeit c der Wellen unendlich gross wäre, d. h. wenn f nur von t abhinge. Daher ist der oben pag. 406 erwähnte Schluss von Hertz nicht richtig.

20. Strahlung der Energie. Nach dem oben auf pag. 320 abgeleiteten Poynting'schen Gesetz kann man die Aenderungsgeschwindigkeit der elektromagnetischen Energie eines Raumes herbeigeführt ansehen durch einen Energiefluss durch seine Oberfläche. Derselbe ist für die Flächeneinheit gleich dem Produkt aus der elektrischen und der magnetischen Kraft, multiplicirt mit dem Sinus des Winkels, welchen sie miteinander bilden, und dem Faktor $c : 4\pi$. Die Richtung des Energieflusses ist senkrecht auf der elektrischen und magnetischen Kraft.

Berechnen wir die Aenderung der Energie innerhalb einer sehr grossen um den Erreger beschriebenen Kugelfläche, so liegen nach den Untersuchungen des vorigen Paragraphen die magnetische und elektrische Kraft für grosse r in jener Kugeloberfläche und stehen senkrecht aufeinander. Es ist also, falls E die elektrische, T die magnetische Energie bezeichnet, daher $E + T$ die gesammte elektromagnetische Energie

$$\frac{\partial (E+T)}{\partial t} = \frac{c}{4\pi} \int M \sqrt{P^2 + Z^2}\, dS,$$

falls dS ein Element der Oberfläche der grossen Kugel vom Radius r bedeutet. Zerlegt man nun diese Oberfläche durch Ebenen, welche senkrecht zur z-Achse stehen, in Flächenstreifen, deren Meridianschnitt vom Koordinatenanfang aus unter dem Winkel $d\vartheta$ erscheint, so ist die Grösse eines solchen Streifens

$$dS = 2\pi r^2 \sin\vartheta\, d\vartheta.$$

Setzt man ausserdem für M, P und Z ihre aus (102′) für grosse r gültigen Werthe, so folgt

$$\frac{\partial (E+T)}{\partial t} = -\frac{c}{2} \int_0^\pi (f'')^2 \sin^3\vartheta\, d\vartheta.$$

Da nun

$$\int \sin^3\vartheta\, d\vartheta = -\frac{1}{3}(2 + \sin^2\vartheta)\cos\vartheta$$

ist, d. h.

$$\int_0^\pi \sin^3\vartheta\, d\vartheta = \frac{4}{3},$$

so wird

$$\frac{\partial (E+T)}{\partial t} = -\frac{2c}{3}(f'')^2.$$

Aus der Kugel tritt daher beständig elektromagnetische Energie aus. Man sagt in diesem Falle, dass der Erreger Energie ausstrahle.

Vollführt der Erreger periodische Schwingungen konstanter Amplitude, so ist nach (100), falls die Länge dz des Erregers gleich 1 und die maximale elektrische Ladung einer seiner Konduktoren gleich e_0 gesetzt wird,

$$f = e_0 l \sin 2\pi\left(\frac{t}{T} - \frac{r}{\lambda}\right), \quad f'' = -e_0 l \frac{4\pi^2}{\lambda^2} \sin 2\pi\left(\frac{t}{T} - \frac{r}{\lambda}\right).$$

Während jeder halben Periode strahlt der Erreger die Energie aus:

$$\int_0^{1/2 T} \frac{\partial (E+T)}{\partial t} dt = -\frac{2\,c}{3} \cdot \frac{16\,\pi^4 e_0^2 l^2}{\lambda^4} \int_0^{1/2 T} \sin^2 2\pi \left(\frac{t}{T} - \frac{r}{\lambda}\right) dt.$$

Da nun $\int \sin^2 x\,dx = \frac{1}{2} x - \frac{1}{4} \sin 2x$, so folgt für die während $\frac{1}{2} T$ ausgestrahlte Energiemenge

$$\frac{8\,c}{3} \frac{\pi^4}{\lambda^4} T e_0^2 l^2 = \frac{8}{3} \frac{\pi^4}{\lambda^3} e_0^2 l^2.\ \ ^1)$$

(Es ist $\lambda = cT$, cf. oben pag. 417.)

Man kann e_0 aus der Schlagweite der Entladungskugeln des Erregers schätzen. Bei den von Hertz angestellten Versuchen, für welche jene Schlagweite etwa 1 cm war, ergiebt sich eine bedeutende Energieabgabe des Erregers durch Strahlung, nämlich etwa zu 2400 g cm^2 sec^{-2} in der Zeit $^1/_2$ T, d. h. in etwa $0{,}8 \cdot 10^{-8}$ sec. In etwa 12 m Abstand vom Erreger entspricht die Intensität der Strahlung etwa der der Sonnenstrahlung auf der festen Erdoberfläche. — Die elektrische Energie des Erregers ist nach Formel (35) des VII. Kapitels auf pag. 272 ursprünglich

$$E_0 = 2 \cdot \frac{1}{2} e_0 \cdot V_0,$$

falls V_0 das Anfangspotential auf einem der Konduktoren A_1, A_2 des Erregers bedeutet. Da $V_0 = e_0 : R'$, falls R' den Radius der kugelförmigen Konduktoren A bezeichnet, so ist also

$$E_0 = e_0^2 : R'.$$

Das Verhältniss der während einer Periode ausgestrahlten Energie zur ursprünglich vorhandenen ist daher

$$\frac{16}{3} \cdot \frac{\pi^4}{\lambda^3} l^2 R' : 1. \tag{103}$$

Bei den Hertz'schen Versuchen, für welche (cf. oben pag. 392)

---

[1] Diese Formel stimmt mit der von Hertz in Wied. Ann. 36, pag. 12 gegebenen überein, da das hier gebrauchte T und λ doppelt so gross, als die von Hertz unter diesem Buchstaben verstandenen Grössen sind.

$R' = 15$ cm, $l = 70$ cm, $\lambda = 4,8$ m, wird daher dieses Verhältniss: 0,355, d. h. es erreicht einen sehr bedeutenden Werth.

Wegen dieser Energieabgabe durch Strahlung kann der Erreger nur dann Schwingungen konstanter Amplitude ausführen, wenn ihm in genügendem Maasse Energie für jede Schwingung wieder zugeführt wird. Ohne diese Energiezufuhr, welche bei den angestellten Experimenten thatsächlich fehlt, muss daher die Energie des Erregers schnell abnehmen. Die Dämpfung seiner Schwingungen wird daher nicht nur durch den galvanischen Widerstand der primären Leitung und Funkenstrecke herbeigeführt, d. h. durch die Umsetzung in Joule'sche Wärme, sondern zum grossen Theil auch durch Strahlung. Wir werden weiter unten Versuche von Bjerkness kennen lernen, welche zur Messung dieser Dämpfung angestellt sind.

Die Einführung der Dämpfung bewirkt hinsichtlich der allgemeinen, in diesem und dem vorigen Paragraphen abgeleiteten Resultate, welche nicht an eine specielle Form der Funktion f anknüpfen, keinerlei Aenderung. — Will man speciellere Resultate für periodische Erregerschwingungen mit Dämpfung ableiten, so ist in Formel (97) auf pag. 412 zu setzen:

$$f_1(r - ct) = e^{-\gamma\left(\frac{t}{T} - \frac{r}{\lambda}\right)} \sin 2\pi \left(\frac{t}{T} - \frac{r}{\lambda}\right). \qquad (97'')$$

21. Stehende elektromagnetische Wellen. In den vorangehenden Paragraphen 19 und 20 sind nur die vom Erreger ausgesandten Wellen berücksichtigt, indem für Π in der Formel (97) nur die Funktion f_1 angenommen wurde. Wird die Homogenität des den Erreger umgebenden Luftraumes durch irgend einen eingelagerten Körper gestört, z. B. durch eine grosse Metallwand, so tritt an der Oberfläche dieses Körpers eine partielle Reflexion der elektromagnetischen Wellen ein, so dass dann für Π in der Formel (97) auch die Funktion f_2 auftritt.

Die Gesetze dieser Reflexion, d. h. des Werthes der Funktion f_2, sind zu erhalten, wenn man auch für den eingelagerten Körper, den wir kurz den „Spiegel" nennen wollen, die Hauptgleichungen aufstellt, wie sie das System (20), (21) der pag. 315 für den den Erreger umgebenden Isolator giebt. Die Integrale der sämmtlichen aufgestellten Differentialgleichungen müssen mit den stets bestehenden Grenzbedingungen verträglich sein, dass beim Durchgang durch die Oberfläche des „Spiegels" die Tangentialkomponenten der elektrischen und der magnetischen Kraft sich stetig ändern.

Wir wollen indess hier diesen strengen Weg zur Ableitung der Reflexionsgesetze nicht einschlagen, sondern dieses später bei der Ableitung der optischen Reflexionsgesetze an Metallspiegeln nachholen. Nur das Resultat wollen wir aus den späteren Untersuchungen hier gleich vorweg benutzen, dass ein unendlich ausgedehnter Metallspiegel sehr nahezu die ganze Intensität (Energie) der einfallenden elektromagnetischen Wellen reflektirt. Dies Resultat ergiebt sich in Folge der grossen specifischen Leitfähigkeit der Metalle. Und in der That können wir ohne speciellere Rechnungen einsehen, dass für unendlich grosse Leitfähigkeit des Spiegels die ganze Energie der einfallenden Welle reflektirt werden muss.

Betrachten wir nämlich den besonders einfachen Fall, dass ebene Wellen senkrecht auf einen unendlich grossen Metallspiegel auftreffen, wie er experimentell zu realisiren ist, wenn man einen Metallspiegel, der gross gegen die Wellenlänge der vom Erreger ausgesandten Wellen ist, senkrecht zu dessen Aequatorebene in grossem Abstand vom Erreger aufstellt. Die elektrische Kraft liegt dann parallel zur Oberfläche des Spiegels. Dieselbe muss sich also stetig aus dem Luftraum in das Innere des Metalls fortsetzen. In einem Metall, dessen Leitfähigkeit unendlich gross ist, muss aber die elektrische Kraft unendlich klein sein, weil eine endliche elektrische Kraft im Metall nach dem Ohm'schen Gesetz elektrische Ströme von unendlich grosser Dichtigkeit hervorrufen würde. Daher muss also auch die elektrische Kraft im Luftraum an der Spiegeloberfläche unendlich klein sein, d. h. zu Null abnehmen, wenn die Leitfähigkeit des Spiegels ins Unendliche wächst.

Nun ist nach (102') die elektrische Kraft Z in der Aequatorebene bei grossem r:

$$Z = \frac{f_1'' + f_2''}{r},$$

falls

$$\Pi = \frac{1}{r}[f_1(r - ct) + f_2(r + ct)]$$

gesetzt wird. — Wenn also Z am Spiegel verschwinden soll, so ergiebt das:

$$f_1'' = -f_2'',$$

d. h. die Amplitude der einfallenden elektrischen Welle $\dfrac{f_1''}{r}$ ist der Amplitude der reflektirten elektrischen Welle $\dfrac{f_2''}{r}$ entgegengesetzt gleich, die Intensität (Energie) der einfallenden elektrischen Welle ist daher gleich der Intensität (Energie) der reflektirten elektrischen Welle.

Hieraus ergiebt sich nach den oben pag. 326 abgeleiteten allgemeinen Sätzen, dass auch die Intensität der reflektirten magnetischen Welle gleich der der einfallenden magnetischen Welle sein muss, dass jedoch die magnetische Kraft M ohne Umkehr der Richtung ihrer Amplitude reflektirt wird. Man kann dieses Resultat auch sofort aus der für M gültigen Relation (94), pag. 411, ableiten.

Sendet der Erreger periodische, ungedämpfte Schwingungen aus, so ist zu setzen:

$$f_1(r - ct) = A_1 \sin 2\pi \left(\frac{t}{T} - \frac{r}{\lambda}\right),$$

$$f_2(r + ct) = A_2 \sin \left[2\pi \left(\frac{t}{T} + \frac{r}{\lambda}\right) + \Delta\right],$$

$$\lambda = Tc.$$

Befindet sich der Spiegel im Abstand $r = D$ vom Erreger, so ist die Phase der einfallenden Welle f_1 am Spiegel, d. h. für $r = D$, gegeben durch $2\pi \left(\dfrac{t}{T} - \dfrac{D}{\lambda}\right)$, die der reflektirten Welle f_2 durch $2\pi \left(\dfrac{t}{T} + \dfrac{D}{\lambda}\right) + \Delta$. Es ist daher $4\pi \dfrac{D}{\lambda} + \Delta$ die durch Reflexion herbeigeführte Phasenänderung der Wellen. Setzt man dieselbe gleich δ, d. h. setzt man

$$\Delta = \delta - 4\pi \frac{D}{\lambda},$$

so wird am Spiegel:

$$f_1 = A_1 \sin 2\pi \left(\frac{t}{T} - \frac{D}{\lambda}\right), \quad f_2 = A_2 \sin \left[2\pi \left(\frac{t}{T} - \frac{D}{\lambda}\right) + \delta\right].$$

Man kann daher der für $r = D$ stattfindenden Beziehung $f_1'' = f_2''$, oder $f_1 = f_2$ genügen durch

$$A_1 = -A_2, \quad \delta = 0, \quad \text{oder durch } A_1 = A_2, \quad \delta = \pi.$$

In jedem Falle ist der Ausdruck für die reflektirte Welle gegeben durch

$$f_2 = -A_1 \sin\left[2\pi\left(\frac{t}{T} + \frac{r}{\lambda}\right) - 4\pi\frac{D}{\lambda}\right].$$

Verlegt man den Anfangspunkt der Zeit t, indem man setzt:

$$\frac{t}{T} - \frac{D}{\lambda} = \frac{t'}{T},$$

so wird

$$f_1 = A_1 \sin\left(2\pi\frac{t'}{T} + 2\pi\frac{D-r}{\lambda}\right),$$

$$f_2 = -A_1 \sin\left(2\pi\frac{t'}{T} - 2\pi\frac{D-r}{\lambda}\right),$$

d. h.

$$f_1 + f_2 = 2 A_1 \cos 2\pi\frac{t'}{T} \sin 2\pi\frac{D-r}{\lambda}.$$

Mit dieser Grösse muss nun die elektrische Kraft Z proportional sein, da Z durch $(f_1'' + f_2'') : r$ gegeben ist. Es bilden sich daher stehende Wellen der elektrischen Kraft aus, deren Knoten im Spiegel selbst $(r = D)$ liegen und in Abständen vor dem Spiegel, welche Multiple von $1/2\,\lambda$ sind. An denselben Stellen müssen nach den allgemeinen auf pag. 325 erhaltenen Resultaten die Bäuche der magnetischen Kraft liegen.

Wenn der Erreger nicht ungedämpfte periodische Schwingungen aussendet, so bilden sich auch nicht stehende Wellen im strengen Sinne des Wortes aus, d. h. es giebt (ausser am Spiegel selbst) nicht Stellen im Luftraum, an welchen dauernd die elektrische oder die magnetische Kraft verschwindet. Wie sich in diesem Falle die Resultate modificiren, ergiebt sich, wenn man $f_1 (r - ct)$ für $r = 0$ dem vom Erreger ausgesandten Störungszustande anpasst. — Eine grosse Annäherung an die Wirklichkeit erzielt man, wenn man annimmt, dass der Erreger gedämpfte Sinus-Schwingungen aussende, d. h., wenn man für $f_1 (r - ct)$ die Formel (97'') der pag. 420 wählt. Es folgt dann, dass bei nicht zu grosser Dämpfung γ in Abständen von $1/2\,\lambda$ vor dem Spiegel zwar nicht Nullstellen der elektrischen Kraft, aber wohl ausgeprägte Minima derselben liegen.

Hertz hat nun die Existenz stehender Wellen sehr gut experimentell nachweisen können[1]), indem ein auf den Erreger abgestimmter kreisförmiger Resonator vor einem grossen, ebenen

---

[1]) H. Hertz, Wied. Ann. 34, pag. 609, 1888.

Metallspiegel in geeigneter Lage verschoben wurde. Liegt der Erreger horizontal, der Metallspiegel daher vertikal, so reagirt der Resonator allein auf die elektrische Kraft, wenn seine Fläche F vertikal, d. h. dem Spiegel parallel, und die Richtung der sekundären Funkenstrecke horizontal steht. Ist dagegen F horizontal und die Richtung der sekundären Funkenstrecke senkrecht zum Spiegel, so zeigt der Resonator den Mittelwerth der magnetischen Kraft innerhalb seiner Fläche F an. Befindet sich in dieser Lage der Mittelpunkt von F in einem Knoten der stehenden Welle der magnetischen Kraft, so müssen die Sekundärfunken des Resonators verschwinden. Man kann also die Lage der Knoten der elektrischen und der magnetischen Kraft gesondert untersuchen. In der That zeigte sich nun, dass bei Verschiebung des Resonators in einer jener beiden Lagen die Sekundärfunken abwechselnd verschwanden und wieder aufleuchteten, und zwar war die Distanz zwischen zwei benachbarten Lagen, in welchen die Funken verschwanden, annähernd konstant. Diese Distanz muss gleich einer halben Wellenlänge der Schwingungen sein.

Die von Hertz erhaltenen Resultate erscheinen noch deshalb etwas unrein, weil die reflektirende Metallwand nicht genügende Grösse gegen die Länge der angewandten Wellen besass. In neuerer Zeit sind diese Versuche in grossem Maassstabe von Sarasin und de la Rive[1]) wiederholt, indem sie zum Theil eine ebene Metallwand von 16 m Länge und 8 m Höhe anwandten, welche sich in einer Entfernung von 15 bis 18 m vom Erreger befand. Es ergab sich eine völlige Uebereinstimmung zwischen den vorhin abgeleiteten theoretischen Resultaten und den beobachteten Lagen der Knoten der elektrischen, bezw. der magnetischen Kraft. Die Minima der elektrischen Kraft, von denen oft noch drei vor dem Spiegel liegende beobachtet werden konnten, hatten nahezu denselben Abstand voneinander; denselben Abstand besass das erste vor dem Spiegel liegende Minimum vom Spiegel, so dass im Spiegel selbst ebenfalls ein Knoten der elektrischen Kraft liegt. In der Mitte zwischen den Minimis der elektrischen Kraft lagen die Minima der magnetischen Kraft.

Auch in numerischer Hinsicht entsprechen die Resultate der Theorie, nämlich rücksichtlich des Abstandes zweier aufeinander

---

[1]) Ed. Sarasin et L. de la Rive, Arch. de Genève (3), 29, pag. 358 442, 1893.

folgender Minima, welcher gleich einer halben Wellenlänge der Schwingungen sein muss. So ergab sich, dass ein kreisförmiger Resonator von 75 cm Durchmesser in Resonanz stand mit einem Erreger, dessen Konduktoren A_1, A_2 30 cm Durchmesser besassen, während der Abstand ihrer Mittelpunkte 1,20 m betrug. Die Dicke des Drahtes der Primärleitung betrug 5 mm. Für diesen Erreger ergiebt sich nach der Formel (83) auf pag. 397 für die halbe Wellenlänge seiner Schwingungen:

$$\frac{1}{2}\lambda = \frac{1}{2}\,\mathrm{T}\,c = \pi\sqrt{l\mathrm{R}'\lg\frac{1}{\mathrm{R}}} = 2{,}80 \text{ m},$$

da $l = 90$, $R' = 15$, $R = 0{,}25$ zu setzen ist. Die Distanz zweier aufeinander folgender Knoten betrug im Mittel 3,00 m. Dieses stimmt in der That annähernd mit dem berechneten Werthe von $\frac{1}{2}\lambda$ überein. Dass sich noch eine gewisse Differenz zwischen beiden Werthen ergiebt, ist nicht zu verwundern, da die Schwingungsdauer des Erregers nicht streng berechnet, sondern durch obige Formel nur als nahezu richtig geschätzt anzusehen ist.

Der Nachweis stehender elektrischer Wellen ist von grosser Bedeutung in theoretischer Hinsicht, da zur Evidenz dadurch gezeigt wird, dass mindestens ein Theil der die Sekundärfunken verursachenden elektrischen Kraft eine endliche Fortpflanzungsgeschwindigkeit besitzen muss, denn nur dadurch sind Phasendifferenzen der einfallenden und reflektirten Welle möglich. — Könnte man nachweisen, dass an gewissen Stellen vor dem Spiegel wirklich vollständige Knoten der elektrischen Kraft vorhanden wären, d. h. dass dort die elektrische Kraft streng Null wäre, so würden die Versuche schon genügen, um die Existenz jeder sich zeitlos fortpflanzenden elektrischen oder magnetischen Kraft zu negiren, d. h. die allgemeine von H. v. Helmholtz aufgestellte elektrische Theorie im Sinne der Maxwell'schen Theorie zu entscheiden (vgl. oben pag. 342).

Diesen experimentellen Nachweis kann man aber nicht zu führen unternehmen, da die Primärschwingungen aus verschiedenen Gründen (cf. oben pag. 420) gedämpft sein müssen und dann sich nur Minima der elektrischen, bezw. magnetischen Kraft, nicht absolute Knoten ergeben (cf. oben pag. 423). In der That waren auch bei den Versuchen von Sarasin und de la Rive in den Minimis der elektrischen Kraft noch stets Sekundärfunken vorhanden, oft z. B. selbst in dem am Spiegel zunächst liegenden Minimum von 0,11 mm Länge. — Vorläufig kann man also nur sagen, dass jedenfalls der zeitlos sich verbreitende Theil der elektrischen Kraft von nicht erheblichem Betrage sein kann, da sich sonst überhaupt keine deutlichen Maxima und Minima der Wirkung ausbilden könnten.

Zum strengeren Beweis der Richtigkeit der Maxwell'schen Theorie muss man also (nach pag. 342) den numerischen Werth der Fortpflanzungsgeschwindigkeit der elektromagnetischen Wellen heranziehen. Derselbe liesse sich nun aus diesen Versuchen sofort ableiten, wenn man einen zuverlässigen Werth für die Schwingungsdauer T besässe, da $1/2\,\lambda$ direkt gemessen wird. Denselben besitzen wir aber bei der bisher beschriebenen Form des Erregers nicht, so dass also auch aus den bisher beschriebenen Versuchen ein genauer Werth für die Fortpflanzungsgeschwindigkeit nicht zu erhalten ist. Vorläufig ergiebt sich nur das Resultat, dass, wenn wir T für theoretisch nahezu richtig bestimmt halten, näherungsweise (bis auf 10 % Fehler) jene Fortpflanzungsgeschwindigkeit mit der Zahl $c = 3 \cdot 10^{10}$ cm sec^{-1} übereinstimmen muss, da in dieser Näherung die beobachtete Wellenlänge mit der aus $\lambda = Tc$ berechneten übereinstimmt. — Wir werden weiter unten Versuche kennen lernen, durch welche ein zuverlässigerer Werth der Fortpflanzungsgeschwindigkeit elektromagnetischer Wellen erhalten ist.

22. Multiple Resonanz. Bei ihren Versuchen machten Sarasin und de la Rive die Beobachtung, dass, wenn die Dimensionen des Resonators dieselben blieben, während die des Erregers geändert wurden, die durch Verschiebung des Resonators vor dem Spiegel zu ermittelnden Knoten der elektrischen, bezw. magnetischen Kraft ihre Lage im Raume nicht änderten. Dieses Resultat mag zunächst Wunder nehmen, da durch Abänderung des Erregers die Schwingungsdauer der ausgesandten Wellen geändert wird, und daher auch ihre Wellenlänge. Indess kommt man leicht zum Verständnisse der beschriebenen Erscheinung, wenn man die verschiedene Dämpfung der im Erreger und der im Resonator stattfindenden elektrischen Schwingungen berücksichtigt. Während nämlich die Dämpfung der Schwingungen im Erreger gross sein muss, sowohl wegen der von seinem Strome zu leistenden Arbeit der Erhitzung der primären Funkenstrecke, als auch wegen der Strahlung (cf. oben pag. 420), muss die Dämpfung der Schwingungen im

Resonator sehr gering sein, weil der Strom in ihm überall eine gute metallische Leitung besitzt (die sekundäre Funkenstrecke wird erst durchschlagen, wenn ihre Enden über die zulässige Maximalspannung geladen sind), und weil der Resonator durch Strahlung keine Energie verliert. Jedes Stromsystem nämlich, für welches sämmtliche Stromlinien im Endlichen verlaufen, strahlt keine Energie nach unendlich fernen Punkten aus. Denn für diese verschwindet die magnetische Kraft, wie sich sofort aus der pag. 91 angegebenen Formel (19) für das Vektorpotential ergiebt, und daher verschwindet dort auch nach dem Poynting'schen Satze (pag. 320) der Energiefluss.

Nehmen wir nun den extremen Fall an, dass die Dämpfung der Schwingungen des Erregers so stark wäre, dass derselbe überhaupt nur einen Impuls aussendet, so pflanzt sich derselbe nach den im § 19 gegebenen Formeln mit der Geschwindigkeit c in den Raum fort. Beim Erreichen der Fläche F des Resonators wird in ihm eine elektrische Schwingung einsetzen. Trifft der Impuls bei weiterer Fortpflanzung eine metallische Wand, so wird er an ihr mit Umkehrung seines Vorzeichens reflektirt und trifft nun den Resonator zum zweiten Male. Nennt man die Distanz des Resonators vom Spiegel D, so liegt die Zeit $t' = \dfrac{2D}{c}$ zwischen dem ersten und dem zweiten Eintreffen des Impulses am Resonator. Durch das zweite Eintreffen des Impulses wird nun die durch das erste Eintreffen des Impulses erzeugte Schwingung des Resonators am meisten verstärkt, wenn dieselbe nach der Zeit t' in entgegengesetzter Richtung und Grösse verläuft, als vor derselben, d. h. wenn $t' = \dfrac{2h+1}{2} T'$ ist, falls T' die Dauer der Eigenschwingung des Resonators und h eine ganze Zahl bezeichnet. Dagegen wird die Schwingung im Resonator durch das zweite Eintreffen des Impulses vernichtet, wenn die Schwingung im Resonator nach der Zeit t' dieselbe Richtung und Grösse hat, wie vor derselben, d. h. wenn $t' = \dfrac{2h}{2} T'$ ist. Die Sekundärfunken verschwinden daher, falls

$$\frac{2D}{c} = \frac{2h}{2} T', \text{ d. h. } D = \frac{h}{2} T'c$$

ist, dazwischen dagegen, nämlich für

$$\frac{2\,D}{c} = \frac{2\,h+1}{2}\,T', \text{ d. h. } D = \frac{2\,h+1}{4}\,T'c$$

nehmen die Sekundärfunken maximale Grössen an. — $T'c$ ist die Wellenlänge λ' der Eigenschwingung des Resonators. Die Minima der Sekundärfunken liegen daher in Distanzen von $1/2\ \lambda'$ vor dem Spiegel, die Maxima dazwischen.

Nach dieser Ueberlegung haben die Dimensionen des Erregers, d. h. die Art des von ihm ausgesandten Impulses, gar keinen Einfluss auf die Grösse der Sekundärfunken. In Wirklichkeit beobachtet man nun aber doch einen entschiedenen Einfluss der Dimensionen des Erregers auf die Grösse der Sekundärfunken, wie schon im § 15 besprochen ist; es sind nämlich entschieden Resonanzwirkungen da, d. h. maximale Sekundärfunken bei bestimmten Dimensionen des Erregers. Diese Erscheinungen können nur durch eine Periodicität der vom Erreger ausgesandten Impulse erklärt werden, nur ist ihre Dämpfung so stark im Vergleich zu der der Resonatorschwingungen, dass die Lage der Minima und Maxima der Sekundärfunken sich immer noch nur nach der Eigenschwingungsdauer des Resonators richtet.

Wenn daher die primäre und die sekundäre Leitung nicht in Resonanz stehen, so ergeben sich bei Verschiebung der letzteren periodisch wechselnde Maxima und Minima der Sekundärfunken, deren Lage sich allein nach den Abmessungen der Sekundärleitung richtet, indess werden diese Maxima und Minima um so ausgeprägter, je mehr sich die primäre und sekundäre Leitung der Resonanz nähern. Dies Verhalten zeigt, dass die Periodicität der Impulse des Erregers sich immerhin noch geltend macht, wenn auch verhältnissmässig schwach, in Folge ihrer starken Dämpfung.

In der folgenden Tabelle, welche den Versuchen von Sarasin und de la Rive entnommen ist, giebt die erste Zeile die Distanz d_1 zwischen den Centren der Konduktoren A_1, A_2 der Primärleitung an ($R' = 15$ cm), während die zweite Zeile die zugehörige Länge d_2 der Sekundärfunken in $1/100$ mm angiebt bei einem kreisförmigen Resonator, dessen Fläche F einen Durchmesser von 75 cm besass, und welcher sich 1,5 m vor dem reflektirenden Spiegel befand, d. h. in einem Schwingungsbauch der elektrischen Kräfte.

d_1	0,84 m	0,90	1,00	1,20	1,40	1,60	1,80	2,00
d_2	11	24	47	55	50	29	19	11.

Wie man sieht, findet Resonanz zwischen dem Erreger und der

Sekundärleitung statt für $d_1 = 1,20$ m, welches Resultat oben auf pag. 425 benutzt wurde.

Die zu verschiedenen kreisförmigen Resonatoren zugehörigen Abstände $\frac{1}{2}\lambda'$ zweier benachbarter Lagen, in welchen die Längen der Sekundärfunken Minima annehmen, unabhängig von den Dimensionen des Erregers, sind in der folgenden Tabelle zusammengestellt. Es bezeichnet d den Durchmesser der Resonatorfläche F. πd sollte nach der angegebenen Theorie (cf. oben pag. 400) näherungsweise mit $\frac{1}{2}\lambda'$ übereinstimmen. Die Differenz $\pi d - \frac{1}{2}\lambda'$ ist auf Kosten der an den Enden der sekundären Funkenstrecke vorhandenen Kapacität zu setzen. Dieselbe ist bei den von Sarasin und de la Rive benutzten Resonatoren ziemlich beträchtlich gewesen. In der That ergiebt die letzte Zeile der Tabelle, welche einem von Hertz (Wied. Ann. 36, pag. 773, 1889) angestellten Versuche entnommen ist, bei welchem der Resonator eine ganz kleine Kugel an der Unterbrechungsstelle trug, eine bessere Uebereinstimmung zwischen $\frac{1}{2}\lambda'$ und πd.

d	$\frac{1}{2}\lambda'$	πd
1 m	4,0 m	3,14 m
0,75	3,0	2,35
0,50	2,0	1,57
0,35	1,5	1,10
0,25	1,1	0,78
0,20	1,0	0,63
0,10	0,8	0,31
0,075	0,33	0,24

Wenn man bei unverändertem Primärleiter die Knoten der stehenden Wellen mit Hülfe verschiedener Sekundärleiter untersucht, so erhält man also verschiedene Abstände derselben. Diese Erscheinung wurde von Sarasin und de la Rive multiple Resonanz genannt und in der Weise erklärt[1]), dass der Erreger eine grosse Mannigfaltigkeit von Wellen verschiedener Schwingungsdauer aussende, dass aber der sekundäre Leiter nur auf diejenige

---

[1]) Sarasin et de la Rive, Arch. de Genève (3) 23, pag. 113, 1890.

unter diesen Schwingungen reagire, welche mit ihm in Resonanz stehe.

Die hier vorgetragene Erklärung der Erscheinungen auf Grund der starken Dämpfung der Schwingungen im Erreger und der geringen Dämpfung im nahezu geschlossenen Sekundärleiter rührt von Poincaré[1]) und Bjerkness[2]) her.

Beide Erklärungen sind im Grunde genommen nicht als wesentlich voneinander verschieden anzusehen, da Sarasin und de la Rive, um Resonanzwirkungen erklären zu können, doch die Grundschwingung des Erregers als die bei Weitem intensivste annehmen müssen, und da man andererseits eine stark gedämpfte periodische Bewegung nach dem Fourier'schen Theorem als eine Superposition von unendlich vielen periodischen Bewegungen verschiedener Schwingungsdauern auffassen kann.

Aus dem letzten Grunde erhellt, dass auch die neuerdings von Garbasso[3]) angestellten Versuche, in denen nachgewiesen wird, dass ein Komplex von Sekundärleitern der gleichen Periode T' die Einwirkung des Erregers nur für einen Sekundärleiter von der gleichen Periode T' abzuschirmen vermag, nicht gegen die Möglichkeit der Auffassung sprechen, dass der Erreger eine stark gedämpfte Sinus-Schwingung einer einzigen Periode T aussende.

23. Strahlen elektrischer Kraft. Unmittelbar nachdem es Hertz geglückt war, zu erweisen, dass sich die Wirkung einer elektrischen Schwingung als Welle in den Raum ausbreitet, stellte er Versuche an, diese Wirkung dadurch zusammenzuhalten und auf grössere Entfernungen sichtbar zu machen, dass er den Erreger in die Brennlinie eines grösseren cylindrischen Hohlspiegels stellte. Dieser Gedanke musste ja nach Analogie der in der Optik üblichen Benützung der Hohlspiegel als fruchtbar erscheinen, und in der That kann man sich auf die Analogie mit optischen Erscheinungen hier bei elektrischen Schwingungen durchaus stützen, da die Gesetze der Fortpflanzung derselben ganz die der Lichtwellen sind. Denn nach pag. 412 pflanzen sich dieselben als Transversalwellen mit endlicher Geschwindigkeit fort, und nach pag. 421 werden sie von

---

[1]) H. Poincaré, Arch. de Genève (3) 25, pag. 609, 1891. — Elektricität und Optik, deutsch von Jäger und Gumlich, Berlin 1891, II. Bd., Note V, pag. 201.

[2]) V. Bjerkness, Wied. Ann. 44, pag. 92, 1891.

[3]) A. Garbasso, Atti R. Acc. delle Science Torino 28, 19. März 1893.

einem Metallspiegel nahezu total reflektirt, gerade wie die Lichtstrahlen an einem gut polirten Metallspiegel. Auch ergiebt sich bei schiefem Einfall der elektrischen Wellen sofort das optische Reflexionsgesetz, dass der Einfallswinkel gleich dem Reflexionswinkel ist, da dieses Gesetz allein damit verträglich ist, dass an der Grenze des Metallspiegels gewisse Grenzbedingungen für die elektrischen, bezw. magnetischen Kräfte erfüllt sein müssen. (Vgl. weiter unten im X. Kapitel.)

Indess schlugen die ersten Versuche von Hertz zur Koncentration der Erregerwirkung durch Hohlspiegel fehl. Dies lag an dem Missverhältniss, welches zwischen der Länge der benutzten Wellen, 4—5 m, und den Dimensionen bestand, welche dem Hohlspiegel im besten Falle zu geben waren. Ein in der Nähe eines Erregers aufgestellter Metallspiegel kann nämlich unter Umständen die Wirkung des Erregers in dem vor dem Spiegel gelegenen Raume schwächen, nämlich immer dann, wenn die Entfernung des Metallspiegels vom Erreger klein im Vergleich zu der von letzterem ausgesandten Wellenlänge ist. Denn nach den Ueberlegungen der pag. 239 inducirt eine in einem Drahte stattfindende elektrische Schwingung in einer nahe benachbarten Metallmasse Schwingungen, welche in jedem Momente der erregenden Schwingung gerade entgegengesetzt sind. Die Wirkung der Erregerschwingung in einem entfernten Punkte P muss daher durch die in der Metallmasse inducirte Schwingung geschwächt erscheinen. — Es tritt aber dann eine lebhafte Verstärkung der Wirkung in P ein, wenn in der Zeit, welche die elektrische Welle zum Durcheilen der Entfernung zwischen Erreger und Metallspiegel hin und zurück gebraucht, die Erregerschwingung 180° an Phase gewonnen hat, d. h. wenn jene Entfernung gleich ¼ Wellenlänge der Erregerschwingung ist. — Um das Verhalten der magnetischen Kraft brauchen wir uns bei diesen Ueberlegungen nicht zu kümmern, denn in der Nähe der Primärschwingung überwiegt die elektrische Kraft über die magnetische, da erstere nach pag. 415 mit $\frac{1}{r^3}$, letztere mit $\frac{1}{r^2}$ proportional ist.

Eine verstärkende Wirkung des Hohlspiegels ist also erst zu erwarten, wenn der Abstand seiner Brennlinie vom Scheitel mindestens $\frac{1}{4}\lambda$ beträgt. Für $\lambda = 4$ m führt dies aber zu unhandlichen Dimensionen des Spiegels.

Daher mussten zunächst noch kürzere Erregerwellen geschaffen werden. Hertz[1]) stellte dieselben her, indem er dem Erreger die Gestalt eines cylindrischen Messingkörpers von 3 cm Durchmesser und 26 cm Länge gab, welcher in der Mitte seiner Länge durch eine Funkenstrecke unterbrochen war, deren Pole beiderseits durch Kugelflächen von 2 cm Radius gebildet wurden. — In der Nähe der Funkenstrecke mündeten zwei Kupferdrähte D, D' ein, welche mit der Sekundärspule eines Ruhmkorff'schen Apparates verbunden wurden (vgl. Fig. 47).

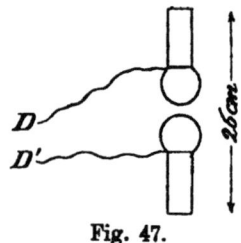

Fig. 47.

Bei der beschriebenen Gestalt des Erregers kann man für die Schwingungsdauer der Wellen nicht mehr die bisher angewandte Formel (83) der pag. 397 benutzen, sondern man kommt hier auf eine angenäherte Taxirung der Schwingungsdauer T, wenn man den Erreger als einen dicken Draht von gleichförmigem Querschnitt betrachtet, der frei (ohne Kapacität) endet. Für seine Grundschwingung ist nach pag. 400 seine Länge gleich einer halben Wellenlänge, es muss also für die von ihm ausgesandten Wellen näherungsweise sein:

$$\frac{1}{2}\lambda = \frac{1}{2}Tc = 26 \text{ cm, d. h. } T = 17 \cdot 10^{-10} \text{ sec.}$$

In Wirklichkeit muss $\frac{1}{2}\lambda$ und T etwas grösser sein wegen der Kapacität der Enden des Erregers. Es ergab sich auch bei Untersuchung der vor einem Metallspiegel sich bildenden stehenden Wellen mit Hülfe eines kreisförmigen Resonators, der mit dem Erreger in Resonanz steht, wenn seine Fläche F einen Durchmesser von 7,5 cm besitzt, $\frac{1}{2}\lambda$ zu etwa 30 cm, d. h. $T = 20 \cdot 10^{-10}$ sec.

Diesen Erreger brachte Hertz in die Brennlinie eines cylindrischen, parabolischen Hohlspiegels aus Zinkblech, dessen Brennweite 12½ cm betrug. Da dieses nahezu $= \frac{1}{4}\lambda$ ist, so verstärkt in der That ein solcher Spiegel die Wirkung des Erregers bedeutend, indem dieselbe wie ein Bündel Parallelstrahlen in den Raum vor dem Spiegel reflektirt wird in der Richtung der Axe der Parabel. —

---

[1]) H. Hertz, Wied. Ann. 36, pag. 769, 1889.

Man kann die Wirkung des Erregers beobachten mit Hülfe eines kleinen Resonators von 7,5 cm Durchmesser, besser jedoch mit Hülfe einer gradlinigen Sekundärleitung, welche in die Brennlinie eines zweiten, in gleicher Weise konstruirten Hohlspiegels gestellt wird[1]) (vgl. Fig. 48). Diese Sekundärleitung bestand aus zwei geraden Drahtstücken von 50 cm Länge und 5 mm Durchmesser. Die einander zugekehrten Enden besassen einen Abstand von 5 cm. Von diesen Enden führten zwei dünne Kupferdrähte durch die Wand des Hohlspiegels zu einem hinter ihm befestigten Funkenmikrometer, an welchem elektrische Schwingungen in der Sekundärleitung durch die in ihm auftretenden Sekundärfunken beobachtet werden

Fig. 48.

können. — Bei dieser Anordnung der Sekundärleitung ist auf eine Resonanz zwischen derselben und dem Erreger verzichtet. Man hätte zur Erreichung derselben die Länge der beiden Drahtstücke der Sekundärleitung annähernd gleich $\frac{1}{2} \lambda$, d. h. gleich 30 cm wählen müssen, vorausgesetzt, dass die dünnen, vom Ende der Sekundärleitung fortführenden Kupferdrähte mit Einschluss der Entladungskugel an der sekundären Funkenstrecke keine merkliche Kapacität besitzen. Uebrigens können sich die Resonanzwirkungen bei einer geradlinigen Sekundärleitung nicht so stark geltend machen, wie bei einer nahezu metallisch geschlossenen. Denn die Dämpfung

---

[1]) In der Brennlinie eines solchen Hohlspiegels ist die elektrische Energie der vom Erreger ausgesandten Wellen bedeutend stärker, als ausserhalb der Brennlinie, wie Messungen von J. Klemencic (Wien. Ber. II, 99, 1890; Wied. Ann. 42, pag. 416, 1891) ergaben.

der Schwingungen in ersterer muss deshalb weit grösser als in letzterer sein, da erstere Energie durch Strahlung verliert, letztere nicht (vgl. oben pag. 427).

Mit Hülfe der beschriebenen Anordnung kann man nun leicht die Existenz der vom Erreger ausgesandten elektrischen Kraft in grossen Entfernungen (bis zu 20 m) nachweisen. Es lässt sich auch zeigen, dass dieses Bündel Parallelstrahlen elektrischer Kraft analoge Gesetze befolgt, wie ein Bündel optischer Parallelstrahlen.

Zunächst erkennt man das Gesetz der geradlinigen Ausbreitung daran, dass die Sekundärfunken nur erscheinen, wenn die Axen beider Hohlspiegel ganz oder nahezu zusammenfallen, und dass die Wirkung durch Metallschirme nur aufgehalten wird, falls sie in den Weg des Strahles gestellt werden. Ist der Metallschirm nicht hinlänglich gross gegen die Wellenlänge der im Strahl enthaltenen Wellen, so ist die Schirmwirkung nur unvollständig, eine Erscheinung, die in der Optik unter dem Namen: „Beugung der Lichtstrahlen" bekannt ist.

Ferner kann man das Reflexionsgesetz, dass der Einfallswinkel gleich dem Reflexionswinkel ist, nachweisen, wenn man die Axen beider Hohlspiegel in einen Winkel gegeneinander stellt, und einen ebenen Metallspiegel am Orte des Schnittpunktes beider Hohlspiegelaxen geeignet dreht.

Auch die Brechung der Strahlen elektrischer Kraft nach einem dem optischen analogen Gesetze ist nachzuweisen mit Hülfe eines grossen Prismas eines Isolators, z. B. von Pech, welches in den Weg der Strahlen geschoben wird. Hertz wählte ein solches von 30° brechendem Winkel, von 1,5 m Höhe und 1,2 m Seitenbreite. Aus dem Ablenkungswinkel der Strahlen ergiebt sich nach bekannten Formeln der Brechungsexponent, d. h. das Verhältniss der Fortpflanzungsgeschwindigkeiten der Wellen in Luft und dem Isolator. Es ergab sich für das Pechprisma derselbe zu 1,69. Sein Quadrat, d. h. die Zahl 2,85, muss nach pag. 323 die Dielektricitätsconstante des Pechs ergeben, was als nahezu richtig anzusehen ist.

Ein eigenthümliches Verhalten besitzt ein Gitter paralleler dünner, etwa 2 m langer Kupferdrähte, welche einen gegenseitigen Abstand von etwa 3 cm besitzen. Liegen die Drähte parallel der elektrischen Kraft des Strahles, so reflektiren sie dieselbe nahezu vollständig[1]),

---

[1]) Die Reflexion ist eine regelmässige (nicht diffuse), wenn die Drähte des Gitters in einer Ebene angeordnet sind. Sein Reflexionsvermögen ist von

und schirmen den Raum hinter sich vollkommen ab. Liegen die Drähte dagegen senkrecht gegen die einfallende elektrische Kraft, so reflektiren sie dieselbe nicht und lassen sie ungehindert hindurch. — Die Theorie eines solchen Gitters ist von J. J. Thomson gegeben in „Recent researches in electricity and magnetism", Oxford 1893.

Ohne indess auf diese Theorie genauer einzugehen, kann man doch leicht die Wirkung des Gitters verstehen, da die elektrische Kraft des Strahles nur dann Leitungsströme im Gitter hervorrufen kann, wenn seine Drähte parallel der Richtung der elektrischen Kraft liegen. — Ein solches Gitter ist sozusagen ein stark krystallinisches Medium, dessen Leitfähigkeit in Richtung der Drähte bei weitem grösser ist, als senkrecht dagegen. — Da Leitfähigkeit (abgesehen von Reflexion) schon wegen der entwickelten Joule'schen Wärme mit Absorption begleitet sein muss, so verhält sich daher ein Gitter in elektrischer Hinsicht, wie ein Turmalin in optischer, welcher nur Lichtschwingungen von gewisser Polarisationsrichtung nahezu ungeschwächt hindurchlässt, während die dazu senkrecht polarisirten vollständig absorbirt werden. Der Vergleich mit dem Turmalin ist nur insofern nicht ganz passend, als beim Gitter die Schwächung der zu seinen Drähten parallelen Komponente der elektrischen Kraft weit mehr durch Reflexion, als durch Absorption, d. h. Verwandlung in Joule'sche Wärme, geschieht.

Wie schon gesagt, müssen Leiter der Elektricität die Wirkung der elektrischen Kraft abschirmen. Nichtleiter dagegen müssen die elektrische Kraft ungeschwächt hindurchlassen, abgesehen von Verlusten durch Reflexion, welche allerdings stets sehr unbedeutend sind und sogar ganz verschwinden, wenn die Dicke des Nichtleiters klein gegen die Wellenlänge der elektrischen Kraft ist (cf. unten Kap. XI). Dies ist nun auch thatsächlich zu beobachten, indem der Strahl der elektrischen Kraft durch Glas oder Pech nicht aufgehalten wird. Er geht aber auch nahezu ungeschwächt durch trockenes Holz, Papier, oder gar die Steinwände eines Gebäudes, falls sie nicht feucht sind, hindurch. Dies muss deshalb vielleicht wunderbar erscheinen, weil die Leitfähigkeit dieser Materialien doch so gross ist, dass sie auf die Dauer elektrostatische Ladungen nicht

---

H. Rubens und R. Ritter (Wied. Ann. 40, pag. 55, 1890) zu 0,98 bestimmt. Diese Zahl ist eine untere Grenze des Reflexionsvermögens, da etwas Energie auch durch die bei diesen Versuchen nie ganz zu vermeidende diffuse Reflexion (Beugung) zerstreut sein kann.

zu isoliren vermögen, und andererseits, falls sie solche vollständig einschliessen, den Aussenraum gegen diese elektrostatische Kraft abschirmen. — Jedoch ergiebt sich dieses Verhalten ohne Widerspruch aus den Formeln der Theorie, dass nämlich die Schirmwirkung bei schnellen Schwingungen weit kleiner, als bei elektrostatischen Ladungen ist. Es soll dieses aber erst weiter unten im Kap. XI näher besprochen werden.

24. Demonstrationsmittel für die Sekundärfunken.

Bei den beschriebenen Versuchen sind die Sekundärfunken sehr winzig und nicht einem grösseren Auditorium gut zu demonstriren. Zur Erreichung dieses Zweckes kann man mehrere Mittel anwenden, von denen hier zwei genannt werden mögen. Man kann[1]) das eine Ende der Sekundärleitung zur Erde ableiten, während das andere mit dem Knopfe eines geladenen Elektroskops verbunden wird. Sowie ein Sekundärfunken im Funkenmikrometer überschlägt, zucken die Blätter des Elektroskops zusammen, da durch den Sekundärfunken eine leitende Verbindung des Elektroskops mit der Erde hergestellt wird. Um das Elektroskop nach Aufhören des Sekundärfunkens immer wieder selbstständig zu laden, kann man es mit dem einen Pole einer Zamboni'schen Trockensäule verbinden, deren anderer Pol zur Erde abgeleitet ist. — Nach Zehnder[2]) lässt man die Sekundärfunken in einer Vakuumröhre überschlagen, in welcher sich noch zwei andere Elektroden befinden, durch welche eine, die Vakuumröhre in helles Leuchten bringende Hauptentladung eines Hochspannungsakkumulators hindurch gesandt wird. Die Spannung an diesen Hauptelektroden ist (durch passende Widerstandsverzweigung) so abgeglichen, dass die Hauptentladung ohne die Sekundärfunken gerade nicht einsetzt. Schlagen letztere in der Nähe der Kathode der Hauptelektroden über, so wird der Widerstand für die Hauptentladung so vermindert, dass dieselbe einsetzt und die Röhre in helles Leuchten bringt, welches auch im nicht verdunkelten Zimmer weit zu sehen ist. — Diese Anordnung ist dem Relais im Telegraphendienste zu vergleichen, bei welchem ein starker Strom mittelst Auslösung durch einen sehr schwachen hervorgerufen wird.

---

[1]) Dieses Mittel, welches einer von L. Boltzmann (Wied. Ann. 40, pag. 399, 1890) vorgeschlagenen Methode ähnlich ist, hat der Verfasser stets mit gutem Erfolge zur Demonstration verwendet.
[2]) L. Zehnder, Wied. Ann. 47, pag. 77, 1892.

Man kann auch bei der Boltzmann'schen (Elektroskop-) Methode die Zehnder'sche Röhre anwenden, wodurch der Hochspannungsakkumulator entbehrlich wird [1]).

25. Versuche von Righi. Die Versuche mit den Strahlen elektrischer Kraft sind jetzt mit weit handlicheren Apparaten zu wiederholen, seitdem es Righi[2]) gelungen ist, Wellen von noch viel geringerer Länge als 60 cm, nämlich solche von 20 cm und selbst 7,5 cm, herzustellen. Der Erreger (vgl. umstehende Fig. 49) von Righi besteht aus zwei Messingkugeln a, b, welche sich (nach der Entdeckung von Sarasin und de la Rive, cf. oben pag. 403) in einem Bad von Vaselinöl befinden. Gegenüber den Erregerkugeln befinden sich zwei gleich dimensionirte Messingkugeln c, d, welche mit Zuleitungsdrähten zu einer grossen Holtz'schen Influenzmaschine[3]) versehen sind. Bei Thätigkeit derselben schlagen Funken zwischen c und a, a und b, b und d über.

Als Erreger sind die beiden Kugeln a, b mit der sie verbindenden Funkenstrecke anzusehen. Ihre Distanz muss daher auf die Länge der ausgesandten Wellen von Einfluss sein; doch hat auch die Länge der Funken zwischen a und c, b und d Einfluss auf die gute Ausbildung der beabsichtigten schnellen Schwingungen. Righi stellte Wellen von 20 cm Länge her, falls die Kugeln a, b, c, d 4 cm Durchmesser besassen, Wellen von 7,5 cm Länge, mit Kugeln von 1,36 cm Durchmesser. Die Distanz zwischen a, c und b, d betrug 2 cm, zwischen a, b nur 0,2 cm.

Der Resonator bestand aus schmalen Streifen belegten Spiegelglases von 11,5 resp. 3,9 cm Länge, durch dessen Belegung mit einem Diamanten ein feiner Schnitt von etwa 1 bis 2 Tausendstel Millimeter Breite gezogen wurde. An diesem Schnitt bildet sich die sekundäre Funkenstrecke.

Zur Konzentration der Erregerwirkung dient bei den längeren (20 cm) Wellen ein cylindrischer, parabolischer Hohlspiegel von 5 cm Fokaldistanz $\left(\frac{1}{4}\lambda\right)$, 50 cm Höhe und 40 cm Breite. Mit Hülfe desselben ist die Wirkung im Resonator noch in 25 m Entfernung wahr-

---

[1]) Vgl. hierüber P. Drude, Wied. Ann. 1894, Bd. 52.
[2]) A. Righi, Rend. de R. Acc. dei Lincei. 11, 1 Sem., pag. 505, 1893.
[3]) Für die Hertz'schen Versuche hat zuerst Töpler (Wied. Ann. 46, pag. 306, 464, 642, 1892) die Influenzmaschine an Stelle des Induktoriums gesetzt.

nehmbar. Für den Erreger der kürzeren Wellen (7,5 cm) hat der Hohlspiegel 5,7 cm Fokaldistanz $\left(\frac{3}{4}\lambda\right)$, 40 cm Höhe und 32 cm Breite. Auch die Resonatoren können in die Brennlinie eines Hohlspiegels gesetzt werden. Für den auf die kürzeren Wellen abgestimmten hat derselbe 1,9 cm Fokaldistanz $\left(\frac{1}{4}\lambda\right)$, 23 cm Höhe und 17 cm Breite. Im Hohlspiegel ist ein Loch angebracht, durch welches hindurch die Sekundärfunken mit Hülfe einer Lupe betrachtet werden.

Der Nachweis stehender Wellen vor einer Metallwand gelingt bei Anwendung des kleinen Erregers schon, wenn die Metallwand nur ein Quadratdecimeter gross ist. (Auch die Hand ist als Spiegel zu gebrauchen und giebt zu stehenden Wellen Anlass.) Stellt man Metallwand und Resonator in ein Gefäss mit isolirender Flüssigkeit, so kann man direkt die Wellenlänge in ihr, d. h. auch den elektrischen Brechungsindex und die Dielektricitätskonstante, finden. So ergab sich z. B. für Olivenöl das Verhältniss der Wellenlänge zu der in Luft gleich $\frac{3}{4}$, der Brechungsindex daher zu $\frac{4}{3} = 1{,}33$, die Dielektricitätskonstante zu 1,78. — Aus der Ablenkung des elektrischen Strahles durch ein Paraffinprisma von 17 cm Höhe, 7 cm Breite und 30° brechendem Winkel ergiebt sich der Brechungsexponent des Paraffins zu 1,6, die Dielektricitätskonstante ε daher zu 2,55. Diese Zahl ist etwas grösser, als die aus statischen oder langsam veränderlichen elektrischen Zuständen abgeleiteten Werthe von ε, die zwischen 1,78 und 2,32 liegen.

Durch ein rechtwinkliges Paraffinprisma wird ein senkrecht zu einer Kathetenfläche einfallender elektrischer Strahl total reflektirt. Nähert man der Hypotenusenfläche des Prismas von rückwärts ein gleiches Prisma in inverser Lage (Hypotenusenfläche gegen Hypotenusenfläche), so kann man die Totalreflexion mindern oder ganz aufheben, wenn die Distanz beider Hypotenusenflächen kleiner als $\frac{1}{4}\lambda = 2$ cm wird. Dieses Experiment ist ein Analogon zu dem von Quincke angestellten optischen Experimente, nach welchem in einem rechtwinkligen Glasprisma die Totalreflexion aufgehoben wird, wenn man gegen seine Hypotenusenfläche ein anderes rechtwinkliges Glasprisma mit seiner Hypotenusenfläche drückt.

Righi konnte auch die Gültigkeit des in der Beugungstheorie

so vielfach verwendeten Huygens'schen Principes für die elektrischen Wellen nachweisen. Indem ein metallisches Diaphragma zwischen Erreger E und Resonator R eingeschaltet wurde (vgl. Fig. 50), konnte die Wirkung im letzteren verstärkt werden, falls das Diaphragma nur diejenige Zone (FG, F'G') einer um den Erreger E beschriebenen kreisförmigen Cylinderfläche C abblendete, deren innere (FR, F'R) resp. äussere (GR, G'R) Randstrahlen, vom Resonator aus gerechnet, um $\frac{1}{2}\lambda$ resp. $\frac{2}{2}\lambda$ länger waren, als der Centralstrahl RA. Dieses Experiment giebt daher einen Beweis für die Richtigkeit der Grundlagen der Theorie der Fresnel'schen Beu-

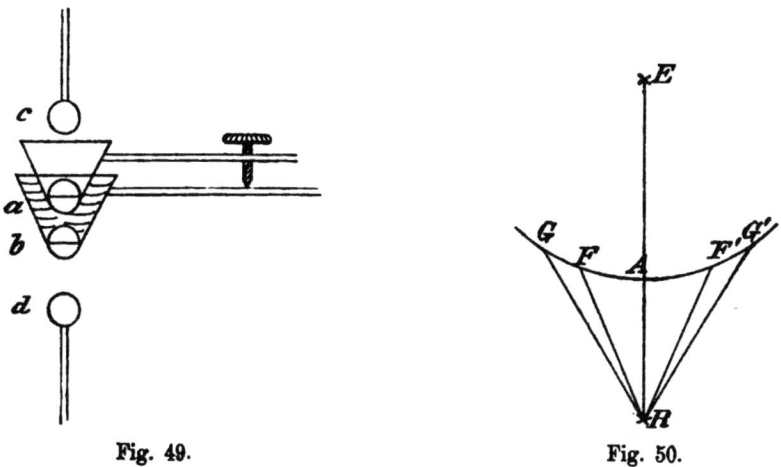

Fig. 49.   Fig. 50.

gungserscheinungen, wenn man wenigstens die an elektrischen Wellen gemachten Erfahrungen auch auf die optischen als übertragbar annehmen darf.

26. Interferenzen von elektrischen Wellen, welche dieselbe Fortpflanzungsrichtung besitzen. Die Analogie zwischen den Gesetzen der elektrischen und der optischen Wellen ist so interessant, dass wir noch einen Augenblick bei ihr verweilen wollen.

Schon im § 21 lernten wir Interferenzerscheinungen bei elektrischen Wellen kennen. Dieselben kamen zu Stande durch die Interferenz zweier in entgegengesetzter Richtung sich fortpflanzender Wellen. Ihr Analogon ist in der Optik wegen der dort vorkommenden viel kleineren Wellenlänge nicht so leicht zu bilden. Der Nachweis der Bildung stehender Lichtwellen ist erst in neuerer Zeit Wiener[1]) gelungen.

Dagegen sind in der Optik die Interferenzen zweier in gleicher Richtung fortgepflanzter Wellen leicht zu erhalten, wie die Experimente mit dem Fresnel'schen Spiegel und dem Newton'schen Farbenglase darthun. Man kann nun diese Experimente auch sehr bequem mit elektrischen Wellen anstellen[2]), und hat dann wiederum ein neues Mittel, um ebenso wie in der Optik die Wellenlänge zu bestimmen. — Der Fresnel'sche Zweispiegelversuch wird nachgeahmt, indem man die Wellen des Erregers an zwei in einem stumpfen Winkel gegeneinander gestellte Metallspiegel reflektiren lässt. Mit einem geradlinigen Resonator lassen sich dann in der Nähe der mittleren Reflexionsrichtung senkrecht zu ihr ausgebreitete Maxima und Mimina der Wirkung, d. h. Interferenzfransen, nachweisen.

Das Analogon zum Newton'schen Farbenglase sind Versuche von Klemencic und Czermak[3]), welche die Erregerwellen an zwei parallelen, gegenseitig verschiebbaren Metallspiegeln reflektiren liessen. Bei successiver Vergrösserung des Abstandes beider Spiegel zeigt ein in der Reflexionsrichtung befindlicher (mit Hohlspiegel armirter) Resonator abwechselnd Maxima und Mimina der Wirkung, letztere offenbar, wenn der gegenseitige Abstand beider Spiegel das ungerade Vielfache von $\frac{1}{4}\lambda$ ist. Man kann diese Erscheinung einem grösseren Auditorium sehr schön mit Hülfe einer Zehnder'schen Entladungsröhre (cf. oben pag. 436) zeigen. — Klemencic und Czermak erhielten für die Wellenlänge je nach der Länge des Resonators verschiedene Werthe, was nach dem auf pag. 428 Erörterten verständlich ist. Sie stimmt annähernd mit der ganzen Länge des Resonators überein, was mit unseren obigen Betrachtungen im Einklang steht, nach denen wir die eine Hälfte des Resonators nahezu $\frac{1}{2}\lambda$ lang taxirten. — Es findet wirkliche Resonanz mit dem von Hertz benutzten (oben auf pag. 432) beschriebenen Erreger statt,

---

[1]) O. Wiener, Wied. Ann. 40, pag. 203, 1890.
[2]) Dieser Vorschlag rührt von L. Boltzmann her. Derselbe führte das Analogon zum Fresnel'schen Spiegelversuch aus. Vgl. Wied. Ann. 40, pag. 399, 1890.
[3]) J. Klemencic und P. Czermak, Wied. Ann. 50, pag. 174, 1893.

wenn die ganze Länge der Sekundärleitung (beide Hälften zusammengenommen) 54 cm beträgt. Die dementsprechende Wellenlänge ergab sich zu 51,2 cm[1]). — Wich die Länge der Sekundärleitung von 54 cm ab, so wurden die Maxima und Minima der Wirkung weniger stark ausgeprägt. Bei geradliniger Sekundärleitung müssen die Abweichungen von der Resonanz viel kleiner sein, um noch die Maxima von den Minimis deutlich unterscheiden zu können, als bei nahezu geschlossener, z. B. kreisförmiger Sekundärleitung, was leicht verständlich ist, da die Dämpfung der Schwingungen bei ersteren wegen des Verlustes der Energie durch Strahlung weit grösser sein muss, als bei letzteren, welche keine Energie ausstrahlen (cf. oben pag. 427).

Alle die beschriebenen Erscheinungen, welche in der Optik ihr vollständiges Analogon finden, und nur durch die Endlichkeit der Fortpflanzungsgeschwindigkeit der Wirkung erklärt werden können, legen es sehr nahe, dass eine mit unendlicher Geschwindigkeit fortgepflanzte, unmittelbare Fernwirkung, wenigstens in merklichem Betrage nicht existirt, da sonst die Reinheit der beschriebenen Erscheinungen erheblich gestört sein müsste. Dies gilt wenigstens für alle die Experimente, bei welchen Verstärkungen der Wirkung durch Hohlspiegel nicht vorgenommen sind. Diese verstärken nämlich bei passender Anordnung nur denjenigen Theil der elektrischen Kraft, welcher sich mit endlicher Geschwindigkeit fortpflanzt, während sie die Wirkung des eventuell vorhandenen, zeitlos sich ausbreitenden Theiles der elektrischen Kraft stets sehr schwächen würden, da in den den Erreger umgebenden Metallmassen Ströme entgegengesetzter Richtung inducirt werden (vgl. oben pag. 431).

Zum strengen Nachweis der Richtigkeit der Maxwell'schen Theorie bleibt immer noch, wie schon oben pag. 342 angeführt ist, die numerische Bestimmung der Fortpflanzungsgeschwindigkeit als bestes Mittel übrig. Wir wollen jetzt Versuche kennen lernen, durch welche dieser Werth mit einiger Zuverlässigkeit als ermittelt anzusehen ist.

27. Die Fortpflanzung der elektrischen Kraft längs gerader Drähte.
Es war oben im § 9 auf pag. 374 von den Anschauungen einer angenäherten Theorie aus, d. h. ohne Rücksicht auf die in der Umgebung eines Drahtes stattfindenden Verschiebungsströme, ab-

---
[1]) Diese Zahl ist auffällig klein.

geleitet, dass eine elektrische Welle längs eines Systemes zweier paralleler Drähte sich mit der Geschwindigkeit c fortpflanzt, falls die Drähte in der Luft liegen. Der galvanische Widerstand muss dabei gegen eine oben auf pag. 389 näher bestimmte Grösse zu vernachlässigen sein. Diesen Satz hatten wir auf pag. 400 zur Theorie des Resonators benutzt, nach welcher die Länge desselben angenähert gleich einer halben Wellenlänge der Schwingung sein sollte.

Werden auf das eine Ende E_1 des Drahtsystems erzwungene Schwingungen ausgeübt, welche ungedämpfte Sinus-Schwingungen der Zeit sind, während das andere Ende E_2 des Systems entweder überbrückt ist, oder einen Kondensator enthält, oder ohne Kapacität frei endigt, so müssen sich stehende Wellen im Drahtsystem ausbilden, da bei E_2 die von E_1 nach E_2 sich fortpflanzenden Wellen (die einfallenden Wellen) reflektirt werden, und zwar allemal in der Weise, dass die Amplitude der reflektirten Welle gleich der der einfallenden ist. Nur ist die durch die Reflexion herbeigeführte Phasenänderung der einfallenden Welle je nach den besonderen Bedingungen des Endes E_2 eine verschiedene.

Der Nachweis dieser stehenden Wellen, d. h. der Nachweis einer Verschiedenheit der Intensität der elektrischen Schwingungen für verschiedene Abstände vom Ende E_2, kann natürlich nur gelingen, wenn die Länge des Drahtsystems mindestens von der Grössenordnung der Wellenlänge der Schwingungen ist. Deshalb konnte dieser Nachweis des schon von Kirchhoff abgeleiteten Resultates erst gelingen, seitdem durch die Arbeiten von Hertz die Mittel gewonnen waren, elektrische Wellen von etwa 6 m Länge oder noch weit kürzere herzustellen.

Mit Hülfe dieser schnellen Schwingungen gelingt nun dieser Nachweis stehender Wellen in Drähten thatsächlich sehr gut. Hertz[1]) selbst hat zuerst denselben geführt, indem er als Konduktoren A_1, A_2 seines Erregers zwei quadratische Messingplatten von 40 cm^2 Grösse wählte. Der einen derselben stand in wenig Centimetern Abstand eine gleich grosse Platte A' gegenüber, an welcher ein mehrere Meter langer, gerader Draht D angebracht war (vgl. Fig. 51). Bei Uebersringen der Primärfunken wurden auf A' durch die von A_1 ausgesandten, resp. einmündenden oscillirenden Verschiebungsströme (elektrischen Kraftlinien) oscillirende elektrische Ladungen erzeugt. Das bei A' mündende Ende des Drahtes D stand also unter dem

---

[1]) H. Hertz, Wied. Ann. 34, pag. 551, 1888.

Einfluss erzwungener elektrischer Schwingungen. — Hertz konnte nun thatsächlich mit Hülfe eines auf die Primärschwingung abgestimmten Resonators, welcher am Draht D in geeigneten Stellungen entlang geführt wurde, abwechselnd Maxima und Minima der elektrischen, resp. magnetischen Kraft in der Umgebung des Drahtes wahrnehmen, indess erhielt Hertz nicht das Resultat, dass die Welle längs des Drahtes mit der Geschwindigkeit c vorwärts glitte.

Trotzdem glaubte Hertz aus den Versuchen, welche er als eine Interferenzwirkung der direkt vom Erreger ausgesandten Wellen und der im Drahte fortgepflanzten ansah, schliessen zu müssen, dass

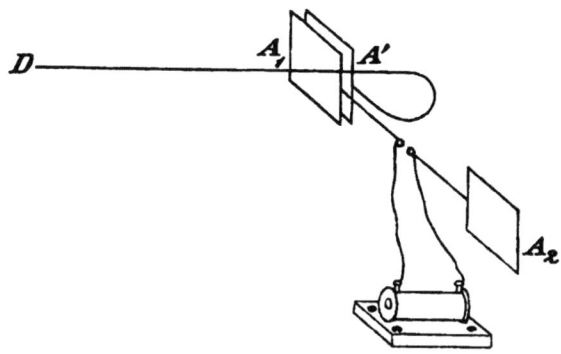

Fig. 51.

die elektrische Kraft, welche vom Erreger in die Luft ausgesandt würde, sich mit der Geschwindigkeit c fortpflanze.

Gegen die Beweiskraft dieses Schlusses sind indess gewichtige Bedenken zu erheben, da dabei für die Fortpflanzungsgeschwindigkeit in Drähten das von Siemens an sehr langen Drahtstrecken erhaltene Resultat benutzt wurde, und aus den oben auf pag. 390 besprochenen Gründen kann man jene von Siemens erhaltene Zahl, welche durch den galvanischen Widerstand der Leitung beeinflusst sein muss, nicht auf diese Versuche mit sehr schnellen Schwingungen und verhältnissmässig kurzen Drahtleitungen anwenden.

Fasst man nun die beschriebene Erscheinung nicht als eine Interferenzwirkung der direkten, vom Erreger ausgesandten Kraft und der im Drahte fortgepflanzten auf, sondern ignorirt man erstere, wozu man berechtigt ist, falls man den Draht an Stellen untersucht, welche nicht nahe am Erreger liegen, so lässt sich leicht übersehen, dass bei der beschriebenen Hertz'schen Versuchsanordnung nicht nothwendig die elektrische Welle mit der Geschwindigkeit c längs des Drahtes sich fortpflanzen muss. Denn eine längs des Drahtes sich verschiebende elektrische Ladung, d. h. eine gewisse Anzahl aus dem Drahte austretender elektrischer Stromlinien, muss in ihrer Umgebung eine entgegengesetzte gleich grosse Ladung hervorrufen, da die elektrischen Stromlinien der Verschiebungsströme nicht frei in der Luft endigen können, sondern irgendwo einmünden müssen. Ist dem Drahte parallel ein zweiter Draht ausgespannt, so münden in ihm die vom ersten ausgesandten Stromlinien der Verschiebungsströme (elektrischen Kraftlinien), fehlt dagegen der zweite Draht, so müssen sie in den umgebenden Leitern, den Zimmerwänden, oder dem Körper des Experimentators einmünden. Für diesen Fall ist es aber deshalb gar nicht nothwendig, dass die

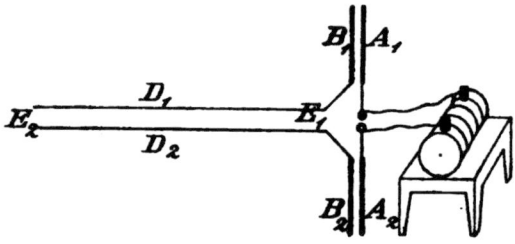

Fig. 52.

Wellen mit der Geschwindigkeit c am Drahte entlang gleiten, weil sich dieses Resultat nach der oben pag. 376 auseinander gesetzten Theorie nur ergiebt für ein bestimmtes Verhältniss der Selbstinduktion des Stromsystems zu seiner Kapacität, nämlich wenn beide auf die Längeneinheit bezogene Grössen einander reciprok gleich sind. Diese Bedingung ist für zwei parallel ausgespannte, gerade Drähte erfüllt, dagegen wird sie im Allgemeinen nicht erfüllt sein, falls in der Nähe des Drahtes D sich kein Leiter von vorgeschriebener Form, oder gar der Körper des Beobachters befindet.

Es muss deshalb als ein Fortschritt in der Festlegung und Uebersehbarkeit der Verhältnisse bezeichnet werden, als Lecher[1]) anstatt eines Drahtes D zwei parallele D_1, D_2 anwandte, deren jeder eine Metallplatte B_1, B_2 trug, welche in der aus der Fig. 52 ersichtlichen Weise den Erregerplatten A_1, A_2 gegenüber gestellt wurden.

---

[1]) E. Lecher, Wied. Ann. 41, pag, 850, 1890.

Die Distanz zwischen beiden Drähten D_1, D_2 ist so zu wählen, dass eine gegenseitige elektrische Influenz zwischen ihnen nicht merkbar eintritt, wenigstens wenn die einfachsten Verhältnisse, welche der Theorie am besten zugänglich sind, getroffen werden sollen. Wenn der Durchmesser der Drähte wenige Millimeter nicht übersteigt, so genügt schon eine Distanz von einigen Centimetern zwischen den Drähten.

Um den Schwingungszustand in den Drähten numerisch bestimmen zu können, bedient man sich zweckmässig eines von H. Rubens[1]) angewandten Mittels, indem man über die beiden Drähte D_1, D_2 zwei etwa 5 cm lange Stücke eines dickwandigen Kapillarrohres aus Glas schiebt, um welche die Enden f_1, f_2 einer Kupferleitung einmal herumgeschlungen sind (vgl. Fig. 53, h ist ein Holzstück). Diese Leitung enthält einen feinen Eisen- oder Platindraht (das Bolometer), dessen

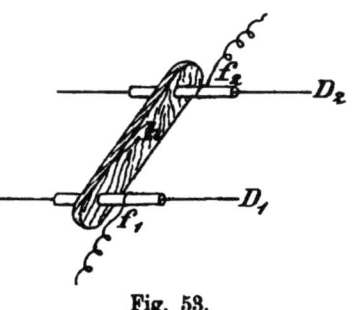

Fig. 53.

Widerstandsänderung, welche durch die Joule'sche Wärme etwaiger in ihm vorhandener Ströme verursacht wird, man mit Hülfe einer Art Wheatstone'scher Brücke und eines hochempfindlichen Galvanometers nachweisen kann[2]).

Liegen nun die Enden dieser zum „Bolometer" führenden Leitung, welche Rubens die „Flaschen" nennt, an Stellen der Drähte D_1, D_2, an welchen elektrische Kraftlinien durch die Drahtoberfläche oscillirend ein- und austreten, d. h. an Stellen, wo elektrische Ladungen auftreten, so müssen diese auch Ladungen der Enden der Bolometerleitung verursachen, d. h. es müssen in ihm Ströme fliessen, und das auf Null eingestellte Galvanometer muss einen Ausschlag ergeben. Mit dem Bolometer kann man also die Ladungswelle in den Drähten untersuchen. Dieselbe erscheint bei der geringen Kapazität der „Flaschen" in keiner merkbaren Weise durch das Anlegen derselben beeinflusst, wie Kontrollversuche er-

---

[1]) H. Rubens, Wied. Ann. 42, pag. 154, 1891.
[2]) Ueber die nähere Einrichtung eines solchen nach dem Princip des Bolometers arbeitenden Apparates vgl. A. Paalzow und H. Rubens, Wied. Ann. 37, pag. 769, 1890.

gaben, in denen ein Flaschenpaar verschoben wurde, während ein anderes, in fester Lage, zum Bolometer führte. Bei den Versuchen, welche darin bestanden, dass das mit dem Bolometer verbundene Flaschenpaar längs der Drähte entlang geschoben wurde und zu jeder Stellung der Ausschlag des Galvanometers beobachtet wurde, war in der Nähe des Endes E_2 des Drahtsystems ein Flaschenpaar in fester Lage belassen, welches man durch Umlegen einer Wippe jederzeit schnell mit dem Bolometer verbinden konnte. Dieses Flaschenpaar diente zur Kontrolle über die Konstanz der Wirksamkeit des Erregers während jeder Versuchsreihe, welche ja, wie wir oben pag. 402 sahen, oft durch kleine Zufälligkeiten stark geändert wird. — Eine etwaige direkte Einwirkung des Erregers, welche auch bestehen würde, falls die Flaschen der Bolometerleitung frei in der Luft endeten, ohne dass überhaupt Drähte D_1, D_2 an die Platten B_1, B_2 angesetzt wären, kann bei den Versuchen kaum in merkbarer Weise vorhanden sein. Denn einmal müsste dieselbe bei einiger Entfernung vom Erreger viel schwächer ausfallen, als die Wirkung der Ladung der Drähte, da erstere mit jener Entfernung abnimmt, letztere dagegen nicht (oder nur sehr wenig wegen Umsetzung der elektrischen Energie in Joule'sche Wärme in den Drähten), und andererseits ist solche direkte Wirkung überhaupt bei der Lecher'schen Anordnung des Drahtsystems kaum zu befürchten, wenn nämlich der Abstand der Platten $A_1 B_1$ und $A_2 B_2$ so klein im Vergleich zu ihrer Grösse gewählt wird, dass alle von A_1, resp. A_2 ausgehenden elektrischen Kraftlinien nach B_1 resp. B_2 auf dem kürzesten Wege übergehen[1]), so dass die von B_1 resp. B_2 abgewendete Seite von A_1 resp. A_2 keine elektrischen Kraftlinien in den Raum aussenden.

Wenn man in der beschriebenen Weise die Grösse der elektrischen Ladung an verschiedenen Stellen des Drahtsystems durch die Galvanometerausschläge misst, so ergiebt sich eine wellenförmige Vertheilung dieser Ladung, d. h. es bildet sich thatsächlich eine stehende Ladungswelle aus. Am freien Ende E_2 der Drähte liegt ein Schwingungsbauch; ist dagegen dies Ende überbrückt, so liegt dort ein Schwingungsknoten. Dieses steht mit den auf pag. 378 angestellten Ueberlegungen im Einklang.

Im Allgemeinen hat jedoch die so ermittelte Ladungswelle

---

[1]) Aus diesem Grunde muss es vortheilhaft erscheinen, die Platten B nicht, wie Rubens gethan hat, kleiner zu wählen als die Platten A.

nicht eine regelmässige Form. Variirt man aber die Drahtlänge l des Erregers, d. h. den gegenseitigen Abstand der Platten $A_1 A_2$, so nimmt für eine gewisse Drahtlänge l die Ladungswelle in den Drähten D eine besonders regelmässige Form an und Maxima und Minima sind scharf ausgeprägt. Dies tritt offenbar dann ein, wenn die Dauer der erzwungenen Erregerschwingung gleich einer möglichen Eigenschwingungsdauer des ganzen Drahtsystems ist. Zur Berechnung der ersteren (der Primärschwingung) ist zu berücksichtigen, dass die Kapacität des Erregers in der der beiden Plattenkondensatoren $A_1 B_1$, $A_2 B_2$ besteht, während die Eigenschwingungen des ganzen Drahtsystems nach den in den §§ 9—11 auseinandergesetzten Principien zu berechnen sind, wenn von der induktorischen Wirksamkeit der Verschiebungsströme in der die Drähte umgebenden Luft abgesehen wird.

Wir wollen uns nun zunächst auf Grund der in § 19 angewandten strengen Maxwell'schen Theorie eine Vorstellung davon verschaffen, ob wir zu der letzteren Annahme thatsächlich berechtigt sind, und in welcher Weise die Verschiebungsströme das Resultat beeinflussen können.

28. Vertheilung der elektrischen und magnetischen Kraft um einen geradlinigen Draht nach der Maxwell'schen Theorie. Nehmen wir an, dass das Drahtsystem aus zwei parallelen Kreiscylindern vom Radius R und dem Abstand d bestehe, welche aber so weit voneinander entfernt sein sollen, dass in unmittelbarer Nähe jedes Drahtes die Vertheilung der Kräfte nicht wesentlich durch das Vorhandensein des anderen Drahtes gestört ist, so können wir offenbar die im Luftraum bestehenden magnetischen und elektrischen Kräfte als eine Superposition zweier Kraftsysteme auffassen, von denen jedes symmetrisch um einen der Drähte vertheilt ist. Für jedes derselben können wir daher die im § 19 in den Formeln (93), (94) und (95) (pag. 411) enthaltene Lösung in Anwendung bringen, falls wir die z-Axe in die Axe des betreffenden Drahtes legen und ρ als senkrechte Entfernung von der Drahtaxe ab rechnen.

Im Inneren des Drahtes sind nun andere Hauptgleichungen für die elektrischen und magnetischen Kräfte gültig, als in der den Draht umgebenden Luft. An der Drahtoberfläche, d. h. für $\rho = R$, müssen gewisse Grenzbedingungen für alle Werthe der Zeit und der z-Koordinate für die elektrischen und magnetischen Kräfte bestehen, so z. B. muss die z-Komponente der elektrischen Kraft stetig aus dem Inneren des Drahtes in die Luft übergehen. Diese Bedingungen sind offenbar nicht anders zu erfüllen möglich, als dass die elektrischen, bezw. magnetischen Kräfte die Form eines Productes $\psi . \varphi$ zweier Funktionen ψ und φ besitzen, von denen die eine ψ nur von z und t abhängt, während die andere φ nur von ρ abhängt. Für korrespondirende Komponenten der Kräfte innerhalb und ausserhalb des Drahtes müssen die Funktionen ψ wegen der bestehenden Grenzbedingungen die gleichen sein.

Hieraus geht hervor, dass auch die die Lösung des Problems vermittelnde Funktion Π die Form besitzen muss:

$$\Pi = \psi(z, t) . \varphi(\rho).$$

Wegen der Gleichung (93) muss nun sein, falls ε sich auf den den Draht umgebenden Isolator bezieht ($\varepsilon = 1$ für Luft) und $\mu = 1$ gesetzt wird, was bei allen Isolatoren der Fall ist:

$$\frac{\varepsilon}{c^2} \frac{\partial^2 \psi}{\partial t^2} = \frac{\partial^2 \psi}{\partial z^2} + \frac{\psi}{\varphi} \left(\frac{1}{\rho} \frac{\partial \varphi}{\partial \rho} + \frac{\partial^2 \varphi}{\partial \rho^2} \right). \qquad (104)$$

Die Funktion ψ bestimmt die Fortpflanzungsgeschwindigkeit der Welle längs des Drahtes (sowohl für den Luftraum als für das Innere des Drahtes, da ψ den Kräften in der Luft und im Metall gemeinsam ist).

Wie man sieht, weicht die Fortpflanzungsgeschwindigkeit der Welle von dem früher pag. 377 ohne Rücksicht auf die Verschiebungsströme gefundenen Werthe $\dfrac{c}{\sqrt{\mu \varepsilon}}$ ab, falls das zweite Glied der rechten Seite von (104) von Null verschiedene Werthe besitzt. Dieses Glied hängt nun thatsächlich von der der Axe des Drahtes parallelen Komponente der elektrischen Kraft ab, welche bei zeitlicher Veränderung gleichgerichtete Verschiebungsströme hervorruft, denn nach (95) (pag. 411) ist:

$$\psi \left(\frac{1}{\rho} \frac{\partial \varphi}{\partial \rho} + \frac{\partial^2 \varphi}{\partial \rho^2} \right) = Z, \qquad (105)$$

so dass (104) wird zu:

$$\frac{\varepsilon}{c^2} \frac{\partial^2 \psi}{\partial t^2} = \frac{\partial^2 \psi}{\partial z^2} + \frac{Z}{\varphi}. \qquad (106)$$

Aus dieser Gleichung kann man den Schluss ziehen, dass Z überhaupt verschwindet, wenn es an der Drahtoberfläche, d. h. für

$\rho = R$, verschwindet. Denn an dieser muss dann die Beziehung
$\dfrac{\varepsilon}{c^2}\dfrac{\partial^2 \phi}{\partial t^2} = \dfrac{\partial^2 \phi}{\partial z^2}$ gelten; da aber ϕ von ρ ganz unabhängig ist, so muss diese Beziehung für jeden Werth von ρ gelten, d. h. zufolge (106) muss Z für jeden Werth von ρ verschwinden.

Wir gewinnen daher das Resultat: **Steht die elektrische Kraft in der Luft senkrecht auf der Drahtoberfläche, so verschwindet Z überall, d. h. es fehlen die der z-Axe parallelen Verschiebungsströme, und die Welle pflanzt sich mit der Geschwindigkeit $\dfrac{c}{\sqrt{\varepsilon}}$ längs des Drahtes fort. Dagegen wird diese Fortpflanzungsgeschwindigkeit geändert, falls die genannte Bedingung nicht erfüllt ist, d. h. wenn etwaige, dem Draht parallel laufende Verschiebungsströme existiren.**

Das in dem ersten Satze ausgesprochene Resultat war von vornherein zu erwarten. Denn die senkrecht zur z-Axe stattfindenden Verschiebungsströme geben keine z-Komponente H des Vektorpotentials, sie ändern daher auch nicht die Selbstinduktion des Drahtes, und deshalb können sie in keiner Weise die früher pag. 374 bis pag. 386 abgeleiteten Resultate beeinflussen, welche ohne Rücksicht auf die induktorische Wirksamkeit etwaiger Verschiebungsströme gewonnen sind.

Streng genommen kann nun aber die z-Komponente der elektrischen Kraft in der Luft nie ganz verschwinden. Denn im Draht muss eine solche vorhanden sein, da sie nach dem Ohm'schen Gesetz stets vorhanden ist, falls Strömung im Drahte stattfindet, und Strömung findet thatsächlich im Drahte (eventuell in einer dünnen Oberflächenschicht) statt, wenn sich die elektrische Ladung gewisser Drahtstellen, d. h. die dort einmündende Anzahl elektrischer Kraftlinien, mit der Zeit ändert.

Aber man übersieht leicht, dass Z um so kleiner ist, je grösser die specifische Leitfähigkeit σ des Drahtes ist, und dass Z zur Grenze Null geht, wenn σ ins Unendliche wächst.

Wenn es also wiederum gestattet ist, vom galvanischen Widerstande abzusehen, so gelten die früheren, ohne Rücksicht auf die Induktionswirkung der Verschiebungsströme gewonnenen Resultate.

Wir wollen nun näher sehen, wann diese Vereinfachung gestattet ist. Bezeichnet man die Stromstärke im Drahte, nach elektrostatischem Maasse gemessen, durch i_e, den Widerstand eines Stückes der Länge l nach elektrostatischem Maasse durch w_e, so ist nach dem Ohm'schen Gesetz

$$i_e = \frac{lZ}{w_e}. \qquad (107)$$

Die Stromstärke i_e wird nun geliefert durch die in die Drahtoberfläche eintretenden Verschiebungsströme. Dieselben werden durch die an der Drahtoberfläche im umgebenden Isolator (in der Luft) herrschende Kraft P getrieben, falls kein Kondensator angehängt ist, was wir zunächst annehmen wollen, und zwar ist nach der Formel (12) des VIII. Kapitels auf pag. 310 die durch die Verschiebungsströme in den Draht eintretende Stromstärke auf einem Stück der Länge l:

$$i_e = -\frac{de}{dt} = -\frac{\varepsilon}{4\pi}\int \frac{\partial P}{\partial t}\,dS = -\frac{\varepsilon}{2}\,lR\,\frac{\partial P}{\partial t}. \qquad (108)$$

Die elektrische Kraft P ist positiv gerechnet in der Richtung ρ von dem Drahte fort.

Eine Vergleichung von (107) und (108) liefert:

$$Z = -\frac{\varepsilon w_e}{2}R\,\frac{\partial P}{\partial t} = -\frac{\varepsilon w}{2c^2}R\,\frac{\partial P}{\partial t}, \qquad (109)$$

falls w den Widerstand des Stückes der Länge l nach elektromagnetischem Maasse angiebt.

Setzt man nun in (109) für P den nach (94) folgenden Werth ein:

$$P = -\frac{\partial \psi}{\partial z}\frac{\partial \varphi}{\partial \rho},$$

so wird (106) zu:

$$\frac{\varepsilon}{c^2}\frac{\partial^2 \psi}{\partial t^2} = \frac{\partial^2 \psi}{\partial z^2} + \frac{\partial^2 \psi}{\partial z\,\partial t}\frac{\varepsilon w}{2c^2}R\,\frac{\frac{\partial \varphi}{\partial \rho}}{\varphi}. \qquad (110)$$

Bei geringem Widerstand w des Drahtes ist nun das zweite Glied der rechten Seite dieser Gleichung nur ein Korrektionsglied, in welchem die Näherungsgleichungen benutzt werden können:

$$\frac{\varepsilon}{c^2}\frac{\partial^2 \psi}{\partial t^2} = \frac{\partial^2 \psi}{\partial z^2},\text{ d. h. } \psi = f_1\left(z - \frac{c}{\sqrt{\varepsilon}}t\right) + f_2\left(z + \frac{c}{\sqrt{\varepsilon}}t\right),$$

$$\frac{1}{\rho}\frac{\partial \varphi}{\partial \rho} + \frac{\partial^2 \varphi}{\partial \rho^2} = 0,\text{ d. h. } \varphi = A\lg\rho + B.$$

Ist noch ein zweiter paralleler Draht zu dem bis jetzt allein betrachteten vorhanden, und ist ρ_2 die senkrechte Entfernung vom zweiten, ρ_1 die vom ersten Draht, so müsste sein

$$\varphi = A_1 \lg \rho_1 + B_1 + A_2 \lg \rho_2 + B_2.$$

Da nach (94) die magnetische Kraft M proportional zu $\dfrac{\partial \varphi}{\partial \rho}$ ist, so ist nach früheren Auseinandersetzungen (cf. oben pag. 96) A_1 proportional der Stromstärke i_1 im Drahte 1, A_2 der Stromstärke i_2 im Drahte 2. Ist $i_1 = -i_2$, so ist $A_1 = -A_2$, $B_1 + B_2 = 0$, d. h.

$$\varphi = A_2 \lg \frac{\rho_2}{\rho_1}.$$

Folglich ist an der Oberfläche des Drahtes 1, d. h. für $\rho_1 = R$, näherungsweise zu setzen:

$$\frac{\dfrac{\partial \varphi}{\partial \rho}}{\varphi} = \frac{-1}{R \lg \dfrac{d}{R}},$$

falls d die Distanz zwischen beiden Drähten (genauer genommen die Distanz zwischen ihren Axen) ist.

Da nun nach der obigen Näherungsgleichung für ψ die Relation besteht:

$$\frac{\partial^2 \psi}{\partial z \partial t} = \mp \frac{c}{\sqrt{\varepsilon}} \frac{\partial^2 \psi}{\partial z^2},$$

wobei das obere Vorzeichen für die nach $+$ z-Richtung, das untere für die nach der $-$ z-Richtung sich fortpflanzende Welle gilt, so kann man für (110) schreiben:

$$\frac{\varepsilon}{c^2} \frac{\partial^2 \psi}{\partial t^2} = \frac{\partial^2 \psi}{\partial z^2} \left(1 \pm \frac{w \sqrt{\varepsilon}}{2 c \lg \dfrac{d}{R}} \right). \qquad (111)$$

Hieraus erkennt man, dass der galvanische Widerstand w die Fortpflanzungsgeschwindigkeit der Wellen nicht merklich beeinflusst, falls

$$w \sqrt{\varepsilon} \text{ klein gegen } 2 c \lg \frac{d}{R} \qquad (112)$$

ist. **Unter dieser Bedingung haben also auch die dem**

Drahte parallelen Verschiebungsströme im Isolator, welche streng nur fortfallen, falls der galvanische Widerstand des Leiters gleich Null ist, keinen Einfluss auf die Fortpflanzungsgeschwindigkeit der Wellen.

w war der galvanische Widerstand eines Stückes der Länge 1 von einem der beiden Drähte. Nennt man jetzt w den Widerstand des ganzen Drahtsystems, d. h. beider Drähte, so kann das frühere w höchstens gleich der Hälfte des Gesammtwiderstandes w beider Drähte sein. Die Bedingung (112) ist daher a fortiori als erfüllt anzusehen, falls ist:

$$w \sqrt{\varepsilon} \text{ klein gegen } 4 c \lg \frac{d}{R}, \qquad (113)$$

wo nun w den Gesammtwiderstand der ganzen Leitung bedeutet. — Für $\varepsilon = 1$, d. h. falls die Drähte in Luft lagern, geht die Bedingung (113) nahezu über in die oben im § 12, pag. 390 aus ganz anderen Ueberlegungen gewonnene Bedingung (74), nur dass die dortige Zahl π hier durch die Zahl 2 ersetzt ist. Wie nun im obigen § 12 gezeigt wurde, ist die Bedingung (74) stets erfüllt, wenn man elektrische Schwingungen längs Metalldrähten (selbst Eisendrähten) entlang sendet. Daraus ist zu schliessen, dass auch die Bedingung (113) in diesen Fällen stets erfüllt sein wird.

Hängen am Drahtsystem Kondensatoren, so wird die im Draht fliessende Elektricität nicht nur durch die Radialkräfte P in die Drahtoberfläche geschoben. In Gleichung (108) ist daher $i_e > \frac{de}{dt}$, daher auch Z grösser, als wie es Gleichung (109) angiebt. — Die durch den Widerstand verursachte Störung fällt daher grösser aus, als wie sie in der Formel (111) taxirt ist. Bei Entladungen von Kondensatoren sehr bedeutender Kapacität könnte daher sich wohl ein Einfluss des galvanischen Widerstandes auf die Fortpflanzungsgeschwindigkeit der Wellen und die Dauer der Grundschwingung bemerklich machen, obwohl die Bedingung (113) erfüllt ist. — Für diesen Fall gelten aber die früher auf pag. 387 angestellten Ueberlegungen, aus denen hervorgeht, dass selbst bei der Entladung sehr grosser Leydener Flaschen durch Metalldrähte der Widerstand derselben die Schwingungsdauer nicht beeinflusst. Daher ist das Gleiche zu schliessen bei den geringen Kapacitäten, welche an das Drahtsystem bei den Hertz'schen und Lecher'schen Versuchen angehängt werden.

Aus Allem geht also hervor, dass wir bei den hier zu betrachtenden Versuchen den galvanischen Widerstand des Drahtsystems gleich Null setzen können, wenn wir die Fortpflanzungsgeschwindigkeit der Wellen, die Dauer der Eigenschwingungen und die Lage der Maxima und Minima (Bäuche und Knoten) der durch Reflexion hervorgerufenen stehenden Wellen untersuchen wollen, nicht dagegen die beim Fortschreiten der Wellen sich ergebende Abnahme ihrer Amplitude (Dämpfung).

Wir können daher auch zur Untersuchung der genannten Punkte annehmen, dass die elektrische Kraft senkrecht aus der Drahtoberfläche austrete, d. h. wir können in dem die Drähte umgebenden Isolator (Luft) Z gegen P vernachlässigen. Da infolgedessen die im Isolator vorhandenen Verschiebungsströme nur senkrecht gegen die Z-Axe verlaufen, mithin keine elektromotorische Induktionskraft auf die im Drahte verlaufenden Ströme äussern (cf. oben pag. 449), so gelten alle im § 9 bis § 11 mit Vernachlässigung dieser Induktionskraft gewonnenen Resultate.

Die hier gestellte Aufgabe ist also durch die dortigen Untersuchungen schon als völlig gelöst zu betrachten. Es mag nur noch darauf hingewiesen werden, dass nach dem in diesem Paragraphen gewählten Ausgangspunkte der Theorie, welcher wesentlich an die im umgebenden Isolator stattfindenden Werthe der elektrischen und magnetischen Kraft anknüpft, nicht, wie im § 7 bis § 12, an die Vorgänge im Drahte selbst, zwei Punkte als nothwendige Folgerungen gezogen werden, während dort einer derselben in gewisser Weise als willkürlich angenommen erscheint. Nämlich:

1. Es folgt nach dem hier gewählten Ausgangspunkt der Theorie mit Nothwendigkeit, dass die Fortpflanzungsgeschwindigkeit der Wellen nur von der Natur des die Drähte umgebenden Isolators abhängt, wenn der galvanische Widerstand der Drähte nach Maassgabe der Gleichung (113) zu vernachlässigen ist. Unter dieser Bedingung pflanzt sich daher eine elektrische Strömung auch längs eines in Luft lagernden Eisendrahtes mit der Geschwindigkeit c fort. Nach der früheren Theorie (§ 7) musste man zur Erreichung dieses Resultates annehmen, dass der ganze im Drahte fliessende Strom nur in der äussersten Oberflächenschicht des Drahtes vorhanden sei. Dies ist zwar keine willkürliche Annahme, es ist aber besser, wenn man, wie hier, dieselbe nicht direkt nöthig hat.

2. Da für $Z = 0$ nach pag. 450

$$\varphi(\rho) = A \lg \rho + B$$

ist, so folgt nach den Gleichungen (94) (pag. 411):

$$M = + \frac{\varepsilon}{c} A \frac{\partial \psi}{\partial t} \cdot \frac{1}{\rho}, \quad P = - A \frac{\partial \psi}{\partial z} \cdot \frac{1}{\rho}.$$

Die magnetische, resp. elektrische Kraft ist also wirklich dieselbe, wie sie nach pag. 96 und pag. 372 entstehen würde, falls im ganzen Draht dieselbe Stromstärke (nach elektromagnetischem Maasse)

$$i = + \frac{A}{2} \frac{\varepsilon}{c} \frac{\partial \psi}{\partial t},$$

resp. der Draht, überall dieselbe Ladung (nach elektrostatischem Maass) per Längeneinheit

$$e = - \frac{A}{2} \varepsilon \frac{\partial \psi}{\partial z}$$

besässe. Dieses Resultat gilt also auch für kurze Wellen, bei denen in Wirklichkeit schon in kurzen Drahtstrecken die Stromstärke i resp. die Ladungsdichte e merklich variirt.

Im § 9 war dieses Resultat als Hypothese angenommen. Die dort benutzte Gleichung (46), nämlich:

$$\frac{\partial i}{\partial z} = - \frac{1}{c} \frac{\partial e}{\partial t},$$

welche als Inkompressibilitätsbedingung der Elektricität gedeutet werden kann, wird natürlich auch hier bestätigt, wie ein Blick auf die beiden soeben für i und e hingeschriebenen Gleichungen lehrt.

Aus den schon im VI. Kapitel auf pag. 243 angestellten Ueberlegungen folgt, dass die Hertz'schen Schwingungen schon dicht unter der Oberfläche der Metalldrähte verschwinden müssen, da die Wechselzahl eine sehr hohe ist. Dies konnte nun auch Hertz[1]) experimentell nachweisen, indem er an einer Stelle des Leitungsdrahtes einen mit Goldpapier von $1/30$ mm Metalldicke überklebten Kasten einfügte. Dieser übernahm die Fortleitung der Wellen vollständig, indem er jegliche Funkenbildung in seinem Inneren verhütete, welche zwei Drahtstücke, die auf der Innenseite des Kastens

---

[1]) H. Hertz, Wied. Ann. 37, pag. 395, 1889.

mit den Leitungsdrähten verbunden waren, sonst gezeigt haben würden, wenn ihre Enden einander genügend genähert werden. — Die Schwingungen dringen also weniger als $1/20$ mm tief in das Metall ein. Wir werden weiter unten noch Versuche von Bjerkness kennen lernen, durch die quantitativ die Tiefe des Eindringens der Schwingungen in Metalle gemessen ist.

29. Resonanzerscheinungen bei Drahtwellen.

Als Lecher an das Ende E_2 seines Drahtsystems in der oben auf pag. 444 beschriebenen Versuchsanordnung einen Kondensator anhängte und eine Glasröhre über seine Platten legte, welche stark verdünnten Stickstoff enthielt (in welchem sich zweckmässig eine Spur Terpentindampf befindet), leuchtete dieselbe lebhaft auf, wenn elektrische Schwingungen durch das Drahtsystem geschickt wurden. — Wurden die Drähte durch einen Metallbügel leitend überbrückt, so verschwand im Allgemeinen das Leuchten der Röhre. Nur für ganz bestimmte Stellungen der Brücke leuchtete die Röhre wieder lebhaft auf. Lecher deutete diese Erscheinung in der Weise, dass bei diesen bestimmten Stellungen Resonanz zwischen den beiden Theilen des Drahtsystems besteht, in welche dasselbe durch die aufgelegte Brücke getheilt ist. Es ist dabei aber nicht nothwendig, dass die beiden Theile des Drahtsystems in ihren Grundschwingungen übereinstimmen, sondern es findet schon Leuchten der Röhre statt, wenn sie hinsichtlich der Dauer zweier ihrer möglichen Oberschwingungen übereinstimmen.

Dass diese Auffassung richtig ist, haben Cohn und Heerwagen[1]) gezeigt, indem sie die berechneten Werthe jener Brückenstellungen mit den beobachteten in guter Uebereinstimmung fanden. Wie die Berechnung vorzugehen hat, ergiebt sich ohne Weiteres aus der oben in § 11 auf pag. 383 abgeleiteten Formel (61), aus welcher für jede Länge l eines Drahtsystems die Dauer aller möglichen Oberschwingungen T_n berechnet werden kann. — Die ausgepumpte Glasröhre reagirt auf die Ladungswelle. Sie thut dies noch empfindlicher, ohne eine merkbare Störung auf sie auszuüben, wenn sie mit eingeschmolzenen Elektroden versehen wird, welche direkt mit den Drähten in leitende Verbindung gesetzt werden. — An Stelle solcher Röhren kann man sich nach Rubens auch zweckmässig der oben pag. 445 beschriebenen „Flaschen" bedienen, welche

---

[1]) E. Cohn und F. Heerwagen, Wied. Ann. 43, pag. 343, 1891.

zu einem Bolometer führen. Auch die von Rubens beobachteten Stellungen der Brücke, bei welchen die Flaschen am Ende E_2 eine maximale Erwärmung des Bolometerwiderstandes herbeiführen, stimmen überein mit der genannten Theorie.

Nach den Ausführungen der pag. 442 steht das Drahtsystem auch unter dem Einfluss der vom Erreger erzwungenen Schwingungen. Diese haben aber wegen des durch die Funkenstrecke desselben herbeigeführten Widerstandes eine weit grössere Dämpfung, als die Eigenschwingungen des keine Funkenstrecke enthaltenden Drahtsystems. Zur Berechnung der das Leuchten der Lecherschen Vakuumröhre herbeiführenden Brückenstellungen kann man daher von der Periode der Erregerschwingungen ganz abstrahiren. Und in der That fanden Cohn und Heerwagen, dass diese Brückenstellungen nicht merklich sich änderten, wenn die Entfernung zwischen den beiden Konduktoren A_1 und A_2 des Erregers, d. h. die Länge der primären Leitung, verändert wurden, wenn nur die Distanz zwischen den Platten $A_1 B_1$ und $A_2 B_2$ (cf. oben pag. 444 Fig. 52) dieselbe blieb. Dadurch muss aber die Dauer der Erregerschwingungen geändert, die der Eigenschwingungen der Drähte nicht geändert werden.

Die Brückenstellungen variiren aber sehr merklich, sowie die Distanz der Platten $A_1 B_1$ und $A_2 B_2$, d. h. die Kapacität am Ende E_1 der Drähte, geändert wird, da dadurch die Dauer der Eigenschwingungen der Drähte eine Aenderung erfährt.

Wenn die Dauer der miteinander resonirenden Eigenschwingungen, welche beide durch die Brücke in einer „ausgezeichneten" Lage geschiedenen Theile des Drahtsystems besitzen, so klein ist, dass der eine oder beide Theile des Drahtsystems in mehrere halbe Wellenlängen $\frac{1}{2}\lambda$ zerlegt werden, so kann man mehrere Brücken $b_1, b_2 \ldots$ auflegen, welche alle von der schon vorhandenen Brücke b_0 um Multipla von $\frac{1}{2}\lambda$ entfernt sind, ohne dass das Leuchten der Vakuumröhre am Ende E_2 der Drähte aufhört. — In der That werden durch das Auflegen der ersten Brücke b_0 nur solche Eigenschwingungen im Drahtsystem möglich, welche bei b_0 dauernd einen Knoten der Ladungswelle besitzen (cf. oben pag. 378). Sind nun mehrere solcher Knoten auf den Drähten vorhanden, welche bei stehenden Wellen allemal den Abstand $\frac{1}{2}\lambda$ voneinander besitzen müssen (vgl. oben pag. 386), so kann das Auflegen von neuen Brücken b_1, b_2 ... auf Knoten der Ladungswelle keine Aenderung des schon vorhandenen Schwingungszustandes des Drahtsystems hervorrufen, da dadurch demselben keine Bedingungen auferlegt werden, welche es nicht schon erfüllt.

30. Messung der Fortpflanzungsgeschwindigkeit von Drahtwellen.

Die zuletzt beschriebene Erscheinung giebt ein Mittel in die Hand, die Fortpflanzungsgeschwindigkeit der Drahtwellen zu messen. Zu dem Zwecke braucht man nur ziemlich nahe an das Ende E_2 der Drähte, welche einen Kondensator der Kapacität C enthalten, eine Brücke b_0 so aufzulegen, dass eine am Ende E_2 angehängte Vakuumröhre lebhaft leuchtet, und diejenigen Stellungen anderer Brücken b_1, b_2 ... jenseit b_0 aufzusuchen, welche das Leuchten der Vakuumröhre nicht verlöschen. Die Distanz dieser Brücken voneinander oder von b_0 ergiebt die halbe Wellenlänge $\frac{1}{2}\lambda$ der Schwingung, während die Schwingungsdauer T aus der Gleichung (63) der pag. 383 zu berechnen ist, nämlich aus:

$$\frac{2\pi l}{Tc}\operatorname{tg}\frac{2\pi l}{Tc} = \frac{1}{4c^2 C \lg\frac{d}{R}} = \frac{1}{4 C_e \lg\frac{d}{R}}, \quad (114)$$

wobei l den Abstand der Brücke b_0 vom Ende E_2 bedeutet, C die Kapacität des dort befindlichen Kondensators nach elektromagnetischem Maasse, C_e dieselbe nach elektrostatischem Maasse [1]).

Kennt man nun die Wellenlänge λ der Schwingung und ihre Periode T, so ergiebt der Quotient $\lambda:T$ die Fortpflanzungsgeschwindigkeit der Wellen. — Dieser Weg zur Berechnung derselben, wie er schon oben auf pag. 426 bei Besprechung der stehenden elektrischen Wellen in Luft erwähnt wurde, führt hier deshalb sicherer zum Ziel als dort, weil die Schwingungsdauer eines Leiters sich mit weit grösserer Sicherheit berechnen lässt, wenn die Enden des Leiters eine grössere Kapacität besitzen, als wenn sie, wie bei den dort angewandten Resonatoren, in eine kleine Kugel, resp. Spitze auslaufen.

---

[1]) In welcher Weise die Schwingungsdauer aus der Kapacität der am Ende E_1 der Drähte beim Erreger liegenden Kondensatoren zu berechnen sei, hat E. Salvioni untersucht in Rend. d. R. Acc. dei Lincei (5), 1. Sem., Vol. 1, pag. 206, 1892.

Auf diese Weise ist **Lecher** zu einem Werthe der Fortpflanzungsgeschwindigkeit gelangt. Die von ihm angewandte Berechnung von T ist allerdings nicht einwandsfrei, wie **Cohn** und **Heerwagen** bemerkten; wir können jedoch die Lecher'schen Beobachtungsdaten verwenden, wenn wir die richtige Formel (114) zur Berechnung von T anwenden.

Der Kondensator bestand aus zwei kreisförmigen Platten vom Radius $R' = 8{,}96$ cm, welche einen Abstand d' von $0{,}99$ cm voneinander besassen. Nach pag. 262 ist daher die Kapacität

$$C_c = \frac{\pi R'^2}{4\pi d'} = \frac{R'^2}{4\,d'} = 20{,}4.$$

Ferner war $l = 130$ cm, $R = 0{,}05$ cm, $d = 31$ cm. Daraus berechnet sich die rechte Seite der Gleichung (114) zu $0{,}248$. Durch numerische Interpolation findet man daraus

$$\frac{2\pi l}{Tc} = 0{,}478,$$

d. h.
$$T = 570 \cdot 10^{-10} \text{ sec}.$$

Den Abstand einer Brücke b_1 von der Brücke b_0 fand Lecher zu 940 cm. Daraus folgt

$$\lambda = 1880 \text{ cm}$$

und
$$\lambda : T = 3{,}3 \cdot 10^{10} \text{ cm sec}^{-1}.$$

Diese Zahl für die Fortpflanzungsgeschwindigkeit der Wellen stimmt ziemlich nahe überein mit der Zahl $c = 3 \cdot 10^{10}$ cm sec^{-1}, welches nach der Theorie die Fortpflanzungsgeschwindigkeit der Wellen sein sollte. Diese Uebereinstimmung wird nun noch weit besser bei Benutzung der oben citirten Versuche von **Cohn** und **Heerwagen**, welche die Kapacität ihres Kondensators nicht nur berechneten, sondern auch nach der Stimmgabelmethode (cf. oben pag. 282) experimentell bestimmt haben. Die Uebereinstimmung ergiebt sich schon daraus, dass die beobachteten „ausgezeichneten" Lagen der Brücke stets sehr nahe mit den berechneten coincidiren. Bei dieser Berechnung ist aber schon angenommen, dass die Fortpflanzungsgeschwindigkeit der Wellen den Werth c besitze; würde sie einen anderen Werth haben, so müsste die Rechnung andere Brückenlagen ergeben, welche nicht auf die beobachteten fallen könnten.

Es ist also zu schliessen, dass unter den beschriebenen Umständen die Fortpflanzungsgeschwindigkeit der Wellen, welche sich längs der in Luft lagernden Drähte fortpflanzen, thatsächlich den Werth $c = 3.10^{10}$ cm sec^{-1} besitzt.

31. Die Kapacität eines Plattenkondensators für elektrische Schwingungen.

Ein gewisses Bedenken gegen die Beweiskraft der im vorigen Paragraphen genannten Versuche bleibt noch übrig: zur Berechnung oder experimentellen Bestimmung des Kondensators sind statische oder langsam (von der Periode der Stimmgabel) veränderliche elektrische Zustände angenommen. Die so gefundene Kapacität kann von der für sehr schnelle Schwingungen gültigen abweichen. Wegen der Selbstinduktion müssen sich nämlich offenbar, gerade wie oscillirende Ströme in einem Metalldrahte, die im Isolator des Kondensators vorhandenen Verschiebungsströme dichter nach dem Rande desselben drängen, so dass die Kapacität für schnelle Stromwechsel kleiner sein muss, als für sehr langsame.

Es handelt sich nun darum, zu untersuchen, ob in den genannten Versuchen diese Aenderung der Kapacität merklich ist, so dass die mit Benutzung der statischen Kapacität berechnete Schwingungsdauer einen merklichen Fehler enthält, oder nicht. Die Grösse dieser Korrektion haben Cohn und Heerwagen taxirt.

Setzen wir voraus (wie es den Versuchen entspricht), der Kondensator bestände aus zwei kreisförmigen Platten vom Radius R', und den konstanten Abstand d', der klein im Vergleich zu R' sein soll, und legen wir die Z-Axe in die Centralaxe des Kondensators, so ist in der Bezeichnung des § 19 die elektrische Kraft $P = 0$ zu setzen, da bei guter Leitfähigkeit der Kondensatorplatten die elektrische Kraft senkrecht auf ihrer Oberfläche steht (vgl. oben pag. 453), und die Kondensatorplatten so nahe beisammen sein sollen, dass in ihrem Zwischenraum ein merklicher Richtungsunterschied der elektrischen Kraftlinien gegen ihre Richtung an den Kondensatorplatten selbst nicht auftreten kann. — Es ist also nach (94) (pag. 411) Π als unabhängig von z anzunehmen, da es von ρ abhängen muss, weil sonst nach (95) Z verschwände.

Die Differentialgleichung (93) für Π wird daher (für $\mu = 1$)

$$\frac{\varepsilon}{c^2} \frac{\partial^2 \Pi}{\partial t^2} = \frac{1}{\rho} \frac{\partial \Pi}{\partial \rho} + \frac{\partial^2 \Pi}{\partial \rho^2}.$$

Für ungedämpfte Schwingungen von nur einerlei Periode T ist nun zu setzen:
$$\frac{\partial^2 \Pi}{\partial t^2} = -\frac{4\pi^2}{T^2}\Pi,$$

daher muss sein, falls man für Tc die Wellenlänge λ der Schwingungen schreibt:
$$\frac{\partial^2 \Pi}{\partial \rho^2} + \frac{1}{\rho}\frac{\partial \Pi}{\partial \rho} + \frac{4\pi^2 \varepsilon}{\lambda^2}\Pi = 0.$$

Dieses ist die Differentialgleichung der sogenannten Bessel'schen Funktionen. Man kann, wie in der Theorie derselben gelehrt wird, für die bei $\rho = 0$ endlich bleibenden Funktionen eine Reihenentwicklung nach steigenden Potenzen von ρ^2 vornehmen. Die Koefficienten dieser Entwickelung haben die Werthe (es ist im Folgenden $\varepsilon = 1$ gesetzt, da es sich bei den Versuchen um Luftkondensatoren handelt)
$$\Pi = f(t)\left[1 - \left(\frac{2\pi\rho}{\lambda}\right)^2 \cdot \frac{1}{2^2} + \left(\frac{2\pi\rho}{\lambda}\right)^4 \cdot \frac{1}{(2.4)^2} - \cdots\right],$$

wie man sich sofort überzeugen kann durch Einsetzen dieses Werthes von Π in seine Differentialgleichung. — Nach (95) ergiebt sich daher Z zu
$$Z = \frac{1}{\rho}\frac{\partial \Pi}{\partial \rho} + \frac{\partial^2 \Pi}{\partial \rho^2} = -\frac{4\pi^2}{\lambda^2}\Pi = -\frac{4\pi^2}{\lambda^2}f(t)\left\{1 - \left(\frac{2\pi\rho}{\lambda}\right)^2 \cdot \frac{1}{2^2} + \cdots\right\}.$$

Die Flächendichte η der elektrischen Ladung einer Kondensatorplatte an einer bestimmten Stelle ρ ist
$$\eta = \frac{Z}{4\pi}.$$

Daher ist die auf einem von den Radien ρ und $\rho + d\rho$ begrenzten Kreisring lagernde Elektricitätsmenge
$$de = \eta \cdot 2\pi\rho\, d\rho = \frac{Z\rho\, d\rho}{2}.$$

Die ganze, auf einer Kondensatorplatte lagernde Elektricitätsmenge ist folglich:
$$e = \int_{\rho=0}^{\rho=R'} de = -\frac{4\pi^2}{\lambda^2}f(t)\left\{\frac{R'^2}{2^2} - \left(\frac{2\pi}{\lambda}\right)^2 \frac{R'^4}{2^5} + \left(\frac{2\pi}{\lambda}\right)^4 \frac{R'^6}{2^8 \cdot 3} - \cdots\right\}.$$

Aus den beiden Formeln für e und Z erkennt man, dass man die Formeln der Statik erhält, nämlich:

$$e = \frac{R'^2}{4} \quad Z = \frac{R'^2}{4d'}(V_1 - V_2),$$

d. h. für die Kapacität:

$$C_e = \frac{R'^2}{4d'},$$

sowie $\left(\frac{2\pi\rho}{\lambda}\right)^2 \cdot \frac{1}{2^2}$ gegen 1 zu vernachlässigen ist, d. h. sowie **das Quadrat des halben Umfanges der Kondensatorplatten gegen das Quadrat der Wellenlänge der Schwingungen zu vernachlässigen ist.** — Dies war nun aber bei den Versuchen stets der Fall.

Denn bei dem oben berechneten Versuch von Lecher ist $R' = 8{,}96$, $\lambda = 1880$, daher

$$\left(\frac{\pi R'}{\lambda}\right)^2 = 0{,}00022,$$

während dieses Verhältniss bei den Versuchen von Cohn und Heerwagen im ungünstigsten Falle $\frac{1}{144}$ betrug. — Diese Werthe kann man aber gegen 1 vernachlässigen, so dass **für die schnellen Schwingungen die Kapacität der Kondensatoren dieselbe ist, wie für statische Zustände oder langsame Schwingungen.**

32. Messung der Dielektricitätskonstante von festen Körpern und Flüssigkeiten mit Hülfe Hertz'scher Schwingungen.

a) *Benutzung von Drahtwellen.* Das Studium der Erscheinungen schneller Schwingungen, welche sich längs Metalldrähten fortpflanzen, bietet nach zwei verschiedenen Principien bequeme Methoden dar, um die Dielektricitätskonstante von Isolatoren zu messen. Diese Methoden müssen deshalb besonders werthvoll erscheinen, weil die sogenannten Nachwirkungserscheinungen (elektrischer Rückstand), welche in einigen Isolatoren bei Messung der Dielektricitätskonstanten durch langsam veränderliche oder statische elektrische Zustände als störend auftreten, sich um so weniger geltend machen können, je schneller die elektrischen Kräfte wechseln.

Auch gelingt es mit Hülfe Hertz'scher Schwingungen, die Dielektricitätskonstante selbst von solchen Isolatoren zu messen, die, wie z. B. Wasser oder sehr verdünnte Salzlösungen, ein so gutes Leitungsvermögen besitzen, dass die Untersuchung mit statischen oder langsam veränderlichen Ladungen versagt (cf. oben pag. 290). — Wie nämlich weiter unten in Kap. XI gezeigt werden soll, ist, falls das Leitungsvermögen eine gewisse Grösse nicht überschreitet, die Fortpflanzungsgeschwindigkeit ebener elektrischer Wellen in solchen Körpern von der Leitfähigkeit ganz unabhängig.

Wie nun oben auf pag. 451 berechnet wurde, ist die Fortpflanzungsgeschwindigkeit der Drahtwellen umgekehrt proportional der Quadratwurzel aus der Dielektricitätskonstante des die Drähte

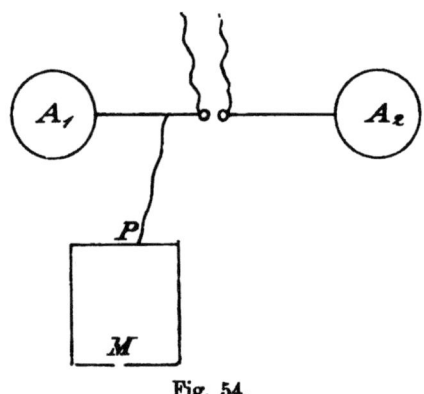

Fig. 54.

umgebenden Isolators. Auf diesen Satz ist das eine der beiden zu besprechenden Untersuchungsprincipien gegründet.

1. Die Anordnung, welche Arons und Rubens[1]) angewandt haben, schliesst sich an einen von Hertz[2]) angestellten Versuch an, welcher ein ein Funkenmikrometer M enthaltendes Drahtrechteck von einer Stelle P aus leitend mit dem Drahte seines „Erregers" verband (vgl. Fig. 54). Im Allgemeinen schlagen bei Thätigkeit desselben bei M Funken über, dieselben setzen jedoch aus bei einer gewissen Lage der Zuleitungsstelle P. Die Lage dieses sogenannten „Indifferenzpunktes" bestimmt sich offenbar dadurch, dass derselbe das Drahtrechteck in zwei Theile theilt, längs denen die elektrischen Wellen, welche vom Erreger durch Leitung übertragen werden, das

---

[1]) L. Arons und H. Rubens, Wied. Ann. 42, pag. 581, 1891.
[2]) H. Hertz, Wied. Ann. 31, pag. 421, 1887.

Mikrometer M zu derselben Zeit erreichen, so dass sich zu keiner Zeit eine Ladungs- oder Potentialdifferenz an beiden Seiten von M herstellen kann. In der That theilt der Indifferenzpunkt das Drahtrechteck in zwei Theile gleicher Länge, wenn der Draht überall in Luft lagert. Umgiebt jedoch ein anderer Isolator, z. B. Petroleum, ein gewisses Stück des Drahtes, so verschiebt sich der Indifferenzpunkt nach der betreffenden Seite des Drahtrechtecks hin, was als Beweis dafür angesehen werden kann, dass die elektrischen Wellen sich in dem von Petroleum umgebenen Draht langsamer fortpflanzen als in dem von Luft umgebenen. Das Verhältniss dieser Ge-

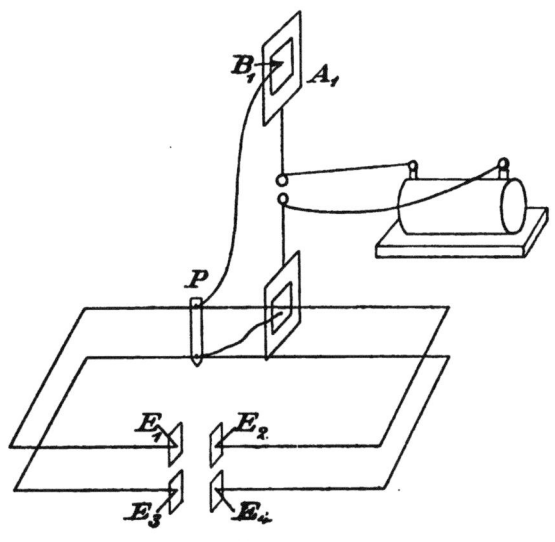

Fig. 55.

schwindigkeiten kann man in einfacher Weise aus den Drahtlängen berechnen, welche zwischen dem Indifferenzpunkt P und dem Mikrometer M liegen. — Arons und Rubens führten nun dem Punkt P die Wellen nicht direkt durch Leitung zu, sondern durch die vom Erreger ausgesandten Verschiebungsströme, indem sie der einen Platte A_1 des Erregers eine kleinere Platte B_1 parallel gegenüberstellten, welche mit P leitend verbunden wurde. — Ausserdem wandten sie anstatt eines Drahtrechtecks deren zwei, einander parallele und gleiche, an, bei denen durch die aus der Fig. 55 ersichtliche Anordnung gegenüberliegende Stellen zu entgegengesetztem Potential geladen wurden. Durch diese Anordnung wird der Vortheil erreicht, dass die elektrischen Wellen wesentlich nur in dem zwischen beiden Drähten befindlichen Raume ablaufen, und dass die Erscheinungen nicht durch die Nähe anderer Leiter oder Isolatoren gestört werden (aus dem oben pag. 444 angeführten Grunde). — Anstatt durch ein Funkenmikrometer M wurde die Stärke der elektrischen Schwingungen bolometrisch gemessen, indem über die Enden E_1, E_2, E_3, E_4 der Drähte, welche ausserdem noch kleine Metallplatten trugen, vier der oben pag. 445 beschriebenen „Flaschen" geschoben wurden, welche zum Bolometerwiderstand führten. — Die eine Seite des Doppelvierecks der Drähte durchsetzte durch isolirende Gummistopfen die Wände eines grösseren Blechkastens, in welchen die zu untersuchenden Flüssigkeiten eingegossen wurden. — Feste Körper[1]), z. B. Glas, wurden dadurch untersucht, dass sie, in Platten aufgeschichtet, die eine Seite des Doppelvierecks der Drähte möglichst umhüllten. Die Versuche, welche sich auf Paraffin, Glas, Ricinusöl, Olivenöl, Petroleum, Xylol erstreckten, ergaben ausnahmslos eine gute Bestätigung der Beziehung, dass die Fortpflanzungsgeschwindigkeit der Wellen proportional zu $1:\sqrt{\varepsilon}$ sei. ε wurde direkt mit Hülfe der Schiller'schen Methode gemessen.

Diese soeben beschriebene Methode hat aber noch nach Waitz[2]) den Uebelstand, dass die Lage des Indifferenzpunktes nicht nur abhängt von der Länge des von dem zu untersuchenden Isolator umgebenen Drahtstückes, sondern auch von der Lage dieses Drahtstückes zu dem Zuleitungspunkte P. Es macht also einen Unterschied, ob der Draht auf eine Länge l, z. B. vom Petroleum, umgeben ist, und dieses Stück nahe an P liegt, oder ob es etwa in der Mitte zwischen P und dem Ende der Drähte liegt. — Waitz führt nur die experimentellen Thatsachen an. Es lässt sich aber auch leicht ihre theoretische Begründung finden in der an der Begrenzungsfläche des Isolators stattfindenden partiellen Reflexion der elektrischen Wellen. Eine solche muss nämlich immer nach Massgabe der oben auf pag. 380 entwickelten Formel (55) stattfinden, falls die Dielektricitätskonstante ε der Umgebung der Drähte sich sprungweise ändert. Man kann diese Störungen vermeiden, wenn man die eine der beiden durch P geschiedenen Hälften des Drahtsystems ganz mit dem zu untersuchenden Isolator umgiebt.

Grössere experimentelle Bequemlichkeiten bietet indess wohl eine andere Anordnung. Wie sich aus einer Vergleichung der

---

[1]) Vgl. L. Arons und H. Rubens, Wied. Ann. 44, pag. 206, 1891.
[2]) K. Waitz, Wied. Ann. 44, pag. 527. 1891.

Fig. 52 und 55 ergiebt, kann man die Anordnung von Arons und Rubens als zwei parallel geschaltete Lecher'sche Drahtsysteme auffassen, von denen das eine in Luft, das zweite in einem anderen Isolator lagert. Man kann nun aber noch bequemer diese beiden Drahtsysteme hintereinander schalten. Man gelangt dann zu der von E. Cohn[1]) gewählten Versuchsanordnung (vgl. Fig. 56), bei welcher der hintere Theil eines unverzweigten Lecher'schen Drahtsystems von dem zu untersuchenden Isolator (Wasser) umgeben ist. Beim Eintritt in dasselbe ist eine Brücke b_0 aufgelegt. Es wird zunächst zwischen Erreger und b_0 eine Brücke b_1 so aufgelegt, dass kräftige stehende Schwingungen in dem zwischen b_0 und b_1 liegenden Theile des Drahtsystems bestehen, was mit Hülfe Rubens'scher „Flaschen" f, f, welche über die Drähte gezogen sind, und die zu

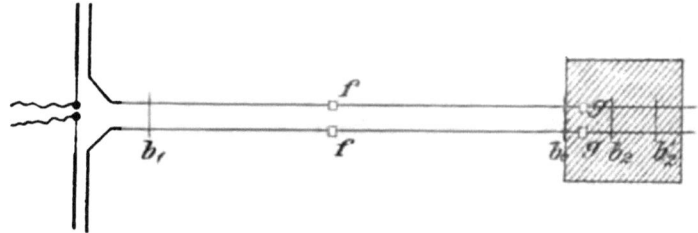

Fig. 56.

einem Bolometerwiderstand führen, erkannt wird. Die Entfernung zwischen b_0 und b_1 ergiebt dann die halbe Wellenlänge $\frac{1}{2}\lambda$ der Schwingung in Luft (abgesehen von einer noch zu besprechenden Korrektion). Sodann wird im Wasser eine zweite Brücke b_2 so aufgelegt, dass auch zwischen b_0 b_2 möglichst kräftige stehende Schwingungen entstehen, was mit Hülfe der Flaschen $g\,g$ erkannt wird. Die Drahtlängen zwischen b_1 und b_0 und zwischen b_0 und b_2 stehen dann in Resonanz, und zwar in der des Unisono, wenn die Flaschen $g\,g$ bei Verschiebung zwischen b_0 und b_2 kein Minimum aufweisen. Es würde daher der Abstand von b_0 und b_2 einer halben Wellenlänge $\frac{1}{2}\lambda'$ der Schwingung im Wasser entsprechen, wenn die Brücken unendlich gut leitend wären, so dass bei b_0 und b_2 genau Knoten der Ladungswellen lägen. Dies wird aber nicht streng der Fall

---

[1]) E. Cohn, Berl. Ber. Dez. 1891. — Wied. Ann. 45, pag. 370, 1892.

sein. Es ist daher die Entfernung $b_0 b_2$ um eine noch unbekannte Zusatzlänge δ kleiner als $\frac{1}{2} \lambda$. Von dieser Korrektion kann man sich aber frei machen, wenn man die Brücke b_2 weiter verschiebt bis $b_2{}'$, so dass die Flaschen gg wiederum eine maximale Intensität der Schwingungen anzeigen. Dann ist die Entfernung $b_2 b_2{}'$ gleich $\frac{1}{2} \lambda'$, frei von der Korrektion δ. δ kann man aus der Differenz $\delta = (b_2 b_2{}') - (b_0 b_2)$ berechnen. Es ergab sich für $(b_2 b_2{}') = 34$ cm δ zu 4,6 cm.

Benutzt man diese Zahl auch zur Korrektion der Wellenlänge λ in Luft, indem man setzt:

$$\frac{1}{2} \lambda = (b_0 b_1) + \delta,$$

was näherungsweise bei der Grösse von $b_0 b_1$ (3 m) gestattet ist, so erhält man das Verhältniss der Fortpflanzungsgeschwindigkeiten in Luft und Wasser, welches nach der Theorie gleich $\sqrt{\varepsilon}$ sein soll, aus

$$\sqrt{\varepsilon} = \lambda : \lambda'.$$

Es ergab sich auf diese Weise für destillirtes Wasser bei 17° Celsius $\varepsilon = 73,5$, zu welcher Zahl näherungsweise auch die oben pag. 291 erwähnten, für Wasser angewandten Methoden führen.

Nach der beschriebenen Methode konnte Cohn die Dielektricitätskonstante selbst von leidlich gut leitenden Salzlösungen messen, deren specifische Leitfähigkeit σ', bezogen auf Quecksilber, den Werth $\sigma' = 5 \cdot 10^{-8}$ besass; er konstatirte, dass die Dielektricitätskonstante nicht in direktem Zusammenhang mit der Leitfähigkeit stand. Denn ε nahm nur etwa um 7% zu, wenn man von destillirtem Wasser ($\sigma' = 7,4 \cdot 10^{-10}$) zu einer Kochsalzlösung der Leitfähigkeit $\sigma' = 455 \cdot 10^{-10}$ überging.

Durch die Anordnung, dass die Drähte beim Eintritt in das Wasser leitend überbrückt waren, werden Störungen durch Reflexionserscheinungen vermieden. Denn da durch die Brücke an der Eintrittsstelle ins Wasser nach Formel (49) auf pag. 378 schon $\frac{\partial i}{\partial s} = 0$ ist, so ist die Grenzbedingung (55), nämlich Stetigkeit von $\frac{\partial i}{\partial s} \frac{1}{\varepsilon}$ lg $\frac{d}{R}$, selbstverständlich auch erfüllt.

Man erhält in der That merkliche Störungen durch Reflexion, wenn nicht der zu untersuchende Isolator den ganzen Zwischenraum zwischen zwei aufeinander folgenden Brücken ausfüllt, wie Waitz[1]) konstatirt hat. Man erhält nämlich verschiedene Abstände zweier aufeinander folgender Brücken b_0 b_2, je nachdem das eine bestimmte Strecke l_0 der Drähte einschliessende Dielektrikum in der Nähe einer Brücke, oder in der Mitte zwischen beiden Brücken liegt. Diese Erscheinung kann leicht quantitativ aus (55) berechnet werden, und kann daher zur experimentellen Verifikation der Gesetze für die partielle Reflexion der elektrischen Wellen an einem Isolator dienen.

Beim Wasser müssen sich wegen seiner grossen Dielektricitätskonstante Störungen durch Reflexion besonders stark bemerklich machen, nicht nur weil die Lage der hinter dem Wasser befindlichen Brücke gestört erscheint, sondern auch weil die elektrische Kraft im Wasser und noch mehr hinter dem Wasser durch die Reflexionsverluste bedeutend geschwächt ist. Diese Reflexionsverluste berechnen sich genau so, wie die für ebene Lichtwellen geltenden, welche eine Platte vom Brechungsexponenten $n = \sqrt{\varepsilon}$ durchsetzen. Das Verhältniss der durchgehenden Lichtintensität I_d zur einfallenden I_e ist in diesem Falle[2]):

$$\frac{I_d}{I_e} = \frac{2n}{1+n^2}.$$

Für Wasser ist zu setzen $n = \sqrt{\varepsilon} = 8{,}6$, daher

$$\frac{I_d}{I_e} = \frac{17{,}2}{75} = 0{,}23.$$

---

[1]) K. Waitz, Wied. Ann. 44, pag. 532, 1891. — Waitz hat überhaupt zuerst (Wied. Ann. 41, pag. 435, 1890) die Wellenlänge in verschiedenen Dielektricis numerisch bestimmt, indem er von einem kreisförmigen Resonator zwei Paralleldrähte abzweigte, welche von dem zu untersuchenden Dielektrikum umgeben waren. Die Drähte wurden in der Weise überbrückt, dass die Sekundärfunken des Resonators maximale Längen annehmen. Aus diesen Brückenstellungen ergiebt sich direkt die halbe Wellenlänge im Dielektrikum. — Diese Versuche sind deshalb sehr zu schätzen, weil sie, wie gesagt, die ersten quantitativen Versuche waren. Indess ist wohl die im Text beschriebene Methode von Cohn, was Bequemlichkeit und Genauigkeit anbelangt, jetzt vorzuziehen.

[2]) Man vgl. z. B. Winkelmann, Handb. der Physik. II. Bd. (Optik), pag. 757, Formel (35), Artikel: Uebergang des Lichtes über die Grenze zweier Medien von P. Drude.

Diese starken Verluste durch Reflexion erklären es auch, dass die Methode von Arons und Rubens für Wasser versagte, indem sich scheinbar beim Eintritt der Wellen in dasselbe stets ein Knoten der Ladungswelle bildete. Dieser Knoten wird nicht durch die Leitfähigkeit des Wassers verursacht (wir werden weiter unten in Kap. XI sehen, dass diese gar keinen Einfluss auf die Reflexionsgesetze ausübt), sondern durch die grosse Dielektricitätskonstante. — Die Störung fällt fort, wenn man durch Auflegen einer Brücke schon absichtlich einen Knoten beim Eintritt in das Wasser hervorbringt, wie es also Cohn gemacht hat.

2. Das zweite der zu besprechenden Untersuchungsprincipien beruht auf dem Satze, dass die Wellenlänge im Lecher'schen Drahtsystem von der Kapacität der am Ende desselben befindlichen Kondensatoren, und diese wiederum von der Dielektricitätskonstante des zwischen den Kondensatorplatten befindlichen Isolators abhängt.

Lecher[1]) brachte den zu untersuchenden Isolator in Plattenform zwischen die Platten des Kondensators am Ende E_2 (cf. oben pag. 444) der Drähte und suchte mit und ohne zwischengeschobenen Isolator diejenigen beiden Entfernungen d_1 und d_2 der Kondensatorplatten auf, für welche die Wellenlänge in den Drähten die gleiche war. Aus $d_1 - d_2$ berechnet sich mit Benutzung der oben auf pag. 268 abgeleiteten Formel (32) die Dielektricitätskonstante des Isolators. — Indess ergab sich, dass $d_1 - d_2$ nicht unter allen Umständen genau denselben Werth besass.

Es ist dieses vielleicht durch zufällige Deformationen der Zuleitungsdrähte zum Endkondensator veranlasst. Ich habe mich wenigstens direkt durch Versuche davon überzeugt, dass man falsche Werthe erhält, falls die Distanz d der Zuleitungsdrähte bei Verschiebung des Kondensators geändert wird.

Perot[2]) verfuhr in ähnlicher Weise, wie Lecher, jedoch mit dem Unterschiede, dass er den ganzen Raum zwischen den Kondensatorplatten mit dem zu untersuchenden Dielektrikum ausfüllte.

Verwandt mit diesen Methoden sind die von J. J. Thomson[3]) und R. Blondlot[4]) angewandten. Sie unterscheiden sich von der Lecher'schen Anordnung dadurch, dass die Kapacität des am Ende E_1

---

[1]) E. Lecher, Wien. Ber. 99, pag. 480, 1890. — Wied. Ann. 42, pag. 142, 1891.
[2]) Perot, Compt. Rend. 115, pag. 38, 1892.
[3]) J. J. Thomson, Proc. Lond. Roy. Soc. 46, pag. 292, 1889.
[4]) R. Blondlot, Compt. Rend. 112, pag. 1058, 1891.

der Drähte, beim Erreger liegenden Kondensators durch den zu untersuchenden Isolator geändert wurde. Die Resultate, welche diese Physiker gewonnen haben, weichen noch untereinander ab; nach Lecher nimmt die Dielektricitätskonstante von Glas, Ebonit und Petroleum mit wachsender Schwingungsdauer ab, während sie nach Thomson und Blondlot zunimmt. Es ist bisher der Grund dieser Abweichungen nicht sicher anzugeben.

b) Brechung der Wellen durch Prismen. Schon oben pag. 434 war erwähnt, dass Hertz die Brechung elektrischer Wellen durch ein Pechprisma von 30° brechendem Winkel nachweisen konnte, und dass sich daraus eine Bestimmung der Dielektricitätskonstante des Pechs nach den aus der Optik bekannten Formeln ergiebt. Ellinger konnte nach dieser Methode sogar die Dielektricitätskonstante des Wassers[1] und Alkohols[2] bestimmen. Der Erfolg dieser Methode war wegen der starken Verluste, welche die elektrische Energie durch Reflexion an den Oberflächen des Wasser- resp. Alkoholprismas erleidet (vgl. oben pag. 467), nicht a priori sicher gestellt. Durch ein Wasserprisma von 3°45' brechenden Winkel wurden die Wellen um 30° abgelenkt. Daraus ergiebt sich der Brechungsexponent des Wassers zu

$$n = \frac{\sin \frac{1}{2}(30° + 3°45')}{\sin \frac{1}{2} \cdot 3°45'} = 8{,}9,$$

d. h. die Dielektricitätskonstante zu

$$\varepsilon = n^2 = 80.$$

Ein Alkoholprisma von 8°16' brechendem Winkel lenkte die Wellen um 33° ab. Daraus folgt

$$n = 4{,}9; \quad \varepsilon = n^2 = 24{,}1.$$

Diese Werthe stimmen mit den nach anderen Methoden gewonnenen (vgl. oben pag. 291 und pag. 466) nahe überein.

Die Anwendung des Prismas zur Bestimmung der Dielektrici-

---

[1] H. Ellinger, Wied. Ann. 46, pag. 513, 1892.
[2] H. Ellinger, Wied. Ann. 48, pag. 108, 1893.

tätskonstante ist hier eine wesentlich andere, als die von Perot benutzte (vgl. oben pag. 299).

c) **Reflexion an ebenen Wänden.** Die Analogie mit den optischen Vorgängen ergiebt noch eine andere Methode, um die Dielektricitätskonstante eines Isolators zu messen. Aus dem Polarisationswinkel einer Substanz ergiebt sich nämlich ihr optischer Brechungsexponent (vgl. weiter unten Kap. X). Nachdem nun zuerst Trouton[1]) die Reflexion ebener elektrischer Wellen an einer ebenen Wand eines Isolators beobachtet hatte, studirte Klemencic[2]) diese Verhältnisse beim Schwefel in quantitativer Weise. Es ergab sich grosse Analogie mit den Gesetzen, welchen ebene optische Wellen bei der Reflexion an einem durchsichtigen Spiegel gehorchen; es waren nur gewisse Störungen durch zu kleine Wahl der Dimensionen der Schwefelwand veranlasst, so dass Beugungseffekte auftraten. Der Polarisationswinkel der Schwefelwand ergab sich zwischen 60^0 und 65^0, d. h. dem Werthe (63^0) des optischen Polarisationswinkels nahe benachbart. Daraus folgt, dass die Dielektricitätskonstante ungefähr gleich dem Quadrat des optischen Brechungsindex ist, welche Beziehung mit den Resultaten anderer Methoden zur Bestimmung der Dielektricitätskonstante des Schwefels übereinstimmt.

33. Untersuchung der Drahtwellen mit Hülfe von Resonatoren. Bringt man einen kreisförmigen Resonator in den Raum zwischen die Drähte eines Lecher'schen Systems, so kann man, falls die Ebene des Resonators in die der Drähte fällt, die magnetische Kraft in dem Zwischenraum der Drähte durch die Sekundärfunken des Resonators nachweisen; steht die Ebene des Resonators senkrecht zu den Drähten, so reagirt seine Funkenstrecke allein auf die elektrische Kraft P. — Verschiebt man einen solchen Resonator oder, besser gesagt, Sekundärleiter — denn die Wahl bestimmter Dimensionen desselben ist gar nicht nothwendig — den Drähten entlang, so erhält man in äquidistanten Lagen Bäuche und Knoten der magnetischen, bezw. elektrischen Kraft, welche die früher pag. 386 besprochene Lage zueinander haben. Der Abstand zweier aufeinander folgender Bäuche oder Knoten hängt nur von der Wahl der Dimensionen des Resonators ab; er entspricht der halben Wellen-

---

[1]) Trouton, Nat. 39, pag. 891; 40, pag. 398, 1890.
[2]) J. Klemencic, Wied. Ann. 45, pag. 62, 1892.

länge einer längs der Drähte fortgeflanzten Schwingung von der Periode der Grundschwingung des Resonators; dass eine Abstimmung desselben auf die Erregerschwingung oder eine der möglichen Eigenschwingungen des Drahtsystems nicht nothwendig ist, folgt, analog, wie es oben pag. 427 geschlossen wurde, aus der geringen Dämpfung der Schwingungen im Resonator, der starken Dämpfung der Erregerschwingungen und aus Berücksichtigung des Umstandes, dass das Drahtsystem, falls es nicht auf den Erreger abgestimmt ist (vgl. oben pag. 447), oder durch Auflegen von Brücken in zu einander abgestimmte Theile zerlegt wird, keine deutlich abgegrenzten Maxima und Minima der elektrischen, bezw. magnetischen Kraft besitzt.

Sarasin und de la Rive[1]) haben durch sorgfältige Versuche nachgewiesen, dass die Wellenlänge der auf einen bestimmten Resonator resonirenden Schwingungen stets dieselbe ist, einerlei, ob sie sich längs des Lecher'schen Drahtsystems in der Luft fortpflanzen, oder ob sie als freie ebene Wellen in der Luft ohne Anheftung an einen Metalldraht existiren. Dies zeigt folgende Tabelle, in der die erste Zeile den Durchmesser der kreisförmigen Resonatoren in Metern angibt, die zweite die Wellenlänge der mit ihnen resonirenden Drahtwellen, die dritte die Wellenlänge der mit ihnen resonirenden Luftwellen. Letztere Zahlen sind die schon oben auf pag. 429 angegebenen.

d	1 m	0,75	0,50	0,35	0,25
$\frac{1}{2} \lambda$ Draht ..	3,84	2,96	1,96	1,46	1,12
$\frac{1}{2} \lambda$ Luft ..	4,00	3,00	2,00	1,50	1,10

Sieht man die untereinander stehenden Werthe von $\frac{1}{2} \lambda$ als gleich an, so folgt, dass die **Fortpflanzungsgeschwindigkeit der Draht- und Luftwellen die gleiche ist**. Da nun aber die der ersteren nach § 30 sich zu $c = 3 \cdot 10^{10}$ cm sec^{-1} ergiebt, so folgt, dass auch die Luftwellen die Geschwindigkeit c besitzen. Hiermit ist dann die allgemeinere v. Helmholtz'sche Theorie im Sinne der Maxwell'schen entschieden,

---

[1]) E. Sarasin et L. de la Rive, Arch. de Genève (3), 22, pag. 282, 1889; 23, pag. 113, 1890.

d. h. eine etwaige unvermittelte Fernwirkung tritt nicht auf neben der durch den Aether vermittelten. Dieser Schluss ist zwar deshalb noch nicht streng bewiesen, weil in obiger Tabelle noch eine gewisse Differenz zwischen den Längen der Drahtwellen und der der Luftwellen besteht. Indess ist es unwahrscheinlich, dass diese in Wirklichkeit besteht, und es werden wohl spätere Versuche noch eine bessere Uebereinstimmung herbeiführen.

Würde man nach der Tabelle schliessen, dass thatsächlich die Länge der Drahtwellen etwa 1,5% kleiner wäre, als die der Luftwellen gleicher Periode, so wäre die Geschwindigkeit der letzteren, welche in der Bezeichnung des Kap. VIII, § 8, pag. 341 gleich $c\sqrt{\dfrac{\varepsilon_0}{\varepsilon_0 - 1}}$ ist:

$$c\sqrt{\dfrac{\varepsilon_0}{\varepsilon_0 - 1}} = 1{,}015 \cdot c,$$

d.- h.
$$\varepsilon_0 = 34{,}3, \quad 4\pi\vartheta_0 = 33{,}3.$$

Da nun nach den Entwickelungen der pag. 342 das Grössenverhältniss der unvermittelten elektrischen Kraft und der vermittelten den Werth $1 : 4\pi\vartheta_0$ besitzt, so würde aus den bisherigen Versuchen folgen, dass erstere in der Luft (oder im luftleeren Raum) 33mal kleiner wäre, als letztere.

Wir wollen aber direkt jenes Verhältniss als Null annehmen, d. h. die Maxwell'sche Theorie als völlig bestätigt ansehen.

Es mag hervorgehoben werden, dass diese experimentelle Bestätigung erst aus der Kombination ber beobachteten Längen der Luftwellen mit denen der Drahtwellen folgt. Dass letztere sich mit der Geschwindigkeit c fortpflanzen, ist noch keine ausreichende Bestätigung der Maxwell'schen Theorie, denn dies Resultat wurde ohne dieselbe von Kirchhoff gezogen, wie oben pag. 377 angeführt wurde.

Die Geschwindigkeit der Drahtwellen hat auch Blondlot[1] mit grosser Genauigkeit messen können, indem er einen Resonator von experimentell zu ermittelnder Kapazität (kleiner Plattenkondensator) und leicht zu berechnender Selbstinduktion (kurzes, den Kondensator schliessendes Drahtrechteck) wählte, dessen Schwingungsdauer T also auf sicherer Grundlage[2]) nach der Formel $T = 2\pi\sqrt{CL}$

---

[1] Blondlot, Compt. Rend. 113, pag. 628, 1891.
[2] Diese Grundlage ist allerdings nur sicher, wenn die Selbstinduktion

zu berechnen ist. Die zugehörige Wellenlänge λ wurde dadurch bestimmt, dass der Resonater in einer auf die magnetischen Kräfte allein reagirenden Lage fest verblieb, während durch Verschiebung einer Brücke b auf dem Drahtsystem diejenigen Stellungen der Brücke aufgesucht wurden, in welchen in einem am Kondensator des Resonators angebrachten Mikrometer maximale, bezw. minimale Funkenlängen zu erhalten waren. Das Drahtsystem war insofern von der Lecher'schen Anordnung abweichend, als die Schwingungen nicht durch die elektrischen Kräfte des Erregers, sondern durch die magnetischen auf die Drähte übertragen wurden. Aus der beigezeichneten Fig. 57 ist wohl die Anordnung leicht zu verstehen. C ist der Kondensator des Erregers, dessen Entladungsdraht in diesem Falle kreisförmig gebogen ist, C' der des Resonators, b ist eine Metallbrücke, EE sind die Entladungskugeln des Erregers, FF die von ihnen zum Ruhmkorff'schen Induktionsapparat führen-

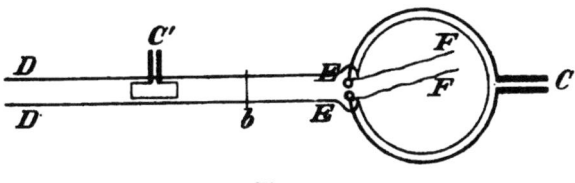

Fig. 57.

Drähte. — Bei grossem Durchmesser der vom Erregerdraht umgrenzten Fläche (2 m) sind die im Drahtsystem DD erzeugten Schwingungen sehr kräftig.

Als Mittelwerth erhielt Blondlot für die Fortpflanzungsgeschwindigkeit der Drahtwellen in Luft:

$$\lambda : T = 2{,}976 \cdot 10^{10},$$

welche Zahl in sehr guter Uebereinstimmung mit dem Verhältnisse c der elektrostatischen zur elektromagnetischen Einheit der Elektricitätsmenge steht.

34. Untersuchung von Drahtwellen mit Hülfe ponderomotorischer Wirkungen. Bisher hatten wir folgende Methoden zur Untersuchung der in einem Drahte stattfindenden elektrischen Wellen kennen gelernt:

---

des Resonators durch die benachbarten Drähte D des Drahtsystems nicht geändert ist.

1. Die Funkenwirkung (Sekundärfunken des Resonators) resp. Leuchtwirkung einer angelegten Vakuumröhre.
2. Die Wärmewirkung:
   a) direkte; Untersuchung mit Thermoelementen nach Klemencic (cf. pag. 433, Anm. 1);
   b) indirekte; bolometrische Untersuchung von Ritter und Rubens (cf. pag. 445).

Hertz[1]) hat nun auch gezeigt, dass man die ponderomotorischen Wirkungen benutzen kann. Zu dem Zweck braucht man nur einen leichten, langgestreckten Metallkörper N (mit Goldpapier beklebte Pappe, Aluminium) drehbar so aufzuhängen, dass sich seine Enden in einer aus der Fig. 58 ersichtlichen Anordnung zwei kleinen Metallscheiben $S_1 S_2$ gegenüber befinden, welche mit gegenüberliegenden Punkten des Lecher'schen Drahtsystems DD verbunden werden. Aus bekannten Gesetzen der elektrischen Influenz muss sich die Nadel N in die Verbindungslinie der Scheiben $S_1 S_2$ einzustellen suchen, wenn diese nicht mit einem Knoten der Ladungswelle des Lecher'schen Systems verbunden sind. — Nach Franke[2]) kann man auch ein Thomson'sches Quadrantelektrometer zur Untersuchung der Ladungswelle verwenden, wenn man die Quadranten und die Nadel leitend mit zwei, auf die Drähte geschobenen Rubensschen „Flaschen" verbindet. — Bjerkness hat in den unten noch näher zu besprechenden Versuchen ebenfalls kleine, besonders konstruirte Quadrantelektrometer benutzt.

Um zur Kontrolle der Wirksamkeit der Erregerfunken ein besonders einzuschaltendes Standard-Instrument (cf. oben pag. 446) zu vermeiden, hat v. Geitler[3]) ein nach dem beschriebenen Hertzschen Principe konstruirtes Differentialinstrument benutzt, dessen Anwendung aus der Fig. 59 ohne weiteres ersichtlich ist. Die unteren Scheiben $S_1 S_2$ werden mit zwei festen Punkten des Drahtsystems verbunden, die oberen $S_1' S_2'$ mit den zu untersuchenden Punkten desselben. — Mit diesem Instrument hat v. Geitler die mit Phasenänderung verbundene partielle Reflexion der Wellen nachgewiesen an Stellen, wo sich die Drahtdicke 2R oder ihr Abstand d ändert, oder wo eine besondere Kapazität[4]) angehängt ist. Eine numerische

---

[1]) H. Hertz, Wied. Ann. 42, pag. 407, 1891.
[2]) A. Franke, Wied. Ann. 44, pag. 713, 1891.
[3]) J. v. Geitler, Wied. Ann. 49, pag. 184, 1893.
[4]) Der Einfluss einer solchen ist auch von E. Salvioni in Rend. d. R. Acc. dei Lincei, (5) Vol 1, 1. Sém., pag. 250, 1892, studirt.

Berechnung der zu erwartenden Verhältnisse gelingt mit Benutzung der Gleichungen (53) und (55) der pag. 379, 380 ohne Schwierigkeit.

Ein gestreckter Metallkörper reagirt nur auf die elektrischen Kräfte, d. h. die Ladungswelle. Wendet man aber, wie es Hertz l. c. that, einen kreisförmig geschlossenen Draht S an (vgl. Fig. 60), der drehbar zwischen dem Drahtsystem aufgehängt ist, so reagirt derselbe auch auf die magnetischen Kräfte, da diese in ihm Ströme induciren, welche nach der Lenzschen Regel (cf. oben pag. 193) beständig vom Drahtsystem DD' abgestossen werden. Durch seitlich angebrachte Drahtstücke $D_1 D_1'$, welche mit DD' leitend verbunden sind, hat Hertz die auf S

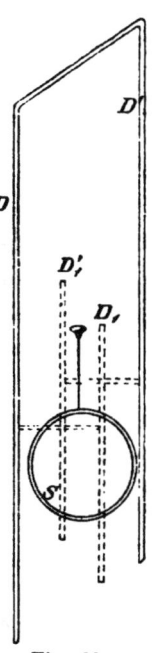

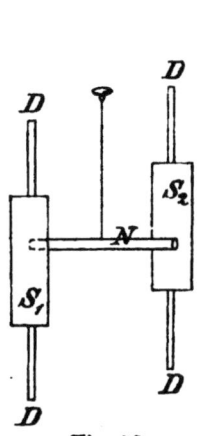

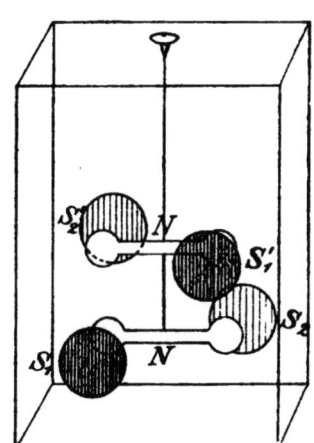

Fig. 58.   Fig. 59.   Fig. 60.

ebenfalls wirkende elektrische Kraft eliminirt. S sucht sich dann unter dem Einfluss der magnetischen Kraft, d. h. der „Stromwelle" der Drähte DD', senkrecht zu der durch DD' gehenden Ebene einzustellen [1]).

In allen diesen Fällen kann man dem Metallkörper N oder S, auf den die ponderomotorische Wirkung durch die elektromagnetischen Wellen ausgeübt wird, durch die Torsionskraft eines Fadens,

---

[1]) C. V. Boys, A. E. Briscoe und W. Watson (Phil. Mag. [5] 31 pag. 44, 1891) wollten durch geeignet gebogene Metallbügel eine Addition der ponderomotorischen Wirkungen der elektrischen und magnetischen Kraft herbeiführen und so die Energie der elektromagnetischen Luftwellen messen. Die Wirkung war aber sehr schwach. Dies ist nach theoretischen Berechnungen von J. J. Thomson (recent researches in electricity etc.) auch zu erwarten.

bifilare Aufhängung, oder einen angeklebten kleinen Magneten eine bestimmte Ruhelage geben. Die ponderomotorischen Wirkungen der elektromagnetischen Wellen kann man dann durch Ablenkungsbeobachtungen mit Spiegel, Fernrohr und Skala messen.

35. Messung der Dämpfung der elektrischen Wellen.

Eine Messung der Dämpfung der elektrischen Wellen hat aus zwei Gründen Interesse: Einmal kann man dann abschätzen, ob wirklich die Erklärung der multiplen Resonanz (vgl. oben pag. 427) aus der grossen Dämpfung der Erregerschwingungen und der kleinen Dämpfung der Resonatorschwingungen zulässig ist, andrerseits — und dies ist wohl ein Punkt von noch grösserem Interesse — kann man aus der Messung der Dämpfung im sekundären Leiter Schlüsse auf die für sehr schnelle Schwingungen gültigen specifischen Konstanten des Leiters ziehen, während, wie wir ja oben (pag. 453) sahen, für die Periode der Eigenschwingungen die specifischen Konstanten des Leiters (Leitfähigkeit und Magnetisirungskonstante) in gewissen Grenzen ganz gleichgültig sind.

Um die Dämpfung der Erregerschwingungen zu messen, ging Bjerkness[1]) von dem Gedanken aus, dass die Resonanzerscheinungen zwischen Erreger und Sekundärleitung um so schärfer zu Tage treten müssen, je geringer die Dämpfung beider Schwingungen ist. Bei successiver Veränderung der Länge der Sekundärleitung müssen daher die in ihr vom Erreger hervorgerufenen elektrischen Schwingungen bei einer bestimmten Länge (Resonanz), ein um so schärfer ausgeprägtes Maximum besitzen, je kleiner die Dämpfung der Schwingungen ist. Vernachlässigt man die Dämpfung der Sekundärschwingungen gegen die des Erregers, wozu man aus den oben pag. 427 angeführten Gründen berechtigt ist, und nimmt man an, dass die Erregerschwingungen gedämpfte Sinusschwingungen der Form

$$A \cdot e^{-\frac{\gamma t}{T}} \sin 2\pi \frac{t}{T}$$

sind, so kann man die Dämpfungskonstante γ numerisch bestimmen aus der Aenderung, welche die Intensität der Sekundärschwingungen bei bestimmter Abänderung der Länge, d. h. der Eigenschwingungsdauer, der Sekundärleitung erfährt[2]). — Um die Intensität der

---

[1]) V. Bjerkness, Wied. Ann. 44, pag. 74, 1891.
[2]) Betreffs Herleitung der dazu nöthigen Formeln vgl. Bjerkness l. c.

Schwingungen numerisch zu messen, liess Bjerkness die Enden der rechteckigen Sekundärleitung in zwei gegenüberstehenden kleinen Metallquadranten S_1, S_2 endigen, welche ponderomotorisch auf eine dicht unter ihnen aufgehängte Metallnadel N wirken (vgl. Fig. 61).

— Auf diese Weise ergab sich, dass bei der gewöhnlichen Anordnung eines Hertz'schen Erregers für Luftwellen ($\lambda = 8,86$ m) der Dämpfungskoefficient γ von 0,27 bis 0,39 wuchs, wenn die Länge der Primärfunken von 1 mm bis auf 5 mm stieg. Es bedeutet dies eine sehr starke Dämpfung, denn z. B. für $\gamma = 0,3$ ist nach einer Schwingung, d. h. für $t = T$, die Amplitude im Verhältniss $e^{-0,3} : 1 = 0,74 : 1$ kleiner, als die Anfangsamplitude.

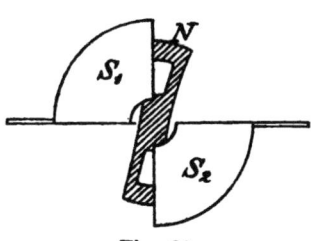

Fig. 61.

Die Dämpfung der Sekundärschwingungen konnte Bjerkness näherungsweise aus dem Vergleiche des Ausschlages der Nadel N bestimmen, welchen dieselbe durch die Schwingungen erhielt, resp. durch eine statische Potentialdifferenz der Quadranten, welche dem bei den Schwingungen vorkommenden Maximalwerthe der Potentialdifferenz entsprach. Letztere kann aus der Länge der Funken eines zwischen die Quadranten eingeschalteten Funkenmikrometers erschlossen werden. — Es ergab sich so für eine Sekundärleitung aus 2 mm starkem Kupferdraht und 320 cm Länge $\gamma = 0,002$. Hiernach erscheint in der That die Dämpfung der Sekundärschwingungen bedeutend geringer als die der Erregerschwingungen.

Die Dämpfung im Sekundärleiter kann man auch nach der Theorie vorhersagen. Nach der Formel (11) des § 3 (pag. 354) ist nämlich

$$\gamma = \frac{wT}{2L},$$

wo w der Widerstand, L die Selbstinduktion der Leitung ist. Bezogen auf die Längeneinheit ist nun für sehr schnelle Schwingungen nach der Formel (73') (pag. 388) des § 12:

$$w' = \frac{1}{R}\sqrt{\frac{\mu}{\sigma T}},$$

falls 2R den Durchmesser der Leitung bedeutet, σ seine specifische Leitfähigkeit, μ seine Magnetisirungskonstante. Ferner ist die Selbstinduktion per Längeneinheit (vgl. pag. 365):

$$L' = 2\lg\frac{d}{R},$$

falls d die gegenseitige Entfernung zweier gegenüber liegender Drähte der Sekundärleitung bezeichnet. Daraus folgt

$$\gamma = \frac{1}{4R\lg\frac{d}{R}}\sqrt{\frac{\mu T}{\sigma}}. \tag{115}$$

Nun ist hier $R = 0{,}1$; $d = 60$; $T = 3 \cdot 10^{-8}$; $\mu = 1$; die Leitfähigkeit des Kupfers ist etwa 60mal grösser ist als die des Quecksilbers. Folglich [vgl. pag. 230 Formel (16)] ist $\sigma = 1{,}063 \cdot 60 \cdot 10^{-5}$. Es ergiebt sich so:

$$\gamma = 0{,}0027,$$

welcher Werth sehr gut mit dem experimentell gefundenen übereinstimmt.

Die Dämpfung der Erregerwellen kann man auch noch nach einem anderen Principe bestimmen, welches nicht auf der Resonanzwirkung beruht. Bilden sich nämlich durch Totalreflexion der Wellen an irgend einer Grenze (z. B. Metallwand oder bei Drahtwellen das Ende der Drähte) stehende Wellen aus, so folgt direkt aus der Anschauung, dass Knoten der Wellen im strengen Sinne sich nur bilden können, wenn die einfallenden Wellen keine Dämpfung besitzen. Ist solche vorhanden, so entstehen nur Minima der Wellenbewegung, und zwar unterscheiden sich diese Minima um so mehr von Null, je grösser die Dämpfung ist und je weiter sie sich von der Reflexionsstelle befinden. Durch numerische Vergleichung der aufeinander folgenden Minima kann man daher die Dämpfung berechnen. — Nach dieser Methode ist Bjerkness[1]) verfahren, indem er die Erregerwellen (mit Hülfe der Lecher'schen Anordnung) in zwei Paralleldrähte leitete und die Schwingung in ihnen in der Nähe ihres Endes elektrometrisch maass. Die Drähte waren so lang (130 m), dass sich die Wellen nach zweimaliger Durchlaufung der Drähte todt liefen und daher eine Komplikation der

---

[1]) V. Bjerkness, Wied. Ann. 44, pag. 513, 1891. — Kr. Birkeland (Wied. Ann. 47, pag. 583, 1892) konnte durch Benutzung des Telephons die Abnahme zweier aufeinander folgenden Wellenmaxima bestimmen. — A. Perot (Compt. Rend. 114, pag. 165, 1892) gab für denselben Zweck noch ein anderes Verfahren an.

Erscheinungen durch Reflexion am Anfang der Drähte und durch ihre Eigenschwingungen nicht zu befürchten waren. — Dagegen benutzten Klemencic und Czermak ihre oben pag. 440 beschriebenen Methode der Reflexion von Luftwellen an zwei gegenseitig verschiebbaren Metallwänden, um auf Grund desselben Princips, nämlich der successiven Verschlechterung der Interferenzen, die Dämpfung der Erregerwellen zu bestimmen. — In allen Fällen ergeben sich Werthe für γ, welche der Grössenordnung nach mit den zuerst von Bjerkness erhaltenen Zahlen übereinstimmten.

Eine Vergleichung der Dämpfung der Wellen in mehreren, völlig gleichgestalteten Resonatoren aus verschiedenem Material konnte Bjerkness[1]) sehr einfach dadurch vornehmen, dass die Ausschläge der Elektrometernadel N (cf. pag. 477, Fig. 61) gemessen wurden, indem die Resonatoren immer demselben Erreger in einer bestimmten Lage gegenüber gestellt wurden. Da das Elektrometer die Summenwirkung aller aufeinander folgenden Schwingungen anzeigt, so muss der Ausschlag um so grösser sein, je kleiner die Dämpfung derselben ist. Er kann ferner nur von letzterer abhängen, da die Energie der erzwungenen Schwingung, d. h. auch die Anfangsamplitude der Eigenschwingung, für alle Resonatoren die gleiche ist. — Es ergab sich nun, dass der Elektrometerausschlag für einen Kupferresonator bei weitem der grösste war, und dass die verschiedenen Resonatoren hinsichtlich dieses Ausschlages die Reihenfolge bildeten:

Kupfer,	Messing,	Neusilber,	Platin,	Nickel,	Eisen.
$\sigma = 1$,	0,227,	0,085,	0,030,	0,145	0,141.

Die zweite Zeile enthält die specifischen Leitfähigkeiten bezogen auf Kupfer, nach der Bjerkness'schen Beobachtung. Die Reihenfolge der Metalle muss nach der Formel (115) mit der Reihenfolge der Werthe $\mu : \sigma$ übereinstimmen, und das ist in der That der Fall, wenn man dem μ für Nickel und Eisen erheblich von 1 verschiedene Werthe beilegt. So muss z. B. für Nickel sein:

$$\frac{\mu}{0{,}145} > \frac{1}{0{,}030}, \text{ d. h. } \mu > 4{,}83.$$

Hierdurch ist also gezeigt, dass die Magnetisirung von Eisen und Nickel thatsächlich den schnellen Hertz'schen Schwingungen noch zu folgen vermag.

---
[1]) V. Bjerkness, Wied. Ann. 47, pag. 69, 1892.

Mit Hülfe der zuletzt beschriebenen Anordnung konnte Bjerkness[1]) auch gut zeigen, dass die elektrischen Schwingungen bei den verschiedenen Metallen in verschiedene Tiefe eindringen. Zu dem Zweck wurde ein Kupferresonator mit den verschiedenen Metallen galvanoplastisch überzogen und die Dicke dieses Ueberzuges allmählig so gesteigert, bis dass der Elektrometerausschlag derselbe geworden war, wie er einem Resonator entspricht, der massiv aus dem Metall des Ueberzuges besteht. Diese Dicke des Ueberzuges entspricht offenbar derjenigen Tiefe, jenseits welcher die Energie der elektrischen Schwingungen nicht mehr merkbar ist. Diese Tiefe hat ungefähr den Werth 0,01 mm. Die Metalle bilden hinsichtlich dieses Werthes der „Grenztiefe", d. h. auch hinsichtlich des Absorptionsvermögens, folgende absteigende Reihenfolge:

Kobalt und Eisen, Kupfer, Nickel, Zink.

Wir können diese Grenztiefe auch annähernd theoretisch bestimmen. Nehmen wir an, dass die elektrische Strömung stattfinde innerhalb eines Kreisrings von den Radien R und R', so dass R — R' die Grenztiefe f ist, so ist der galvanische Widerstand der Längeneinheit

$$w' = \frac{1}{\pi (R^2 - R'^2) \cdot \sigma} = \frac{1}{2\pi R f \sigma},$$

wenn man für R + R' einfach 2R schreibt, was gestattet ist, da f klein ist gegen R. — Identificirt man diesen Werth von w' mit dem auf pag. 477 angegebenen, so erhält man die Beziehung:

$$\frac{1}{f} = 2\pi \sqrt{\frac{\mu \sigma}{T}}. \qquad (116)$$

Für Kupfer ergiebt sich daraus bei $T = 1,4 \cdot 10^{-8}$, wie es den Versuchen entsprach, $f = 0,0074$ mm, was in sehr guter Uebereinstimmung mit den experimentellen Ergebnissen steht.

Nach (116) folgt, dass die Metalle hinsichtlich ihres Absorptionsvermögens dieselbe Reihenfolge bilden müssen, wie die Werthe von $\mu \sigma$. Bei dem grossen Werthe von μ, welchen Eisen besitzt und der nach Klemencic[2]) aus der Wärmeentwicklung Hertzscher Schwingungen zu $\mu = 73$ bis $\mu = 111$ zu taxiren ist, folgt

---

[1]) V. Bjerkness, Wied. Ann. 48, pag. 592, 1893.
[2]) J. Klemencic, Wied. Ann. 50, pag. 456, 1893.

in der That für Eisen der grösste Werth von $\mu \sigma$. — Nimmt man für Nickel nach pag. 479 die Leitfähigkeit $\sigma = 0{,}145$, bezogen auf Kupfer, an, so folgt, dass für Nickel, welches nach obiger Tabelle hinter Kupfer folgt, in Beziehung auf das Absorptionsvermögen sein muss

$$\mu \cdot 0{,}145 < 1, \text{ d. h. } \mu < 6{,}9.$$

Es wäre also die Magnetisirungskonstante μ des Nickels für Hertz'sche Schwingungen in die Grenzen 4,83 (vgl. oben pag. 479) und 6,90 eingeschlossen. — Für Zink hat $\mu \sigma$ den kleinsten Werth von den angegebenen Metallen, daher ist auch die Absorption bei Zink am geringsten. — Wir werden weiter unten im XI. Kapitel diese Untersuchungen über die Absorption in Metallen vervollständigen, nämlich bei Besprechung der Fortpflanzung ebener Wellen in Metallen.

Kapitel X.

Elektromagnetische Theorie des Lichtes für durchsichtige Medien.

1. Die elektromagnetische Natur der Lichtbewegung.

Wir haben im vorigen Kapitel bei Besprechung der geradlinigen Fortpflanzung, der Reflexion, Brechung und Interferenzfähigkeit ebener elektrischer Wellen gesehen, dass letztere ganz analoge Gesetze befolgen wie ebene Lichtwellen. Diese Analogie folgt mit Nothwendigkeit aus dem Umstande, dass sowohl optische, als elektromagnetische periodische Störungen des Aethers als Transversalwellen mit endlicher Geschwindigkeit fortgepflanzt werden. Dass diese Gleichheit der Eigenschaften keine zufällige, sondern eine in der Natur der Sache tief begründete sei, war ein Gedanke von Maxwell, den derselbe schon im Jahre 1865 ausgesprochen hatte, als man noch nicht entfernt die Hülfsmittel besass, durch die man seit den Hertz'schen Entdeckungen diese Analogie in so augenfälliger Weise demonstriren kann. Maxwell stellte direkt die Hypothese auf, dass die Lichtwellen ganz dieselben Störungen im Gleichgewichtszustande des Aethers seien, wie man sie bei den elektromagnetischen Wellen antrifft, nur ist die Periode der optischen Störungen weit kürzer, als man sie mit rein elektrischen Hülfsmitteln erreichen kann.

Die wesentlichste experimentelle Stütze dieser kühnen Hypothese Maxwell's ist darin zu erblicken, dass die Fortpflanzungsgeschwindigkeit des Lichtes in der Luft oder im luftleeren Raume[1)]

[1)] Der Unterschied zwischen der Fortpflanzungsgeschwindigkeit des Lichtes in der Luft oder im luftleeren Raume ist im Folgenden vernachlässigt.

übereinstimmt mit dem Verhältniss c der nach absolutem elektrostatischem Maasse gemessenen Elektricitätsmenge zu der nach elektromagnetischem Maasse gemessenen; diese Beziehung muss ja bestehen, da nach der Maxwell'schen Theorie der Elektricität (vgl. VIII. Kapitel, pag. 342) die Fortpflanzungsgeschwindigkeit elektromagnetischer Wellen in der Luft gleich c sein soll und, wie die im letzten Kapitel besprochenen Experimente lehren, auch thatsächlich ist.

Es ergeben nämlich die neuesten Versuche über die Lichtgeschwindigkeit in der Luft, wenn man sie mit dem Brechungsexponenten der Luft gegen den leeren Raum $n = 1{,}000294$ multiplicirt, für die Lichtgeschwindigkeit V im leeren Raume die Werthe

$$V = 2{,}9995 \cdot 10^{10} \text{ cm sec}^{-1} \text{ (Cornu)}$$
$$2{,}9989 \quad \text{(Michelson)}$$
$$2{,}9986 \quad \text{(Newcomb),}$$

während die zuverlässigsten Methoden für c ergeben haben:

$$c = 3{,}0180 \cdot 10^{10} \left.\begin{array}{l} \\ \end{array}\right\} \text{ (Klemencic)}$$
$$3{,}0140$$
$$3{,}0074 \left.\begin{array}{l} \\ \end{array}\right\} \text{ (Himstedt)}$$
$$3{,}0081$$
$$2{,}9993 \left.\begin{array}{l} \\ \end{array}\right\} \text{ (Rosa).}$$
$$3{,}0004$$

Es ergiebt sich daher eine Uebereinstimmung zwischen V und c, welche wohl als genügend anzusehen ist zur Begründung der Hypothese über die elektromagnetische Natur des Lichtes.

2. Durchsichtige und absorbirende Körper.

Ebene elektromagnetische Wellen pflanzen sich in einem vollkommenen Isolator ohne Schwächung fort; dagegen tritt letztere ein in einem Medium, welches galvanische Leitfähigkeit besitzt, da die Energie der Wellen allmählig in Joule'sche Wärme umgesetzt wird.

Nach der Hypothese von der elektromagnetischen Natur des Lichtes müssen daher vollkommene Isolatoren vollkommen durchsichtig sein, während leitende Körper, wie z. B. Metalle, das Licht absorbiren müssen. Diese Folgerung wird im Grossen und Ganzen bestätigt, nur erleidet sie bei den Elektrolyten eine eklatante Aus-

---

da er so gering ist, (0,03 %), dass er innerhalb der Beobachtungsfehler für die Zahl c fällt.

nahme, da diese trotz ihrer guten Leitfähigkeit das Licht zum Theil sehr wenig absorbiren.

Wir werden im Laufe dieses Kapitels sehen, dass die optischen Eigenschaften der Körper nicht vollständig aus ihren elektrischen Eigenschaften erschlossen werden können, weil bei den schnellen Schwingungen des Lichtes der molekulare Aufbau der Körper für die Erscheinungen mitbestimmend ist, während er dies für die langsamer wechselnden Zustände, wie sie bei elektrischen Experimenten realisirt werden können, nicht ist. Speciell für Elektrolyte, in denen sich die Elektricität gleichzeitig mit träger Masse bewegt, hat Cohn[1]) nachgewiesen, dass aus den Werthen, welche F. Kohlrausch für das molekulare Leitvermögen und Hittorf für die Ueberführungszahlen der Elektrolyte ermittelt haben, mit Nothwendigkeit folgt, dass das Ohm'sche Gesetz für Schwingungen, deren Periode T von der Ordnung 10^{-9} sec. ist, genau so wie für stationäre Ströme gilt, dass dagegen für Schwingungen der Periode $T = 10^{-13}$ sec. und noch schnellere das Ohm'sche Gesetz nicht mehr besteht, d. h. dass die durch die Schwingungen entwickelte Joule'sche Wärme kleiner ist, als sie nach dem Ohm'schen Gesetz und der Leitfähigkeit sein sollte. Die Schwingungen des Lichtes sind von der Grössenordnung $T = 10^{-15}$ sec. Daher werden diese von den Elektrolyten weniger absorbirt, als es aus ihrer Leitfähigkeit zu schliessen wäre.

Die folgenden Betrachtungen dieses Kapitels knüpfen an Isolatoren an, d. h. solche Körper, welche keine oder nur eine sehr geringe galvanische Leitfähigkeit besitzen.

3. Beziehung zwischen dem Brechungsexponenten und der Dielektricitätskonstanten. Nach § 7 des VIII. Kapitels (pag. 323) ist das Verhältniss der Fortpflanzungsgeschwindigkeiten elektromagnetischer Wellen im leeren Raume und in einem ponderabeln Isolator, dessen Magnetisirungskonstante nicht merkbar von 1 abweicht, gleich der Quadratwurzel aus seiner Dielektricitätskonstante ε. Da der optische Brechungsexponent n das Verhältniss der Lichtfortpflanzungsgeschwindigkeiten in beiden Medien bezeichnet, so muss daher nach der elektrischen Lichttheorie die Beziehung bestehen:

$$n = \sqrt{\varepsilon}. \qquad (1)$$

---

[1]) E. Cohn, Wied. Ann. 38, pag. 217, 1889.

Diese Beziehung kann, genau genommen, in Wirklichkeit schon deshalb nicht erfüllt sein, weil n in allen Körpern von der Farbe (Schwingungsdauer) abhängt, dagegen ε nicht, wenigstens bei guten Isolatoren, wie z. B. den Gasen. — Nach der elektrischen Theorie sollte also gar keine Dispersion (Abhängigkeit des n von der Farbe) existiren. Im leeren Raume ist nun auch wirklich die Fortpflanzungsgeschwindigkeit des Lichtes unabhängig von seiner Farbe, wie man am einfachsten daraus erkennt, dass ein verfinsterter Stern (Jupitermond) beim Aufhören der Verfinsterung nicht zunächst eine bestimmte Farbenfolge zeigt.

Verhältnissmässig gering ist die Dispersion bei Gasen. So fand Ketteler[1]) bei Luft für die Fraunhofer'sche Linie C (roth) und F (blau):

$$n_C = 1{,}0002938$$
$$n_F = 1{,}0002972.$$

Daher sollte man für Gase noch am ehesten von allen ponderabeln Körpern die Erfüllung der Relation (1) erwarten. Dies ist nun auch in der That der Fall, wie folgende Tabelle lehrt, in welcher sich n auf Strahlen mittlerer Schwingungsdauer (gelb) bezieht. Die Dielektricitätskonstanten sind von Boltzmann[2]) bestimmt.

	n	$\sqrt{\varepsilon}$
Luft	1,000 294	1,000 295
Kohlensäure . . .	1,000 449	1,000 473
Wasserstoff	1,000 138	. 1,000 132
Kohlenoxyd	1,000 346	1,000 345
Stickoxydul	1,000 503	1,000 497
Oelbildendes Gas . .	1,000 678	1,000 656
Sumpfgas	1,000 443	1,000 472

Aber für andere, dichtere Medien, nämlich Flüssigkeiten und feste Körper, welche eine stärkere Dispersion zeigen, ist die Beziehung (1) weniger gut erfüllt. Bei folgenden Flüssigkeiten besteht sie sehr gut:

---

[1]) E. Ketteler, Theoret. Optik, Braunschw. 1885, pag. 487.
[2]) L. Boltzmann, Wien. Ber. 69, pag. 795, 1874. — Pogg. Ann. 155, pag. 407, 1873.

	n	$\sqrt{\varepsilon}$
Benzol	1,482	1,483[1])
Reinstes Petroleum .	1,386	1,38—1,39[2])

Dagegen sind eklatante Ausnahmen bei Alkohol und Wasser vorhanden, für welche folgende Werthe stattfinden[3]):

	n	$\sqrt{\varepsilon}$
Wasser	1,333	9,12
Methylalkohol . . .	1,336	5,70
Propylalkohol . . .	1,386	4,79
Amylalkohol . . .	1,417	4,00

Wie man hieraus sieht, ist $\sqrt{\varepsilon}$ bedeutend grösser als n. In demselben Sinne findet bei allen Körpern, z. B. auch bei Glas, Paraffin etc., die Abweichung von der Beziehung (1) statt, so dass sich also das Resultat ergiebt, dass ist:

$$\sqrt{\varepsilon} \gtreqless n, \tag{2}$$

wobei sich n auf Strahlen mittlerer Brechbarkeit bezieht.

Um sich von der Dispersion des optischen Brechungsexponenten frei zu machen, hat man versucht, denselben für unendlich lange Wellen zu extrapoliren aus den für sichtbare Wellen stattfindenden Werthen, indem man die Formel zu Grunde legte:

$$n^2 = B + \frac{C}{T^2} + \frac{D}{T^4}, \tag{3}$$

wo T die Schwingungsdauer des Lichtes bezeichnet. Der Koefficient B giebt dann den Werth n = (n) für unendlich grosses T an. Da die Perioden elektromagnetischer Störungen, die man mit den bisherigen Hülfsmitteln erreichen kann, als unendlich gross gegen die optischen Perioden anzusehen sind (erstere sind meist über 1 Millionmal grösser als letztere), so hat man gedacht, dass für diesen Grenz-

---

[1]) Nach Silow (Pogg. Ann. 156, pag. 389, 1875).
[2]) Nach Hopkinson (Proc. Roy. Soc. 43, pag. 156, 1887).
[3]) Nach Tereschin Wied. Ann. 36, pag. 792, 1889.

werth (n) = B des Brechungsexponenten die Relation (1) erfüllt sein müsse. Indess ist dieser Grenzwerth (n) stets kleiner als der Mittelwerth von n für die sichtbaren Strahlen, da für alle Körper C und D positive Werthe haben. Wenn also schon die Ungleichung (2) besteht, so muss a fortiori die Ungleichung

$$\sqrt{\varepsilon} \gtrless B \qquad (4)$$

bestehen.

Der Fehler dieser Schlussweise liegt darin, dass man bei allen Körpern, für welche die Beziehung (1) eine starke Ausnahme erleidet, den Werth des Brechungsexponenten (n) für unendlich lange Wellen nicht aus den optischen Werthen extrapoliren kann. Den Grund hierfür werden wir weiter unten (bei der anomalen Dispersion) besprechen. — Der einzige einwandsfreie Weg zur Ermittelung von (n) besteht in der Messung der Fortpflanzungsgeschwindigkeit (oder Brechung) wirklich langsamer, d. h. elektromagnetischer Wellen. Dass für diesen so erhaltenen Werth von (n) die Relation (n) = $\sqrt{\varepsilon}$ besteht, selbst für diejenigen Körper, für welche, wie z. B. für Wasser, die Relation (1) eine eklatante Ausnahme erfährt, ist im vorigen Kapitel mehrfach (cf. pag. 466, 469) hervorgehoben.

Um die Dispersion zu erklären, bedarf also die elektrische Lichttheorie einer Erweiterung ihrer Grundgleichungen (20), (21) des VIII. Kapitels.

Wenn diese Erweiterung gelingt, so muss das Resultat entstehen, dass die in jenen Gleichungen auftretenden Konstanten ε und μ von der Schwingungsdauer T abhängen. Wir wollen nun annehmen, wir hätten diese Erweiterung schon vorgenommen, und wollen zunächst prüfen, ob man diejenigen optischen Erscheinungen, bei denen es auf die genauere Kenntniss des Dispersionsgesetzes gar nicht ankommt, mit dem erweiterten Gleichungssystem in richtiger Weise mathematisch darstellen kann. Es sind dies die durch Reflexion und Brechung herbeigeführten Amplitudenänderungen des einfallenden Lichtes.

4. Reflexion und Brechung des Lichtes an der Grenze isotroper Körper. Wählen wir die ebene Grenze zweier aneinander stossender Körper, deren Konstanten mit ε_1, μ_1, resp. ε_2, μ_2 bezeichnet seien, zur x-y-Ebene, so sind nach den Gleichungen (26) des VIII. Kapitels (pag. 318) für die magnetische und elektrische Kraft die Grenzbedingungen zu erfüllen:

$$\alpha_1 = \alpha_2, \quad \beta_1 = \beta_2, \quad \mu_1 \gamma_1 = \mu_2 \gamma_2,$$
$$X_1 = X_2, \quad Y_1 = Y_2, \quad \varepsilon_1 Z_1 = \varepsilon_2 Z_2,$$
$$\left.\right\} \text{ für } z = 0 \qquad (5)$$

während im Inneren der Körper nach (32) (pag. 322) die Hauptgleichungen bestehen:

$$\frac{\varepsilon_1 \mu_1}{c^2} \frac{\partial^2 \alpha_1}{\partial t^2} = \Delta \alpha_1, \qquad \frac{\varepsilon_1 \mu_1}{c^2} \frac{\partial^2 X_1}{\partial t^2} = \Delta X_1, \quad \text{etc.}$$
$$\frac{\varepsilon_2 \mu_2}{c^2} \frac{\partial^2 \alpha_2}{\partial t^2} = \Delta \alpha_2, \qquad \frac{\varepsilon_2 \mu_2}{c^2} \frac{\partial^2 X_2}{\partial t^2} = \Delta X_2, \quad \text{etc.} \qquad (6)$$

Die Grenzbedingungen (5) sind nur vier unabhängigen Gleichungen äquivalent (vgl. oben pag. 318).

Haben wir es mit ebenen Wellen zu thun, d. h. sind die Störungen überall dieselben für diejenigen Werthe der Koordinaten x, y, z, welche der Relation

$$m x + n y + p z = \text{Const.} \qquad (7)$$

genügen, so müssen die elektrischen und magnetischen Kräfte Funktionen dieses linearen Ausdruckes in x, y, z sein. Als Integrale der Differentialgleichungen (6) können nun Exponentialfunktionen oder trigonometrische Funktionen verwandt werden.

Ob wir die eine oder die andere Form anwenden, macht durchaus keinen Unterschied, da $e^{2\pi i \frac{t}{T}} + e^{-2\pi i \frac{t}{T}} = 2 \cos 2\pi \frac{t}{T}$ ist, d. h. da die trigonometrische Form durch Addition zweier konjugirter Exponentialintegrale erhalten wird. Eine Addition mehrerer Integrale ist aber stets hier gestattet, da Hauptgleichungen und Grenzbedingungen lineare sind.

Zum Zwecke der Rechnung ist es stets bequemer, von der Exponentialform auszugehen. Es soll also gesetzt werden

$$\alpha_1 = A_1 e^{\frac{i}{\tau}[t - (mx + ny + pz)]}, \text{ etc.,}$$

wobei τ eine Abkürzung für $T : 2\pi$ ist und T die Schwingungsdauer bedeutet. Wegen der Hauptgleichungen (6) muss sein:

$$m^2 + n^2 + p^2 = \frac{\varepsilon_1 \mu_1}{c^2}. \qquad (8)$$

Nun ist zu berücksichtigen, dass in demjenigen Körper (1), in welchem das Licht einfällt, die Störungen die Superposition zweier ebener Wellenbewegungen sind, nämlich der einfallenden (m_e, n_e, p_e)

und der reflektirten (m_r, n_r, p_r), während im Körper (2) nur eine gebrochene Wellenbewegung (m_d, n_d, p_d) existirt.

Da für $z = 0$ nach den Grenzbedingungen (5) Relationen für alle Werthe der Zeit t und der Koordinaten x und y zwischen den einfallenden, reflektirten und gebrochenen Wellenbewegungen bestehen sollen, so ist dies nur dadurch möglich, dass sie für $z = 0$ Funktionen ein und derselben Funktion von x, y, t sind. Es muss also T, ferner die Koefficienten m und n für alle drei Wellen denselben Werth besitzen. — Legen wir nun die y-Axe parallel zu dem Schnitt der durch (7) definirten Wellenebene mit der Grenzfläche $z = 0$, d. h. legen wir die x—z-Ebene in die sogenannte Einfallsebene des Lichtes, so wird $n = 0$ für alle drei Wellen. Bezeichnen wir ferner den allen Wellen gemeinsamen Werth von m mit m, so müssen nach Analogie der Gleichung (8) die Koefficienten p_e, p_r, p_d den Relationen genügen:

$$m^2 + p_e^2 = m^2 + p_r^2 = \frac{\varepsilon_1 \mu_1}{c^2}, \quad m^2 + p_d^2 = \frac{\varepsilon_2 \mu_2}{c^2}. \quad (9)$$

Nun sind nach (7) m, n, p proportional den Richtungskosinus der Normalen zur Wellenebene, d. h. der Fortpflanzungsrichtung der Wellen. Bezeichnet daher φ den Einfallswinkel des Lichtes, d. h. denjenigen Winkel, welchen die Fortpflanzungsrichtung des einfallenden Lichtes mit der Grenznormale (z-Axe) bildet, so ist zu setzen

$$m = \frac{\sin \varphi}{\omega_1}, \quad p_e = \frac{\cos \varphi}{\omega_1}, \quad \omega_1 = \frac{c}{\sqrt{\varepsilon_1 \mu_1}}, \quad (10)$$

ω_1 bedeutet die Fortpflanzungsgeschwindigkeit des Lichtes im Körper (1).

Aus (9) folgt nun für das reflektirte Licht:

$$p_r = -\frac{\cos \varphi}{\omega_1} = -p_e, \quad (11)$$

welche Relation die Gleichheit des Einfalls- und Reflexionswinkels ausspricht.

Bezeichnet man den Brechungswinkel (Winkel der gebrochenen Wellennormale mit der z-Axe) mit χ, so ist analog wie in (10) nach (9) zu setzen:

$$m = \frac{\sin \chi}{\omega_2}, \quad p_d = \frac{\cos \chi}{\omega_2}, \quad \omega_2 = \frac{c}{\sqrt{\varepsilon_2 \mu_2}}. \quad (12)$$

Aus den beiden ersten Gleichungen von (10) und (12) folgt das Snellius'sche Brechungsgesetz:

$$\frac{\sin \varphi}{\sin \chi} = \frac{\omega_1}{\omega_2} = \sqrt{\frac{\varepsilon_2 \mu_2}{\varepsilon_1 \mu_1}} = n, \qquad (13)$$

falls man mit n jetzt den Brechungsexponenten des Körpers (2) gegen den Körper (1) bezeichnet.

Setzt man nun für irgend eine der drei Wellen:

$$\alpha = M e^{\frac{i}{\tau}(t - mx - pz)}, \qquad \beta = N e^{\frac{i}{\tau}(t - mx - pz)},$$
$$\gamma = P e^{\frac{i}{\tau}(t - mx - pz)},$$

so ist wegen der Gleichung (23) des VIII. Kapitels, nämlich:

$$\frac{\partial \alpha}{\partial x} + \frac{\partial \beta}{\partial y} + \frac{\partial \gamma}{\partial z} = 0;$$
$$mM + pP = 0, \qquad (14)$$

welche Gleichung die Transversalität der Wellen ausspricht. Bezeichnen wir daher die in der Einfallsebene schwingenden Amplituden der Wellen mit dem unteren Index p, die senkrecht zur Einfallsebene schwingenden Amplituden mit dem Index s, so erhalten wir für die magnetischen Kräfte der einfallenden Wellen folgenden mit (14) verträglichen Ansatz (es ist p_1 für p_e geschrieben):

$$\alpha_e = - p_1 \omega_1 E_p e^{\frac{i}{\tau}(t - mx - p_1 z)},$$
$$\beta_e = E_s e^{\frac{i}{\tau}(t - mx - p_1 z)}, \qquad (15)$$
$$\gamma_e = + m \omega_1 E_p e^{\frac{i}{\tau}(t - mx - p_1 z)}.$$

Wegen der Gleichungen (11) und (14) müssen die magnetischen Kräfte der reflektirten Welle die Form besitzen (es ist $p_r = -p_1$ zu setzen):

$$\alpha_r = + p_1 \omega_1 R_p e^{\frac{i}{\tau}(t - mx + p_1 z)},$$
$$\beta_r = R_s e^{\frac{i}{\tau}(t - mx + p_1 z)}, \qquad (16)$$
$$\gamma_r = + m \omega_1 R_p e^{\frac{i}{\tau}(t - mx + p_1 z)},$$

während für die gebrochene Welle die Gleichungen gelten (es ist p_2 für p_d geschrieben):

$$\alpha_d = - p_2 \omega_2 D_p e^{\frac{i}{\tau}(t - mx - p_2 z)},$$
$$\beta_d = D_s e^{\frac{i}{\tau}(t - mx - p_2 z)}, \quad (17)$$
$$\gamma_d = + m \omega_2 D_p e^{\frac{i}{\tau}(t - mx - p_2 z)}.$$

In welchem Sinne die p-Amplituden als positiv zu rechnen sind, ergiebt sich am einfachsten aus einer den Gleichungen (15), (16) und (17) entsprechenden Zeichnung, welche in der Fig. 62 dargestellt ist. Man sieht, dass für jede der drei Wellen die Fortpflanzungsrichtung zur positiven Richtung der Amplitude liegt wie die positive x-Axe zur positiven z-Axe, falls letztere in das Innere des Körpers (2) gerichtet ist.

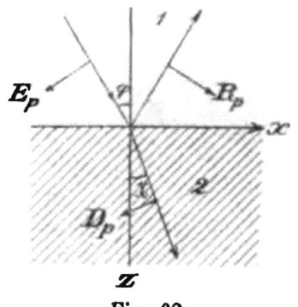

Fig. 62.

Ganz analoge Gleichungen, wie (15), (16), (17), gelten für die elektrischen Kräfte in den Wellen. Wir wollen die entsprechenden Amplituden durch deutsche Buchstaben kennzeichnen und daher setzen:

$$X_e = - p_1 \omega_1 \mathfrak{E}_p e^{\frac{i}{\tau}(t - mx - p_1 z)}, \quad Y_e = \mathfrak{E}_s \ldots, \quad Z_e = m \omega_1 \mathfrak{E}_p \ldots,$$
$$X_r = + p_1 \omega_1 \mathfrak{R}_p e^{\frac{i}{\tau}(t - mx + p_1 z)}, \quad Y_r = \mathfrak{R}_s \ldots, \quad Z_r = m \omega_1 \mathfrak{R}_p \ldots, \quad (18)$$
$$X_d = - p_2 \omega_2 \mathfrak{D}_p e^{\frac{i}{\tau}(t - mx - p_2 z)}, \quad Y_d = \mathfrak{D}_s \ldots, \quad Z_d = m \omega_2 \mathfrak{D}_p \ldots.$$

Nun ist

$$\alpha_1 = \alpha_e + \alpha_r, \quad \alpha_2 = \alpha_d, \quad \text{etc.}$$
$$X_1 = X_e + X_r, \quad X_2 = X_d, \quad \text{etc.}$$

Nach der ersten, zweiten, vierten und fünften der Grenzbedingungen (5) (es muss genügen, diese vier derselben herauszugreifen, da die beiden anderen identisch aus ihnen folgen) müssen daher die Relationen bestehen:

$$p_1 \omega_1 (E_p - R_p) = p_2 \omega_2 D_p, \quad E_s + R_s = D_s,$$
$$p_1 \omega_1 (\mathfrak{E}_p - \mathfrak{R}_p) = p_2 \omega_2 \mathfrak{D}_p, \quad \mathfrak{E}_s + \mathfrak{R}_s = \mathfrak{D}_s. \quad (19)$$

Die elektrischen Amplituden sind nun durch die magnetischen bestimmbar und umgekehrt. Denn nach den Hauptgleichungen (20) und (21) des VIII. Kapitels, welche für jede der drei Wellen gelten, nämlich:

$$\frac{\varepsilon}{c}\frac{\partial X}{\partial t} = \frac{\partial \gamma}{\partial y} - \frac{\partial \beta}{\partial z}, \text{ etc.} \quad \frac{\mu}{c}\frac{\partial \alpha}{\partial t} = \frac{\partial Y}{\partial z} - \frac{\partial Z}{\partial y}, \text{ etc.} \quad (20^*)$$

folgt mit Berücksichtigung der Werthe von ω_1 und ω_2 nach (10) und (12):

$$\sqrt{\frac{\varepsilon_1}{\mu_1}}\cdot\mathfrak{E}_p = -E_s, \quad \sqrt{\frac{\varepsilon_1}{\mu_1}}\cdot\mathfrak{R}_p = -R_s, \quad \sqrt{\frac{\varepsilon_2}{\mu_2}}\cdot\mathfrak{D}_p = -D_s,$$

$$\sqrt{\frac{\mu_1}{\varepsilon_1}}\cdot E_p = \mathfrak{E}_s, \quad \sqrt{\frac{\mu_1}{\varepsilon_1}}\cdot R_p = \mathfrak{R}_s, \quad \sqrt{\frac{\mu_2}{\varepsilon_2}}\cdot D_p = \mathfrak{D}_s. \quad (20)$$

Diese Gleichungen kann man auch ohne nähere Rechnung aus den auf pag. 324 des VIII. Kapitels abgeleiteten allgemeinen Sätzen über die Beziehungen zwischen der elektrischen und der magnetischen Kraft einer Welle folgern.

Eleminirt man nun aus (19) die magnetische Kraft mit Hülfe von (20) und setzt für ω_1 und ω_2 ihre Werthe $c:\sqrt{\varepsilon_1\mu_1}$, $c:\sqrt{\varepsilon_2\mu_2}$ ein, so entsteht:

$$\frac{p_1}{\mu_1}(\mathfrak{E}_s - \mathfrak{R}_s) = \frac{p_2}{\mu_2}\mathfrak{D}_s, \quad \sqrt{\frac{\varepsilon_1}{\mu_1}}(\mathfrak{E}_p + \mathfrak{R}_p) = \sqrt{\frac{\varepsilon_2}{\mu_2}}\cdot\mathfrak{D}_p,$$

$$\mathfrak{E}_s + \mathfrak{R}_s = \mathfrak{D}_s, \quad \frac{p_1}{\sqrt{\varepsilon_1\mu_1}}(\mathfrak{E}_p - \mathfrak{R}_p) = \frac{p_2}{\sqrt{\varepsilon_2\mu_2}}\cdot\mathfrak{D}_p,$$

woraus man ohne Schwierigkeit die reflektirten und gebrochenen Amplituden der elektrischen Kraft durch die einfallenden berechnen kann. Es ergiebt sich so für die elektrische Kraft:

$$\mathfrak{R}_s = \mathfrak{E}_s\frac{p_1\mu_2 - p_2\mu_1}{p_1\mu_2 + p_2\mu_1}, \quad \mathfrak{D}_s = \mathfrak{E}_s\frac{2p_1\mu_2}{p_1\mu_2 + p_2\mu_1},$$

$$\mathfrak{R}_p = \mathfrak{E}_p\frac{p_1\varepsilon_2 - p_2\varepsilon_1}{p_1\varepsilon_2 + p_2\varepsilon_1}, \quad \mathfrak{D}_p = \mathfrak{E}_p\frac{2p_1\sqrt{\varepsilon_1\varepsilon_2}}{p_1\varepsilon_2 + p_2\varepsilon_1}\cdot\sqrt{\frac{\mu_2}{\mu_1}}. \quad (21)$$

Hieraus folgen mit Hülfe der Gleichungen (20) sofort folgende Beziehungen für die magnetische Kraft:

$$R_p = E_p \frac{p_1 \mu_2 - p_2 \mu_1}{p_1 \mu_2 + p_2 \mu_1}, \quad D_p = E_p \frac{2 p_1 \sqrt{\mu_1 \mu_2}}{p_1 \mu_2 + p_2 \mu_1} \cdot \sqrt{\frac{\varepsilon_2}{\varepsilon_1}},$$
$$R_s = E_s \frac{p_1 \varepsilon_2 - p_2 \varepsilon_1}{p_1 \varepsilon_2 + p_2 \varepsilon_1}, \quad D_s = E_s \frac{2 p_1 \varepsilon_2}{p_1 \varepsilon_2 + p_2 \varepsilon_1}.$$
(22)

Nun lehrt die Beobachtung, dass für einen gewissen Einfallswinkel φ', für den die Beziehung gilt

$$\operatorname{tg} \varphi' = n \quad \text{(Brewster'sches Gesetz)}, \qquad (23)$$

einfallendes natürliches Licht durch die Reflexion vollständig nach einer Ebene polarisirt wird, d. h. dass im reflektirten Lichte die Schwingungen nur parallel einer Ebene erfolgen. Dieser Einfallswinkel φ' wird der **Polarisationswinkel** des Körpers (2) gegen das Medium (1) genannt. Da beide Körper (1) und (2) isotrop sind, so folgt aus Symmetrierücksichten, dass die Schwingungen dann entweder nur in der Einfallsebene oder senkrecht gegen dieselbe erfolgen. Es muss also für $\varphi = \varphi'$ entweder die p- oder die s-Komponente von R oder $\mathfrak{R}$ verschwinden.

Wir wollen sehen, ob dieses Resultat ohne Weiteres aus den Gleichungen (21) und (22) der elektromagnetischen Theorie folgt. Nach ihnen tritt das Verschwinden einer reflektirten Amplitude ein entweder, wenn $p_1 : p_2 = \mu_1 : \mu_2$, oder wenn $p_1 : p_2 = \varepsilon_1 : \varepsilon_2$. Setzt man für p_1 und p_2 (p_e und p_d) ihre aus (10) und (12) folgenden Werthe ein, so werden jene Bedingungen zu:

1) $\dfrac{\cos \varphi}{\cos \chi} = \sqrt{\dfrac{\mu_1}{\varepsilon_1}} : \sqrt{\dfrac{\mu_2}{\varepsilon_2}}, \quad$ 2) $\dfrac{\cos \varphi}{\cos \chi} = \sqrt{\dfrac{\varepsilon_1}{\mu_1}} : \sqrt{\dfrac{\varepsilon_2}{\mu_2}}.$ (24)

Man sieht, dass nur eine dieser beiden Bedingungen erfüllt sein kann, da ihre rechten Seiten reciprok zu einander sind. Es ist nämlich nach dem Snellius'schen Brechungsgesetz entweder φ stets grösser als χ, oder stets kleiner als χ. Daher ist $\cos \varphi : \cos \chi$ entweder (bei $n > 1$) für alle Werthe von φ kleiner als 1, oder (bei $n < 1$) für alle Werthe φ grösser als 1.

Die Kombination des Snellius'schen Brechungsgesetzes (13) mit dem Brewster'schen Gesetz (23) liefert nun

$$\sin \chi = \cos \varphi', \quad \text{d. h.} \quad \chi = \frac{\pi}{2} - \varphi'.$$

Die beiden Bedingungen (24) lauten daher, wenn man für $\cos \chi$ schreibt $\sin \varphi$, und für $\cos \varphi : \sin \varphi = \dfrac{1}{n} = \sqrt{\varepsilon_1 \mu_1} : \sqrt{\varepsilon_2 \mu_2}$,

1) $\sqrt{\dfrac{\varepsilon_1}{\varepsilon_2}} = \sqrt{\dfrac{\varepsilon_2}{\varepsilon_1}}$, d. h. $\varepsilon_1 = \varepsilon_2$; 2) $\sqrt{\dfrac{\mu_1}{\mu_2}} = \sqrt{\dfrac{\mu_2}{\mu_1}}$, d.h. $\mu_1 = \mu_2$. (25)

Eine von diesen beiden Gleichungen muss erfüllt sein, wenn das Brewster'sche Gesetz aus der elektrischen Lichttheorie folgen soll. Die zweite von diesen beiden Gleichungen ist nun thatsächlich für alle durchsichtigen Körper sehr nahezu erfüllt, falls wir dem μ die aus Experimenten mit langsam veränderlichen magnetischen oder elektromagnetischen Zuständen ermittelten Werthe beilegen. Unter allen durchsichtigen Körpern haben koncentrirte Eisenchloridlösungen eine am meisten von 1 abweichende Magnetisirungskonstante, nämlich etwa $\mu = 1 + 6.10^{-4}$ (vgl. oben pag. 33). Legt man diesen Werth zu Grunde für die Reflexion des Lichtes in Luft an Eisenchlorid, d. h. setzt man $\mu_1 = 1$, $\mu_2 = 1 + 6.10^{-4}$, so würde der Polarisationswinkel nach (24) 2) folgen zu

$$\frac{\cos \varphi}{\cos \chi} = \sqrt{\frac{\varepsilon_1}{\varepsilon_2}} \sqrt{\frac{\mu_2}{\mu_1}} = \frac{1}{n} \cdot (1{,}0006).$$

Setzt man daher $\chi = \dfrac{\pi}{2} - \varphi + \zeta$, wo ζ ein kleiner Winkel ist, so würde folgen

$$\zeta = 0{,}0006 \frac{n}{n^2 - 1},$$

d. h. bei $n = 1{,}45 : \zeta = 2{,}7'$. Dies bedeutet eine so geringe Abweichung vom Brewster'schen Gesetz, dass sie sich vollkommen in anderen Störungen (durch Oberflächenschichten, cf. weiter unten) verstecken würde. Es ist daher für die hier zu untersuchenden Erscheinungen die Differenz der Magnetisirungskonstanten durchsichtiger Körper zu vernachlässigen, wenn diese für Lichtschwingungen nicht höhere Beträge erreicht, wie für magnetostatische Erscheinungen. Diese Annahme werden wir machen, solange wir keinen Beweis für das Gegentheil haben. **Die elektrische Theorie entspricht also den thatsächlich beobachteten Verhältnissen.**

Wir wollen daher nun mit einer für die hier zu berechnenden Erscheinungen ausreichenden Annäherung für alle Körper $\mu = 1$ setzen. Es folgt dann also aus den Formeln (21) und (22) das Brewster'sche Gesetz (23) für den Polarisationswinkel φ'.

Da nun für diesen die Beziehung

$$p_1 \varepsilon_2 - p_2 \varepsilon_1 = 0$$

besteht, so ergiebt sich also nach (21) und (22), dass $\mathfrak{R}_p$ und R_s für $\varphi = \varphi'$ verschwindet. Fallen also elektromagnetische Wellen (Lichtwellen) unter dem Polarisationswinkel auf die Grenzfläche zweier durchsichtiger Medien, so schwingt in der reflektirten Welle die elektrische Kraft vollständig senkrecht zur Einfallsebene, die magnetische Kraft vollständig in der Einfallsebene.

Diese Beziehung lässt klar erkennen, weshalb die alte Streitfrage der mechanischen Lichttheorie, ob die Lichtschwingungen des unter den angegebenen Umständen polarisirten reflektirten Lichtes senkrecht zur Einfallsebene (welche man die **Polarisationsebene** nennt) oder in derselben stattfänden, nicht durch ein einwandfreies Experiment entschieden werden konnte. Denn nach dem Standpunkte der elektrischen Theorie gehen auch in einer vollständig polarisirten Lichtwelle zwei senkrecht gegeneinander gerichtete Schwingungen vor sich[1]); nämlich die elektrische Kraft schwingt senkrecht zur Polarisationsebene, die magnetische Kraft dagegen in derselben.

Die Formeln (21) und (22) nehmen für $\mu_1 = \mu_2 = 1$, da dann auch nach (13) $\varepsilon_2 : \varepsilon_1$ gleich $\omega_1^2 : \omega_2^2$ wird, die Gestalt an, falls man noch für p_1 und p_2 die Werthe nach (10) und (12) einsetzt:

$$\mathfrak{R}_s = \mathfrak{E}_s \frac{\omega_2 \cos\varphi - \omega_1 \cos\chi}{\omega_2 \cos\varphi + \omega_1 \cos\chi}, \quad \mathfrak{D}_s = \mathfrak{E}_s \frac{2\omega_2 \cos\varphi}{\omega_2 \cos\varphi + \omega_1 \cos\chi},$$

$$\mathfrak{R}_p = \mathfrak{E}_p \frac{\omega_1 \cos\varphi - \omega_2 \cos\chi}{\omega_1 \cos\varphi + \omega_2 \cos\chi}, \quad \mathfrak{D}_p = \mathfrak{E}_p \frac{2\omega_2 \cos\varphi}{\omega_1 \cos\varphi + \omega_2 \cos\chi},$$

$$R_p = E_p \frac{\omega_2 \cos\varphi - \omega_1 \cos\chi}{\omega_2 \cos\varphi + \omega_1 \cos\chi}, \quad D_p = E_p \frac{2\omega_1 \cos\varphi}{\omega_2 \cos\varphi + \omega_1 \cos\chi},$$

$$R_s = E_s \frac{\omega_1 \cos\varphi - \omega_2 \cos\chi}{\omega_1 \cos\varphi + \omega_2 \cos\chi}, \quad D_s = E_s \frac{2\omega_1 \cos\varphi}{\omega_1 \cos\varphi + \omega_2 \cos\chi}.$$

Setzt man hierin für $\omega_1 : \omega_2$ den Werth $\sin\varphi : \sin\chi$ nach (13) ein, so folgt:

$$\mathfrak{R}_s = -\mathfrak{E}_s \frac{\sin(\varphi-\chi)}{\sin(\varphi+\chi)}, \quad \mathfrak{D}_s = \mathfrak{E}_s \frac{2\cos\varphi \sin\chi}{\sin(\varphi+\chi)},$$

$$\mathfrak{R}_p = \mathfrak{E}_p \frac{\mathrm{tg}(\varphi-\chi)}{\mathrm{tg}(\varphi+\chi)}, \quad \mathfrak{D}_p = \mathfrak{E}_p \frac{2\cos\varphi \sin\chi}{\sin(\varphi+\chi)\cos(\varphi-\chi)}, \quad (26)$$

---

[1]) Im nächsten Paragraphen wird gezeigt, dass dies auch nach den vervollständigten mechanischen Theorien der Fall ist.

$$R_p = -E_p \frac{\sin(\varphi-\chi)}{\sin(\varphi+\chi)}, \quad D_p = E_p \frac{\sin 2\varphi}{\sin(\varphi+\chi)},$$
$$R_s = E_s \frac{\operatorname{tg}(\varphi-\chi)}{\operatorname{tg}(\varphi+\chi)}, \quad D_s = E_s \frac{\sin 2\varphi}{\sin(\varphi+\chi)\cos(\varphi-\chi)}. \quad (26')$$

Die so entstandenen Formeln (26) für die elektrische Kraft sind identisch mit den aus der mechanischen Theorie Fresnel's folgenden, welcher annahm, dass der Aether in allen Körpern die gleiche Elasticität, aber verschiedene Dichtigkeit besässe, während die Formeln (26') für die magnetische Kraft identisch mit den Formeln Neumann's sind, welcher annahm, dass der Aether in allen Körpern die gleiche Dichte, aber verschiedene Elasticität besässe.

Es soll im nächsten Paragraphen gezeigt werden, dass diese mechanischen Theorieen zu den Formeln (26), (26') führen müssen.

5. Die mechanischen Theorieen Fresnels und Neumanns.

Die mechanischen Lichttheorieen beruhen auf der Annahme, dass der Aether Schwingungen wie ein elastischer, fester Körper mache, der inkompressibel ist, d. h. longitudinale Wellen nicht zulässt. Wenn mit u, v, w die Komponenten der Elongationen der Aethertheilchen aus der Ruhelage bezeichnet werden, so gelten daher die Gleichungen der Elasticitätstheorie:

$$m\frac{\partial^2 u}{\partial t^2} = e\,\Delta u, \quad m\frac{\partial^2 v}{\partial t^2} = e\,\Delta v, \quad m\frac{\partial^2 w}{\partial t^2} = e\,\Delta w. \quad (27)$$

m bedeutet dann die Dichte des Aethers, e seine Elasticität. — Wegen der Inkompressibilität des Aethers besteht die Gleichung:

$$\frac{\partial u}{\partial x} + \frac{\partial v}{\partial y} + \frac{\partial w}{\partial z} = 0. \quad (27')$$

Ausser dem Vektor, dessen Komponenten u, v, w sind, wollen wir noch einen Vektor einführen, dessen Komponenten folgende Werthe haben:

$$\xi = \frac{\partial w}{\partial y} - \frac{\partial v}{\partial z}, \quad \eta = \frac{\partial u}{\partial z} - \frac{\partial w}{\partial x}, \quad \zeta = \frac{\partial v}{\partial x} - \frac{\partial u}{\partial y}. \quad (28)$$

Dieser Vektor ξ, η, ζ befolgt dieselben Hauptgleichungen, wie der Vektor u, v, w, nämlich:

$$m\frac{\partial^2 \xi}{\partial t^2} = e\,\Delta\xi,\ \text{etc.} \quad \frac{\partial \xi}{\partial x} + \frac{\partial \eta}{\partial y} + \frac{\partial \zeta}{\partial z} = 0.$$

Die Gleichungen (27) lassen sich nun vermöge (27') und (28) in der Gestalt schreiben:

$$m \frac{\partial^2 u}{\partial t^2} = e\left(\frac{\partial \eta}{\partial z} - \frac{\partial \zeta}{\partial y}\right), \quad m \frac{\partial^2 v}{\partial t^2} = e\left(\frac{\partial \zeta}{\partial x} - \frac{\partial \xi}{\partial z}\right),$$

$$m \frac{\partial^2 w}{\partial t^2} = e\left(\frac{\partial \xi}{\partial y} - \frac{\partial \eta}{\partial x}\right). \tag{29}$$

Stossen zwei verschiedene Medien in der xy-Ebene aneinander, so werden in den mechanischen Theorieen als Grenzbedingungen verwandt die Stetigkeit der der Grenze parallelen Verrückungen der Aethertheile, d. h. die Gleichungen:

$$u_1 = u_2, \quad v_1 = v_2 \quad \text{für } z = 0, \tag{30}$$

(wobei die unteren Indices die Zugehörigkeit zu den beiden verschiedenen Medien bezeichnen), sowie das Princip der Erhaltung der Energie, d. h. die Annahme, dass durch den Akt der Reflexion keine Energie verloren geht.

Das Prinzip der Erhaltung der Energie sagt aus, dass der Zuwachs der kinetischen Energie T innerhalb eines Zeitelementes dt gleich ist der in derselben Zeit erfolgenden Abnahme einer Funktion Φ, welche eine eindeutige Funktion der Konfiguration des ganzen Systems ist, d. h. in Zeichen:

$$\frac{\partial T}{\partial t} dt = -\frac{\partial \Phi}{\partial t} dt. \tag{31}$$

Diese Funktion Φ wird die potentielle Energie genannt.

Wir können nun leicht den Werth der potentiellen Energie Φ aus (29) finden. Die kinetische Energie eines Volumenelementes $d\tau$ ist nämlich:

$$\frac{1}{2} m \left\{ \left(\frac{\partial u}{\partial t}\right)^2 + \left(\frac{\partial v}{\partial t}\right)^2 + \left(\frac{\partial w}{\partial t}\right)^2 \right\} d\tau.$$

Multipliciren wir daher die Gleichungen (29) bezw. mit

$$\frac{\partial u}{\partial t} dt\, d\tau, \quad \frac{\partial v}{\partial t} dt\, d\tau, \quad \frac{\partial w}{\partial t} dt\, d\tau,$$

integriren wir über ein beliebiges Volumen V eines homogenen Mediums und addiren die drei so entstandenen Gleichungen, so erhalten wir auf der linken Seite:

$$dt\, m \int_{(V)} \left(\frac{\partial^2 u}{\partial t^2} \frac{\partial u}{\partial t} + \frac{\partial^2 v}{\partial t^2} \frac{\partial v}{\partial t} + \frac{\partial^2 w}{\partial t^2} \frac{\partial w}{\partial t} \right) d\tau$$

$$= \frac{1}{2} m\, dt \int \frac{\partial}{\partial t} \left[\left(\frac{\partial u}{\partial t} \right)^2 + \left(\frac{\partial v}{\partial t} \right)^2 + \left(\frac{\partial w}{\partial t} \right)^2 \right] d\tau \quad (32)$$

$$= dt\, \frac{\partial T}{\partial t},$$

wo T die kinetische Energie des Volumens V bezeichnet.

Für die rechte Seite der Gleichungen (29) bringen wir den auf pag. 26 abgeleiteten Hülfssatz (17) in Anwendung, nämlich die Formel:

$$\int \frac{\partial F}{\partial x} d\tau = \int F \cos(nx)\, dS.$$

Es ist nämlich nach diesem Satze:

$$\int \frac{\partial \eta}{\partial z} \frac{\partial u}{\partial t} d\tau = \int \eta \frac{\partial u}{\partial t} \cos(nz)\, dS - \int \eta \frac{\partial}{\partial t} \frac{\partial u}{\partial z} d\tau.$$

dS bezeichnet ein Element der Oberfläche des Volumens V, n die äussere Normale auf dS. — Auf diese Weise erhält man aus der Summe der rechten Seiten von (29):

$$e\, dt \left\{ \int dS \left[\left(\zeta \frac{\partial v}{\partial t} - \eta \frac{\partial w}{\partial t} \right) \cos(nx) + \left(\xi \frac{\partial w}{\partial t} - \zeta \frac{\partial u}{\partial t} \right) \cos(ny) \right.\right.$$
$$\left. + \left(\eta \frac{\partial u}{\partial t} - \xi \frac{\partial v}{\partial t} \right) \cos(nz) \right]$$
$$- \int d\tau \left[\xi \frac{\partial}{\partial t} \left(\frac{\partial w}{\partial y} - \frac{\partial v}{\partial z} \right) + \eta \frac{\partial}{\partial t} \left(\frac{\partial u}{\partial z} - \frac{\partial w}{\partial x} \right) \right.$$
$$\left.\left. + \zeta \frac{\partial}{\partial t} \left(\frac{\partial v}{\partial x} - \frac{\partial u}{\partial y} \right) \right] \right\} \quad (33)$$

Berücksichtigen wir hierin zunächst nicht das Oberflächenintegral, indem wir annehmen, das Medium sei unbegrenzt, oder seine Grenzen so entfernt, dass dort $u = v = w = 0$ sei.

Vermöge der Gleichungen (28) lässt sich das Raumintegral von (33) schreiben:

$$-\frac{e\,dt}{2}\int d\tau\,\frac{\partial}{\partial t}(\xi^2+\eta^2+\zeta^2)$$

$$=-dt\,\frac{\partial}{\partial t}\Big(\frac{1}{2}\,e\int(\xi^2+\eta^2+\zeta^2)\,d\tau\Big).$$

Da dieser Ausdruck dem Ausdruck (32) gleich sein muss, so ergiebt eine Vergleichung mit (31), dass die potentielle Energie des Raumes V ist:

$$\Phi=\frac{1}{2}\,e\int(\xi^2+\eta^2+\zeta^2)\,d\tau. \qquad (34)$$

Die potentielle Energie eines Volumenelementes ist also dem Quadrat des Vektors ξ, η, ζ proportional, die kinetische Energie dem Quadrat des Vektors $\frac{\partial u}{\partial t}$, $\frac{\partial v}{\partial t}$, $\frac{\partial w}{\partial t}$, oder, was bei periodischen Bewegungen dasselbe bedeutet, dem Quadrat des Vektors u, v, w. Ersterer Vektor soll daher kurz als potentieller Lichtvektor, letzterer als kinetischer Lichtvektor bezeichnet werden.

Besitzt das Medium Grenzen im Endlichen, so ist das Oberflächenintegral in (33) mit zu berücksichtigen. Stossen zwei verschiedene Medien z. B. in der xy-Ebene zusammen, so fordert das Energieprincip (31), dass das Oberflächenintegral:

$$e_1\int dx\,dy\,\Big(\eta_1\,\frac{\partial u_1}{\partial t}-\xi_1\,\frac{\partial v_1}{\partial t}\Big)\cos(n_1\,z)$$

$$+\,e_2\int dx\,dy\,\Big(\eta_2\,\frac{\partial u_2}{\partial t}-\xi_2\,\frac{\partial v_2}{\partial t}\Big)\cos(n_2\,z)$$

verschwinden müsse.

Nun ist $\cos(n_1\,z)=-\cos(n_2\,z)$, ferner soll nach (30) sein $u_1=u_2$, $v_1=v_2$, d. h. auch $\frac{\partial u_1}{\partial t}=\frac{\partial u_2}{\partial t}$, $\frac{\partial v_1}{\partial t}=\frac{\partial v_2}{\partial t}$.

Daher ergiebt die Energieerhaltung die Bedingung:

$$\int dx\,dy\,\Big\{(e_1\,\eta_1-e_2\,\eta_2)\,\frac{\partial u_1}{\partial t}+(e_1\,\xi_1-e_2\,\xi_2)\,\frac{\partial v_1}{\partial t}\Big\}=0.$$

Nun sind u und v voneinander unabhängig, d. h. diese Relation muss gelten für jede beliebige Schwingungsrichtung des einfallenden Lichtes. Ferner muss die Relation für beliebige Begrenzung der Trennungsfläche bestehen, d. h. die Elemente jenes Integrals müssen verschwinden. Wir erhalten daher aus der Energieerhaltung die Grenzbedingungen:

$$e_1\, \eta_1 = e_2\, \eta_2, \quad e_1\, \xi_1 = e_2\, \xi_2. \tag{35}$$

Aus den Gleichungen (27), (27'), (28), (30), (35) müssen sich die Eigenschaften der Vektoren u, v, w; ξ, η, ζ vollständig berechnen lassen, sie bilden das **Erklärungssystem für die optischen Erscheinungen nach den mechanischen Theorieen.**

Nach dem Standpunkte Fresnel's ist $e_1 = e_2$ zu setzen. Es folgt daher das **Fresnel'sche Erklärungssystem:**

$$m\,\frac{\partial^2 u}{\partial t^2} = \Delta\, u,\ \text{etc.}, \quad m\,\frac{\partial^2 \xi}{\partial t^2} = \Delta\, \xi,\ \text{etc.} \tag{36}$$

$$u_1 = u_2, \quad v_1 = v_2, \quad \xi_1 = \xi_2, \quad \eta_1 = \eta_2.$$

Nach Neumann ist $m_1 = m_2$ zu setzen. Es folgt daher das **Neumann'sche Erklärungssystem:**

$$\frac{\partial^2 u}{\partial t^2} = e\,\Delta\, u,\ \text{etc.}, \quad \frac{\partial^2 \xi}{\partial t^2} = e\,\Delta\, \xi,\ \text{etc.} \tag{37}$$

$$u_1 = u_2, \quad v_1 = v_2, \quad e_1\, \xi_1 = e_2\, \xi_2, \quad e_1\, \eta_1 = e_2\, \eta_2.$$

Die elektrische Lichttheorie liefert nun ganz analoge Erklärungssysteme. Schreiben wir nämlich für die elektrische Kraft X, Y, Z jetzt u, v, w, so liefert das zweite Tripel (20*) (pag. 492), dass die magnetische Kraft α, β, γ abgesehen von einem, für alle Medien gleichen Proportionalitätsfaktor, gleich ist ξ, η, ζ.

Das Erklärungssystem der elektrischen Theorie, nämlich (für $\mu = 1$):

$$\varepsilon\,\frac{\partial^2 X}{\partial t^2} = \Delta\, X, \quad \varepsilon\,\frac{\partial^2 \alpha}{\partial t^2} = \Delta\, \alpha, \tag{38}$$

$$X_1 = X_2, \quad Y_1 = Y_2, \quad \alpha_1 = \alpha_2, \quad \beta_1 = \beta_2,$$

wird also völlig identisch mit dem **Fresnel'schen Erklärungssystem (36).** Es ist $\varepsilon = m$ zu setzen.

Schreiben wir dagegen für die magnetische Kraft u, v, w, so liefert das erste Tripel (20*), dass X proportional zu $\dfrac{\xi}{\varepsilon}$ ist. Das Erklärungssystem (38) der elektrischen Theorie ist daher:

$$\frac{\partial^2 u}{\partial t^2} = \frac{1}{\varepsilon} \Delta u, \quad \frac{\partial^2 \xi}{\partial t^2} = \frac{1}{\varepsilon} \Delta \xi,$$

$$u_1 = u_2, \quad v_1 = v_2, \quad \frac{\xi_1}{\varepsilon_1} = \frac{\xi_2}{\varepsilon_2}, \quad \frac{\eta_1}{\varepsilon_1} = \frac{\eta_2}{\varepsilon_2}.$$

(39)

Dies ist aber das Erklärungssystem (37) der Neumann'schen Theorie; es ist $\frac{1}{\varepsilon} = e$ zu setzen.

Es folgt also, dass die elektrische Kraft dieselben Gesetze befolgt, wie der kinetische Vektor der Fresnel'schen und der potentielle Vektor der Neumann'schen Theorie, die magnetische Kraft dagegen dieselben Gesetze, wie der potentielle Vektor der Fresnel'schen Theorie und wie der kinetische der Neumann'schen Theorie.

Aus diesem Satze geht hervor, dass auch in den mechanischen Theorieen die Frage nach der Lage des Lichtvektors zur Polarisationsebene gegenstandslos ist, sofern man diese Theorieen nicht einseitig so ausbildet, dass alle Betrachtungen allein an den kinetischen Vektor anknüpfen.

Die Beschreibung der optischen Erscheinungen in Wellenzügen, welche nach einerlei Richtung fortschreiten, braucht allerdings nur an einen jener beiden Vektoren anzuknüpfen, da, wie wir oben auf pag. 326 sahen, die magnetische Energie immer gleich der elektrischen Energie ist. Daher beschreiben auch die Formeln des Fresnel'schen und Neumann'schen kinetischen Vektors die in fortschreitenden Wellen beobachtbaren Erscheinungen in gleicher Weise. — Anders gestalten sich die Verhältnisse, wenn durch Interferenz zweier in entgegengesetzter Richtung sich fortpflanzender Wellen stehende Wellen sich ausbilden. Wie wir oben pag. 325 sahen, müssen die Knoten der magnetischen Kräfte auf die Bäuche der elektrischen fallen. In der That ergeben dieses auch die Formeln (26), wenn man sie auf den Fall senkrechter Incidenz, d. h. für $\varphi = 0$, anwendet. Für kleine Winkel φ und χ kann man nämlich für $\sin(\varphi - \chi)$, resp. $\tg(\varphi - \chi)$ die Winkel $\varphi - \chi$ selbst schreiben. Da nun $\sin \varphi : \sin \chi = \varphi : \chi = n$ ist, so folgt aus (26):

$$\mathfrak{R}_s = -\mathfrak{E}_s \frac{n-1}{n+1}, \quad \mathfrak{R}_p = \mathfrak{E}_p \frac{n-1}{n+1},$$

$$R_s = E_s \frac{n-1}{n+1}, \quad R_p = -E_p \frac{n-1}{n+1}.$$

Nach der auf pag. 491 gegebenen Bedeutung der positiven Richtung der p-Komponenten ergiebt sich hieraus, dass bei $n > 1$ für die elektrische Kraft eine Umkehr ihrer Richtung durch die Reflexion erfolgt, für die magnetische Kraft dagegen nicht. Die Summe der einfallenden und reflektirten elektrischen Kraft hat daher am Spiegel selbst ein Minimum, die magnetische Kraft ein Maximum.

Ein so bequemes Mittel zur getrennten Untersuchung der Wirkungen der elektrischen und der magnetischen Kraft, wie es die kreisförmigen Resonatoren für grosse elektromagnetische Wellen bieten (cf. oben pag. 424), hat man für optische Wellen nicht. Wegen der Kleinheit der Wellenlänge macht überhaupt der Nachweis stehender Wellen, oder periodisch wechselnder Maxima und Minima des Schwingungszustandes experimentelle Schwierigkeiten. Dieselben hat jedoch Wiener[1]) überwunden. Derselbe konstatirte, dass bei senkrechter Reflexion des Lichtes an einem Spiegel, für welchen $n > 1$ ist, am Spiegel selbst ein Minimum der photographischen Wirkung liegt. Für dieselbe ist also der kinetische Vektor nach Fresnel's Auffassung, oder der potentielle Vektor nach Neumann's Auffassung, oder die elektrische Kraft nach elektromagnetischer Auffassung maassgebend. — Durch ähnliche Versuche haben später Nernst und der Verfasser[2]) nachweisen können, dass auch für die Fluorescenzwirkung der gleiche Vektor, d. h. die elektrische Kraft, maassgebend ist. — Es wird überhaupt Schwierigkeiten machen, ein Reagens für die magnetische Kraft der optischen Wellen zu finden; denn schon bei den Resonatoren gelingt der Nachweis der magnetischen Kraft nur dadurch, dass man den Resonator ein Flächenstück von gewisser Ausdehnung umgrenzen lässt.

Da die Fresnel-Neumann'schen Formeln für die reflektirten und gebrochenen Amplituden des Lichtes, abgesehen von kleinen Korrektionen, welche unten noch besprochen werden sollen, durch die Beobachtungen stets sehr gut bestätigt sind, so führt also auch die elektromagnetische Theorie zu befriedigender Uebereinstimmung mit der Erfahrung.

Ob die elektrische Kraft besser als ein potentieller, oder als ein kinetischer Vektor aufzufassen sei, diese Frage kann man nur aufwerfen, wenn man auch eine mechanische Vorstellung als Grund-

---

[1]) O. Wiener, Wied. Ann. 40, pag. 203, 1890.
[2]) P. Drude und W. Nernst, Wied. Ann. 45, pag. 460, 1892.

lage für die ganze Theorie der elektromagnetischen Erscheinungen wählt. Maxwell[1]) hat gezeigt, dass man von den Lagrange-schen Grundgleichungen der Mechanik aus zu den allgemeinen Gleichungen des elektromagnetischen Feldes gelangen kann, wenn man die magnetische Energie als einen kinetischen Vektor auffasst. Dies würde daher in gewissem Sinne der Neumann'schen mechanischen Lichttheorie entsprechen.

6. Modifikation der Reflexionsgesetze durch Oberflächenschichten.

Die Fresnel-Neumann'schen Reflexionsformeln entsprechen der Beobachtung insofern nicht ganz genau, als es einen Polarisationswinkel φ' in strengem Sinne des Wortes nicht giebt. Denn das unter einem Winkel $\varphi' = \text{arc tg } n$ von einer durchsichtigen Substanz reflektirte Licht ist nicht ganz streng linear polarisirt, sondern zeigt Spuren elliptischer Polarisation. Diese Spuren treten um so deutlicher hervor, je mehr die Oberfläche des Spiegels verunreinigt ist, z. B. durch Politur, während sie fast ganz fehlen bei frischen Spaltflächen von Krystallen[2]) oder bei Wasser[3]), für dessen Oberflächenreinheit man durch Abgiessen sorgt.

Dieser Umstand giebt einen Fingerzeig dafür, in welcher Weise die Abweichung von den Fresnel-Neumann'schen Gesetzen zu erklären ist: dieselben gelten nur für den idealen Grenzfall, dass die Natur des einen Mediums sprungweise in die des anderen übergeht. In der That beruhte die Herleitung der Grenzbedingungen $a_1 = a_2$ etc., wie sie oben auf pag. 318 angegeben ist, auf der Annahme, dass die Uebergangsschicht zwischen beiden Medien unendlich dünn sei. — Sowie ihre Dicke dagegen mit der Wellenlänge des angewandten Lichtes vergleichbar ist, muss eine Abweichung von den Fresnel-Neumann'schen Formeln entstehen.

In welcher Weise diese Abweichungen im Voraus zu berechnen sind, ergiebt sich nach der elektrischen Lichttheorie ohne Weiteres. Denn, wie oben pag. 315 hervorgehoben ist, gelten die Grundgleichungen der elektrischen Theorie auch für inhomogene Medien, d. h. auch in der Uebergangsschicht selbst. Zur Berechnung der

---

[1]) Maxwell, Elektricität und Magnetismus, deutsch von Weinstein, II. Bd., Kap. VI, Berlin, 1883. — Vgl. auch L. Boltzmann, Vorlesungen über Maxwell'sche Theorie, Leipzig 1891, 1893.
[2]) P. Drude, Wied. Ann. 36, pag. 532, 1889.
[3]) Lord Rayleigh, Phil. Mag. (5) 30, pag. 386, 1890; 33, pag. 1, 1892.

elektrischen und magnetischen Kraft liegt daher ein vollständig ausreichendes System von Differentialgleichungen vor, es muss nur die Natur der Zwischenschicht, d. h. ihre Konstante ε, an jeder ihrer Stellen bekannt sein. — Die Lösung der Aufgabe würde jedoch auf dem angedeuteten Wege kaum zu erreichen sein. Zweckmässiger denkt man sich die Zwischenschicht in unendlich viele, unendlich dünne, homogene Schichten zertheilt, und bringt für jede ihrer Begrenzungen die einer sprungweisen Aenderung von ε entsprechenden Grenzbedingungen in Anwendung. Auf diesem Wege kann man [1]) die Aufgabe vollständig lösen, falls die Dicke der Zwischenschicht so klein im Vergleich zur Wellenlänge des Lichtes ist, dass das Quadrat dieses Verhältnisses gegen 1 zu vernachlässigen ist.

Man erhält natürlich nach den mechanischen Theorieen, sowie nach der elektromagnetischen, die gleichen Formeln, da in beiden dieselben Erklärungssysteme, nämlich (36) oder (37), zu Grunde gelegt werden. — Die so erhaltenen Resultate stehen in gutem Einklang mit der Erfahrung [2]).

7. Krystalloptik.

Bisher haben wir immer nur isotrope Medien betrachtet, d. h. solche, welche sich hinsichtlich ihrer Natur in jeder Richtung gleich verhielten. Für krystallinische Medien sind die früheren Grundgleichungen (20) und (21) des VIII. Kapitels (pag. 315) zu erweitern.

Die Maxwell'schen Gleichungen (12) des II. Kapitels (pag. 86), welche die elektromagnetische Wirkung eines Stromes ausdrücken, der die Strömungskomponenten u, v, w besitzt, nämlich:

$$4\pi u = \frac{\partial \gamma}{\partial y} - \frac{\partial \beta}{\partial z}, \text{ etc.} \quad (12^*)$$

müssen auch in krystallinischen Medien unverändert bestehen bleiben. Denn wir haben früher nachgewiesen, dass die elektromagnetischen Wirkungen eines Stromes von bestimmter Stärke gar nicht abhängen können von der Natur und Beschaffenheit seiner Umgebung.

Dagegen sind die Formeln (19) des VIII. Kapitels (pag. 315), welche die Stromkomponenten mit den elektrischen Kräften verbinden, nämlich:

---

[1]) Vgl. van Kyn van Alkemade, Wied. Ann. 20, pag. 22, 1883. — P. Drude, Wied. Ann. 36, pag. 865, 1889; 43, pag. 126, 1891.

[2]) Man vgl. dazu Winkelmann, Handb. d. Physik. II. Bd. (Optik), pag. 761—768 (Artikel „Reflexionsgesetze" von P. Drude).

Krystalloptik.

$$u_e = u\,c = \frac{\varepsilon}{4\pi}\frac{\partial X}{\partial t}, \text{ etc.}$$

worin u_e die x-Komponente der Strömung nach elektrostatischem, u nach elektromagnetischem Maass bezeichnet, zu erweitern, da im Krystall im Allgemeinen nicht mehr die resultirende Strömung in Richtung der resultirenden elektrischen Kraft fallen wird. Wir erhalten daher den möglichst allgemeinen Ansatz für einen Krystall, wenn wir die u, v, w gleich linearen Funktionen von $\frac{\partial X}{\partial t}$, $\frac{\partial Y}{\partial t}$, $\frac{\partial Z}{\partial t}$ setzen, d. h. schreiben:

$$4\pi u c = \varepsilon_{11}\frac{\partial X}{\partial t} + \varepsilon_{12}\frac{\partial Y}{\partial t} + \varepsilon_{13}\frac{\partial Z}{\partial t},$$
$$4\pi v c = \varepsilon_{21}\frac{\partial X}{\partial t} + \varepsilon_{22}\frac{\partial Y}{\partial t} + \varepsilon_{23}\frac{\partial Z}{\partial t}, \quad (40)$$
$$4\pi w c = \varepsilon_{31}\frac{\partial X}{\partial t} + \varepsilon_{32}\frac{\partial Y}{\partial t} + \varepsilon_{33}\frac{\partial Z}{\partial t}.$$

Die Koefficienten ε, welche die Bedeutung von Dielektricitätskonstanten besitzen, müssen nun noch bestimmte Relationen erfüllen. Wir sahen nämlich im VIII. Kapitel auf pag. 306, Formel (4), dass zur Unterhaltung eines Stromes u_e, v_e, w_e ein Energieaufwand nöthig ist, dessen Betrag pro Volumeneinheit den Werth hat:

$$E = dt\,(X\,u_e + Y\,v_e + Z\,w_e).$$

Diese Formel muss auch in Krystallen gelten, weil ganz allgemein die elektromotorische Kraft E eines linearen Stromes i dadurch definirt wird, dass E i dt die Stromarbeit angiebt.

In vollkommnen Isolatoren muss dieser Energieaufwand die Gestalt eines vollständigen Differentiales einer Funktion des Zustandes des Systemes besitzen, da bei Kreisprocessen weder Energie gewonnen, noch verloren wird. Schreiben wir daher jetzt dE für E, ferner dX für $\frac{\partial X}{\partial t}dt$, etc., so wird nach (40):

$$\begin{aligned}4\pi\,.\,dE &= X\,(\varepsilon_{11}\,dX + \varepsilon_{12}\,dY + \varepsilon_{13}\,dZ)\\ &+ Y\,(\varepsilon_{21}\,dX + \varepsilon_{22}\,dY + \varepsilon_{23}\,dZ)\\ &+ Z\,(\varepsilon_{31}\,dX + \varepsilon_{32}\,dY + \varepsilon_{33}\,dZ)\\ &= dX\,(\varepsilon_{11}\,X + \varepsilon_{21}\,Y + \varepsilon_{31}\,Z)\\ &+ dY\,(\varepsilon_{12}\,X + \varepsilon_{22}\,Y + \varepsilon_{32}\,Z)\\ &+ dZ\,(\varepsilon_{13}\,X + \varepsilon_{23}\,Y + \varepsilon_{33}\,Z).\end{aligned}$$

Elektrische Symmetrieaxen.

X, Y, Z können als unabhängige Variabeln angesehen werden. Damit dieser Ausdruck ein vollständiges Differential sei, ist die Erfüllung der Bedingungen nothwendig:

$$\frac{\partial (\varepsilon_{11} X + \varepsilon_{21} Y + \varepsilon_{31} Z)}{\partial Y} = \frac{\partial (\varepsilon_{12} X + \varepsilon_{22} Y + \varepsilon_{32} Z)}{\partial X},$$

$$\frac{\partial (\varepsilon_{12} X + \varepsilon_{22} Y + \varepsilon_{32} Z)}{\partial Z} = \frac{\partial (\varepsilon_{13} X + \varepsilon_{23} Y + \varepsilon_{33} Z)}{\partial Y},$$

$$\frac{\partial (\varepsilon_{13} X + \varepsilon_{23} Y + \varepsilon_{33} Z)}{\partial X} = \frac{\partial (\varepsilon_{11} X + \varepsilon_{21} Y + \varepsilon_{31} Z)}{\partial Z},$$

d. h.

$$\varepsilon_{21} = \varepsilon_{12}, \quad \varepsilon_{32} = \varepsilon_{23}, \quad \varepsilon_{13} = \varepsilon_{31}.$$

Bei Erfüllung dieser Bedingungen wird

$$4\pi dE = \frac{1}{2} d(\varepsilon_{11} X^2 + \varepsilon_{22} Y^2 + \varepsilon_{33} Z^2 + 2\varepsilon_{23} YZ + 2\varepsilon_{31} ZX + 2\varepsilon_{12} XY).$$

Es ist dann also die elektrische Energie der Volumeneinheit:

$$E = \frac{1}{8\pi} (\varepsilon_{11} X^2 + \varepsilon_{22} Y^2 + \varepsilon_{33} Z^2 + 2\varepsilon_{23} YZ + 2\varepsilon_{31} ZX + 2\varepsilon_{12} XY). \quad (41)$$

Durch passende Wahl des Koordinatensystems kann man E auf die kanonische Form bringen:

$$E = \frac{1}{8\pi} (\varepsilon_1 X^2 + \varepsilon_2 Y^2 + \varepsilon_3 Z^2), \quad (42)$$

falls man nämlich die Koordinatenaxen in die Hauptaxen desjenigen Ellipsoids legt, welches durch die rechte Seite von (41) dargestellt wird, wenn darin X, Y, Z als Koordinaten angesehen werden. — Für diese Wahl der Koordinatenaxen (sie mögen als **elektrische Symmetrieaxen** bezeichnet werden) vereinfachen sich die Gleichungen (40) zu:

$$4\pi u c = \varepsilon_1 \frac{\partial X}{\partial t}, \quad 4\pi v c = \varepsilon_2 \frac{\partial Y}{\partial t}, \quad 4\pi w c = \varepsilon_3 \frac{\partial Z}{\partial t}. \quad (43)$$

Die Koefficienten ε haben die Bedeutung der Dielektricitätskonstanten in Richtung der elektrischen Symmetrieaxen.

Wir wollen nicht die Annahme einführen, dass der **Krystall** in verschiedenen Richtungen merkbare Verschiedenheiten seiner Magnetisirungskonstante besässe. Eine solche tritt ja allerdings für langsam veränderliche elektromagnetische oder magnetostatische Kräfte streng genommen zweifellos auf, wie man daran erkennen kann, dass eine Kalkspathkugel im homogenen magnetischen Felde eine Einstellungstendenz besitzt. War es indess berechtigt (nach pag. 494), für die Reflexionserscheinungen die Verschiedenheit der Magnetisirungskonstante der verschiedenen durchsichtigen Körper zu vernachlässigen, so werden wir hier bei den Erscheinungen der Doppelbrechung die Verschiedenheit der Magnetisirungskonstanten ein und desselben Körpers in verschiedenen Richtungen vernachlässigen können. Die Gesetze der Doppelbrechung sind zwar einer viel schärferen experimentellen Prüfung fähig, als die der Amplituden des reflektirten oder gebrochenen Lichtes; es wird aber auch die Verschiedenheit der Magnetisirungskonstante ein und desselben Krystalls in verschiedenen Richtungen kleiner sein, als die Verschiedenheit der Magnetisirungskonstanten der verschiedenen durchsichtigen Körper.

In Folge dieser Annahme bleiben die Grundgleichungen (21) des VIII. Kapitels (pag. 315) ungeändert, da in ihnen nicht ε, sondern nur μ auftritt. Wir können μ unbeschadet der Genauigkeit gleich 1 setzen. Es ergeben sich daher nach (12*) und (43) dieses Kapitels, sowie nach (21) des VIII. Kapitels für einen Krystall die Grundgleichungen:

$$\frac{\varepsilon_1}{c}\frac{\partial X}{\partial t} = \frac{\partial \gamma}{\partial y} - \frac{\partial \beta}{\partial z},$$

$$\frac{\varepsilon_2}{c}\frac{\partial Y}{\partial t} = \frac{\partial \alpha}{\partial z} - \frac{\partial \gamma}{\partial x}, \quad (44)$$

$$\frac{\varepsilon_3}{c}\frac{\partial Z}{\partial t} = \frac{\partial \beta}{\partial x} - \frac{\partial \alpha}{\partial y}.$$

$$\frac{1}{c}\frac{\partial \alpha}{\partial t} = \frac{\partial Y}{\partial z} - \frac{\partial Z}{\partial y},$$

$$\frac{1}{c}\frac{\partial \beta}{\partial t} = \frac{\partial Z}{\partial x} - \frac{\partial X}{\partial z}, \quad (45)$$

$$\frac{1}{c}\frac{\partial \gamma}{\partial t} = \frac{\partial X}{\partial y} - \frac{\partial Y}{\partial x}.$$

Dabei sind die Koordinatenaxen in die elektrischen Symmetrieaxen gelegt.

Dass in jedem Krystall, auch in einem des monoklinen oder triklinen Systems, die Erscheinungen des Aethers, d. h. auch die der Optik, eine Symmetrie nach drei zueinander senkrechten Axen besitzen, ist eine Folgerung der elektrischen Theorie, welcher bisher noch nie durch die Erfahrung widersprochen ist. Die mechanischen Lichttheorieen erhalten dieses gleiche Resultat entweder nur durch besondere neue Annahmen, oder lassen es wohl auch offen, wie die Boussinesq'sche Theorie.

Bringen wir die elektrischen Kräfte in die Form, wie sie nach pag. 488 ebenen Wellen entspricht, nämlich:

$$X = M e^{\frac{i}{\tau}\left(t - \frac{mx+ny+pz}{\omega}\right)},$$

$$Y = N e^{\frac{i}{\tau}\left(t - \frac{mx+ny+pz}{\omega}\right)}, \quad (46)$$

$$Z = P e^{\frac{i}{\tau}\left(t - \frac{mx+ny+pz}{\omega}\right)},$$

wobei jetzt (im Gegensatz zu der früheren Bezeichnung) $m^2 + n^2 + p^2 = 1$ sein soll, d. h. m, n, p die Richtungskosinus der Wellennormalen bedeuten, so ist ω die Fortpflanzungsgeschwindigkeit der Welle. Die Gleichungen (44) und (45) erfordern, dass die magnetische Kraft sich ebenfalls mit einer für dasselbe m, n, p gleichen Geschwindigkeit, wie die elektrische Kraft, in ebenen Wellen fortpflanze.

Das Gesetz, nach welchem ω im Krystall mit der Richtung m, n, p variirt, kann man am bequemsten erhalten, wenn man in (44) die magnetischen Kräfte durch einmalige Differentiation nach t mit Hülfe von (45) eliminirt. Man erhält dann:

$$\frac{\varepsilon_1}{c^2} \frac{\partial^2 X}{\partial t^2} = \Delta X - \frac{\partial}{\partial x}\left(\frac{\partial X}{\partial x} + \frac{\partial Y}{\partial y} + \frac{\partial Z}{\partial z}\right),$$

$$\frac{\varepsilon_2}{c^2} \frac{\partial^2 Y}{\partial t^2} = \Delta Y - \frac{\partial}{\partial y}\left(\frac{\partial X}{\partial x} + \frac{\partial Y}{\partial y} + \frac{\partial Z}{\partial z}\right), \quad (47)$$

$$\frac{\varepsilon_3}{c^2} \frac{\partial^2 Z}{\partial t^2} = \Delta Z - \frac{\partial}{\partial z}\left(\frac{\partial X}{\partial x} + \frac{\partial Y}{\partial y} + \frac{\partial Z}{\partial z}\right).$$

Bei Krystallen verschwindet nicht mehr, wie bei isotropen Körpern, das Aggregat $\frac{\partial X}{\partial x} + \frac{\partial Y}{\partial y} + \frac{\partial Z}{\partial z}$, sondern aus der stets gültigen Gleichung

$$\frac{\partial u}{\partial x} + \frac{\partial v}{\partial y} + \frac{\partial w}{\partial z} = 0,$$

welche die Existenz von nur geschlossenen Strömen ausspricht, erhält man hier aus (43):

$$\frac{\partial (\epsilon_1 X)}{\partial x} + \frac{\partial (\epsilon_2 Y)}{\partial y} + \frac{\partial (\epsilon_3 Z)}{\partial z} = 0. \quad (48)$$

Durch Einsetzen der Werthe (46) in (47) folgt:

$$\frac{\epsilon_1}{c^2} M = \frac{M}{\omega^2} - \frac{m}{\omega^2} (mM + nN + pP),$$

$$\frac{\epsilon_2}{c^2} N = \frac{N}{\omega^2} - \frac{n}{\omega^2} (mM + nN + pP),$$

$$\frac{\epsilon_3}{c^2} P = \frac{P}{\omega^2} - \frac{p}{\omega^2} (mM + nN + pP),$$

d. h.

$$M\left(1 - \frac{\epsilon_1 \omega^2}{c^2}\right) = m (mM + nN + pP), \text{ etc.}$$

oder

$$M = \frac{m}{1 - \frac{\epsilon_1 \omega^2}{c^2}} (mM + nN + pP),$$

$$N = \frac{n}{1 - \frac{\epsilon_2 \omega^2}{c^2}} (mM + nN + pP),$$

$$P = \frac{p}{1 - \frac{\epsilon_3 \omega^2}{c^2}} (mM + nN + pP),$$

Multiplicirt man diese Gleichungen bezw. mit $\epsilon_1 m$, $\epsilon_2 n$, $\epsilon_3 p$ und addirt sie, so entsteht auf der linken Seite Null, da nach (48) ist:

$$\epsilon_1 Mm + \epsilon_2 Nn + \epsilon_3 Pp = 0.$$

Es ergiebt sich daher:

$$0 = \frac{m^2 \epsilon_1}{c^2 - \epsilon_1 \omega^2} + \frac{n^2 \epsilon_2}{c^2 - \epsilon_2 \omega^2} + \frac{p^2 \epsilon_3}{c^2 - \epsilon_3 \omega^2},$$

oder, falls man setzt:

$$c^2 : \epsilon_1 = a_1, \quad c^2 : \epsilon_2 = a_2, \quad c^2 : \epsilon_3 = a_3 \quad (49$$

$$\frac{m^2}{a_1 - \omega^2} + \frac{n^2}{a_2 - \omega^2} + \frac{p^2}{a_3 - \omega^2} = 0. \qquad (50)$$

In dieser Form ist das Gesetz für ω als das sogenannte Fresnel'sche Gesetz bekannt; dasselbe ist bisher durch die Beobachtungen, welche zum Theil mit einer ausserordentlichen Genauigkeit angestellt sind, stets bestätigt.

a_1, a_2, a_3 haben die Bedeutung der Quadrate der sogenannten Haupt-Lichtgeschwindigkeiten, $c^2 : a_1$, $c^2 : a_2$, $c^2 : a_3$ sind daher die Quadrate der Hauptbrechungsindices des Krystalls gegen den leeren Raum. Dieselben sollten also nach der elektrischen Theorie mit den Hauptdielektricitätskonstanten des Krystalls nach dem durch (50) ausgesprochenen Gesetz übereinstimmen. Dies ist nun thatsächlich annähernd der Fall beim krystallisirten Schwefel, für welchen nach Boltzmann[1]) ist:

$$\varepsilon_1 = 4{,}77, \qquad \varepsilon_2 = 3{,}97, \qquad \varepsilon_3 = 3{,}81.$$

Die Quadrate der Hauptbrechungsindices, welche nach dem Gesetz (50) diesen drei Werthen ε bezw. gleich sein sollten, sind:

$$n_1^2 = 4{,}59, \qquad n_2^2 = 3{,}84, \qquad n_3^2 = 3{,}57.$$

Die Grössenfolge der ε ist wenigstens dieselbe, wie die der n^2. Erstere sind allerdings etwas grösser als letztere. — Hinsichtlich der Grössenfolge wird dieses Gesetz nach J. Curie[2]) auch beim Quarz, Kalkspath, Turmalin, Beryll bestätigt, doch ist die Differenz $\varepsilon_h - n_h^2$ noch grösser als beim Schwefel. — Sie ist beständig positiv. Wir finden also hier dieselbe Abweichung der Beobachtung von der elektrischen Theorie, wie wir sie schon oben pag. 486 bei den isotropen Körpern kennen gelernt haben. Auf den Grund dieser Abweichung soll uhten im § 11 eingegangen werden. Es ist derselbe, weshalb die optischen Brechungsexponenten eine Dispersion, d. h. eine Abhängigkeit von der Schwingungsdauer, aufweisen, während dieses nach der ursprünglichen elektrischen Theorie nicht der Fall sein soll.

Kümmern wir uns jetzt aber zunächst nicht um die Dispersion des ε; wir wollen vielmehr noch weiter die Frage discutiren, ob die Gleichungen (44), (45) der elektrischen Theorie alle Erscheinungen, welche bei ebenen optischen Wellen von einerlei Farbe zu

---

[1]) L. Boltzmann, Wien. Ber. (II) 70, pag. 342, 1874.
[2]) J. Curie, Lumière electr. 29, pag. 127, 1888.

beobachten sind, in richtiger Weise darstellen. Zu einem vollständigen Erklärungssystem gehören auch die an der Grenze zweier verschiedener, angrenzender Krystalle zu erfüllenden Grenzbedingungen. Wir gewinnen dieselben aus den Hauptgleichungen (44), (45) nach denselben Ueberlegungen, wie sie oben im VIII. Kapitel auf pag. 317 angestellt sind. Da diese Hauptgleichungen auch in der inhomogenen Uebergangsschicht zwischen beiden Krystallen bestehen müssen, so ergiebt sich wiederum, falls diese Uebergangsschicht unendlich dünn wird, Stetigkeit der Tangentialkomponenten der elektrischen und magnetischen Kraft beim Durchgang durch die Uebergangsschicht, d. h. die Grenzfläche. — Ist dieselbe eine Ebene, so können wir sie im Allgemeinen nicht mehr als xy-Ebene wählen, wofern wir an dem speciellen Koordinatensystem festhalten, welches den Gleichungen (44), (45) zu Grunde liegt. Wir können dies aber, sobald wir in die Hauptgleichungen ein nicht specialisirtes Koordinatensystem einführen, d. h. die Gleichungen (40) an Stelle der specielleren (43) setzen. — Wir wollen dies im Folgenden thun, und erhalten dann folgende Hauptgleichungen:

$$\frac{1}{c}\left(\varepsilon_{11}\frac{\partial X}{\partial t} + \varepsilon_{12}\frac{\partial Y}{\partial t} + \varepsilon_{13}\frac{\partial Z}{\partial t}\right) = \frac{\partial \gamma}{\partial y} - \frac{\partial \beta}{\partial z} \quad \text{etc.,}$$
$$\frac{1}{c}\frac{\partial \alpha}{\partial t} = \frac{\partial Y}{\partial z} - \frac{\partial Z}{\partial y} \quad \text{etc.,}$$
(51)

und folgende Grenzbedingungen:

$$\alpha_1 = \alpha_2, \quad \beta_1 = \beta_2, \quad X_1 = X_2, \quad Y_1 = Y_2, \quad \text{für } z = 0. \quad (52)$$

Die optischen Erscheinungen in Wellen, welche nach einerlei Richtung fortschreiten, werden vollständig durch die Gesetze einer einzigen Vektorgrösse beschrieben. Wir wollen dieselbe den „Lichtvektor" nennen. — Während wir nun aber früher, bei isotropen Körpern, nur die Wahl zwischen zwei Grössen als Lichtvektor hatten, nämlich zwischen der elektrischen und der magnetischen Kraft, so können wir hier bei Krystallen noch eine dritte Grösse als Lichtvektor wählen, nämlich die elektrische Verschiebung (vgl. oben pag. 312), deren Differentialquotient nach t die elektrische Strömung ergiebt, und deren Komponenten proportional sind zu

$$\varepsilon_{11}X + \varepsilon_{12}Y + \varepsilon_{13}Z, \quad \varepsilon_{21}X + \varepsilon_{22}Y + \varepsilon_{23}Z,$$
$$\varepsilon_{31}X + \varepsilon_{32}Y + \varepsilon_{33}Z.$$

Diesen Vektor nennt **Hertz die elektrische Polarisation.** Bei isotropen Medien macht es keinen Unterschied, ob wir die elektrische Polarisation oder die elektrische Kraft als Lichtvektor wählen, da beide Grössen einander proportional sind; für Krystalle macht es dagegen einen Unterschied, da hier die Proportionalität nicht mehr besteht. So muss sich z. B. die elektrische Polarisation in transversalen Wellen fortpflanzen, da für sie die Gleichung $\frac{\partial u}{\partial x} + \frac{\partial v}{\partial y} + \frac{\partial w}{\partial z} = 0$ besteht, dagegen die elektrische Kraft nicht, da die Formel $\frac{\partial X}{\partial x} + \frac{\partial Y}{\partial y} + \frac{\partial Z}{\partial z} = 0$ in Krystallen nach (48) keine Gültigkeit besitzt. — Dieser so erhaltene Unterschied tritt aber nur ein hinsichtlich der mathematischen Form des auf die optischen Erscheinungen anzuwendenden Erklärungssystems. Für die beobachtbaren Erscheinungen selbst kann es keinen Unterschied machen, an welchen Vektor die Rechnung anknüpft, da schliesslich nur in isotropen Medien beobachtet wird, und in ihnen die Intensität der magnetischen Schwingung bei fortschreitenden Wellen stets gleich der Intensität der elektrischen Schwingung ist.

Wir wollen nun die aus (51) und (52) ableitbaren Erklärungssysteme bilden für je einen jener drei Vektoren, nämlich für die magnetische Kraft, die elektrische Kraft und die elektrische Polarisation.

1. Wählt man die magnetische Kraft als Lichtvektor und bezeichnet ihre Komponenten mit u, v, w, so sind die rechten Seiten des ersten Tripels (51) identisch mit den nach (28) definirten Grössen ξ, η, ζ. Das erste Tripel (51) ist daher

$$\frac{1}{c}\left(\varepsilon_{11}\frac{\partial X}{\partial t} + \varepsilon_{12}\frac{\partial Y}{\partial t} + \varepsilon_{13}\frac{\partial Z}{\partial t}\right) = \xi,$$

$$\frac{1}{c}\left(\varepsilon_{21}\frac{\partial X}{\partial t} + \varepsilon_{22}\frac{\partial Y}{\partial t} + \varepsilon_{23}\frac{\partial Z}{\partial t}\right) = \eta,$$

$$\frac{1}{c}\left(\varepsilon_{31}\frac{\partial X}{\partial t} + \varepsilon_{32}\frac{\partial Y}{\partial t} + \varepsilon_{33}\frac{\partial Z}{\partial t}\right) = \zeta,$$

Diese Gleichungen kann man nach $\frac{\partial X}{\partial t}, \frac{\partial Y}{\partial t}, \frac{\partial Z}{\partial t}$ auflösen, und erhält:

$$\frac{1}{c}\frac{\partial X}{\partial t} = a_{11}\xi + a_{12}\eta + a_{13}\zeta,$$
$$\frac{1}{c}\frac{\partial Y}{\partial t} = a_{21}\xi + a_{22}\eta + a_{23}\zeta, \qquad (53)$$
$$\frac{1}{c}\frac{\partial Z}{\partial t} = a_{31}\xi + a_{32}\eta + a_{33}\zeta,$$

wobei die a_{hk} Quotienten bestimmter Determinanten sind. So z. B. ist

$$a_{11} = \frac{\begin{vmatrix} \varepsilon_{22}, & \varepsilon_{23} \\ \varepsilon_{32}, & \varepsilon_{33} \end{vmatrix}}{\begin{vmatrix} \varepsilon_{11}, & \varepsilon_{12}, & \varepsilon_{13}, \\ \varepsilon_{21}, & \varepsilon_{22}, & \varepsilon_{23}, \\ \varepsilon_{31}, & \varepsilon_{32}, & \varepsilon_{33}, \end{vmatrix}}.$$

Es bestehen, da $\varepsilon_{hk} = \varepsilon_{kh}$ ist, die Relationen

$$b_{hk} = b_{kh}.$$

Setzt man daher zur Abkürzung:

$$2\,G = a_{11}\xi^2 + a_{22}\eta^2 + a_{33}\zeta^2 + 2\,a_{23}\eta\zeta + 2\,a_{31}\zeta\xi + 2\,a_{12}\xi\eta, \quad (54)$$

so erhält man durch Differentiation des zweiten Tripels (51) und Berücksichtigung von (53) die Hauptgleichungen:

$$\frac{1}{c^2}\frac{\partial^2 u}{\partial t^2} = \frac{\partial}{\partial z}\left(\frac{\partial G}{\partial \eta}\right) - \frac{\partial}{\partial y}\left(\frac{\partial G}{\partial \zeta}\right),$$
$$\frac{1}{c^2}\frac{\partial^2 v}{\partial t^2} = \frac{\partial}{\partial x}\left(\frac{\partial G}{\partial \zeta}\right) - \frac{\partial}{\partial z}\left(\frac{\partial G}{\partial \xi}\right), \qquad (55)$$
$$\frac{1}{c^2}\frac{\partial^2 w}{\partial t^2} = \frac{\partial}{\partial y}\left(\frac{\partial G}{\partial \xi}\right) - \frac{\partial}{\partial x}\left(\frac{\partial G}{\partial \eta}\right),$$

und die Grenzbedingungen nach (52):

$$u_1 = u_2, \quad v_1 = v_2, \quad \left(\frac{\partial G}{\partial \xi}\right)_1 = \left(\frac{\partial G}{\partial \xi}\right)_2, \quad \left(\frac{\partial G}{\partial \eta}\right)_1 = \left(\frac{\partial G}{\partial \eta}\right)_2. \quad (56)$$

Der Lichtvektor u, v, w pflanzt sich bei diesem System in transversalen Wellen fort (da $\frac{\partial \alpha}{\partial x} + \frac{\partial \beta}{\partial y} + \frac{\partial \gamma}{\partial z} = 0$ ist); er liegt in der Polarisationsebene.

Das Erklärungssystem (54), (55), (56) ist identisch mit der

Kirchhoff'schen Form[1]) der F. Neumann'schen Theorie[2]) der Krystalloptik. Die Folgerungen dieses Systems sind auch hinsichtlich der Amplitudenänderungen durch Reflexion und Brechung in zahlreichen Fällen mit der Beobachtung verglichen[3]); es hat sich dabei, abgesehen von den durch Oberflächenschichten herbeigeführten Störungen, stets eine gute Uebereinstimmung zwischen Rechnung und Beobachtung ergeben. — Auch die mechanische Lichttheorie von Voigt[4]) führt zu demselben Erklärungssystem.

2. Wählt man die elektrische Kraft als Lichtvektor und setzt also
$$X = u, \quad Y = v, \quad Z = w,$$
so ist nach dem zweiten Tripel von (51) und den Gleichungen (28) zu setzen:
$$\frac{1}{c}\frac{\partial \alpha}{\partial t} = -\xi, \quad \frac{1}{c}\frac{\partial \beta}{\partial t} = -\eta, \quad \frac{1}{c}\frac{\partial \gamma}{\partial t} = -\zeta.$$

Durch Differentiation des ersten Tripels (51) nach t und Einsetzen dieser Werthe von $\frac{\partial \alpha}{\partial t}, \frac{\partial \beta}{\partial t}, \frac{\partial \gamma}{\partial t}$ folgen daher die Hauptgleichungen, da $\frac{\partial \eta}{\partial z} - \frac{\partial \xi}{\partial y} = \Delta u - \frac{\partial}{\partial x}\left(\frac{\partial u}{\partial x} + \frac{\partial v}{\partial y} + \frac{\partial w}{\partial z}\right)$ ist:

$$\frac{1}{c^2}\left(\varepsilon_{11}\frac{\partial^2 u}{\partial t^2} + \varepsilon_{12}\frac{\partial^2 v}{\partial t^2} + \varepsilon_{13}\frac{\partial^2 w}{\partial t^2}\right) = \Delta u$$
$$- \frac{\partial}{\partial x}\left(\frac{\partial u}{\partial x} + \frac{\partial v}{\partial y} + \frac{\partial w}{\partial z}\right),$$

$$\frac{1}{c^2}\left(\varepsilon_{21}\frac{\partial^2 u}{\partial t^2} + \varepsilon_{22}\frac{\partial^2 v}{\partial t^2} + \varepsilon_{23}\frac{\partial^2 w}{\partial t^2}\right) = \Delta v \quad (57)$$
$$- \frac{\partial}{\partial y}\left(\frac{\partial u}{\partial x} + \frac{\partial v}{\partial y} + \frac{\partial w}{\partial z}\right),$$

$$\frac{1}{c^2}\left(\varepsilon_{31}\frac{\partial^2 u}{\partial t^2} + \varepsilon_{32}\frac{\partial^2 v}{\partial t^2} + \varepsilon_{33}\frac{\partial^2 w}{\partial t^2}\right) = \Delta w$$
$$- \frac{\partial}{\partial z}\left(\frac{\partial u}{\partial x} + \frac{\partial v}{\partial y} + \frac{\partial w}{\partial z}\right),$$

---

[1]) G. Kirchhoff, Abhandl. der Berl. Akad. 1876.
[2]) F. Neumann, Abhandl. der Berl. Akad. 1835.
[3]) F. Neumann, l. c. und Pogg. Ann. 42, pag. 1, 1837. Betreffs anderer Arbeiten vgl. Winkelmann, Handb. d. Phys. II. Bd. (Optik), pag. 749.
[4]) W. Voigt, Wied. Ann. 19, pag. 873, 1883; 43, pag. 410, 1891.

und aus (52) die Grenzbedingungen:

$$u_1 = u_2, \quad v_1 = v_2, \quad \xi_1 = \xi_2, \quad \eta_1 = \eta_2. \quad (58)$$

Der Lichtvektor pflanzt sich nicht in streng transversalen Wellen fort, da nicht $\frac{\partial u}{\partial x} + \frac{\partial v}{\partial y} + \frac{\partial w}{\partial z}$ verschwindet. Er liegt nahezu (d. h. um so mehr, je kleiner die Differenzen zwischen den $\varepsilon_{11}, \varepsilon_{22}, \varepsilon_{33}$ werden) senkrecht zur Polarisationsebene, da er nahezu in Richtung der elektrischen Polarisation fällt, und diese senkrecht zur magnetischen Kraft und zur Wellennormale, d. h. auch senkrecht zur Polarisationsebene steht. Der Lichtvektor liegt senkrecht zur magnetischen Kraft. (Vgl. Fig. 63.)

Das Erklärungssystem (57), (58) ist identisch mit den aus den

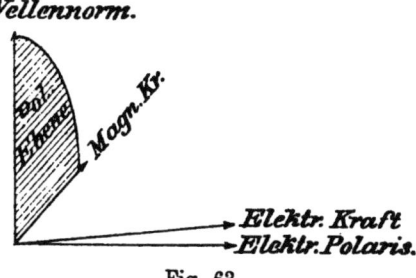

Fig. 63.

mechanischen Theorieen von Boussinesq[1]), Lord Rayleigh[2]), Glazebrook[3]), Sarrau[4]) und Ketteler[5]) folgenden. Die Grenzbedingungen sind zum Theil bei diesen Theorieen nicht direkt in der Form (58) angegeben, sondern in der Form der Cauchy'schen Grenzbedingungen, dass nämlich u, v, w, sowie alle ersten Differentialquotienten von u, v, w nach den Koordinaten an der Grenze stetig sein sollen. Um nicht zu viel Gleichungen zu bekommen, nimmt Cauchy an, dass in der unendlich dünnen Uebergangsschicht zwischen beiden Medien auch longitudinale Wellen existiren sollten. Dies ergiebt thatsächlich auch die elektrische Theorie, wenn man die Hauptgleichungen (51) anwendet auf die als inhomogen gedachte

---

[1]) Boussinesq, Liouv. Journ. (2) 13, pag. 330, 1868.
[2]) Lord Rayleigh, Phil. Mag. (4) 41, pag. 519, 1871.
[3]) R. T. Glazebrook, Phil. Mag. (5) 26, pag. 521, 1888.
[4]) Sarrau, Liouv. Journ. (2) 12, pag. 1, 1867; 13, pag. 59, 1868.
[5]) E. Ketteler, Theoret. Optik, Braunschweig 1885.

Zwischenschicht. Man kann indess die longitudinalen Wellen aus den Cauchy'schen Grenzbedingungen eliminiren und erhält dann[1]) die Grenzbedingungen in der Form (58).

Die Beobachtung ist stets in genügender Uebereinstimmung mit den aus den genannten Theorieen gezogenen Folgerungen gewesen.

3. Wählt man die elektrische Polarisation als Lichtvektor und setzt daher

$$\epsilon_{11}X + \epsilon_{12}Y + \epsilon_{13}Z = u,$$
$$\epsilon_{21}X + \epsilon_{22}Y + \epsilon_{23}Z = v,$$
$$\epsilon_{31}X + \epsilon_{32}Y + \epsilon_{33}Z = w,$$

so folgt

$$X = a_{11}u + a_{12}v + a_{13}w,$$
$$Y = a_{21}u + a_{22}v + a_{23}w,$$
$$Z = a_{31}u + a_{32}v + a_{33}w,$$

wo die a_{hk} dieselbe Bedeutung haben, wie auf pag. 513. Setzt man daher zur Abkürzung

$$2H = a_{11}u^2 + a_{22}v^2 + a_{33}w^2 + 2a_{23}vw + 2a_{31}wu + 2a_{12}uv, \quad (59)$$

so folgt aus dem zweiten Tripel (51):

$$\frac{1}{c}\frac{\partial \alpha}{\partial t} = \frac{\partial}{\partial z}\left(\frac{\partial H}{\partial v}\right) - \frac{\partial}{\partial y}\left(\frac{\partial H}{\partial w}\right), \text{ etc.}$$

Daher ergiebt das erste Tripel von (51) die Hauptgleichungen:

$$\frac{1}{c^2}\frac{\partial^2 u}{\partial t^2} = \Delta\frac{\partial H}{\partial u} - \frac{\partial}{\partial x}\left\{\frac{\partial}{\partial x}\frac{\partial H}{\partial u} + \frac{\partial}{\partial y}\frac{\partial H}{\partial v} + \frac{\partial}{\partial z}\frac{\partial H}{\partial w}\right\},$$
$$\frac{1}{c^2}\frac{\partial^2 v}{\partial t^2} = \Delta\frac{\partial H}{\partial v} - \frac{\partial}{\partial y}\left\{\frac{\partial}{\partial x}\frac{\partial H}{\partial u} + \frac{\partial}{\partial y}\frac{\partial H}{\partial v} + \frac{\partial}{\partial z}\frac{\partial H}{\partial w}\right\}, \quad (60)$$
$$\frac{1}{c^2}\frac{\partial^2 w}{\partial t^2} = \Delta\frac{\partial H}{\partial w} - \frac{\partial}{\partial z}\left\{\frac{\partial}{\partial x}\frac{\partial H}{\partial u} + \frac{\partial}{\partial y}\frac{\partial H}{\partial v} + \frac{\partial}{\partial z}\frac{\partial H}{\partial w}\right\},$$

während die Grenzbedingungen (52) liefern:

---

[1]) Der Nachweis hierfür findet sich in Winkelmann, Handb. d. Phys. II. Bd., Artikel: „Theorie des Lichtes" von P. Drude, pag. 670.

$$\left(\frac{\partial H}{\partial u}\right)_1 = \left(\frac{\partial H}{\partial u}\right)_2, \quad \left(\frac{\partial H}{\partial v}\right)_1 = \left(\frac{\partial H}{\partial v}\right)_2,$$

$$\left(\frac{\partial}{\partial z}\frac{\partial H}{\partial v} - \frac{\partial}{\partial y}\frac{\partial H}{\partial w}\right)_1 = \left(\frac{\partial}{\partial z}\frac{\partial H}{\partial v} - \frac{\partial}{\partial y}\frac{\partial H}{\partial w}\right)_2, \quad (61)$$

$$\left(\frac{\partial}{\partial x}\frac{\partial H}{\partial w} - \frac{\partial}{\partial z}\frac{\partial H}{\partial u}\right)_1 = \left(\frac{\partial}{\partial x}\frac{\partial H}{\partial w} - \frac{\partial}{\partial z}\frac{\partial H}{\partial u}\right)_2.$$

Der Lichtvektor pflanzt sich in strengtransversalen Wellen fort. Er liegt senkrecht zur Polarisationsebene. (Vgl. Fig. 63 auf pag. 515.) Das Erklärungssystem (59), (60), (61) entspricht dem Fresnel'schen Standpunkte. Fresnel selbst hat zwar nie die Differentialgleichungen für seine Theorie angegeben, jedoch erhält man aus (59) und (60) die von Fresnel angegebenen Konstruktionen für den Lichtvektor in einem Krystall [1]), während die Grenzbedingungen (61) eine Verallgemeinerung der von Cornu [2]) auf specielle Fälle der Krystallreflexion angewandten und vom Fresnel'schen Standpunkt sich ergebenden Grenzbedingungen sind.

Das Resultat unserer Untersuchungen ist also, dass die elektrische Lichttheorie sich nicht nur den in der Krystalloptik gemachten Erfahrungen vollständig anschliesst, sondern dass sie auch gemeinsam die Erklärungssysteme vieler von ganz verschiedenen Standpunkten ausgehender Theorieen, welche sich gleichfalls der Erfahrung anschliessen, gleichzeitig umfasst. — Es ist daher auch zur Beurtheilung des gegenseitigen Verhältnisses der mechanischen Theorieen untereinander ein bedeutender Fortschritt durch die Heranziehung der vielseitigeren elektrischen Theorie zu verzeichnen.

8. Definition des Lichtstrahls. Die Lage des Lichtstrahls ist in der elektrischen Theorie sehr einfach zu bestimmen mit Hülfe des Poynting'schen Satzes vom Energiefluss (cf. oben pag. 320). Dieser Satz gilt nämlich auch für Krystalle, d. h. er kann aus den Gleichungen (51) in derselben Gestalt gewonnen werden, wie sie in isotropen Medien besteht: es muss nur berücksichtigt werden, dass die elektrische Energie der Volumeneinheit durch die Formel (41) der pag. 506 bei Krystallen gegeben ist, während die

---

[1]) Vgl. Winkelmann, Handb. II. Bd., pag. 687—690.
[2]) A. Cornu, Ann. de chim. et de phys. (4) 11, pag. 283, 1867.

magnetische Energie der Volumeneinheit dieselbe Form wie bei isotropen Medien besitzt, nämlich

$$T = \frac{1}{8\pi}\left(\alpha^2 + \beta^2 + \gamma^2\right).$$

Der Lichtstrahl ist nun dadurch definirt, dass die Lichtbewegung nur durch Hindernisse, welche in seinem Wege liegen, modificirt wird, d. h. entweder vernichtet (Schatten) oder gebrochen und reflektirt wird; würden wir daher die Natur des Mediums unterhalb einer Ebene ändern, welche den Lichtstrahlen parallel liegt, und dort vielleicht die Lichtbewegung durch Absorption vernichten, so kann keine Aenderung in der Lichtbewegung oberhalb jener Ebene eintreten. Es kann daher auch keine Energie durch die Lichtbewegung aus dem Raum oberhalb jener Ebene in den Raum unterhalb jener Ebene übertragen werden, weil sonst Reflexionen an jener Ebene eintreten müssten, wenn sie die Grenzfläche zweier verschiedener Medien ist. Der Energiefluss ist daher senkrecht zu den Lichtstrahlen gleich Null; die Lichtstrahlen selbst bezeichnen daher die Wege des maximalen Energieflusses, d. h. sie sind nach dem Poynting'schen Satze senkrecht sowohl zur elektrischen wie zur magnetischen Kraft.

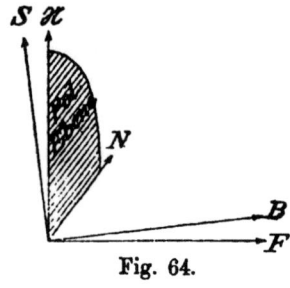

Fig. 64.

Wir können daher die frühere Fig. 63 der pag. 515 jetzt noch durch die Einzeichnung des Lichtstrahls vervollständigen und erhalten dann beistehende Fig. 64, in welcher die Lagen der Lichtvektoren der Neumann-schen (N), Boussinesq'schen (B), Fresnel'schen (F) Theorie zueinander und zur Wellennormalen $\mathfrak{N}$, sowie zum Strahl S und zur Polarisationsebene zum Ausdruck gebracht sind. F, B, $\mathfrak{N}$, S liegen in der Ebene des Papiers, N, sowie die Polarisationsebene, sind senkrecht zu ihr.

9. Grundlage der Dispersionstheorie. Wir wenden uns jetzt zur Behandlung der Dispersionserscheinungen vom Standpunkte der elektromagnetischen Theorie. Wie schon oben mehrfach angeführt ist, bedarf die Theorie zur Erklärung der Dispersion einer Erweiterung ihrer Grundgleichungen.

Nach den im VIII. Kapitel auf pag. 311 gemachten Andeutungen könnte man diese Erweiterung dadurch vornehmen, dass man die Komponenten der elektrischen Verschiebungsströme nicht mehr, wie es dem Gauss'schen Satz entspricht, allein von den ersten Differentialquotienten der elektrischen Kräfte nach der Zeit als abhängig annimmt, sondern auch von den dritten, fünften etc. Man würde dadurch thatsächlich zu einer Abhängigkeit der Fortpflanzungsgeschwindigkeit der Wellen von ihrer Schwingungsdauer gelangen. Die Abweichung vom Gauss'schen Satze könnte man durch eine gewisse Trägheit der elektrischen Verschiebung rechtfertigen, derzufolge sie sehr schnellen Aenderungen der elektrischen Kräfte nicht mehr in einer den langsamen Aenderungen entsprechenden Grösse zu folgen im Stande ist. Dieselbe Kraft würde dann eine um so kleinere elektrische Verschiebung bewirken, je schneller sie sich mit der Zeit ändert; daher müsste die Verschiebung auch von den Differentialquotienten der Kraft nach der Zeit abhängen.

Durch diese Verfügungen würde man aber nicht die wahre Ursache der Dispersion treffen. Dieselbe liegt nämlich nicht lediglich in der Schnelligkeit der Schwingungen, sondern darin, dass durch die ponderable Materie die Homogenität des Raumes, d. h. auch der Eigenschaften des Aethers, gestört ist. Dies erkennen wir daran, dass im freien Aether jede Dispersion fehlt. Dieselbe würde immer fehlen, und die zur Grundlage der elektrischen Theorie dienenden Sätze, z. B. der Gauss'sche Satz, würden für jede auch noch so schnelle Art von Schwingungen stets ihre Gültigkeit behalten, falls der Raum, in welchem sich die Vorgänge abspielen, in jedem Theil, den man beliebig klein wählen kann, dieselben Eigenschaften besässe, wie in jedem anderen Theil. Dem ist aber nicht so, wenn der Raum mit ponderabler Materie erfüllt ist. Darauf weisen einmal mit Nothwendigkeit die Thatsachen der Chemie hin, und andererseits kann man physikalische Experimente anstellen, welche thatsächlich für sehr kleine Volumina ponderabler Körper andere physikalische Eigenschaften ergeben, als für grössere, z. B. die von Braun [1]) näher studirte Stenolyse.

Wir haben uns also vorzustellen, dass in einem mit ponderabler Materie angefüllten Raume die Eigenschaften desselben innerhalb gewisser, sehr kleiner Bereiche andere sind, als in ihrer Umgebung. Diese Bereiche wollen wir die ponderablen Moleküle nennen und zur Vereinfachung annehmen, die Eigenschaften derselben

---

[1]) F. Braun, Wied. Ann. 44, pag. 473, 1891.

sollen an ihren Grenzen unstetig in die des umgebenden Raumes oder Aethers übergehen, eine Annahme, die natürlich streng genommen nicht erfüllt ist.

Dass bei den zum Aufbau der elektrischen Theorie dienenden Experimenten die Störung der Homogenität des Aethers durch die ponderable Materie nicht bemerkt wird, liegt — ich möchte sagen — an der Grobheit der Verhältnisse, nämlich daran, dass die elektrischen, bezw. magnetischen Kräfte merkliche Verschiedenheiten erst in Distanzen besitzen, welche unendlich gross gegen die Dimensionen der Inhomogenitäten, d. h. der Moleküle, sind. — Bei optischen Versuchen werden diese Distanzen — die Wellenlänge — sehr klein, und daher kann sich hier das Vorhandensein der molekularen Inhomogenitäten bemerklich machen.

Wir haben nun schon im IX. Kapitel den Effekt einer Einlagerung von einer sehr groben Inhomogenität im Aether betrachtet. Indem wir nämlich Metallkörper in den Weg eines elektrischen Strahles stellten, sahen wir, dass in dem Metall besonders kräftige elektrische Schwingungen erregt werden, wenn die Schwingungsdauer der äusseren Wellen übereinstimmt mit der sogenannten Eigenschwingungsdauer des Metalls. — Auch die ponderablen Moleküle müssen solche Eigenschwingungsdauern besitzen. Setzt man voraus, dass die Moleküle aus leitendem Material beständen, so können wir die in ihnen stattfindenden Ströme nach denselben Principien berechnen, wie wir es im IX. Kapitel in § 3 auf pag. 350 für grössere Leiter gethan haben. Bezeichnet w den galvanischen Widerstand der Leitung, i die in ihr stattfindende Stromstärke, beide gemessen nach elektromagnetischem Maass, so muss iw gleich sein der Summe der treibenden elektromotorischen Kräfte. Dieselben setzen sich aus drei Theilen zusammen: der Potentialdifferenz $V_1 - V_2$ der Enden der Leitung (wir setzen der Einfachheit halber voraus, dass nur an diesen elektrische Stromlinien austreten sollten), der Selbstinduktion $- L \frac{di}{dt}$ und der durch äussere Ursachen im Molekül hervorgerufenen elektrischen Kraft, summirt über die ganze Länge der Leitung, d. h. der Grösse $lX'c$, falls l die Länge der Leitung, X' die elektrische Kraft nach elektrostatischem Maass im Molekül, $X'c$ daher die Kraft nach elektromagnetischem Maass bezeichnet. Wir setzen dabei voraus, dass die Leitung parallel der x-Axe verlaufen soll, so dass die anderen Komponenten Y, Z der äusseren elektrischen Kraft nicht wirken. Wir erhalten daher die Gleichung:

$$i w = V_1 - V_2 - L \frac{di}{dt} + lX'c, \qquad (62)$$

welche der Gleichung (4) des IX. Kapitels (pag. 353) ganz analog ist, nur dass dort eine äussere Kraft X nicht eingeführt war.

Gerade wie oben pag. 353 die Gleichung (5) bestand, so gilt auch hier die Beziehung

$$i = -C \frac{d(V_1 - V_2)}{dt}, \qquad (63)$$

wobei C die Kapacität der Leitung in elektromagnetischem Maass bedeutet.

Aus (62) und (63) folgt durch Elimination $(V_1 - V_2)$:

$$\frac{i}{C} + w \frac{di}{dt} + L \frac{d^2 i}{dt^2} = lc \frac{dX'}{dt}. \qquad (64)$$

Einer ganz analogen Gleichung muss nun auch die Stromstärke im Molekül genügen, wenn dasselbe nicht aus leitendem Material besteht, sondern wenn dasselbe isolirt. Da nämlich durch das Molekül eine Inhomogenität im Raum herbeigeführt werden soll, so müssen wir annehmen, dass die Dielektricitätskonstante ε_h im Innern des Moleküls sich von der Dielektricitätskonstante ε_0 seiner Umgebung unterscheidet. Infolgedessen muss eine einmalige elektrische Störung, welche sich in das Molekül hinein fortpflanzt, mehrfach an seinen Grenzen partiell reflektirt werden, so dass sie im Molekül hin und her oscillirt. Das Molekül muss also Eigenschwingungen besitzen, d. h. die Stromstärke in ihm einer Differentialgleichung der Form

$$\frac{i}{C} + L \frac{d^2 i}{dt^2} = 0$$

genügen. Wirkt beständig eine äussere Kraft X ein, so vollführt i im Molekül erzwungene Schwingungen. Es ist dann auf der rechten Seite obiger Gleichung ein mit $\frac{dX}{dt}$ proportionales Glied zu addiren, und zwar tritt der erste Differentialquotient von X nach t, nicht X selber auf, weil in einem Isolator Ströme nur durch zeitliche Aenderungen der elektrischen Kraft hervorgerufen werden und deren ersten Differentialquotienten $\frac{dX}{dt}$ proportional sind.

Es gilt also in diesem Falle eine ganz analog gebaute Gleichung wie (64), nur fehlt das mit $\frac{di}{dt}$ proportionale Glied. Dasselbe würde auftreten, wenn das Molekül kein vollkommener Isolator wäre, d. h. ausser Verschiebungsströmen auch Leitungsströme besässe.

Legen wir nun parallel zur yz-Ebene eine Fläche S durch das mit Molekülen behaftete Medium, so wird dieselbe zum Theil im Aether verlaufen, zum Theil einige Moleküle schneiden. Nennen wir u_0 die nach der x-Axe genommene Komponente der Stromdichte im Aether, u_1, u_2 etc. die gleichen Stromkomponenten in den von S getroffenen Molekülen, welche in den Querschnitten q_1, q_2 etc. von S geschnitten werden mögen, so ist die ganze durch S hindurchtretende Stromstärke:

$$i = u_0 (S - q_1 - q_2 \ldots) + u_1 q_1 + u_2 q_2 + \ldots,$$

d. h. die auf die Flächeneinheit reducirte Stromdichte, falls die Moleküle so wenig dicht liegen, dass die Summe ihrer Querschnitte gegen S zu vernachlässigen ist:

$$u = u_0 + u_1 \frac{q_1}{S} + u_2 \frac{q_2}{S} + \ldots \quad (65)$$

Für u_0 (gemessen nach elektromagnetischem Maass) gilt nach der pag. 310 abgeleiteten Formel (14) des VIII. Kapitels:

$$u_0 = \frac{\varepsilon_0}{4\pi c} \frac{\partial X}{\partial t}, \quad (66)$$

falls ε_0 die Dielektricitätskonstante des die Moleküle umgebenden Aethers bedeutet und X den in ihm stattfindenden Werth der elektrischen Kraft. Für die u_h gelten Differentialgleichungen der Form (64). Es ist indess nicht nothwendig, dass für alle Moleküle die Koefficienten jener Differentialgleichungen denselben Werth besitzen. Vielmehr wollen wir der Allgemeinheit halber annehmen, es seien verschiedene Molekülgattungen vorhanden und für die h^{te} bestehe die Gleichung:

$$u_h + a_h \frac{du_h}{dt} + b_h \frac{d^2 u_h}{dt^2} = \frac{\varepsilon_h}{4\pi c} \frac{\partial X}{\partial t}. \quad (67)$$

Diese Gleichung ist nämlich sofort aus (64) abzuleiten, wofern man berücksichtigt, dass die Kraft X' im Molekül der Kraft X im

Aether proportional sein müsse. Dieser Proportionalitätsfaktor hängt nur von der Natur und den Dimensionen des Moleküls ab, ist also als eine dem Molekül charakteristische Konstante anzusehen, welche mit in ε_h enthalten ist. Die Kräfte Y und Z können auf der rechten Seite von (67) nicht vorkommen, falls, wie wir voraussetzen wollen, die Struktur des ganzen Körpers eine isotrope ist. — Aus der Herleitung ergiebt sich, dass die Koefficienten a_h, b_h, ε_h in (67) nothwendig positiv sind.

Die Gleichung (67) kann man in gewisser Weise als eine Ausnahme vom Gauss'schen Satze auffassen, welcher durch die Formel (66) dargestellt wird. Diese Ausnahme wird also nicht direkt durch die Schnelligkeit der Schwingungen und durch eine etwaige Trägheit der elektrischen Verschiebung hervorgebracht, sondern direkt durch die inhomogene Struktur des Raumes und indirekt durch die Schnelligkeit der Schwingungen.

Es ist nach (65)

$$u = u_0 + \Sigma u_h \frac{q_h}{S},$$

wo q_h die Summe der Querschnitte der Moleküle der h^{ten} Gattung ist, welche von der Fläche S geschnitten werden. Wählt man die Fläche S nicht zu klein, so ist ebenfalls $q_h : S$ als eine der h^{ten} Molekülgattung zukommende Konstante anzusehen; wir können deshalb auch einfach schreiben:

$$u = u_0 + \Sigma u_h, \qquad (68)$$

wobei für u_h wiederum die Gleichung (67) gilt; die Koefficienten a_h, b_h und ε_h enthalten dann aber auch die Konstante $q_h : S$.

Für die Stromkomponenten nach der y- und z-Axe gelten genau dieselben Gleichungen wie (67) und (68), und zwar mit denselben Koefficienten a_h, b_h, ε_h, falls, wie wir annehmen wollen, die Struktur des ganzen Systems eine isotrope ist. — Nach der Gleichung (67) ist für so langsame Zustandsänderungen, dass die Differentialquotienten von u_h nach t gegen u_h selbst zu vernachlässigen sind, zu setzen

$$u_h = \frac{\varepsilon_h}{4\pi c} \frac{\partial X}{\partial t}.$$

Die Konstante ε_h würde daher die Bedeutung der Dielektricitätskonstante des Körpers besitzen, falls derselbe nur aus Molekülen der h^{ten} Gattung bestände, ohne dazwischen gelagerten freien Aether.

Wir wollen ε_h kurz als **Polarisationskonstante** der h^{ten} Molekülgattung bezeichnen.

Die Gleichungen (67) und (68) enthalten den Schlüssel zur vollständigen Behandlung der Dispersion nach der elektromagnetischen Theorie. Aus dem schon in § 7 (pag. 504) angeführten Grunde ist nämlich auch hier an den Maxwell'schen Gleichungen (12) des II. Kapitels festzuhalten, nämlich an:

$$4\pi u = \frac{\partial \gamma}{\partial y} - \frac{\partial \beta}{\partial z}, \quad 4\pi v = \frac{\partial \alpha}{\partial z} - \frac{\partial \gamma}{\partial x}, \quad 4\pi w = \frac{\partial \beta}{\partial x} - \frac{\partial \alpha}{\partial y}. \quad (69)$$

α, β, γ bedeuten die Komponenten der magnetischen Kraft in dem die Moleküle umgebenden Raume (Aether). Dieselbe kann sich von der magnetischen Kraft in den Molekülen selbst nicht unterscheiden, wenn die Magnetisirungskonstante in beiden Räumen die gleiche ist. Wir wollen diese Annahme machen und sie gleich der Magnetisirungskonstante im freien Aether, d. h. gleich 1, setzen, wozu wir nach pag. 494 für Anwendung auf optische Fragen berechtigt sind. Bei dieser Verfügung über μ wird das zweite Tripel der Grundgleichungen (21) des VIII. Kapitels (pag. 315):

$$\frac{1}{c}\frac{\partial \alpha}{\partial t} = \frac{\partial Y}{\partial z} - \frac{\partial Z}{\partial y}, \quad \frac{1}{c}\frac{\partial \beta}{\partial t} = \frac{\partial Z}{\partial x} - \frac{\partial X}{\partial z},$$
$$\frac{1}{c}\frac{\partial \gamma}{\partial t} = \frac{\partial X}{\partial y} - \frac{\partial Y}{\partial x}. \quad (70)$$

Dasselbe muss auch hier bestehen, denn es ist nur ein mathematischer Ausdruck für den Satz, dass die Integralkraft der Induktion über eine geschlossene, ganz im Aether verlaufende Kurve gleich ist der Aenderung der Zahl der diese Kurve umschlingenden magnetischen Kraftlinien. Dieser Satz muss aber, wie oben pag. 218 nachgewiesen ist, gültig bleiben, einerlei, ob die Struktur des Mediums eine in den kleinsten Theilen homogene oder eine inhomogene ist.

Die Gleichungen (67) bis (70) enthalten nun die vollständige Theorie der Dispersion. Es mag noch kurz angeführt werden, dass die an der Grenze zweier verschiedenartiger, aneinander stossender Körper zu erfüllenden Grenzbedingungen ganz dieselben bleiben, wie sie früher pag. 511 aufgestellt sind, da sie auf demselben Wege wie dort aus den Hauptgleichungen (44), (45), so hier aus den Gleichungen (69), (70), zu gewinnen sind.

10. Anomale Dispersion.

Wir wollen annehmen, dass sich ebene Wellen parallel der z-Axe fortpflanzen mögen, und setzen daher nach pag. 488

$$X = A \cdot e^{\frac{i}{\tau}(t - p_0 z)}, \quad \frac{1}{\tau} = \frac{2\pi}{T}. \quad (71)$$

Wir erhalten X in Form einer cos-Funktion der Zeit, wenn wir auf der rechten Seite von (71) den conjugirt complexen Ausdruck addiren. — Dieselbe Form wie (71) müssen nun sowohl die magnetischen Kräfte als auch die Stromkomponenten u_h besitzen. In diesem Falle ist aber

$$\frac{d u_h}{d t} = \frac{i}{\tau} u_h, \quad \frac{d^2 u_h}{d t^2} = -\frac{1}{\tau^2} u_h.$$

Es wird daher die Gleichung (67) zu

$$u_h \left(1 + i \frac{a_h}{\tau} - \frac{b_h}{\tau^2}\right) = \frac{\varepsilon_h}{4 \pi c} \frac{\partial X}{\partial t},$$

daher (68) zu

$$u = \frac{1}{4 \pi c} \frac{\partial X}{\partial t} \left\{ \varepsilon_0 + \Sigma \frac{\varepsilon_h}{1 + i \frac{a_h}{\tau} - \frac{b_h}{\tau^2}} \right\},$$

oder, falls wir die Abkürzung einführen:

$$\varepsilon_0 + \Sigma \frac{\varepsilon_h}{1 + i \frac{a_h}{\tau} - \frac{b_h}{\tau^2}} = \varepsilon(\tau), \quad (72)$$

so wird

$$u = \frac{\varepsilon(\tau)}{4 \pi c} \frac{\partial X}{\partial t}. \quad (73)$$

Hieraus erkennt man, dass der Effekt der hier vorgenommenen Erweiterung der elektromagnetischen Theorie derselbe ist, als ob $\varepsilon(\tau)$ an Stelle der Dielektricitätskonstanten ε der ursprünglichen Theorie träte.

Die Gleichungen (6) (pag. 488) der ursprünglichen Theorie erweitern sich daher in:

$$\frac{\varepsilon(\tau)}{c^2} \frac{\partial^2 X}{\partial t^2} = \Delta X = \frac{\partial^2 X}{\partial z^2}. \quad (74)$$

Setzt man hierin für X den Werth (71) ein, so ergiebt sich für p_0 die Gleichung:

$$\frac{\varepsilon(\tau)}{c^2} = p_0^2. \qquad (75)$$

Wie aus (71) hervorgeht, bedeutet p_0 die reciproke Fortpflanzungsgeschwindigkeit der Wellen, falls p_0 reell ist. Aber nach (75) ergiebt sich hier p_0^2 gleich einer komplexen Grösse, es muss also p_0 selber gleich einer komplexen Grösse sein. Um die physikalische Bedeutung hiervon erkennen zu können, wollen wir jetzt an Stelle von p_0 den Ausdruck $p - ip'$ in (71) einführen, wobei p und p' reelle Grössen sein sollen. Es wird dann

$$X = A\, e^{\frac{i}{\tau}(t - pz + ip'z)}.$$

Die physikalische Bedeutung von X erhalten wir, indem auf der rechten Seite dieser Gleichung der conjugirte (nur durch das Vorzeichen i verschiedene) Ausdruck addirt wird. Dies ergiebt:

$$X = A\left\{ e^{\frac{i}{\tau}(t - pz + ip'z)} + e^{-\frac{i}{\tau}(t - pz - ip'z)} \right\} = 2A\, e^{-\frac{p'z}{\tau}} \cos\left(\frac{t - pz}{\tau}\right). \qquad (76)$$

Hieraus erkennt man, dass in diesem Falle, wo p_0 komplex ist, die Amplitude der Wellen beim Fortschreiten nach einer Exponentialfunktion abnimmt, mit anderen Worten, dass die Wellen eine Absorption erleiden. Wie aus (72) hervorgeht, wird ein komplexer Werth von $\varepsilon(\tau)$, d. h. die Absorption, nur durch die Koefficienten a_h veranlasst, welche nach der Herleitung in § 9 proportional zum galvanischen Widerstande der Moleküle sind. Die Energie der Lichtbewegung wird also bei Absorption theilweise in Joule'sche Wärme umgesetzt. Es tritt keine Absorption ein, entweder wenn die Moleküle vollkommene Isolatoren sind, oder wenn sie Leiter von unendlich grosser Leitfähigkeit sind. — Da für $\tau = \infty$ $\varepsilon(\tau)$ reell wird, d. h. keine Absorption bei langsam veränderlichen elektrischen Zuständen eintritt, so sind die hier betrachteten Körper immer noch Isolatoren im elektrischen Sinne. Die Metalle fallen also z. B. nicht unter diese Betrachtungen.

Nach (76) ist p, d. h. der reelle Theil von p_0, gleich der reciproken Fortpflanzungsgeschwindigkeit der Wellen, während der imaginäre Bestandtheil von p_0, nämlich p', ein Maass für die Dämpfung der Wellen, d. h. die Absorption, ergiebt.

Setzt man
$$p = \frac{n}{c}, \quad p' = \frac{k}{c}, \qquad (77)$$

so bezeichnet n das Verhältniss der Fortpflanzungsgeschwindigkeit der Wellen im leeren Raume zu der der Wellen in dem betrachteten Körper, d. h. **den Brechungsexponenten desselben gegen den leeren Raum**. — Da ferner ist:

$$e^{-\frac{p'z}{\tau}} = e^{-2\pi k \frac{z}{\lambda_0}},$$

wo λ_0 die Wellenlänge der Wellen im leeren Raume ist, so nimmt die Amplitude der Wellen nach Durcheilen der Strecke $z = \lambda_0$ im Verhältniss $1 : e^{2\pi k}$ ab. Wir wollen k den **Absorptionskoefficienten des Körpers** nennen.

Durch Einsetzen der Werthe (77) in (75) erhält man:

$$\varepsilon(\tau) = \varepsilon_0 + \Sigma \frac{\varepsilon_h}{1 + i\frac{a_h}{\tau} - \frac{b_h}{\tau^2}} = (n - ik)^2.$$

Diese Gleichung zerfällt, da sie komplexe Grössen enthält, in zwei Gleichungen. Durch Trennung der reellen von den imaginären Bestandtheilen ergiebt sich:

$$n^2 - k^2 = \varepsilon_0 + \Sigma \frac{\varepsilon_h \left(1 - \frac{b_h}{\tau^2}\right)}{\left(1 - \frac{b_h}{\tau^2}\right)^2 + \frac{a_h^2}{\tau^2}}, \qquad (78)$$

$$2nk = \Sigma \frac{\frac{\varepsilon_h a_h}{\tau}}{\left(1 - \frac{b_h}{\tau^2}\right)^2 + \frac{a_h^2}{\tau^2}}. \qquad (79)$$

Wir wollen nun zunächst annehmen, es sei nur eine einzige Molekülgattung vorhanden, und die Absorption sei gering, d. h. es sei $a_h : \tau$ klein gegen 1. Der Koeffizient b_h hat dann eine einfache Bedeutung. Wie nämlich aus (67) hervorgeht, würde bei Fehlen äusserer Kräfte X die Gleichung bestehen müssen:

$$1 - \frac{b_h}{\tau^2} = 0, \text{ d. h. } T = 2\pi \sqrt{b_h}.$$

Diese Grösse T würde also die Periode der Eigenschwingung des

Moleküls bezeichnen. Setzen wir dieselbe gleich T_h und dementsprechend

$$b_h = \tau_h^2,$$

so kann man im Nenner der Formeln (78) und (79) den Koefficienten a_h ignoriren, falls nicht die Schwingungsdauer T des Lichtes nahe mit der Eigenschwingungsdauer T_h zusammenfällt, d. h. falls nicht $\tau = \tau_h$ ist. Da a_h klein sein soll, so folgt aus (79), dass auch k klein ist, dass man daher k^2 gegen n^2 in (78) vernachlässigen kann. Diese Formel ergiebt daher

$$n^2 = \epsilon_0 + \frac{\epsilon_h}{1 - \frac{\tau_h^2}{\tau^2}}. \qquad (80)$$

Für eine Schwingungsdauer, welche kleiner als die Eigenschwingungsdauer ist, für welche also das Verhältniss dieser beiden Schwingungsdauern grösser als 1 ist, indem $\tau_h^2 : \tau^2 = 1 + \delta$ ist, wird hiernach

$$n^2 = \epsilon_0 - \frac{\epsilon_h}{\delta},$$

für eine Schwingungsdauer dagegen, welche grösser als die Eigenschwingungsdauer ist, und bei welcher ist $\tau_h^2 : \tau^2 = 1 - \delta$, wird

$$n^2 = \epsilon_0 + \frac{\epsilon_h}{\delta}.$$

Der Brechungsexponent ist also grösser für $\tau > \tau_h$ als für $\tau < \tau_h$. Er nimmt aber mit wachsendem τ, in den von der Eigenschwingung τ_h entfernten Gebieten von τ, beständig ab. Es ergiebt sich daher eine Abhängigkeit des Brechungsexponenten von der Schwingungsdauer, wie sie in der beistehenden Fig. 65 zum Ausdruck gebracht ist. Für die Gebiete, für welche τ nahe gleich τ_h ist, für welche also die Formel (80) nicht mehr gilt, ist n dadurch erhalten, dass die ausserhalb dieser Gebiete nach (80) dargestellten Werthe von n durch einen kontinuirlichen Linienzug verbunden sind. Und in der That muss je eine solche Kontinuität für n bestehen.

Wie schon angegeben, ist im Allgemeinen bei kleinem a_h die Absorption k sehr gering. Nur für Schwingungsdauern, welche der Eigenschwingung nahe liegen, wird sie bedeutend. Für $\tau = \tau_h$ wird nach (79):

$$2nk = \frac{\epsilon_h \tau}{a_h},$$

ferner nach (78):
$$n^2 - k^2 = \varepsilon_0.$$
Hieraus folgt

$$n^2 = \frac{\varepsilon_0 + \sqrt{\varepsilon_0{}^2 + \frac{\varepsilon_h{}^2 \tau^2}{a_h{}^2}}}{2}, \quad k^2 = \frac{-\varepsilon_0 + \sqrt{\varepsilon_0{}^2 + \frac{\varepsilon_h{}^2 \tau^2}{a_h{}^2}}}{2},$$

d. h. falls a_h sehr klein ist:

$$n = k = \sqrt{\frac{\varepsilon_h \tau}{2\, a_h}}.$$

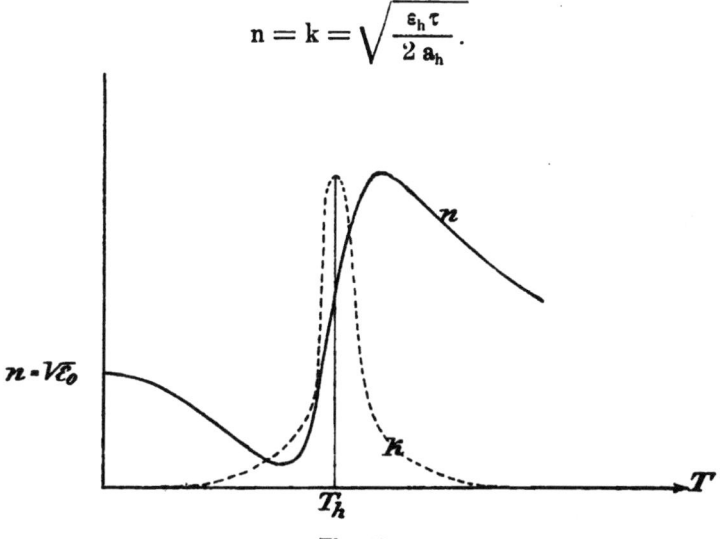

Fig. 65.

Es ist also k sehr gross, d. h. die Absorption bedeutend. Der Verlauf von k würde daher der in der Fig. 65 angedeutete sein (es ist k im doppelten Maassstab im Vergleich zu n gezeichnet). Je kleiner also a_h ist, ein um so schärfer ausgebildetes Maximum besitzt k für $\tau = \tau_h$, d. h. der Körper absorbirt vom Spektrum nur einen kleinen Farbenbereich, aber diesen sehr stark. Man sagt in diesem Falle, dass der Körper einen Absorptionsstreifen besitzt. Derselbe ist um so schmaler und schärfer, je kleiner a_h ist, dagegen um so breiter und weniger deutlich, je grösser a_h ist.

Da für $\tau < \tau_h$ oder — wie wir kurz sagen wollen — diesseits des Absorptionsstreifens der Brechungsexponent kleiner ist, als für $\tau > \tau_h$, d. h. jenseits des Absorptionsstreifens, so nennt man diese Erscheinung **anomale Dispersion**, da sie eine Ausnahme von dem gewöhnlich zu beobachtenden Gesetz ist, dass n mit

Drude, Physik des Aethers. 34

wachsendem τ abnimmt, welche Erscheinung man die **normale Dispersion** nennt. Diese tritt, wie wir oben sahen, thatsächlich auch nach der Formel (80) immer auf in Gebieten, welche nicht nahe mit dem Absorptionsgebiet zusammenfallen.

Wenn der Körper mehrere Molekülgattungen mit verschiedenen Eigenschwingungsdauern besitzt, so gilt das Σ-Zeichen in (78) und (79). Es müssen daher dann mehrere Absorptionsstreifen auftreten, und in der Nähe eines jeden derselben muss n das vorhin bei einem Absorptionsstreifen geschilderte Verhalten aufweisen.

Diese Folgerungen der Theorie werden nun durch die Erfahrung vollständig bestätigt.

Es giebt thatsächlich Körper, z. B. die Anilinfarben, ferner alle Gase bei genügend hoher Temperatur, welche nur für gewisse Farben eine starke Absorption zeigen. Der Gang des Brechungsexponenten ist nun wirklich genau der aus der dargelegten Theorie sich ergebende.

Es mag noch erwähnt werden, dass die erste Erklärung der anomalen Dispersion durch v. Helmholtz[1] vom mechanischen Standpunkte aus gegeben ist. Seitdem sind noch von mehreren anderen Autoren sowohl vom mechanischen[2], wie elektrischen[3] Standpunkte aus Theorien der anomalen Dispersion gegeben, welche alle hinsichtlich des Verhaltens von n und k zu demselben Resultate führen, wie die hier vorgetragene Theorie. Der Typus der Theorien ist bei allen der nämliche, der schon durch die erste v. Helmholtz'sche Theorie festgelegt war und der sich auch hier in den Gleichungen (67) bis (70) ausprägt, nämlich ein System simultaner Differentialgleichungen, von denen die einen, welche sich auf die Vorgänge im Molekül beziehen, von der Form der Gleichung (67) sind, d. h. die Möglichkeit gewisser Eigenschwingungen aussprechen.

---

[1] H. v. Helmholtz, Berl. Ber. 1874, pag. 667.
[2] E. Lommel, Wied. Ann. 3, pag. 339, 1878. — E. Ketteler, Theoret. Optik, Braunschw. 1885. — W. Thomson, Lect. on Molec. Dynam. Baltimore 1885. — D. A. Goldhammer, Journ. d. russ. phys. chem. Ges. (7) 18, pag. 239, 1886.
[3] F. Kolácek, Wied. Ann. 32, pag. 224, 429, 1887; 34, pag. 673, 1888. — D. A. Goldhammer, Wied. Ann. 47, pag. 93, 1892. — H. v. Helmholtz, Berl. Ber. 1892. — H. Ebert, Wied. Ann. 48, pag. 1, 1893. — P. Drude, Wied. Ann. 48, pag. 536, 1893.

Vom elektrischen Standpunkte aus könnte man auch durch die Annahme eine Dispersionstheorie begründen, dass die Moleküle durch die elektrodynamischen Kräfte einer elektromagnetischen Welle in Schwingung versetzt würden. Falls man dann ausserdem die Existenz einer Kraft annimmt, welche die Moleküle in ihre ursprüngliche Lage zurücktreibt, so würde wiederum eine Gleichung der Form (67) gelten. Man erhielte daher auch so dieselben Resultate, wie sie im Obigen ausgeführt sind, wo nicht die Existenz von ponderablen, sondern die von elektrischen Eigenschwingungen angenommen ist.

11. Normale Dispersion. Wenn die Perioden T_h der Eigenschwingungen der Moleküle nicht mit den Perioden optisch wirksamer Wellen zusammenfallen, so muss nach den Auseinandersetzungen der pag. 528 n im ganzen Bereiche des Spektrums mit wachsender Schwingungsdauer abnehmen. Der Körper zeigt also dann normale Dispersion. Wenn ausserdem der galvanische Widerstand der Moleküle, d. h. die Koefficienten a_h, klein sind, so ist die Absorption im ganzen Spektrum sehr gering. Es liegt dann der so häufig, z. B. in den Glassorten, sich darbietende Fall eines durchsichtigen Körpers mit normaler Dispersion vor.

Nach (80) ist für einen solchen Körper zu setzen:

$$n^2 = \epsilon_0 + \Sigma \frac{\epsilon_h}{1 - \frac{\tau_h^2}{\tau^2}}. \tag{81}$$

Die Eigenschwingungsdauern der Moleküle können nun im Ultrarothen und im Ultravioletten liegen. Kennzeichnet man erstere durch den unteren Index r, letztere durch den unteren Index v, so ist

$$\tau_r > \tau, \ \tau_v < \tau.$$

Die Formel (81) kann man nun leicht umgestalten in:

$$n^2 = \epsilon_0 + \Sigma \frac{\epsilon_v}{1 - \frac{\tau_v^2}{\tau^2}} - \Sigma \frac{\epsilon_r \tau^2}{\tau_r^2 \left(1 - \frac{\tau^2}{\tau_r^2}\right)},$$

oder, falls man Reihenentwickelungen nach steigenden Potenzen der Grössen $\tau_v : \tau$, bezw. $\tau : \tau_r$ vernimmt, was gestattet ist, da beide Grössen kleiner als 1 sind:

Vierkonstantige Dispersionsformel.

$$n^2 = \varepsilon_0 + \Sigma \varepsilon_v + \frac{1}{\tau^2} \Sigma \varepsilon_v \tau_v^2 + \frac{1}{\tau^4} \Sigma \varepsilon_v \tau_v^4 + \ldots$$

$$- \tau^2 \Sigma \frac{\varepsilon_r}{\tau_r^2} - \tau^4 \Sigma \frac{\varepsilon_r}{\tau_r^4} - \ldots$$

Bricht man die Entwickelung nach fallenden Potenzen von τ nach dem dritten Gliede, die nach steigenden Potenzen von τ nach dem ersten Gliede ab, so erhält man die Formel:

$$n^2 = -\tau^2 \Sigma \frac{\varepsilon_r}{\tau_r^2} + \varepsilon_0 + \Sigma \varepsilon_v + \frac{1}{\tau^2} \Sigma \varepsilon_v \tau_v^2 + \frac{1}{\tau^4} \Sigma \varepsilon_v \tau_v^4, \quad (82)$$

d. h. eine vierkonstantige Dispersionsformel:

$$n^2 = -A T^2 + B + \frac{C}{T^2} + \frac{D}{T^4}. \quad (83)$$

Die Dispersionsbeobachtungen an durchsichtigen Körpern stimmen nun in der That sehr gut mit dieser vierkonstantigen Dispersionsformel überein [1]), und zwar hat sich immer herausgestellt, dass die Koefficienten A, B, C, D positive Werthe besitzen. Dieses Resultat folgt nach der hier vorgetragenen Theorie mit Nothwenigkeit, wie eine Vergleichung von (83) mit (82) ergiebt. In der That müssen ja die Polarisationskonstanten ε_h positive Grössen sein (vgl. oben pag. 523).

Wir können jetzt auch untersuchen, in welcher Beziehung die Dielektricitätskonstante ε des Körpers zum optischen Brechungsexponenten n steht. Da die Dielektricitätskonstante die elektrischen Eigenschaften des Körpers für statische oder langsam veränderliche Zustände charakterisirt, indem für diese sein muss

$$u = \frac{\varepsilon}{4\pi c} \frac{\partial X}{\partial t},$$

so hat also nach (73) ε die Bedeutung des Werthes, in welchen $\varepsilon(\tau)$ für $\tau = \infty$ übergeht. Aus (72) folgt daher

$$\varepsilon = \varepsilon_0 + \Sigma \varepsilon_h = \varepsilon_0 + \Sigma \varepsilon_r + \Sigma \varepsilon_v. \quad (84)$$

Da nun nach (83) und (82) ist:

$$B = \varepsilon_0 + \Sigma \varepsilon_v,$$

so folgt:

$$\varepsilon - B = \Sigma \varepsilon_r, \quad (85)$$

---

[1]) Man vgl. E. Ketteler, Theoret. Optik, Braunschw. 1885, pag. 547.

d. h. die **Differenz zwischen der Dielektricitätskonstante und dem von der Schwingungsdauer unabhängigen Gliede der vierkonstantigen Dispersionsformel von n^2 ist gleich der Summe der Polarisationskonstanten derjenigen Molekülgattungen, deren Eigenschwingungen im Ultrarothen liegen.**

Hiernach erscheint es selbstverständlich, dass diese Differenz nie negativ sein kann, wie auch der Erfahrung entspricht nach Formel (4) der pag. 487. Ferner muss eine solche Differenz zwischen ε und B immer bestehen, wenn die Dispersion des n^2 nicht durch die dreikonstantige Formel

$$n^2 = B + \frac{C}{T^2} + \frac{D}{T^4}$$

befriedigend darzustellen ist; denn der Koefficient A der Formel (83) rührt gerade von den Molekülen her, welche Eigenschwingungen im Ultrarothen besitzen.

Für diesen Satz bildet das Verhalten des Wassers eine glänzende Bestätigung. Denn unter allen durchsichtigen Körpern erreicht der Koefficient A der vierkonstantigen Dispersionsformel den grössten Betrag an Wasser, und dies steht sowohl im Einklang damit, dass Wasser am meisten von allen Körpern Wärmestrahlen absorbirt, als damit, dass bei Wasser die Differenz zwischen ε und B am grössten ist.

Unter der Annahme, dass nur ein einziges Absorptionsgebiet im Ultrarothen läge, kann man die Lage desselben aus A und $\varepsilon - B$ berechnen. Denn es ist nach (82) und (85)

$$A = \frac{\varepsilon_r}{T_r^2}, \quad \varepsilon - B = \varepsilon_r,$$

daher

$$T_r^2 = \frac{\varepsilon - B}{A}.$$

Nach Ketteler ist nun für Wasser

$$A = 0{,}0128 \cdot 10^8 \cdot c^2 \, \mathrm{sec}^{-2},$$

ferner nach Cohn und Heerwagen (cf. oben pag. 292) $\varepsilon - B$ etwa gleich 77. Daraus berechnet sich die dem ultrarothen Absorptionsgebiet entsprechende Wellenlänge (in Luft gemessen) zu

d. h.
$$\lambda_r{}^2 = c^2 T_r{}^2 = \frac{77}{0{,}0128}\, 10^{-8} = 60 \cdot 10^{-6},$$

$$\lambda_r = 7{,}75 \cdot 10^{-3}\, \text{cm},$$

d. h. zu etwa $8/100$ mm. Diese Wellenlänge liegt in der That weit im Ultrarothen. Experimentelle Untersuchungen liegen nicht darüber vor, wo das, bezw. die Absorptionsmaxima des Wassers liegen.

12. Die Dispersion der Krystalle. Die Dispersionstheorie lässt sich leicht auf Krystalle ausdehnen. Die Gleichungen (68), (69), (70) müssen unverändert bleiben, dagegen treten auf der rechten Seite von (67) noch Glieder auf, welche proportional zu $\frac{\partial Y}{\partial t}$ und $\frac{\partial Z}{\partial t}$ sind. Die Koefficienten der Differentialgleichungen von v_h und w_h unterscheiden sich von denen der Gleichung (67). Man wird deshalb bei periodischen Bewegungen zu den Gleichungen (40) der pag. 505 geführt, in denen ε_{hk} die Bedeutung gewisser, von der Schwingungsdauer abhängiger Grössen besitzt, welche eine ähnliche Form wie die linke Seite von (72) haben. Es macht dabei keinen Unterschied, ob man den die ponderable Moleküle umgebenden Aether als krystallinisch oder als isotrop auffasst. Letztere Annahme würde der Natur der Sache mehr entsprechen.

Es geht hieraus hervor, dass die im § 7 abgeleiteten Sätze der Krystalloptik auch nach der hier vorgetragenen Dispersionstheorie unverändert bestehen bleiben, wofern die ε_{hk} als reell zu betrachten sind, d. h. falls die Krystalle für die betreffende Farbe nicht eine starke Absorption zeigen.

In welcher Weise die Sätze modificirt werden, wenn Absorption bemerkbar, d. h. ε_{hk} komplex ist, soll weiter unten im nächsten Kapitel besprochen werden.

13. Die Gesetze der Reflexion und Brechung nach der Dispersionstheorie. Wie am Schluss des § 9 (pag. 524) angeführt ist, bleiben die Grenzbedingungen, welche beim Uebergang des Lichtes über die Grenze zweier verschiedener Körper zu erfüllen sind, nach der Dispersionstheorie dieselben, wie nach der ursprünglichen elektrischen Theorie. Die Resultate der letzteren können daher direkt auch für die erweiterte Theorie übertragen werden, wenn man der Konstanten ε der isotropen Körper bezw. den Konstanten ε_{hk} der Krystalle die Bedeutung der nach (72) definirten Grösse $\varepsilon(\tau)$ beilegt. Dieses bringt zur Erklärung der optischen Erscheinungen ein und derselben Farbe gar keinen Unterschied hervor, falls $\varepsilon(\tau)$ reell ist, d. h. keine merkbare Absorption für die betreffende Farbe eintritt. Wie sich die Reflexionsgesetze durch die Absorption modificiren, soll im nächsten Kapitel bei Betrachtung der Metallreflexion gezeigt werden. Hier mag nur angeführt sein, dass die Absorption sehr stark sein muss, um merkbaren Einfluss auf die Reflexionsgesetze zu gewinnen. Bei sogenannten gefärbten Körpern, welche merkbare Absorption erst in Schichten von der Dicke vieler Wellenlängen aufweisen, verschwindet jener Einfluss der Absorption vollkommen. In Körpern mit anomaler Dispersion kann er nur für die Farben der Absorptionsmaxima zu Tage treten. Für diese müssen die unten zu besprechenden Gesetze der Metallreflexion gelten. Die sogenannten Oberflächenfarben einiger Körper erklären sich auf diese Weise.

14. Rotationspolarisation. Wenn ein linear polarisirter Lichtstrahl senkrecht auf eine planparallele Glasplatte fällt, so hat die Polarisationsebene des austretenden Strahles dieselbe Lage, wie die des eintretenden. In derselben Weise verhalten sich im Allgemeinen alle Körper, auch die Krystalle mit grosser Annäherung, da hier nur eine geringe Abweichung infolge des für verschiedene Richtungen etwas verschiedenen Reflexionsvermögens eintritt.

Indess giebt es eklatante Ausnahmen von dieser Regel: So z. B. dreht eine senkrecht zur optischen Axe geschnittene Quarzplatte die Polarisationsebene sehr bedeutend, und sogar in Zuckerlösungen ist diese Drehung leicht nachweisbar. Letzteres Resultat ist um so auffallender, als man eine Lösung als einen völlig isotropen Körper anzusehen geneigt ist, während die besprochene Erscheinung entschieden gegen die Isotropie des Körpers spricht. Denn bei vollkommener Isotropie könnte aus Symmetrierücksichten eine Ablenkung der Polarisationsebene des einfallenden Lichtes in irgend einem bestimmten Sinne nicht möglich sein.

Diese Erscheinung spricht also dafür, dass die Zuckerlösung in optischer Hinsicht keine einzige Symmetrieebene besitzt, da sonst, wenn z. B. die Polarisationsebene des einfallenden Lichtes mit ihr zusammenfiele, keine Drehung derselben stattfinden könnte. Der Natur der Lösung entspricht es aber, dass sie sich in allen Richtungen gleich verhält. Es lässt sich hiernach die Gestalt der Differentialgleichungen, welche die optischen Vorgänge in einer Zuckerlösung beschreiben können, dahin charakterisiren, dass dieselbe ungeändert bleiben muss bei einer beliebigen Drehung des ganzen Koordinatensystems, dass dagegen die Gestalt der Differentialgleichungen sich ändern muss, wenn nur eine der Koordinatenaxen in die entgegengesetzte Richtung gedreht wird, d. h. wenn z. B. x und y unverändert bleiben, während z mit — z vertauscht wird. Körper, für welche Differentialgleichungen dieser Gestalt gelten, heissen dissymetrisch-isotrope.

Dagegen nennt man einen Krystall, der, wie Quarz, keine optische Symmetrieebene besitzt, einen dissymetrisch-krystallinischen Körper. Wir wollen indess die Betrachtungen zunächst nur an die dissymetrisch-isotropen Körper anknüpfen.

Bei einer Lösung kann eine Unsymmetrie nur in der Gestaltung des Moleküles selbst liegen, nicht in der gegenseitigen Anordnung der Moleküle, und in der That haben le Bel und van 't Hoff das Drehungsvermögen direkt mit der chemischen Konstitutionsformel in Verbindung setzen können.

Wir haben nun also für diese sogenannten aktiven Körper die Differentialgleichung (67) der pag. 522 für die Stromdichte im Molekül so zu erweitern, dass sie dem Fehlen jeglicher Symmetrieebene entspricht. Man sieht sofort, dass dieses nicht dadurch zu erreichen ist, dass auf der rechten Seite von (67), wie bei Krystallen, Terme zu addiren sind, welche proportional mit $\frac{\partial Y}{\partial t}$ und $\frac{\partial Z}{\partial t}$ sind, denn wir sahen oben pag. 508, dass bei diesem, den nicht aktiven Krystallen entsprechenden Ansatz stets drei zu einander senkrechte Symmetrieebenen vorhanden sind.

Es bleibt daher nur noch die Möglichkeit offen, dass die u_h nicht nur von den elektrischen Kräften selbst, sondern auch von deren Differentialquotienten nach den Koordinaten abhängen. Diese Erweiterung des Ansatzes muss nun thatsächlich vorgenommen werden, wenn man berücksichtigt, dass die Moleküle eine endliche Ausdehnung besitzen. Da durch die an den Grenzen des Moleküls zu erfüllenden Grenzbedingungen ein gewisser Einfluss der an den Molekülgrenzen stattfindenden Vorgänge auf die Werthe der elektrischen Kraft in einem inneren Punkte P des Moleküls besteht, so muss die Stromdichte u_h in einem solchen Punkte P nicht nur von der dort stattfindenden elektrischen Kraft X abhängen, sondern auch von den Werthen der elektrischen Kraft an den Grenzen des Moleküls, welche um so mehr von den im Punkte P stattfindenden Werthen abweichen müssen, je grösser das Molekül ist und je kürzer die Distanzen sind, innerhalb welcher sich auch im umgebenden Aether die elektrischen Kräfte merklich unterscheiden, mit anderen Worten je grösser das Verhältniss der Dimensionen der Moleküle zu der Wellenlänge des Lichtes ist. Hieraus übersieht man, dass der Einfluss des Molekülbaus sich nur auf kurze Aetherwellen, nämlich optische, erstrecken kann. Für lange Wellen, wie sie durch die Hertz'schen Versuche zu realisiren sind, kann keine Drehung der Polarisationsebene (Aktivität) eintreten; und bei optischen Wellen muss sie vom rothen nach dem blauen Ende des Spektrums hin wachsen. Dieser Satz wird durch die Beobachtungen bestätigt.

Wenn wir nun den Ansatz machen, dass u_h nicht nur von dem auf dieselbe Stelle P bezüglichen X abhängt, sondern auch von dem auf eine andere Stelle P' bezüglichen X, Y, Z, so bedeutet das dasselbe, als ob wir den Ansatz machen, dass u_h auch von den auf P bezüglichen Differentialquotienten der X, Y, Z nach den Koordinaten abhinge. Es folgt dies direkt aus einer Entwickelung nach dem Taylor'schen Lehrsatz, demzufolge ist:

$$X_{P'} = X_P + \left(\frac{\partial X}{\partial x}\right)_P dx + \left(\frac{\partial X}{\partial y}\right)_P dy + \text{etc.},$$

wo dx, dy, .., die Projektionen der Strecke PP' auf die x-Axe, bezw. y-Axe sind.

Für eine gegen die Wellenlänge nicht verschwindende Grösse der Moleküle ist also (67) zu erweitern in:

$$u_h + a_h \frac{du_h}{dt} + b_h \frac{d^2 u_h}{dt^2} = \frac{1}{4\pi c} \frac{\partial}{\partial t} \left\{ \varepsilon_h X + \rho_{11} \frac{\partial X}{\partial x} + \rho_{12} \frac{\partial X}{\partial y} + \rho_{13} \frac{\partial X}{\partial z} \right.$$
$$+ \rho_{21} \frac{\partial Y}{\partial x} + \cdots \quad (86)$$
$$\left. + \rho_{31} \frac{\partial Z}{\partial x} + \cdots \right\}.$$

Zweite und höhere Differentialquotienten der Kräfte nach den Koordinaten wollen wir nicht einführen, indem wir annehmen, dass die Moleküle so klein seien, dass die Taylor'schen Entwickelungen mit den ersten Potenzen dx, dy etc. abgebrochen werden können.

Da es nur geschlossene Ströme giebt, muss die Beziehung

$$\frac{\partial u}{\partial x} + \frac{\partial v}{\partial y} + \frac{\partial w}{\partial z} = 0$$

erfüllt sein. Nach (68) ist $u = u_0 + \Sigma u_h$ zu setzen. Obige Bedingung können wir daher durch die Annahme erfüllen, dass ist:

$$\frac{\partial u_0}{\partial x} + \frac{\partial v_0}{\partial y} + \frac{\partial w_0}{\partial z} = 0,$$

und ebenso für jede Molekülart:

$$\frac{\partial u_h}{\partial x} + \frac{\partial v_h}{\partial y} + \frac{\partial w_h}{\partial z} = 0. \tag{87}$$

Setzt man hierin für u_h, v_h, w_h die Werthe des Ansatzes (86) ein und berücksichtigt, dass die Struktur des Körpers eine dissymetrisch-isotrope sein soll, d. h. dass nach pag. 536 die Gleichung (86) für u_h und die beiden ihr analogen für v_h und w_h ungeänderte Gestalt behalten sollen, wenn das Koordinatensystem als Ganzes beliebig gedreht wird, so folgen nothwendig für u_h, v_h, w_h Gleichungen der Form:

$$u_h + a_h \frac{du_h}{dt} + b_h \frac{d^2 u_h}{dt^2} = \frac{1}{4\pi c} \frac{\partial}{\partial t} \left[\varepsilon_h X + \rho_h \left(\frac{\partial Y}{\partial z} - \frac{\partial Z}{\partial y} \right) \right],$$

$$v_h + a_h \frac{dv_h}{dt} + b_h \frac{d^2 v_h}{dt^2} = \frac{1}{4\pi c} \frac{\partial}{\partial t} \left[\varepsilon_h Y + \rho_h \left(\frac{\partial Z}{\partial x} - \frac{\partial X}{\partial z} \right) \right], \tag{88}$$

$$w_h + a_h \frac{dw_h}{dt} + b_h \frac{d^2 w_h}{dt^2} = \frac{1}{4\pi c} \frac{\partial}{\partial t} \left[\varepsilon_h Z + \rho_h \left(\frac{\partial X}{\partial y} - \frac{\partial Y}{\partial x} \right) \right].$$

Diese Gleichungen entsprechen in der That einem dissymetrisch-isotropen Körper. Denn bei Vertauschung von z mit $-z$ erhält man aus (88) ein Gleichungssystem, welches sich durch das Vorzeichen der mit ρ multiplicirten Glieder von der ursprünglichen Form (88) unterscheidet. Die xy-Ebene ist also keine Symmetrieebene des Körpers, und da die Gleichungen (88) bei beliebiger Drehung des Koordinatensystems als Ganzes ungeändert bleiben, so besitzt der Körper überhaupt keine Symmetrieebene.

Wir würden ein dissymetrisch-isotropes Medium erhalten, wenn die Moleküle einer Lösung alle dieselben unregelmässigen

Tetraeder sind, während die Tetraeder, welche zu ihnen spiegelbildlich gleich sind, nicht vorhanden oder mindestens kleiner an Zahl sind. — Auch wenn die Moleküle Stücke von lauter gleichsinnig gewundenen Schraubenlinien sind, würden wir ein dissymetrisch-isotropes Medium erhalten. In diesem Falle kann leicht aus der geometrischen Anschauung heraus gefolgert werden, dass ein Ansatz der Form (88) bestehen muss. Nehmen wir z. B. an, ein Molekül bestehe aus mehreren Umgängen einer rechtsgewundenen Schraubenlinie, deren Axe parallel zur x-Axe sei (vgl. Fig. 66). Auf der Ober- und Unterseite der Schraube wirkt die Komponente X und Y der elektrischen Kraft auf die Strömung in der Schraubenlinie, auf der Vorder- und Rückseite dagegen die Komponente X und Z. Während aber die Komponente X oben und unten, vorn und hinten stets in demselben Sinne wirkt, wirkt Y oben und unten, sowie Z vorn und hinten in entgegengesetztem Sinne.

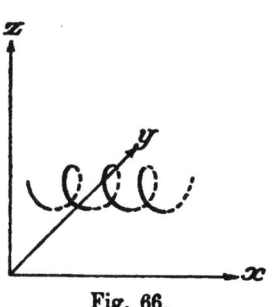

Fig. 66.

Nennen wir nämlich die Strömung in der Schraubenlinie positiv, wenn sie eine positive x-Komponente u_h besitzt, so erzeugt Y oben eine negative, unten eine positive Strömung, ferner Z hinten eine positive, vorn eine negative. Es ist daher zu setzen, da der Werth von Y oben gleich ist dem Werthe von Y unten vermehrt um $\frac{\partial Y}{\partial z} d$, falls d der Durchmesser des in die Schraubenlinie einbeschriebenen Kreiscylinders ist:

$$u_h = pX - qd\frac{\partial Y}{\partial z} + qd\frac{\partial Z}{\partial y}.$$

Dies entspricht aber genau dem Ansatz (88). — Besitzt das Molekül die Gestalt einer links gewundenen Schraube, so würde sein:

$$u_h = pX + qd\frac{\partial Y}{\partial z} - qd\frac{\partial Z}{\partial y}.$$

Ein positives ρ in (88) wird daher durch linksgewundene, ein negatives durch rechtsgewundene Moleküle hervorgebracht. Diese Regel gilt nur bei Festlegung des Koordinatensystems in dem in der Fig. 66 ausgedrückten Sinne, wie er unseren früheren Festsetzungen (pag. 61) entspricht.

Grundgleichungen für aktive Körper.

Die Gleichungen (88), in Verbindung mit den auch jetzt gültigen Gleichungen (68), (69), (70) der pag. 524 geben die vollständige Theorie der Eigenschaften der Aetherstörungen in dissymmetrisch-isotropen Körpern. Die an der Grenze zweier verschiedener, aneinander grenzender Körper zu erfüllenden Bedingungen bleiben aus dem oben pag. 511 angeführten Grunde die nämlichen wie früher: nämlich Stetigkeit der Tangentialkomponenten der elektrischen und magnetischen Kraft.

Für periodische Bewegungen ist zu setzen

$$u_h = f(x, y, z) \cdot e^{\frac{i}{\tau}t}.$$

Daher wird nach (88):

$$u_h \left(1 + i \frac{a_h}{\tau} - \frac{b_h}{\tau^2}\right) = \frac{1}{4\pi c} \frac{\partial}{\partial t} \left[\varepsilon_h X + \rho_h \left(\frac{\partial Y}{\partial z} - \frac{\partial Z}{\partial y}\right)\right],$$

folglich nach (68) und (66) (pag. 523):

$$u = \frac{1}{4\pi c} \frac{\partial}{\partial t} \left[\left(\varepsilon_0 + \Sigma \frac{\varepsilon_h}{1 + i\frac{a_h}{\tau} - \frac{b_h}{\tau^2}}\right) X + \left(\Sigma \frac{\rho_h}{1 + i\frac{a_h}{\tau} - \frac{b_h}{\tau^2}}\right) \left(\frac{\partial Y}{\partial z} - \frac{\partial Z}{\partial y}\right)\right]$$

Setzt man zur Abkürzung:

$$\varepsilon_0 + \Sigma \frac{\varepsilon_h}{1 + i\frac{a_h}{\tau} - \frac{b_h}{\tau^2}} = \varepsilon(\tau) = \varepsilon,$$

$$\Sigma \frac{\rho_h}{1 + i\frac{a_h}{\tau} - \frac{b_h}{\tau^2}} = \rho(\tau) = \rho,$$

(89)

so wird also:

$$u = \frac{1}{4\pi c} \frac{\partial}{\partial t} \left[\varepsilon X + \rho \left(\frac{\partial Y}{\partial z} - \frac{\partial Z}{\partial y}\right)\right],$$

$$v = \frac{1}{4\pi c} \frac{\partial}{\partial t} \left[\varepsilon Y + \rho \left(\frac{\partial Z}{\partial x} - \frac{\partial X}{\partial z}\right)\right],$$

$$w = \frac{1}{4\pi c} \frac{\partial}{\partial t} \left[\varepsilon Z + \rho \left(\frac{\partial X}{\partial y} - \frac{\partial Y}{\partial x}\right)\right].$$

(90)

Dieser Ansatz für u, v, w ergiebt, dass die elektrische Energie der Volumeinheit, welche zur Unterhaltung des Stromes während

der Zeit dt erforderlich ist, nämlich der Ausdruck (vgl. oben pag. 306)
$$E = (\mathrm{u}X + \mathrm{v}Y + \mathrm{w}Z)\,c\,dt,$$
im Allgemeinen, d. h. bei beliebigen Werthen der X, Y, Z, nicht das Differential einer Funktion des Zustandes des Systemes ist. Um E dazu zu machen, müssten noch Terme auf der rechten Seite von (90) zugefügt werden. Wir können aber hier, wo es sich um die Darlegung der bei der Lichtbewegung eintretenden Erscheinungen handelt, von diesen Termen absehen, da ihr Effekt bei der hier zu untersuchenden Lichtbewegung derselbe ist, als ob in den Gleichungen (90) keine weiteren Terme auftreten. In der That ist nach den Gleichungen (90) E das Differential einer Funktion des Zustandes des Systemes, falls die Beziehungen bestehen:
$$X \frac{\partial^2 Y}{\partial t\, \partial z} = Y \frac{\partial^2 X}{\partial t\, \partial z}$$
etc. Diese Beziehungen sind aber bei der hier zu untersuchenden Lichtbewegung wirklich erfüllt.

Setzt man die Werthe (90) in (69) (pag. 524) ein und eliminirt α, β, γ mit Hülfe von (70), so erhält man die Hauptgleichungen:

$$\frac{1}{c^2} \frac{\partial^2}{\partial t^2}\left[\varepsilon X + \rho\left(\frac{\partial Y}{\partial z} - \frac{\partial Z}{\partial y}\right)\right] = \Delta X,$$

$$\frac{1}{c^2} \frac{\partial^2}{\partial t^2}\left[\varepsilon Y + \rho\left(\frac{\partial Z}{\partial x} - \frac{\partial X}{\partial z}\right)\right] = \Delta Y, \qquad (91)$$

$$\frac{1}{c^2} \frac{\partial^2}{\partial t^2}\left[\varepsilon Z + \rho\left(\frac{\partial X}{\partial y} - \frac{\partial Y}{\partial x}\right)\right] = \Delta Z.$$

Für die magnetische Kraft gelten Differentialgleichungen derselben Form.

Pflanzen sich ebene Wellen nach der z-Axe fort, so ist, wie in (71), zu setzen:

$$X = M e^{\frac{i}{\tau}(t - pz)}, \qquad Y = N e^{\frac{i}{\tau}(t - pz)}, \qquad Z = 0. \qquad (92)$$

Setzt man diese Werthe in (91) ein, so erhält man die Beziehungen:

$$\varepsilon M - i\frac{p}{\tau}\rho N = M p^2 c^2,$$

$$\varepsilon N + i\frac{p}{\tau}\rho M = N p^2 c^2.$$

Diesen Gleichungen kann man durch zwei Werthsysteme genügen, nämlich durch

$$\varepsilon - p^2 c^2 = +\frac{p}{\tau}\rho, \qquad M = iN,$$

und (93)

$$\varepsilon - p^2 c^2 = -\frac{p}{\tau}\rho, \qquad M = -iN.$$

Es ergiebt sich also hier das eigentümliche Resultat, dass zwei Wellen mit verschiedenem p, d. h. auch mit verschiedenen Fortpflanzungsgeschwindigkeiten, existiren. Ferner haben die Wellen imaginäre y-Amplituden, wenn sie reelle x-Amplituden besitzen.

Um die physikalische Bedeutung hiervon zu erkennen, ist zu berücksichtigen, dass die eigentliche physikalische Bedeutung von X und Y erhalten wird, wenn auf der rechten Seite von (92) die konjugirt-komplexen Ausdrücke zugefügt werden. Nehmen wir an, dass p reell sei, was eintritt, falls der Körper für die betreffende Farbe keine merkliche Absorption zeigt, d. h. die Koeffizienten a_h in (89) zu vernachlässigen sind, so folgt nach (92) für $N = -iM$

$$X = M e^{\frac{i}{\tau}(t-pz)} + M e^{-\frac{i}{\tau}(t-pz)} = 2M\cos\frac{1}{\tau}(t-pz),$$

$$Y = -iM e^{\frac{i}{\tau}(t-pz)} + iM e^{-\frac{i}{\tau}(t-pz)} = +2M\sin\frac{1}{\tau}(t-pz), \quad (94)$$

für $N = +iM$:

$$Y = iM e^{\frac{i}{\tau}(t-pz)} - iM e^{-\frac{i}{\tau}(t-pz)} = -2M\sin\frac{1}{\tau}(t-pz).$$

Diese Gleichungen stellen cirkularpolarisirte Wellen dar, und zwar rotirt für ein der Fortpflanzungsrichtung entgegengesetztes Auge bei unsrer Wahl des Koordinatensystems der Endpunkt des Vektors X, Y bei der ersten Welle ($N = -iM$) entgegen dem Uhrzeiger (**links cirkularpolarisirte Welle**), bei der zweiten Welle ($N = +iM$) mit dem Uhrzeiger (**rechts cirkularpolarisirte Welle**).

Diese beiden Wellen haben nun aber verschiedene Fortpflanzungsgeschwindigkeiten, denn nach (93) ist für die erste Welle:

$$p = -\frac{\rho}{2\tau c^2} + \frac{1}{c}\sqrt{\frac{\rho^2}{4\tau^2 c^2} + \varepsilon},$$

für die zweite Welle: (95)

$$p = +\frac{\rho}{2\tau c^2} + \frac{1}{c}\sqrt{\frac{\rho^2}{4\tau^2 c^2} + \varepsilon}.$$

Wenn also ρ positiv ist (was nach pag. 539 für linksgewundene Moleküle eintritt), so ist die Fortpflanzungsgeschwindigkeit der links cirkularpolarisirten Wellen grösser als die der rechts cirkularpolarisirten Wellen, da p für erstere kleiner ist als für letztere.

Bezeichnet man die beiden nach den Formeln (95) bestimmten Werthe von p mit p_1 und p_2, so ist der Effekt der Superposition beider im Körper sich fortpflanzenden Wellen nach (94) gegeben durch:

$$X = X_1 + X_2 = 2M\left[\cos\frac{1}{\tau}(t - p_1 z) + \cos\frac{1}{\tau}(t - p_2 z)\right],$$
(96)
$$Y = Y_1 + Y_2 = 2M\left[\sin\frac{1}{\tau}(t - p_1 z) - \sin\frac{1}{\tau}(t - p_2 z)\right].$$

Setzt man nun

$$t' = t - \frac{p_1 + p_2}{2} z, \qquad \varphi = \frac{p_2 - p_1}{2\tau} z, \qquad (97)$$

so wird

$$\frac{1}{\tau}(t - p_1 z) = \frac{t'}{\tau} + \varphi, \qquad \frac{1}{\tau}(t - p_2 z) = \frac{t'}{\tau} - \varphi.$$

Daher ist nach (96)

$$X = 2M\left[\cos\left(\frac{t'}{\tau} + \varphi\right) + \cos\left(\frac{t'}{\tau} - \varphi\right)\right] = 4M\cos\varphi\cos\frac{t'}{\tau},$$
(98)
$$Y = 2M\left[\sin\left(\frac{t'}{\tau} + \varphi\right) - \sin\left(\frac{t'}{\tau} - \varphi\right)\right] = 4M\sin\varphi\cos\frac{t'}{\tau}.$$

Durch Superposition beider cirkularpolarisirter Wellen entsteht daher an jedem bestimmten Raumpunkte, d. h. für jedes bestimmte z, eine linearpolarisirte Lichtbewegung, d. h. eine geradlinige Schwingung, da nach (98) X und Y von gleicher Phase sind. Die Lage dieser geradlinigen Schwingung jedoch, d. h. die Lage der Polarisationsebene, wechselt von Punkt zu Punkt, da sie nach (98) mit der x-Axe den Winkel φ einschliesst und dieser Winkel nach (97) proportional zu z ist. Die Polarisationsebene wird daher, falls die Wellen eine Strecke z durcheilt haben, um den Winkel φ dem Uhrzeiger entgegengedreht für ein der Fortpflanzungsrichtung entgegengesetztes Auge. Aus (97) und (95) folgt diese Drehung zu:

$$\varphi = \frac{\rho}{2\,\tau^2\,c^2}\,z\,. \qquad (99)$$

Es findet also Linksdrehung statt, wenn ρ positiv ist (die Moleküle also links gewunden sind), während für negatives ρ (bei rechtsgewundenen Molekülen) eine Rechtsdrehung der Polarisationsebene eintritt.

Setzt man in (99) den Werth ρ (τ) nach (89) als Funktion der Schwingungsdauer ein, so erhält man das **Dispersionsgesetz für die Rotationspolarisation**. Da nach (89) ρ von τ unabhängig ist, falls die Eigenschwingungen der Moleküle[1]) sehr weit im Ultravioletten liegen, so lehrt (99), dass die Drehung der Polarisationsebene umgekehrt proportional dem Quadrat der Schwingungsdauer des Lichtes zunehmen muss. Dieses Gesetz ist thatsächlich von Biot als ein Erfahrungssatz aufgestellt, und in gewisser Annäherung besteht er bei allen aktiven Körpern.

Man erhält indessen eine genauere Darstellung der Beobachtungen, wenn die Eigenschwingungen der (aktiven) Moleküle berücksichtigt werden. Liegen dieselben nur im Ultravioletten, so erhält man durch eine Reihenentwickelung, wie sie der auf pag. 532 für ε (τ) vorgenommenen ähnlich ist, aus (89) und (99) die Dispersionsformel:

$$\frac{\varphi}{z} = \frac{A_1}{T^2} + \frac{A_2}{T^4} + \frac{A_3}{T^6} + \frac{A_4}{T^8} + \cdots, \qquad (100)$$

in welcher sämmtliche Koeffizienten A positiv sind. Thatsächlich kann man mit Hülfe einer solchen vierkonstantigen Dispersionsformel die Drehung im Quarz darstellen innerhalb eines sehr grossen Spektralbereiches, welches vom Ultrarothen bis weit in das Ultraviolette reicht (bis zur Kadmiumlinie 26).

Würden auch Eigenschwingungen der aktiven Moleküle zu berücksichtigen sein, welche im Ultrarothen liegen, so würde durch

---

[1]) Es kommt dabei nur auf die dissymetrischen Moleküle an, welche die Drehung verursachen, also z. B. in einer Zuckerlösung nur auf die Zuckermoleküle.

Reihenentwickelung von (89) und Einsetzen in (99) die Dispersionsformel entstehen:

$$\frac{\varphi}{z} = \ldots - B_2 T^4 - B_1 T^2 - B_0 + \frac{A_1}{T^2} + \frac{A_2}{T^4} + \ldots, \quad (101)$$

wo wiederum sämmtliche Koefficienten positiv sind. — Es sind bisher keine Körper bekannt, für welche die Erweiterung der Dispersionsformel (100) in (101) sich als nothwendig herausgestellt hat.

Für äusserst langsame Schwingungen folgt aus (89) und (99) $\varphi = 0$, was in Uebereinstimmung mit unsern, oben auf pag. 537 angestellten allgemeinen Ueberlegungen steht.

15. Rotationspolarisation der Krystalle.

Es macht keine Schwierigkeit, aus dem Ansatz (86) (pag. 537) mit Hülfe der Bedingung (87) die Grundgleichungen für aktive Krystalle aufzustellen. Da indess für alle bisher der Beobachtung unterzogenen Krystalle die aus der Aktivität (Dissymmetrie) entspringenden Koefficienten ρ sehr klein sind, so entziehen sich die aus einer Verschiedenheit der ρ nach verschiedenen Richtungen sich ergebenden Konsequenzen der Wahrnehmung. Man gelangt daher schon zu einer völlig befriedigenden Darstellung der Erscheinungen, wenn man in (88) (pag. 538) nur die ε_h als von der Richtung abhängig einführt, dagegen die ρ_h nicht.

Die Konsequenzen dieser Theorie sollen hier nicht weiter verfolgt werden[1]). Ich will nur anführen, dass sie in allen Punkten der Erfahrung durchaus entsprechen. — Es ergiebt sich u. A. der von der Erfahrung bestätigte Satz, dass merkliche Rotationspolarisation nur für Fortpflanzungsrichtungen vorhanden ist, welche in der Nähe einer optischen Axe des Krystalls liegen. Es liegt dies daran, dass die Koefficienten ρ nicht nur gegen die Koefficienten ε klein sind, sondern sogar gegen die Unterschiede der ε in verschiedenen Richtungen.

Auch das Problem der Reflexion an einem aktiven Körper soll hier nicht näher besprochen werden, da bei allen Körpern, welche man bisher kennt, die Aktivität so gering ist, dass eine Abweichung von den Reflexionsgesetzen nicht aktiver Körper sich

---

[1]) Betreffs ihrer näheren Ausführung vgl. Winkelmann, Handb. der Phys., II. Bd., Artikel „Rotationspolarisation" von P. Drude.

der Beobachtung entzieht[1]). — Wie man zu verfahren hat, um zu den Reflexionsgesetzen zu gelangen, ist leicht anzugeben, da die Grenzbedingungen nach den Schlüssen der pag. 511 wiederum die dortigen Formeln (52) sind. — Je nachdem man die elektrische Kraft, die magnetische Kraft oder die elektrische Polarisation (oder Strömung) als Lichtvektor wählt, erhält man formell verschiedene Erklärungssysteme[2]), welche aber natürlich zu gleichen beobachtbaren Resultaten führen müssen.

---

[1]) Dies gilt selbst für Zinnober, welcher die stärkste Aktivität aller bisher beobachteten Körper besitzt. Vgl. hierüber P. Drude, Götting. Nachr. 1892, pag. 406.

[2]) Sie sind vom Verfasser in Götting. Nachr. 1892, pag. 399 u. ff. entwickelt.

Kapitel XI.

Absorbirende Körper (Metalle).

1. Elektromagnetische Grundgleichungen für unvollkommene Isolatoren und Metalle.

Wie für jeden Körper, so gelten auch für Metalle die Maxwell'schen Grundgleichungen[1]) der pag. 86, nämlich:

$$4\pi u = \frac{\partial \gamma}{\partial y} - \frac{\partial \beta}{\partial z}, \quad 4\pi v = \frac{\partial \alpha}{\partial z} - \frac{\partial \gamma}{\partial x}, \quad 4\pi w = \frac{\partial \beta}{\partial x} - \frac{\partial \alpha}{\partial y}, \quad (1)$$

sowie die aus den Induktionsgesetzen folgenden Gleichungen der pag. 218:

$$\mu \frac{\partial \alpha}{\partial t} = \frac{\partial Q}{\partial z} - \frac{\partial R}{\partial y}, \quad \mu \frac{\partial \beta}{\partial t} = \frac{\partial R}{\partial x} - \frac{\partial P}{\partial z}, \quad \mu \frac{\partial \gamma}{\partial t} = \frac{\partial P}{\partial y} - \frac{\partial Q}{\partial x}, \quad (2)$$

wobei P, Q, R die Komponenten der elektrischen Kraft nach elektromagnetischem Maass bedeuten.

In den Gleichungen (1) bezeichnen u, v, w die Komponenten der elektrischen Strömung nach elektromagnetischem Maass. Sind nur Leitungsströme vorhanden, so ist nach den Formeln (10) des Kap. VI auf pag. 228 zu setzen:

$$u = \sigma P, \quad v = \sigma Q, \quad w = \sigma R, \quad (3)$$

worin σ die specifische Leitfähigkeit des Körpers nach elektromagnetischem Maass bedeutet.

Sind dagegen nur Verschiebungsströme vorhanden, so ist nach den Gleichungen (14) des Kap. VIII auf pag. 310 zu setzen:

---

[1]) Diese sind im II. Kapitel ursprünglich überhaupt nur für das Innere eines Metalls abgeleitet.

$$u_e = \frac{\varepsilon}{4\pi}\frac{\partial X}{\partial t}, \quad v_e = \frac{\varepsilon}{4\pi}\frac{\partial Y}{\partial t}, \quad w_e = \frac{\varepsilon}{4\pi}\frac{\partial Z}{\partial t}, \qquad (4)$$

wo u_e, v_e, w_e, X, Y, Z nach elektrostatischem Maass gemessen sind, oder da ist:

$$u_e = cu, \quad X = \frac{P}{c}, \qquad (5)$$

so folgt für Verschiebungsströme:

$$u = \frac{\varepsilon}{4\pi c^2}\frac{\partial P}{\partial t}, \quad v = \frac{\varepsilon}{4\pi c^2}\frac{\partial Q}{\partial t}, \quad w = \frac{\varepsilon}{4\pi c^2}\frac{\partial R}{\partial t}. \qquad (6)$$

In einem unvollkommenen Isolator, welcher ein gewisses Leitungsvermögen besitzt, müssen sich nun offenbar die Leitungsströme über die Verschiebungsströme superponiren. Man erhält daher durch Addition der Gleichungen (3) und (6):

$$u = \sigma P + \frac{\varepsilon}{4\pi c^2}\frac{\partial P}{\partial t},$$
$$v = \sigma Q + \frac{\varepsilon}{4\pi c^2}\frac{\partial Q}{\partial t}, \qquad (7)$$
$$w = \sigma R + \frac{\varepsilon}{4\pi c^2}\frac{\partial R}{\partial t}.$$

Eine andere Annahme, welche Poincaré[1]) für rationeller hält, rührt von Potier her. Nach dieser sollen sich in einem unvollkommenen Isolator nicht die Strömungen, sondern die aus den Leitungsströmen und aus den Verschiebungsströmen sich ergebenden elektrischen Kräfte superponiren. Man würde daher aus (3) und (6) gewinnen:

$$\frac{\partial P}{\partial t} = \frac{1}{\sigma}\frac{\partial u}{\partial t} + \frac{4\pi c^2}{\varepsilon}u.$$

Dieser Ansatz ist aber deshalb zu verwerfen, weil für $\sigma = 0$, d. h. für einen vollkommenen Isolator, $P = \infty$ folgen würde.

Für sogenannte unvollkommene Isolatoren ist die Leitfähigkeit σ sehr klein. Man kann aber eine stetige Reihenfolge von Körpern aufstellen, für welche σ successive grösser wird. Diese Reihenfolge endet mit den Metallen, für welche σ die höchsten

---

[1]) H. Poincaré, Elektricität und Optik, deutsch von Jäger und Gumlich, 1. Bd., pag. 157, Berlin 1891.

Beträge erreicht. Eine gewisse Mittelstellung nehmen die Elektrolyte und destillirtes Wasser ein. Folgende Tabelle giebt die Leitfähigkeit σ' einiger Körper, bezogen auf Quecksilber. Die Leitfähigkeit σ nach absolutem Maass findet man nach Formel (16) auf pag. 230 durch Multiplikation von σ' mit dem Faktor $1{,}063 \cdot 10^{-5}$.

Tabelle der Leitfähigkeiten.

	σ'	σ	$2c\sigma$
Kupfer (0°)	60	$6{,}4 \cdot 10^{-4}$	$38 \cdot 10^6$
Quecksilber	1	$1{,}1 \cdot 10^{-5}$	$6 \cdot 10^5$
25% NaCl-Lösung .	$2 \cdot 10^{-5}$	$2{,}1 \cdot 10^{-10}$	$1{,}2 \cdot 10^1$
Destillirtes Wasser .	$7 \cdot 10^{-10}$	$7{,}9 \cdot 10^{-15}$	$4{,}7 \cdot 10^{-4}$

Aus dem Ansatz (7) geht hervor, dass, je grösser die Leitfähigkeit wird, um so mehr die Leitungsströme neben den Verschiebungsströmen auftreten. Jedoch hängt ihr gegenseitiges Grössenverhältniss auch wesentlich von der Schnelligkeit der Stromwechsel ab, indem nach (7) die Verschiebungsströme um so mehr zur Geltung kommen, je grösser diese Schnelligkeit ist.

Nennen wir T die Periode der Stromwechsel, so ist, abgesehen von der Phase:

$$\frac{\partial P}{\partial t} = \frac{2\pi}{T} P.$$

Daher ist

$$\frac{\varepsilon}{4\pi c^2} \frac{\partial P}{\partial t} = \frac{\varepsilon}{2c\lambda} P,$$

wobei λ die Wellenlänge der Schwingung im leeren Raume bedeutet, d. h. das Produkt cT. Das Grössenverhältniss der Leitungsströme und der Verschiebungsströme hängt also von dem Quotienten $2c\sigma\lambda : \varepsilon$ ab. Aus den in der letzten Kolumne der vorigen Tabelle angeführten Werthen von $2c\sigma$ ergiebt sich, dass, falls die Dielektricitätskonstante ε der Metalle selbst die Grösse 1000 erreichen sollte, doch für alle mit elektrischen Experimenten zu erreichenden Wellenlängen, deren kleinste auf 10 cm zu schätzen ist, die Verschiebungsströme der Metalle gegen ihre Leitungsströme zu ignoriren sind, da ihr Grössenverhältniss selbst für Quecksilber unter der Zahl 1 : 6000 bleiben muss. Daher waren wir also berechtigt, für alle elektrischen Experimente, selbst für die Righi'schen Wellen der Hertz'schen Versuche, nur Leitungsströme in den Metallen anzunehmen. Für $\varepsilon = 1000$ würde erst bei Wellenlängen der Grössenordnung $\lambda = 0{,}25 \cdot 10^{-4}$ cm, welche kurzen optischen Wellen entsprechen, für Kupfer die Verschiebungsströme gegen die Leitungsströme ins Gewicht fallen. Dies zeigt also, dass wir bei der Anwendung unserer Formeln auf optische Verhältnisse bei Metallen das etwaige Vorhandensein einer Dielektricitätskonstante zu berücksichtigen haben.

Anders liegen die Verhältnisse beim Wasser. Setzen wir für dasselbe $\varepsilon = 80$, so ergiebt sich, dass schon für eine Wellenlänge von $\lambda = \dfrac{80}{4{,}7}\, 10^4 = 1{,}7 \cdot 10^5$ cm die Verschiebungsströme von gleicher Stärke sind, wie die Leitungsströme. Dies würde einer Schwingungsperiode T von $6 \cdot 10^{-6}$ sec entsprechen, wie sie schon durch Entladungen grosser Kondensatoren zu erreichen ist (vgl. oben pag. 347). Für Hertz'sche Schwingungen, selbst von der Wellenlänge $\lambda = 10$ m $= 10^3$ cm, würden die Leitungsströme 170mal schwächer sein, als die Verschiebungsströme. Daher kann für diese Versuche das Wasser lediglich als Isolator behandelt werden.

Es wird jetzt auch sofort das oben pag. 436 angeführte Resultat verständlich, dass schlechte Leiter, wie z. B. Holz, Papier, Wasser für statische Ladungen oder langsam veränderliche elektrische Zustände als Leiter wirken, z. B. Schirmwirkungen ausüben, während sie für schnelle Schwingungen sich wie Isolatoren verhalten, d. h. dieselben nicht absorbiren, sondern durchlassen.

Durch Einsetzen der Werthe (7) in (1) und Elimination der α, β, γ mit Hülfe von (2) erhält man:

$$\frac{\mu}{c^2}\left(\varepsilon\,\frac{\partial^2 P}{\partial t^2} + 4\pi\sigma c^2\,\frac{\partial P}{\partial t}\right) = \Delta P. \qquad (8)$$

Dieselben Gleichungen befolgt Q, R, α, β, γ.

Da die Gleichungen (1), (2), (7) auch in der als inhomogen zu denkenden, unendlich dünnen Uebergangsschicht zweier verschiedener, an einander stossender Körper gelten, so folgen nach den Ueberlegungen der pag. 317 die Grenzbedingungen zu:

$$\alpha_1 = \alpha_2, \quad \beta_1 = \beta_2, \quad P_1 = P_2, \quad Q_1 = Q_2 \ \text{für}\ z = 0, \qquad (9)$$

falls die xy-Ebene in die Grenzschicht beider Körper gelegt wird.

2. Metallreflexion.

Die Gleichungen (7) und die Hauptgleichungen (8) sind noch zu erweitern, falls die Eigenschwingungen der Moleküle zu berücksichtigen sind, wie bei der Anwendung auf optische Fragen eintreten kann. Diese Erweiterung kann nach den im § 9 des vorigen Kapitels auf pag. 518 angewandten Principien leicht vorgenommen werden.

Indess wollen wir uns zunächst mit einer allgemeineren Frage beschäftigen. Wie nämlich schon im vorigen Kapitel auf pag. 483 angeführt ist, führt das Auftreten von Leitungsströmen Absorptionswirkungen herbei. Die analytische Berechnung derselben gestaltet sich dadurch sehr einfach, dass, wenn man die elektrische oder magnetische Kraft in Form einer Exponentialfunktion der Zeit annimmt mit imaginären Exponenten, die Gleichungen der Isolatoren formell ungeändert bleiben, nur dass an Stelle der ihre Natur charakterisirenden reellen Grösse $\varepsilon(\tau)$ eine komplexe Grösse tritt. So lässt sich z. B. auch die Gleichung (8), da $\frac{\partial P}{\partial t} = \frac{i}{\tau} P$, d. h.
$\frac{\partial^2 P}{\partial t^2} = \frac{i}{\tau} \frac{\partial P}{\partial t}$, $\frac{\partial P}{\partial t} = -i\tau \frac{\partial^2 P}{\partial t^2}$ ist, in der Form schreiben:

$$\frac{\mu}{c^2}(\varepsilon - 4\pi i \sigma \tau c^2)\frac{\partial^2 P}{\partial t^2} = \Delta P, \qquad (8')$$

d. h. bei Vorhandensein von Leitungsströmen tritt $\varepsilon - 4\pi i \sigma \tau c^2$ an Stelle der reellen Grösse ε.

Wir wollen uns nun zunächst damit beschäftigen, in welcher Weise eine komplexe Form von ε die Reflexionsgesetze modificirt. Die Entstehung dieser komplexen Form, d. h. ihre Beziehung zur Leitfähigkeit, soll uns zunächst nicht kümmern. — Gehen wir daher, indem wir wieder an Stelle der elektrischen Kräfte nach elektromagnetischem Maass ihre nach elektrostatischem Maass gemessenen Werthe einführen, von den Hauptgleichungen aus:

$$\frac{\mu \alpha}{c^2} \frac{\partial^2 X}{\partial t^2} = \Delta X \text{ etc., wo } \alpha = a - ia', \qquad (10)$$

und benutzen die Grenzbedingungen (9), so haben wir dasselbe Gleichungssystem, wie es in Kap. X, § 4 der Theorie der Reflexion an durchsichtigen isotropen Körpern zu Grunde liegt, nur dass an Stelle der dort auftretenden reellen Grösse ε hier die komplexe Grösse α tritt.

Wählen wir die xz-Ebene zur Einfallsebene der ebenen Wellen, so werden die Kräfte von y unabhängig.

Die Komponenten der elektrischen Kraft sind daher in der Form darstellbar:

$$X = M e^{\frac{i}{\tau}[t - mx - (p - ip')z]}, \quad \frac{i}{\tau} = \frac{2\pi}{T}. \tag{11}$$

Gerade wie oben pag. 488 die Gleichung (8) besteht, so gilt hier:

$$m^2 + (p - ip')^2 = \frac{\mu a}{c^2}, \tag{12}$$

wie auch unmittelbar durch Einsetzen von (11) in (10) folgt.

Der Koefficient p' verschwindet in durchsichtigen Mitteln, in welchen keine merkliche Absorption besteht. Dort haben, nach den Gleichungen (10) der pag. 489, die Koefficienten m, p die Bedeutung:

$$m = \frac{\sin \varphi}{\omega_1}, \quad p = \frac{\cos \varphi}{\omega_1}, \tag{13}$$

wo φ der Winkel zwischen der Wellennormale und der z-Axe, und ω_1 die Fortpflanzungsgeschwindigkeit der Wellen im durchsichtigen Medium ist. Liegt die z-Axe senkrecht zur Grenze zwischen dem durchsichtigen und einem absorbirenden Medium, so bedeutet φ den Einfallswinkel der Wellen. Ferner soll die positive Richtung der z-Axe in das absorbirende Medium hinein gerichtet sein. In demselben gelten dann für die elektrischen Kräfte Formeln der Form (11) mit einem positiven Werthe von p'. Der Koefficient m muss denselben Werth, wie für die Wellen im durchsichtigen Körper besitzen, da dieses nach pag. 489 wegen des Bestehens irgend welcher, für alle Werthe von x, y, t gültigen Grenzbedingungen nothwendig ist. m ist also auch im absorbirenden Körper eine reelle Grösse. — Unterscheiden wir den für letzteren gültigen Werth des p und p' durch den unteren Index 2 von dem für den durchsichtigen Körper gültigen Werth des p, welchem der Index 1 beigefügt werden soll, und ebenso die Magnetisirungskonstanten der Körper durch μ_2 und μ_1, so ist also nach (12):

$$m^2 + (p_2 - ip_2')^2 = \frac{\mu_2 a}{c^2}, \tag{12'}$$

während nach (13) ist:

$$m = \frac{\sin \varphi}{\omega_1}, \quad p_1 = \frac{\cos \varphi}{\omega_1}. \tag{13'}$$

Da Hauptgleichungen und Grenzbedingungen ganz die gleichen wie im Kap. X, § 4 sind, so gelten auch unmittelbar die dortigen Formeln (21) für die elektrische, resp. die Formeln (22) für die magnetische Kraft (pag. 493). Man muss nur darin für p_2 den komplexen Werth $p_2 - i p_2'$ einsetzen, ferner für ε_2 den komplexen Werth α, während $\frac{\mu_1 \varepsilon_1}{c^2}$ gleich $m^2 + p_1^2$ ist. Daraus erkennt man, dass die Amplituden der reflektirten und gebrochenen elektrischen Kräfte komplexe Grössen sind, wenn die der einfallenden Kräfte reell sind.

Um die physikalische Bedeutung hiervon zu erkennen, ist zu berücksichtigen, dass man die wirkliche Bedeutung der Kräfte erhält, wenn man zu ihrer komplexen Form die konjugirt komplexe addirt. Nehmen wir daher an, dass die reflektirte y-Komponente der elektrischen Kraft Y_r sei

$$R_s = \Re_s \cdot e^{i\Delta}, \qquad (14)$$

wobei $\Re_s$, Δ reelle Grössen sind, so ist für $z = 0$:

$$Y_r = \Re_s e^{i\left(\Delta + \frac{t - mx}{\tau}\right)} + \Re_s e^{-i\left(\Delta + \frac{t - mx}{\tau}\right)}$$
$$= 2 \Re_s \cos\left(\Delta + \frac{t - mx}{\tau}\right),$$

während die y-Komponente der einfallenden Welle, falls ihre Amplitude E_s reell ist, den Werth hat

$$Y_e = 2 E_s \cos\left(\frac{t - mx}{\tau}\right).$$

Hieraus erkennt man, dass die reflektirte Welle an der Grenze, d. h. für $z = 0$, eine Phasenbeschleunigung Δ gegen die einfallende Welle erfahren hat. **Bringt man also den Quotienten $R_s : E_s$ auf die Form $\rho \cdot e^{i\Delta}$, wo ρ und Δ reell sind, so bedeutet ρ das Amplitudenverhältniss der reflektirten Welle zur einfallenden Welle, Δ die durch Reflexion herbeigeführte Phasenbeschleunigung.**

Es ergiebt sich daher auch sofort, dass, falls R_p die komplexe Amplitude der reflektirten, in der Einfallsebene schwingenden, elektrischen Kraft ist, und falls man den Quotienten $R_p : R_s$ auf die Form $\rho \cdot e^{i\Delta}$ bringt, wo ρ und Δ reell sind, ρ das Amplitudenverhältniss der in der Einfallsebene und der senkrecht zu ihr schwingenden, reflektirten elektrischen Kraft bedeutet, Δ die Phasenbeschleunigung der ersteren gegen letztere. — Diese beiden Grössen, welche der experimentellen Erforschung besonders bequem zugänglich sind, sollen als **relatives Amplitudenverhältniss** und **relative Phasendifferenz** der reflektirten elektrischen Kraft kurz bezeichnet werden.

Die auftretenden Phasendifferenzen sind der Metallreflexion eigenthümlich. Sie bewirken, dass das von einem Metall oder einem stark absorbirenden Körper reflektirte Licht elliptisch polarisirt ist, auch wenn das einfallende Licht linear polarisirt ist. Dies tritt bei Reflexion an einem durchsichtigen Körper nicht ein oder nur in ganz geringem Maasse, wenn derselbe durch Oberflächenschichten verunreinigt ist (cf. oben pag. 503).

Da die Intensität der Welle proportional mit dem Quadrat ihrer Amplitude ist, so wird dieselbe aus einer komplexen Amplitude, z. B. R_s, erhalten, indem man sie mit ihrem konjugirten Werthe multiplicirt. Denn nach (14) ergiebt sich dadurch $\mathfrak{R}_s{}^2$.

3. Haupteinfallswinkel und Hauptazimuth.

Im Folgenden sollen das relative Amplitudenverhältniss ρ und die relative Phasendifferenz Δ der an Metallen reflektirten Wellen näher betrachtet werden. Dieselben können bequem beobachtet werden, indem man linear polarisirtes Licht auf einen Metallspiegel auffallen lässt und dasselbe nach der Reflexion durch einen Babinet'schen Kompensator[1]) schickt, dessen Hauptschnitte parallel und senkrecht zur Einfallsebene gestellt werden. Betrachtet man das aus dem Kompensator austretende Licht durch ein Nicol'sches Prisma, so kann man das Licht im Allgemeinen durch Drehen des Prismas nicht zum Verlöschen bringen, da es nicht linear polarisirt ist. Nur bei bestimmten Einstellungen des Kompensators gelingt dies, nämlich dann, wenn die durch Metallreflexion herbeigeführte relative Phasendifferenz durch den Kompensator grade aufgehoben ist. Das aus demselben austretende Licht ist dann linear polarisirt, die Lage seiner Polarisationsebene, d. h. auch das relative Amplitudenverhältniss, ergiebt sich aus der Stellung des Nicols, für welche das aus dem Kompensator austretende Licht ausgelöscht wird, während sich aus der Stellung des letzteren die relative Phasendifferenz ergiebt.

---

[1]) Ueber seine Konstruktion vgl. Winkelmann, Handb. der Phys. II. Bd., pag. 720.

Wie im vorigen Paragraphen angegeben ist, handelt es sich bei der theoretischen Berechnung von ρ und Δ um den Quotienten $R_p : R_s$. Derselbe ergiebt sich nach den Formeln (21) des X. Kapitels (pag. 492), falls man a für ε_2 schreibt, zu:

$$\frac{R_p}{R_s} = \frac{E_p}{E_s} \frac{p_1 a - p_2 \varepsilon_1}{p_1 a + p_2 \varepsilon_1} \cdot \frac{p_1 \mu_2 + p_2 \mu_1}{p_1 \mu_2 - p_2 \mu_1}. \quad (15)$$

Hierin ist unter p_2 der komplexe Werth $p_2 - i p_2'$ nach (12') verstanden. Setzt man

$$\frac{E_s}{E_p} \cdot \frac{R_p}{R_s} = \frac{E_s}{E_p} \rho \cdot e^{i\Delta} = \operatorname{tg} \psi \cdot e^{i\Delta}, \quad (16)$$

so ersieht man aus (15), dass der Ausdruck $\dfrac{1 + \operatorname{tg} \psi \cdot e^{i\Delta}}{1 - \operatorname{tg} \psi \cdot e^{i\Delta}}$ besonders einfach wird. Er ergiebt sich nämlich nach (15) zu

$$\frac{1 + \operatorname{tg} \psi \cdot e^{i\Delta}}{1 - \operatorname{tg} \psi \cdot e^{i\Delta}} = \frac{p_1^2 a \mu_2 - p_2^2 \varepsilon_1 \mu_1}{p_1 p_2 (\varepsilon_1 \mu_2 - a \mu_1)}. \quad (17)$$

Da nun ist:

$$m^2 + p_1^2 = \frac{\mu_1 \varepsilon_1}{c^2}, \quad m^2 + p_2^2 = \frac{\mu_2 a}{c^2}, \quad (18)$$

so wird die rechte Seite obiger Gleichung identisch mit

$$\frac{m^2}{p_1 p_2} \cdot \frac{\varepsilon_1 \mu_1 - a \mu_2}{\varepsilon_1 \mu_2 - a \mu_1},$$

oder, da nach (13') $m = \sin \varphi : \omega_1$, $p_1 = \cos \varphi : \omega_1$, und nach (18) $\omega_1 = c : \sqrt{\mu_1 \varepsilon_1}$ ist, identisch mit:

$$\frac{\sin \varphi \operatorname{tg} \varphi}{p_2} \cdot \frac{\sqrt{\mu_1 \varepsilon_1}}{c} \cdot \frac{\varepsilon_1 \mu_1 - a \mu_2}{\varepsilon_1 \mu_2 - a \mu_1}. \quad (17')$$

Trennt man auf der linken Seite von (17) die reellen von den imaginären Bestandtheilen und setzt man in (17') für p_2 den Werth $p_2 - i p_2'$ nach (12') ein, so entsteht:

$$\frac{\cos 2\psi + i \sin 2\psi \sin \Delta}{1 - \sin 2\psi \cos \Delta} = \frac{\sin \varphi \operatorname{tg} \varphi \sqrt{\varepsilon_1 \mu_1}}{\sqrt{a \mu_2 - \varepsilon_1 \mu_1 \sin^2 \varphi}} \cdot \frac{\varepsilon_1 \mu_1 - a \mu_2}{\varepsilon_1 \mu_2 - a \mu_1}. \quad (19)$$

Nach dieser Formel kann man für jeden Einfallswinkel φ das zugehörige ψ und Δ berechnen, falls man die Konstanten ε_1, μ_1, a, μ_2 des durchsichtigen Körpers und des Metalles kennt. Man bedient sich zur Berechnung zweckmässig der Einführung zweier Hülfsgrössen P und Q, welche definirt werden durch:

$$\frac{e^{iQ}}{\operatorname{tg} P} = \sin \varphi \operatorname{tg} \varphi \sqrt{\frac{\varepsilon_1 \mu_1}{a \mu_2 - \varepsilon_1 \mu_1 \sin^2 \varphi}} \cdot \frac{\varepsilon_1 \mu_1 - a \mu_2}{\varepsilon_1 \mu_2 - a \mu_1}. \quad (20)$$

Es wird dann nämlich, wie man sich durch Einsetzen in (19) leicht überzeugt:

$$\operatorname{tg} \Delta = \sin Q \operatorname{tg} 2 P,$$
$$\cos 2 \psi = \cos Q \sin 2 P. \quad (21)$$

Die Beobachtung ergiebt, dass für einen bestimmten Einfallswinkel $\bar{\varphi}$ die relative Phasendifferenz Δ zu $\frac{\pi}{2}$ wird. Dieser Winkel wird der **Haupteinfallswinkel** genannt. Für denselben muss nach (21) $\operatorname{tg} 2 P = \infty$ werden, d. h. $\operatorname{tg} P = 1$. Wenn man daher die rechte Seite von (20) mit ihrem konjugirten Ausdruck multiplicirt, so muss dieses Produkt, falls φ gleich dem Haupteinfallswinkel $\bar{\varphi}$ ist, den Werth 1 annehmen. Setzt man zur Abkürzung:

$$\sqrt{\frac{a \mu_2}{\varepsilon_1 \mu_1} - \sin^2 \varphi} \cdot \frac{\varepsilon_1 \mu_2 - a \mu_1}{\varepsilon_1 \mu_1 - a \mu_2} = b - i b', \quad (22)$$

so ist der Haupteinfallswinkel $\bar{\varphi}$ bestimmt aus der Relation:

$$\sin^2 \bar{\varphi} \operatorname{tg}^2 \bar{\varphi} = b^2 + b'^2. \quad (23)$$

Der zu dem Haupteinfallswinkel zugehörige Winkel ψ wird das **Hauptazimuth** $\bar{\psi}$ genannt, da er nach (16) die Bedeutung hat, dass, falls das einfallende Licht linear polarisirt unter dem Azimuth 45° gegen die Einfallsebene ist ($E_s = E_p$), dann ψ das Azimuth der Polarisationsebene des reflektirten Lichtes gegen die Einfallsebene angiebt, falls dasselbe linear polarisirt wäre, d. h. die Phasendifferenz Δ durch irgend ein Mittel, z. B. einen **Babinet**schen Kompensator, wieder aufgehoben wäre.

Aus (21) ergiebt sich für den Haupteinfallswinkel, d. h. $P = 45°$, das Hauptazimuth $\bar{\psi}$ zu

$$\cos 2 \bar{\psi} = \cos Q, \text{ d. h. } 2 \bar{\psi} = Q. \quad (24)$$

Da nun nach (20), wenn man die Bezeichnung (22) benutzt, die Relation besteht:

$$\frac{e^{iQ}}{\operatorname{tg} P} = \frac{\sin \varphi \operatorname{tg} \varphi}{b - ib'} = \frac{\sin \varphi \operatorname{tg} \varphi}{b^2 + b'^2}(b + ib'), \qquad (20')$$

$$\text{d. h. } \operatorname{tg} Q = \frac{b'}{b},$$

so folgt aus (24):

$$\operatorname{tg} 2\bar{\psi} = \frac{b'}{b}. \qquad (25)$$

Die Gleichungen (23) und (25) können zur Bestimmung von $\bar{\varphi}$ und $\bar{\psi}$ dienen, falls die optischen Konstanten des Metalls, d. h. die Grössen b und b', bekannt sind. — Letztere können aber umgekehrt auch nach (23) und (25) aus $\bar{\varphi}$ und $\bar{\psi}$ bestimmt werden, und dieses Resultat ist sehr wichtig, da es die bequemste experimentelle Bestimmungsmethode der optischen Konstanten eines Metalls ist.

4. Senkrechte Incidenz der einfallenden Wellen. Für $\varphi = 0$ werden die Formeln besonders einfach, da dann $m = 0$ ist, d. h. nach (18):

$$p_1 = \frac{1}{c}\sqrt{\mu_1 \varepsilon_1}, \quad p_2 = \frac{1}{c}\sqrt{\mu_2 a}. \qquad (26)$$

Nach den Formeln (21) des vorigen Kapitels (pag. 492) wird daher für $\varphi = 0$:

$$R_p = E_p \frac{\sqrt{\mu_1 a} - \sqrt{\mu_2 \varepsilon_1}}{\sqrt{\mu_1 a} + \sqrt{\mu_2 \varepsilon_1}},$$

$$R_s = E_s \frac{\sqrt{\mu_2 \varepsilon_1} - \sqrt{\mu_1 a}}{\sqrt{\mu_2 \varepsilon_1} + \sqrt{\mu_1 a}}. \qquad (27)$$

Für $E_p = E_s$ ist also $R_p = -R_s$.

Nach dem oben auf pag. 491 näher beschriebenen Sinne, in welchem die p- und s-Amplituden positiv gerechnet sind, bedeutet dieses, dass für senkrechte Incidenz die p-Amplitude sich grade so verhält, wie die s-Amplitude, was auch schon aus Symmetrierücksichten nothwendig ist.

Schreiben wir das komplexe p_2 in der Form:

$$p_2 = p_2 - i p_2' = \frac{n - ik}{c}, \qquad (28)$$

so bedeutet nach den Formeln (77) des vorigen Kapitels (pag. 527) k den Absorptionskoefficienten des Metalls, n den Brechungsexponenten desselben gegen den freien Aether, d. h. das Verhältniss der Fortpflanzungsgeschwindigkeiten der Wellen im Aether und im Metall. Es ist zu berücksichtigen, dass der Brechungsexponent und Absorptionskoefficient des Metalls mit dem Einfallswinkel variiren, wie man aus der allgemeinen Gleichung (18) sofort ableiten kann. Wir wollen unter den Buchstaben n und k die Werthe jener Grössen für $\varphi = 0$ verstehen.

Die komplexe optische Konstante $\mathfrak{a}$ des Metalls lässt sich nun leicht durch n und k ausdrücken, denn eine Vergleichung von (26) und (28) liefert:

$$\sqrt{\mu_2 \mathfrak{a}} = n - ik, \quad \text{d. h.} \quad \mu_2 \mathfrak{a} = n^2 - k^2 - 2ink. \tag{29}$$

Da nun ferner $\sqrt{\varepsilon_1} = n_0$ ist, falls n_0 den Brechungsexponenten des durchsichtigen Körpers gegen den freien Aether bedeutet, so erhalten wir, falls wir noch $\mu_1 = 1$ setzen, wozu wir berechtigt sind, da die Magnetisirungskonstante aller durchsichtigen Körper sich nur unmerklich von 1 unterscheidet, aus (27):

$$R_p = E_p \frac{n - ik - n_0 \cdot \mu}{n - ik + n_0 \cdot \mu}.$$

Hierin ist für die Magnetisirungskonstante μ_2 des Metalls einfach μ geschrieben.

Da nun nach pag. 554 die Intensität des reflektirten Lichtes dadurch erhalten wird, dass wir diesen Ausdruck für R_p mit dem konjugirt-komplexen Ausdruck multipliciren, so ergiebt sich für das Verhältniss der Intensität J_r des reflektirten und der Intensität J_e des einfallenden Lichtes:

$$\frac{J_r}{J_e} = r = \frac{(n - n_0 \mu)^2 + k^2}{(n + n_0 \mu)^2 + k^2} = \frac{n^2 + k^2 + n_0^2 \mu^2 - 2 n n_0 \mu}{n^2 + k^2 + n_0^2 \mu^2 + 2 n n_0 \mu}. \tag{30}$$

Dieses Verhältniss r der Intensitäten für senkrechte Incidenz soll das Reflexionsvermögen des Metalls genannt werden. Man kann dasselbe in der Form schreiben:

$$r = 1 - \frac{4 n n_0 \mu}{n^2 + k^2 + n_0^2 \mu^2 + 2 n n_0 \mu}, \tag{31}$$

woraus deutlich wird, dass das Reflexionsvermögen um so höher wird, je grösser der Absorptionskoefficient k und je kleiner der

Brechungsexponent n ist. Hieraus erklärt sich der sogenannte
Metallglanz, da für Metalle k sehr erheblich, ja sogar immer
grösser als n ist. Besonders für Silber muss der Metallglanz hoch
sein, wie es auch der Beobachtung entspricht, da dort k etwa
gleich 3,7, n etwa gleich 0,2 ist.

5. Näherungsformeln für die Metallreflexion.

Die im § 3
durch die Formeln (22) (pag. 556) definirten Grössen b und b' sind
vom Einfallswinkel φ abhängig. φ ist nämlich in dem Faktor enthalten:

$$\sqrt{\frac{a\,\mu_2}{\varepsilon_1\,\mu_1} - \sin^2\varphi},$$

welchem man vermöge (29) die Form geben kann:

Setzt man nun:
$$\frac{n - ik}{n_0}\sqrt{1 - \left(\frac{\sin\varphi \cdot n_0}{n - ik}\right)^2}. \qquad (32)$$

$$\frac{\sin\varphi \cdot n_0}{n - ik} = \chi \cdot e^{i\delta},$$

so ist
$$\chi^2 = \frac{\sin^2\varphi \cdot n_0^2}{n^2 + k^2}, \quad \operatorname{tg}\delta = \frac{k}{n}. \qquad (33)$$

Folglich wird der Ausdruck (32) zu

$$\frac{n - ik}{n_0}\sqrt{1 - \chi^2 \cdot e^{2i\delta}}. \qquad (34)$$

Nun ist der Werth von χ^2 bei allen Metallen für optische Wellen
weit kleiner als 1. Die Grösse $n^2 + k^2$ schwankt nämlich bei den
Metallen für gelbes Licht etwa zwischen den Werthen 13 und 25;
n_0^2 liegt zwischen den Werthen 1 und etwa 2,3 für die meisten
durchsichtigen Körper, und ferner ist $\sin^2\varphi$ beständig kleiner als 1.
Man kann daher in (34) eine Entwickelung nach steigenden Potenzen von χ^2 vornehmen, und erhält so:

$$\frac{n - ik}{n_0}\left(1 - \frac{1}{2}\chi^2 e^{2i\delta} - \frac{1}{8}\chi^4 e^{4i\delta} + \ldots\right). \qquad (35)$$

Diese Entwickelung kann mit genügender Annäherung an die Wirklichkeit stets mit dem zweiten Gliede abgebrochen werden. Man
erhält sogar eine für die meisten Zwecke ausreichende Genauigkeit,
wenn man schon das zweite Glied der Entwickelung (35) fortlässt.

In diesem Falle vereinfachen sich die Formeln für die Metallreflexion erheblich, da dann die Koefficienten b und b' der Formel (22) vom Einfallswinkel unabhängig werden. Es wird dann nämlich (für $\mu_2 = \mu$):

$$b - i b' = \frac{n - i k}{n_0} \frac{1}{\mu} \frac{n_0^2 \mu^2 - n^2 + k^2 + 2 i n k}{n_0^2 - n^2 + k^2 + 2 i n k}. \quad (36)$$

Nach (20') und (25) ist daher die Hilfsgrösse Q eine von φ unabhängige Konstante, nämlich es ist $Q = 2\bar{\psi}$, wo $\bar{\psi}$ das Hauptazimuth bedeutet. Ferner ist nach (20') und (23):

$$\operatorname{tg}^2 P = \frac{b^2 + b'^2}{\sin^2 \varphi \operatorname{tg}^2 \varphi} = \frac{\sin^2 \bar{\varphi} \operatorname{tg}^2 \bar{\varphi}}{\sin^2 \varphi \operatorname{tg}^2 \varphi},$$

d. h.

$$P = \operatorname{arc\,tg} \frac{\sin \bar{\varphi} \operatorname{tg} \bar{\varphi}}{\sin \varphi \operatorname{tg} \varphi}.$$

Für einen beliebigen Einfallswinkel φ wird daher nach (21):

$$\begin{aligned} \operatorname{tg} \Delta &= \sin 2\bar{\psi} \operatorname{tg}\left(2 \operatorname{arc\,tg} \frac{\sin \bar{\varphi} \operatorname{tg} \bar{\varphi}}{\sin \varphi \operatorname{tg} \varphi}\right), \\ \cos 2\psi &= \cos 2\bar{\psi} \sin\left(2 \operatorname{arc\,tg} \frac{\sin \bar{\varphi} \operatorname{tg} \bar{\varphi}}{\sin \varphi \operatorname{tg} \varphi}\right). \end{aligned} \quad (37)$$

Diese Formeln für die relative Phasendifferenz Δ und das relative Azimuth ψ, welche Quincke[1]) aus den schon von Cauchy aufgestellten Formeln für die Metallreflexion abgeleitet hat, stellen die Beobachtungen thatsächlich in einer für die meisten Zwecke völlig ausreichenden Annäherung dar. — Es ergiebt sich aus der zweiten der Formeln (37), dass das Hauptazimuth $\bar{\psi}$ der Minimalwerth des relativen Azimuths ψ ist, welchen dasselbe für den Haupteinfallswinkel annimmt.

Man gelangt zu einer noch besseren Darstellung der Beobachtungen, wenn das zweite Glied der Entwickelung (35) noch mitberücksichtigt wird. Indess sollen hier die dadurch zu erhaltenden Formeln[2]) nicht angegeben werden, da man mit der bisher benutzten Annäherung, d. h. den Formeln (37), stets ausreicht, falls es sich nicht um eine sehr genaue Bestimmung von ψ und Δ handelt.

---

[1]) G. Quincke, Pogg. Ann. 128, pag. 551, 1866.
[2]) Sie sind vom Verfasser entwickelt in Wied. Ann. 35, pag. 520, 1888.

6. Die Magnetisirungskonstante der magnetischen Metalle für Lichtwellen.

Die bisherigen Entwickelungen galten für jeden Werth der Magnetisirungskonstanten μ des Metalls. Speciell sind also die Formeln (37) unabhängig von dem besonderen Werthe des μ. Also auch wenn ein Eisen- oder Stahlspiegel für Lichtschwingungen denselben grossen Werth von μ besitzen sollte, wie für langsam veränderliche elektromagnetische Zustände, so müssten trotzdem für ihn qualitativ ähnliche Reflexionsgesetze bestehen, wie für unmagnetische Metallspiegel, für welche $\mu = 1$ zu setzen ist.

Jedoch kann man aus den quantitativen Verhältnissen der Reflexionserscheinungen ableiten, dass bei den stark magnetischen Metallen, nämlich Eisen, Kobalt und Nickel, ihre Magnetisirungskonstante μ, wie sie für Lichtschwingungen maassgebend ist, nicht viel von 1 verschieden sein kann. Würde nämlich μ für diese Metalle die magnetostatischen Erscheinungen entsprechenden grossen Werthe besitzen, welche weit über 100 liegen, so würde nach der Formel (31) der pag. 558 das Reflexionsvermögen dieser Metalle sehr nahe gleich 1 sein. Nun ist aber bei gelbem Licht nach Bestimmungen von Rubens[1] für Eisen $r = 0{,}57$, für Nickel $r = 0{,}63$. Diese Zahlen stimmen sehr gut überein mit der Formel (31), wenn man darin $\mu = 1$ setzt und n und k aus den Reflexionsbeobachtungen, d. h. z. B. aus dem Haupteinfallswinkel und dem Hauptazimuth, unter der Annahme $\mu = 1$ berechnet. Dagegen würden die genannten Werthe für r entschieden zu klein sein, falls in (31) μ erheblich von 1 verschieden wäre.

Man kann ferner den Brechungsexponenten und Absorptionskoefficienten der Metalle direkt mit Hülfe des durch sie hindurchgehenden Lichtes bestimmen, wenn man das Metall in Form eines sehr dünnen Prismas von sehr kleinem Keilwinkel[2] oder in Form zweier sehr dünner Schichten verschiedener Dicke verwendet[3]. Setzt man diese direkt erhaltenen Werthe von n und k in die Formel (36) ein, so ergiebt sich eine Uebereinstimmung zwischen den nach den

---

[1] Rubens, Wied. Ann. 37, pag. 267, 1889.

[2] Diese Methode zur Bestimmung des Brechungsexponenten hat zuerst Kundt angewandt (Wied. Ann. 34, pag. 469, 1888). — Die zur Brechung nöthigen Formeln sind entwickelt von W. Voigt (Wied. Ann. 24, pag. 144, 1883) und dem Verfasser (Wied. Ann. 42, pag. 666, 1891).

[3] Diese Methode, nach welcher man die Absorptionskoefficienten aus den Unterschieden der Intensität des von beiden Schichten hindurchgelassenen Lichtes findet, ist von W. Wernicke (Pogg. Ann. Ergbd. 8, pag. 75, 1878) zuerst angewandt.

Formeln (23) und (25) berechneten und den thatsächlich zu beobachtenden Werthen des Haupteinfallswinkels $\bar{\varphi}$ und des Hauptazimuths $\bar{\psi}$ nur, falls in (36) μ nicht merkbar verschieden von 1 angenommen wird.

Es ist daher bei allen Metallen für Lichtwellen $\mu = 1$ zu setzen. — Wenn man den Grund für die grossen Werthe des μ bei den magnetischen Metallen nach der Ampère'schen Vorstellung (cf. oben pag. 115) in der Existenz drehbarer Molekularströme sucht, so ist es erklärlich, dass bei sehr schnellen Schwingungen μ zu 1 abnimmt, falls die Drehung der Molekularströme von einem Vorgang von gewisser Trägheit begleitet ist, — sei sie nun ponderabler Natur, oder elektrischer (Selbstinduktion).

Wie wir oben pag. 479 sahen, findet allerdings für Hertzsche Schwingungen jedenfalls noch ein theilweises Folgen der Molekularströme statt, da für diese μ beim Eisen und Nickel sicher grösser als 1 ist.

Setzen wir nun für optische Anwendungen bei allen Körpern $\mu = 1$, so wird nach (36):

$$b = \frac{n}{n_0}, \qquad b' = \frac{k}{n_0}. \tag{38}$$

Daher ist nach (23) und (25):

$$\sin \bar{\varphi}\, \text{tg}\, \bar{\varphi} = \frac{\sqrt{n^2 + k^2}}{n_0}, \qquad \text{tg}\, 2\bar{\psi} = \frac{k}{n}. \tag{39}$$

Es bestimmen sich also die optischen Konstanten n und k des Metalls in sehr einfacher Weise aus dem Haupteinfallswinkel $\bar{\varphi}$ und aus dem Hauptazimuth $\bar{\psi}$ [1]). — Die so aus den Reflexionsbeobachtungen erhaltenen Werthe von n und k stimmen mit den Werthen, wie sie die oben genannten direkten Methoden ergeben, bei zahlreichen Metallen meist sehr gut überein [2]).

7. Vergleichung der optischen Konstanten der Metalle mit den nach der elektrischen Lichttheorie sich ergebenden Werthen. Gehen wir zunächst von den Grundgleichungen (8) resp. (8') (pag. 550) aus, welche die elektrische Lichttheorie liefert, falls

---

[1]) Die Formeln (89) sind nur Näherungswerthe.
[2]) Vgl. hierüber Winkelmann, Handb. d. Physik, II. Bd., Artikel „Absorbirende Körper" von P. Drude.

man nicht dieselbe durch Berücksichtigung der molekularen Inhomogenitäten erweitert, so ist nach (10) für die komplexe Konstante $\mathfrak{a}$ zu setzen:

$$\mathfrak{a} = \varepsilon - 4\pi i \sigma \tau c^2 = \varepsilon - i 2 \sigma c^2 T,$$

oder da nach (29) $\mathfrak{a} = n^2 - k^2 - 2 i n k$ wird, falls $\mu_2 = 1$ ist, so ist zu setzen:

$$\varepsilon = n^2 - k^2, \qquad \sigma c^2 T = n k. \qquad (40)$$

Beide Formeln widerstreiten nun den thatsächlich beobachteten Werthen von n und k. Wir kennen zwar die Dielektricitätskonstante ε der Metalle noch nicht direkt, jedoch ist klar, dass, wenn sie überhaupt existirt, sie jedenfalls positiv sein muss. Dagegen ist aber für sämmtliche Metalle $n < k$, was also nach (40) im Widerspruch mit einem positiven Werthe von ε steht.

Auch die zweite der Gleichungen (40) entspricht nicht der Erfahrung. Es ist nämlich $\sigma c^2 T = \sigma c \cdot \lambda$, wo λ die Wellenlänge der Schwingungen im leeren Raum bedeutet, d. h. etwa den Werth $6 \cdot 10^{-5}$ cm für gelbes Licht. Nach den in der Tabelle der pag. 549 mitgetheilten Werthen von $c \sigma$ ist daher $\sigma c \lambda$ für Kupfer gleich 1150, für Quecksilber gleich 18. Beide Werthe sind viel grösser als die optischen Werthe für $n k$ (1,7 resp. 8,6). In demselben Sinne findet eine Abweichung von der zweiten der Gleichungen (40) bei allen Metallen statt.

Es ist also für Schwingungen von der Schnelligkeit der optischen der ursprüngliche Ansatz (7) der pag. 548 zu erweitern. Es kann dieses nach denselben Principien geschehen, wie sie im Kapitel X benutzt sind.

Nennen wir u_h die x-Komponente der elektrischen Strömung in einem Molekül, so ist nach der dortigen Gleichung (68) auf pag. 523 zu setzen:

$$u = u_0 + \Sigma u_h. \qquad (41)$$

Können ferner im Molekül Eigenschwingungen existiren, so gilt für dasselbe, auch wenn es aus leitendem Material besteht, nach den früheren Formeln (64) (pag. 521) oder (67) (pag. 522):

$$u_h + a_h \frac{d u_h}{d t} + b_h \frac{d^2 u_h}{d t^2} = \frac{\varepsilon_h}{4 \pi c^2} \frac{\partial P}{\partial t}. \qquad (42)$$

Für die Strömung u_0 in dem die Moleküle umgebenden Aether müssen wir hier den früheren Ansatz (66) der pag. 522 erweitern in:

$$u_0 = \sigma P + \frac{\varepsilon_0}{4\pi c^2} \frac{\partial P}{\partial t}, \qquad (43)$$

da sonst für ein von t unabhängiges P keine Strömung sich ergeben würde, wie es die Leitungseigenschaften der Metalle erfordern.

Für periodische Zustände, für welche ist $\frac{\partial P}{\partial t} = \frac{i}{\tau} P$, erhält man aus (41), (42) und (43):

$$u = \sigma \cdot P + \frac{1}{4\pi c^2} \frac{\partial P}{\partial t} \left\{ \varepsilon_0 + \Sigma \frac{\varepsilon_h}{1 + i \frac{a_h}{\tau} - \frac{b_h}{\tau^2}} \right\}. \qquad (44)$$

Es tritt also an die Stelle von ε im Ansatz (7) der pag. 548 jetzt die Grösse:

$$\varepsilon(\tau) = \varepsilon_0 + \Sigma \frac{\varepsilon_h}{1 + i \frac{a_h}{\tau} - \frac{b_h}{\tau^2}}.$$

Auch der Ampère'schen Molekularvorstellung des Magnetismus kann man leicht einen mathematischen Ausdruck verleihen.

Die Grundgleichungen (2) der pag. 547 sagen aus, dass die Integralkraft der Induktion über eine beliebige geschlossene Kurve gleich ist der Aenderung der Anzahl der magnetischen Kraftlinien, welche die Kurve umschlingt.

Wir wollen die Anzahl der magnetischen Kraftlinien, welche ein der yz-Ebene paralleles Flächenelement der Grösse 1 durchsetzt, die x-Komponente der **magnetischen Polarisation** nennen, und dieselbe mit l bezeichnen. Analoge Bedeutungen sollen die y- und z-Komponente m, n der magnetischen Polarisation besitzen. — Die Gleichungen (2) lauten dann:

$$\frac{\partial l}{\partial t} = \frac{\partial Q}{\partial z} - \frac{\partial R}{\partial y}, \quad \frac{\partial m}{\partial t} = \frac{\partial R}{\partial x} - \frac{\partial P}{\partial z}, \quad \frac{\partial n}{\partial t} = \frac{\partial P}{\partial y} - \frac{\partial Q}{\partial x}. \qquad (45)$$

Die magnetische Polarisation setzt sich nun aus zwei Theilen zusammen: aus der Polarisation l_0 in dem die Moleküle umgebenden Aether, welche, falls der Aether durch die Gegenwart der Moleküle in magnetischer Hinsicht nicht verändert ist, identisch mit der magnetischen Kraft ist, und aus der Polarisation l_h in den Molekülen. Es ist daher zu setzen:

$$l = l_0 + \Sigma l_h, \qquad l_0 = \alpha. \qquad (46)$$

Die Polarisation l_h muss der magnetischen Kraft α nur proportional sein.

Wenn die Moleküle Eigenschwingungen um bestimmte Ruhelagen ausführen können, und bei ihrer Bewegung gewisse, energievermindernde Kräfte (Reibung) wirken, so muss l_h einer analogen Differentialgleichung genügen, wie sie (42) für die elektrische Strömung u_h ausspricht. Es ist dann also:

$$l_h + a_h' \frac{d\, l_h}{d\, t} + b_h' \frac{d^2\, l_h}{d\, t^2} = \mu_h\, \alpha. \tag{47}$$

Der Koefficient a_h' bestimmt die Energieverluste, welche bei einer Aenderung der magnetischen Kraft durch die Remanenz (Hysteresis) des Eisens hervorgebracht werden (vgl. oben pag. 197).

Für periodische Zustände ist nach (46) und (47) zu setzen:

$$l = \alpha \left\{ 1 + \Sigma \frac{\mu_h}{1 + i\, \dfrac{a_h'}{\tau} - \dfrac{b_h'}{\tau^2}} \right\}. \tag{48}$$

Diese Formel zeigt, dass für sehr langsame Zustandsänderungen zu setzen ist:

$$l = \alpha\,(1 + \Sigma\, \mu_h),$$

dass also die ihnen entsprechende Magnetisirungskonstante μ den Werth $1 + \Sigma\, \mu_h$ hat, während für sehr schnelle Zustandsänderungen (Lichtschwingungen), für welche τ sehr klein ist, $l = \alpha$ wird, d. h. dass dann die Magnetisirungskonstante den Werth 1 annimmt. Dies würde sie schon thun, selbst wenn die Moleküle keine Eigenschwingungen ausführen könnten, sondern wenn sie nur Hysteresis zeigten, d. h. wenn in (47) b_h' verschwände, aber a_h' von Null verschieden bleibt.

Der Effekt der vorgenommenen Erweiterungen ist also, dass bei periodischen Zustandsänderungen die Form (10) der Hauptgleichungen für die elektrische und magnetische Kraft ungeändert bleibt, dass aber an Stelle des Koefficienten μ tritt:

$$1 + \Sigma \frac{\mu_h}{1 + i\, \dfrac{a_h'}{\tau} - \dfrac{b_h'}{\tau^2}}, \tag{49}$$

an Stelle von α:

$$\mathfrak{s}_0 + \Sigma \frac{\mathfrak{s}_h}{1 + i\, \dfrac{a_h}{\tau} - \dfrac{b_h}{\tau^2}} - 4\,\pi\, i\, \sigma\, \tau\, c^2. \tag{50}$$

An Stelle der Gleichungen (40) ergeben sich also jetzt für Lichtschwingungen, für welche der Ausdruck (49) zu 1 wird:

$$\varepsilon_0 + \Sigma \frac{\varepsilon_h \left(1 - \frac{b_h}{\tau^2}\right)}{\left(1 - \frac{b_h}{\tau^2}\right)^2 + \frac{a_h^2}{\tau^2}} = n^2 - k^2,$$

$$\sigma c^2 T + \Sigma \frac{\varepsilon_h a_h : \tau}{\left(1 - \frac{b_h}{\tau^2}\right)^2 + \frac{a_h^2}{\tau^2}} = n k.$$

(51)

Während nun die erste der Gleichungen (51) wohl geeignet ist, einen der früher gefundenen Widersprüche aufzuheben, indem nämlich $n^2 - k^2$ negativ werden kann, wenn $b_h > \tau^2$ ist, d. h. wenn Eigenschwingungen der Metalle im Ultrarothen liegen, so enthält die zweite der Gleichungen (51) immer noch einen Widerspruch mit der Erfahrung.

Wie nämlich oben pag. 563 angeführt wurde, ist schon $\sigma c^2 T$ grösser, als $n k$ bei den Metallen. Um so mehr muss daher die linke Seite von (51) grösser als $n k$ sein, da die Koefficienten ε_h, a_h. nur positiv sein können.

8. Berücksichtigung der endlichen Ausdehnung der molekularen Inhomogenitäten. Wir müssen nach den Ergebnissen des vorigen Paragraphen unseren bisherigen Ansatz noch mehr erweitern. — Wir haben schon im vorigen Kapitel (pag. 536) zur Erklärung der Rotationspolarisation noch die Erweiterung eingeführt, dass wegen der endlichen Ausdehnung der Moleküle die elektrische Strömung in denselben auch von den Differentialquotienten der elektrischen Kräfte nach den Koordinaten abhängen müsse.

Für ein dissymmetrisch-isotropes Medium ergeben sich dann die Gleichungen (88) der pag. 538, falls man nur erste Differentialquotienten der X, Y, Z nach den x, y, z einführt. Für ein symmetrisch-isotropes Medium, wie es die Metalle sind, wird daher der Ansatz für die u_h etc. überhaupt nicht erweitert, falls man nicht auch noch zweite Differentialquotienten der X, Y, Z nach den x, y, z einführt.

Thut man dieses — unter Rechtfertigung durch noch grössere Dimensionen der molekularen Inhomogenitäten —, so erhält man unter Rücksicht auf die Isotropie und die Kontinuitätsbedingung (87) der pag. 538 anstatt (42) die Gleichung:

$$u_h + a_h \frac{d u_h}{dt} + b_h \frac{d^2 u_h}{dt^2} = \frac{\varepsilon_h}{4\pi c^2} \frac{\partial P}{\partial t} - \frac{p_h}{4\pi} \Delta P + \frac{p_h'}{4\pi} \frac{\partial \Delta P}{\partial t}. \quad (52)$$

Es sind der Allgemeinheit halber zwei Zusatzglieder ΔP und $\frac{\partial \Delta P}{\partial t}$ eingeführt, von denen das erste, bei positiven Koefficienten p, eine energieverzehrende, das zweite eine energieerhaltende Kraft bedeutet. Man erkennt dies daran, dass für periodische Bewegungen in ebenen Wellen ΔP proportional zu $-P$ ist, daher ist $-p_h(\Delta P . P + \Delta Q . Q + \Delta R . R)$ eine stets positive Grösse, während $\frac{\partial \Delta P}{\partial t} P + \frac{\partial \Delta Q}{\partial t} Q + \frac{\partial \Delta R}{\partial t} R$ ein Differentialquotient nach der Zeit ist, d. h. sich bei Kreisprocessen annullirt. Es müssten zum Ansatz (52) noch gewisse Zusatzglieder hinzugefügt werden, wenn man die Bedingung stellt, dass $u_h P + v_h Q + w_h R$ unter allen Umständen, d. h. falls P, Q, R beliebige Funktionen der Koordinaten und der Zeit sind, gleich dem Differentialquotienten einer gewissen Funktion nach der Zeit plus einer stets positiven Grösse sein soll. Für die Anwendung auf Fragen über die Fortpflanzung ebener Wellen können aber diese Zusatzglieder an den Resultaten nichts ändern, welche aus dem (in gewisser Weise unvollständigen) Ansatz (52) abzuleiten sind, da dieser für periodische, ebene Wellen schon der aufgestellten Forderung genügt. (Vgl. hierüber die analogen Untersuchungen der pag. 541.)

Eine Erweiterung der Gleichungen (47) für die magnetische Polarisation wollen wir nicht vornehmen, da für sehr schnelle Schwingungen jedenfalls der Effekt etwaiger Erweiterungen immer der sein muss, dass die gesammte magnetische Polarisation gleich der magnetischen Kraft ist, sofern wenigstens Uebereinstimmung mit den optischen Beobachtungen erzielt werden soll.

Für periodische Aenderungen wird der Ansatz (52) zu:

$$4\pi u_h \left(1 + i \frac{a_h}{\tau} - \frac{b_h}{\tau^2}\right) = \frac{\varepsilon_h}{c^2} \frac{\partial P}{\partial t} - \left(p_h - i \frac{p_h'}{\tau}\right) \Delta P.$$

Setzt man den Werth:

$$u = u_0 + \Sigma\, u_h,$$

wobei u_0 durch (43) gegeben ist, in die Gleichungen (1) der pag. 547 ein und eliminirt α, β, γ mit Hülfe der Gleichungen (2), in denen man für optische Wellen $\mu = 1$ zu setzen hat, so entsteht die Gleichung:

$$\frac{1}{c^2}\left\{\varepsilon_0 + \Sigma \frac{\varepsilon_h}{1 + i\frac{a_h}{\tau} - \frac{b_h}{\tau^2}} - 4\pi i \sigma \tau c^2\right\}\frac{\partial^2 P}{\partial t^2}$$

$$= \Delta P \left(1 + \frac{i}{\tau}\Sigma \frac{p_h - i\frac{p_h'}{\tau}}{1 + i\frac{a_h}{\tau} - \frac{b_h}{\tau^2}}\right). \qquad (53)$$

Hieraus ist ersichtlich, welcher Ausdruck an die Stelle des Koefficienten a der Gleichung (10) auf pag. 551 zu treten hat.

Nehmen wir an, dass in den Metallen Eigenschwingungen nicht zu berücksichtigen seien, d. h. dass $a_h = b_h = 0$ sei, dass ferner die Koefficienten $\frac{p_h'}{\tau}$ gegen p_h zu vernachlässigen seien, und setzen:

$$\varepsilon_0 + \Sigma \varepsilon_h = \varepsilon, \qquad \Sigma p_h = p,$$

so tritt an Stelle von a der Ausdruck:

$$\frac{\varepsilon - 4\pi i \sigma \tau c^2}{1 + \frac{i}{\tau}p} = \frac{\varepsilon - 4\pi \sigma c^2 p}{1 + \frac{p^2}{\tau^2}} - i\frac{\frac{\varepsilon p}{\tau} + 4\pi \sigma \tau c^2}{1 + \frac{p^2}{\tau^2}}.$$

Es ist also nach (29) pag. 558:

$$\frac{\varepsilon - 4\pi \sigma c^2 p}{1 + \frac{p^2}{\tau^2}} = n^2 - k^2, \qquad \frac{\frac{\varepsilon p}{\tau} + 4\pi \sigma \tau c^2}{1 + \frac{p^2}{\tau^2}} = 2nk. \qquad (54)$$

Diese Formeln[1]) sind nun thatsächlich verträglich mit den an festen Metallen für gelbes Licht beobachteten Werthen von n und k.

Man kann nämlich aus n und k nach (54) ε und p berechnen, da σ bekannt ist. Durch Multiplikation der ersten der Gleichungen (54) mit $\frac{p}{\tau}$ und durch Subtraktion von der zweiten ergiebt sich:

$$4\pi \sigma c^2 \tau = 2nk + (k^2 - n^2)\frac{p}{\tau}, \qquad (55)$$

---

[1]) H. A. Lorentz (Schlöm. Zeitschr. 23, pag. 209, 1878) hat zuerst eine Erweiterung der elektrischen Theorie gemacht, aus der sich diese Formeln ergeben.

während durch Multiplikation der zweiten der Gleichungen (54) mit $\frac{p}{\tau}$ und Addition zu der ersten folgt:

$$\varepsilon = 2 \, n \, k \, \frac{p}{\tau} - (k^2 - n^2). \tag{56}$$

Aus (55) ist $\frac{p}{\tau}$ zu berechnen, aus (56) dann ε. Wenn die gemachten Erweiterungen genügen, so müssen bei dieser Berechnung sowohl p wie ε sich als positive Zahlen herausstellen. ε würde die Bedeutung der Dielektricitätskonstante der Metalle besitzen, welche also auch für sehr langsame Aenderungen der elektrischen Kräfte die Stärke der Verschiebungsströme in den Metallen bestimmt.

Man kann auch aus (56) ε durch die direkt beobachtbaren Grössen $\overline{\varphi}$ (Haupteinfallswinkel) und $\overline{\psi}$ (Hauptazimuth) ausdrücken.

Es folgt nämlich durch Elimination von $\frac{p}{\tau}$ aus (55) und (56):

$$\varepsilon = 4 \pi \sigma c^2 \tau \frac{2 \, n \, k}{k^2 - n^2} - \frac{(k^2 + n^2)^2}{k^2 - n^2}. \tag{57}$$

Nun ist nach der Formel (39) auf pag. 562 näherungsweise

$$\frac{k}{n} = \operatorname{tg} 2 \overline{\psi}, \text{ daher } \frac{2 \, n \, k}{k^2 - n^2} = - \operatorname{tg} 4 \overline{\psi}, \frac{k^2 + n^2}{k^2 - n^2} = - \frac{1}{\cos 4 \overline{\psi}},$$

$k^2 + n^2 = \sin^2 \overline{\varphi} \operatorname{tg}^2 \overline{\varphi}$, falls $\overline{\varphi}$ den Haupteinfallswinkel bei Reflexion in Luft am Metall bedeutet. Es wird daher, falls man noch die Wellenlänge $\lambda = c \, T$ der Schwingung im freien Aether (oder in Luft) einführt:

$$\varepsilon = - 2 \sigma c \lambda \operatorname{tg} 4 \overline{\psi} + \frac{\sin^2 \overline{\varphi} \operatorname{tg}^2 \overline{\varphi}}{\cos 4 \overline{\psi}}. \tag{58}$$

Da $\overline{\psi}$ für alle Metalle zwischen 45° und $22{,}5^\circ$ liegt, also $4 \overline{\psi}$ zwischen π und $\frac{\pi}{2}$, so ist der erste Ausdruck in (58) positiv. Er überwiegt über den negativen zweiten Ausdruck.

Folgende Tabelle enthält das Resultat der Berechnung für einige Metalle nach der Formel (58). Die Werthe für n und k sind Bestimmungen des Verfassers entnommen [1]). Sie beziehen sich auf Natriumlicht (Fraunhofer'sche Linie D), d. h. auf die Wellenlänge $\lambda = 0{,}59 \cdot 10^{-4}$ cm.

---

[1]) P. Drude, Wied. Ann. 39, p. 537, 1890.

Tabelle der Dielektricitätskonstanten der Metalle.

Metall	n	k	$2c\sigma$	ε
Silber . . .	0,18	3,67	$38 \cdot 10^6$	207
Gold . . .	0,37	2,82	$30 \cdot 10^6$	460
Kupfer. . .	0,64	2,62	$38 \cdot 10^6$	1160
Eisen . . .	2,36	3,20	$6,5 \cdot 10^6$	1200
Quecksilber .	1.73	4,96	$0,6 \cdot 10^6$	$-7,0!$

Die letzte Zeile der Tabelle zeigt, dass die für die Formeln (54) getroffene Erweiterung bei Quecksilber jedenfalls noch nicht genügt, da die Dielektricitätskonstante ε nicht negativ werden kann. Ueberhaupt ist die Angabe des ε für alle Metalle als eine sehr hypothetische aufzufassen, da man nach den bisherigen Beobachtungen, welche sich immer nur auf ein sehr beschränktes Gebiet von Wellenlängen beziehen, gar keinen Anhaltspunkt über die Lage etwaiger molekularer Eigenschwingungen in den Metallen hat. Auch die in (54) vernachlässigten Koefficienten $p_h{}'$ können vielleicht Einfluss besitzen. Alle diese Fragen könnten erst entschieden werden, falls man durch eine verhältnissmässig langsame Veränderung der elektrischen Kräfte, bei denen Störungen durch molekulare Eigenschwingungen sicher nicht zu befürchten sind, einen Schluss auf die wirkliche Dielektricitätskonstante der Metalle ziehen könnte. Dass dieses wegen der grossen Leitfähigkeit der Metalle mit erheblichen Schwierigkeiten verbunden sein muss, ist schon im Eingang dieses Kapitels auf pag. 549 erwähnt.

Die Entwickelungen dieses Paragraphen sollen nur zeigen, nach welchen Gesichtspunkten eine Erweiterung der ursprünglichen elektrischen Lichttheorie vorgenommen werden kann, um in Uebereinstimmung mit der Erfahrung zu bleiben. Es mangelt allerdings immer noch an genügenden Experimenten, um eine bestimmte Form der Erweiterung als nothwendig und hinreichend erscheinen zu lassen. Vorläufig kann man nur sagen, dass man jedenfalls allein durch Berücksichtigung etwaiger molekularer Eigenschwingungen der Metalle der Erfahrung nicht genügen kann. Berücksichtigt man auch die Koefficienten p_h und $p_h{}'$, welche ihre Entstehung einer endlichen Ausdehnung der molekularen Inhomogenitäten verdanken, so kann man ferner zeigen, dass man mit den p'_h allein, ohne die p_h mit hinzuzunehmen, ebenfalls nicht auskommt. Mit den p_h allein, d. h. den Energie vermindernden Zusatzgliedern, kann man für die festen Metalle insofern Uebereinstimmung mit der Erfahrung erreichen, als sich dann die Dielektricitätskonstante ε positiv ergiebt. Jedoch wird bei Heranziehung der optischen Dispersionsverhältnisse der Metalle auch die Berücksichtigung der Eigenschwingungen unerlässlich sein, falls die Formeln für ε eine von der Schwingungsdauer unabhängige positive Konstante liefern sollen.

9. Die Optik absorbirender Krystalle. Kümmern wir uns zunächst nicht um Dispersionsfragen, d. h. die Abhängigkeit der optischen Konstanten von der Farbe des Lichtes, so können wir sofort die Gesetze der Lichterscheinungen einerlei Farbe formell auf die derselben in durchsichtigen Krystallen zurückführen, falls wir den dort auftretenden reellen Konstanten a_1, a_2, a_3 komplexe Werthe $\mathfrak{a}_1$, $\mathfrak{a}_2$, $\mathfrak{a}_3$ beilegen. Wie diese komplexen Werthe aus den ursprünglichen Differentialgleichungen mit reellen Koefficienten entstehen, ist wohl in den vorhergehenden Paragraphen genügend auseinandergesetzt. Die Gesetze für die Lichtfortpflanzung und Absorption in Krystallen, sowie die der Brechung und Reflexion an denselben können daher leicht auf dem oben in § 7 des X. Kapitels auf pag. 504 eingeschlagenen Wege gefunden werden. Eine nähere Ableitung dieser Gesetze soll hier übergangen werden [1]), es mag nur erwähnt werden, dass die Formeln (57), (58) der pag. 514 das Erklärungssystem der mechanischen Theorie Ketteler's [2]) für die Optik absorbirender Krystalle sind, die Formeln (54), (55), (56) der pag. 513 dagegen das Erklärungssystem der mechanischen Theorie von Voigt [3]). Beide Theorien führen daher, da sie gemeinsam aus den Grundgleichungen der elektrischen Theorie abzuleiten sind, zu Resultaten, welche sowohl untereinander als auch mit denen der elektrischen Theorie übereinstimmen.

Die Dispersionsfragen sind in ähnlicher Weise zu behandeln, wie es in den soeben vorangegangenen Paragraphen geschehen ist. Ist die galvanische Leitfähigkeit σ zu vernachlässigen, wie es bei den sogenannten gefärbten Krystallen eintritt, so ist bei den inaktiven Krystallen eine Erweiterung des ursprünglichen Ansatzes der elektrischen Theorie nur rücksichtlich der molekularen Eigen-

---

[1]) Vgl. hierüber W. Voigt, Wied. Ann. 23, pag. 599, 1884. — P. Drude, Wied. Ann. 32, pag. 584, 1887; 34, pag. 489, 1888.
[2]) E. Ketteler, Theoret. Optik, Braunschw. 1885.
[3]) W. Voigt, Wied. Ann. 19, pag. 873, 1883; 43, pag. 410, 1891.

schwingungen, nicht rücksichtlich der endlichen Ausdehnung der Moleküle nothwendig, um die theoretischen Ergebnisse mit den experimentell ermittelten Dispersionskurven in Einklang zu bringen.

Für die aktiven Krystalle, wie z. B. gefärbter Quarz oder Zinnober, sind dagegen die durch eine endliche Ausdehnung der Moleküle zu erklärenden dissymmetrischen Zusatzglieder, welche proportional zu $\frac{\partial Z}{\partial y} - \frac{\partial Y}{\partial z}$ etc. sind, nothwendig.

10. Ebene elektrische Wellen in Halbleitern.

Im Folgenden wollen wir die Eigenschaften so langsam veränderlicher elektrischer Zustände betrachten, dass weder die Eigenschwingungen noch die Grösse der Moleküle von Einfluss sein können. Dieser Einfluss ist selbst für die schnellsten Hertz'schen Schwingungen bisher nicht mit Sicherheit nachgewiesen, so dass auch für diese Schwingungen die folgenden Entwickelungen Gültigkeit besitzen.

Unter den getroffenen Annahmen gelten die ursprünglichen Formeln (8), resp. (8') (pag. 550) der elektrischen Theorie, es ist also, falls ebene Wellen senkrecht auf einen Körper einfallen, nach (29) der pag. 558 [vgl. auch Formel (40) auf pag. 563]

$$\mu \varepsilon = n^2 - k^2, \quad \mu \sigma c^2 T = nk, \tag{59}$$

wo μ die Magnetisirungskonstante, ε die Dielektricitätskonstante, σ die galvanische Leitfähigkeit des Körpers bedeutet.

n ist der Brechungsexponent der Wellen, d. h. das Verhältniss der Fortpflanzungsgeschwindigkeiten derselben im freien Aether und im Körper. Der Absorptionskoefficient k hat nach pag. 527 die Bedeutung, dass die Amplitude der Wellen beim Fortschreiten um die Strecke z abnimmt im Verhältniss

$$1 : e^{2\pi k \frac{z}{cT}}. \tag{60}$$

Die Schwächung der Wellen nach Fortschreiten um eine bestimmte Länge z hängt also vom Werthe des Quotienten k : T ab.

Man kann nun leicht die Gleichungen (59) nach n^2 und k^2 auflösen. Es ergiebt sich:

$$\begin{aligned} n^2 &= \mu \left(\frac{1}{2} \varepsilon + \sqrt{\frac{1}{4} \varepsilon^2 + \sigma^2 c^4 T^2} \right), \\ k^2 &= \mu \left(-\frac{1}{2} \varepsilon + \sqrt{\frac{1}{4} \varepsilon^2 + \sigma^2 c^4 T^2} \right). \end{aligned} \tag{61}$$

Hieraus ergiebt sich ein verschiedenes Verhalten der Halbleiter je nach der Schwingungsperiode T. Nehmen wir z. B. Wasser, für welches $\mu = 1$, $c\sigma = 2,4 \cdot 10^{-4}$ (vgl. oben pag. 549), $\varepsilon = 80$ ist.

Für Hertz'sche Schwingungen, deren Wellenlängen zwischen den Grenzen $cT = 10^3$ cm bis 10 cm eingeschlossen sind, ist $\frac{1}{4}\varepsilon^2$ gross gegen $\sigma^2 c^4 T^2$. Denn es ist $\frac{1}{4}\varepsilon^2 = 1600$, während $\sigma^2 c^4 T^2$ zwischen $5,8 \cdot 10^{-2}$ und $5,8 \cdot 10^{-6}$ liegt. Es ist daher n^2 durch die Leitfähigkeit des Wassers gar nicht beeinflusst[1]), während nach (61) k^2 folgt zu

$$k^2 = -\frac{1}{2}\varepsilon + \frac{1}{2}\varepsilon\sqrt{1 + \frac{4\sigma^2 c^4 T^2}{\varepsilon^2}} = -\frac{1}{2}\varepsilon + \frac{1}{2}\varepsilon\left(1 + \frac{2\sigma^2 c^4 T^2}{\varepsilon^2}\right)$$

$$k = \frac{\sigma c^2 T}{\sqrt{\varepsilon}}. \tag{62}$$

Die Schwächung der Amplitude der Wellen nach Durcheilen der Strecke z ist also nach (60):

$$1 : e^{\frac{2\pi\sigma c}{\sqrt{\varepsilon}} z} = 1 : e^{1,65 \cdot 10^{-4} z} \tag{63}$$

Die Schwächung ist also von der Schwingungsdauer unabhängig und sehr gering, da sie z. B. für $z = 10$ m $= 10^3$ cm noch kaum merklich ist[2]).

Anders gestalten sich die Verhältnisse, wenn die Schwingungsdauer T so gross wird, dass $\frac{1}{2}\varepsilon$ zu vernachlässigen ist neben $\sigma c^2 T$. Dann wird nach (61)

$$k = \sqrt{\mu \sigma c^2 T}, \tag{64}$$

d. h. die Schwächung nach (60)

$$1 : e^{2\pi\sqrt{\frac{\mu\sigma}{T}} z}. \tag{65}$$

---

[1]) Wie die Formel (61) lehrt, würde die Leitfähigkeit einer wässrigen Salzlösung erst dann Einfluss auf die Fortpflanzungsgeschwindigkeit elektrischer Wellen der Wellenlänge $cT = 1$ m gewinnen, wenn ihre Leitfähigkeit den Werth $\sigma = 10^{-11}$ überschritte, was z. B. bei einer 25 % NaCl-Lösung eintritt.

[2]) Diese Verhältnisse gelten auch für die Fortpflanzung von Drahtwellen in Wasser, d. h. für die oben pag. 465 beschriebene Versuchsanordnung von Cohn. Denn in der Mitte zwischen den Drähten des Lecher'schen Drahtsystems schwingt die elektrische und magnetische Kraft wie bei einer ebenen Welle.

574 Reflexion langer Wellen an Halbleitern.

Je grösser also die Schwingungsdauer wird, desto kleiner wird die Schwächung durch Absorption. Hiernach könnte es scheinen, dass Halbleiter schnelle elektrische Schwingungen eher abschirmen würden, als langsame, da letztere durch Absorption weniger vernichtet werden. Und doch sprechen die Versuche gerade dagegen, da Papier, Holz, Wasser etc. schnelle Hertz'sche Schwingungen hindurchlassen, während sie elektrostatische Kräfte vollkommen abschirmen.

Die Erklärung dieser Erscheinung liegt an dem, je nach der Schwingungsperiode verschiedenen Reflexionsvermögen der Körper für elektrische Schwingungen. Nach der Formel (31) (pag. 558) ist dasselbe in Luft, d. h. für $n_0 = 1$:

$$r = 1 - \frac{4n\mu}{n^2 + k^2 + \mu^2 + 2n\mu},$$

d. h. wenn man die Formeln (61) benutzt und darin $\frac{1}{2}\varepsilon$ gegen $\sigma c^2 T$ vernachlässigt:

$$r = 1 - \frac{4\mu\sqrt{\mu\sigma c^2 T}}{2\mu\sigma c^2 T + \mu^2 + 2\mu\sqrt{\mu\sigma c^2 T}},$$

oder, falls $2\sigma c^2 T$ auch gross gegen μ ist:

$$r = 1 - 2\sqrt{\frac{\mu}{\sigma c^2 T}}. \tag{66}$$

Hieraus erkennt man, dass r sehr nahezu gleich 1 wird, falls T sehr gross wird. **Also wegen der starken Reflexion, nicht wegen der Absorption müssen Halbleiter lange elektrische Wellen vollständiger abschirmen als kurze.**

Für sehr kurze Wellen, d. h. solche, bei denen $\sigma^2 c^4 T^2$ neben $\frac{1}{4}\varepsilon^2$ zu vernachlässigen ist, gilt für das Reflexionsvermögen bei $n_0 = 1$ die Formel:

$$r = 1 - \frac{4n\mu}{n^2 + \mu^2 + 2n\mu} = 1 - \frac{4\sqrt{\mu\varepsilon}}{\mu + \varepsilon + 2\sqrt{\mu\varepsilon}}, \tag{67}$$

welche für $\mu = 1$ in die optische Formel Fresnels übergeht:

$$r = 1 - \frac{4n}{(n+1)^2} = 1 - \frac{4\sqrt{\varepsilon}}{(\sqrt{\varepsilon}+1)^2}. \tag{67'}$$

11. Ebene elektrische Wellen in Metallen. Bei Metallen spielen wegen ihrer grossen Leitfähigkeit selbst die schnellsten Hertz'schen Schwingungen insofern noch die Rolle der langsamen Schwingungen bei den vorhin betrachteten Halbleitern, als in (61) $\frac{1}{4}\varepsilon^2$ neben $\sigma^2 c^4 T^2$ sehr klein ist. In der That hat $\sigma^2 c^4 T^2$ selbst für eine Wellenlänge cT in Luft von 10 cm für das schlecht leitende Quecksilber den Werth $9 \cdot 10^{12}$, und hiergegen ist $\frac{1}{4}\varepsilon^2$ klein, selbst wenn ε von der Grössenordnung 10^4 ist. Es gelten daher die Formeln (64), (65) und (66) für die Absorption und Reflexion von Hertz'schen Schwingungen bei Metallen. — Aus (61) leitet man mit Vernachlässigung von ε sofort ab:

$$n = \sqrt{\mu \sigma c^2 T} = k, \qquad (68)$$

es ist also der Brechungsexponent der Metalle für Hertz'sche Schwingungen sehr gross (selbst für Quecksilber bei $cT = 10$ cm ist $n = 1735$), d. h. die Fortpflanzungsgeschwindigkeit der Wellen ist in den Metallen verhältnissmässig klein. Dieselbe wird um so kleiner, d. h. n um so grösser, je langsamer die Schwingungen sind, was man — nach der Analogie in der Optik — als anomale Dispersion bezeichnen könnte.

Die Absorption der Wellen ist in Metallen verhältnissmässig gering, jedenfalls müsste eine Metallschicht, falls nicht die Reflexion es hinderte, für Hertz'sche Wellen weit durchlässiger sein, als für optische [1]). So wäre z. B. nach (65) für ein Stanniolblatt (Zinn), für welches $\sigma = 8 \cdot 10^{-5}$ ist, bei Wellen der Länge $cT = 60$ cm, die Schwächung der Amplitude in der Tiefe z:

$$1 : e^{2\pi \cdot 200 \cdot z} = 1 : e^{1256 z}.$$

Für $z = 0{,}01$ mm müsste daher die Amplitudenschwächung durch Absorption etwa gleich $1/3$ sein, d. h. ein Stanniolblatt von $1/100$ mm Dicke müsste noch, falls die Absorption nur in Frage käme, merklich Hertz'sche Schwingungen hindurchlassen. In dieser Dicke ist das Blatt für optische Wellen vollkommen undurchsichtig. Denn

---

[1]) Einige Autoren haben das Gegentheil geschlossen, z. B. Maxwell (Elektricität u. Magnetismus, 2. Bd., pag. 554). — W. Wien (Wied. Ann. 35, pag. 48, 1888). — Diese Autoren haben aber den Fehler gemacht, dass sie n ungefähr gleich 1 annahmen.

für gelbes Licht ist bei Zinn $k = 5{,}25$, daher die Amplitudenschwächung:

$$1 : e^{2\pi \cdot 5{,}25 \cdot \frac{z}{0{,}59 \cdot 10^{-4}}} = 1 : e^{56 \cdot 10^4 z},$$

also für $z = 0{,}01$ mm: $1 : e^{560}$.

Dass ein dünn gewalztes Stanniolblatt für Hertz'sche Schwingungen vollkommen undurchlässig ist, liegt also nicht an seiner Absorption, sondern an seinem starken Reflexionsvermögen. In der That ergiebt die Formel (66) für Zinn bei $cT = 60$ cm:

$$r = 1 - \frac{1}{6} 10^{-3} = 0{,}99983.$$

Die Schirmwirkung dünner Metallschichten gegen Hertz'sche Schwingungen liegt also weit mehr an dem starken Reflexionsvermögen, als an dem Absorptionsvermögen der Metalle für diese Schwingungen.

Die Formeln (64), (66) und (68) gelten für den Fall, dass die Dielektricitätskonstante ε der Metalle neben $2\sigma c^2 T$ zu vernachlässigen sei. Ist man hierüber aus Unkenntniss der Grössenordnung von ε im Zweifel, so lässt sich zeigen, dass der zuletzt ausgesprochene Satz über das Verhalten der Metalle gegen Hertz'sche Schwingungen a fortiori gelten muss, wenn die Dielektricitätskonstante nicht zu vernachlässigen ist. Denn da sie positiv sein muss, so muss nach (59) $n > k$ sein. Es ist also nach (59) der Absorptionskoefficient k noch kleiner, als ihn die Formel (64) angiebt, n dagegen noch grösser, als die Formel (68) lehrt, daher auch das Reflexionsvermögen r noch grösser, als die Formel (66) angiebt.

Es ist interessant, zu bemerken, dass nach (65) die Schwächung ebener elektrischer Wellen in Metallen durch Absorption von demselben Koefficienten abhängt, wie die Tiefe des Eindringens elektrischer Wellen, welche längs eines Drahtes gleiten, in den letzteren. Diese Tiefe f haben wir oben pag. 480 nach der Formel berechnet

$$\frac{1}{f} = 2\pi \sqrt{\frac{\mu \sigma}{T}},$$

und gesehen, dass diese Formel mit Beobachtungen von Bjerkness in guter Uebereinstimmung war. — Nach (65) ist die Schwächung ebener Wellen durch Absorption daher zu schreiben:

$$1 : e^{\frac{z}{f}}.$$

Es erscheint von vornherein plausibel, dass, je grösser f im einen Falle ist, um so kleiner die Absorption im anderen Falle sein muss. Eine direkte Anwendung der für ebene Wellen erhaltenen Formeln auch auf die Fortpflanzung von Drahtwellen in den Drähten selbst ist aber deshalb nicht gestattet, weil es sich in beiden Fällen um ganz verschiedene Integrale derselben Grundgleichungen handelt.

12. Phasenänderung durch Reflexion elektrischer Wellen an Metallen.

Im vorigen Paragraphen wurde gezeigt, dass der Brechungsexponent und der Absorptionskoefficient von ebenen, senkrecht einfallenden elektrischen Wellen, deren Periode nicht schneller als die Hertz'scher Schwingungen ist, in Metallen sehr gross sein muss (weit über 1000). Wir können daher die im § 5 entwickelten Näherungsformeln für die Metallreflexion hier anwenden, da der nach (33), pag. 559, definirte Werth von χ sehr klein ist. Nach der Formel (39) auf pag. 562 muss folglich der Haupteinfallswinkel $\overline{\varphi}$ der Wellen sehr gross, d. h. sehr wenig von 90^0 verschieden sein, während das Hauptazimuth $\overline{\psi}$ gleich 45^0 ist.

Aus den Formeln (37) auf pag. 560 folgt daher, dass die relative Phasendifferenz Δ für alle Einfallswinkel gleich Null, das relative Azimuth ψ gleich 45^0 sein muss. Die von einer Metallebene reflektirten elektrischen Wellen sind daher hinsichtlich ihrer Intensität und ihres Polarisationszustandes für jeden Einfallswinkel sehr nahezu identisch mit den einfallenden Wellen.

Die absolute Phasendifferenz Δ_0, welche die unter senkrechtem Einfall reflektirte elektrische Kraft gegen die einfallende besitzt, wird nach den Erörterungen der pag. 553 dadurch erhalten, dass, falls R die komplexe Amplitude der reflektirten, E die reelle Amplitude der einfallenden elektrischen Kraft bedeutet, man den Quotienten R:E auf die Form $\rho_0 \cdot e^{i\Delta_0}$ bringt, wobei ρ_0 und Δ_0 reell sind. Nach der oben pag. 558 mitgetheilten Formel für R_p, welche sich auf senkrechte Incidenz bezieht, ist nun

$$\frac{R_p}{E} = \rho_0 e^{i\Delta_0} = \frac{n - ik - n_0\mu}{n - ik + n_0\mu} = \frac{n^2 + k^2 - n_0^2\mu^2 - 2ikn_0\mu}{(n + n_0\mu)^2 + k^2},$$

d. h.

$$\operatorname{tg}\Delta_0 = -\frac{2kn_0\mu}{n^2 + k^2 - n_0^2\mu^2}.$$

Bei der Grösse von n und k ergiebt dieses $\Delta_0 = 0$, es tritt also keine merkliche Phasenänderung durch Reflexion ein. Bei dem auf pag. 491 festgesetzten Sinne, in welchem R_p positiv zu rechnen ist, ergiebt sich also, dass in den stehenden Wellen, welche sich vor der Metallwand durch Interferenz der einfallenden mit den reflektirten Wellen bilden, ein Knoten der elektrischen Kräfte in der Oberfläche des Metalls liegt. Dies wird durch Versuche von Sarasin und de la Rive bestätigt (vgl. oben pag. 424).

13. Reflexion ebener elektrischer Wellen an einer sehr dünnen Metallschicht. Nach den soeben vorangegangenen Berechnungen kann durch das experimentelle Studium der Reflexion ebener elektrischer Wellen an ebenen Metallschirmen keinerlei Schluss auf die Konstanten des Metalls gezogen werden, als höchstens der, dass seine Leitfähigkeit sehr gross sein muss. Da es aber so verlockend ist, nach Methoden zu suchen, durch die eventuell die Dielektricitätskonstante der Metalle ermittelt werden könnte, so wollen wir den Gegenstand nicht verlassen, ohne den eventuellen Erfolg nach einer anderen, modificirten Versuchsanordnung besprochen zu haben.

Da nämlich, wie wir vorhin sahen, die Absorption elektrischer Wellen in Metallen mässig gross ist, so kann man daran denken, das starke Reflexionsvermögen der Metalle, welches für den vorliegenden Zweck der Untersuchung ihrer elektrischen Konstanten sehr störend ist, dadurch zu vermindern, dass man dem Metall eine bestimmte Dicke giebt. Es zeigt ja schon die Erscheinung der Newton'schen Ringe in der Optik, dass das Reflexionsvermögen einer dünnen Schicht von seiner Dicke abhängt, und es ist von vornherein klar, dass das Reflexionsvermögen eines Metallschirmes mit abnehmender Dicke desselben schliesslich abnehmen muss, da für die Dicke Null auch alle Reflexion verschwindet.

Wir wollen daher jetzt das Problem der Reflexion und Brechung ebener elektrischer Wellen an einer Metallschicht der Dicke d behandeln. Die erste Grenzfläche derselben soll in die xy-Ebene fallen, die z-Axe in das Metall von da hinein gerichtet sein. Die Wellen sollen senkrecht einfallen. Es ist daher für irgend eine, der xy-Ebene parallele Komponente der elektrischen Kraft, z. B. die y-Komponente, in der einfallenden Welle zu setzen:

$$Y_e = E e^{\frac{i}{\tau}(t - pz)},$$

in der reflektirten: (69)

$$Y_r = R e^{\frac{i}{\tau}(t + pz)}.$$

Dabei bedeutet p die reciproke Fortpflanzungsgeschwindigkeit der Wellen in dem Medium, in welchem die Wellen einfallen. Wir wollen annehmen, es sei die Metallplatte beiderseits von Luft (oder, was keinen merklichen Unterschied macht, vom freien Aether) begrenzt. Es ist dann

$$p = \frac{1}{c}. \qquad (70)$$

Im Metall müssen wir ebenfalls sowohl eine einfallende, d. h. nach der positiven z-Richtung sich fortpflanzende, als eine reflektirte, nach der negativen z-Richtung sich fortpflanzende Bewegung annehmen, da nicht nur für $z = 0$, sondern auch für $z = d$ eine Grenzfläche vorhanden ist, d. h. da auch dort Reflexionen eintreten.

Im Metall ist also zu setzen:

$$Y_e' = D_e e^{\frac{i}{\tau}(t - p'z)}, \quad Y_r' = D_r e^{\frac{i}{\tau}(t + p'z)}. \qquad (71)$$

Dabei ist nach Formel (28) auf pag. 557 p′ komplex, und zwar ist

$$p' = \frac{n - ik}{c}, \qquad (72)$$

wobei für n und k die Formeln (59) der pag. 572 gelten.

In der Luft hinter der Metallschicht kann nur eine nach der positiven z-Richtung sich fortpflanzende Welle vorhanden sein, es ist also hier zu setzen:

$$Y'' = D e^{\frac{i}{\tau}(t - pz)} \qquad (73)$$

Nun sind für $z = 0$ und $z = d$ die Grenzbedingungen zu erfüllen, dass die elektrische Kraft und die magnetische Kraft, welche beide senkrecht zur z-Axe sind, stetig sind beim Uebergang aus der Luft in das Metall.

Die erste dieser Grenzbedingungen lautet daher:

$$\begin{aligned} Y_e + Y_r &= Y_e' + Y_r' \quad \text{für } z = 0, \\ Y_e' + Y_r' &= Y'' \quad \text{für } z = d. \end{aligned} \qquad (74)$$

Die Grundgleichungen $\mu \frac{\partial \alpha}{\partial t} = \frac{\partial Y}{\partial z} - \frac{\partial Z}{\partial y}$ etc., ergeben nun, dass nur die x-Komponente α der magnetischen Kraft existirt, falls von der elektrischen Kraft die y-Komponente Y allein vorhanden ist, und dass α proportional zu $\frac{\partial Y}{\partial z}$ ist. Der Proportionalitätsfaktor ist für Luft und Metall der gleiche $(-i\tau)$, falls die Magnetisirungskonstante des letzteren gleich 1 ist. Dieses wollen wir annehmen, schliessen also die stark magnetischen Metalle von der Betrachtung aus[1]). Die Stetigkeit von α erfordert dann die Stetigkeit von $\dfrac{\partial Y}{\partial z}$, d. h. ergiebt die Grenzbedingungen:

$$\frac{\partial Y_e}{\partial z} + \frac{\partial Y_r}{\partial z} = \frac{\partial Y_e'}{\partial z} + \frac{\partial Y_r'}{\partial z} \text{ für } z = 0,$$
$$\frac{\partial Y_e'}{\partial z} + \frac{\partial Y_r'}{\partial z} = \frac{\partial Y''}{\partial z} \quad \text{für } z = d. \tag{75}$$

Setzt man in (74) und (75) die Werthe von (69), (71), (73) ein, so ergiebt sich:

$$E + R = D_e + D_r,$$
$$D_e e^{-\frac{i}{\tau} p' d} + D_r e^{+\frac{i}{\tau} p' d} = D e^{-\frac{i}{\tau} p d},$$
$$p(E - R) = p'(D_e - D_r), \tag{76}$$
$$p'\left(D_e e^{-\frac{i}{\tau} p' d} - D_r e^{+\frac{i}{\tau} p' d}\right) = p D e^{-\frac{i}{\tau} p d}.$$

Aus diesen vier Gleichungen kann man jede der vier Unbekannten R, D_e, D_r, D durch E ausdrücken. Durch Multiplikation der ersten Gleichung mit p' und Addition, resp. Subtraktion von der dritten ergiebt sich:

$$p'(E + R) + p(E - R) = 2 p' D_e,$$
$$p'(E + R) - p(E - R) = 2 p' D_r. \tag{77}$$

Durch Multiplikation der zweiten der Gleichungen (76) mit p' und Addition resp. Subtraktion von der vierten folgt:

$$2 p' D_e e^{-\frac{i}{\tau} p' d} = (p' + p) D \cdot e^{-\frac{i}{\tau} p d},$$
$$2 p' D_r e^{+\frac{i}{\tau} p' d} = (p' - p) D \cdot e^{-\frac{i}{\tau} p d}. \tag{78}$$

Aus den Gleichungen (77) und (78) kann man nun sehr leicht D_e und D_r eliminiren, und erhält:

---

[1]) Für diese würden die Resultate ganz ähnlich ausfallen, wie sie hier für nichtmagnetische Metalle abgeleitet sind.

$$E(p'+p) + R(p'-p) = D(p'+p) e^{-\frac{i}{\tau}pd} \cdot e^{+\frac{i}{\tau}p'd},$$
$$E(p'-p) + R(p'+p) = D(p'-p) e^{-\frac{i}{\tau}pd} \cdot e^{-\frac{i}{\tau}p'd}. \quad (79)$$

Aus diesen beiden Gleichungen kann man nun leicht entweder R oder D eliminiren. Ersteres liefert:

$$E\{(p'+p)^2 - (p'-p)^2\}$$
$$= D \cdot e^{-\frac{i}{\tau}pd} \left\{ (p'+p)^2 e^{+\frac{i}{\tau}p'd} - (p'-p)^2 e^{-\frac{i}{\tau}p'd} \right\}, \quad (80)$$

während die Elimination von D ergiebt:

$$E(p'^2 - p^2) \left(e^{-\frac{i}{\tau}p'd} - e^{+\frac{i}{\tau}p'd} \right)$$
$$= -R \left\{ (p'-p)^2 e^{-\frac{i}{\tau}p'd} - (p'+p)^2 e^{+\frac{i}{\tau}p'd} \right\}. \quad (81)$$

Wegen der starken Absorption, d. h. des imaginären Bestandtheiles von p', kann die Metallschicht merkliche Verschiedenheiten hinsichtlich der reflektirten oder durchgelassenen Amplitude R und D gegenüber einer unendlich dicken Metallschicht nur zeigen, wenn die Dicke d der ersteren sehr klein ist. Wir wollen annehmen, dieselbe sei so gering, dass mit genügender Annäherung zu setzen sei:

$$e^{\frac{i}{\tau}p'd} = 1 + \frac{i}{\tau} p'd. \quad (82)$$

Für ein Stanniolblatt von $^1/_{1000}$ mm Dicke würde diese Annäherung für Hertz'sche Schwingungen, deren Wellenlänge in Luft 60 cm beträgt, schon genügen. Denn nach der oben auf pag. 575 angestellten Rechnung ist für diesen Fall der imaginäre Bestandtheil von $\frac{p'}{\tau}$ (welcher auch nahezu gleich seinem reellen Bestandtheil ist) gleich 1256, so dass für $d = 10^{-4}$ cm $\frac{p'd}{\tau} = 0{,}1256$ wird. Das Quadrat dieser Grösse kann man aber näherungsweise gegen 1 vernachlässigen.

Unter Annahme der Formel (82) wird (80) und (81) zu:

$$E \cdot 2p'p = D \cdot e^{-\frac{i}{\tau}pd}\left\{2p'p + \frac{i}{\tau}p'd \cdot (p'^2 + p^2)\right\}$$
$$E\frac{i}{\tau}p'd\,(p'^2 - p^2) = -R\left\{2p'p + \frac{i}{\tau}p'd(p'^2 + p^2)\right\}.\tag{83}$$

In diesen Gleichungen kann man nun den Faktor p' fortheben. Setzt man für p'^2 den aus (72) und (59) (pag. 572) für $\mu = 1$ folgenden Werth ein:

$$p'^2 = \frac{\varepsilon - i\,4\pi\sigma c^2\tau}{c^2},$$

ferner für p den Werth $\frac{1}{c}$ nach (70), so folgt:

$$E = D\,e^{-\frac{i}{\tau}pd}\left\{1 + 2\pi d\sigma c + i\pi(\varepsilon + 1)\frac{d}{\lambda}\right\},\tag{84}$$

$$E\left\{2\pi d\sigma c + i\pi(\varepsilon - 1)\frac{d}{\lambda}\right\} = -R\left\{1 + 2\pi d\sigma c + i\pi(\varepsilon + 1)\frac{d}{\lambda}\right\}.$$

Aus diesen Formeln kann man leicht nach den oben auf pag. 553 und pag. 554 gegebenen Regeln die Phasendifferenzen der reflektirten und durchgehenden Wellen gegen die einfallenden, sowie das Verhältniss ihrer Intensitäten bilden. Aber zu unserem Ziele, nämlich zu einer experimentellen Bestimmung der Dielektricitätskonstante ε des Metalls, gelangen wir dadurch auf keine Weise, wie dünn wir auch den Metallschirm wählen. Seine Dicke d tritt nämlich in den letzten Formeln mit dem Faktor auf:

$$\pi\left(2c\sigma + i\frac{\varepsilon + 1}{\lambda}\right).$$

So lange nun der reelle Theil dieses Faktors sehr über den imaginären Theil überwiegt, d. h. so lange $2c\sigma\lambda$ gross gegen ε ist, so lange ist auch ein merkbarer Einfluss von ε auf die Erscheinungen nicht vorhanden. Es deckt sich diese Bedingung mit der schon im Anfang dieses Kapitels auf pag. 549 aufgestellten, nach welcher das Grössenverhältniss der Leitungs- und der Verschiebungsströme in einem Körper als abhängig bestimmt wurde von dem Verhältniss der Werthe $2c\sigma\lambda$ und ε. Wie wir dort sahen, ist dieses Verhältniss für die schnellsten Hertz'schen Schwingungen immer noch grösser als $6000:1$. Falls man also nicht daran denken kann, die Phasen- oder Intensitätsänderung durch Reflexion und Brechung genauer, als bis auf den 6000sten Theil des eigenen Werthes zu bestimmen, kann man auch nicht daran denken, aus diesen Versuchen die Dielektricitätskonstante zu ermitteln. Diese Versuche könnten nur als eine — und zwar sehr umständliche — Methode zur Bestimmung der galvanischen Leitfähigkeit dienen. Man wird vielleicht zu dieser Methode — trotz ihrer Umständlichkeit — zweckmässig greifen, wenn es sich um die Ermittelung einer etwaigen Abhängigkeit der galvanischen Leitfähigkeit der Metalle von der Schnelligkeit der Stromwechsel handelt.

Kapitel XII.

Schluss.

In den beiden letzten vorhergehenden Kapiteln ist nicht entfernt das ganze Gebiet der Optik behandelt. So fehlt z. B. die Optik bewegter Körper und die Diffraktionstheorie. Für letztere ist bisher durch die elektromagnetische Theorie insofern ein Fortschritt herbeigeführt, als die im § 19 des IX. Kapitels entwickelten Hertz'schen Formeln für eine gradlinige elektrische Schwingung zugleich eine anschauliche Theorie des leuchtenden Punktes enthalten. — Das Diffraktionsproblem eines Drahtgitters, welches die Theorie der pag. 435 genannten Versuche bildet, ist von J. J. Thomson (recent researches in electricity and magnetisme) gegeben.

Einige wichtige optische Erscheinungen sollen hier anhangsweise noch kurz besprochen werden; eine ausführlichere Darlegung derselben mag deshalb unterbleiben, weil bisher eine sicher fundirte Grundlage für die Theorie dieser Erscheinungen fehlt.

1. Die Drehung der Polarisationsebene im magnetischen Felde. Wenn man ein Stück schweren Flintglases in ein starkes magnetisches Feld bringt, so wird die Polarisationsebene eines linear polarisirten Lichtstrahles, welcher das Glas in Richtung der magnetischen Kraftlinien durchsetzt, gedreht. Eine solche magnetische Drehung der Polarisationsebene zeigen alle Körper in verschiedenem Grade und in verschiedenem Sinne, indem die einen Körper die Polarisationsebene im Sinne der Molekularströme drehen, welche als die Ursache für die Magnetisirung eines Körpers angesehen werden können, die anderen Körper aber in entgegengesetztem Sinne. — Am stärksten von allen Körpern tritt diese magnetische Aktivität bei den stark magnetisirbaren Metallen, Eisen, Kobalt, Nickel, auf, wie Kundt[1]) bei Untersuchung durchsichtiger Schichten derselben entdeckte. — Die stark magnetische Aktivität dieser Körper äussert auch ihren Einfluss auf die Gesetze der Reflexion des Lichtes an ihnen, eine Entdeckung, welche Kerr[2]) gemacht hat.

Maxwell[3]) äusserte den Gedanken, dass die magnetische Aktivität durch die um die magnetischen Kraftlinien kreisenden Molekularströme, d. h. durch eine Art verborgene Bewegung, hervorgerufen würden. Grade wie nun die mechanischen Eigenschaften eines Körpers durch eine in ihm enthaltene verborgene Bewegung modificirt werden, so müssen es auch die elektromagnetischen Eigenschaften, zumal da Maxwell dieselben als den Gleichungen der Mechanik unterworfen darstellen konnte. — Die von diesem Gedanken ausgehende Theorie ist aber insofern physikalisch unbefriedigend, als danach der Sinn der magnetischen Drehung der Polarisationsebene nothwendig allein von den magnetischen Eigenschaften des Körpers abhängen müsste[4]), d. h. nur davon abhängen könnte, ob der Körper para- oder diamagnetisch wäre. Dieses ist aber in Wirklichkeit nicht der Fall, denn viele diamagnetische Körper drehen in demselben Sinne, wie paramagnetische Körper.

Physikalisch nicht befriedigend ist ferner die Theorie von Rowland[5]), welcher die magnetische Aktivität in Beziehung setzte zum sogenannten Hall'schen Phänomen[6]). Denn das Metall, welches den stärksten Hall-Effekt besitzt, nämlich Wismuth, hat eine sehr viel kleinere magnetische Aktivität als z. B. Eisen, welches einen geringen Hall-Effekt aufweist.

Bisher hat man nur ein mathematisch befriedigendes Erklärungssystem der optischen Erscheinungen magnetoaktiver Körper aufstellen können[7]), ohne aber dieses Erklärungssystem physikalisch begründen zu können in der Weise, dass durch die Theorie die

---

[1]) A. Kundt, Wied. Ann. 23, pag. 228, 1884; 27, pag. 191, 1886.
[2]) Kerr, Phil. Mag. (5) 3, pag. 321, 1877; 5, pag. 161, 1878.
[3]) Maxwell, Elektricität u. Magnetismus, II. Bd., Kap. 21. — Vgl. auch H. Poincaré, Elektricität u. Optik, Berlin 1891, Kap. 12.
[4]) Dabei ist vorausgesetzt, dass der Körper einheitlich ist, dass er also z. B. nicht die wässrige Lösung eines Eisensalzes ist.
[5]) Rowland, Phil. Mag. (5) 11, pag. 254, 1881.
[6]) Hall, Amer. Journ. of Math. 2, 1879.
[7]) Dasselbe ist von D. A. Goldhammer (Wied. Ann. 46, pag. 71, 1892) und dem Verfasser (Wied. Ann. 46, pag. 353, 1892) aufgestellt.

magnetooptischen Eigenschaften der Körper aus anderen physikalischen Eigenschaften derselben im Voraus zu berechnen wären.

Das Erklärungssystem des Verfassers lautet, wenn die in den vorigen Kapiteln benutzten Bezeichnungen gebraucht werden, und falls gesetzt ist:

$$b_1 = b \cos (Ax), \quad b_2 = b \cos (Ay), \quad b_3 = b \cos (Az), \qquad (1)$$

wobei b ein gewisser Koefficient (die magnetooptische Konstante) und A die Richtung der magnetischen Kraftlinien bedeutet:

$$\frac{1}{c}\frac{\partial \alpha}{\partial t} = \frac{\partial Y}{\partial z} - \frac{\partial Z}{\partial y} + \frac{\partial^2}{\partial y \partial t}(b_2 X - b_1 Y)$$
$$- \frac{\partial^2}{\partial z \partial t}(b_1 Z - b_3 X),$$

$$\frac{1}{c}\frac{\partial \beta}{\partial t} = \frac{\partial Z}{\partial x} - \frac{\partial X}{\partial z} + \frac{\partial^2}{\partial z \partial t}(b_3 Y - b_2 Z) \qquad (2)$$
$$- \frac{\partial^2}{\partial x \partial t}(b_2 X - b_1 Y),$$

$$\frac{1}{c}\frac{\partial \gamma}{\partial t} = \frac{\partial X}{\partial y} - \frac{\partial Y}{\partial x} + \frac{\partial^2}{\partial x \partial t}(b_1 Z - b_3 X)$$
$$- \frac{\partial^2}{\partial y \partial t}(b_3 Y - b_2 Z).$$

$$\frac{\varepsilon}{c}\frac{\partial X}{\partial t} = \frac{\partial \gamma}{\partial y} - \frac{\partial \beta}{\partial z},$$
$$\frac{\varepsilon}{c}\frac{\partial Y}{\partial t} = \frac{\partial \alpha}{\partial z} - \frac{\partial \gamma}{\partial x}, \qquad (3)$$
$$\frac{\varepsilon}{c}\frac{\partial Z}{\partial t} = \frac{\partial \beta}{\partial x} - \frac{\partial \alpha}{\partial y}.$$

Die Bedingungen beim Uebergang über die Grenze zweier verschiedener aneinander stossender Körper lauten, wenn diese Grenze zur xy-Ebene gewählt wird:

$$\alpha_1 = \alpha_2, \qquad \beta_1 = \beta_2,$$
$$\left(X - b_3 \frac{\partial Y}{\partial t} + b_2 \frac{\partial Z}{\partial t}\right)_1 = \left(X - b_3 \frac{\partial Y}{\partial t} + b_2 \frac{\partial Z}{\partial t}\right)_2, \qquad (4)$$
$$\left(Y - b_1 \frac{\partial Z}{\partial t} + b_3 \frac{\partial X}{\partial t}\right)_1 = \left(Y - b_1 \frac{\partial Z}{\partial t} + b_3 \frac{\partial X}{\partial t}\right)_2.$$

Diese Grenzbedingungen können aus den Hauptgleichungen (2) und (3) nach derselben Ueberlegung abgeleitet werden, wie im Kapitel VIII auf pag. 318 die Grenzbedingungen (26) aus den dortigen Hauptgleichungen (20) und (21). Man muss sich nur die Grenze zwischen beiden Körpern als sehr dünne, inhomogene Uebergangsschicht denken, in welcher aber trotz ihrer starken Inhomogenität die Hauptgleichungen (2) und (3) gelten.

Die Koefficienten b und ε sind von der Schwingungsdauer T des Lichtes als abhängig zu denken. Diese Abhängigkeit kann auf dem im § 9 des X. Kapitels eingeschlagenen Wege begründet werden. Ferner ist ε für absorbirende Körper eine komplexe Zahl, was aus den Entwickelungen des vorigen Kapitels zu begründen ist.

Mit Hülfe des Erklärungssystems (1), (2), (3), (4) konnte der Verfasser sämmtliche an Eisen und Stahl beobachteten magnetooptischen Erscheinungen gut darstellen, d. h. z. B. auch quantitativ das Kerr'sche Phänomen des reflektirten Lichtes (cf. oben) aus der von Kundt im durchgehenden Lichte beobachteten magnetischen Drehung der Polarisationsebene im Eisen berechnen. Dabei hat der Koefficient b einen reellen Werth, d. h. es lassen sich die magnetooptischen Erscheinungen bei einer bestimmten Farbe an Eisen und Stahl mit Hülfe einer einzigen magnetooptischen Konstanten darstellen.

Wenn man den Koefficienten b in komplexer Form wählt, was physikalisch so zu interpretiren ist, dass die Hauptgleichungen (2) ausser den hingeschriebenen Termen, in welchen b_1, b_2, b_3 reelle Grössen bezeichnen, noch Terme der Form

$$\frac{\partial}{\partial y} (b_2' X - b_1' Y) \text{ etc., oder } \frac{\partial^3}{\partial y \partial t^2} (b_2'' X - b_1'' Y) \text{ etc.}$$

enthalten, so gelangt man, wenigstens für alle beobachtbaren Fälle, zu denjenigen Formeln, welche aus dem Erklärungssystem Goldhammers (cf. oben pag. 585, Anm. 7) gewonnen werden. Die bisherigen Beobachtungen an Kobalt und Nickel scheinen diese Erweiterung, d. h. die Einführung von zwei magnetooptischen Konstanten, zu verlangen; indess ist es noch nicht entschieden, ob nicht bisher bei Kobalt und Nickel Störungen der Reflexionserscheinungen durch Oberflächenschichten (cf. oben pag. 503) vorgelegen haben, so dass man, bei Vermeidung derselben, die Beobachtungen ebenfalls durch nur eine magnetooptische Konstante darstellen kann. Diese Vermuthung liegt deshalb nahe, weil die bisher zu den

Beobachtungen verwandten Spiegel von Kobalt und Nickel jedenfalls verunreinigende Oberflächenschichten besessen haben, wie aus der Grösse ihres Haupteinfallswinkels zu schliessen ist[1]), während dies bei den benutzten Stahlspiegeln weit weniger der Fall war.

Die Aufstellung eines richtigen Erklärungssystems ist insofern ein Fortschritt, als man alle magnetooptischen Erscheinungen eines Körpers vorhersagen kann, wenn man zwei irgendwie gewählte, specielle Beobachtungen gemacht hat. Aber ein weiterer Fortschritt ist in der Richtung sehr wünschenswerth, dass man die magnetooptische Konstante b oder wenigstens ihr Vorzeichen, d. h. den Sinn der Drehung der Polarisationsebene, aus anderen physikalischen Eigenschaften der Körper berechnen könnte. Vorläufig ist nach den Untersuchungen von Du Bois[2]) nur bekannt, dass b mit der Magnetisirung des Körpers proportional ist. Auf diesen Satz gründet sich eine werthvolle magnetooptische Methode zur Bestimmung der Magnetisirung eines Körpers (an seiner Oberfläche), indem man die Grösse des Kerr'schen Phänomens an ihm beobachtet.

Wenn man an dem Erklärungssysteme (2) festhält, so bietet dieses folgenden Fingerzeig für die Auffindung der tieferen Ursache der magnetooptischen Erscheinungen: Die Zusatzglieder in (2), welche diese Gleichungen unterscheiden von denjenigen [cf. Kap. VIII, Formeln (21), pag. 315], welche für nicht magnetisch-aktive Körper gelten, können so interpretirt werden, als ob zu der magnetischen Polarisation des Aethers (cf. oben pag. 564) noch hinzutrete eine magnetische Polarisation der Moleküle, deren x-Komponente α' z. B. die Grösse hat:

$$\frac{1}{c}\alpha' = -\frac{\partial}{\partial y}(b_2 X - b_1 Y) + \frac{\partial}{\partial z}(b_1 Z - b_3 X),$$

was man, da infolge der Gleichungen (3) die Beziehung besteht:

$$\frac{\partial X}{\partial x} + \frac{\partial Y}{\partial y} + \frac{\partial Z}{\partial z} = 0,$$

in der Form schreiben kann:

$$\frac{\alpha'}{c} = -\left(b_1 \frac{\partial X}{\partial x} + b_2 \frac{\partial X}{\partial y} + b_3 \frac{\partial X}{\partial z}\right) = -b\frac{\partial X}{\partial A}.$$

Diese Gleichung kann man physikalisch erklären, wenn man an-

---

[1]) Vgl. hierüber P. Drude, Wied. Ann. 39, pag. 486, 1890.
[2]) H. E. J. G. du Bois, Wied. Ann. 39, pag. 25, 1890.

nimmt, dass jeder Molekularmagnet des Körpers an seinen Enden gleichnamige elektrische Ladungen besitzt. Die x-Komponente der elektrischen Kraft übt dann auf einen solchen Molekularmagnet ein Drehungsmoment aus, welches mit $\frac{\partial X}{\partial A}$ proportional ist. Durch diese Drehung des Molekularmagnets nach der x-Axe muss aber eine Komponente α' der magnetischen Polarisation hervorgebracht werden. — Bisher wird aber diese Hypothese durch kein Experiment gestützt. Der Verfasser hat vergeblich versucht, die Existenz eines elektrischen Feldes im Schwefelkohlenstoff nachzuweisen, wenn derselbe in ein kräftiges Magnetfeld gebracht wurde.

2. Fluorescenz und Phosphorescenz. Für diese Erscheinungen fehlt bisher ebenfalls eine Grundlage für ihre theoretische Behandlung. Das Charakteristische dieser Erscheinungen ist, dass Licht, welches von den Körpern absorbirt wird, nicht ausschliesslich zur Erwärmung des Körpers dient, sondern dass dasselbe wiederum als Licht ausgestrahlt wird, und zwar als Licht von grösserer Schwingungsdauer, als sie das die Erscheinungen verursachende Licht besass (Stokes'sches Gesetz).

Ich möchte nur kurz darauf hinweisen, dass die Anschauungen der elektromagnetischen Theorie auch für das Verständniss dieser Erscheinungen mit Vortheil herangezogen werden können. Stellen wir uns nämlich die Moleküle des Körpers als Gebilde vor, welche elektrische Eigenschwingungen besitzen, so wissen wir aus den Entwickelungen des IX. Kapitels, dass deren Energie auf zweierlei verschiedene Art verzehrt werden kann, nämlich als Joule'sche Wärme und durch Strahlung. Ob letztere neben der ersteren auftritt, hängt von der Gestalt des Molekülbaus ab: Strahlung muss vorhanden sein, wenn die elektrische Schwingung sich im Molekül selbst nicht schliesst.

Um an ein konkretes Beispiel anzuknüpfen, wollen wir uns die Moleküle eines Körpers zunächst als geschlossene Drahtkreise vorstellen. Dieselben besitzen Eigenschwingungen; für die Grundschwingung ist die Länge des ganzen Drahtkreises gleich der Wellenlänge der Schwingung. Wenn Licht einfällt, dessen Periode mit dieser Grundschwingung übereinstimmt, so werden kräftige Eigenschwingungen in den Drahtkreisen inducirt; das Licht muss daher eine Absorption erleiden. Es entsteht nur Joule'sche Wärme, wenn die Drahtkreise geschlossen bleiben. Wenn sie aber durch die Heftigkeit der Schwingungen in ein gerades Drahtstück auseinander gerissen werden, d. h. wenn das ringförmige Molekül durch das einfallende Licht in ein gestrecktes zersprengt wird, so sendet das Molekül (der Draht) die elektrische Energie seiner Schwingung durch Strahlung in den Aussenraum. Da für die Grundschwingung eines geraden Drahtes seine Länge gleich einer halben Wellenlänge ist, so muss die Periode der vom Drahte ausgestrahlten Schwingung doppelt so gross sein, als die Periode des vom Körper absorbirten Lichtes, welches die Fluorescenz erregt. Auf diese Weise würde das Stokes'sche Gesetz als nothwendige Konsequenz folgen.

In weitere Details wollen wir hier diese Theorie nicht verfolgen, da es noch zu sehr an den experimentellen Grundlagen fehlt. Das Vorstehende ist nur erwähnt, um zu zeigen, dass nach den Vorstellungen der elektromagnetischen Theorie das Auftreten von Luminiscenzerscheinungen, wie sie E. Wiedemann nennt, d. h. Lichterscheinungen bei Temperaturen, bei denen sonst im Allgemeinen noch kein Leuchten der Körper eintritt, wohl verständlich erscheint.

Wenn man daher auch noch nicht behaupten kann, dass auf dem Fundament der Eigenschaften des elektromagnetischen Feldes ein überall abschliessendes Gebäude von der Physik des Aethers errichtet ist, so kann man doch überall an den noch offenen Stellen die Angriffspunkte zum Weiterbau erblicken.

Sachregister.

Die Zahlen beziehen sich auf die Seiten.

Absorption des Lichtes 526, 547 u. ff.
Aether 9.
Ampère's Regel 87; — Theorie des Magnetismus 115.

Belegungen, Flächen— 19; Raum— 22.
Beugung elektromagnetischer Wellen 434, 439.
Biot-Savart'sches Gesetz 106.
Bolometrische Messung elektrischer Wellen 445.
Brechungsexponent, Beziehung zur Dielektricitätskonstanten 484.
Brewster'sches Gesetz 493.

Coulomb'sches Gesetz 250.
Cylinder, Potential des — 94.

Dämpfung der elektrischen Wellen 476.
Demonstrationsmittel für die Hertz'schen Versuche 436.
Diamagnetismus 35, 201.
Dielektricitätskonstante 264; Messung der — 289, 355, 461; — der Metalle 570.
Dimensionsformeln 5.
Dispersion, anomale — 525; normale — 531; — der Metalle 563 u. ff.
Doppelfläche, magnetische — 79.
Drahtgitter 434.
Drehung, positive — um eine Axe 61.
Druck und Zug im Magnetfelde 141.
Dyne 4.

Eindringen elektrischer Schwingungen in Drähte 480.
Elektrodynamik 169.
Elektromagnet, Polstärke des —112.
Energie, elektrische — 271; elektromagnetische — 273; magnetische — 122, 131, 180; potentielle — 119; Erhaltung der — im Magnetfeld 184.
Entladung, oscillatorische — 345.
Entmagnetisirende Wirkung der Induktion 43.
Extrastrom 193.

Feld, elektrisches — 246; elektromagnetisches — 273; magnetisches — 1; allgemeine Eigenschaften des magnetischen — 56.
Feldgefälle, Messung des — 155.
Feldstärke, elektrische — 254; magnetische — 11; Messung der — 195.
Fernkräfte 8.
Fleming's Regel 109, 199.
Fluorescenz 589.
Fresnel'sches Gesetz 510.

Gase, Dielektricitätskonstante der — 485.
Gauss'scher Satz 16, 36.

Haupteinfallswinkel 554.
Hauptazimuth 554.
Helmholtz'sche Theorie 327.
Hertz'sche Versuche 392 u. ff.
Hohlspiegel-Versuche 433.
Hysteresis, dielektrische — 295; Erwärmung durch magnetische — 165, 197.

Induktion, Elektro— 183; magnetische — 42, 134; Koefficient der magnetischen — 32.
Induktionsfluss 36.
Interferenz elektrischer Wellen 439.
Isolatoren 249.

Kapacität 259; — eines Drahtes 372; — für Schwingungen 459.
Kirchhoff'scher Satz, erster — 90; zweiter — 232.
Kondensator 260.
Kraft, elektrische — 255, 403; elektromotorische — 185; magnetische — 11; magnetomotorische — 64.
Kraftfluss 16.
Kraftlinien 12, 28, 45; — eines Stromes 92; Brechungsgesetz der — 46.
Kraftröhre, magnetische Energie der — 135.
Kreisgebiete der elektrischen Kraft 405.
Kreislauf, Gesetz vom magnetischen — 71.
Krystalloptik 504.